U0383979

相控阵阵列天气雷达及应用

马舒庆　陈洪滨　杨　玲

寸怀诚　甄小琼

等　著

气象出版社
China Meteorological Press

内 容 简 介

本书包含两部分:第一部分介绍相控阵阵列天气雷达,第二部分介绍相控阵阵列天气雷达的应用。第一部分回顾了相控阵天气雷达的发展历史,阐述了相控阵雷达技术在天气雷达发展中的定位和意义,具体介绍相控阵雷达技术在气象应用中的一种新的形式——相控阵阵列天气雷达,详细介绍了雷达系统结构和相控阵雷达技术以及产品生成。第二部分探讨了相控阵阵列天气雷达探测强对流天气及空中生态目标监测,重点介绍了相控阵阵列天气雷达监测冰雹、龙卷、短时强降水个例分析,同时也介绍了风场和垂直气流处理技术以及高分辨融合技术。

本书可供从事大气探测业务的气象人员,高等院校大气科学类、大气探测类等专业的师生作为参考用书。

图书在版编目(CIP)数据

相控阵阵列天气雷达及应用 / 马舒庆等著. -- 北京 :
气象出版社, 2024. 1. -- ISBN 978-7-5029-8228-7

Ⅰ. TN959.4

中国国家版本馆 CIP 数据核字第 2024TH8878 号

相控阵阵列天气雷达及应用

Xiangkongzhen Zhenlie Tianqi Leida ji Yingyong

出版发行:气象出版社

地　　址:北京市海淀区中关村南大街 46 号　　**邮政编码:**100081

电　　话:010-68407112(总编室)　　010-68408042(发行部)

网　　址:http://www.qxcbs.com　　**E - m a i l:**qxcbs@cma.gov.cn

责任编辑:刘瑞婷　　　　　　　　　　**终　审:**张　斌

责任校对:张硕杰　　　　　　　　　　**责任技编:**赵相宁

封面设计:艺点设计

印　　刷:北京建宏印刷有限公司

开　　本:787 mm×1092 mm　1/16　　　**印　张:**27.75

字　　数:705 千字

版　　次:2024 年 1 月第 1 版　　　　　　**印　次:**2024 年 1 月第 1 次印刷

定　　价:260.00 元

本书作者

马舒庆　陈洪滨　杨　玲　寸怀诚　甄小琼
（以下以姓氏笔画为序）
王　振　王国荣　王瑞峰　尹春香　叶　开
刘　杨　肖盛斌　肖靖宇　李　赛　李兆明
李　渝　李思腾　吴　茜　余　豪　许平安
周正吉　杨　文　陈　浩　陈　东　胡恒林
段志敏　段铭铭　徐林玲　徐鸣一　钱　勇
梁　丽　喻　侨　滕玉鹏　魏万益

前 言

天气雷达经历了半个多世纪的发展,雷达探测性能不断提高,探测信息越来越丰富,在灾害性天气监测预警中的作用越来越大。天气雷达天线从抛物面天线到相控阵天线,使得信号采集速度成倍提高;发射机从真空器件到固态器件,使得发射系统可靠性显著提高;接收机从纯模拟通道到模拟与数字化接收结合,大幅度提高了接收系统的稳定性和接收动态范围;天气雷达信号处理技术从模拟信号处理到数字信号处理,使得探测结果的定量和自动化程度显著提高;信号系统从非相干信号系统到相干信号系统,使得热力学信息探测走向热力学信息探测与动力学信息探测相结合。

天气雷达技术发展有一个重要特征就是接收和发射通道越来越多。对于单频天气雷达而言,最初只有一个接收通道和一个发射通道。双收双发双偏振天气雷达就有了两个接收通道和两个发射通道。相控阵天气雷达就有了更多接收通道和更多发射通道,通常的相控阵天气雷达有 64 个或 128 个接收通道,64 个或 128 个发射通道。天气雷达增加接收通道和发射通道,从本质上讲,就是为了获取更多的气象信息。非相干单通道天气雷达可以获得降水天气的回波强度,相干单通道天气雷达能够获得降水天气的回波强度、径向速度、径向速度谱宽。相干双偏振天气雷达不仅能够获得回波强度、径向速度、径向速度谱宽,还能够获得差分反射率因子、差分相位。相控阵天气雷达接收通道和发射通道比之前的天气雷达多得多,通道增多在形式上有两个特点:可以在相控阵雷达电扫方向不用通过机械运动就可以完成波束扫描;再者,通过多波束扫描技术大大缩短雷达体积扫描时间。第一个特点没有气象学意义,这里不讨论。第二个特点具有重要的气象学意义。其一,体扫时间的缩短最直接的气象学意义就是资料时间分辨率提高,能够分辨更小时间尺度的天气系统,或者发现更快的变化。其二,在一个体扫中,资料的时间一致性大幅度提高,特别是在垂直方向,资料的时间一致性和连续性显著提高,底层数据与顶层数据的探测时间差缩小到 $0.1\sim0.3$ s,对于刻画分析天气系统的空间结构非常有帮助,有利于揭示对流系统的垂直结构特征。其三,体扫时间缩短,对多雷达合成或反演正确的风场提供了帮助。雷达的体扫时间决定了不同雷达的波束扫过空间同一点的时间差,称之为数据时差,而数据时差又是影响多雷达合成或反演风场正确性的关键因子。雷达体扫时间的大幅度减小,对于探测强对流天气系统的风场有着十分重要的意义,或者说相控阵天气雷达对于揭示强对流天气系统的动力结构有着不可替代的作用。

相控阵阵列天气雷达就是基于相控阵天气雷达的体扫时间短的优势,通过独特的分组方位同步技术进一步缩小数据时差的分布式相控阵天气雷达。相控阵阵列天气雷达的最大数据时差是相控阵雷达组网的最大数据时差的 1/6。相控阵阵列天气雷达的这种最大数据时差使得在绝大多数天气条件下,都能正确地合成或反演风场。

本书介绍了相控阵阵列天气雷达的原理、结构和在龙卷、冰雹、短时强降水等强对流天气中的应用。本书分为两部分,第一部分介绍相控阵阵列天气雷达,第二部分介绍相控阵阵列天气雷达的应用。在第一部分中回顾了相控阵天气雷达的发展历史,阐述了相控阵雷达技术在天气雷达发展中的定位和意义。接着,具体介绍相控阵雷达技术在气象应用中的一种新的形式——相控阵阵列天气雷达。相控阵阵列天气雷达由前端和后端组成,后端控制前端运行,处理生成探测和预警产品,前端按照一定规则分布在不同的地点,在后端的控制下完成分组方位同步扫描探测。书中详细介绍了雷达系统结构和相控阵雷达技术以及产品生成。第二部分探讨了相控阵阵列天气雷达探测强对流天气以及空中生态目标监测,重点介绍了相控阵阵列天气雷达监测冰雹、龙卷、短时强降水个例分析。相控阵阵列天气雷达的特点就是能在剧烈变化的天气过程中正确探测到降水区域的流场,在第二部分也介绍了风场和垂直气流处理技术,以及高分辨融合技术。

马舒庆设计了本书的总体结构与内容,陈洪滨修改了大部分章节。以下是本书各章的概要及主要执笔人。

第1章:引言,回顾了相控阵天气雷达发展,阐述了相控阵天气雷达在天气雷达发展中的重要作用。相控阵天气雷达从改装军用相控阵雷达开始,研制了不同类型的相控阵天气雷达,包括模拟波束形成技术相控阵天气雷达、数字波束形成技术相控阵天气雷达、集中发射相控阵天气雷达、分布式发射相控阵天气雷达、单波束相控阵天气雷达、多波束相控阵天气雷达。相控阵天气雷达的天线技术、接收技术、发射技术、信号处理技术以及应用技术都有新的发展。相控阵天气雷达的应用标志着天气雷达进入新的发展阶段。多普勒天气雷达的应用,开启了天气雷达动力学与热力学结合探测的新时期,相控阵天气雷达的应用赓续了动力学与热力学结合探测的思路,并更完善地付诸实践。作者:马舒庆、杨玲、甄小琼。

第2章:相控阵阵列天气雷达概述,介绍了相控阵阵列天气雷达的系统结构和原理。2003年美国提出了网络化天气雷达概念,利用多部X波段小功率短程天气雷达进行分布式协同自适应探测。这种短程分布式天气雷达观测有着独特的优势,特别是对于获取降水天气系统的动力学信息有着极重要的作用。基于分布式协同自适应探测的思想设计了相控阵阵列天气雷达。相控阵阵列天气雷达由一个后端和按三角形布局规则分布不同位置的数个前端构成,采用严格的分组方位扫描同步技术。这种特殊的扫描技术将数据时差减到一般相控阵雷达组网数据时差的1/6。作者:马舒庆、陈洪滨。

第3章:相控阵阵列天气雷达前端,介绍了相控阵阵列天气雷达前端的设计思想、结构。相控阵阵列天气雷达前端发射电磁波信号,接收降水粒子产生的电磁波散射信号。相控阵阵列天气雷达前端由天线分系统、收发分系统、信号处理分系统和伺服分系统组成。采用有源相控阵天线技术,在俯仰方向进行电控波束扫描。采用数字波束形成技术实现多波束同时扫描。软件硬件相结合的信号处理构架,既保证了实时性,又增加了灵活性和可扩展性。伺服控制在传统转速控制基础上增加了进入角控制,通过进入角的误差控制或到达进入角的时间控制保证了相邻前端的方位扫描严格同步。作者:寸怀诚、王振、胡恒林、徐林玲、杨文、肖盛斌、周正吉、余豪、李赛、陈浩、吴茜、段志敏、尹春香、陈东。

第4章:相控阵阵列天气雷达后端,介绍了相控阵阵列天气雷达后端结构、数据质量控制、探测产品加工处理和相控阵阵列天气雷达监控。相控阵阵列天气雷达的后端控制多个前端,是一个信息量巨大的复杂系统,构成后端的硬件的是高性能服务器群和高速网络设备。后端具有高速信息收集能力和处理能力。后端统一协调控制前端按照设定探测模式同步工作,监视各个前端的工作状态,可以在后端的终端设备上显示各前端的电器性能状态和环境参数,自动报警故障。后端接收各前端送来的海量探测数据,完成去杂波、衰减订正、退模糊处理等质量控制,除处理生成常规的单站探测和预警产品外,还生成风场、垂直气流、融合反射率因子、融合双偏振量等相控阵阵列天气雷达产品。作者:魏万益、喻侨、钱勇、段铭铭、王国荣、马舒庆。

第 5 章:相控阵阵列天气雷达测试和布设,介绍了相控阵阵列天气雷达前端布局设计、勘站、架设和测试。前端整机测试内容不仅包括探测距离测试、强度测试、径向速度测试、差分反射率测试、差分相移测试、雷达方位精度测试、雷达仰角精度测试和地物杂波抑制比测试,还系统地介绍了金属球测试,通过金属球测试准确地校准雷达反射率因子、径向速度和双偏振量。相控阵阵列天气雷达是一个分布式雷达,不仅涉及常规天气雷达布设的勘站、架设的问题,同时需要按照相控阵阵列天气雷达布设规则合理设计各个站点之间的角度、距离,以保证最有效的风场合成和区域覆盖。作者:许平安、胡恒林、徐林玲。

第 6 章:风场处理方法,介绍了相控阵阵列天气雷达风场生成处理技术和风场误差分析、验证评估。利用多个前端的径向速度,按照矢量合成的原理,可以直接合成速度,这种方法称为合成风场处理技术。径向速度准确,且满足矢量合成的要求,就能合成准确的风速。能够最大限度利用雷达空间分辨率形成相应分辨率的风场。利用径向速度和其他大气物理条件与数学方法反演生成风场,也是广泛应用的风场生成方法,本章具体介绍了三维变分风场生成方法。矢量合成的基本原理要求同一时刻不同在一个平面的分量进行合成。多个天气雷达可以在同一个空间点获取多个径向速度,但是绝大多数情况下,这些径向速度不是同一时间获取的,即存在数据时差,数据时差对于探测快速变化的天气系统的风场有很大的影响。相控阵阵列天气雷达大大缩短了数据时差,为准确探测快速变化的天气系统的风场提供了保障。本章也利用相控阵阵列天气雷达数据时差小的优势,研究分析了不同数据时差对探测风场准确性的影响。作者:李渝、杨玲。

第 7 章:垂直气流处理方法,介绍了相控阵阵列天气雷达垂直气流生成处理技术。天气雷达探测降水区域大气垂直速度一般有三种方式:(1)利用三个雷达径向速度直接合成得到粒子垂直速度,然后通过反射率因子 Z 与粒子自由下落速度 V_T 之间的关系,得到粒子自由下落速度 V_T,最后计算得到大气垂直速度;(2)通过三维变分法计算得到空气垂直气流。这种方法涉及观测约束、大气质量守恒约束、边界条件约束等等约束,也用到了反射率因子 Z 与粒子自由下落速度 V_T 之间的关系;(3)利用风的分量 u、v,通过大气运动的连续方程在垂直方向积分计算垂直气流速度。其中双向变权重垂直积分方式能够显著抑制累积误差。本章还对比分析了直接合成法和三维变分法计算的垂直气流。作者:肖靖宇、李渝。

第 8 章:高分辨率强度场融合,介绍了相控阵阵列天气雷达增强空间分辨率的融合处理技术。空间分辨率包括距离分辨率、方位向分辨率和俯仰向分辨率。雷达探测体积中空间分辨率并不均匀。其中,雷达的距离分辨率由雷达发射脉冲宽度决定,不会随距离改变。方位向和俯仰向分辨率由天线的波束宽度决定,随着距离增大而降低。相控阵阵列天气雷达三个前端一组同步方位扫描,为使用高距离分辨率资料补偿低方位分辨率资料提供了条件,高分辨率融合技术利用相控阵阵列天气雷达两个前端波束交叉、距离分辨率高和数据时差小的特点,融合生成高分辨率的反射率因子产品。作者:叶开、马舒庆。

第 9 章:冰雹探测,介绍了基于相控阵阵列天气雷达探测冰雹天气过程资料和新一代天气雷达资料,分析冰雹过程动力结构、回波强度(反射率因子)结构以及变化特征,探索依托动力学和热力学信息监测预警冰雹的方法。作者:刘杨、马舒庆。

第 10 章:短时强降水探测,介绍了基于相控阵阵列天气雷达探测短时强降水天气过程资料和新一代天气雷达资料,分析短时强降水过程动力结构、回波强度(反射率因子)结构以及变化特征,探索依托动力学和热力学信息监测预警短时强降水的方法。作者:肖靖宇、杨玲。

第 11 章:龙卷探测,介绍了基于相控阵阵列天气雷达探测龙卷天气过程资料和新一代天气雷达资料,分析龙卷过程动力结构、回波强度(反射率因子)结构以及变化特征,探索依托动力学和热力学信息监测预警龙卷的方法。作者王瑞峰、李兆明。

第 12 章:在雷电监测分析中的应用,介绍了相控阵阵列天气雷达探测强对流天气过程资料在雷电监测中的分析应用,探索相控阵阵列天气雷达探测的风场和垂直气流与雷电发生的关系。作者:徐鸣一、梁丽。

第 13 章:在生态监测中的应用,介绍了相控阵阵列天气雷达在空中生态监测中的应用,包括探测空中生态目标原理、探测方法和监测个例。作者:滕玉鹏、梁丽。

本书的主要阅读对象是从事雷达气象学业务与科研的工作者,即气象雷达的使用者和资料产品的释用者,包括天气预报人员和天气与气候数值模式研究人员。本书也可作为有关大学和研究院所的一些专业教学与科研工作的参考书籍。

最后,作者感谢龙腾院士和许小峰研究员对本书写作的指导!感谢王振会教授、俞小鼎教授、魏鸣教授、黄兴友教授、张云教授、刘晓阳教授在相控阵阵列天气雷达应用方面的指导帮助!感谢李柏、刘黎平、高玉春、梁海河、柴秀梅研究员在数据质量控制、产品处理方面的指导帮助!感谢李忱研究员在相控阵技术方面的指导帮助!也感谢为本书写作提供文字、图片处理的年轻同志的支持和帮助!

作者
2024 年 1 月

目　录

第1章 引 言

相控阵天气雷达相比其他天气雷达,技术更复杂,采样速度成倍提高。相控阵天气雷达应用已成为天气雷达发展趋势。2002 年美国强风暴实验室(NSSL)联合多家单位把军舰上的宙斯盾相控阵雷达改装成一个相控阵天气雷达(NWRT),并进行了外场探测试验,这是天气雷达历史上的第 1 部具有相控阵快速扫描的雷达。随着 NWRT 外场试验展现出的精细化探测结果,相控阵技术逐渐走入天气雷达领域。2009 年,美国新研制的一维 X 波段车载相控阵天气雷达 MWR-05XP 参与了 VORTEX2 的风暴观测实验,在相同的位置与移动 X 波段、W 波段天气雷达联合观测,得到了龙卷、超级单体等强对流天气的精细结构。日本大坂大学和东芝公司研制了 X 波段的相控阵天气雷达(PAWR),其第一部雷达安装在大阪大学,并于 2012 年 7 月开始进行外场试验。该雷达可以在 1 min 内对积雨云进行立体探测,通过该雷达的探测数据,揭示了雷电活动和风暴结构之间的关系。

2007 年,电科集团 14 所改造一款军用相控阵雷达,实现了宽波束发射多波束接收的快速扫描,建立了我国第一部相控阵天气雷达实验平台。2014 年,中国气象科学研究院与安徽四创电子有限公司联合研制了 X 波段有源相控阵天气雷达,实现垂直电子扫描与水平机械扫描观测,采用了有源天线技术、直接数字合成技术、数字脉冲压缩技术。俯仰方向 14 波束同时扫描,大大缩短了体扫时间。同时,该型雷达可以预设三种不同的收发模式,即警戒观测模式、精细观测模式和快速扫描模式,以满足不同情况下的需要。航天科工集团 23 所、湖南宜通华盛公司、珠海纳睿达公司等也相继研制出了多种类型的相控阵天气雷达,在北京、长沙、上海、广东、江苏等地开始部署应用。

1.1 相控阵天气雷达技术发展特点

相控阵天气雷达由天线阵列、接收发射模块组件、信号处理组件、伺服、电源和数据处理及控制中心等构成。近些年,天线、信号处理、天线罩等方面的新技术在同时发展。

(1)相控阵天线技术

相控阵雷达天线是相控阵天气雷达最有代表性的关键部件。相控阵天线的方向图可以在远场和近场进行测量。两者都需要特殊的设计与安排,包括接近天线范围或在天线前安装探头的复杂机制,所有指向方向的测量也极其耗时。仿真计算是一种很好的参考设计方法。东京都大学利用仿真技术对平面形、圆柱形和半球形三种类型的相控阵天线进行数值模拟,评估了三种天线对雷达参数估计的精度。结果表明,由于平板天线波束宽、斜向旁瓣高,与圆柱形和半球形天线相比,平板天线的雷达反射率因子被高度高估,在水平方向(即方位角方向),真值与估计值之间的平均绝对误差约为 3.0 dB。对于圆柱形天线,仅在垂直方向被高估,绝对误差是 1.4 dB。半球形天线的估计精度与抛物面天线的估计精度相当,绝对误差是 1.0 dB。

美国俄克拉荷马大学针对共形天线阵列方向图综合问题,提出了一种改进的粒子群优化算法,优化圆柱极化相控阵雷达的波束形成权重,提出了一种新的两步目标优化方法。该算法第一步,定义水平极化的粒子群优化算法,使得水平极化达到低旁瓣电平和所有转换波束的期望波束宽度;第二步,对垂直极化进行多目标优化,以获得高匹配的水平和垂直共混模式以及低狭缝垂直极化。

日本三菱电气公司设计研制了一种注塑树脂制成的波导缝隙阵列天线,在交叉极化特性和天线效率方面,与传统贴片阵列天线相比,具有良好的性能,对减轻重量和降低成本也有贡献。采用方位机械扫描和俯仰电子扫描的波束扫描方法,天线面积为 3.2 m×3.2 m。天线每个极化由 74×16 子阵组成,每个子阵有 4 个辐射单元。阵列的波束宽度小于 1.2°。实现低于 −30 dB 的旁瓣电平。

(2)波束形成技术

传统的天气雷达体扫时间是驻留时间和波束位置数的乘积。相控阵天气雷达通过数字波束形成(Digital Beam Forming,DBF)发射更宽的波束,同时产生多个窄接收波束,从而大大缩短了体积扫描时间。此外,DBF 允许雷达波束自适应成形,以更好地抑制地杂波、干扰等,并提供改进的天气观测。俄克拉荷马大学研制的单极化 X 波段机动相控阵雷达,在垂直方向上由 DBF 操作,方位覆盖扫描通过机械旋转实现。

(3)数据传输和处理技术

相控阵天气雷达体扫时间短,数据更新快,仰角覆盖范围大,因此数据量和数据流量远大于常规抛物面天线雷达,数据传输、处理与存储分发的问题凸显出来。日本国家地球科学和抗灾研究所(NIED)、名古屋大学等合作开发了一个流数据处理系统,可以从相控阵天气雷达(MP-PAWR)的观测数据中实时生成各种产品。在雷达前端和处理系统之间建立一个 TCP 流。由 MP-PAWR 同时观测到的多个数据块以数据流方式送给 NIED,到达的数据存储在处理服务器的共享内存中。接下来的数据处理程序从共享存储器中搜索到数据,并执行质量控制、QPE 计算等。这个过程是逐项并行,结果保存在共享内存中。最终产品在 MP-PAWR 体积扫描观测结束后 10 s 内生成。

(4)多输入多输出(MIMO)技术

随着相控阵技术的发展,在信息通信系统中发展起来的多输入多输出(Multi-input Multi-output,MIMO)技术也已经应用到相控阵雷达系统中。其中一个作用是可以在实际天线之外创建虚拟天线孔径平面,在保持角度分辨率的同时,使实际天线尺寸比传统天线更小。这一效果有望降低成本,而成本是当前制约相控阵雷达广泛应用的重要的问题。为了证实这一作用的效果,日本京都大学利用 MU 雷达进行了观测试验。MIMO 技术要求每个发射机上都有正交的波形来识别多个接收机发送的信号。MU 雷达是一种具有多信道接收机的 VHF 波段相控阵大气雷达,可以方便地进行 MIMO 操作。

(5)脉冲压缩技术

相控阵天气雷达采用固态有源发射技术,因此脉冲压缩技术是相控阵天气雷信号处理的关键技术之一。与脉冲压缩波形相关的距离加权函数(Range Weighting Function,RWF)具有距离旁瓣,并可能导致来自相邻距离位置的污染测量。即使理论上设计的压缩波形具有可接受的 RWF 旁瓣电平,由系统引入的实际效果可能会使这些旁瓣电平超过可接受的限度。

俄克拉何马州诺曼中尺度气象研究所为了满足严格的距离分辨率要求,在波形设计过程中考虑实际的系统效应。典型的解决方案包括预失真波形或错配滤波器的设计。一方面,波形预失真可以以降低灵敏度为代价在 RWF 旁瓣电平方面产生更好的性能;另一方面,由于接收数据的下采样性质,与预失真发射波形相比,使用不匹配滤波器来补偿实际效果可能不是很有效。此外,水平极化和垂直极化的系统畸变可能不同,也会影响极化变量估计的质量。

(6)天线罩技术

雷达天线罩是雷达系统的重要组成部分,它提高整体结构强度,保护雷达天线免受风的过载,减小温度、湿度和压力等环境因素影响。此外,天线罩有利于系统的运行和维护,延长系统的使用寿命。天线罩的一个不利影响是,当其外表面存在水或冰时雷达信号的性能下降。根据工作频率、降雨强度、风力条件以及天线罩的形状和材料,天线罩会显著地衰减、反射和消偏雷达信号。对于低于 2.0 GHz 的频率,湿天线罩的影响相对较小。双极化天气雷达对极化产品(如差反射率 Z_{DR} 和线性去极化率 L_{DR})的精度要求很高,水平极化和垂直极化之间的不匹配,以及交叉极化分量的上升,将在 Z_{DR} 和 L_{DR} 的测量中引入偏差。交叉极化失配和上升的一个原因是天线罩上有水存在。以往的定量分析表明,在 50 mm/h 降雨条件下,水分以非平滑形式分布时,天线衰减可达 3 dB,200 mm/h 降雨条件下,天线衰减可达 5.6 dB。俄克拉荷马大学开展这项研究旨在调查雷达天线罩表面不同水层对极化相控阵天气雷达质量的影响。对不同形状的天线罩进行了分析,包括球形、圆柱形天线罩。提出了一种实时校准技术,以减小湿天线罩产生的水平极化信号与垂直极化信号之间的失配。

(7)相控阵天气雷达和国家天气雷达网发展

相控阵天气雷达与抛物面天线天气雷达气象学意义上的差别就是相控阵天气雷达能够多波束同时扫描,而抛物面天线天气雷达只能单波束扫描。如果相控阵天气雷达同时 N 个波束扫描,那么,在脉冲重复周期、FFT 点数、扫描俯仰角、扫描方位角、方位分辨率、俯仰分辨率等等决定体扫时间的参数相同情况下,相控阵天气雷达体扫时间是抛物面天线天气雷达时间的 1/N。体扫时间减少带来的意义:①时间分辨率提高,容易发现短生命周期的天气变化,容易捕捉小尺度天气;②使得同一体扫资料不同空间位置的资料可比性提高。现在的新一代天气雷达体扫时间 5～6 min,那么对于 6 min 内的变化就难以了解;③零度仰角的资料与最高仰角资料差 6 min,对于分析天气的垂直结构增加了很大困难。正是相控阵天气雷达多波束同时扫描,大大缩短体扫时间的能力吸引了国内外气象工作者。美国国家气象局(National Weather Service,NWS)明确提出了利用相控阵雷达来实现建立更快的扫描速度的国家雷达网更新换代目标。

美国国家天气雷达网从 20 世纪 80 年代末开始建设到现在,已经 30 多年了。国家天气雷达网如何发展?美国已经将目光投向了相控阵雷达。美国国家海洋和大气管理局(NOAA)的几个国家实验室已经开始评估到 2040 年更换天气雷达(WSR-88D)网的战略。这个替代系统必须至少保持 WSR-88D 的观测能力。此外,NWS 明确提出了更快的扫描速度的"客观"要求,这可能会增加龙卷和其他高影响天气的警报提前时间,并提高相关的检测概率,降低虚警概率。美国已提出一个时间表,2020 年开始雷达技术和应用评估,2025 年推出原型机,开始业务验证和评估工作,2030—2035 年完成采购,开始生产,2040 完成布设换代。

由美国国家海洋和大气管理局(NOAA)、联邦航空管理局(FAA)、林肯实验室、通用动力任务系统和俄克拉荷马大学联合开发了先进的验证雷达(Advanced Technology Demonstrator,ATD),ATD 是一个 S 波段双极化有源的相控阵天气雷达,有 4864 个发射单元,48(2×24)个接收机。伺服系统俯仰 180°旋转,方位 360°旋转。与现有 S 波段业务雷达不同,不采用真空管作为发射源,而采用固态发射技术,利用脉冲压缩波形来满足灵敏度和距离分辨率要求。这个雷达是一个验证平台。根据近几年 ATD 系统的研究成果,美国计划基于现有 ATD系统再开发二代系统,支持美国国家气象局(NWS)主导的相控阵雷达运行评估,为探讨下一代用于国家雷达网的相控阵雷达技术和业务建立提供支撑。

在 NOAA 海洋及大气研究中心(OAR 等)持续资助下,通过几年努力,在雷达气象标准化的研究方面取得进展如下:①体系结构(阵列几何、阵列大小、数字化水平);②极化标定和补偿;③与 WSR-88D 相比的数据质量差异;④相控阵雷达技术的发展(能力和成本);⑤扫描策略、预报员接口、同化方法;⑥预报和预警服务效益;⑦雷达网和辅助传感器的布局。

(8)多种类型短程探测相控阵天气雷达

2003 年,美国 CASA(Collaborative Adaptive Sensing of the Atmosphere,协同自适应大气探测)计划提出了短程雷达近距离布设、协同观测的概念,由此,多雷达短程(几十千米)协同观测成为天气雷达一个新的重要发展方向。CASA 计划的几个子计划都采用了抛物面天线雷达,因此,在对天气系统的空间覆盖和数据时差(同一空间点不同雷达数据获取时间的差)都难以满足应用需求。用相控阵天气雷达将很好地弥补上述不足。

美国俄克拉荷马大学的高级雷达研究中心研发了一种移动式 X 波段相控阵雷达(AIR),AIR 使用数字波束成形技术(DBF)来进行垂直方向扫描,在方位角上通过机械转向。该雷达在 110°方位角×20°仰角扇区体积上以 7 s 的时间分辨率获得观测数据。

俄克拉荷马大学的高级雷达研究中心正在与 NOAA 的国家强风暴实验室合作,开发 S 波段数字波束双极化相控阵移动天气雷达(Horus)。Horus 雷达具有 1024(32×32)个双极化信道,在自适应波束形成等方面将具有极大的灵活性。每个信道将产生 10 多瓦的峰值功率,支持 10%的占空比,在 50 km 处的灵敏度约为 12.5 dBZ。

美国国家科学基金会(National Science Foundation,NSF)资助的移动 C 波段相控阵天气雷达系统(PAIR),借鉴了 AIR 和其他雷达系统的开发和部署中的经验教训,提高了可靠性、可维护性、易用性、安全性和可现场快速部署能力等。PAIR 的体系结构提供了独特的扫描灵活性,以及双极化探测,具有快速的体扫时间,PAIR 能够同时在仰角方向上执行 DBF 操作,通过机械旋转实现方位角覆盖。最快体扫时间为 6~10 s。使用的 DBF 技术允许自适应调整雷达波束的形状,以更好地抑制地面杂波与干扰等,并提供改进的天气观测。

日本无线电有限公司研发了一种单极化 X 波段相控阵天气雷达。它只需要 30 s 就可以完成半径 80 km 以内、高度 20 km 内的体积扫描。它从 16 个缝隙天线单元发射水平极化波,126 个缝隙天线单元接收回波信号,采用数字波束形成 DBF,空间分辨率高达 50 m。

美国俄克拉荷马大学牵头研制的圆柱形极化相控阵雷达(CPPAR),首次采用圆柱形相控阵天线进行气象探测应用,使用单束机械扫描和换向束电子扫描,可以在各个方向上具有方位角和极化扫描不变束的特性,从而可以进行高质量的天气测量。

(9)相控阵天气雷达成为天气雷达发展方向

美国气象部门在技术层面和业务层面的研究,展示了天气雷达的重要的、有影响力的工作成果,让人们看到了相控阵天气雷达作为下一代业务使用天气雷达的可能性,他们也表达了选择相控阵天气雷达作为国家雷达网的基本观点——利用相控阵快速扫描的特点,缩短体扫时间,提高雷达网捕捉小尺度天气系统的能力。

在工作波段上有 S、C、X,在极化方式上有单极化和双极化。这些相控阵天气雷达也有不少共同点:大部分径向探测范围为几十千米;峰值发射功率不大,在几百瓦量级;采用有源天线体制;采用数字波束形成技术(DBF);一维相控阵,俯仰电扫,方位机械扫描;多波束同时扫描,体扫时间大大缩短。

1.2 相控阵雷达是改进强对流天气预报预警的必要重器

相控阵天气雷达采用先进的相控阵技术形成定向波束和扫描,近 20 年国内外积极发展相控阵天气雷达。然而,为什么要发展相控阵天气雷达呢?是因为采用了先进的相控阵技术?不是!是因为雷达不用转动天线就能完成扫描探测?也不是!那究竟是为什么?为了弄清楚这个问题,先回顾一下近 40 年天气雷达的发展历程。

(1)新一代天气雷达在天气监测中作用和重大意义

我国天气雷达应用已经从最初模拟探测、定性分析,发展到数字化、多普勒定量化探测、综合分析。20 世纪 90 年代之前,我国采用国产 711、713、714 天气雷达在全国布网观测,输出的基本产品仅是反射率因子,一般称回波强度。从天气雷达上看到回波,说明大气中水汽凝结成水滴,或冻结、凝华成冰粒。凝结、冻结、凝华就会有潜热释放。也就是说,看到回波就看到了大气中发生了水汽从气态到液态、固态的转变热力学过程,回波越强,对应的天气过程的强度越大。这就是我们利用天气雷达进行短期临近天气预报的物理学基础。1999 年,我国开始布设新一代多普勒天气雷达,目前在全国已布设 200 多部新一代多普勒天气雷达,构成全球最大的国家级天气雷达网,提供基本产品(强度、速度、谱宽)和导出产品(多达 70 多种)。新一代多普勒天气雷达在灾害天气监测和防灾减灾中发挥了巨大作用。

一台 713 雷达价格在百万元,一台新一代多普勒天气雷达价格在千万元,后者价格相当于前者的 10 倍。在 20 世纪 90 年代一台新一代多普勒天气雷达的价格相当于几万人一年的工资。从 711、713 雷达发展到新一代多普勒天气雷达投资巨大,中国气象局的决策坚定,战略眼光远大。新一代多普勒天气雷达与 711、713 天气雷达的差别就是增加了径向速度探测功能。径向速度就是目标物运动速度在雷达波束方向的投影,反映了目标物的运动信息。有了径向速度,就有了一系列天气雷达测风方式,包括单雷达测风技术方法和多雷达测风技术方法。这些技术为天气预报分析提供了新的动力学信息支撑。雷达径向速度同化进入数值预报模式中,也改善了数值模式的预报能力。可以说,由新一代多普勒天气雷达替代 711、713 雷达就是开启热力学探测迈向热力学探测结合动力学探测的新时期。

(2)如何赓续新一代天气雷达发展思路

单雷达风场反演,如 VAD(Velocity-Azimuth Display),它是在风场水平均匀的假设条件下得到的,只能在满足大气风场均匀条件下才能有效,例如在层状均匀降水层中。在对流天气降水区域,风场是不均匀的,因此,单雷达风场反演应用受到了限制,或者说不适合对流天气区域的应用。

从国内外多雷达联合探测风场的发展来看,双(多)多普勒雷达风场合成、风场反演方法在观测系统模拟试验(OSSE)和外场实际观测试验中,被证明能够提供较为准确的风场分析。

然而,由于在多普勒天气雷达进行体积扫描时,降水系统内部发生演变且快速移动。特别是在实际观测中,多部雷达不能在所有空间点上同步观测。同一空间点上多部雷达的数据就会出现时间不一致,即数据时差,从而导致风场合成、风场反演的结果出现较大误差,甚至失效。为了解决这个问题,20 世纪 80 年代国外学者 Gal-Chen(1982)和 Chong 等人(1983)开发了风暴平流校正算法,他们根据风暴运动方向考虑了内在的时间变化情况,这可为修正方程组提供较为准确的求解结果,同时减小风暴运动引起的平流效应造成的误差。但是,该算法的假设前提是将整个风暴的平流速度认为是恒定值。然而在快速变化的风暴运动中每个空间点的速度变化剧烈,不是简单的统一变化,这会引入较大误差。Shapiro 等(2021)、Potvin 等(2012)、Dahl 等(2018)改进了三维变分风场反演方法中空间变平流校正和内在演化估计,提高了风场反演的精度。他们的试验结论表明,雷达体积扫描周期在 2 min 内可以显著提高风场反演精度。然而,传统雷达在真实观测实验中体积扫描周期约为 5~6 min。图 1.1 显示,2021 年 5 月 14 日苏州龙卷过程中,用上海及周边地区新一代天气雷达的组网数据反演的 500 m 高度风场。从图 1.1 可见,新一代天气雷达反演的风场可以正确揭示天气尺度的风场,但对于龙卷主体区域(蓝圈区域)的风场却不能正确反映,龙卷外围风场最大值达 20 m/s,而龙卷主体区域风速在 2~4 m/s。为什么龙卷区域的风速误差很大?这种巨大误差就是雷达数据时差巨大造成的。所谓雷达数据时差是指不同雷达波束扫描空间同一点的时间差。新一代天气雷达体扫时间 6 min,也就是多个雷达波束扫过空间同一点的最大时间差可达 6 min。假如第一个雷达波束扫过空间某一点 2 min 后,第二个雷达再扫过这一点,那么两个雷达获取这一点的径向速度的时间差就是 2 min,也就是径向速度数据时差为 2 min。当探测的目标是龙卷,龙卷移动速度是 10 m/s,那么 2 min 龙卷移动了 1200 m,尽管是同一空间点上的资料,但是由于数据时差的原因,这一点两个雷达的径向速度资料实际是龙卷不同部位的资料,有可能第一个雷达探测到龙卷的前部,第二个雷达探测的就是龙卷的后部,用这组双雷达资料反演风场,其结果必然是错误的。通过这个例子,我们可以看到,对龙卷、冰雹、雷暴大风等强对流变化天气,可以利用现有新一代天气雷达得到层状云降水区域风场,而不能得到强对流天气主体或核心区的正确风场。

从图 1.1 我们可以看到,图中大部分区域风场是正确的,只有少部分区域(龙卷主体区)风场是错误的。从数量上来看是不是可以忽略这个"少部分"?回答是不能!因为这个少部分区域正是我们最为关心的,这个区域是致灾最严重的区域,龙卷、冰雹、短时强降水就发生在这个区域。如果要提高和突破现有短时预报的水平,提高气象防灾减灾的保障能力,就需要正确探测到这个"少部分"区域的风场。新一代天气雷达网的建立使得我们在大尺度天气系统中能够实现热力学探测和动力学探测,那么怎么使得在小尺度对流天气系统中也实现热力学与动力学结合的探测呢?通过研究,我们知道之所以新一代天气雷达不能正确探测强对流区域风场,就是因为数据时差太大。数据时差是由雷达的扫描速度决定的。相控阵雷达具有多波束同时探测能力

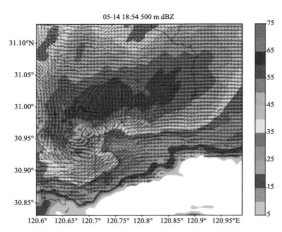

图 1.1 2021 年 5 月 14 日苏州龙卷过程中新一代雷达探测风场(风矢)和强度场(色标)

(采用抛物面天线的新一代天气雷达只能单波束探测),能数倍或十数倍地提高扫描速度,减少体扫时间,能够数倍或十数倍降低数据时差,为对流区域风场正确反演提供了条件。

新一代天气雷达完成俯仰 0°~20°,方位 360°的体扫时间是 360 s。当组网观测时,最大数据时差可达 360 s。短程探测 16 波束相控阵雷达完成俯仰 0°~90°,方位 360°的体扫时间是 30 s,体扫时间只有前者的 1/12,组网观测最大时数据时差为 30 s。相控阵阵列天气雷达采用了独特的方位同步扫描技术后,最大数据时差进一步降为 5 s,也就是相控阵雷达数据时差的 1/6,这就为对流区域风场正确探测提供了充分的保障,就能够在龙卷、冰雹、雷暴大风、短时强降水等强对流天气中正确探测水平风场和垂直气流,为强对流天气预报预警提供新的支撑,推动强对流天气短临预报上台阶打下坚实的信息基础。

在新一代天气雷达网的基础上,在重点区域(如城市)布设短程相控阵阵列天气雷达,将有效解决短临预报信息不完整、缺乏强对流区域动力学信息(风场、垂直气流)的严重问题。对流天气大气在垂直方向的运动方程式如式(1.1)所示:

$$\frac{\mathrm{d}w}{\mathrm{d}t} = \frac{1}{\rho}\frac{\partial p'}{\partial z} + g\left(\frac{T'}{T} - \frac{P'}{P} + 0.61qv - qc\right) + Fw \tag{1.1}$$

式中,方程式左边是垂直方向加速度,右边第一项是气压梯度力,第二项是浮力项,第三项是湍流项。在没有风场、垂直气流的情况下,只能估算右边第二项浮力项,不能确定其他项。有了风场、垂直气流后,方程式左边垂直方向加速度,右边第二项浮力项,第三项湍流项都可以得到,就有条件解算右边第一项气压梯度力,从而完整描述大气的对流运动。由此,我们清楚地看到短程相控阵雷达探测在气象学中的重大价值,也能深切感触到短程相控阵雷达探测对强对流天气机理认知、预报预警和防灾减灾的重大意义。

传统的短临预报是在天气背景下,基于天气雷达回波强度、径向速度和双偏振量分析的结果。基于对强对流天气完整的动力学和热力学探测,可以建立新的短临预报思路和技术。

1)基于垂直气流探测的新冰雹监测预警

冰雹短临预报,通常是冰雹在空中形成,雷达探测到强度很强的回波,或者出现很强的衰减,如"V"形缺口,双极化观测量也有相应的反映,这个时候发出冰雹预报预警。这种预报预警的时效,或者说提前量就是冰雹落到地面的时间以及冰雹云体移动到下游地区的时间。当有了风场和垂直气流,冰雹的预报预警方法就要发生新的改变。首先是看风场的垂直结构和垂直气流,风场的垂直结构和垂直气流满足或者趋于满足冰雹形成的条件,即使回波强度还没有那么强,双极化量还没有达到冰雹阈值,也可以预报降雹,反之就可以不报降雹。例如,当垂直气流和回波强度不断加强,就可以根据这个加速度预报未来几分钟、几十分钟有可能产生冰雹。显然这种思路在判定冰雹和预报冰雹的发生时间上都会优于传统的方法。上海市气象局相控阵阵列天气雷达实验室利用相控阵阵列天气雷达进行了新冰雹指数的验证试验,获得了初步的结果,新的冰雹指数加入风场因子,冰雹预报时间可以提前约 20 min。

2)基于水平涡度的龙卷预报预警

龙卷是最强烈的气象灾害天气,国内外都在不间断地研究探索龙卷的快速识别与预报预警方法。美国目前对龙卷的预警能力还是 15 min 左右。为什么龙卷的预警能力很难提高,关键是现在的预警方法是基于龙卷涡旋信号(Tornado Vortex Signal,TVS),实际是基于径向速度判别龙卷涡旋是否出现。在龙卷涡旋出现之前,通过径向速度难以在涡旋出现前判别是否会发展成涡旋,因此很难突破现在的预警时间。有了风场就不同了,可以在涡旋出现之前通过涡度的变化来预判有没有可能发展成涡旋,从而就有可能将预警时间从涡旋形成之后拓展到涡旋形成之前,延伸预警时间,为防灾减灾提供支撑。2021 年 7 月 21 日,雄安新区相控阵阵列天气雷达捕获到一个涡旋形成过程,如果用径向速度,在涡旋出现前,就不能进行预报,用风场就能在涡旋出现之前看到涡度不断加强,预测出涡旋的出现。

3)基于风场建立短时强降水预报方法

短时强降水也是强对流天气中的一种。通过天气雷达反射率因子或双极化量就可以计算出雨强,累积多时刻雨强,就可以得到降水量。那么对于未来时刻降水,通常采用线性外推。当有了风场和垂直气流后,就可以通过动力与热力结构的配置和变化分析降水的演变。佛山气象局利用相控阵阵列雷达探测的 2021 年 9 月 4 日资料进行分析,发现降水对流单体在初生、发展和消亡过程中与风场有很好的对应关系,其相关性高于反射率因子。不同高度的涡度、散度也有明显的特征。从这些特征看到了建立新的预报方法的希望。

4)基于风场建立新的大风预警指数

强对流天气中直线型雷暴大风在相控阵阵列天气雷达的探测中,可以直观地给出风场三维结构。通过下沉气流的分布和增强趋势,可以预测对流风暴中的下沉气流达到地面时辐散产生的大风。与现有通过回波重心下移,位能转换动能的方式结合,将进一步提升预报的时效和准确性。

在阵列天气雷达探测基础上建立新型短临预报方法的工作刚刚开始,上述的描述只是建立新型短临预报方法的初步思路和粗浅的认识。在高分辨动力学、热力学探测信息基础上建立新型短临预报方法的研究实践的路子还很艰辛而漫长。但是,这是一条突破现有短临预报的发展路径。到这里,是不是可以回答为什么要发展相控阵天气雷达了:新一代天气雷达开启了天气雷达从热力学探测走向热力学探测结合动力学探测的新时期,相控阵天气雷达赓续这一使命,实现强对流天气区域热力学与动力学结合探测,从而推动强对流天气短临预报水平实质性的提高。

1.3　相控阵天气雷达短程探测是我国天气雷达组网的发展方向之一

天气雷达出现后都是用于远程探测,即几百千米的探测,比如新一代天气雷达最大探测距离 400 km。21 世纪初,美国开始了天气雷达短程探测研究(CASA 计划),天气雷达短程探测方式是用多部最大探测距离为几十千米的多普勒雷达,间隔几十千米(30~50 km)布设,这些雷达探测区域重叠(空间同一个点有多个反射率因子、径向速度)。CASA 计划中短程探测的优点是:(1)地球表面曲率(简称地曲)影响小,可以获取较为完整的低空资料;(2)分辨率高,空间分辨明显提高,特别是径向分辨提高到几十米;(3)在空间同一点有多个雷达探测资料,可以融合提高数据质量,也为合成风场提供条件;(4)垂直速度在径向速度中的贡献增大,使得垂直速度直接测量成为可能。近些年,国内外开展利用相控阵雷达进行短程(组网)探测,不仅具有CASA 计划短程探测的优势,而且将风场探测能力进一步提升。国内自主研发的方位分组同步扫描技术使得相控阵雷达测风能力进一步提高,几乎所有天气条件下都能正确获取完整风场,为短临预报提供完整的动力学和热力学信息。

　　讨论到这里,很自然就又有一个问题了,这就是短程探测与远程探测的关系。美国在提出 CASA 计划时,其思路就是用几万个短程雷达替代远程探测雷达覆盖全美国大陆(CONUS)。即使从现在的技术来看,这也很难现实。也有一种说法就是有远程雷达就够了,不用发展短程探测雷达,这种说法也难以满足客观需求。比如前面列出短程探测四个特点,其中地曲的影响和垂直速度探测,远程探测就是无法弥补的缺陷。距离一远,由于地球曲率的缘故,就会有低层探测不到(盲区)的问题;距离一远,垂直速度在径向速度上的比重就下降,以致不能正确直接探测到垂直速度,而强对流的特征就是垂直运动强烈,垂直运动信息的获取对强对流天气的认识和预报能力的突破十分重要。因此,远程探测雷达与近程探测雷达结合是科学发展的道路。远程天气雷达网大范围监测,获取大尺度天气变化信息,短程雷达网精细化探测,获取高分辨动力学和热力学信息。我国未来现代化天气雷达体系应该由远程天气雷达网和短程雷达网共同构成。

　　近几年,我国相控阵天气雷达开始应用,而且大部分是以短程探测的形式在应用。之所以存在大量短程相控阵天气雷达,主要还是由于天气雷达短程探测存在上述不可替代的特点,特别是相控阵天气雷达同时多波束探测的独特优势。短程探测相控阵天气雷达探测范围设计为几十千米;短程探测相控阵天气雷达是针对强对流探测的需求,强对流回波强度大,没有把探测灵敏度设计得过高,不是技术上有什么难点,主要还是考虑“性价比”。把天线单元增加,或增加发射功率以及其他技术措施,都能将雷达的探测灵敏度大幅度提升。但是这些措施都是以显著增加设备造价为代价的。雷达切向分辨率由波束宽度与距离两者决定,新一代天气雷达波束宽度 1°,当最大探测范围 200 km,最差切向分辨率 3500 m。短程相控阵天气雷达波束宽度选取 1°~2°,以波束宽度 1.6°为例,如果最大探测距离 30 km,那么 30 km 处切向分辨率为 820 m。也就是说,在 30 km 探测范围内最差切向分辨率为 820 m。因此,在雷达探测范围内,无论是最大切向分辨率,还是平均切向分辨率,相对新一代天气雷达,相控阵雷达还是比较高的。当然,如果要提高相控阵雷达的探测范围、灵敏度和切向分辨能力在工程上都是能够做的。目前,天气雷达短程探测主要采用 X 波段无线电频段,之所以采用这个波段,主要原因还是 X 波段雷达体积相对小,重量轻,便于布设,对弱回波敏感。当然,X 波段的降水衰减是比较严重的,由于短程探测,降水衰减问题就有可能通过衰减订正得以解决或基本解决。

　　新一代天气雷达开创了强度探测迈向强度探测与速度探测相结合的雷达探测发展新时期,表征了强度探测与速度探测结合对于大气科学、灾害天气监测、防灾减灾的重大意义,反演风场对于揭示大尺度天气系统有重大作用。利用相控阵同时多波束探测的功能,可以大幅度降低体扫时间,在组网观测时,能数倍乃至十数倍减小数据时差;相控阵阵列天气雷达采用方位同步扫描技术,进一步降低数据时差,从而在对流天气(区域)能够正确探测风场,为强对流天气短临预报提供完整的动力和热力学信息,为强对流预报预警发展上台阶提供基础。

　　本书将首先介绍相控阵阵列天气雷达,然后介绍基于已经布设的相控阵阵列天气雷达探测资料开展的分析研究,初步展示动力学和热力学信息在揭示、预报强对流天气的意义。目前的工作还是起步,还需要开展大量的研究工作,需要研究人员和预报一线的专家共同努力。一方面需要不断完善相控阵雷达技术,提高探测能力。另一方面,如何将新的探测信息尽快用于业务发挥作用还有大量工作要做,要通过攻关,建立基于高分辨热力学和动力学信息的预报方法和预报系统。

第 2 章　相控阵阵列天气雷达概述

最初的天气雷达只能探测强度(即雷达反射率因子)。多普勒天气雷达的出现,实现了强度探测为主,辅之不完整的速度信息(径向速度)探测。网络化天气雷达为精细、更完整揭示小尺度天气系统变化规律提供新工具,由于相邻雷达探测范围重叠,可以利用重叠的不同方向的探测资料合成风场。2003 年,美国开始了 CASA 计划,提出了网络化天气雷达概念,利用多部 X 波段小功率短程天气雷达组成网络化雷达系统,通过分布式协同自适应探测(DCAS:Distributed Collaborative Adaptive Sensing)模式,实现对关注区域进行高时空分辨率的观测,弥补现有远程雷达的探测盲区。位于美国俄克拉何马州的西南部的网络化雷达,主要研究低空风灾及相关灾害性天气的观测。4 部雷达分布在近似菱形的顶点,雷达间相距约 25 km。2007 年,IP2(Integrative Projects 2)安装在美国得克萨斯州的休斯敦,主要目的是改进城市洪水的监测和预报。2010 年 1 月,IP3(Integrative Projects 3)成功安装在波多黎各,研究复杂地形下的热带降水和由此引发的山洪和山体滑坡。IP4(Integrative Projects 4)被称为 CLEAR,主要研究无降水大气中的风场测量,以改进对对流的发源地和污染物输送的预报。IP5(Integrative Projects 5)是 IP1 的升级实验平台,综合采用 CASA 工程中发展的技术。经过不断的试验和改进,CASA 网络化雷达通过 DCAS 模式实现了对关注区域进行高时空分辨率的观测。

2013 年,主要由中国科学院大气物理研究所与南京恩瑞特公司合作,中国气象局大气探测中心和中国气象科学研究院参与,建立了国内第一个网络化雷达系统。其由四部 X 波段雷达组成,其中两部是具有双极化功能的全固态雷达,另外两部是磁控管雷达。四部网络化雷达架设在南京古平岗、句容、禄口和仪征,组成菱形分布,雷达间距离为 40 km 左右。这个雷达系统 2013 年 6 月架设完成,2013 年 6—10 月、2014 年 5—10 月进行了观测试验。

国内外的网络化雷达与美国多普勒雷达网和中国多普勒雷达网最大区别在于后者每个雷达独自探测,前者雷达进行协同探测,即网络化雷达系统中的每一个雷达是根据网络化雷达系统规划的自适应探测目标和探测策略进行扫描探测。网络化雷达系统的应用研究表明,网络化雷达可提高中小尺度危险天气预报的准确性,延长预报预警时间。从技术和经济等方面证明了网络化雷达的可行性,并且为 S/C 波段雷达网络提供有益补充。但由于上述网络化雷达扫描速度慢,几部雷达完成协同观测区仍需要 1~2 min,几部协同探测的雷达相同空间的探测资料时间差在 1~2 min,对变化速度快的小尺度天气系统来说,无论是强度资料融合和径向速度资料合成都存在较大误差,甚至使径向速度资料合成失效。为了解决这个问题,2015 年完成了相控阵阵列天气雷达设计,2017 年研制出了第一套相控阵阵列天气雷达。相控阵阵列天气雷达实际上就是分布式相控阵天气雷达。相控阵阵列天气雷达主要目的就是要能够在绝大多数降水中,特别是强对流中探测到正确风场,从而为强对流天气监测预警提供动力学和热力学配对的探测资料。

2.1　相控阵阵列天气雷达结构

相控阵阵列天气雷达由控制与数据处理中心(雷达后端)和三个以上分布在不同地方,采用相控阵技术的信息获取单元(雷达前端)构成。图 2.1 是一个包括 14 个雷达前端的阵列天气雷达示意图,14 个雷达前端布设在探测区,从而覆盖探测区。雷达后端向 14 个雷达前端发送控制命令,并从 14 个雷达前端接收探测到的反射率因子和径向速度,对这些数据处理后得到融合反射率因子和风场。

相控阵阵列天气雷达与相控阵天气雷达主要差别在于:前者有三个以上雷达前端,后者只有一个雷达前端;前者的雷达前端按三角形布局,每三个相邻雷达前端一组方位分组同步扫描,后者以一点为圆心扫描;最关键的差别是前者可以直接合成风场,后者只能得到径向速度,在满足一定的前提条件(比如风场均匀)下反演风场。

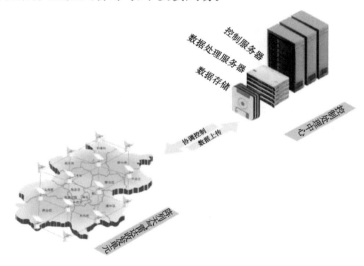

图 2.1　阵列天气雷达示意图

雷达前端采用相控阵技术体制,由天线、接收发射通道、信号处理器、方位旋转伺服机构、电源模块等部分组成。雷达前端通过 64 个发射通道发射电磁波,在空中合成定向波束,64 个接收通道接收云雨粒子散射回来的电磁波信息,并经过放大、下变频、AD 转换、数字下变频、数字波束形成、脉冲压缩、FFT 和谱分析得到云雨粒子的反射率因子、多普勒径向速度、径向速度谱宽,将这些信息通过通信网络传输到雷达后端。雷达前端按三角形布局,即相邻三个雷达前端构成三角形。考虑到尽可能缩短体扫描时间,FFT 点数设为 64,脉冲重复频率设为 7 kHz/20 kHz(宽脉冲/窄脉冲)。表 2.1 给出了雷达前端的主要技术参数。

雷达后端主要由控制服务器、数据处理服务器、数据存储服务器和网络通信模块组成。控制服务器控制雷达前端方位分组同步探测,将雷达前端按相邻三个一组编组,按顺序进行扫描。控制服务器另一个功能是监测雷达前端的运行状态。数据处理服务器将雷达前端传来的径向速度数据合成速度矢量场 $V(x,y,z)$,将三组强度数据融合为一个反射率因子场 $Z(x, y,z)$,形成目标物(云、雨)高时空分辨三维流场和强度格点数据。数据存储服务器存储、分

11

发数据。相控阵阵列天气雷达的总体结构如图 2.2 所示。

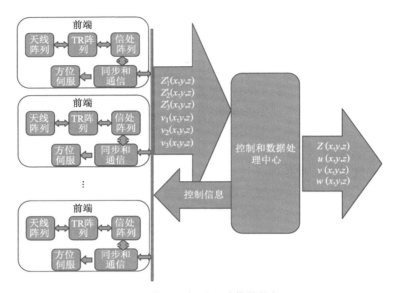

图 2.2　阵列天气雷达总体结构框图

通信在相控阵阵列天气雷达中占着至关重要的作用,它是实现同步观测和数据传输的重要一环。雷达前端与雷达后端之间数据传输有两种链路,一种是无线信道,如 5G 信道;另一种是有线信道,如宽带。

表 2.1　2018 年布设在长沙的相控阵阵列天气雷达主要技术指标

名称		主要技术指标
技术体制		分布式相控阵
工作频段		X 波段
雷达前端间隔		20~60 km
分辨率	距离	≤50 m
	方位	≤1.6°
	俯仰	≤1.6°
探测范围	强度	0~70 dBZ
	速度	±56 m/s
	谱宽	0~16 m/s
天线扫描方式	方位	机械扫描
	俯仰	电扫方式
天线扫描范围	方位	0°~360°
	俯仰	0°~90°
三维探测子区探测时间	(方位 60°,俯仰 90°)	2 s
	三维探测(方位 360°,俯仰 90°)	12 s
天线口径		1.2 m×1.2 m
发射峰值功率		≥320 W
脉冲宽度		4 μs,20 μs

2.2　相控阵阵列天气雷达的雷达前端布局和探测区

之所以称其为相控阵阵列天气雷达就是因为由多个雷达前端按照设定的规则分布和扫描。相控阵阵列天气雷达的基本布局方式为三角形布局,雷达前端设置在三角形的顶点。最典型的是等边三角形布局。阵列天气雷达最基本的布局为三个雷达前端,图 2.3a 是三个雷达前端布局和水平探测范围图。从图 2.3a 可以看出,三个雷达前端构成的三角形区域为三维探测区,在这个区域里的每个空间点都有三组强度数据 $Z_1'(x,y,z)$、$Z_2'(x,y,z)$、$Z_3'(x,y,z)$ 和三组径向速度数据 $v_1(x,y,z)$、$v_2(x,y,z)$、$v_3(x,y,z)$。当三个雷达前端做 360°方位扫描时,三角形外的彩色区域也有探测资料,这些彩色区域称之为普通探测区。由于每个雷达前端是方位 360°扫描,俯仰 0°~90°扫描,因此,三维探测区和普通探测区都是立体,三维探测区是以三个雷达前端构成的三角形为截面的三角形柱体,如图 2.3b 所示。

三个雷达前端之间的距离决定了三维探测区的覆盖范围。如何选择雷达前端之间的距离主要考虑的技术因素有降水衰减、测速范围、低空覆盖、切向分辨等。

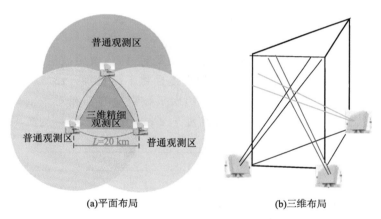

(a)平面布局　　　　　　　　　(b)三维布局

图 2.3　三前端阵列天气雷达布局及探测区域图

2.2.1　降水衰减

降水对电磁波产生衰减,表 2.2 给出了 50 mm/h 强降水对 S、C、X 波长的衰减。S 波段衰减最小,X 波段衰减最大,C 波段介于二者之间。

表 2.2　降水对 S、C、X 波长的衰减

波长/cm	50 mm/h 降雨 20 km 衰减/dB	50 mm/h 降雨 30 km 衰减/dB	50 mm/h 降雨 40 km 衰减/dB
10	0.3	0.45	0.6
5.7	4.3	6.4	8.6
3.2	24	37	48

注:R 表示降水强度(率)。

2.2.2　测速范围

相邻雷达前端之间的距离决定了雷达前端最大探测距离,雷达前端最大探测距离不应该小于相邻雷达前端之间的距离。而雷达前端最大探测距离与最大不模糊速度成反比。表 2.3 给出了 X 波段雷达最大探测距离与对应的最大不模糊速度。当把最大探测距离设置为 20 km,最大不模糊速度为 60 m/s。当把最大探测距离设置为 40 km,最大不模糊速度为 30 m/s。增加最大探测距离,势必减小测速范围。

表 2.3　X 波段雷达最大探测距离和最大不模糊速度

最大探测距离/km	最大不模糊速度/(m/s)
20	60
30	40
40	30
100	12
200	6

2.2.3　低空覆盖

由于地球表面是个球面,当电磁波沿水平方向发射,即使电磁波沿直线传播,随着相对雷达前端所在点的距离增加,雷达波束离地面的高度也将不断增加。图 2.4 给出了在标准大气条件下,假定雷达自身相对地面高度为零,雷达水平波束中心轴相对地面的高度。在 10 km 处,波束离地高度 6 m;60 km 处,波束离地高度 212 m;100 km 处,离地高度 588 m。

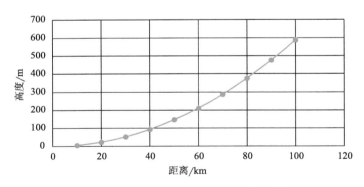

图 2.4　雷达波束在不同距离的高度曲线

2.2.4　切向分辨率

切向分辨率由雷达波束宽度和距离共同决定。波束宽度越大、距离越远,切向分辨率越低。切向分辨率为:

$$A = \frac{\pi}{180}\theta \times R \qquad (2.1)$$

式中,θ 为波束宽度,单位为度,R 为相对雷达的距离。当 $\theta = 1.6°$,$R = 5$ km、10 km、20 km、

30 km,切向分辨率分别为 0.14 km、0.28 km、0.56 km、0.84 km。当最大探测范围为 30 km,那么在最大探测范围内,最低切向分辨率为 0.84 km,平均切向分辨率为 0.42 km。

在实际应用中,不仅要考虑相控阵阵列雷达的探测性能,而且要考虑应用目标的实现和相应的经费投入。关注的探测对象尺度越小,变化越快,越需要雷达前端布设密度大,反之可以稀疏些。关注的区域确定后,可以根据经费的投入量选择雷达前端数量和布设间距。

三个雷达前端是相控阵阵列天气雷达最基本的构成,如要扩大探测覆盖范围,可以增加雷达前端数量。要覆盖一个大的区域,如整个北京市,就需要较多的雷达前端按三角形布局。

图 2.5 给出了覆盖北京的相控阵阵列天气雷达前端布设示意图。图中每个三角形的顶点设一个雷达前端,总共布设 13 个雷达前端,相邻雷达前端间隔

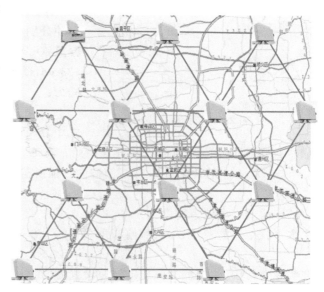

图 2.5　北京市阵列天气雷达布设示意图

20 km,三维探测区面积为 3518.23 km²,可以实现对北京市六环内区域的全空域三维精细化探测。

2.3　相控阵阵列天气雷达扫描方式

相控阵阵列天气雷达的前端采用一维相控阵扫描技术,即俯仰向采用相位控制扫描,方位向采用机械扫描。方位向波束是通过波导缝隙布局或微带分布自身形成。俯仰向发射波束通过控制送到各天线阵元的信号相位幅度形成。俯仰向接收波束采用数字波束形成技术,相对模拟波束形成技术其优点是无一般微波电路的调整要求,特性具有内在重复性,系统测试简便,具有再组合和可编程能力。俯仰向通过 64 个发射通道向天线上的 64 根波导输送相位、幅度可控的射频信号,形成俯仰发射波束。改变 64 个发射通道信号的相位和幅度,就改变发射波束方向和波束宽度。64 个接收通道接收天线上 64 根波导接收的射频信号,经过放大和模数转换后通过 16 路数字波束形成数字电路形成 16 个不同指向的波束。改变波束形成参数,就可以改变每个波束的指向。

2.3.1　俯仰向扫描

依托数字波束形成技术的再组合和可编程能力,雷达前端在俯仰向可以有多种扫描工作模式。例如 16 波束同时探测模式和单波束探测模式。

16 波束同时探测模式俯仰向采用 64 个波束覆盖 0°～90°。分 4 次完成,依次覆盖 0°～22.5°、22.5°～45°、45°～67.5°、67.5°～90°。每次发射一个波束宽度 22.5°的波束,如图 2.6a

15

所示。接收回波信号后,通过数字波束形成得到16个波束宽度1.6°(天线面法向)的波束,如图2.6b所示。发射波束的仰角依次抬高22.5°,完成0°~90°仰角覆盖。

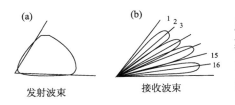

图2.6 俯仰向扫描

采用16波束体同时探测模式扫描时,宽脉冲和窄脉冲分别64个,窄脉冲(4 μs)脉冲重复周期为50 μs,覆盖0.6~3 km范围。宽脉冲(20 μs)重复周期为133 μs,覆盖3~20 km范围。0°~22.5°仰角扫描时间为:

$$t_1 = D_{FFT1} \times PRT_1 + D_{FFT2} \times PRT_2 \qquad (2.2)$$

式中,D_{FFT1}为窄脉冲数,D_{FFT2}为宽脉冲数,PRT_1为窄脉冲重复周期,PRT_2为窄脉冲重复周期。当$D_{FFT1}=64$,$D_{FFT2}=64$,$PRT_1=50$,$PRT_2=133$,$t_1=11712$ μs。完成整个0°~90°俯仰向扫描所需时间为:

$$t_2 = 4 \times t_1 = 46848 \text{ μs} \qquad (2.3)$$

前端天线的水平波束宽度为1.6°,以此水平波束宽度作为方位分辨率,0°~360°方位需要225个水平波束才能覆盖。因此,俯仰角0°~90°,方位360°体积的时间为:

$$t_3 = 225 \times t_2 \approx 10.5 \text{ s} \qquad (2.4)$$

在实际运行中,将天线方位旋转转速设置为30°/s,天线波束扫过60°方位扫描,需要2 s。天线波束完成360°方位扫描体扫时间需要12 s。

单波束探测模式发射一个波束,接收一个波束,波束宽度1.6°(天线面法向),俯仰向可设置多个仰角,如14个仰角。如果俯仰角分辨率1.6°,俯仰覆盖范围22.4°。水平方向采用机械扫描方式。当$D_{FFT1}=64$,$D_{FFT2}=64$,$PRT_1=50$,$PRT_2=133$,$t_1=11712$ μs。俯仰扫描时间

$$t_2 = (D_{FFT1} \times PRT_1 + D_{FFT2} \times PRT_2) \times 14 = 163968 \text{ μs} \qquad (2.5)$$

如果方位需要225个波束覆盖,俯仰角0°~22.4°,方位360°体积的时间为:

$$t_3 = 225 \times t_2 \approx 36.9 \text{ s} \qquad (2.6)$$

在雷达其他技术指标不变的情况下,采用单波束探测模式,探测距离可以扩展。

2.3.2 方位向分组同步扫描

每个雷达前端采用相扫方式完成俯仰向0°~90°扫描,在方位向通过天线旋转完成0°~360°方位扫描。当天线完成360°旋转,就完成一个俯仰覆盖0°~90°,方位覆盖360°的体扫。

在相控阵阵列天气雷中有多个雷达前端,为将数据时差减小到最小,相控阵阵列天气雷达的雷达后端控制雷达前端,每三个相邻雷达前端为一组,方位分组同步扫描。方位分组同步扫描就是同一组的三个雷达前端波束同时进入三维探测区。图2.7是7个雷达前端(A、B、C、D、E、F、G)组成6个三维探测区的相控阵阵列天气雷达扫描顺序列示意图,图中的字母表示雷达前端,图中的数字是扫描三维探测区的顺序。首先是A、B、C三个雷达前端开始同步扫描它们构成的三维探测区,每个雷达前端水平扫描60°范围,俯仰扫描0°~90°范围,然后A、D、C三个雷达前端开始同步扫描它们

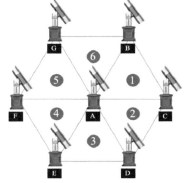

图2.7 6个三维探测区的
扫描顺序示意图

构成的三维探测区,经过 6 次分组同步扫描,就完成了六个三角形三维探测区的扫描。如此循环,不断对 6 个三角形三维探测区进行扫描探测。表 2.4 列出了方位分组同步扫描顺序。

表 2.4　方位分组同步扫描顺序表

扫描顺序	同步扫描前端
1	A、B、C
2	A、C、D
3	A、D、E
4	A、E、F
5	A、F、G
6	A、G、B
7	A、B、C

这种方位分组同步扫描方式将三维探测区的最大数据时差降低到非方位分组同步扫描的 1/6。

2.3.3　数据时差

在空间,测得一个物体运动的三个不在同一平面的速度分量,就能合成出物体的运动速度。多普勒天气雷达可以测量降水粒子运动速度在雷达波束方向上的投影,即径向速度。三个分布在不同位置雷达可以探测同一目标物,得到三个径向速度,即目标物运动的三个分量。但是由雷达扫描方式所决定,三个雷达探测同一目标物的时间很多情况下不相同。不同雷达探测空间同一点,获取数据存在时间差,简称数据时差。这种数据时差表达了同一点不同雷达探测到的数据实际上是天气系统不同部位的数据。如果两个雷达数据时差 360 s,天气系统移动速度是 10 m/s,那么,相对天气系统,两个雷达的探测数据是相距 3600 m 的数据。如果这个数据是径向速度,合成的速度就很可能是错误的。表 2.5 给出了几种雷达探测资料最大数据时差和能合成有效速度的天气。

表 2.5　雷达探测资料最大数据时差

项目	最大数据时差/s	最大空间位置误差*/m	合成有效速度的天气**
阵列天气雷达	2	20	大部天气
相控阵天气雷达组网	30	300	部分天气
网络化天气雷达(抛物面天线)	90	900	移动速度慢的天气或者风场均匀
多普勒天气雷达组网	360	3600	移动速度慢的天气或者风场均匀

注:* 所谓典型空间位置误差:当天气系统以 10 m/s 的速度移动,最大数据时差期间,天气系统移动的距离。

　　** 有效速度:相对误差小于 30% 的速度。

2.3.4　三前端和七前端阵列天气雷达的 DTD

如图 2.8a 所示,在以 L 为边长的等边三角形 ABC 的顶点上布置了三个前端 A、B、C,三个前端的旋转方向可以是顺时针,也可以是逆时针。首先讨论三个前端顺时针旋转,如图 2.8a 所示。

通过控制,三个前端实现方位同步,每个前端以相同的角速度 ω 旋转,并同时 t_0 到达各自图 2.8a 的进入方角。假设前端 A 位于坐标 (x_A, y_A),t_0 时刻初始进入方位角为 $\varphi_A = \varphi_{0A}$,则前端 B 和 C 的位置分别为：

$$(x_B, y_B) = (x_A + L\cos(\phi_{0A}\text{-}90), y_A + L\sin(\phi_{0A}\text{-}90)) \tag{2.7}$$

$$(x_c, y_c) = (x_A + L\sin(120\text{-}\phi_{0A}), y_A + L\cos(120\text{-}\phi_{0A})) \tag{2.8}$$

前端 B 和 C 的初始进入方位角分别为：

$$\phi_B = \phi_{0A} + 120 \tag{2.9}$$

$$\phi_C = \phi_{0A} + 240 \tag{2.10}$$

由于所有三个前端波束都以相同的速度 $\omega = 30°\mathrm{s}^{-1}$ 旋转，每个前端完成对三角形三维探测区的扫描时间是 2 s。因此，在三角形三维探测区中最大 DTD 为 2 s。

图 2.8a 中每个前端波束扫过三角形三维探测区内的任何给定点 D(x, y) 的时间分别为 t_A、t_B、t_C，AB 与 AD、BC 与 BD、CA 与 CD 的夹角为扫描角，前端 A、B、C 的扫描角分别为：

$$S_A = 90 - \arctan\left(\frac{y - y_A}{x - x_A}\right) - \phi_A \tag{2.11}$$

$$S_B = 270 - \arctan\left(\frac{y - y_B}{x - x_B}\right) - \phi_B \tag{2.12}$$

$$S_A = 450 - \arctan\left(\frac{y - y_C}{x - x_C}\right) - \phi_C \tag{2.13}$$

扫描角 S_A、S_B、S_C 应在 0°～60°。那么，三个前端波束的扫描扫到 D(x, y) 的时间分别为：

$$t_A = \frac{S_A}{\omega}, t_B = \frac{S_B}{\omega}, t_C = \frac{S_C}{\omega} \tag{2.14}$$

当选择前端 A 为参考时，点 D 的探测时间差 DTD 是：

$$\mathrm{DTD} = \max(t_A, t_B, t_C) - \min(t_A, t_B, t_C) \tag{2.15}$$

图 2.8b 显示三角形三维探测区内部 DTD 分布。最小 DTD 为零，最大 DTD 为 2 s。平均 DTD 为 1.3 s。

如果保持 A 和 C 顺时针旋转，而让 B 逆时针旋转。扫描角度 S'_B 在图 2.8a 中标注，即 $S'_B = 60 - S_B$。这种情况下的 DTD 分布如图 2.8c 所示。虽然最小和最大 DTD 仍然与图 2.8b 相同，但 DTD 分布发生变化，平均 DTD 降低到 0.9 s。

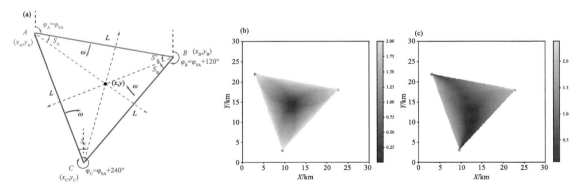

图 2.8　(a)A、B、C 三个前端的布局及其扫描方案；(b)当全部顺时针旋转时，
三维探测区内部 DTD 分布；(c)A、C 顺时针，B 逆时针旋转时的 DTD 分布

如果波束扫描没有方位同步,随着时间延长,DTD 就会变大。假设前端 A 的转速 $\omega' = 0.999\omega = 29.97°/s$,即误差相当于 ω 的 0.1%,则前端 A 完成扫描角度 S_A(即到达 D 点)所需的时间为:

$$t_{AA} = \frac{S_A}{0.999\omega} \tag{2.16}$$

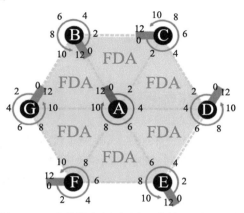

这意味着到达 D 点的时间增加了 0.1%。同样,对于整个体积扫描,时间延迟为 0.012 s(即 12 s 的 0.1%)。如果这种情况持续到一个平均风暴的生命周期,比如一个小时,那么时间延迟将为 3.6 s。最大 DTD 为 5.6 s。在最坏的情况下,当时间延迟超过 12 s 时,如果体积扫描时间仍然是 12 s,那么最大 DTD 仍然在 12 s 内。这又回到了非协调扫描模式。因此,方位同步是保持 DTD 小于 2 s 的关键。

图 2.9 为 7 个前端部署示意图。7 个雷达前端可以组成 6 个三角形三维探测区,组成了一个六边形区域。相对 3 个前端,三维探测覆盖范围扩大 6 倍。部署在六边形中央的前端 A 的波束顺时针旋转,其他 6 个前端的波束反时针旋转。

图 2.9　7 个前端部署示意图(前端 A 顺时针旋转,前端 B、C、D、E、F、G 逆时针旋转。图中每个前端的色条(前端 A 是蓝色色条,其余的前端是绿色色条)代表初始进入方位角。每个前端周围的数字是每个前端到达方位角位置的时间(以秒为单位,从同步扫描开始)。每两个前端之间的部署距离(即一个雷达前端的最大探测距离)为 20 km,FDA 产品的水平范围约为三角形区域,三角形边长为 20 km)

在接收到后端同步扫描指令后,7 个前端的伺服带动天线旋转,同时调节转速,使每个前端在 t_0 时刻达到对应的进入方位,以转速 ω 开始旋转。如图 2.9 所示,如果前端 A 在 t_0 时从 $\varphi_A = \varphi_{0A} = -30$ 开始顺时针扫描,则其他 6 个前端(B 到 G)依次在 t_0 时刻从 $\varphi_B = \varphi_{0A} + 180$、$\varphi_C = \varphi_{0A} + 300$、$\varphi_D = \varphi_{0A} + 60$、$\varphi_E = \varphi_{0A} + 180$、$\varphi_F = \varphi_{0A} + 300$、$\varphi_G = \varphi_{0A} + 60$ 同时开始逆时针扫描,每个前端进入三角形三维探测区的瞬间(从 t_0 开始的秒数)见图 2.8a。结果表明,在这种方位同步扫描模式下,所有三角形三维探测区 DTD ≤ 2 s。整个六边形三维探测区域的扫描在 12 s 内完成,所有七个前端在 t_0 时同时开始旋转,在 $t_0 + 12$ s 内同时完成一个体积扫描。此外,该扫描方案还保证了如图 2.8c 所示的最优总体 DTD。

第3章 相控阵阵列天气雷达前端

3.1 前端概述

在我国气象业务观测中布设过 711 雷达、713 雷达、714 雷达和新一代天气雷达,这些天气雷达波段不同,技术体制也有很大差别。但有一个共同的特点就是都采用抛物面天线,射频信号从馈元中辐射出来,经过抛物面反射体反射出去。馈元处在抛物面反射体的焦点上,馈元辐射出来的电磁波是球面波,经过抛物面反射体反射后就成了平面波,电磁波传播方向基本一致。改变抛物面的指向,电磁波的传播方向也就改变了。这种通过反射面形成波束,又通过改变反射面的指向完成扫描的雷达也称为机械扫描雷达。

相控阵雷达(PAR),是指通过相位控制来形成波束,实现波束扫描的一种雷达。通过调整馈入每个阵元的信号相位来形成发射波束和波束扫描。图 3.1 所示为相控阵雷达波束控制示意图。

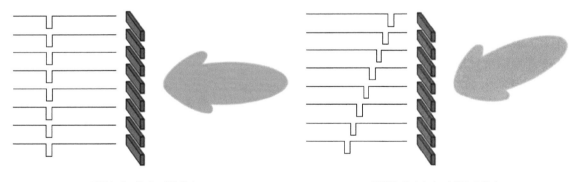

(a) 通道相位不加权时的指向   (b) 通道相位有加权时的波束指向

图 3.1　相控阵雷达波束控制示意图

相控阵雷达天线阵面包括成百上千个阵元,每个阵元都能发射和接收雷达脉冲。通过波束控制单元对每个阵元的相位和振幅进行控制,就能得到精确可预测的辐射方向图和波束指向。同时,雷达在工作时发射机通过馈电网络将功率分配到每个天线单元,通过各个独立的天线单元将能量辐射出去并在空间进行功率合成,可以合成设定的雷达整体波束的形状和方向,这样的扫描方式,称为电扫描。

3.1.1　相控阵雷达技术的发展

相控阵雷达技术是在 20 世纪 30 年代后期出现的,最早应用于军事领域。1937 年美国首先开始这项研究工作,到 20 世纪 50 年代中期研制出 2 部实用型舰载相控阵雷达。20 世纪 60 年代,美国和前苏联相继研制和装备了多部相控阵雷达,多用于弹道导弹防御系统。这些都属于固定式大型相控阵雷达,其共同点是采用固定式平面阵天线,天线体积大、辐射功率高、作用距离远。

20 世纪 70 年代,相控阵雷达得到了迅速发展,除美苏两国外,又有很多国家研制和装备了相控阵雷达,如英、法、日、意、德、瑞典等。这一时期的相控阵雷达具有机动性高、天线小型化、天线扫描体制多样化、应用范围广等特点。

20 世纪 80 年代,相控阵雷达由于具有很多独特的优点,制造成本也在不断降低,得到了更进一步的应用,逐渐从早期只在军用领域应用,慢慢发展到在其他领域广泛使用。相控阵雷达技术也不断成熟,经历了从单波束到多波束、模拟到数字、无源到有源的发展过程。

3.1.1.1　单波束和多波束相控阵

雷达在工作时,只能实现一个波束的发射和接收为单波束雷达,能够实现多个波束的发射或接收为多波束雷达。相控阵雷达性能的优势,在很大程度上依赖于其具备形成多个波束的能力。具备多波束探测能力的相控阵雷达,可以利用同一天线孔径形成多个独立的发射波束或接收波束,这些波束的形状还可根据工作方式的不同而灵活变化,这是相控阵雷达的一个重要优点。多波束探测也是相控阵雷达的基本功能。

具备多波束形成能力的相控阵雷达能够提高数据率。比如,在预警雷达的应用场景中,可以提高雷达对空域范围内多个目标的搜索和跟踪数据率;在天气雷达的应用场景中,可以缩短雷达的体扫时间,提高时间分辨率。

多波束形成还能够提高相控阵雷达的抗干扰能力和生存能力。具体来说,可以通过采用多个高增益、低副瓣的接收波束,抑制部分目标空域的干扰;多波束形成易于实现收/发分置、双/多基地雷达系统,还可以充分利用发射波束的能量实现多波束测角的需求,从而提高雷达的生存能力。

3.1.1.2　无源和有源相控阵雷达

无源相控阵雷达和有源相控阵雷达主要是在收发系统上的区别。无源相控阵雷达通常仅有一个中央发射机和一个接收机,发射机产生的高频能量经功分器分配给天线阵的各个辐射器,目标反射信号经接收机统一放大,这一点与传统机扫雷达十分相似,但是在性能上明显优于传统机扫雷达。而有源相控阵雷达每个辐射器都配装有一个发射/接收组件,每一个组件都能自己产生、接收电磁波,数个组件组成一个阵面,这使得有源相控阵雷达在多目标探测和可靠性上存在绝对优势。此外,同无源相控阵雷达相比,有源相控阵雷达大大降低了相控阵雷达复杂馈电系统的收发通道损耗,降低了馈线系统耐功率要求,简化了馈线系统设计,有利于与光纤、光电子技术结合,实现全数字和自适应工作。随着数字与模拟集成电路技术及功率放大器件的快速发展,有源相控阵雷达成为相控阵雷达发展的主流方向。

3.1.1.3　模拟波束形成和数字波束形成

模拟波束形成和数字波束形成的区别在于波束实现方式上的不同。相控阵雷达发展过程中,是从采用模拟波束形成开始的。图 3.2 是模拟多波束相控阵雷达的波束形成示意图。

相控阵天线各阵元接收信号,经预选、低噪声放大以后分成多路信号,并各自独立地接入

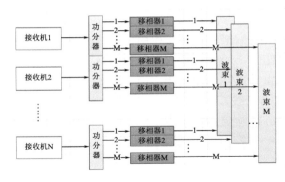

图 3.2 模拟多波束形成技术示意图

移相器,通过控制各组移相器的移相关系,形成多个波束,模拟多波束相控阵天线设计的核心是多波束形成网络的设计,波束数量越多,波束形成网络越复杂。

模拟多波束的形成方式一般分两种,一种是在射频端进行波束合成,一种是在中频端进行波束合成。在射频端做波束合成网络的优点是可以缩小体积,因为频率越高,微波器件的尺寸越小,但是成本也会提高。在中频端做波束合成网络的优点是成本更低,但是体积会更大。如何选择需要根据实际需求来综合权衡。

数字多波束相控阵雷达采用数字波束形成技术。天线由多个阵元组成,每个阵元均连接一个模拟接收机,模拟接收机后面连接一个 AD,即模数转换器。AD 将每个天线阵元接收到的模拟信号转换为数字信号,这些数字信号通过光纤进入信号处理单元,经过数字处理后形成接收波束。如图 3.3 所示为数字多波束形成技术示意图。

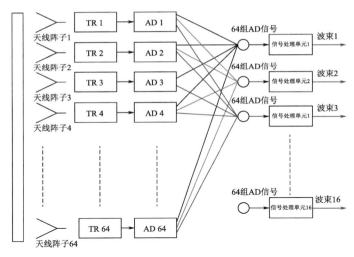

图 3.3 数字多波束形成技术示意图

数字波束形成(DBF)技术,是基于数字电子技术和信号处理技术发展起来的波束形成技术,通过数字信号处理在期望的方向形成接收波束。DBF 的物理意义是:虽然单个天线的方向图是全向的,但对相控阵雷达多个接收通道的信号,利用数字处理方法,补偿其中一个方向的入射信号由于传感器在空间位置不同而引起的传播波程差导致的相位差,实现同相叠加,从而实现该方向的最大能量接收,完成该方向上的波束形成,来接收有用的期望信号。可以通过改变权值,使得波束指向不同的方向,并实现波束的扫描。模拟波束和数字波束形成技术的对比如下。

(1)数字波束形成在数字域实现对天线幅相加权的控制,而模拟波束形成是在模拟域,依靠移相器、衰减器、波束形成网络等模拟器件实现对相位的控制和调整。

(2)数字波束形成方法实质上是一种在视频实现的多波束形成方法,而模拟多波束形成方

法是在高频或者中频实现的;

(3)数字波束形成方法可以对波束形状、数量等实现灵活的控制,能够方便地实现低副瓣的接收波束。但是基于模拟器件的模拟多波束形成技术,一旦波束形成网络方案确定之后,波束的形状、相邻波束的间隔等参数便固定了,难以实现自适应控制,特别是要形成的波束数量很多时,硬件设备量将成倍增加,给安装调试等带来很大问题,并且很难实现低副瓣的接收波束。

(4)利用数字波束形成技术,接收机将阵列天线接收到的各路信号都变成数字信号进行灵活的数字技术处理以形成波束,并且能够尽可能地保持各个天线阵元接收到的全部有用信息到数字处理端。

随着数字信号处理、电子计算机、大规模集成电路技术的发展,使得数字波束形成技术开始广泛应用于相控阵雷达之中,促进了相控阵雷达技术的发展,使其数字化、自适应能力得到了新的提高。

3.1.1.4　一维和二维相控阵雷达

相控阵雷达天线与抛物面天线的差别在于相控阵雷达天线有 $N \times M$ 个阵元。而一维相控阵与二维相控阵的区别在于前者在一个维度馈电,后者在两个维度同时馈电。

一维相控阵雷达一般只在一个维度方向(俯仰),N 个端口分别进行馈电,在一个维度方向上进行电子扫描。若干个阵元与一路发射信号相连,多个阵元辐射到空间的信号会相互干涉合成波束。每路发射信号通道内部具有数控衰减器和移相器,通过控制每路发射信号的幅度和相位来改变波束指向和特性。可实现发射波束指向的快速改变。一维相控阵雷达在另一个维度(如方位)上仍然采用机械转动的方式来改变发射波束的指向。

二维相控阵雷达在两个维度(如俯仰、方位)$N \times M$ 个端口(阵元)上同时馈电,比一维相控阵雷达更加复杂,它在俯仰和方位上均能进行电子扫描。其电子扫描的原理与一维相控阵雷达一样。其发射、接收、处理、供电、控制、散热等配套系统复杂度以及制造成本都将大大提升,但是其波束的灵活性大幅度提高。当跟踪一个目标时,抛物面天线雷达就能完成跟踪。当要同时跟踪多个运动方向不同的目标时,不仅抛物面天线雷达完成不了,一维相控阵雷达也难完成,这时就需要二维相控阵雷达。军事上常常用二维相控阵雷达同时跟踪多个运动方向不一定相同的目标,而在天气雷达等应用场景中则有所不同。首先,降水天气系统弥漫空间,是弥散目标,相邻空间具有相关性,并且移动和变化相对缓慢。其次,雷达探测是为了揭示降水天气系统整体在空间的分布和变化,探测降水天气系统时,一方面要尽可能完整地探测整个降水系统,另一方面尽可能快地完成整个空间的探测。而由于要探测的空间是确定的,所以无论是二维相控阵雷达,还是一维相控阵雷达,当俯仰覆盖范围、俯仰分辨率、俯仰同时探测波束数和波束驻留时间确定后,俯仰扫描时间和体扫时间就一样了。而一维相控阵雷达相对二维相控阵雷达造价低得多,所以相控阵天气雷达一般采用一维相控阵技术,而不采用二维相控阵技术。

3.1.2　相控阵天气雷达优势

相控阵天气雷达采用电子扫描的技术,在电子扫描方向(比如俯仰)天线可以没有机械运动,就能够实现波束指向的快速变化。当采用多波束形成技术后,能够实现多波束的同时探测,成数倍提高雷达的资料获取速度。这对于气象应用具有非常重要的意义,它可以使得每个探测的体扫时间极大缩短,俯仰覆盖范围极大提高,不同高度的探测时差极大缩短。这些都会在气象目标的完整、准确探测中发挥重要价值,尤其是在应对发展生消快速的强对流天气的探测更是得心应手。

3.1.2.1 相控阵天气雷达具备更高的时间分辨率

相控阵天气雷达因其多波束同时探测的特点,数据获取的速度上远快于抛物面天线天气雷达,因此获得一个体积扫描数据的时间更短,数据更新速率更快。有三台X波段天气雷达,第一台是16波束相控阵天气雷达,第二台是1波束相控阵天气雷达,第三台是抛物面天线天气雷达。如果探测参数完全相同,其中雷达探测波束驻留时间0.067 s、俯仰波束数48、方位和仰角分辨率1.5°(240个径向),完成一个俯仰角72°、方位360°的体扫,16波束相控阵雷达体扫时间为$0.067 \times 48/16 \times 240$,约48 s。1波束相控阵雷达体扫时间为$0.067 \times 48 \times 240$,约772 s。当抛物面天线雷达采用螺旋式扫描方式,即方位旋转的同时逐渐抬升仰角,抛物面天线天气雷达体扫时间为$0.067 \times 48 \times 240$,约772 s。通过这个分析,可以发现16波束相控阵天气雷达体扫时间是抛物面天线雷达的1/16。1波束相控阵天气雷达体扫时间与抛物面天线雷达相同。相控阵天气雷达之所以体扫时间短,就是因为多波束同时探测。而数据更新速率快则意味着雷达观测的时间分辨率更高,可以带来更加精细的探测效果,回波连续性更好,更利于提升短临天气的预警预报效果。

3.1.2.2 相控阵天气雷达具备更加灵活的探测模式

相控阵天气雷达,特别是采用数字波束形成技术的相控阵天气雷达,可以根据需要,灵活地构成不同的探测模式。比如采用宽发窄收模式,缩短体扫时间,提高时间分辨率;也可以采用窄发窄收模式,提高弱回波探测能力;还可以在低仰角采用窄发窄收模式,在高仰角采用宽发窄收模式,提高地杂波抑制能力等等。相控阵天气雷达信号软件化处理能力的增强,对于探测模式的灵活切换提供了更大的空间。

3.1.2.3 相控阵天气雷达具备更加完整探测回波的能力

相控阵天气雷达具备更加完整探测回波能力,主要体现在两个方面。一方面是相控阵天气雷达扫描速度快,因此可以实现更高的覆盖仰角,X波段相控阵天气雷达覆盖仰角大于60°,可以完整地探测天气系统的垂直结构。在一些强对流天气,如冰雹可以发展到12～15 km,探测距离雷达10/20/30 km里处的风暴至少需要60°/45°/30°仰角,才能保证在移动过程中能够探测到其完整相态。图3.4为不同距离探测完整回波需要的仰角范围示意图。

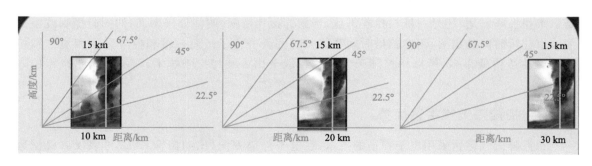

图3.4 相控阵雷达具备完整探测能力所需仰角范围

另一方面是相控阵天气雷达扫描速度快,因此在扫描时波束可以做到无间隔连续扫描,从而获得风暴的真实立体结构。同样以目前业务使用的 X 波段相控阵天气雷达和新一代多普勒天气雷达常用观测模式对比,前者在俯仰上采用电子扫描,最快在 0.125 s 内即可完成 64 层的无间隔扫描,既保证了快还保证了波束无间隔;而后者在俯仰上采用机械扫描,这样不仅扫描速度慢,而且在扫到高层仰角的时候还会拉大仰角间的间距,导致波束间有间隔。图 3.5 展示了相控阵天气雷达和抛物面天线雷达探测到风暴单体剖面结构的差异。

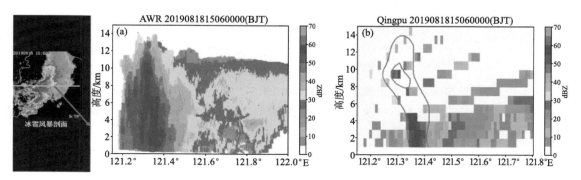

图 3.5　相控阵天气雷达(a)和抛物面天线天气雷达(b)俯仰扫描回波对比

3.1.2.4　相控阵天气雷达具备更高的可靠性

相控阵天气雷达在俯仰方向采用电子扫描,没有机械转动,减少了故障源。有源相控阵天气雷达收发模块使用可靠性很高的固态器件作为核心功率器件,代替了传统的行波管。这种器件只需要低电压的直流电源就可以工作,因此故障率极低。相控阵天气雷达天线由众多单元组成,即使偶尔发生故障,只要不超过 5% 的单元发生故障,天线的性能就不会发生明显的降低,因而不需要更换它们。

有源相控阵天气雷达的天线辐射单元和收发模块直接连在一起,一个辐射单元对应一个收发模块。这从根本上消除了天线馈电系统的损耗。另外,忽略辐射器、双工器和接收保护电路相对较小的损耗,低噪声放大器也贡献了纯净的接收机噪声系数,通过合理的设计得到非常低的噪声,传输损耗也同样降低了,雷达总体的性能和可靠性、稳定性更高。

3.1.3　相控阵天气雷达主要局限和措施

虽然相控阵天气雷达具有独特的优势,但其设计相对于抛物面天线天气雷达更加复杂,同时也会引入波束展宽与波束污染的问题。

3.1.3.1　波束展宽问题

对于抛物面天线天气雷达,其采用抛物面天线,天线的扫描范围内天线性能不会发生变化。然而,对于相控阵天气雷达,其天线随着天线波束偏离阵面的法线方向,等相位面与阵面的夹角逐渐增大,孔径的宽度逐渐减小,波束宽度逐渐展宽。例如,天线法线波束宽度为 1.60°,偏离法线 30° 后的波束宽度展宽为 1.86°。天线口径的投影面积也会逐渐减小,相应的增益也会下降,例如法线波束的增益为 38 dB,偏离法线 30° 后的天线增益降低为 37.93 dB。

因此,在相控阵天气雷达的设计中,天线波束扫描范围不宜过大。而由于波束宽度的变化与增益变化趋势相反,两者对回波强度的影响较小。

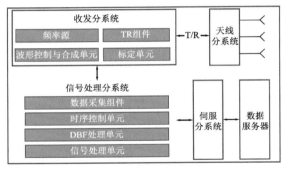

图 3.6　相控阵天气雷达前端框图

3.1.3.2　波束污染问题

相控阵天气雷达采用宽发窄收波束模式,可以大大提高雷达扫描速度,缩短体扫时间,但是相邻波束间的影响比窄发窄收波束模式大,容易造成波束污染问题。如接收波束主副瓣比是－30 dB,那么相邻波束的影响就是－30 dB。假如接收波束 1 和波束 2 同处一个宽发射波束中,波束 1 方向上没有回波,而相邻波束 2 方向上距离雷达 20 km 有 40 dB 信噪比的回波,那么在波束 1 方向上距离雷达 20 km 就会出现 10 dB 信噪比的虚假回波,形成波束污染。针对这个问题,可以通过多频宽发的方式予以解决,比如宽发为五个波束,那么每个波束一个频率,利用带通衰减特性可抑制相邻波束的影响。

3.1.4　相控阵天气雷达前端构成

相控阵天气雷达前端包含天线分系统、伺服分系统、收发分系统、信号处理分系统等。图 3.6 为相控阵雷达的前端框图。

各分系统的实物照片如图 3.7—3.10 所示。

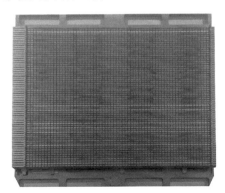

图 3.7　天线分系统

图 3.8　伺服分系统

图 3.9　收发分系统(8 通道 T/R 组件)

图 3.10　信号处理分系统

相控阵阵列天气雷达后端下发系统工作模式,前端各分系统按照工作模式开展工作,完成目标的扫描探测。

(1)天线分系统:由辐射单元和支撑结构等组成,在实现形式上有偶极子、波导缝隙、微带贴片等方式,天线分系统主要功能是完成射频信号辐射和接收。

(2)伺服分系统:主要作用是响应各种不同模式下的伺服动作,实现波束水平方向的扫描,并且通过汇流环完成前端与后端的信息交互,具备远程控制和相邻前端同步方位扫描。

(3)收发分系统:包含频率源、T/R 组件、波形控制与合成单元以及标定单元等几部分。该部分主要完成发射信号的产生、下变频、放大和滤波;实现发射波束赋形;完成回波信号的接收、下变频和滤波;实现系统标校等功能。

(4)信号处理分系统:包含数据采集组件、时序控制单元、DBF 处理单元和信号处理单元。该部分主要完成时序的下发、整机时序的控制;完成数字波束形成;实现信号的分析、处理,生成偏振量信息。

前端工作时各分系统的信号流程如下。

雷达发射信号时由频率源提供高稳的时钟信号给波形控制单元,波形控制单元产生 60 MHz 的线性调频信号。波形控制单元产生的信号再经过上变频、放大、滤波输出 9.3～9.5 GHz 的射频信号,该信号经过功分器分配给各个 T/R 组件,信号在 T/R 组件内部再次放大、滤波得到一个大功率射频信号,同时在 T/R 组件内部进行幅度和相位调制后送给极化开关,极化开关与天线分系统直接相连。每一路的 T/R 组件输出的大功率射频信号都是经过了幅度和相位调制的,他们通过天线阵元辐射出去后即可在空间中相互干涉形成发射波束。

雷达接收信号时由天线分系统接收目标反射回来的信号,经过 T/R 组件的接收链路进行低噪声放大,并下变频到 60 MHz 中频信号。中频信号经过 AD 采集单元进行采样、抽取、滤波、数字下变频到基带,基带信号再通过光纤传输给信号处理单元,信号处理单元对多路 AD 送过来的基带信号进行 DBF、脉压、相干积累、滤波等操作后再进行强度、速度、谱宽、相关系数、差分反射率、差分相移、差分相移率等基础量的估计。

3.1.4.1　前端主要性能

(1)距离探测范围

雷达最大探测距离是指雷达能够接收到回波的最远距离,最大探测距离越大意味着雷达能够监测的范围越大。雷达的探测距离和雷达很多技术性能参数相关。从雷达方程,我们知道雷达最大探测距离与雷达的发射功率、脉冲宽度、天线增益、天线波束宽度、接收机灵敏度有关,这些参数定下来后,雷达最大探测距离就确定了。这里的最大探测距离是指雷达能够提取信号的最大距离,不是最大不模糊距离。最大不模糊距离由雷达脉冲重复频率决定。

当电磁波信号不经过雨区,不同波长雷达探测降水的距离与雨强的关系如图 3.11 所示。对于波长为 10 cm 的电磁信号,在 300 km 处可以探测到的雨强为 18 mm/h。波长为 5.6 cm 的电磁信号,在 300 km 处可以探测到的雨强为 8 mm/h。波长为 3.2 cm 的电磁信号,在 300 km 处可以探测到的雨强为 1.8 mm/h。雨强越小意味着粒子直径越小,或粒子数量越少。这也说明电磁波波长越短对降水的敏感性越高,在相同的距离上能探测到更小的或更少的粒子。

当电磁波信号经过雨区,雷达发射的电磁信号在穿过雨区时会被散射、吸收,导致电磁波能量的降低,产生降水衰减,影响最大探测距离。降水衰减程度与波长有关,不同波长下探测距离与雨强的关系如图 3.12 所示。当雨强为 50 mm/h 时,波长为 10 cm 的电磁信号可以探测到的距离为 210 km,波长为 5.6 cm 的电磁信号可以探测到的距离为 70 km,而波长为 3.2 cm 的电磁信号可以探测到的距离仅为 30 km。也就是说波长越短在穿越雨区时能量损失越大,衰减越严重。所以降水衰减是天气雷达最大探测距离设计时必须要考虑的问题。

最大不模糊距离和最大不模糊速度也是气象雷达最大探测距离设计时需要考虑的问题,两者都与脉冲重复周期(PRT)有关。距离模糊出现时,会影响天气回波探测的准确性,而最大不模糊距离 $R_{max} = c \times PRT/2$,脉冲重复周期越长则最大不模糊距离越大。速度模糊出现时则无法反映天气回波的真实速度,也会影响天气回波探测的准确性。最大不模糊速度 $V_{max} = \lambda/(4 \times PRT)$,脉冲重复周期越短则最大不模糊速度越大。因此,在设计时脉冲重复周期需要做出权衡,以获得最有利于观测的距离探测范围。

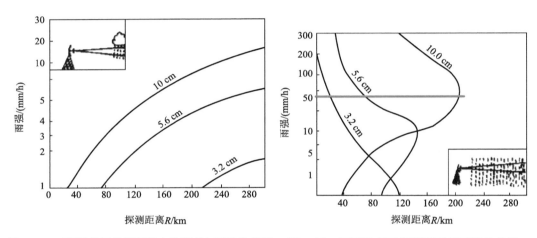

图 3.11　不同波长雷达探测降水的距离与雨强的关系　图 3.12　不同波长下探测距离与雨强的关系

受地球曲率的影响,探测距离越远波束离地高度越大,雷达的探测盲区也越大,导致低空探测资料的缺失。因此在设计雷达探测距离时对此也要有所考虑。

综上所述,气象雷达的探测距离设计是一个综合考虑权衡的结果。不仅要关注设备本身所能达到的探测极限,还需要结合应用场景合理设计。以 X 波段雷达为例,考虑的该频段衰减比较大,结合低空覆盖的需要,一般雷达前端最大探测距离以 30~50 km 为宜。

(2)距离分辨率

距离分辨率是指雷达在径向上能够分辨的最小尺度。它与发射信号带宽和雷达接收通道带宽有关,距离分辨率 $\Delta R = C/(2B)$,C 为光速,B 为信号带宽,信号带宽越大距离分辨率越高。比如雷达的发射信号带宽为 5 MHz,其距离分辨率为 30 m。距离分辨率越高探测到数据越精细,但同时也会增加接收通道、数据采集、信号处理和数据存储系统的复杂度。因此距离分辨率的设计也需与应用场景结合,进行综合考虑。

(3)俯仰覆盖范围

俯仰覆盖范围是指雷达波束在俯仰上覆盖的仰角范围。天气雷达都是架设在地面或者较高的铁塔上,它的探测仰角一般从 0°开始,有些架设位置较高的雷达会从负仰角开始探测,但一般不会低于−2°。所以俯仰覆盖的下限最低为−2°,上限最大为 90°。

　　传统天气雷达为机械扫描,扫描速度较慢,仰角覆盖越大体扫时间就越长。常用的VCP21模式仰角覆盖 0°～19.5°体扫时间需要 6 min。虽然它的仰角覆盖仅 19.5°,但是它的探测距离 200 km 以上,通常系统性降水天气回波发展高度都在 15 km 以下,所以其探测在俯仰方向的覆盖率可以达到 90% 以上。

　　相控阵阵列天气雷达属于短程探测雷达,探测距离方位设置为 50 km 以内。如果仰角覆盖也只有 19.5°,意味着其俯仰方向覆盖率仅为 60%,会导致探测严重不完整,丢失信息太多,影响分析预报。因此,对于短程探测雷达其仰角覆盖范围必须扩大。相控阵阵列天气雷达前端的仰角覆盖可以达到 70° 以上,其有效探测覆盖率达到 95%,对短时强对流天气能够起到非常好的探测效果,能够完整、清晰地反映出强对流单体的发展生消过程。图 3.13 显示了俯仰角覆盖、探测距离与雷达俯仰方向探测覆盖率关系。当然,如果仅仅考虑到强度探测,相控阵列天气雷达可以不需要前端在俯仰方向角度覆盖范围那么大,可以通过多个前端互相补充的方法,提高俯仰向覆盖率。但是相控阵天气雷达的主要任务之一是获取风场,对于获取风场一定需要前端在俯仰方向角度覆盖范围足够大,否则就会导致风场严重缺失。

　　俯仰覆盖范围大意味着在俯仰方向要有更多的波束,如果是单波束雷达,增加波束就是增加体扫时间。相控阵雷达在俯仰上采用多波束电扫的方式,扫描速度极大提高,可以兼顾扫描时间和俯仰覆盖范围,即使增加俯仰覆盖范围,也能有较短的体扫时间。相控阵阵列天气雷达体扫时间一般为 30 s,也可以根据需要减少或增加体扫时间。图 3.13 为不同探测距离和仰角对应的有效覆盖率。

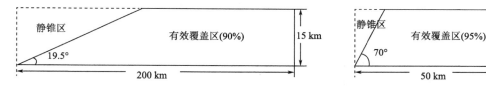

图 3.13　不同仰角及距离的有效覆盖率示意图

（4）波束宽度

　　雷达的波束宽度是指雷达发射或接收的波束宽度,它直接影响雷达探测的方位分辨率和俯仰分辨率。离雷达越远,雷达波束的空间跨度越大,雷达的切向分辨率就会降低。图 3.14 示意了雷达波束随距离增加切向跨度不断增加。

　　传统机械扫描雷达的波束宽度通常为 1°,其探测距离为 200 km 以上,在 200 km 处的波束展宽距离为 3490 m。相控阵阵列天气雷达前端波束宽度通常为 1.6°,探测距离为 50 km 左右,在最远处的波束展开距离为 1403 m。

　　波束越窄越有利于揭示天气系统的细小结构。波束宽度取决于天线结构,天线尺寸越大,阵元越多,波束宽度越窄。要提高切向分辨率,直接的方法是增加天线单元和增大天线尺寸,这意味着需要增加发射机、接收机、处理单元,意味着雷达成本大幅度提高。波束宽度的选择需要结合探测需求综合考虑。对于短程探测

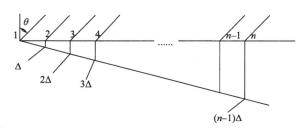

图 3.14　雷达波束随距离展开示意图

雷达由于它随距离增加带来的波束展开程度较小,在系统设计的时候可以考虑适度放宽对波束宽度的要求,这样可以降低成本,特别是相控阵雷达,波束宽度减小要付出的成本远远高于机械扫描雷达。相控阵阵列天气雷达前端波束宽度选择 1.6°,既保证了切向分辨率高于远程探测雷达,又不至于造价过高。还有一点更重要,相控阵阵列天气雷达可以通过多前端交叉重叠探测,显著减小切向分辨率小对空间分辨率的影响,较大幅度提高空间分辨率。相控阵阵列天气雷达前端径向具有高分辨率,径向分辨率 30 m,且不随距离变化;任何空间点上都有时差很小的交叉探测资料。利用这两个特点可以形成增强分辨率融合技术,提高资料的空间分辨率。波束宽度 1.6°,在距雷达前端 50 km 处切向分辨率为 1403 m,但是距离分辨率仍然是 30 m。两个雷达前端探测角度不同,在高为 30 m,底边为 1403 m 的扇形区域里可以构成若干个方程,求解这些方程就能得到远高于扇形区的分辨率。关于增强分辨率融合技术相关章节有详细描述。

(5)强度探测范围

强度探测范围是指雷达能够探测到的最弱回波和最强回波的差值。回波强度探测范围与雷达接收动态范围相关。雷达的接收灵敏度和距离盲区决定最小探测强度。雷达的接收动态范围上限和最远探测距离决定最大探测回波强度。相控阵天气雷达一般要求强度探测范围为 0~70 dBZ,能够满足对自然界中各类降水天气现象有效监测的需求。如果小于该范围则可能出现对一些天气现象的回波结构探测不完整的现象。

(6)强度探测精度和误差

强度探测精度是衡量雷达强度探测稳定性的一个指标。强度精度越高,雷达对目标强度能够反应得更加精细。引起雷达回波强度误差的原因主要包括发射功率的起伏、波束指向的起伏、散射率的起伏、目标的运动特性、多路径、干扰、大气工作环境的变化、接收系统的增益起伏、系统噪声起伏、量化误差、处理算法等诸多因素。提高相控阵天气雷达的稳定性是提高探测精度的关键,包括频率源的稳定性、收发通道的稳定性、天线系统的稳定性等。而对这些组件稳定性影响最大的是环境温度,因此,完备的散热系统是系统设计的重要环节。此外,当雷达具有自动校准功能时,系统可以保存各个组件性能参数的初始状态,在雷达运行过程中可以定期去执行闭环自检,将当前状态与初始状态进行对比,如果系统因环境温度变化或者其他原因出现了性能参数偏移,则可自动将该偏移造成的探测数据异常进行修正。

强度探测误差是实际探测值和理论值之差,该误差与系统强度定标有非常大的关系,系统定标不准会直接导致探测误差变大。雷达系统定标需要测试的参数很多,包括发射功率、天线增益、波束宽度、信号波长、脉冲宽度等等。通常这些参数的测试都需要将雷达信号链路断开再利用仪器仪表进行分段式的测试,然后再汇总计算,这样很容易带来测试误差。因此,采用不需要中断雷达信号链路的全流程定标方法来对雷达进行系统定标是减小雷达探测误差的关键,目前金属球定标方法是一种较好的全流程定标方法。

(7)速度探测范围

速度探测范围是指雷达能够探测到的目标速度变化的最大范围。速度测量采用的是多普勒测速技术,其测得目标的最大径向速度称为最大不模糊速度,由雷达的波长和脉冲重复频率决定,$V_{max} = \lambda/(4PRT)$,其中 V_{max} 为最大不模糊速度,λ 为波长,PRT 为脉冲重复周期。同样波长情况下,脉冲重复周期越长,最大不模糊速度越小,最大不模糊距离越远。最大不模糊距离与最大不模糊速度是一对矛盾。对于 X 波段,当最大探测距离为 50 km 时,最大不模糊速度约为 26 m/s。当最大探测距离为 30 km 时,最大不模糊速度约为 39 m/s。目标物相对于雷达的运动速度超过最大不模糊速度时则会发生速度模糊的现象,观测到的径向速度与真实的径向速度存在差别。为了尽量避免速度模糊,通常可以采用速度退模糊的方法来提高最大不模糊速度。从数学上讲,速度退模糊方法可以将最大不模糊速度提高数倍。但是由于雷达机内噪声和降水粒子运动速度的变化会造成测得径向速度有涨落,所以当对速度模糊的判别阈值区间与径向速度涨落范围相当时,速度退模糊容易出现错误。因此,设计速度探测范围时,要考虑三方面的因素:首先要考虑应用场景的需要,其次是考虑退模糊技术能力,再者是考虑与距离模糊的均衡。

（8）速度分辨率、速度精度和速度误差

速度分辨率是对雷达速度能分辨的度量。速度分辨率越高,雷达对目标速度就能够反应的更加精细。速度分辨率取决于 FFT 点数和脉冲重复频率。FFT 点数越多意味着发射的脉冲次数越多,对目标回波的采样次数越多。而速度测试是利用多个脉冲之间的相位变化关系来求得,因此脉冲数越多速度分辨率越高。此外,脉冲重复频率越高,测速范围越大。FFT 点数确定后,测速范围越大,速度分辨率会越低。

速度探测精度是对速度稳定性的度量。速度探测稳定性主要取决于发射脉冲的相干性,接收采样时钟的稳定性,这些都取决于频率源的稳定性,也就是频率源的相位噪声越低,雷达的速度探测精度越高。

速度探测误差是探测值和真实值之差。系统相干性越好,速度探测误差越小。

（9）差分反射率因子（Z_{DR}）探测范围

差分反射率因子反映的是目标水平极化和垂直极化之前的强度一致性差异,差分反射率因子探测范围是指雷达能够探测到的目标的差分反射率因子的变化范围。天气雷达要求该指标的范围一般为 −7.9～+7.9 dB,强对流天气回波的 Z_{DR} 往往比较大,如果 Z_{DR} 探测范围太小则难以反映出天气的真实特征。

Z_{DR} 值与雨滴大小密切相关,是水平反射率 Z_h 和垂直反射率 Z_v 之比,Z_{DR} 的大小反映了降水粒子在水平和垂直方向上的尺度差异,对雨滴而言,Z_{DR} 越大雨滴直径越大。因此,Z_{DR} 是双偏振雷达识别水凝物粒子大小的一个重要的偏振参量。

$$Z_{DR} = 10 \lg \left(\frac{Z_h}{Z_v} \right) \tag{3.1}$$

双偏振天气雷达在降水粒子的相态和形态识别、定量降水估计方面具有一定的优势。在偏振参数中,差分反射率是反映云雨气象目标特征的主要参数之一,定义为水平通道与垂直通道回波功率的比值。

气象回波 Z_{DR} 典型值在 −1～4 dB,对于球形降水粒子,因 $Z_h = Z_v$,故 $Z_{DR} = 0$。实际降水区中,大雨滴接近于扁椭球,相应 Z_{DR} 就是较大的正值,小雨滴和翻滚下落中的大冰雹接近球形,相应的 Z_{DR} 就接近零。若雨滴越大,粒子形状越接近扁平 $Z_{DR} > 0$。当在实际探测中发现某一区域具有很大的 Z 值,而该区域的 Z_{DR} 很小,则可以判别这里出现的是冰雹。

根据美国强风暴试验室长期研究结果表明,当差分反射率的测量精度在 ±0.20 dB 范围内,定量降水估计误差可以控制在 18% 以内;而当精度控制在 ±0.10 dB 范围内,降水估计误差可以控制在 10% 至 15%。差分反射率可以验证硬件系统的正确性与精确性,如果 Z_{DR} 为正,且基本反射率没有任何变化,则很有可能是垂直通道的损耗比较大造成的。如果 Z_{DR} 为负,且数值很大,则表明接收通道与波导连接可能出现错误。可见,差分反射率不仅能有效地指示粒子的形状,冰雹是否存在,也验证了硬件系统的性能。

(10)差分相移探测范围

差分相移反映的是天气目标水平极化和垂直极化的相位一致性差异,差分相移探测范围是指雷达对能够探测到的目标的差分相移变化范围。强对流天气回波的差分相移变化范围一般比较大,有时会出现相位折叠,导致反映出的差分相移失真。差分相移探测范围为$-180°\sim180°$。

(11)波束模式

由于相控阵雷达天线采用大量阵元按照一定规则布局,发射信号通过设定的馈电网络传送到每一个阵元,阵元将信号辐射出去在空中合成波束。阵元接收到的信号可以通过匹配网络或数字波束形成处理器形成接收波束。控制送到阵元的信号幅度、相位就能形成不同的发射波束。设置接收匹配网络或数字波束形成处理器就能得到不同的接收波束。相控阵天气雷达可以实现多种发射接收的波束模式,目前主要的波束模式有窄发窄收模式、宽发窄收模式。

1)窄发窄收模式

窄发窄收模式即发射和接收波束均为窄波束。这样在总发射功率不变的情况下,波束方向上的能量加大,探测灵敏度可以得到提高。图 3.15 为窄发窄收模式发射和接收波束示意图。

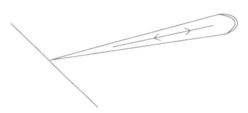

图 3.15　窄发窄收模式波束示意图

波束为窄波束时,其发射赋形最为简单,因此各个发射波束间的一致性较好,在俯仰探测上各仰角的数据一致性也较好。图 3.16 所示为天线窄波束的方向图。

冬季的降雪回波中含水量少,对电磁信号散射能力差,回波强度弱,回波高度不高,回波发展缓慢,对这种天气的观测就需要雷达探测灵敏度高。冬季探测降雪天气和其他较弱降水天气,窄发窄收模式比较合适。

2)宽发窄收模式

宽发窄收模式即发射为宽波束,接收为窄波束。发射宽波束意味着发射能量的分散,会导致增益的下降,但其空间覆盖范围更大;接收为窄波束,回波的空间分辨率能保持与窄发窄收模式一致。图 3.17 所示为宽发窄收模式发射和接收波束示意图。

天线的波束宽度为宽波束时,容易做到高仰角的覆盖。仍然以天线波束宽度为 1.5°的相控阵雷达为例,在发射时通过特殊的赋形,可以使天线的发射波束宽度变为 18°,这样只需 4 个发射波束就可以覆盖 72°仰角,相比窄发窄收模式,其扫描时间大大降低,仰角覆盖范围却是前者的若干倍。由于在接收时仍然使用窄波束来接收,与窄发窄收模式一致,可以保证空间分辨率不变,接收能量也没有额外损失,但是发射波束宽度变为窄发窄收的 12 倍,在同样的幅度加权比情况下,能量损失约 10.8 dB,在探测能力上较前者有很大的降低。所以宽发窄收模式适合在夏季使用,关注强回波的探测,充分发挥高仰角覆盖和快扫描时间的优势来对强对流天气的生消发展进行完整探测。此外,由于宽波束赋形本身比较复杂,要想将各个波束一致做好比较困难,加上宽波束本身内部的平坦度也受幅度加权比的限制,这样会带来俯仰探测时各个仰角的数据一致性偏差,需要复杂的标定手段来将这种差异消除。另外,宽波束的副瓣抑制同样受幅度加权比的限制,无法做到很高,这些都是宽发模式设计时需要重点考虑的问题。图

3.18 为天线发射宽波束的方向图。

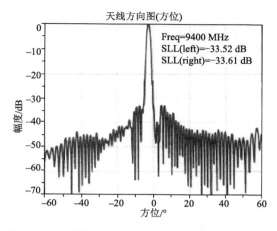

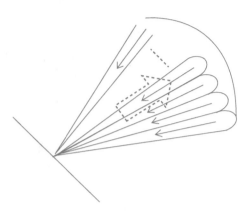

图 3.16　窄波束方向图(发射和接收的方向图一致)　　图 3.17　宽发窄收模式波束示意图

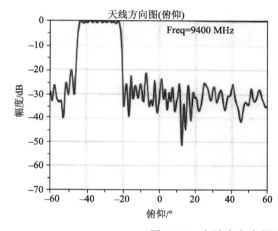

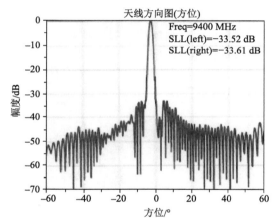

图 3.18　宽波束方向图(左边为发射、右边为接收)

　　夏季的短时强降水、冰雹等强对流天气的回波非常强,同时回波高度高,回波生消变化快,这就需要雷达具有高仰角覆盖范围和体扫时间短探测能力,而对探测灵敏度要求可以不高。宽发窄收模式适合探测短时强降水、冰雹等强对流天气。

　　3)多频宽发窄收模式

　　多频宽发窄收模式是宽发窄收模式的一种升级,它仍然发射宽波束,只是把宽波束拆分成 N 个不同频率的窄波束(每个频率覆盖的角度已知),相应发射期拆成 N 份,接收期同时接收所有 N 个频率的信号,利用数字接收机内的 N 个数字滤波器分别滤除掉其他 $N-1$ 个频率的信号,然后再进行数字波束形成合成对应角度的波束。等效实现一定宽度的俯仰角度覆盖。因为接收时数字滤波器可以很好地滤除其他频率的发射波束能量,这样便减小了接收窄波束信号受到其他波束信号带来的污染,等效于提高了波束的主副瓣比。图 3.19 为多频宽发窄收模式的示意图。

　　(12)扫描模式

　　扫描模式包括俯仰扫描模式和方位扫描模式。

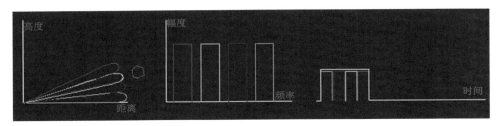

图 3.19　多频宽发窄收模式示意图

1) 俯仰扫描

俯仰扫描包括窄波束扫描、宽波束扫描和宽窄波束混合扫描。

窄波束扫描就是窄发窄收模式,即发射窄波束接收窄波束,其优点是探测能力强、副瓣抑制高、波束间的一致性好,但是相同时间内俯仰覆盖范围小、体扫时间长。宽波束扫描就是宽发窄收模式,即发射宽波束接收窄波束,其优点是扫描速度快、俯仰覆盖高,但是探测能力较弱、副瓣抑制较低、波束间一致性不够好。宽窄波束混合扫描就是发射波束宽度由窄到宽逐渐递进,接收始终采用窄波束接收。在低仰角采用窄波束发射,提高探测能力的同时,提高副瓣抑制能力,可以有效减少地物回波对天气回波的污染。在高仰角采用宽波束发射,提高俯仰覆盖范围,降低体扫时间。如图 3.20 为不同俯仰扫描模式的示意图。

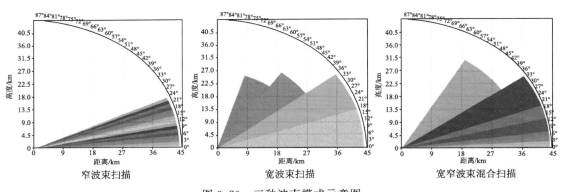

图 3.20　三种波束模式示意图

宽窄波束混合扫描模式是比较适合气象探测的一种模式,它融合了窄发窄收模式和宽发窄收模式的优点,具有的俯仰覆盖范围大、探测灵敏度好、副瓣抑制高、扫描速度快等特点,都是天气雷达在实际观测中需要重点考虑的。但这种方法,也需要通过复杂的标定手段消除波束间的差异。表 3.1 是一种宽窄混合模式的参数配置表。

表 3.1　一种宽窄混合模式的参数配置表

发射波位号	发射波束宽度	接收波束宽度	每个波位接收波束数量
波位 1	1.5°	1.5°	1
波位 2	1.5°	1.5°	1
波位 3	1.5°	1.5°	1
波位 4	3°	1.5°	2

续表

发射波位号	发射波束宽度	接收波束宽度	每个波位接收波束数量
波位 5	6°	1.5°	4
波位 6	6°	1.5°	4
波位 7	15°	1.5°	10
波位 8	24°	1.5°	16

　　该宽窄波束混合扫描模式前 3 个波位采用窄发窄收的模式,发射 1.5°的窄波束,接收 1.5°的窄波束。窄发窄收模式可以将雷达的探测能力发挥到最大,可以提高探测目标的信噪比,同时具有更好的波束一致性,更好的副瓣抑制能力,对天气目标的双偏振量估测也更加有利。在第 4 个波位采用发射一个 3°的宽波束,接收两个 1.5°的窄波束,第 5 第 6 个波位都采用发射一个 6°宽波束,接收 4 个 1.5°的窄波束。第 7 个波位采用发射一个 15°的宽波束,接收 10 个 1.5°的窄波束。第 8 个波位采用发射一个 24°的宽波束,接收 16 个 1.5°的窄波束。从第 4 个波位开始发射波束宽度逐渐增加,虽然各个波位的探测能力会逐渐降低,但由于其探测距离也是逐渐缩短,这样便保证了各个波位的天气回波连续性不受影响,不会出现相邻波位回波面积明显差异,导致 RHI 上的不连续。图 3.21 为该种混合探测模式下的方位 90.5° RHI 回波效果。

　　2)方位扫描

　　方位扫描模式通常有凝视模式、扇扫模式和体扫模式。

　　凝视模式是将雷达固定在某个方位,只做俯仰电扫的一种扫描方式,通常用于需要持续观测固定方位 RHI 的应用场合(图 3.22)。

　　扇扫模式是在三维体扫模式的基础上,灵活地设置方位扇扫角度,对重点区域进行扫描,扫描速度更快,范围更集中,可以针对特定的回波区域,快速地获取天气数据信号,提高数据的更新率(图 3.23)。

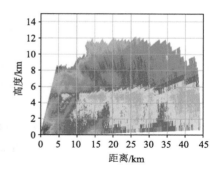

图 3.21　混合模式 RHI 回波

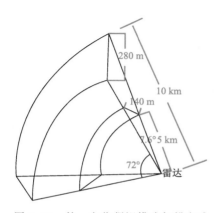

图 3.22　某一方位凝视模式扫描方式

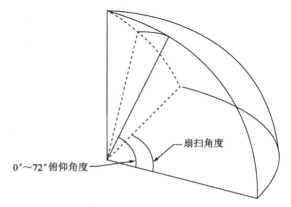

图 3.23　扇扫模式扫描方式

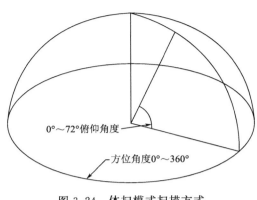

0°~72°俯仰角度

方位角度0°~360°

图 3.24　体扫模式扫描方式

体扫模式是在方位上做 360°扫描,是全方位的完整探测,由于其扫描的方位完整,扫描时间比扇扫长,但是探测到回波信息更加完整,也是业务最常用的工作模式(图 3.24)。

3.1.4.2　主要技术指标

针对 X 波段相控阵雷达,中国气象局组织各方专家给出了明确的功能性能需求指标指导文件,即《X 波段单偏振一维相控阵天气雷达系统功能规格需求书(试行)》和《X 波段双线偏振一维相控阵天气雷达系统功能规格需求书(试行)》。

3.2　天线

任何无线电设备都需要用到天线。天线的基本功能是电磁波的辐射或接收。天线有阵列与非阵列形式。现代无线电设备,不管是通信、雷达、导航、微波遥感、干扰和抗干扰等系统,越来越多地采用阵列天线。阵列天线是根据电磁波在空间相互干涉的原理,把具有相同结构、相同尺寸的某种基本天线按一定规律排列在一起组成的。如果按直线排列,就构成直线阵;如果排列在一个平面内,就为平面阵。平面阵又分矩形平面阵、圆形平面阵等;还可以排列在物体表面以形成共形阵。

天线的性能直接影响到无线电设备的使用。在无线电系统中为了提高工作性能,如提高增益,增强方向性,往往需要天线将能量集中于一个狭窄的空间辐射出去。对一些雷达设备、飞机着陆系统等,其天线要求辐射能量集中程度不是很高,其主瓣宽度也只有几度,采用一副天线就能完成任务。对于精密跟踪雷达天线,要求其主瓣宽度只有 1/3°;接收天体辐射的射电天文望远镜的天线,其主瓣宽度只有 1/30°。天线辐射能量的集中程度如此之高,采用单个的振子天线、喇叭天线等,甚至反射面天线或卡塞格伦天线是不能胜任的,必须采用阵列天线。有些雷达虽然不一定要求波束宽度很窄,但是要求多波束同时探测,或者快速切换波束方向,这时只能采用阵列天线。

在相控阵天气雷达探测中,要在天线面不动的情况下要完成一定空间范围的扫描,需要多波束同时扫描,这些功能就是通过阵列天线和相控阵技术得以实现的。

相控阵雷达天线,以下简称相控阵天线,其主要特点如下:

(1)高方向性:相控阵天线能够实现精确的电子波束控制,将信号主要集中在需要探测的方向上,减少了信号在非目标区域上的辐射,提高了信噪比,体现出高的方向性和灵敏度。

(2)快速、灵活的波束切换:相比传统天线,相控阵天线可以在极短时间内完成波束切换(微秒级),能够满足快速动态目标的实时探测需求。

(3)多波束同时探测:相控阵天线可以在同一时间内探测不同方向的天体信号,降低了时间成本,提高了资料的时间一致性。

（4）抗干扰能力强：相控阵天线可以在一定程度上抵制外部电磁干扰，从而提高了探测信号的准确性和稳定性。

（5）尺寸小、重量轻：相控阵天线由许多小天线组成，可以按照不同的空间布设条件设计，天线实际尺寸小而且轻。这使得它在许多领域的应用事实上变得可能，如卫星通信、无人机和车载雷达等。

相控阵天线具有的高方向性、波束切换速度快、同时多波束探测、抗干扰能力强、尺寸小、体积小这些优点，使其在越来越多的应用场景发挥作用。这些优点对于气象探测应用同样具有很高的应用价值，特别是多波束同时扫描，大幅度缩短体积扫描时间，提高探测数据时间一致性和时间分辨率，改善强对流天气分析条件。

3.2.1　线性相控阵天线原理

线性相控阵天线指天线单元呈线性排列的阵列天线，其广泛应用于一维相控扫描的相控阵雷达中。

如图 3.25 所示，对于均匀直线阵，即相邻单元馈电相位为均匀递变，设相邻单元的馈电相差为 α，单元等间距 d 排列，阵轴与辐射射线之间的夹角为 β，各个单元的激励幅度相同 $I_n = I_0$，$k = 2\pi/\lambda$，可知其通用阵因子为（令 $u = kd\cos\beta + \alpha$）：

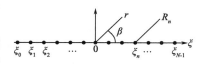

图 3.25　均匀直线阵

$$S(\beta) = I_0 \frac{\sin\left[\dfrac{N}{2}(kd\cos\beta + \alpha)\right]}{\sin\left[\dfrac{1}{2}(kd\cos\beta + \alpha)\right]} = I_0 \frac{\sin\left(\dfrac{Nu}{2}\right)}{\sin\left(\dfrac{u}{2}\right)} \tag{3.2}$$

由式（3.2）可知，$Nu/2 = 0$ 时阵因子将出现主瓣最大值 S_{max}，此时夹角 β 取值为最大值 β_m：

$$\beta_m = \arccos\left(-\frac{\alpha}{kd}\right) \tag{3.3}$$

当 $\alpha = 0$ 时，$\beta_m = 90°$，即波束指向与阵轴垂直；当 $\alpha = \pm kd$ 时，$\beta_m = 0, 180°$，即波束指向为阵轴方向；当 α 为其他值时，波束指向由式 $\beta_m = \arccos\left(-\dfrac{\alpha}{kd}\right)$ 表示，处在 $0° \sim 90°$ 和 $90° \sim 180°$。

相控阵天线扫描就是改变 α 值，使得天线波束能在空间有规律或按照要求移动，这种波束的移动称为波束扫描。波束的移动速度或扫描速度取决于 α 值的改变速度，因此相控阵天线扫描速度可以比抛物面天线扫描速度快得多。可以用于跟踪高速运动目标，或者在多个目标之间快速切换。当然相控阵天线的造价要比抛物面天线高得多。

图 3.26、图 3.27 是一款 X 波段波导缝隙天线的法向和 45°方向图。

由图可见，在同一个天线上，通过对 α 的控制很容易实现对天线波束指向的控制，使得雷达在不改变天线的前提下实现了对不同指向的快速及高精度扫描。

相控阵天线可以通过控制天线阵元的相位变化形成窄波束和波束扫描。也可以采用窄波束合成宽波束的方式形成宽波束，实现在同一时间对更大角度的覆盖，即同时多波束探测。

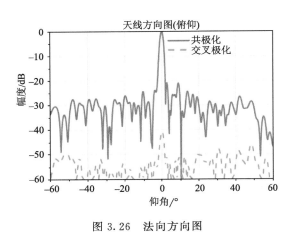

图 3.26　法向方向图

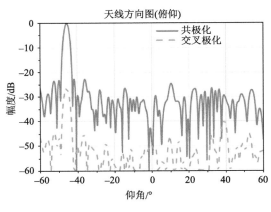

图 3.27　45°扫描方向图

图 3.28 是形成宽波束示意图。图中蓝色曲线表示合成的宽波束方向图,宽波束的角度范围 0°～22°。图中有很多窄波束方向图,宽波束就是通过这些窄波束的加权叠加得到的。运用 Taylor 加权方法,根据波瓣要求及天线阵元数,求得窄波束对应的各个阵元的电流幅度分布,让此波束在需求的宽波束范围内扫描并使所有波束的叠加,形成如图中所示的彩色窄波束的效果,其叠加结果接近于要求的宽波束形状。最终的赋形形成的平顶波束方向图如图 3.28 所示。

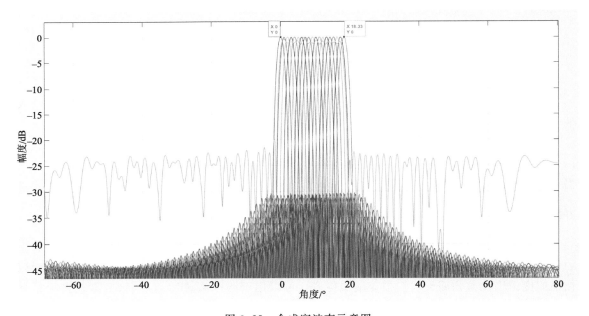

图 3.28　合成宽波束示意图

除上述方案外,也可以采用计算机算法对赋形参数进行求解。根据天线阵元数,将天线各个阵元的幅度及相位参数设置为变量,并将变量取值设置在系统可接受的区间内。将需求的宽波束设置为目标函数,利用计算机算法,如粒子群算法,遗传算法等方式对各个阵元的幅度及相位进行穷举并计算对应方向图,直至所得方向图满足需求。按照计算得出的幅相信息给天线的各个阵元进行馈电,即可得出所需求的赋形宽波束。

3.2.2　相控阵天线栅瓣及其抑制条件

前面介绍了阵因子主瓣最大值出现在 $u=0$ 处。由阵因子公式不难知道，$S(u)$ 是周期为 2π 的周期函数，则其最大值将呈周期出现，即最大值出现在：$u=2m\pi,m=0,\pm1,\pm2,\cdots$。$m=0$ 时，$u=0$，对应为主瓣，m 为其他值时为栅瓣。

栅瓣是主瓣以外在其他方向因场强同相叠加形成强度与主瓣相仿的辐射瓣。栅瓣占据了辐射能量，使天线增益降低。从栅瓣看到的目标与主瓣看到的目标易于混淆，导致目标位置模糊。干扰信号从栅瓣进入接收机将影响通信系统的正常工作。因此应合理地选择天线的阵元间距，避免出现栅瓣。已知 $S(u)$ 的第二个最大值出现在 $u=kd(\cos\beta-\cos\beta_m)=\pm2\pi$ 时，可知其抑制条件是：$|u|_{\max}<2\pi$，即

$$d<\frac{\lambda}{|\cos\beta-\cos\beta_m|_{\max}}$$

因 $\beta=0\sim\pi$，$|\cos\beta-\cos\beta_m|_{\max}=1+|\cos\beta_m|$，则有：

$$d<\frac{\lambda}{1+|\cos\beta_m|} \tag{3.4}$$

此式即为均匀直线阵的抑制栅瓣条件，该式也可以作为非均匀直线阵（如泰勒阵、切比雪夫阵等）的抑制栅瓣条件。

由式（3.4）可知，对波束扫描阵，β_m 应为最大扫描角度。

以浙江宜通华盛科技有限公司的 X 波段波导缝隙为例，中心频率 9.4 GHz，在正侧向两边 ±45° 内扫描，取 $\beta_m=90°-45°=45°$ 得抑制栅瓣条件为：$d<\lambda/1.7=18.7$ mm。

3.2.3　相控阵天线波束宽度

天线波束宽度一般指半功率波瓣宽度或 3 dB 波瓣宽度，它是天线的一个重要技术指标。所谓半功率波瓣宽度，是指主瓣两侧辐射功率为其最大值的一半所对应的角宽度，或其场强为最大值 $1/\sqrt{2}=0.707$ 所对应的波瓣角宽度。如图 3.29 所示。

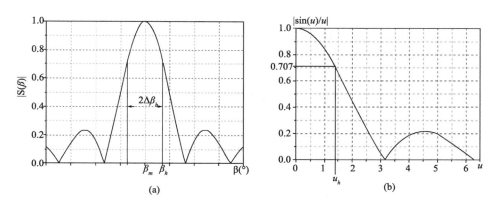

图 3.29　主瓣宽度示意图

由归一化阵因子：

$$\bar{S}(u) = \frac{\sin\left(\frac{Nu}{2}\right)}{N\sin\left(\frac{u}{2}\right)} \tag{3.5}$$

可知，对主瓣窄的大阵列，上式分母取 $\sin(u/2) \approx u/2$，则

$$\bar{S}(u) = \frac{\sin\left(\frac{Nu}{2}\right)}{\frac{Nu}{2}} = 0.707 \tag{3.6}$$

式中，$u = kd(\cos\beta - \cos\beta_m)$，查上述图 3.29b 得 $Nu_h/2 = \pm1.392$，N 为天线单元数，即 $\frac{N}{2}kd$ $(\cos\beta_h - \cos\beta_m) = \pm1.392$，$\beta_h$ 见图 3.29a 所示。

对扫描阵，可得（$0 < \beta_m < \pi/2$）：

$$\cos\beta_1 - \cos\beta_m = -0.443\frac{\lambda}{L} \tag{3.7}$$

$$\cos\beta_2 - \cos\beta_m = 0.443\frac{\lambda}{L} \tag{3.8}$$

式中，$L = Nd$ 为阵列长度，β_1 和 β_2 分别为波束左 3 dB 角度与波束右 3 dB 位置。

主瓣宽度为：

$$(BW)_h = 2\beta_h = \beta_1 - \beta_2 = \arccos(\cos\beta_m - 0.443\lambda/L) - \arccos(\cos\beta_m + 0.443\lambda/L) \tag{3.9}$$

对大阵列，上式可简化为：

$$\cos\beta_2 - \cos\beta_1 = 0.886\frac{\lambda}{L} \tag{3.10}$$

当波束很窄，且扫描角不是很宽时：

$$\cos\beta_2 - \cos\beta_1 = 2\sin\left(\frac{\beta_1 + \beta_2}{2}\right)\sin\left(\frac{\beta_1 - \beta_2}{2}\right) \approx (\beta_1 - \beta_2)\sin\beta_m = 2\beta_m\sin\beta_m \tag{3.11}$$

$$(BW)_h = 2\beta_h = 0.886\frac{\lambda}{L\sin\beta_m} = 51\frac{\lambda}{L\sin\beta_m}(°) \tag{3.12}$$

当 β_m 在正侧向两边 $\pm\phi_m$ 内扫描，取 $\beta_m = 90° \pm \phi_m$ 得：

$$(BW)_h = 0.886\frac{\lambda}{L\cos\phi_m} = 51\frac{\lambda}{L\cos\phi_m}(°) \tag{3.13}$$

以浙江宜通华盛科技有限公司的 X 波段波导缝隙为例：该天线采用的波导缝隙为辐射单元，单元间距 d 为 18 mm，单元数量为 64，带入上述公式可得出该天线在等幅加权的情况下的半功率波束宽度估算为 1.3945°。若进行低副瓣设计，该波束宽度会展宽。

3.2.4 相控阵天线方向性系数

方向性系数是表征天线辐射功率集中程度的一个重要参数。在工程上，其定义是：在总辐射功率相同的情况下，主瓣最大方向上的功率密度与全空间的平均功率密度之比。即

$$D = \frac{4\pi|F_{max}|^2}{\int_0^{2\pi}\int_0^{\pi}|F(\theta,\varphi)|^2\sin\theta\,\mathrm{d}\varphi\,\mathrm{d}\theta} \tag{3.14}$$

式中，$F(\theta,\varphi)=kf_0(\theta,\varphi)S(\theta,\varphi)$，设 F_{max} 是其最大值，θ,φ 为球坐标系中的角坐标变量。若单元天线为无方向性的理想点源，$f_0(\theta,\varphi)=1$，$S(\theta,\varphi)$ 为阵因子，则对于阵轴为 z 轴的阵列：

$$F(\theta,\varphi)=kS(\theta)=k\sum_{n=0}^{N-1}I_n e^{jn(kd\cos\theta+\alpha)}=k\sum_{n=0}^{N-1}I_n e^{jnu} \tag{3.15}$$

式中，$u=kd\cos\theta+\alpha$，其最大值出现在 $u=0$ 处，$F_{max}=kS_{max}=k\sum_{n=0}^{N-1}I_n$，$S_{max}$ 为阵因子最大值，得：

$$D=\frac{4\pi|S_{max}|^2}{2\pi\int_0^\pi|S(\theta)|^2\sin\theta d\theta} \tag{3.16}$$

$$|S(\theta)|^2=S(u)\cdot S^*(u)=k^2\left[\sum_{n=0}^{N-1}I_n e^{jnu}\right]\left[\sum_{m=0}^{N-1}I_m e^{-jmu}\right]=k^2\sum_{n=0}^{N-1}\sum_{m=0}^{N-1}I_m I_n e^{j(n-m)u} \tag{3.17}$$

因 $u=kd\cos\theta+\alpha$，$du=-kd\sin\theta d\theta$，且积分上下限变为：

$$\begin{cases}\theta_1=0,u_1=kd+\alpha\\ \theta_2=\pi,u_2=-kd+\alpha\end{cases} \tag{3.18}$$

有

$$D=\frac{2kd\left|\sum_{n=0}^{N-1}I_n\right|^2}{\sum_{n=0}^{N-1}\sum_{m=0}^{N-1}I_n I_m\int_{-kd+\alpha}^{kd+\alpha}e^{j(n-m)u}du} \tag{3.19}$$

此式为不等幅激励直线阵方向性系数的一般计算公式，若为等幅激励，$I_n=I_m=I_0$，引入新的序号 $l=n-m>0$，则式 3.19 可简化为：

$$D=\frac{Nkd}{kd+2\sum_{l=1}^{N-1}\frac{N-l}{Nl}\cos(l\alpha)\sin(kld)} \tag{3.20}$$

当 $\alpha=0$ 时，得到侧射阵的方向性系数公式：

$$D=\frac{Nkd}{kd+2\sum_{l=1}^{N-1}\frac{N-l}{Nl}\sin(kld)} \tag{3.21}$$

均匀直线阵方向性系数的另一种计算方法如下，由：

$$D=\frac{4\pi}{\int_0^{2\pi}d\varphi\int_0^\pi\bar S^2(\theta)\sin\theta d\theta}=\frac{2}{\int_0^\pi\bar S^2(\theta)\sin\theta d\theta}=\frac{2}{W} \tag{3.22}$$

式中，$W=\int_0^\pi\bar S^2(\theta)\sin\theta d\theta$。

对侧射阵：

$$\bar S(\theta)=\frac{\sin(Nkd\cos\theta/2)}{N\sin(kd\cos\theta/2)}_{N\gg1}\approx\frac{\sin(Nkd\cos\theta/2)}{Nkd\cos\theta/2} \tag{3.23}$$

令 $Z=\frac{N}{2}kd\cos\theta$，$dZ=-\frac{N}{2}kd\sin\theta d\theta$，则有：

$$W = \int_{0}^{\pi} \left[\frac{\sin(Nkd\cos\theta/2)}{Nkd\cos\theta/2} \right]^2 \sin\theta\,\mathrm{d}\theta = \frac{2}{Nkd} \int_{-Nkd/2}^{Nkd/2} \left[\frac{\sin(Z)}{Z} \right]^2 \mathrm{d}Z$$

(3.24)

$$\approx \frac{2}{Nkd} \int_{-\infty}^{\infty} \left[\frac{\sin(Z)}{Z} \right]^2 \mathrm{d}Z = \frac{2}{Nkd} \cdot \pi = \frac{\lambda}{Nd}$$

上式使用了条件：$Nkd/2 \to \infty$，即 $\pi Nd \gg \lambda$。综合上述公式，有：

$$D = \frac{2Nd}{\lambda} = \frac{2L}{\lambda}, L = Nd$$

(3.25)

方向系数则是指天线在某个方向上的辐射强度与同等功率的理想点源天线在该方向上的辐射强度之比。增益等于方向性系数与天线效率的乘积。

3.2.5 相控阵天线效率

天线效率一般定义为天线的辐射功率与输入功率之比。而未有效辐射的功率即是因为天线自身损耗而产生的消耗。

3.2.5.1 影响微带天线效率的因素

微带天线存在损耗大、效率低、增益不足等问题。其成因在于以下五种损耗：金属贴片及匹配微带线的导体损耗、介质的介电损耗、表面波损耗、半导体基底的电阻性损耗。由基底与绝缘层交界面上的载流子运动导致的界面损耗。

导体损耗是由导电媒质的串联电阻引起的。影响导体损耗的主要因素有电流分布、导体电阻和表面粗糙度。而表面粗糙是导体损耗的主要原因，因为电流深入导线表面很浅，所以会沿着不规则表面流动，大大延长了电流路径，导致实际电阻增加。

介质的介电损耗，它在任何一种介质做基底的微带天线中都存在，主要是由介质分子的极化引起的损耗。由于该部分损耗并不是很大，而且难以计算，所以这部分损耗在总损耗中的贡献可以忽略。

表面波是沿介质基片传播，而在基片法线方向上按指数衰减的波。通常把表面波功率与馈线系统入射功率之比称为表面波激励效率。

半导体材料的导电性是由自由载流子的运动导致的，所以载流子的运动是导致硅基底电阻性损耗的主要原因。所以该部分损耗的计算与硅基底中载流子的密度和迁移率有直接的关系。

界面损耗是半导体工艺 MIS（金属—绝缘层—半导体）结构的表面电场效应造成的。载流子在半导体内部的分布直接影响着其局部电阻率。当半导体衬底接地，金属层上施加电压时，半导体表面会形成电荷层（积累层或反型层），由于局部载流子浓度的提高，界面处电阻率相当低。另外，即便在不加偏压的情况下，由于二氧化硅层固有的正电荷密度也将导致在硅界面产生感应负电荷层，从而降低表面电阻率。不管是积累层还是反型层还是感应电荷层的形成，其所导致的界面电阻率降低，对介质微带天线来说，都将产生严重的影响。

3.2.5.2 影响波导天线效率因素

波导的损耗主要来源于以下两个方面：波导中填充的介质引起的损耗、波导壁不是理想导体产生的损耗。

因为我们实际使用的波导未填充任何介质，因此，损耗主要由波导壁不是理想导体产生引起。非理想导体波导壁引起的衰减,改变了波导中电场和磁场分布,严格计算十分复杂。常用的是近似处理方法:采用理想导体波导壁情况下的电场和磁场分布,另外引入波导壁的有限电导率。也就是说非理想导体波导壁对电场和磁场的扰动可忽略,仅仅引起电场强度和磁场强度的衰减,从而产生功率损耗。对于非理想导体波导壁,其表面存在面电流。根据焦耳定律,知道电流和电阻就可以算出能量损耗。

3.2.5.3　两种天线传输损耗

利用 HFSS 软件分别计算了带线馈线和波导馈线长度均为 1 m 时不同频率对应的损耗(衰减)。微带介质基板材料 Rogers 5880,介电常数 2.2,损耗角正切 0.0009,介质厚度 1.016 mm,特征阻抗 50 ohm 对应理想线宽 0.79 mm。

波导参数选用 BJ100 标准波导尺寸,起始频率 8.2 GHz,终止频率 12.5 GH,基本宽度 22.86 mm,基本高度 10.16 mm。

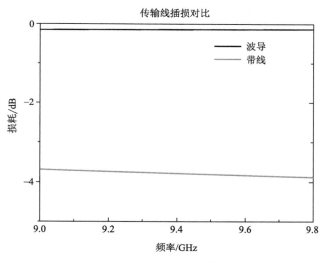

图 3.30　波导和带线传输损耗

由图 3.30 不难看出,在 9.4 GHz 中心频率,长度为 1 m 的微带线的损耗为 3.78 dB,长度为 1 m 的波导的损耗仅为 0.13 dB。

3.2.6　第一副瓣电平

在天线方向图中找到信号最大值即为天线的主瓣电平,从主瓣电平往左右两边搜索,找到左右两边的零点,从左边零点得到左右两边的第一零点。搜索左边零点以左区间的最大值,作为左边最大副瓣电平;搜索右边零点以右区间最大值,作为右边最大副瓣电平。取左右最大副瓣电平值的较大者,作为整个一维方向图的副瓣电平。对副瓣电平的抑制越高越好,如果对副瓣能量抑制不够,则波束副瓣反射回来的信号就很容易被接收到,导致雷达产生虚假回波。

3.2.7　交叉极化隔离度

交叉极化隔离度是双极化天线的一个重要指标,天线交叉极化隔离度是指与主极化正交的极化分量最大电平与主极化自身最大电平的差值,代表两个极化之间的信号隔离程度。理想情况下天线的水平振子只发射或接收水平极化波,垂直振子只发射或接收垂直极化波,但实际工作中水平通道中会混杂垂直极化波,反之,垂直通道中也会混杂水平极化波,交叉极化隔离度就反映了两个极化波混杂程度,交叉极化隔离度越高则混杂程度就越低,通道的极化纯度就越高,对雷达的双极化探测越有利。双极化雷达的一个重要作用就是探测粒子的极化特性,交叉极化隔离度越高,探测到的粒子极化参量越准,在双极化天气雷达中,只有交叉极化隔离度大于 30 dB,才能保证天气回波的差分反射率、差分传播相移、差分传播相移率、相关系数等探测准确。

3.2.8 波束控制精度

一维相控阵雷达在俯仰上为电子扫描,即通过改变电信号的特性来实现波束扫描。雷达系统对波束指向和波束宽度的实际控制结果与理论结果的最大误差即为波束控制精度。波束控制精度越高雷达探测回波的准确度越高。

3.2.9 波束角度误差

波束角度误差是指雷达发射波束的方位和俯仰指向的准确度。波速角度误差越小代表雷达的方位指向和俯仰指向越准,探测的目标位置越精确。

3.2.10 微带天线

微带天线的结构一般由介质基板、辐射体及接地板构成。介质基板的厚度远小于波长,基板底部的金属薄层与接地板相接,正面则通过光刻工艺制作具有特定形状的金属薄层作为辐射体。辐射片的形状根据要求可进行多种变化。

一般要求微带天线介质基片的介电常数<10,厚度$<\lambda$;辐射器的形状可以是矩形、圆形、三角形或其他的规则形状。辐射贴片的形状不同,辐射特性也有所差异。例如,矩形贴片单元通过特殊的设计可以实现双频段工作,方形或圆形辐射元当配以适当的馈电可以获得圆极化;将贴片的形状做成周期结构形状,并在周期结构的末端与接地板之间接以电阻匹配负载,可以形成微带行波天线。微带天线的形状还往往根据其在飞行器上安装部分的表面形状而定。图 3.31、图 3.32 所示就是常见的微带贴片阵列天线,包括微带串馈及微带并馈等形式。

图 3.31　微带贴片串馈阵列天线　　　　图 3.32　微带贴片并馈阵列天线

3.2.10.1 微带天线类别与组成

微带天线的分类有很多种,按照结构上的特点,微带天线一般被分成微带贴片天线,微带缝隙天线以及微带天线阵(主要指微带行波天线)这三种类型。按形状分类,有圆形、矩形、环形微带天线等。按工作原理分类,可以分为谐振型(驻波型)和非谐振型(行波型)微带天线。

微带贴片天线是由介质基片、辐射贴片和接地板构成,如图
3.33 所示,是一种常见的微带天线形式。辐射贴片单元的形状
多种多样,不论是规则的矩形、多边形,还是不规则的椭圆形、环
形或者扇形等,都可以作为辐射元。这类微带天线的最大辐射方
向一般都在侧射方向,即垂直于基片的方向上。

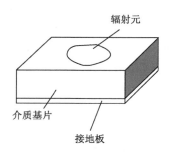

图 3.33　微带贴片天线示意图

微带缝隙天线是基于微带线的谐振效应和辐射效应的天线。
当微带线处于谐振状态时,导电缝隙处会产生电流分布,进而产
生电磁波辐射。缝隙的形状可以根据实际情况有多种变化,如图
3.34 所示,它可以为矩形窄缝、矩形宽缝、圆形窄缝、圆形宽缝。
结合微带振子天线时能够产生圆极化效应。它也是一种比较常见的天线。

微带行波天线是由基片、接地板和一连串辐射片组成的,辐射片可以是链形周期结构,也
可以是普通的长 TEM 传输线。终端接上匹配负载后,可构成微带行波天线。天线结构的不
同设计可使这类微带行波天线的最大辐射方向位于侧射到端射的任意方向上。图 3.35 中即
为常见的几种微带行波天线的形状。

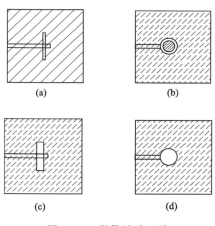

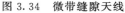

图 3.34　微带缝隙天线

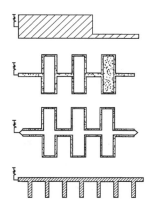

图 3.35　微带行波天线

3.2.10.2　微带天线的辐射原理

微带天线有多种分析方法,在分析其辐射机理时,往往会根据贴片天线的形状等实际情
况,选择合适的分析方法。此处,出于分析简单的角度考虑,用传输线分析法分析矩形微带贴
片天线的辐射机理。

如图 3.36a 所示,设矩形贴片的长为 L,近似为半波长,宽为 W,介质板厚度为 h。利用等
效法,单元贴片、介质基板和接地板的结构可以被看成是一段长为 $\lambda g/2$ 的低阻抗微带线,且
微带传输线的两端为开路状态。

因为基板厚度 h 远远小于工作波长 λ,所以可认为在沿 h 方向上,场分量均匀分布。以最
简单的传输线模式进行分析,可认为沿宽度 W 的方向上,场分量同样没有明显变化,而场分布
仅沿 L 方向发生变化。

在激励主模的情况下,传输线的场分布如图 3.36b 所示。基本上可认为是由辐射贴片沿
L 边两端开路边的边缘场产生了辐射。由图 3.36b 可见,在贴片单元的两个 W 边处,可以把

电场分解为两个分别垂直和平行于接地板的分量。由于辐射贴片长为半个导波长,所以两侧开路段的电场经分解后,其两端处的电场的法向分量在相位上相差 Ⅱ,这样,它们在垂直于接地板方向上产生的远区场是相互抵消的。而平行于接地板的电场切向分量,因为它们有相同的方向,所以它们产生的远区场相叠加,因而在垂直于结构表面的方向上产生最大的辐射场,即接地板的上部空间有最大辐射场。这样,就可以把矩形贴片辐射元用相距为 $\lambda g/2$、宽度为 Δl(近似于基片厚度 h)、长度为 W 且同相激励的两个缝隙组成的二元天线阵来等效。缝隙的切向电场沿 W 方向均匀分布,电场方向垂直于 W,如图 3.36c 所示。故由分析可知,矩形微带贴片天线的辐射场可等效为由两个矩形缝隙组成的二元阵列所产生的远区辐射场。

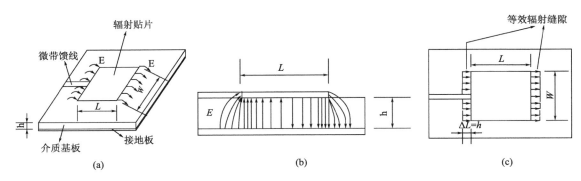

图 3.36 场分布及等效辐射图

3.2.10.3 微带天线优缺点

微带天线在结构及物理性能等方面具有许多优点。第一,剖面低,即微带天线可以做得很薄,非常适合于高速飞机及空间飞行器使用。第二,尺寸小、重量轻,微带贴片的尺寸比自由空间小,介质基板无论是从体积还是重量上都要比一般天线的金属材料小得多;而且微波集成工艺还能去掉许多大体积部件,实现易集成、低剖面。第三,天线性能多样化,设计不同形状的贴片单元,或对选择合适的单元组阵,就可实现边射阵、端射阵、各类极化、电扫描微带相控阵等。第四,易于安装,微带天线的馈电既可在基片的侧面也可在基片的底部进行,所以安装灵活多样化。第五,成本低,便于批量生产,由于微带天线的加工主要依靠成熟的光刻工艺,集成技术和制版技术的发展,使微带天线的制作方便简单,价格低廉,尤其是在大规模制造时,不仅节约成本,而且天线之间的一致度高。

但微带天线也存在部分缺点:首先,工作频带窄,因为常见的微带天线一般工作于谐振状态,所以阻抗带宽通常为百分之几;其次,因为介质损耗、辐射损耗和导体损耗等原因,单元贴片的增益较低,一般为 6～8 dB;第三,由于结构中接地板的存在,所以微带天线的波束只存在于半空间;第四,微带天线自身能承受的最大功率较小。

3.2.11 波导天线

波导天线就是采用横截面为矩形,内部填充空气介质的规则金属波导设计而成的天线。当发射信号时,矩形波导中以电磁场或者电流的方式传输微波信号,在各个开缝处辐射出去并在自由空间进行合成,在空间某处形成窄波束。结合方向图综合理论对矩形波导上每一个缝隙的尺寸、缝隙的倾角、缝隙的偏移位置、缝隙的间距等进行细心的设计,可以产生我们所预期的天线方向图的天线。

3.2.11.1　波导缝隙的类别与组成

如图 3.37 所示,根据在矩形波导上的缝隙位置及开缝方式,波导缝隙天线主要可分为宽边横缝缝隙天线,对应图 3.37 中缝隙 c;宽边斜缝缝隙天线,对应图 3.37 中缝隙 b;窄边斜缝缝隙天线,对应图 3.37 的中的缝隙 e。而缝隙 a 和缝隙 d 因不会切割到电流线而不会产生激励。

3.2.11.2　波导缝隙辐射原理

如果在波导宽边或窄边上切割一个窄的缝隙,此时缝隙就切断了波导壁上的传导电流导致缝隙上产生电场,且会对波导内壁的电流产生扰动,并从波导内耦合部分电磁能量向自由空间辐射。随着缝隙切割在波导壁的位置不同,所形成的电流扰动也不同。

波导对于缝隙是很理想的馈电传输线。虽然波导的阻抗不能被唯一定义,但电压比电流、功率比电流、功率比电压这些都能产生较高的阻抗值与缝隙的高阻抗值进行匹配。波导可以提供一种刚性结构,达到了屏蔽场的作用。缝隙与内部场发生耦合,这样不仅更加容易制作线阵,而且可以由波导内的行波或者驻波提供馈电。控制缝隙在波导壁上的开缝位置,就可以实现对缝隙激励幅度的控制。

当波导壁上的电流被缝隙切断时,该缝隙就被波导内的场所激励。当缝隙受到激励后,缝隙此时就成为了波导传输线的负载。经常使用的缝隙形式如图 3.38。

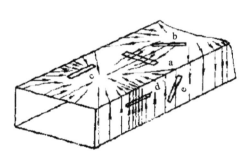

图 3.37　波导缝隙电流分布图

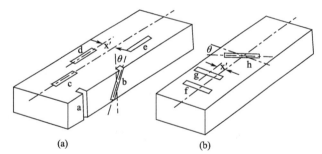

图 3.38　常用波导缝隙形式

一旦确定了缝隙在波导上的位置、缝隙的几何尺寸和在波导中传送的能量,则缝隙能量辐射的相位及辐射度就确定了。一般在工程设计中,如果提到波导缝隙的设计,就会涉及到缝隙的等效电路。可将波导缝隙分为串联缝隙和并联缝隙。常用的等效电路如图 3.39。由电磁波在波导内的传播理论可知,电流在波导内传播时是两种类型的电流间相互转换的。

在由短路引起的沿着 z 轴形成驻波的情况下,由波导内的纵波电流落后电场 90° 可知,波导内横波电流的幅度峰值在与沿着 z 轴方向的驻波电场发生相同点,两者产生的相位都落后纵波电流 90°。而侧壁只有横波电流。上、下方向的壁宽既有 z 轴方向纵电波也有 x 轴方向纵电波。图 3.40 显示了横波的幅度和方向分布。

通过以上原理,我们能够得到想要的辐射方向图。

3.2.11.3　波导缝隙天线优缺点

其主要优点:天线口径效率较高;天线为纯机械结构,且结构紧凑;波导缝隙天线的功率容

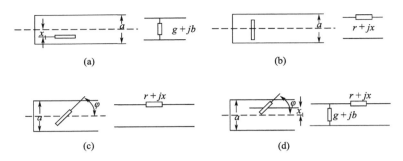

图 3.39　常用波导缝隙的等效电路图

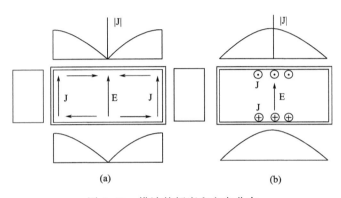

图 3.40　横波的幅度和方向分布

量较高;天线的口径分布可以独立控制,故其更容易实现低副瓣及超低副瓣要求;天线的加工为纯机械加工,仅要求加工机床的精度能够达到项目要求即可基本达到目标效果;因其一般为纯金属结构,天线稳定性高,在机载火控雷达,导弹导引头等方面有着广泛的应用;同时,因波导缝隙天线采用的波导管的截面尺寸与传统波导馈线的截面尺寸相同,易于相互连接和实现共形,也同样适宜于装在飞机等飞行器上使用;波导缝隙天线的馈电方式也很灵活,可以直接使用波导接口,也可用电缆接口。选择适当的缝隙阵形式,既可以从天线的前端馈电,也可以从后端馈电,给结构设计带来了极大的方便。

其主要缺点:波导缝隙天线为纯金属结构,在天线口径较大时,天线的总体重量较大;波导缝隙天线不适用于组合设计,仅能对天线进行单独加工设计。

3.2.11.4　波导天线示例

(1)64 单元单偏振天线

天线阵面由 64 根裂缝波导组成,每根波导的始端接波导同轴转换,终端接吸收负载。基于天线的工作频率和扫描角的要求,根据抑制栅瓣条件,单元间距确定为 18 mm。天线方位面方向图由裂缝波导的方向图决定,根据工作频率选择 BJ100 标准波导,波导横截面内尺寸为 22.86 mm×10.16 mm,每根波导上开有 60 个缝。

窄边波导缝隙阵的设计方法是先根据方向图要求选定辐射缝的幅度分布,再根据选定的幅度分布确定缝隙的电导分布,最后由拟合的缝隙电导函数来确定缝隙的切割深度和倾角。根据方位面-25 dB 副瓣电平要求,幅度分布采用-30 dB 泰勒加权,考虑到实际加工误差,留有 5 dB 余量,可以保证实测副瓣电平满足指标。其主要技术指标如表 3.2 所示。

表 3.2　64 单元单偏振天线主要技术指标

项目	性能指标
频率范围	9.4 GHz±100 MHz
极化方式	单线极化
俯仰电扫描范围	−45°～+45°
天线增益	≥39 dB(法向)
波束宽度	方位面:≤1.76°　俯仰面:≤1.76°
接收旁瓣	方位面:≤−25 dB　俯仰面:≤−20 dB
交叉极化	法向波束≤−30 dB&±36°扫角范围内≤−25 dB
驻波	≤1.35
口径尺寸	≤1380 mm×1200 mm
总质量	≤80 kg

测试和方向图如 3.41—3.43。

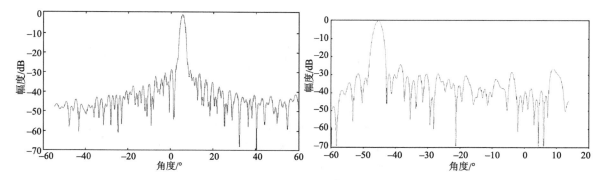

图 3.41　9.4 GHz 法向方位面方向图　　　　图 3.42　9.4 GHz-45°扫描俯仰面方向图

(2) 64 单元双偏振天线

64 单元双偏振天线(表 3.3)采用行波阵设计,行波阵是指波导的一端注入激励信号,另一端接负载以吸收剩余功率的裂缝阵列天线。这种阵列裂缝单元间距不等于半波长,各辐射裂缝的反射不会因同相叠加而产生大的输入驻波。能量从一端馈入,边辐射边向前传输,通过控制裂缝的参数可控制辐射能量,由此实现加权分布,进而实现副瓣电平控制。水平极化波导天线采用窄边开缝隙。垂直极化波导天线采用宽边沿中心线两边开纵缝。

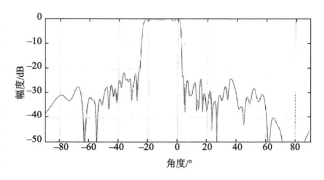

图 3.43　9.4 GHz 发射宽波束方向图

49

表 3.3　64 单元双偏振天线主要技术指标

项目	性能指标
频率范围	9.4 GHz±100 MHz
极化方式	水平/垂直双极化
俯仰电扫描范围	−45°～+45°
天线增益	≥38 dB(法向)
波束宽度	方位面:≤1.76°　俯仰面:≤1.76°
接收旁瓣	方位:≤−25 dB　俯仰面:≤−20 dB
交叉极化	法向波束≤−30 dB&±36°扫角范围内≤−25 dB
水平方向上双线偏振波束角度误差	≤5%
水平方向上双线偏振 3 dB 波束宽度误差	≤5%
驻波	≤1.35
口径尺寸	≤1500 mm×1200 mm
总质量	≤125 kg

天线工作频率为 9.3～9.5 GHz,俯仰要求扫描 45°,俯仰单元间距(d)应满足:

$$d < \frac{300/9.5}{1+\sin(45°)} \times \frac{63}{64} = 18.2 \text{ mm} \tag{3.26}$$

因此,选取单元间距为 18 mm。X 波段标准波导尺寸较大,为了满足双极化天线共口径的排布,采用单脊波导。

整个天线阵面采用真空钎焊一体成形,不含天线罩的总重量约为 40 kg,水平极化和垂直极化行线源的连接器均位于行线源端头,通过电缆与 TR 组件连接。

垂直极化天线通过优化脊波导结构尺寸实现双极化排列,由波导管仿真设计可知选用的脊波导在 9.4 GHz 时,选取缝隙间距为 25 mm。

测试和方向图,通过在近场暗室对该天线进行测试,得出以下测试结果如图 3.44—3.46。

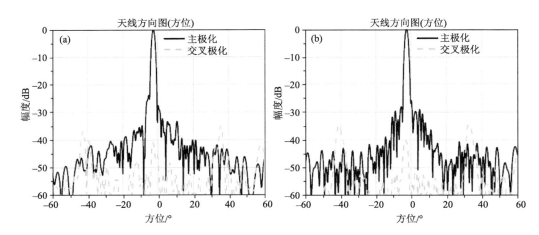

图 3.44　水平极化方位面方向图(a)和垂直极化方位面方向图(b)

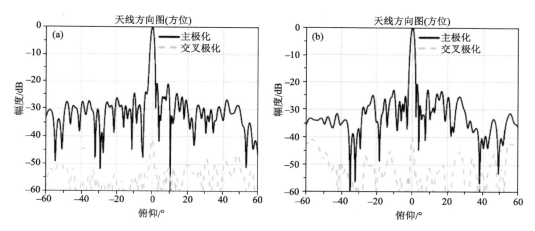

图 3.45 水平极化俯仰面方向图(a)和垂直极化俯仰面方向图(b)

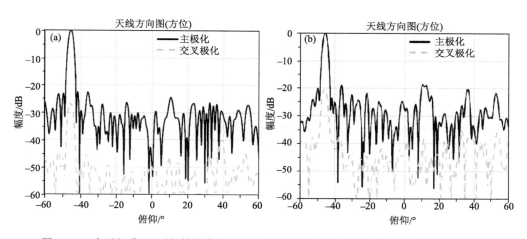

图 3.46 水平极化-45°扫描俯仰面方向图(a)和垂直极化-45°扫描俯仰面方向图(b)

3.2.12 天馈分系统测试方法

相控阵天线测试是雷达研制和生产的一个环节,通过天线测试了解天线波束宽度、天线增益、主副瓣分布等辐射特性和天线阻抗匹配特性。最通常的方式是暗室测试。

3.2.12.1 测试环境

天线的副瓣电平、波束宽度、交叉极化及天线增益等电气指标可通过近场测试得到。

(1)测试要求

1)测试场地:微波暗室。

2)测试系统:天线近场测试系统。

3)测试频点:依据雷达的频在附近选取 3 个以上分频点。

4)测试距离:近场测试距离选取在 3~10 个波长。

5)测试电扫角度:俯仰法向及 45 度电扫。

6)测试赋形角度:俯仰 22.5°~45°或-45°~-22.5°。

7)信号源:信号源工作频谱带涵盖所规定的波段,不要求限定特定型号的信号源,可根据仪器使用情况具体安排。

8)发射天线:发射天线工作频带涵盖所规定的波段并使发射天线的极化与被测天线的极化一致。

(2)测试方法

图 3.47 为天线近场测试系统框图。

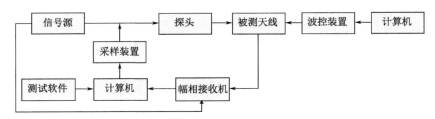

图 3.47　天线近场测试系统框图

3.2.12.2　测试项目

天线测试项目一般包括:增益、波束宽度、波束指向、副瓣电平、3D 方向图,交叉极化,波束控制精度等指标。

(1)天线方向图及测试数据获取

天线近场测试通过天线近场测试系统,按天线近场测试系统框架图连接设备。首先利用测试工装,按组合配置天线扫描角。然后移动探头,采集天线口径场幅相分布。最后通过经确定的近-远场变换,便可以获得天线在该扫描角的远场方向图,对生成的远场方向图经最大值的俯仰及方位面进行剖面分析,即得出对应扫描角的俯仰及方位方向图。天线方向图的测试就是测试天线的方位、俯仰方向图,在所测的方向图上可以读出波束宽度、副瓣电平等电气指标(图 3.48)。

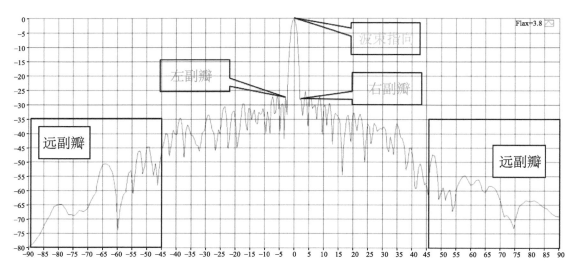

图 3.48　波束方向图

（2）指标获取与结果判定

1）天线增益

采用近场测量方法,利用近场测试系统对天线的接收法向波束及单波束角度的加权波束进行测试,并记录天线的远场测试幅度最大值,并将该最大值与标准增益喇叭天线的实时测试值相比较即可换算出被测天线的对应增益值。如果测试值满足技术要求,则判定合格。

换算方法如下:当被测天线的对应波束的幅度最大值为 A,标准喇叭的幅度最大值为 B,标准增益为 C,被测天线的赋形网络损耗为 D,则增益值＝$A-B+C+D$。

2）波束水平宽度

根据方向图测试结果,读取天线方向图幅度下降 3 dB 处的方向图宽度即为波束宽度。其中俯仰面赋形波束宽度需经过误差迭代来消除功分器引入的误差,进而得到赋形波束方向图波束宽度。

3）第一副瓣电平

天线副瓣电平采用近场测量。根据接收波束方位与俯仰方向图的测试结果,分别读取天线方位面与俯仰面方向图的副瓣电平。采用功分器配合等相线缆进行测试,验证天线低副瓣性能。

4）交叉极化隔离度

采用网络分析仪扫频法对该天线的极化隔离度进行测量。包括矢网端口 A 连接水平极化波同转换,端口 B 连接垂直极化波同转换;矢网端口 A 连接水平极化波同转换,端口 B 连接相邻端口;矢网端口 A 连接垂直极化波同转换,端口 B 连接相邻端口。分别读取 S21 即为天线极化隔离度的三种状态。检查结果符合指标规定,判定天线极化隔离度合格。

5）波束控制精度

波束控制精度公式：

$$\frac{（实测波束指向角度－理论波束指向角度）}{3.6°/1.8°/1°（轻小型/标准型/增强型）}\leqslant 5\% \tag{3.27}$$

按照公式（3.27）计算出波束控制精度。

6）波束角度误差

分别读取并记录天线发射（接收）方位切面天线垂直极化方向图 3 dB 波束宽度 BW3dB_VV_AZ,方位切面天线水平极化方向图 3 dB 波束宽度 BW3dB-HH-AZ 和俯仰切面天线垂直极化方向图 3 dB 波束宽度 BW3dB_VV_EL,俯仰切面天线水平极化方向图 3 dB 波束宽度 BW3dB-HH-EL。

水平方向上双线偏振 3 dB 波束宽度差：

$$\frac{（BW3dB\_HH\_AZ－BW3dB\_VV\_AZ）}{（BW3dB\_HH\_AZ＋BW3dB\_VV\_AZ）/2} \tag{3.28}$$

垂直方向上双线偏振 3 dB 波束宽度差：

$$\frac{（BW3dB\_HH\_EL－BW3dB\_VV\_EL）}{（BW3dB\_HH\_EL＋BW3dB\_VV\_EL）/2} \tag{3.29}$$

3.3　收发分系统

收发分系统通常包括频率源组件、标校组件、中频发射组件、T/R 组件、AD 组件、波束控制组件等,如图 3.49 所示。

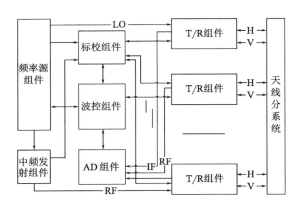

图 3.49　收发分系统组成框图

T/R 组件采用分布式结构。发射通道由上变频、功率放大器、收发开关、电源、故障检测及保护电路组成。每一个发射通道与一个天线单元相连接,64 个发射机将来自中频发射组件的 64 路发射信号进行幅相加权、放大和滤波,然后送到天线分系统,通过天线阵元向空中辐射,在空中合成波束。接收通道由低噪声放大器、滤波器、下变频器组成。每一个接收通道与一个天线单元相连接。64 个接收机将来自天线的 64 路接收信号进行低噪声放大、滤波、下变频。T/R 组件接收雷达后端的控制指令,完成对发射接收通道的各种控制,并向雷达后端反馈接收通道的工作状态和故障信息。

频率源组件由高频率稳定度、低相位噪声的晶振、倍频电路、锁相环、滤波器和状态检测电路组成。频率源组件为 AD 组件和波控组件提供各类同步时钟信号;产生本振信号输出到 T/R 组件、中频发射组件和标校组件。根据雷达后端下发的频率控制指令,实时调整本振频率。

标校组件由收发变频通道、射频开关和状态检测电路组成。接收校准时,将波形时序卡产生的信号进行上变频、滤波、放大后输出到天线分系统,通过天线分系统的耦合通道进入 T/R 组件的接收链路,T/R 中频信号输出到 AD 组件解析,实现雷达接收通道的校准;发射校准时,通过耦合通道接收 T/R 组件输出信号(模拟回波信号)再进行下变频,得到的中频信号再输出到波形时序卡解析,实现雷达发射通道校准。

中频发射组件由放大器、混频器、滤波器和状态检测电路组成,介于波形时序卡和 T/R 组件之间,完成信号的上变频、滤波、放大等,并加以一定的幅度控制。

波束控制组件由主控 FPGA 芯片、扇出芯片、网口、光模块和状态检测电路组成,实现后端命令的接收和转发、组件状态搜集和上报。控制频率源组件变频,控制 T/R 组件收发切换、幅相补偿,控制标校组件标定状态。

3.3.1　收发分系统工作信号流

发射工作状态时,波形时序卡中的 DDS(直接数字频率合成器)产生的中频信号经中频发射组件上变频形成射频信号,射频信号通过功分网络分发给 T/R 组件,经过 T/R 组件放大、幅度和相位加权、极化选择后送往天线阵元。

接收工作状态时,天线接收到的射频回波信号经过极化选择后送往 T/R 组件进行低噪声放大、下变频和滤波等处理后传送给 AD 组件做进一步处理。

接收校准工作状态时,DDS 生成的中频信号由标校组件进行上变频、滤波、放大、极化选通输出到天线分系统,再经过天线的耦合通道耦合到每一路接收通道进行下变频放大、变频、滤波,产生的中频信号输出到 AD 组件解析,实现接收通道校准。

发射校准工作状态时,DDS 生成的中频信号由标校组件上变频后再经过功分网络输出到 T/R 组件,每个发射通道依次间隔发射校准 RF 信号,然后经天线耦合通道传送到标校组件接收通道进行下变频等处理后,送往时序电路做进一步处理。

3.3.2　收发分系统关键技术指标

3.3.2.1　发射通道主要技术性能指标

发射通道技术指标主要包括:工作频率、脉冲峰值功率、脉冲特性等。

(1)雷达工作频率

不同用途和不同体制的雷达往往采用不同的工作频率。就气象雷达而言,通常所用的工作频段为 S、C、X、Ku、Ka 以及 W 这几个频段。雷达工作频率越高,对小粒子越敏感,但是探测范围也将随着气象目标对信号的衰减作用加强而减小。比如工作在 Ka 频段的测云雷达能够探测到 30 km 半径范围内的云,获得云粒子的反射率因子、径向速度等;S 波段测雨雷达通常用于探测 400 km 半径范围降水天气系统,获得降水粒子的反射率因子、径向速度等。具体使用哪个频段,应结合实际应用需求综合考量。目前的相控阵阵列天气雷达采用的是 X 波段。

(2)发射输出/输入功率

输出功率是指发射机输出的(通常是至天线)射频功率。对于连续波雷达,发射机输出功率是连续波功率。对于脉冲雷达,发射机输出功率以峰值功率 P_0 和平均功率 $\overline{P_0}$ 来表示。峰值功率是指发射机高频脉冲持续期间输出的最大功率;平均功率是指脉冲重复周期内输出功率的平均值。若发射脉冲是理想矩形等周期脉冲串,脉冲重复周期为 T_r(或 PRT),则有

$$\overline{P_0} = P_0 \cdot \frac{\tau}{T_r} \tag{3.30}$$

式中,τ 为脉冲宽度,T_r 为脉冲重复周期,$\tau/T_r = D$ 称为雷达工作比或占空比。

雷达发射机输出功率是决定雷达的探测能力的重要因素,输出功率越大,探测能力越强。增大输出功率可以增加雷达探测距离,提高信噪比。功率管的效率一般为 50% 左右,大量的热耗将导致机内温度急剧增加,加大功率后散热问题就更突出。大功率功率管设计调试难度也较高,同时也会增加雷达制造成本。所以,输出功率并非越大越好,应综合相关因素进行设计。X 波段相控阵阵列天气雷达发射峰值总功率在 200~1000 W。

输入功率是指输入到发射机并能将组件的发射通道正常激励起来的射频功率。对于连续波雷达,发射机输入是连续波功。对于脉冲雷达,输入是脉冲波。发射机输入功率的大小应具有一定的范围,即当输入功率在一定的范围内变化时,输出功率的所有指标仍能满足技术指标要求。

(3)输出功率带内平坦度

输出功率带内平坦度为工作频带内输出功率最大值 $P_{\max}$ 与输出功率最小值 $P_{\min}$ 之差,用 dB 表示。带内功率平坦度数值越小,表示带内平坦度越好,说明频率对发射功率的影响小,在各频率点发射机输出功率一致性高。

(4)脉冲波形参数

多数脉冲雷达脉冲波形既有简单等周期矩形脉冲串,也有复杂编码脉冲串。理想矩形脉冲的参数主要有脉冲幅度和脉冲宽度,而实际的发射信号一般都不是理想矩形脉冲,而是具有上升沿、下降沿的脉冲,且脉冲顶部有波动和倾斜,如图 3.50 所示。

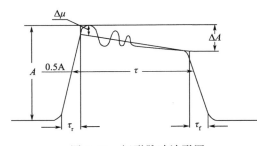

图 3.50 中,脉冲宽度 τ 为脉冲上升沿幅度的 $0.5A$ 处至脉冲下降沿幅度 $0.5A$ 处之间的脉冲持续时间;脉冲上升沿 τ_r 为脉冲上升沿幅度的 $0.1A$ 处至 $0.9A$ 处之间的持续时间;脉冲下降沿 τ_f 为脉冲下降沿幅度的 $0.9A$ 处至 $0.1A$ 处之间的持续时间;顶部波动为脉冲顶部振荡波形的幅度 $\Delta\mu$ 与脉冲幅度 A 之比,即

图 3.50 矩形脉冲波形图

$\dfrac{\Delta\mu}{A}$,通常以百分数或 dB 数值表示;脉冲顶降即顶部倾斜,它为脉冲顶部倾斜幅度 ΔA 与脉冲幅度 A 之比,通常也以百分数或 dB 数值表示。

(5)发射效率

发射机的效率主要是用来评估发射机的电源功耗和输出功率之间的转换效率。目前,针对发射机主要有三种效率,这就是功放漏级效率、功率附加效率和总效率。

第一种是功放漏级效率(或集电极效率)η_{drain},它是射频输出功率 P_{RFOUT} 与电源供给功率 P_{DC} 之比。这里 P_{DC} 表示的是输入到漏级(或集电极)的直流功率,V_{DC}、I_{DC} 分别为直流电压和直流电流。

$$\eta_{\mathrm{drain}}=\frac{P_{\mathrm{RFOUT}}}{P_{\mathrm{DC}}}=\frac{P_{\mathrm{RFOUT}}}{V_{\mathrm{DC}}\times I_{\mathrm{DC}}} \qquad (3.31)$$

漏级效率主要测量有多少直流功率被转换成射频功率,但是,在漏级效率中没有考虑放大器的功率增益(即没有关注输入到器件的射频输入功率。在单级小增益的功率放大器中,输入功率也是非常重要的。

第二种是功率附加效率 P_{AE}。P_{AE} 的定义为射频输出平均功率 P_{RFOUT} 与射频输入平均功率 P_{RFIN} 的差与电源供 P 给功率 P_{DC} 之比。

$$P_{\mathrm{AE}}=\frac{P_{\mathrm{RFOUT}}-P_{\mathrm{RFIN}}}{P_{\mathrm{DC}}}=\frac{P_{\mathrm{RFOUT}}}{P_{\mathrm{DC}}}\left(1-\frac{1}{G}\right)=\eta_{\mathrm{drain}}\times\left(1-\frac{1}{G}\right) \qquad (3.32)$$

式中,G 为功率增益。在功率附加效率的定义中,包含了发射机发射功率放大器的增益(即关注了输入到组件的射频输入功率),是用来衡量直流偏置功率转换为射频增加功率的效率。理论上讲,如果发射通道的增益无穷大,则功率附加效率与漏级效率是相同的。但实际上,P_{AE} 总小于漏级效率。

当发射功率放大器在线性与饱和工作区域时,会有一个最大效率点,在这个点之前,功率放大器的输出功率随输入功率增大而增大;一旦超过这个点,再增加的输入功率将仅仅变换成器件的热量,而输出功率变化很小。功率附加效率 P_{AE} 的测量就是为了寻找这个最佳点。

第三种是组件的总效率。它的定义是组件射频输出平均功率与组件总的供给功率(包括直流和射频输入功率)之比。

$$\eta_{\text{total}} = \frac{P_{\text{RFOUT}}}{P_{\text{总功耗}} + P_{\text{RFIN}}} \tag{3.33}$$

式中,T/R 组件的总功耗定义为作用在 T/R 组件上所有使用的电源功耗总和。即

$$P_{\text{总功耗}} = \sum_{n=1}^{N} U_n \cdot I_n \tag{3.34}$$

式中,U_n 和 I_n 为第 n 个 T/R 的电压和电流。

发射机的总效率主要来自于热力学的分析考虑,反映了发射机为了获得射频输出功率而需要耗费的总能量,而那些没有转换成射频输出的能量变成热量耗散掉。因此,在组件的设计过程中,需要重点考虑这部分热量的转移。

发射机工作时的占空比不同,导致其输出功率的平均值发生变化。理论上讲,随着占空比的增大,组件的总效率也随之增大。因此,在讨论组件总效率的时候,必须明确其工作的占空比条件。

(6)谐波抑制度

由于发射通道工作在饱和放大区域,非线性效应导致高次谐波,其频率是工作频率的整数倍。这些高次谐波会对其他电子设备产生干扰,因此,在设计过程中需要考虑谐波抑制。

(7)相位噪声

信号噪声包括调幅噪声和调相噪声。在微波频段,由于发射信号的调幅噪声比调相噪声小很多,所以一般只测量调相噪声即相位噪声,忽略调幅噪声。相位噪声起源于振荡器输出信号的相位、频率和幅度的变化。它是振荡器短时间稳定度的度量参数。在脉冲多普勒雷达系统中,相位噪声会将杂波谱扩散到目标的频点附近,降低了目标的可检测性。发射信号的相位噪声主要反映的是其放大器的输出较输入信号增加的相位噪声,表明了组件对于载频偏置相关信号的退化,通常也称为附加或剩余噪声。

美国国家标准局把 SSB(单边带)相位噪声 $\lambda(f_m)$ 定义为:偏离载波频率 f_m Hz,在 1 Hz 带宽内一个相位调制边带的功率 P_{SSB} 与总的信号功率 P_S 之比,即

$$\lambda(f_m) = \frac{P_{\text{SSB}}}{P_S} \tag{3.35}$$

式中,$\lambda(f_m)$ 通常用相对载波 1 Hz 带宽的对数表示,单位为 dBc/Hz,由于相位噪声电平比载波电平低,所以定义为负值。

(8)杂散抑制度

杂散不同于谐波和噪声,是非整数倍频率的无用频率分量,一般定义为偏离输出频率多少频率的频谱功率,杂散抑制度常用低于载波频率功率的多少 dBc 表示。它的产生常常是由元

器件的不稳定和电路的设计欠缺产生的弱寄生振荡和微小失真造成的。另外,由于电源波动、振动等外界干扰影响,对信号幅度和相位的调制也会在频谱上表现出杂散。

杂散又分为带外和带内两种,带外杂散指工作频带之外其他频率杂散分量。带内杂散指最大、最小工作频率谱线之间的杂散分量。

发射通道主要指标如表 3.4 所示。

表 3.4　发射机技术性能指标表

项目	性能指标
发射机形式	全固态功率合成
工作频率	9.3~9.5 GHz
输入功率	≤−14 dBm
发射脉冲功率(单通道)	≥43 dBm
带内平坦度	≤3 dB
脉冲宽度	1~200 μs(可选)
脉冲顶降	≤1 dB
谐波抑制	≥40 dB
故障检测和保护	发生过占空比、过脉宽、过温、过流等情况时可报警 并实现自保;输出功率低时输出报警信号

3.3.2.2　接收通道主要指标

接收机技术指标主要包括:工作频率、噪声系数、增益、动态范围、数字中频 A/D 位数等。

(1)噪声系数

噪声系数的定义为接收通道输入信噪比与输出信噪比的比值,其表达式为:

$$NF = \frac{S_i/N_i}{S_o/N_o} \tag{3.36}$$

噪声系数表征接收通道内部噪声的大小。显然,如果 NF=1,说明 T/R 组件内部没有噪声,当然这只是一种理想情况。

(2)接收灵敏度

接收灵敏度表征接收机能正常接收解析的信号最小幅度,计算公式为:

$$S = -174 + NF + 10\lg B + 10\lg SNR \tag{3.37}$$

式中,NF 为接收机噪声系数,B 为接收机带宽,SNR 为信号解析要求的最小信噪比。由公式可以看出,接收机的噪声系数和工作带宽越小,接收灵敏度越高,雷达探测小信号能力则越强。

(3)增益

增益表示接收通道对回波信号的放大能力,它是输出信号与输入信号的功率比,即:

$$G = S_o/S_i \tag{3.38}$$

(4)增益带内平坦度(增益带内起伏)

增益带内平坦度为频带内增益最大值 G_{max} 与增益最小值 G_{min} 之差。

(5)1 dB 压缩点输出电平

1 dB 压缩点(图 3.51)输出电平 P_{o-1} 是当接收通道的输出功率增加值比输入功率增加值

小 1 dB,即产生 1 dB 增益压缩时接收通道输出端的信号功率 $P_{o\text{-}1}$ 与输入端的信号功率 $P_{i\text{-}1}$ 的关系为

$$P_{o\text{-}1}=P_{i\text{-}1}+G-1(\text{dB}) \tag{3.39}$$

可见,当增益 G 一定时,$P_{o\text{-}1}$ 越大,$P_{i\text{-}1}$ 越大,即为保证正常接收所允的最大信号输入强度越大。

$P_{o\text{-}1}$ 主要受限于低噪声放大器(LNA),为了避免接收通道中 LNA 后面的移相器、衰减器等器件损耗的不一致性给通道的 $P_{o\text{-}1}$ 带来的不确定性,通常将末级放大器的 $P_{o\text{-}1}$ 作为考核的技术参数。

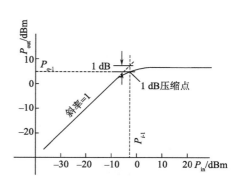

图 3.51　1 dB 压缩点的确定

(6)功率容量(耐功率)

功率容量指接收通道所能承受的最大微波功率,该参数主要取决于限幅器及其之前器件的功率容量。

(7)带外抑制度

带外抑制度指接收通道对带外信号的抑制能力,是表征组件抗干扰能力的参数。带外抑制度可以通过加装滤波器或提高滤波器性能得到改善。

(8)线性动态范围

动态范围表示接收通道正常工作时,所允许的输入信号的强度变化范围。如果动态范围不足,当输入信号太强时,接收通道将发生饱和,输出信号将失去与输入信号的线性关系。从而丢失目标回波特性。为了保证信号不论强弱都能正常接收,就要求接收通道的动态范围要大。线性动态范围越大意味着雷达能够探测到的回波强弱层次越多。对天气雷达来说该指标尤为重要,因为天气回波有强有弱,且强弱的跨度较大,所以要求雷达既能看到很弱的又能看到很强的,否则探测到的天气回波会严重失真,影响预报预测的准确性。

(9)镜频抑制度

镜频信号是指以本振信号为镜面对称的两个射频信号,这两个信号都能与本振信号混频并产生中频信号,而实际工作中发射机只会发射其中一个有用的射频信号,若空间有其他设备产生镜频信号并进入系统得到与有用信号同频的干扰信号,该信号将无法滤除,其后果不堪设想。镜频抑制度不够会降低中频输出的信噪比,从而影响接收机的灵敏度,导致弱回波探测能力下降,回波结构不完整。

(10)杂散抑制

杂散抑制(杂波抑制)是指系统中有用信号与杂散信号的比值,比值越大杂散抑制度越高。杂散抑制越高代表信道中的信号越纯净,信号质量越好,雷达数据质量越好,雷达对目标特性就能探测得更准。

收发分系统的接收关键指标如表 3.5 所示。

表 3.5　接收机技术性能指标表

项目	性能指标
工作频率	9.3～9.5 GHz
噪声系数	≤4 dB

项目	性能指标
最小可测功率(灵敏度)	≤−110 dBm(带宽 1 MHz)
接收增益	≥60 dB
线性动态范围	≥95 dB
带内增益平坦度	≤2 dB
输出 1 dB 功率压缩点 P_{o-1}	≥10 dBm
功率容量(最大输入功率)	>40 W
镜频抑制度	≥60 dB
中频输出杂散抑制	≤−60 dBc
谐波抑制	≥60 dB

3.3.2.3 其他指标

(1)输入、输出端口电压驻波比

电压驻波比 VSWR 反映接收通道输入、输出端口的失配程度,VSWR 定义为沿线电压最大值与最小值之比,即

$$\rho = \frac{|U_{max}|}{|U_{min}|} \qquad (3.40)$$

电压驻波比与另一个表征适配程度的反射系数 Γ 的关系为

$$\rho = \frac{1+|\Gamma|}{1-|\Gamma|} \qquad (3.41)$$

或

$$\Gamma = \frac{\rho-1}{\rho+1} \qquad (3.42)$$

式中,反射系数模的变化范围为 $0<|\Gamma|<1$,故驻波比的变化范围为 $1<\rho<\infty$,它是一个大于 1 的无量纲实数。

(2)收发隔离度

收发隔离度表征发射通道与接收通道相互影响的程度,该参数主要取决于 T/R 开关、环行器等用于收、发隔离的器件的隔离度以及收、发腔体的隔离度。

(3)收发转换时间

收发转换时间表征的是在雷达工作期间,从发射状态转换到接收状态以及从接收状态转换到发射状态所需要的时间。对高重复频率工作方式,精确地测量和评估其收发转换时间将是非常重要的。需要注意的是,由于转换过程中还要通过驱动等其他电路,所以要将波控给出的收发转换触发信号作为一个基准信号,由基准信号的前沿到测试信号的前沿之间的时间才是真正的收发转换时间。

(4)幅度和相位一致性

有源相控阵天线中各通道之间的幅度和相位差会影响天线的增益和副瓣电平,因此,通常会根据雷达需要,对发射通道和接收通道提出相应的幅度和相位一致性要求。幅度一致性为各个通道发射功率或接收增益在相同频率点的差;相位一致性为各个发射或接收通道插入相移在相同频率点的差(通常指移相器、衰减器全"0"状态下)。对于可以通过在线检测对每个辐

射通道进行幅相校准且信号带宽不宽的有源相控阵,可仅做发射幅度一致性要求,其余的则进行系统补偿。

（5）幅度和相位稳定度

发射和接收通道的幅度和相位稳定性十分重要,它与天线的副瓣直接相关。幅度和相位稳定度包括时间稳定度和机械稳定度,时间稳定度指在一定的时间范围内(该范围根据不同雷达的需要而定)的稳定度;机械稳定度指在一定的振动条件下的稳定度,机械稳定度只在机载等有振动应力要求的雷达中有此项指标要求,大部分地面雷达可无此项指标要求。

（6）BIT 通道要求

BIT 通道即为机内测试通道,主要通过耦合器实现,对该通道的要求主要有耦合度、定向性、电压驻波比等参数,有些 BIT 通道在耦合端带有开关,对于这样的 BIT 通道,还应有开关隔离度和开关速度的要求。

（7）体积和重量

体积指 T/R 组件外形的三维尺寸,多以本体最大尺寸作为指标。重量即为 T/R 组件的物理重量。由于 T/R 组件在有源相控阵雷达,尤其是两维相扫雷达中装机量很大,其体积、重量对整个阵面的相同指标起决定作用,所以,体积和重量是 T/R 组件的重要指标,要求 T/R 组件体积尽可能小,重量尽可能轻,尤其是星载、机载用 T/R 组件。

（8）环境条件要求

环境条件指 T/R 组件的使用和试验的环境条件,主要包括工作温度、储存温度、高度(即气压要求)、相对湿度等,根据不同雷达的需要,还可包括:温度冲击、振动、冲击、霉菌、盐雾等要求。

（9）可靠性要求

可靠性是指在规定的时间内、规定的条件下完成规定功能的能力,对于 T/R 组件的可靠性要求通常用 MTBF 即平均无故障工作时间作为指标要求。

（10）维修性要求

当 T/R 组件为外场可更换单元时,应有此项要求,此维修指从天线阵面上将失效的 T/R 组件更换下来,而不是指将失效的 T/R 组件送回基地排除故障恢复性能的时间,通常用 MT-TR 即平均维修时间作为指标要求。

（11）电磁兼容性要求

电磁兼容性指 T/R 组件在所处电磁环境中良好运行,并且不对其所在环境产生任何难以承受的电磁干扰的能力。通常按《军用设备和分系统电磁发射和敏感度要求》(GJB 151A—1997)和《军用设备和分系统电磁发射和敏感度测量》(GJB 152A—1997)的要求执行。

3.3.3　T/R 组件

在相控阵雷达系统中,T/R 组件数量最多、成本最大,是雷达系统与外部电磁环境交互的重要基础。T/R 组件包括发射和接收通道:发射通道将中频信号上变频到射频频段,并对信号进行放大、滤波、幅相控制;接收通道将接收到的射频信号下变频到中频,并对信号进行限幅、低噪放大、带通滤波、幅度控制。T/R 组件的性能好坏直接影响到雷达系统的性能好坏,比如 T/R 组件输出发射功率越大,雷达的探测距离越远;接收链路噪声越小,雷达可以探测到的最小信号越小。某型号天气雷达 T/R 组件实物图如图 3.52,该组件正面包含发射电路和部分接收电路,发射采用脉冲工作模式,峰值输出功率达到 100 W。由于组件数量众多,为了保证雷达性能的稳定,对组件的热设计提出了更高的要求,因而该型号气象雷达采用液冷方式为各组件散热。

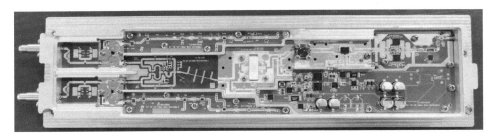

图 3.52　某型号天气雷达 T/R 组件

3.3.3.1　T/R 组件类型

按照 T/R 组件的技术特点,T/R 组件可分为两种类型:模拟 T/R 组件和数字 T/R 组件。模拟组件的特点是工作在雷达的射频频率上,输入、输出都是射频模拟信号;而数字组件,采用直接数字合成(DDS)来控制组件的频率、相位和幅度。虽然模拟 T/R 组件技术相对数字 T/R 组件技术更加成熟,但是在有源相控阵雷达中,越来越多地采用数字 T/R 组件。下面分别介绍两种 T/R。

3.3.3.1.1　模拟 T/R 组件

模拟 T/R 组件随系统性能要求不同而各有不同,具体电路的复杂程度也有很大差异,但基本组成相似,主要由移相器、射频 T/R 开关、功率放大器、限幅器、低噪声放大器(LNA)、环行器以及控制电路组成,如图 3.53 所示。

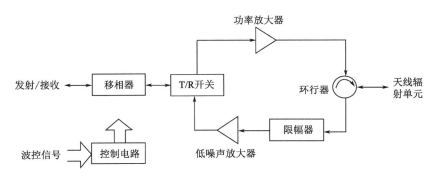

图 3.53　模拟 T/R 组件的基本形式组成框图

固态有源相控阵雷达 T/R 组件的实际组成随雷达系统性能要求有差异,具体电路的复杂程度也不尽相同,但基本构成是基本一致的。在发射周期,由激励信号源送来的信号送入组件发射通道经过输入 T/R 开关、数字移相器到功率放大器并经环行器馈送到阵列天线辐射单元。当发射信号结束后 T/R 组件处于接收状态,从天线接收到的微弱信号经环行器至限幅器、低噪声放大器,再经数字式移相器、T/R 开关到接收机。

发射通道是为了完成雷达射频信号的功率放大,而接收通道则是为了完成接收信号的放大。数字式移相器是为完成无线电扫描而设置的,是两个通道公用的。输入 T/ R 开关是解决公用移相器所必需的,而环行器用于两个通道的工作转换,也可采用大功率开关装置来实现,两者各有其优缺点。限幅器对低噪声放大器起保护作用,同时为功率放大器提供良好的匹配终端,使其不受无线电扫描引起的失配状态的影响。因此,限幅器的最佳设计是采用吸收式限幅器。波控用逻辑控制电路和驱动器是为了减少 T/R 组件的控制线而设置的,它受控于雷达计算机,可按预先制定的工作方式进行波束指向和波束形状相位控制。

为了获得良好的性能和稳定可靠的工作,在基本构成中还应增加其他功能电路。例如,增加驱动功率放大器以提高发射通道的增益,在功放输出端增加隔离器以保护功率器件,增加幅相均衡器以改善频带内幅频和相频特性,增加电调衰减器以改善组件间的幅度一致性或参与进行阵面的接收幅度加权,增加极化开关以获得变极化效率,增加带通滤波器以改善信号质量和增强抗干扰能力,增加定向耦合器及监测保护电路用以组件的监测和保护。此外,还可以加入高功率限幅器、电源变换电路以及温度补偿电路等。至于在特定相控阵雷达工程中应采用何种方案,则应视实际需要综合而定。以某型号 X 波段相控阵天气雷达为例,T/R 组件扩型电路如图 3.54 所示。

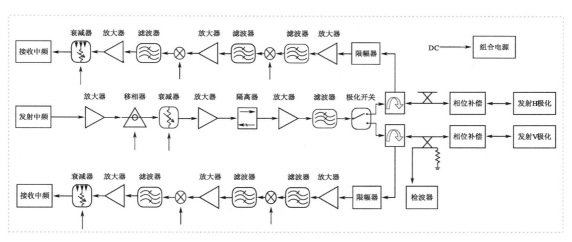

图 3.54　T/R 组件扩型电路框图

模拟 T/R 组件主要有以下 5 种功能:

(1)发射信号的放大:各天线单元辐射的雷达探测信号的放大是经过高功率放大器实现的。由于所有高功率放大器的输入信号均来自同一发射信号激励源,因此,各高功率放大器在放大过程中必须保持严格的相位同步关系。

(2)在 T/R 组件接收支路中,限幅器用于保护低噪声放大器以避免发射信号经收发开关泄漏至接收支路而由此造成的损坏。低噪声放大器用于接收信号的放大,由于天线接收到的回波信号功率往往较低,并伴随着杂波信号,为了能解调出有用信号,需尽量减少接收通道对信号信噪比的恶化作用。因此,一般有源相控阵雷达中 T/R 组件内的低噪声放大器前均不设置降低接收机放大增益的措施,如不采用双栅场效应管放大器。考虑在低噪声放大器之后至通道接收机之间还存在接收传输线网络等带来的损耗,如功率相加器、实现多波束形成所需的功率分配器及较长的传输线等带来的损耗,因此 T/R 组件中低噪声放大器的增益应适当提高,以便使其后面接收部分的噪声温度对整个接收系统噪声的影响降低。

在 T/R 组件的接收支路中一般均有衰减器,该衰减器是数字控制的,并按二进制改变衰减值。衰减器的作用主要有两个:一是用于调整个 T/R 组件接收支路的增益,调整信号的放大幅度,实现所有 T/R 组件输出信号之间的幅度一致;二是对接收天线实现幅度加权,以降低接收天线的副瓣电平。

衰减器的位数取决于实现上述两个作用所需的信号调整范围,必要时在 T/R 组件结束支路中还要包括带通滤波器滤除信号带外的有源干扰和外部噪声,从而降低接收机输入信号的动态范围。

(3)实现天线波束扫描所需的相移及波束控制。移相器是 T/R 组件中的一个关键功能电路,依靠其可以使天线波束指向改变,即实现天线波束的相控扫描。在 T/R 组件中移相器的方案有多种,常用的有以下三种:

① 开关二极管(PIN)。可用开关二极管实现数字相移。

② 场效应三极管。以单片微波集成电路(MMIC)实现的数字式移相器适合大规模集成电路的生产,这种方式实现的移相器损耗较大,需要增加 T/R 组件内发射和接收支路中的放大器级数,用以补偿移相器损耗带来的信号功率电平的降低。

③ 矢量调制器。用矢量调制器实现的移相器需要将信号进行正交分路,并改变信号的衰减值。在采用 MMIC 电路的 T/R 组件中,将信号分为相位上依次相差 90°的 4 路信号,根据信号要移相的范围,选择相邻一组信号,分别改变其衰减量,最终得到他们的合成信号。此合成信号与原信号相比,即已实现移相。移相器相移量的改变依靠波束控制器来实现。T/R 组件中的波束控制器包含的波束控制代码运算器、波束控制信号寄存器及驱动器均采用大规模集成电路工艺,设计成专用集成电路(ASIC),以适应降低体积、重量和功耗的要求。T/R 组件中的波束控制信号、衰减控制信号和极化转换控制信号均由数字控制总线传送到天线阵面和每一个 T/R 组件的接口设备。

(4)监测功能:有源相控阵雷达一般含有大量的 T/R 组件,因此对 T/R 组件的工作状态进行监测是保证雷达可靠、有效工作的重要条件。对大量的 T/R 组件进行监测必须具备 3 个条件:一是要有用于监测的测试信号及其分配网络,能全面地对 T/R 组件的不同工作特性或不同功能电路进行测试;二是能从 T/R 组件的相应输出端口提取各功能电路的工作参数;三是具有高精度的测试设备及相应控制和处理软件,用以精确测量 T/R 组件工作特性并且判定 T/R 组件是否失效。

此外,对 T/R 组件监测功能的实时性还有如下要求 :①在雷达工作状态下进行监测,如利用雷达发射信号通过 T/R 组件放大的过程,同时进行 T/R 组件发射支路工作特性的监测;②在雷达转入正常工作之前,即雷达开机进行搜索、跟踪目标之前进行监测,这对实时性要求不强。目前,在 T/R 组件设计中主要考虑在雷达工作的同时能对 T/R 组件进行监测。

(5)变极化的实现与控制:当天线单元是在空间正交放置的一对偶极子天线,它们分别辐射或接收水平极化与垂直极化信号。当两个极化单元同时辐射信号且存在 90°相差时,天线单元可认为圆极化天线单元,因此用一个 3 dB 电桥和一节 0～7T 倒相的极化转换开关,即可实现发射左旋或发射右旋极化信号与接收右旋或左旋圆极化信号。

圆极化发射和接收雷达信号有利于消除电离层对电磁波产生的极化偏转效应(法拉第效应),这对探测空间目标、卫星与中远程弹道导弹的大型相控阵雷达是十分必要的。如要利用变极化性能来抑制气象杂波,则战术有源相控阵雷达中的 T/R 组件也应该具有实现变极化的能力。

　　上述五项功能中,前三项是任何 T/R 组件都应具备的。早期的 T/R 组件有些没有监测功能,但现在的基本都具备或通过阵面系统可实现此项功能。变极化则根据阵面天线单元极化的需要而定。

3.3.3.1.2　数字 T/R 组件

　　虽然模拟 T/R 组件在技术上很成熟,技术风险较小,但是随着数字 T/R 组件的优越性越来越突出,数字 T/R 组件得到越来越多的应用。数字 T/R 组件其主要特征在于,利用 DDS 技术产生雷达中频信号,实现各种波形的快速变换、调制等,同时利用施加在每个组件上的公共时钟来控制所有组件的同步问题。与模拟 T/R 组件的差别在于:除原有的发射功率放大器、限幅器、低噪声放大器、高频开关和滤波器等功能电路外,信号频率与波形是通过 DDS 产生的,天线相扫需要的组件之间信号的相移以及信号幅度的调整也都是在 DDS 设备中用数字方法实现。它具有以下几方面的优点:相移和幅度调整通过数字方式产生;可进行实时的时间延迟;可产生复杂信号波形;方便对通道间信号的相位和幅度误差进行校准。图 3.55 为数字 T/R 组件的组成原理框图。

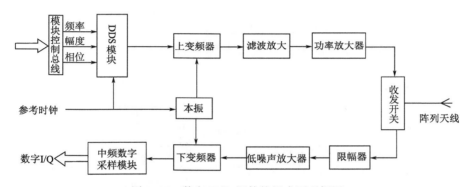

图 3.55　数字 T/R 组件的组成原理框图

　　数字 T/R 组件包括发射通道、接收通道、电源和控制等单元电路,组件的控制信息、控制时序、波形参数都由控制总线提供,接收到的数字数据送至信息处理系统,所有模块的同步都是通过公共时钟信号实现的。收发状态是独立的,发支路由 DDS 产生的波形、经上变频形成发射信号通过环形器输出,接收支路由环形器输入经限幅、低噪声放大、下变频、A/D 变换、I/Q 分离形成数字信号输出。

　　在数字 T/R 组件内部设计频率跨度从数字到射频,电路形式中既有小信号低噪声又包含了大功率电路,既有模拟电路又有高速数据采集与产生。采用传统电路形式必然会将体积无限制扩大,丧失了数字 T/R 灵活控制所带来的优势,限制了数字 T/R 组件的应用范围。采用一体化射频到数字设计技术,射频电路与数字电路采用无缝式连接方式,没有了电缆,减小了尺寸及不确定因素的影响,电路实现中应大量应用微波单片集成电路及新材料、新工艺。

3.3.3.2　T/R 组件指标测试

　　(1)发射饱和功率测试

　　1)测试方法

　　T/R 组件发射饱和功率测试采用信号源输出一定功率信号到 T/R 组件发射输入端,经过 T/R 组件放大后,通过大功率衰减器或者耦合器将信号功率衰减下来,再连接到频谱仪或者脉冲功率计,改变输入信号的功率,测量组件的输入输出特性。当组件在线性区时,输入和输出是线性关系,即输入增加(减小)1 dB,输出也同步增大(减小)1 dB,由于组件的线性动态不可能无限大,当输入信号增大 1 dB,输出信号增大值小于 1 dB 时即进入了压缩区,当输入输出信号增加量相差 1 dB 时,此时对应的输出功率即为 1 dB 功率压缩点 P_1 dB。继续增加输入功率,当输入输出信号增加量相差 4 dB 时,该点输出功率即为 4 dB 功率压缩点 P_4 dB,通常将该点视为输出饱和功率 P_{sat}。

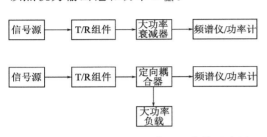

图 3.56　两种发射饱和功率测试接线示意图

2)测试环境

测试仪器仪表:信号源、频谱仪。

测试环境:专门的测试场地或者微波暗室

3)测试步骤

① 将组件上电,并设置为脉冲发射状态,如图 3.56 所示连线,用频谱仪(或功率计)监测输出信号强度。

② 将发射通道的衰减器状态设置为 0 衰减。

③ 调整信号源输出功率,以 1 dB 为步进缓慢增大,读取输出信号强度,当输出信号压缩 4 dB 时,此时的读取功率加上衰减器和电缆的衰减值即为饱和输出功率 P_{sat}。

④ 测试现场如图 3.57。

(2)发射脉冲顶降测试

1)测试方法

发射脉冲顶降即顶部倾斜,为脉冲顶部倾斜幅度与脉冲顶部幅度之比,在实际测试过程中,为了测试方便,通常简单表示为脉冲信号持续时间 10% 与 90% 总持续时间点上瞬时峰值功率的比值,用百分比或 dB 表示。顶降和许多因素有关,在保证放大器状态正常和外围电路设计良好的情况下,脉冲顶降主要是放大器工作时自身产生的顶降。

2)测试环境

测试仪器仪表:信号源、频谱仪。

测试环境:专门的测试场地或者微波暗室

3)测试步骤

① 将组件上电,并设置为脉冲发射状态,发射衰减值设为 0,如图 3.58 所示连线。

② 调节信号源输出功率,使发射放大器工作在饱和工作状态。

图 3.57　饱和功率大功率衰减器实物测试图

③ 设置频谱仪为零扫频模式,中心频率设为当前信号源输出频率。然后设 SPAN＝0,trigger/RF burst/。

④ 按下 peak 键,标记最大功率 P_1,然后转动转轮,标记脉冲低点 P_2,通常为脉冲持续时间 90% 处。

⑤ 脉冲顶降＝P_1-P_2。

（3）发射谐波抑制度

1）测试方法

发射通道放大器工作在饱和区域时,由于非线性效应将导致高次谐波的产生,其频率是组件工作频率的整数倍,通常其二次谐波功率最高,该谐波与基频信号之间的功率差即为谐波抑制。

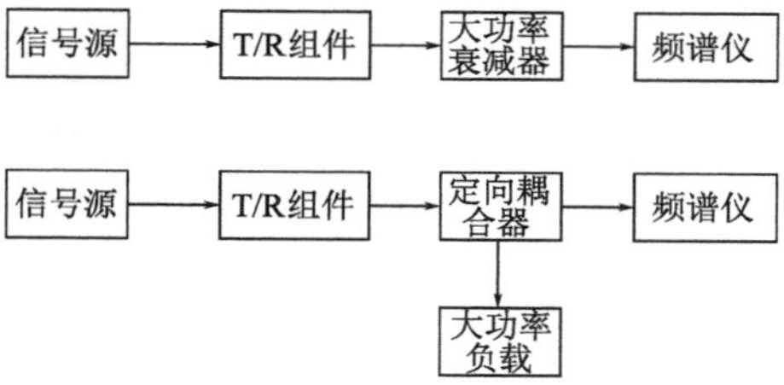

2）测试环境

测试仪器仪表:信号源、频谱仪。

测试环境:专门的测试场地或者微波暗室

3）测试步骤

① 将组件上电,并设置为脉冲发射状态,发射衰减值设为 0,如图 3.59 所示连线。

图 3.58　两种脉冲顶降测试接线示意图

图 3.59　谐波抑制度测试连接框图

② 调节信号源输出功率,使发射放大器工作在饱和工作状态。

③ 频谱仪中心频率设置为工作频率,标记输出信号幅度值 P_1。

④ 频谱仪中心频率设置为工作频率的二倍,标记二次谐波信号幅度值 P_2。

⑤ 通过计算 $P_1 \sim P_2$ 即为谐波抑制度。

（4）杂散抑制、镜频抑制测试

1）测试方法

设置信号源频率为工作频率,信号幅度以接收电路工作在线性状态为准,记下此时频谱仪显示的中频信号输出功率 P_1;将频谱仪 SPAN 打到中频频率的二倍,调节 RBW 将频谱仪底噪降低,此时杂波信号从底噪中凸出,转动滚轮标记杂波信号功率,测量杂波功率与中频信号之间的功率差。有时信号中存在多个杂波信号,通常记录相对较高的杂波信号与中频信号的功率差即为杂波抑制。

保持信号源输出功率不变,设置信号源频率为镜像频率,记下此时频谱仪显示的中频信号输出功率 P_2。镜频抑制度＝P_1-P_2。

2）测试环境搭建

测试仪器仪表:频谱仪。

测试环境:专门的测试场地或者微波暗室

3）测试步骤

① 将组件上电,设置为接收状态,如图 3.60 所示连接频谱仪、本振信号。

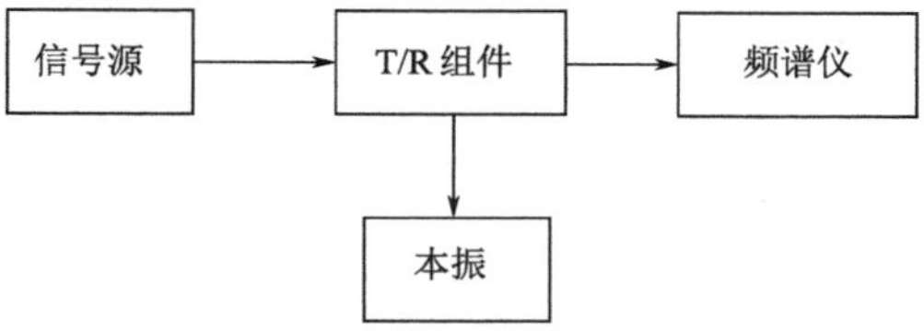

② 测试杂散抑制。

③ 测量镜像抑制。

（5）噪声系数测试

1）测试方法

图 3.60　杂散抑制度测试连接框图

工程应用中,Y 因子法使用最为普遍,该方式使用噪声源探头和频谱仪测试。将频谱仪 MODE 设置为 Noise Figure 模式,按键 Mode Setup/DUT Setup,进入 DUT 设置,包括变频方式、本振频率、中频频率等。设置完成后将噪声源探头一端连接到频谱仪后面板，另一端连接到频谱仪输入端口，点击校准，待频谱仪完成校准后即断开噪声源输出。随后将噪声源输出接到系统接收输入端，系统输出中频信号连接至频谱仪输入端，打开该接收通道，此时频谱仪测得的即为该通道噪声系数，转动滚轮，可以标记各频点噪声系数。

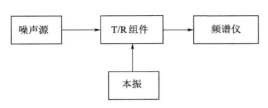

图 3.61 噪声系数测试连接框图

2)测试环境

测试仪器仪表：频谱仪、噪声源。

测试环境：专门的测试场地或者微波暗室。

3)测试步骤

① 将噪声源连接到频谱仪，再设置 DUT，按键 Means Setup/calibrate now，片刻后仪器自动完成校准。

② 将组件上电，并设置到接收状态，如图 3.61 所示连接好频谱仪、噪声源、本振信号。

③ 按键 maker，并改变频点查看各频点的噪声系数，完成噪声系数测试。

④ 按照上面的测试方法，某型号雷达 8 通道 TR 组件的测试结果如表 3.6 所示。

表 3.6 TR 组件测试记录表

指标	要求	通道 1	通道 2	通道 3	通道 4	通道 5	通道 6	通道 7	通道 8
发射增益（网分）	>55 dB	56.3	56.4	56.2	56.4	55.6	56.6	55.7	56.7
发射饱和功率 P4dB	>37.8 dBm	38.2	38.4	38.3	38.4	38	38.7	37.9	38.5
发射通道隔离度	>30 dB	35	36	35	34	34.5	36	34	35
发射移相精度（RMS）	<3°	2.24	2.43	2.19	2.17	2.46	2.04	2.03	2.15
发射调幅精度（RMS）	<0.5 dB	0.12	0.32	0.12	0.2	0.1	0.44	0.15	0.1
发射杂散抑制	>60 dBc	OK	OK	OK	OK	OK	OK	OK	OK
发射谐波抑制	>40 dBc	63	63	65	64	65	65	65	66
发射 HV 隔离度	>40 dB	46	48	54	55	43.7	49.5	53	44
发射脉冲顶降	<0.6dB	0.1	0.1	0.1	0.1	0.1	0.1	0.1	0.1
发射输入回波	<−9.5	−17.5							
接收增益（本振输入功率−11 dBm）	>65dB	67	67	66.2	66.7	67	66.7	67.2	67
接收饱和输入功率 P1dB @53 dB增益	>−37dBm	−36	−35.8	−36	−35.9	−35.6	−35.6	−36	−35.7
接收噪声系数	<4dB	3.9	3.8	3.9	4.1	3.8	3.8	3.8	4.2
接收通道隔离度	>50 dB	62	62	67	58	63	66	55	64
接收幅度调节范围	31.75 ±0.	31.4	31.6	31.4	31.4	31.6	31.4	31.5	31.4
镜频抑制±280M 频偏 @RBW 100 Hz	>60 dBc	75	72	75	72	74	75	73	72
杂散抑制@10 MHz～270 MHz RBW1KHz	>60 dBc	71	72	71	75	71	70	72	70
接收输入回波	<−9.5	−14	−14.3	−14.3	−10.7	−13	−14.5	−14.2	−13.45
接收输出回波	<−9.5	−12.7	−14.2	−11.9	−11.8	−14.4	−15.5	−12.8	−15
本振输入回波	<−9.5	−21							

(6)线性动态范围测试

1)测试方法

接收机线性动态范围测量采用雷达内部信号源产生输入信号,经过耦合通道馈入接收机前端,在信号处理端读取输出信号强度数据,改变输入信号的功率,测量系统的输入输出特性。当系统处在线性区时,输入和输出是线性关系,即输入增加(减小)1 dB,输出也同步增大(减小)1 dB,由于系统的线性动态不可能无限大,当输入信号增大 1 dB,输出信号增大值小于 1 dB 时即进入了压缩区,当输入输出信号增加量相差 1 dB 时,此时对应的输入信号值即为动态范围上拐点。同理当输入信号减小 1 dB,输出信号减小量小于 1 dB 时即进入了压缩区,当输出信号压缩 1 dB 时对应的输入信号值即动态范围的下拐点。下拐点和上拐点所对应的输入信号强度差值为线性动态范围。

2)测试环境

测试仪器仪表:信号源、频谱仪。

测试环境:专门的测试场地或者微波暗室

3)测试步骤

① 将雷达开机,并设置到接收状态,如图 3.62 接收通道测试接线示意图所示连线,用频谱仪监测输入信号强度。

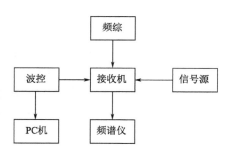

图 3.62　接收通道测试接线示意图

② 调整信号源的功率,先将输入信号设置到接近上拐点的功率值,运行雷达,在信号处理端读取输出信号强度。

③ 调整幅度范围以及衰减器使输入信号以 1 dB 为步进缓慢增大,读取输出信号强度,找到高端的 1 dB 压缩点,即上拐点 P_1。

④ 调整信号源的功率及衰减器使输入信号逐渐减小,在中间的线性区间以 10 dB 为步进衰减信号,同时记录输出信号强度,当接近下拐点时,以 1 dB 为步进减小信号,找到低端 1 dB 压缩点,即下拐点 P_2。

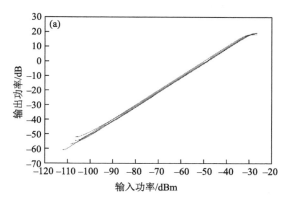

图 3.63　接收机动态测试曲线

⑤ $P_1 \sim P_2$ 即为接收机线性动态范围。或者通过动态范围自动测试软件控制信号源输出幅度递增,同步通过频谱仪或信号处理系统读取接收通道中频输出信号强度或数字输出信号强度,直到输出幅度饱和,通过计算得到线性动态范围 D dB 和动态测试曲线,如图 3.63。

(7)灵敏度测试

1)测试方法

测试接收机接收微弱信号的能力,常用接收机输入端的最小可检测信号功率来表示。

通过调整输入信号功率,在中频域或数字域统计接收机输出信号功率电平,以 1 MHz 带宽内功率大于接收机基底噪声 3 dB 时,对应输入信号功率记为灵敏度。测试场地应是干净的电磁环境,除被测接收机和信号源以外,没有其他频率相近或与接收机中频相近的能量源,最好在微波暗室内进行测试。

2)测试环境搭建

测试仪器仪表:信号源、频谱仪。

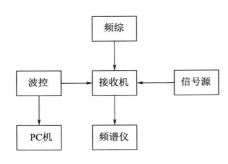

图 3.64　接收通道测试接线示意图

测试环境：专门的测试场地或者微波暗室。

3）测试步骤

① 将雷达开机，并设置到接收状态，如图 3.64 接收通道测试接线示意图所示连线，用频谱仪监测输入信号强度。

② 调整信号源的功率，先将输入信号设置到接近上拐点的功率值 P_1，运行雷达，在信号处理端读取输出信号强度。

③ 调节信号源，使接收增益压缩 1 dB，按照 1 dBm 幅度，逐步增加信号源的功率，观察频谱仪显示功率，直到频谱仪的显示功率变化值比信号源功率变化值小 1 dB 时（即达到 1 dB 压缩点）记录信号源对应的幅度值 P_2。

④ 1 dB 压缩点为 P_1 dB(输入)$=P_2 \sim P_1$。

⑤逐步降低信号源的幅度（建议直接降到-104 dBm 左右，然后 Normal/peak search/marker/delt 拖动滚轮查看信号与噪声的差值 ΔP），使 $\Delta P = 20$，记录此时信号源的幅度 P_3，灵敏度$=P_3$。

3.3.4　频率源

频率源是利用一个（或多个）晶体振荡器产生一系列（或若干个）标准频率信号的设备。频率合成的方法，基本上可归纳为直接合成法与间接合成法两大类。目前的频率合成器设计方案大多数都为两者的结合体。

直接频率合成是最早的频率合成方法。它由一个或多个基准频率通过倍频，混频，分频等多种方式，通过四则运算来获得某个或某段特定的频率。采用直接频率合成制作的频综器变频时间短、相位噪声低和输出频率高。但是直接式频综器由于实现方式相对复杂，因此在体积上经常无法满足设备小型化的要求，同时，复杂设计也带来成本和功耗的增加，且容易产生大量杂散分量难于抑制。

间接频率合成一般是指锁相环合成技术（PLL），锁相环的目的是把压控振荡器（VCO）的输出信号锁定在基准频率上，经典的 PLL 系统由鉴相器（PD）、环路滤波器（LF）与压控振荡器（VCO）构成，如图 3.65 锁相环系统流程图所示。

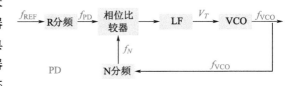

图 3.65　锁相环系统流程图

锁相环是一个负反馈的相位控制系统，PD 内部的相位比较器对鉴相频率 f_{PD}（参考频率 f_{REF} 经 R 分频器分频得到）和反馈频率 f_N（VCO 频率 f_{VCO} 经 N 分频器分频得到）进行相位比较，然后给出误差电压后经 LF 滤波处理后产生一个稳定电压 V_T 来控制 VCO 的频率输出。当环路进入锁定状态后，VCO 输出频率与参考频率完全同步，即达到锁定条件：

$$f_N = f_{PD} \Longleftrightarrow \frac{f_{VCO}}{N} = \frac{f_{REF}}{R} \qquad (3.43)$$

式中，R 为参考分频数，N 为反馈分频数，f_{VCO} 为锁定输出频率，f_{REF} 为输入参考频率。

目前业内频率源的主流方案采用的主要有两种，一种是基于 DDS 与 PLL 的混频方案，还有一种为直接采用从基频变频然后与 PLL 混频的方案。

图 3.66 为一款典型的 DDS 与 PLL 相结合的方案,此方案实现了一款 X 波段捷变频频率源,整体设计方案如图 3.72 所示。该频率源输出范围为 8.59375～8.65625 GHz,最小跳频时间为 200 ns,杂散抑制大于 30 dBc,相位噪声小于－105 dBc/Hz@10 kHz。

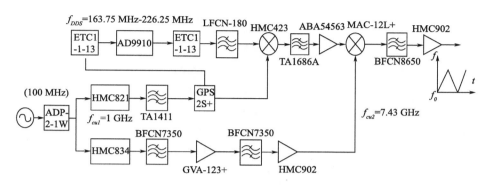

图 3.66　X 波段捷变频频率源设计框图

行业内还有一种直接采用 PLL 的技术直接输出所需频率的方法,这种方法采用的是混频锁相环技术,通过下变频降低链路中的反馈频率,从而降低链路中的倍频次数使相噪降低。其最终输出的频率在 24 GHz 时,相位噪声为－109 dBc/Hz@1kHz。其方案框图如图 3.67 所示。

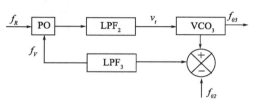

图 3.67　混频锁相环技术框图

图 3.68 所示的 X 波段频综采用直接频率合成技术与锁相环技术相结合的频率合成技术,频率范围:9.24～9.44 GHz;频率分辨率:0.1 Hz,变频时间:100 μs,杂散抑制大于 60 dBc,在 9.44 GHz 时相位噪声优于－110 dBc/Hz@1kHz。

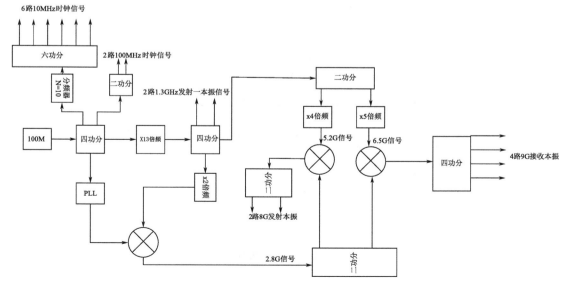

图 3.68　X 波段频综设计框图

此频综组件主要作用是产生三种信号：一是本振信号，分别为一本振和二本振；两类本振信号为 TR 和标校组件提供上下变频的本振参考信号；二是发射激励信号，此信号通过功分给到 T/R 组件作发射激励，还有一路直接给到标校组件用作接收校准；；三是为数字接收机组件提供参考时钟信号。它是整个系统的频率基准源和发射波形激励源，是气象雷达的心脏。

3.3.5　波束控制组件

波束控制组件根据雷达后端指令控制每个通道的幅值和相位，幅度控制应支持多种加权模式，使雷达的收发波束特性受控，适用不同场合的应用。

波束控制组件信号流如下：组件各电源输出正常，保证板内各芯片工作在其正常工作电压范围内，板载时钟给 FPGA 提供时钟信号，等待 FPGA 加载完成后，配置时钟芯片，给 FPGA 自身提供同步参考时钟，时钟锁定后接收信处下发的控制指令通过组件内 FPGA 和扇出芯片提供给 T/R、中发、频综相应的控制信号。

电源输出正常后，单片机(MCU)通过 RS485 MODBUS 总线收集 T/R、中发、频综等组件的状态信息。与电源组件通信实现电源组件的控制与状态监测。使用单端信号控制其他组件的电源使能。收集组件自身的状态信息。通过 MODBUS 总线将信息上报给服务器。详细流程如图 3.69 所示。

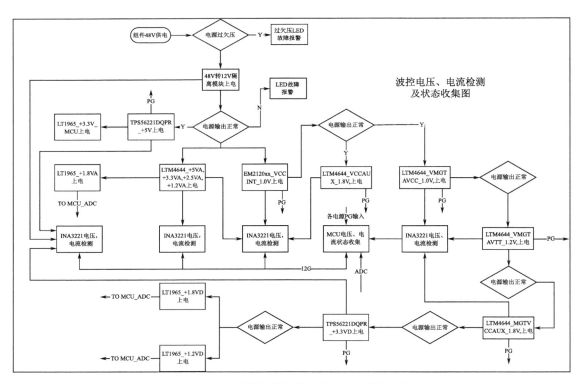

图 3.69　波束控制组件状态收集与上报流程图

3.3.5.1　幅相一致性校正

雷达采用多个通道完成信号的发射和接收,为了保证形成等幅相面,对各个通道进行幅度、相位一致性校正。接收通道的幅度相位一致性校准由信号处理在数字域完成,发射通道幅度相位的校准由波束控制组件完成。

发射校准包括手动校准及自动校准部分。其中手动校准是通过信号源、矢量网络分析仪等仪器,对发射通道进行校准,如图 3.70 所示。自动校准则是在工作期间,利用天线上的耦合口,对幅度相位变化进行补偿,以达到一致性的目的,如图 3.71 所示。

3.3.5.2　状态监测

波束控制组件收集收发分系统频综组件、中频发射组件、T/R 组件、标定组件状态数据。收发分系统每个组件内部均放置了检测芯片对其状态如功率、温度、电压、电流进行检测。波束控制组件收集所有组件的状态信息,然后上报到后端,以便了解收发分系统工作状态和快速定位排查故障,保障雷达高效运行。

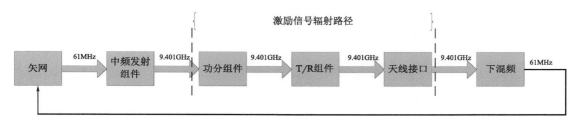

图 3.70　手动校准信号流程图

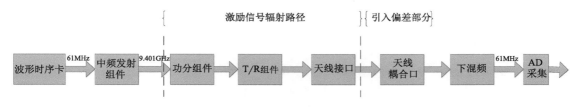

图 3.71　自动校准信号流程图

3.3.5.3　中频发射组件

中频发射组件起着承上启下作用的一个射频组件,位于波形时序卡和 T/R 组件之间,完成对波形时序卡产生的中频调制信号的上变频、滤波、放大和幅度控制等,为雷达发射通道提供合适功率的激励信号。

对于相控阵天气雷达而言,发射通道数量较为庞大,通常将中发电路设计为中频发射组件,再通过功分网络将经过变频放大的激励信号分发给 T/R 组件,既能降低成本和空间又做到了强弱信号的分离,减少电路之间的串扰,降低了设计调试难度。某型号相控阵天气雷达中频发射组件方案框图如图 3.72。

该中频发射组件具备开关滤波、幅度控制和功率检测等功能,频谱性能优越,体积小,重量轻,可靠性高,指标性能如表 3.7。

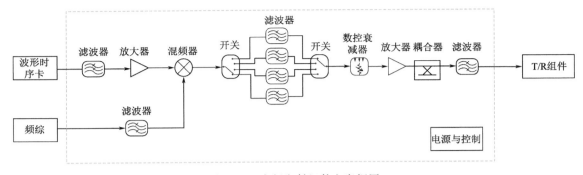

图 3.72　中频发射组件方案框图

表 3.7　中频发射组件指标表

项目	指标性能
工作频率	9.3～9.5 GHz
中频信号中心频率	140 MHz
中频信号带宽	12 MHz
发射增益	≥20 dB
带内平坦度	≤0.5 dB
增益控制范围	≥50 dB
杂散抑制	≥60 dBc @1～18 GHz
谐波抑制	≥60 dBc
工作温度	−40～60℃

3.3.6　标校组件

3.3.6.1　工作原理

定标是确保雷达的性能达到设计要求,实现准确探测的手段。天气雷达的接收通道和发射通道是通过标定来实现精确测量和控制的。

发射通道标定首先需要精确测量雷达天线辐射功率和频率。然后在不同功率和频率下,测量反射标准物体的信号强度。通过这些实验数据,可以确定雷达的天线模式和电功率输出。

接收通道标定涉及到接收机动态范围、增益、衰减器和检波器等方面的测量。通过这些测量数据,实现更高精度的雷达测量。

定标有在线定标和离线定标。在线定标和离线定标都是对雷达系统进行精确定标和校准的过程,都能提高雷达设备的精度和可靠性,确保设备在长期使用过程中保持优良的工作状态。但是它们之间还是有一些异同点的。在线定标是在雷达实际运行时对设备进行校准,而离线定标是在雷达设备维护保养期间对设备进行校准。在线定标一般选择一个适当的时间间隔进行。由于在线定标利用机内设备进行定标,标定结果的准确程度相对低;而离线定标利用专用设备定标,标定结果的准确程度相对较高。

3.3.6.2　离线标定

离线定标是指将雷达停止探测运行,进入设定的定标过程,一般需在雷达设备维护期间进行。离线定标一般包括以下步骤：

（1）确定待定标参数，包括发射功率、收发增益、检波器灵敏度等等。设计标定方案，根据雷达型号和实际使用情况，准备测试设备和测量工具。

（2）关闭雷达系统，安装和连接测试设备。根据标定方案进行测试。

（3）进行定标操作。对设备进行调整或校正，以满足预定的标准或规范要求。在离线定标时，需要注意确保设备的可靠性，并及时修复发现的问题。

（4）完成离线定标后，将雷达恢复正常运行状态。同时需要进行相应的测试和校验，以确保设备性能满足规范要求。

离线标定测试项目主要有反射率因子标定、发射脉冲功率和脉冲宽度、极限改善因子、噪声系数、动态范围、灵敏度、波束指向一致性、相位噪声、地物杂波抑制比、距离和速度定标检查、太阳法天线指向精度检查、水平与垂直通道幅度一致性标定等。主要测试项目及测试节点包括：

（1）反射率因子标定：分别从水平（H）、垂直（V）接收系统前端同时馈入信号给每路通道，从信号处理输出端测量。

（2）发射脉冲功率和脉冲宽度测量：发射机通道输出端测量。

（3）极限改善因子测量：输入改善因子在频率源射频驱动信号端测量、输出改善因子在发射机输出端测量，记录每组数据和系统数据。

（4）噪声系数测量：分别从 H、V 双通道接收系统前端（低噪声放大器前）输入测试信号，测试点在数字中频前端/终端测量噪声系数，记录每组数据和系统数据（数字域仅探测数字终端噪声系数）。

（5）动态范围测量：分别从 H、V 双通道接收系统前端注入信号测量，从信号处理输出端测量。收发单元动态范围，系统安装前需单独测试。

（6）灵敏度测量：分别从 H、V 双通道接收系统前端（低噪声放大器）注入信号，从信号处理输出端测量。

（7）波束指向一致性测量：由于双线偏振相控阵天气雷达采用波束空间合成的相控阵工作原理，故其波束指向测试无法快速有效地采用机内方法完成，而需在专门的测试条件下完成，所有校准后的相控阵阵列天线方向图需记录，并用于后期波束指向校正。

（8）相位噪声测量：将发射信号作为测试样本，测量接收通道输出的 I、Q 信号，计算样本信号相位的均方根误差。

（9）地物杂波抑制比测量：分别从 H、V 双通道接收系统前端（低噪声放大器前）注入信号测量，从信号处理输出端测量。

3.3.6.3　在线定标

在线定标是指在雷达在使用过程中对设备进行定标的过程。在线定标首先要确定定标的频率，选择一个适当的时间间隔进行定标，比如 1 h 定标一次。在定标时，定标时间也应尽量缩短。在线定标的参数包括发射功率、接收灵敏度、动态范围、幅度、相位等等。

在线定标分系统主要由校准通道、功分器等组成，标定分系统组成框图如图 3.73 所示。

由 DDS 提供一个线性调频信号，经过上变频到工作频率，再通过射频开关切换变频通道输出给 T/R 组件，这是雷达工作状态；当变频/标校组件是标校，标校有发射标校测试和接收标校状态，主要标校雷达的发射总功率、脉冲宽度、极限改善因子、水平和垂直通道幅度的一致

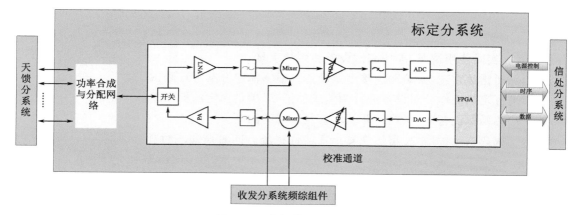

图 3.73　定标分系统组成图

性、噪声系数、动态范围、波束指向一致性、相位噪声、地物杂波抑制比等。在发射标校时,从天线垂直和水平耦合口进入标校通道,再下变频,从发射标校口输出给 AD 解调后获得相应的数据。在接收标校时,由 DDS 提供一个线性调频信号,经过上变频到工作频率,再通过射频开关切换接收标校通道输出给天线垂直和水平耦合口输出给雷达接收机。

标定单元信号流程图如图 3.74 所示。

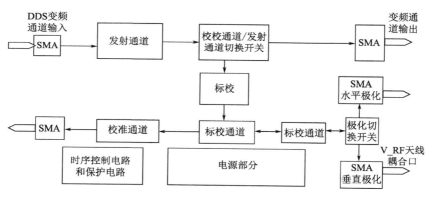

图 3.74　标校单元信号流程图

3.3.7　相控阵雷达收发分系统发展趋势

随着各个领域相控阵雷达应用需求的不断加强深入,对新型相控阵雷达提出了更高的技术要求,下面从以下几个方面展开介绍。

3.3.7.1　频率带化

超宽带(UWB)雷达自 1990 年在美国新墨西哥州的 Los Alamos 国家实验室召开的超宽带雷达会议上提出以来,就因其信号带宽很宽,具有高距离分辨力,在雷达探测、成像、精确定位、目标识别等方面的优势,受到国内外雷达科研人员的关注,更引起了各国军方的重视,各国也因此而投入了大量的人力物力来开发研究。超宽带的相控阵雷达当然更引起了许多研究人员的兴趣,作为超宽带雷达的关键组成部分、影响着雷达性能的发挥,超宽带的 T/R 组件的研究价值和意义更显得突出。超宽带的 T/R 组件主要由一些超宽带的功能电路组成,由各个功能电路的超宽带而达到 T/R 组件的超宽带,其关键技术是如何做到发射信号功率放大器、移相器、限幅器、滤波器等主要器件的超宽带性能。随着雷达体制的发展,频率宽带化,将是在挖掘雷达功能潜力上最让人感兴趣的研究方向。无论是低频段还是高频段,做到超宽带,都会有很好的应用,并让雷达性能有很大的提高。

3.3.7.2　数字化

随着科技的发展,数字化已经成为了一种不可阻挡的趋势,无论是在民用产品上还是在军工产品上,数字化都在逐渐显示出巨大的优势和广阔的应用前景。数字 T/R 组件,就是在雷达数字化应用道路上又迈出的一步。其主要特征在于,利用 DDS 技术完成雷达信号的产生、频率源和幅相控制的一体化,同时利用施加在每个组件上的公共时钟来控制所有组件的同步问题。与一般 T/R 组件的差别在于:除原有的发射功率放大器、限幅器、低噪声放大器、高频开关和滤波器等功能电路外,信号频率与波形是通过 DDS 产生的,天线相扫需要的组件之间信号的相移以及信号幅度的调整也都是在 DDS 设备中用数字方法实现。它具有以下几方面的优点:相移和幅度调整通过数字方式产生;可进行实时的时间延迟;可产生复杂信号波形;方便对通道间信号的相位和幅度误差进行校准。

3.3.7.3　高度集成化

集成化,是人类对任何一种所使用"工具"的基本要求,也是最终的梦想。在微波集成电路迅速发展的基础上,将 T/R 组件的各个功能电路全部集成在一块电路芯片上将不再是人们的梦想。这样的 T/R 组件将完全满足人们对重量、可靠性、小型化等方面的要求。高度的集成化,是相控阵雷达小型化、功能多样化、智能化的基础。可以想象,在未来的某一天,相控阵雷达将不再是一个庞大的"机械怪物",而是一个小巧的智能"生物",这也就要求它的每一个功能单元都要到达它的要求。

3.3.7.4　子阵模块系统化

新一代雷达阵面为了包含更多系统功能,简化阵面,提升性能,将进一步集成雷达功能。模拟式将采用系统级子阵模块,包含阵面幅相监测、电源变换、阵面馈电网络、阵面波束形成控制等功能模块以实现更多雷达功能的集成。数字式将采用数字雷达模块,包含数字域的信号产生、正交解调、信号处理等功能成为能独立实现雷达基本功能的数字雷达模块。随着需求和应用环境的变化,系统化子阵模块将有别于传统的模块式组件形式,朝着天馈系统一体化和综合射频前端等阵面系统功能实现的方向发展。

3.4　信号处理分系统

相控阵阵列天气雷达的每个前端都有一个信号处理分系统。信号处理分系统包括信号处理的软件和硬件,软件算法和硬件平台两者共同完成信号处理。信号处理分系统由数字接收机单元、时序控制单元、DBF 处理单元、信号处理计算单元构成。信号处理分系统将经过接收机放大的 64 路回波信号转变成 64 路数字信号,然后进行数字下变频(DDC)、抽取、滤波,输出 64 路基带 IQ 数字信号,16 个数字波束形成(DBF)处理器在 IQ 数据基础上完成通道幅相一致性差异计算、通道校准和数字波束形成,输出 16 个波束数据,信号处理计算单元对 16 个波束数据进行脉冲压缩、信号谱分析(FFT 处理、PPP 处理)、相干积累、信号提取等处理,抑制与气象回波无关的杂波信号,提取出云雨等气象目标通过电磁波所带回的各种信息,如反射率因子(回波强度)、径向运动速度、速度谱宽、差分反射率、相关系数以及差分相移等探测量,最后通过网络送给雷达后端,为后续的气象产品的生成提供准确有效的数据,如图 3.75所示。

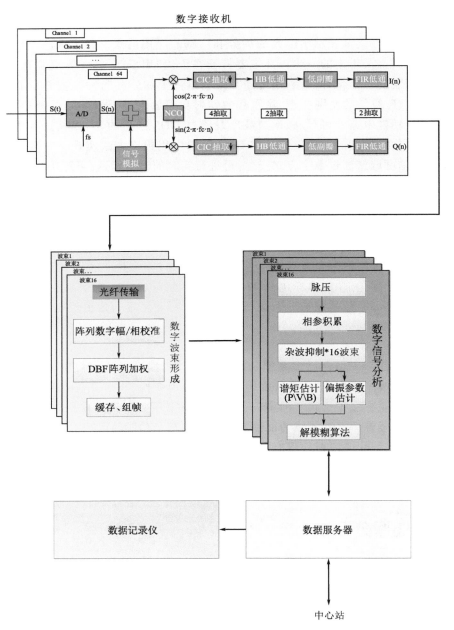

图 3.75　雷达信号处理分系统框图

信号处理分系统有严格时序控制(图 3.76)。时序控制单元产生定时触发信号,控制数字接收机和数字波束形成同步工作。雷达工作时序以 CPI 信号为参考基准,T_0 时刻取当前 CPI

周期所需的所有参数。在 T_1-T_2 时间内完成整个雷达的射频与信号处理系统的同步。通常一个 CPI 周期为一个频域处理周期,该周期内包含自定义 N 个数 PRT 周期。

　　PRT 脉冲信号以 CPI 信号为基准,依照设置的工作周期重复出现。其中雷达的 PWM 信号和 AD 采样触发信号以 PRT 信号为参考信号,当 PRT 信号拉低后依照用户设置间隔时序发生器将产生 PWM 信号与 AD 采样触发信号,雷达在 PWM 信号拉高时执行发射,拉低时执行接收。常见情况下 AD 采样触发信号在 PWM 信号为低时出现,具体出现的时间点由设置的参数定义。数字接收机在收到触发信号后根据处理流程延迟等待一段时间后将有效的基带数据发给 DBF 板卡,DBF 板卡根据基带数据进行 DBF 处理流程,并将处理后数据通过 PCIE 接口送给 CPU 进行处理。

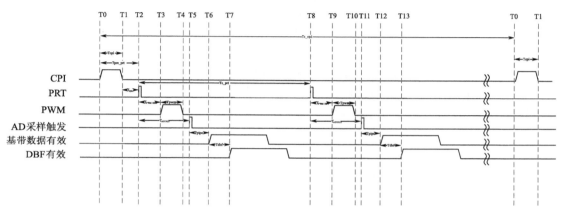

图 3.76　雷达时序信号图

3.4.1　数字接收机单元

　　数字接收机单元硬件由高性能 FPGA 和高速高精度 ADC 组成。如图 3.77 所示,1 个数字接收机单元包括四个 ADC 模数转换芯片和 1 个 FPGA 芯片。4 个 ADC 模数转换芯片有16 路 AD 通道,1 个数字接收机单元实际包含 16 个数字接收机,即 16 个数字接收通道。相控阵阵列天气雷达的一个前端有 4 个数字接收机单元,也就是有 64 个数字接收机。在高质量低抖动时钟的驱动下数字接收机将模拟中频信号转换为数字中频信号,而后通过并行口、或串行口(如目前主流的 JESD204B/C 高速串行接口)将数字中频信号传输给 FPGA 芯片,数字中频信号在 FPGA 内完成数字下变频、滤波、抽取等数字处理,形成基带 IQ 信号,然后通过高速光口传输给后级。

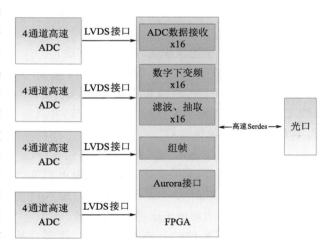

图 3.77　数字接收机单元框图

3.4.1.1 FPGA

FPGA 广泛应用于高速通信、数字信号处理、图像处理、视频处理、人工智能等领域。FPGA 是现代数字系统设计中极为重要的一种器件。近年随着电子技术的高速发展,FPGA 器件性能不断提高,其内部包含了越来越丰富的逻辑单元 CLB、存储单元、高速乘加器 MAC。其单个乘加器 MAC 可在一个时钟周期完成一次定点乘法和加法操作,当前主流中高端器件主频可不低于 400 MHz,以目前单芯片 6000 个 MAC 为例,单芯片的定点乘法计算性能为 $6000 \times 0.4\ G = 2.4\ T$。这使得在单片 FPGA 中可构成多通道数字信号处理。使用 FPGA 进行数字信号处理具体优势有:设计的并行专用硬件电路实现数字信号处理算法可以最大限度地提高运行速度,可以达到比采用 DSP 处理器串行运算高得多的运算速度;在运行包含大量相乘的多路处理算法(如 FIR 滤波器),可以采用查找表(LUT)的形式高效实现这些运算,不需要完全的硬件乘法器,可以节省大量的硅片空间;在复杂组合逻辑的各级之间插入寄存器,以流水线方式处理,可以达到很高的数据通过率;在线动态重构能力允许系统的算法和功能在系统工作过程中改变,即可以用一套硬件根据不同的需要完成不同的功能;一些新型的 FPGA 器件片内有大量 RAM,可以在传统的 DSP 系统不能达到的高数据率下实现数据的传输和存储操作;此外使用 FPGA 可以有效降低系统功耗。在相控阵阵列天气雷达前端信号处理中采用 FPGA。

FPGA(Field-Programmable Gate Array,现场可编程门阵列)是一种可编程逻辑器件,通常作为 ASIC(Application-Specific Integrated Circuit,专用集成电路)的替代品使用。FPGA 的结构由可编程逻辑单元(Programmable Logic Units,PLU)和可编程交换资源(Programmable Switching Resources,PSR)两部分组成。其中 PLU 通过可编程的组合逻辑单元和寄存器实现处理和控制功能;PSR 由可编程的交换网络和 I/O 接口完成输入输出,允许 PLU 之间通过交换网络进行快速地通信。FPGA 通常由大量的逻辑门、触发器和存储单元组成,可以实现各种数字电路的功能。

FPGA 的设计通常使用硬件描述语言(HDL)进行,例如 Verilog 和 VHDL 等。设计完成后,可以使用专用的软件工具将设计编译成可执行的二进制文件,然后将其下载到 FPGA 芯片中。FPGA 的设计流程通常包括设计、仿真、综合、布局和验证等步骤,需要具备一定的硬件设计和编程技能。

FPGA 主要的性能体现在以下几个方面:

(1)逻辑门数:FPGA 可用的逻辑门数是确定的,其最大逻辑门数影响其最大容量和性能。

(2)CLB 数:CLB 即可配置逻辑块(Configurable Logic Block),是 FPGA 的基本单元,每个 CLB 包含多个逻辑单元、LUT、寄存器等,并具有可编程的连线资源。CLB 数也是衡量 FPGA 容量和功能的关键指标。

(3)时钟频率:FPGA 的时钟频率是指 FPGA 能够稳定工作的最大时钟速度,通常以 MHz 或 GHz 为单位,相关时序与时序控制电路的设计非常关键。

(4)延迟时间:延时时间指 FPGA 完成输入信号处理的时间。是衡量电路信号处理实时性的指标。延迟时间短的 FPGA 实时性强。

(5)功耗:FPGA 的功耗有静态功耗、动态功耗、IO 功耗三种,静态功耗也叫待机功耗(Standby Power),是芯片处于上电状态,但是内部电路没有工作(也就是内部电路没有翻转)时消耗的功耗;动态功耗是指由于内部电路翻转所消耗的功耗;IO 功耗是 IO 翻转时,对外部负载电容进行充放电所消耗的功耗。

（6）I/O 端口数：FPGA 的 I/O 端口数即 FPGA 输入输出端口数，它决定了 FPGA 与外部系统之间的通信能力和接口数量。

Xilinx 的 ZU 系列 MPSOC，内部集成了多核 ARM 处理器（内部称为 PS）和 FPGA（内部称为 PL），并具有丰富的标准外设接口和高速串行接口，非常适合数字接收机信号处理和数据传输。

FPGA 采用可编程方式配置硬件，实现不同电路的功能，如控制器、处理器、数据接口、DMA 等。与传统软件方式实现的数字系统相比，FPGA 的主要优势包括：

（1）可重构。FPGA 的硬件配置可以通过重新下载开发工具生成的关键代码、逻辑框架等，以达到重新设计的目的。

（2）即处理速度快。FPGA 的电路配置直接在硬件中实现，不像微控制器使用软件实现，具有更快的速度和短的响应时间。

（3）适应性强。FPGA 的可编程性使得电路结构具有很高的灵活性，对于不同的应用需求可以快速定制。

（4）可扩展。FPGA 的 I/O 资源非常丰富，且可以自定义，从而可以方便地添加新的设备并且支持多种协议。

3.4.1.2　模数转换器

与原来模拟雷达处理技术相比，数字化处理技术带来了多方面的性能提升。数字化处理技术首先利用模数转换器（ADC）将时域连续的模拟信号量化后转换为离散的数字信号，然后进行各种处理，所有的信号变换与处理均在数字域完成。ADC 是天气雷达数字化处理的基础。

ADC 是将连续时间的模拟信号（Analog Signal）转换为数字信号（Digital Signal）的电路单元。ADC 按照一定的采样间隔，将连续时间内的模拟信号，进行量化编码，得到对应的离散数字信号，从而实现对模拟信号的数字化。ADC 输入端连接着模拟信号源，而输出端则通过数字接口与外部数字信号处理器相连。外部时钟驱动电路驱动 ADC 按照一定的速率进行模数转换。模数转换器通常包括采样保持电路、比较量化电路和编码器等。其中，采样保持电路用于保持采样时刻的输入电压；比较量化电路将输入的模拟信号与 ADC 内部的参考电压进行比较，并产生一个量化结果；编码器对量化后的信号进行编码，将其转换为数字信号输出。

ADC 的主要性能指标包括以下几个方面：

（1）转换位数

ADC 的转换位数是指它输出转换结果二进制数的最大位数。转换位数决定输入量转换后的分辨率。

（2）有效位数

有效位数就是 ADC 实际能够达到的转换位数。由于 A/D 转换器件不能做到完全理想的线性，故会存在一定的精度损失，从而影响 A/D 转换器的实际分辨率，降低了 A/D 的有效转换位数。有效转换位数（ENOB）可以通过测量各频点的实际信噪比（SIND）来计算。对于一个满量程的正弦输入信号有：

$$ENOB = \frac{SIDN - 1.76}{6.02} \qquad (3.44)$$

（3）分辨率

指模数转换器可以区分的最小电压或电流变化值。通常用比特数（bit）衡量，比特数越多表示分辨率越高。假设一个 ADC 器件的输入电压范围$(-V,V)$，转换位数为 n，则将有 2^n 个量化电平，量化电平

$$\Delta V = \frac{2V}{2^n} \qquad (3.45)$$

ADC 的转换位数 n 越大，则 ΔV 越小，分辨率越高，从接收机来说即灵敏度越高。在相控阵阵列天气雷达前端中 AD 转换速率采用 120 Msps。

（4）采样率

指 ADC 将模拟信号变为数字信号的速率。通常以样单位时间内完成的转换次数（如，次/秒）来衡量。数字化采样过程需要满足采样定理（奈奎斯特采样定理或带通采样定理）。

奈奎斯特采样定理：设一个频率带宽限制在$(0,f_H)$内的信号 $x(t)$，如果以不小于 $f_s = 2f_H$ 的采样速率对 $x(t)$ 进行等间隔采样，得到时间离散的采样信号 $x(n)=x(nT)$（其中，$T=1/f_s$ 称为采样间隔），则原信号 $x(t)$ 将被所得到的采样值 $x(n)$ 完全地确定，可无失真的还原。

带通采样定理：设对一个频率带宽范围在(f_L,f_H)之间的信号 $x(t)$ 进行采样，如果其采样频率 f_s 满足：

$$f_s = \frac{2(f_L + f_H)}{2n+1} \qquad (3.46)$$

式中，n 满足 $f_s \geqslant 2(f_H - f_L)$ 的最大正整数$(0,1,2,\cdots)$，则采样后的信号数据能准确还原信号 $x(t)$，否则将产生信号混叠，导致无法恢复。

（5）信噪比（SNR）

指转换后的数字信号中信号部分与噪声部分的比值，通常以分贝（dB）衡量，数值越大表示噪声越小，信号质量越好。ADC 转换器的信噪比可以表示为：

$$\text{SNR} = 6.02n + 1.76 \text{ dB} \qquad (3.47)$$

式中，n 为 A/D 转换位数。给定采样频率 f_s，理论上处于 $0.5f_s$ 带宽内的量化噪声电压为 $\Delta V/\sqrt{12}$。如果信号带宽固定，采样率提高，效果相当于在一个更宽的频率范围内扩展量化噪声，从而使 SNR 有所提高。如果信号带宽变窄，在此带宽内的噪声也减小，信噪比也会有所提高。因此，对一个满量程的正弦信号，SNR 可以准确地表示为：

$$\text{SNR} = 6.02n + 1.76 \text{ dB} + 10\lg\left[\frac{f_s}{2B}\right] \qquad (3.48)$$

式中，B 为模拟信号带宽。公式右边的第三项表示信号带宽与 $0.5f_s$ 相差的程度所增加的信噪比。因此，有必要在 ADC 采样之前加一个带通（或低通）滤波器，限制信号带宽，该滤波器称之为抗混叠滤波器。也可以利用数字滤波器，对采样后的数据进行滤波，以提高信噪比。

（6）无杂散动态范围（SFDR）

无杂散动态范围（SFDR）指的是信号的均方根值与最大杂散信号（无论它位于频谱中何处）的均方根值之比。最大杂散可能是原始信号的谐波，也可能不是。在无线电系统中，SFDR 是一项重要指标，因为它代表了可以与大干扰信号（阻塞信号）相区别的最小信号值。SFDR 可以相对于满量程（dBFS）或实际信号幅度（dBc）来规定。

（7）误差

指模数转换器输出数字信号与实际模拟信号之间的误差。通常包括非线性误差、噪声误差等。

（8）全功率模拟带宽：

一般的定义为满刻度输入信号时，从直流到 ADC 输出振幅低于最大输出电平 3 dB 的频率范围。

3.4.1.3　信号处理流程

数字接收机完成模数转换、数字下变频处理、CIC 抽取、HBF 滤波、预加窗、FIR 滤波、Aurora 64b/66b（一种 xilinx 的高速接口 IP）接口设计。数字下变频（Digital Down Converter，DDC）对数字化的中频信号进行下变频处理，产生零中频的数字基带 IQ 信号；CIC 滤波对变频后的高速率基带 IQ 信号进行降采样率及滤波处理；半带滤波器（简称 HB）对 CIC 后的基带 IQ 信号进行再次降采样率及低通滤波；预加窗滤波对回波信号进行加窗处理，以提高脉压副瓣性能；FIR 滤波完成带外抑制及通带内衰减补偿。数字接收机信号处理流程框图如图 3.78。

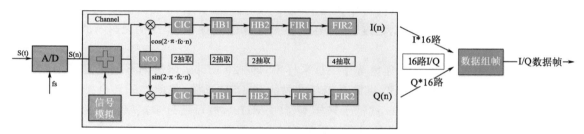

图 3.78　数字接收机信号处理流程

ADC 输入的 34 MHz 中频模拟信号为线性调频脉冲信号（LFM），信号带宽 3 MHz，ADC 的采样率 120 MHz，使用 matlab 仿真出以上基本流程中各环节的频谱和最终输出的 IQ 时域波形。

（1）模数转换

硬件上 ADC 最大支持采样率为 125 MHz，为尽可能利用硬件支持的采样率来增加采样的抗混叠能力，设计中选择采样频率 $f_s=120$ MHz，此时采样满足奈奎斯特采样定理。模数转换前信号表示为 $X(t)$，经过模数转换后信号表示为 $X(nT)$，$n=0,1,2,\cdots$；T 为采样周期。AD 采集后信号频谱分布如图 3.79 所示。

（2）数字下变频（DDC）

当中频信号中心频率 f_c 为 34 MHz，采样率选择为 120 Msps，可知采样后数字信号在 34 MHz 附近存在频谱分量。为了得到 IQ 基带数字信号，需要产生两个正交的本振信

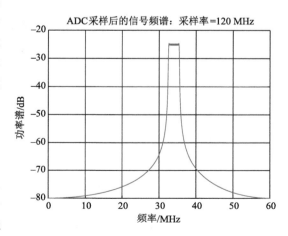

图 3.79　ADC 原始采样数据信号频谱仿真

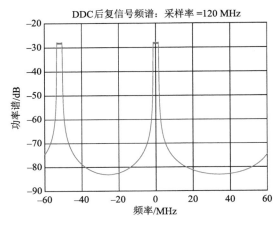

图 3.80 DDC 后仿真信号频谱

号分别与采样后数字信号进行混频操作,将信号下变频到零频,其仿真频谱如图 3.80。混频本振信号需要按照采样率进行量化,量化结果分别为:

$$NCOI = \cos(2 \times \pi \times n \times f_c / f_s)$$
(3.49)

$$NCOQ = \sin(2 \times \pi \times n \times f_c / f_s)$$
(3.50)

通过 FPGA 内 NCO 产生对应中心频率的正交本振,然后与数字中频信号进行数字混频,将中频信号数字下变频到基带零频,此时 FPGA 的实现需要占用乘法器资源(DSP),并且将产生位宽扩展,为保持信号的

精度以及权衡 FPGA 资源消耗,设计上将采用 14bit 原始信号 16bit NCO 的计算精度,NCO 精度不低于原始信号故自身不会对结果运算精度产生影响,计算结果保留全动态 16bit 有效数据字长,高出原始 ADC 数据精度,最终达到整个计算过程对 SNR 几乎无影响的设计目标。

(3)CIC 抽取滤波

数字下变频完成后,数据速率等于 AD 采样率,即 120 Msps,该速率下如果直接用 FPGA 实现同等效果的滤波器等处理,将需要消耗非常大量 DSP 资源,除此之外还会带来非常高的功耗。因基带信号带宽 3 MHz 远低于采样率(120 MHz),故可通过多速率信号处理技术将数据率降低到合理的范围。根据奈奎斯特采样定理,只需要两倍最高频率即可重建原始信号。为减小后端处理的压力及避免频谱混叠,通常采用 2.5 倍左右信号带宽的数据采样率,故对于 3 MHz 的基带复信号谱,I、Q 支路的采样率只需满足 3 MHz/2×2.5=3.75 Msps 即可。因此,首先需要进行数据率变换。

级联的积分梳状滤波器(CIC)用作窄带低通滤波器时有很高的计算效率,因而现代雷达和通信系统中常会用到 CIC 滤波器用于抽取和内插。

CIC 滤波器非常适合在抽取(采样率降低)之前用作去假频滤波,以及内插(采样率增加)之后做镜像滤波。抽取和内插两者的应用都与极高数据速率的滤波器相联系。

CIC 滤波器差分方程:

$$y(n) = x(n) - x(n-D) + y(n-1)$$
(3.51)

其 Z 域传递函数:

$$H_{cic}(z) = \frac{1 - z^{-D}}{1 - z^{-1}}$$
(3.52)

以上两公式中,$x(n)$ 为滤波器输入,$y(n)$ 为滤波器输出,n 为正整数$(0,1,2\cdots)$,D 为差分延迟,$H_{cic}(z)$ 为传递函数,CIC 滤波器幅频响应如图 3.81 所示。

从差分方程可以看出,CIC 的计算中只有加减法,没有乘除法,因此非常节省计算资源,计算效

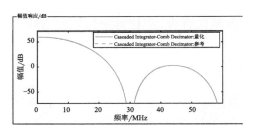

图 3.81 HB 滤波器幅频响应

率高。

CIC 抽取滤波器的相对带宽是比较窄的,如果直接采用高倍 CIC 抽取滤波器将 120 MHz 数据率降到 30 MHz,邻近频段的信号可能会产生严重混叠,且在带内波动非常大,虽然带内波动可以通过后续补偿滤波器进行补偿,也很难保证良好的带内平坦度。因此,CIC 抽取滤波器进行 1/2 抽取,抽取后数据率为 60 Msps,在频率偏移 1.5 MHz 截止频率处衰减小于 0.1 dB,后续通过 FIR 滤波器进行补偿,保证良好的带内平坦度,CIC 抽取两倍滤波后信号频谱如图 3.82 所示。

经过 CIC 处理后,输出 64 路 IQ 基带信号,数据率 60 Msps,保留 24 bit 位宽。

（4）HB 滤波器

在 CIC 抽取滤波器后级联 2 级半带滤波器(HB)。在不恶化带内平坦度的情况下将数据率从 60 MHz 降低到 15 MHz,其不同之处是相比 CIC 抽取会消耗一定的 DSP 计算资源。

FIR 滤波器在数字信号处理中可解释为输入信号序列卷积滤波器的单位冲激响应,数学表达式为:

$$y(n) = \sum_{k=0}^{M-1} h(k) x(n-k) \tag{3.53}$$

式中,$h(k)$ 为滤波器的单位冲激响应,$x(n)$ 为输入信号;

而 HB(半带)滤波器是一种特殊的 FIR 滤波器,其频率响应关于点 $f_s/4$ 对称,通带频率 f_{pass} 和阻带频率 f_{stop} 的和为 $f_s/2$。当滤波器的抽头数为奇数时,滤波器的时域脉冲响应除中心系数外,其他系数都交替为零,这样使得在实现此类滤波器时节省了一半数量的乘法器。

HB 滤波器频率响应如图 3.83 所示。

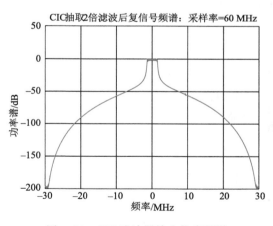

图 3.82　CIC 滤波器输出仿真频谱

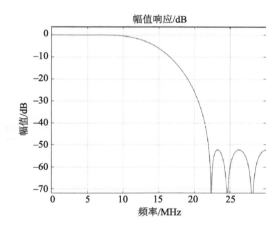

图 3.83　HB 滤波器幅频响应

经过半带滤波器处理后,输出 64 路 IQ 基带信号,数据率降低到 15 Msps,保留 24 bit 位宽。

（5）FIR 滤波

经过 CIC 滤波和 HB 滤波后,数据率已经变换到了 15 MHz。从上述看出,此时的输出信号还存在带外抑制不够的问题。因此,在末级先采用高阶 FIR 滤波器保证足够的带外抑制消除临近信道信号的干扰,最后再做一次滤波同时抽取以降低数据率到 3.75 MHz。FIR 滤波器频率响应及仿真如图 3.84—3.87 所示。

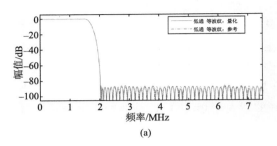 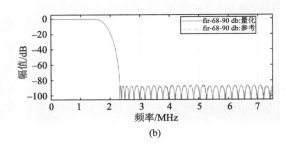

(a) (b)

图 3.84　FIR1 滤波器 FIR2 滤波器幅频响应

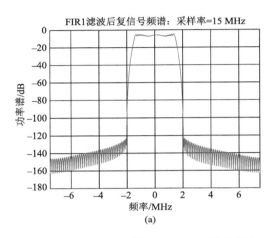 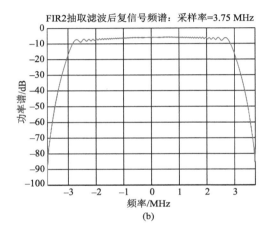

(a) (b)

图 3.85　FIR1 滤波器和(b)FIR2 滤波器输出仿真频谱

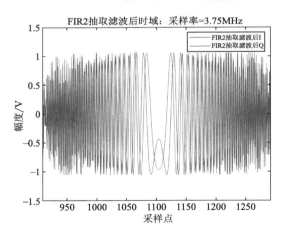

图 3.86　FIR2 滤波器输出仿真时域波形

FIR1 滤波后带外的邻频信号被抑制了 90 dBc,在经过最后 FIR2 的滤波,偏离中心频率 2.5 MHz(相邻频点间隔 1 MHz)处抑制可到 120 dBc 以上,远超前端的动态范围,故满足需求。

FIR 滤波器的实现与 HB 滤波器实现方式基本一样。经过 FIR 滤波器之后,输出 64 路 IQ 基带信号,数据率为 3.75 MHz,保留 32bit 位宽。如 3.87 图所示为 3 MHz 带宽,100 μs 脉冲宽度的信号的最终输出信号时域离散波形。

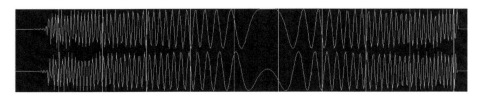

图 3.87　FIR2 滤波器 FPGA 仿真时域波形

3.4.2　数字波束形成单元

数字波束形成(DBF)单元硬件主要由高性能 FPGA 和多通道高速通信接口组成,如图 3.88 所示。输入 DBF 单元的是来自数字接收机阵列输出的 64 路数字基带 IQ 信号,其中每 16 路 IQ 数据通过一路光纤接口进行传输,DBF 单元中有 N 个 DBF 通道,N 个 DBF 通道并行工作,经过 DBF 单元处理后就形成 N 个(如 16 个)不同指向的波束。这 N 个波束依次间隔 $E°$(如 $1.4°$)仰角,那么 N 个波束覆盖 $N \times E$ 度仰角。例如 16 个波束,依次间隔 $1.4°$,就覆盖 $22.4°$。

DBF 是一种通过相位和幅度调制来改变波束方向和形状的相控阵雷达技术。相控阵雷达天线由一系列阵元组成,当雷达天线接收到的来自某一方向的返回信号时,不同的天线阵元的信号相位是不同的,数字波束形成单元赋予不同天线阵元的信号不同的相位补偿,使得这一方向上来自不同天线阵元的信号同相位,从而在这些信号相加后获得信噪比相对其他方向大得多,这就是 DBF 形成原理,如图 3.89 所示。

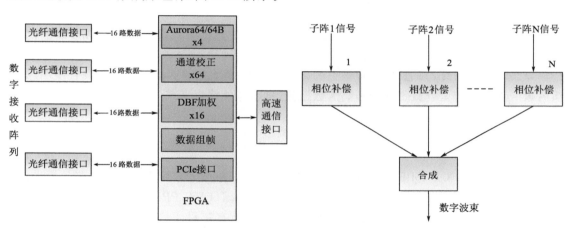

图 3.88　DBF 单元内部架构　　　　　　图 3.89　数字波束形成示意图

假设信号来向为 θ,天线阵元间隔为 d。回波信号源由于距离天线很远,相对于每个天线阵元都可以认为是平行入射。相邻两个阵元接收到的回波信号由于位置不同会导致波程差 $d \times \sin\theta$。根据波长换算到相位信息,可以得到相邻阵元信号的相位差为:

$$\phi_0 = 2 \times \pi \times d \times \sin\theta / \lambda \tag{3.54}$$

相隔一个阵元比如阵元 1 和阵元 3 的相位差则为 $2\phi_0$。进而可以推算,对于第 n 个子阵回波信号相位为:

$$\phi = 2 \times \pi \times (n-1) \times d \times \sin\theta / \lambda, n = 1 \sim N \tag{3.55}$$

式中,N 为总的天线阵元数。DBF 处理,其实就是针对各个阵元信号的 ϕ 进行补偿。

在 FPGA 内进行 DBF 处理时,不直接按相位进行处理,而是将补偿相位 ϕ 转化为 16 bit 有符号 IQ 补偿数据,分别为 $coeI = 32767\cos(\phi)$,$coeQ = 32767\sin(\phi)$。将 IQ 回波数据与 IQ 补偿数据进行复乘实现相位补偿。不同的仰角指向就有不同的 IQ 补偿数据。16 个波束就有 16 组 IQ 补偿数据。通常用 64 个波束覆盖 $0° \sim 90°$ 仰角范围,就要有 64 组 IQ 补偿数据。

用 $d \times \sin\theta$ 计算补偿相位时,假定了从天线阵元到数字接收机这一段每个通道的相位是

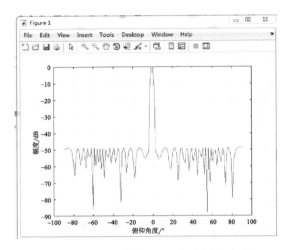

图 3.90　64 通道加 50 dB 切比雪夫窗的
32 号接收波束仿真图

相同的。但实际上每个通道是会存在相位差的。因此需要进行通道相位校正,使每个通道相位相同。这种校正就是将 $d \times \sin\theta$ 计算补偿相位与通道相位差合成后形成 IQ 补偿数据,然后进行复乘。

在实际 DBF 处理中,单纯只对相位进行处理空间副瓣往往不够理想。因此通常会采用加窗的方式进行副瓣抑制,常用的窗函数如 hamming 窗、切比雪夫窗等。窗函数可以预先设计好,与 IQ 补偿数据直接按通道对应相乘后进行存储,不会带来额外的计算资源消耗。图 3.90 是 64 通道加 50 dB 切比雪夫窗的 32 号接收波束仿真图。

高速通信接口通常基于 FPGA 的高速串行 Serdes 收发器,其单方向仅使用一对差分信号即可使数据传输速率达 10 Gbps 以上,如美国 Xilinx 公司的 GTX、GTH、GTY 的最大速率可分别达到约 12.5 Gbps、16.5 Gbps、32 Gbps,传输介质可以是光纤、高速电缆、背板上的微带线等,工程上通常为多种介质和混合使用,如机箱内板卡通过背板差分微带线传输高速数据流,机箱与外部板卡或者机箱之间用光纤(1 米以上长距离)或者高速电缆(极短距离时)。

3.4.3　信号处理计算单元

经过 DBF 处理后,DBF 单元输出 N 个波束的数据,信号处理计算单元对这些数据进行信号处理和信号分析,信号处理计算单元主要完成脉冲压缩、FFT、PPP、地杂波、距离模糊处理。

针对相控阵雷达信号处理,信号处理计算单元当前有三种主流架构:第一种是 FPGA＋DSP 架构,第二种是 FPGA＋CPU 架构,第三种是 GPU＋CPU 架构。

3.4.3.1　几种处理器

CPU、GPU、DSP、FPGA 作为信号处理计算单元从理论架构上有各自的优缺点,科研和工程项目中设计师需要根据各自的特点合理选择处理器架构类型以实现最优的处理性能。下面先对各种常用处理器进行简要的介绍和对比。

首先,CPU 和 GPU 组成上有较大的相似性,其内部主要包含计算单元、控制单元和存储单元,但应用上侧重方向不同,CPU 作为通用处理器,遵循的是冯·诺依曼架构,其核心是存储程序/数据、串行顺序执行。因此 CPU 的架构中需要大量的空间去放置存储单元(Cache)和控制单元(Control),如图 3.91 所示,相比之下计算单元(ALU)只占据了很小的一部分,所以 CPU 在进行大规模并行计算方面受到限制,相对而言更擅长于处理逻辑控制。CPU 无法做到大量数据并行计算的能力,但 GPU 可以。

GPU(GraphicsProcessing Unit),即图形处理器,是一种由大量运算单元组成的大规模并行计算架构,早先由 CPU 中分出来专门用于处理图像并行计算数据,专为同时处理多重并行计算任务而设计(图 3.92)。

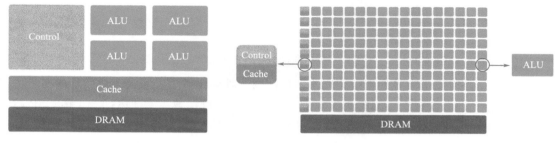

图 3.91　CPU 结构图　　　　　　　　　图 3.92　GPU 结构图

与 CPU 相比,CPU 芯片空间的不到 20％ 是 ALU,而 GPU 芯片空间的 80％ 以上是 ALU,即 GPU 拥有更多的 ALU 用于数据并行处理,故而 GPU 可以具备强大的并行计算能力。

从硬件架构分析来看,CPU 和 GPU 似乎很像,都有内存、Cache、ALU、CU,都有着很多的核心,但是 CPU 的核心占比比较重,相对计算单元 ALU 很少,可以用来处理非常复杂的控制逻辑,预测分支、乱序执行、多级流水任务等等。相对而言 GPU 的核心就是比较轻,用于优化具有简单控制逻辑的数据并行任务,注重并行程序的吞吐量。总而言之,CPU 的核心擅长完成多重复杂任务,重在逻辑,重在串行程序;GPU 的核心擅长完成具有简单的控制逻辑的任务,重在计算,重在并行。

然而,GPU 虽然在并行计算能力上尽显优势,但并不能单独工作,需要 CPU 的协同处理,对于如神经网络模型的构建和数据流的传递还是在 CPU 上进行。但是 GPU 也有天生缺陷,那就是功耗高、体积大、价格贵。性能越高的 GPU 体积越大,功耗越高,价格也昂贵,这将限制他在嵌入式处理设备中的应用。

DSP 偏重信号处理,也属于一种微处理器。它与标准微处理器有一些共同的地方:以 ALU 为核心的处理器、地址和数据总线、RAM、ROM 以及 I/O 端口,从广义上讲,DSP、ARM、CPU 和微控制器(单片机)等都属于处理器。但 DSP 和一般的 CPU 又有很大不同,首先,通信接口方面,DSP 主要用来开发嵌入式的信号处理系统,不强调人机交互,不需要太多通信接口,结构也较为简单,便于开发。CPU 的标准化和通用性更为完善,支持操作系统,以 CPU 为核心的系统方便人机交互,具有标准接口设备通信;CPU 外设接口电路比较复杂。其次 ALU 计算单元,DSP 往往大量用到乘加运算,因此 DSP 有专用的硬件乘法器,它可以在一个时钟周期内完成乘加运算。硬件乘法器占用了 DSP 芯片中很大一部分。而一般 CPU 采用一种较慢迭代的乘法技术,它需要多个时钟周期才能完成一次乘法运算,占用了较少的资源。还有专为数字信号处理设计的硬件辅助循环:因为 DSP 常常需要执行紧密的指令循环,如在数字信号处理中属于基石的乘累加操作都需要使用"for 循环",DSP 中有硬件辅助循环的支持,可以让 DSP 能够高效循环地执行代码块。即使是高性能的 DSP 其功耗也较小,根据核心数量通常在几瓦到十几瓦,很适合嵌入式系统;而高性能 CPU 的功耗通常在 100 W 以上。

而 FPGA 根据前文章节的叙述,与 CPU、GPU、DSP 相比,FPGA 在功耗、性能(算力、实时性)、灵活性方面取得了兼顾;其非常适合处理数据量大,速度实时性要求高,但是算法结构相对比较简单的场景,如一定长度的 FFT/IFFT、FIR 滤波、大规模乘法运算等算法,对应应用场景可以是软件无线电数字前端、相控阵雷达数字接收前端、阵列信号处理等。

这四类器件,从单位功耗的计算能力来对比,FPGA>DSP>GPU>CPU,而开发难度的排序也与之相同。

3.4.3.2 三种构架

(1)1FPGA+DSP 架构

该架构是当前雷达信号处理中应用非常广泛的一种架构类型。两种芯片可集成在一块嵌入式板卡上,且同一块板卡可同时集成多个处理器芯片。以集成 1 颗 FPGA+3 颗 DSP 芯片的常规 6U 板卡为例,使用目前主流 TI 的 TMS320C6678 型号,其单颗芯片集成 8 个核心,主频达 1.4 GHz,如此该单板可达 24 核心,且核心是为浮点计算而专门设计的,但功耗只有几十瓦,非常适合设备空间和功耗受限的嵌入式设备。通常 FPGA 与 DSP 芯片之间通过 EMIF (外部存储器接口)和 SRIO 接口互联,两片 DSP 之间通过 HyperLink 进行高速互联。其中 FPGA 负责前端信号的高速预处理,而后通过 SRIO 接口传送给 DSP,由 DSP 进行复杂的算法计算。但因为主流 DSP 的制造厂家 TI 和 ADI 公司的 DSP 芯片算力发展基本处于停滞的状态,单核性能多年未能升级,如要扩展算力只能靠堆砌芯片数量,但是芯片堆叠也存在边际效用,随着芯片数量的增加,因片间通信和任务协调导致的性能损失,算力提升效果将逐渐递减,非高吞吐率计算任务的理想选择。基于以上特点,该架构比较适合只有单通道或者少数通道的雷达,如传统抛物面天线机械扫描天气雷达、小型移动式反无人机雷达等。

(2)FPGA+CPU 架构

该架构是近些年随着软件化信号处理的兴起而逐渐在军用、民用产品中开始大量应用的一种架构类型。该架构中 FPGA 与 CPU 通过标准的 PCIE 协议接口进行高速互联,FPGA 通过高速光纤从外部前端模块获取待处理数据,经过预处理后将数据通过 PCIE 转交给 CPU;除了作为数据入口和预处理单元,FPGA 还可作为单独的硬件加速模块接入 CPU,辅助 CPU 进行部分特殊的大规模并行计算,如大型矩阵运算、FFT 运算等,这类运算一般都是对 CPU 消耗特别大且运算效率低,而通过 FPGA 加速可以在数十个时钟周期完成计算,充分发挥各自的优点。而作为通用处理器,CPU 拥有非常丰富的开发工具和底层软件生态,如操作系统、IDE 工具、基础软件包等,开发环境和流程方面与 PC 软件相同,开发难度相比 DSP 和 FPGA 要低,且开发调试效率高,另一方面,软件开发方面的人才相比 FPGA、DSP 以及 GPU 都要多得多。根据摩尔定律,以及随着高端半导体工艺制程的发展,CPU(含 X86、ARM 等架构)当前依然保持着性能逐年提升约 10% 的趋势,至成文时,AMD 公司的 ZEN4 霄龙 9654 处理器单颗 CPU 已经可以租到 96 核心 192 线程、384MB 三级缓存,基准频率 2 GHz 出头,并且还支持双路,则单机理论可以实现 192 核 384 线程,如此强大的计算性能,非常适合具有大规模阵元的相控阵雷达信号处理运算。

(3)GPU+CPU 架构

这是近些年随着人工智能、机器学习开始大面积应用的架构。GPU 在大规模矩阵浮点运算方面具有非常大的优势,非常适合计算量复杂的雷达信号处理过程,如深度学习在雷达信号处理中的应用,涉及大量卷积神经网络的计算,GPU 就比较适合此类运算。该类架构中,CPU 负责主要负责一些数据量较小的运算过程和任务调度、与 GPU 之间的数据搬移,GPU 则负责分担处理过程数据量较大,计算复杂度高的运算,两者相互配合,实现计算效率的最大化。

3.4.4　线性调频信号的波形和脉冲压缩

随着雷达在各种场景的使用,粗略的测距离和速度已经不能满足市场需求,因此雷达探测的分辨率指标越来越重要。雷达分辨率是指在应用环境中能最大程度区分两个目标的能力,包括距离、方位、仰角和速度,而方位和仰角由波束的宽度决定,本节不做讨论。

3.4.4.1　雷达探测的距离分辨率

雷达探测的距离分辨率是指雷达系统能够分辨出两个目标之间的最小距离差异。

假设同一径向上存在两个大小相同,距离不同的目标 A、B 信号,可分别表示为 s_1 和 s_2,其延时分别为 d 和 $d+\tau$,频移分别为 f_d 和 $f+f_d$ 两个回波信号可表示为:

$$s_1 = u(t-d)\,\mathrm{e}^{j2\pi(f_0+f_d)(t-d)} \tag{3.56}$$

$$s_2 = u(t-d-\tau)\,\mathrm{e}^{j2\pi(f_0+f_d+f)(t-d-\tau)} \tag{3.57}$$

于是,两个目标回波的均方差可表示为:

$$\varepsilon^2 = \int_{-\infty}^{+\infty} \left| u(t-d)\,\mathrm{e}^{j2\pi(f_0+f_d)(t-d)} - u(t-d-\tau)\,\mathrm{e}^{j2\pi(f_0+f_d+f)(t-d-\tau)} \right|^2 \mathrm{d}t$$
$$= \int_{-\infty}^{+\infty} |u(t-d)|^2 \mathrm{d}t + \int_{-\infty}^{+\infty} |u(t-d-\tau)|^2 \mathrm{d}t - 2\mathrm{Re}\int_{-\infty}^{+\infty} u^*(t-d)$$
$$u(t-d-\tau)\,\mathrm{e}^{j2\pi(f_d(t-d)-(f_0+f+f_d)\tau)} \mathrm{d}t \tag{3.58}$$

令 $t'=t-d-\tau$,并将 $\int_{-\infty}^{+\infty} |u(t-d)|^2 \mathrm{d}t$ 和 $\int_{-\infty}^{+\infty} |u(t-d-\tau)|^2 \mathrm{d}t$ 用 $2E$ 表示,因此可将上式简化为

$$\varepsilon^2 = 2\left(2E - \mathrm{Re}\int_{-\infty}^{+\infty} u^*(t'+\tau)u(t)\,\mathrm{e}^{j2\pi f_d t'} \mathrm{d}t'\right) \tag{3.59}$$

将上式中的积分定义为模糊函数:

$$\chi(\tau, f_d) = \int_{-\infty}^{+\infty} u^*(t'+\tau)u(t)\,\mathrm{e}^{j2\pi f_d t} \mathrm{d}t \tag{3.60}$$

目标 A、B 在不考虑多普勒频移的情况下,由式(3.60)可知其均方差 ε^2 为:

$$\varepsilon^2 \geqslant 2(2E - |\chi(\tau,0)|) \tag{3.61}$$

令 $f_d=0$ 可知,信号的距离模糊函数为:

$$\chi(\tau,0) = \int_{-\infty}^{+\infty} u^*(t'+\tau)u(t)\,\mathrm{d}t \tag{3.62}$$

根据不模糊函数的性质可知,模糊函数在原点取最大值,即

$$|\chi(\tau,0)| \leqslant |\chi(0,0)| = 2E \tag{3.63}$$

因此,距离分辨率由 $|\chi(\tau,0)|^2$ 的大小来衡量。若存在一些非零 τ 值使得 $|\chi(\tau,0)| = |\chi(0,0)|$,那么两个目标是不可分辨的。当 $\tau \neq 0$ 时,$|\chi(\tau,0)|$ 将随着 τ 值增大快速下降,而距离分辨率更好。目前并没有一种统一的方法取定义信号的分辨率,但对于 sinc 函数,为了方便,行业一般采用主瓣 4 dB 宽度来表示名义上的分辨率。

时延分辨率定义为:

$$\Delta\tau = \frac{\int_{-\infty}^{\infty} |\chi(\tau,0)|^2 \mathrm{d}\tau}{|\chi(0,0)|^2} \tag{3.64}$$

根据帕塞维尔定理,式(3.64)可表示成:

$$\Delta\tau = \frac{2\pi\displaystyle\int_{-\infty}^{\infty}\left|U(\omega)\right|^4 d\omega}{\left[\displaystyle\int_{-\infty}^{\infty}\left|U(\omega)\right|^2 d\omega\right]^2} = \frac{1}{B} \tag{3.65}$$

式中,B 为信号的有效带宽,因此时延分辨率对应的距离分辨率为 ΔR:

$$\Delta R = \frac{c\Delta\tau}{2} = \frac{c}{2B} \tag{3.66}$$

式中 c 为光速,从式中可知距离分辨率与带宽成正比,带宽越宽,距离分辨率越高。

3.4.4.2　线性调频信号脉冲压缩

设简单脉冲信号的脉宽为 τ,幅度为 A 的简单脉冲信号可表示为:

$$s(t) = \begin{cases} A, 0 \leqslant t \leqslant \tau \\ 0, 其他 \end{cases} \tag{3.67}$$

式在,0 到 τ 时间内幅度为 A,根据式(3.66)可知,雷达探测的距离分辨率 ΔR 与 τ 成正比,较高的距离分辨率需要更窄的脉冲宽度。根据雷达方程可知,雷达接收回波功率与距离的四次方成反比,为了探测更远的距离,需要更大的发射功率。然而,受发射机发射能量的限制,其幅值不超过 A,因此脉冲的能量为 $A^2\tau$,适当地延长脉冲宽度能提高雷达的性能。但是简单脉冲的脉冲宽度与带宽成反比,因此对于既需要大的发射能量,又需要较高分辨率的雷达,简单脉冲已经不能满足需求。

如何将能量和分辨率解耦使得脉冲压缩波形应运而生。

(1)线性调频信号的数学模型

线性调频信号是指在脉冲持续时间内频率与时间成线性变换的信号,是雷达常用的信号,其数学表达式如下:

$$s(t) = \text{rect}\left(\frac{t}{T_p}\right)e^{j(2\pi f_0 t + \pi\mu t^2)} \tag{3.68}$$

幅度与时间关系以及频率与时间的关系如图 3.93。

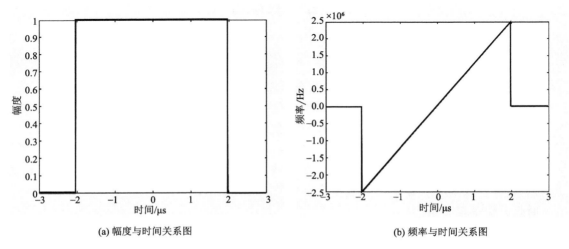

(a) 幅度与时间关系图　　　　　　　　(b) 频率与时间关系图

图 3.93　幅度、频率与时间的关系图

从上式可知,其角度、对时间微分后的瞬时频率与时间的关系满足:

$$\varphi(t) = 2\pi f_0 t + \pi \mu t^2 \tag{3.69}$$

$$\omega(t) = \frac{\partial \varphi(t)}{\partial t} = 2\pi f_0 + 2\pi \mu t \tag{3.70}$$

$$f(t) = \frac{\omega(t)}{2\pi} = f_0 + \mu t \tag{3.71}$$

式中,μ 为调频斜率 $\mu = \dfrac{B}{T_p}$,B 为调频带宽。

对 $s(t)$ 进行傅里叶变换,则:

$$S(f) = \int_{-\frac{T_p}{2}}^{\frac{T_p}{2}} \mathrm{ect}\left(\frac{t}{T_p}\right) \mathrm{e}^{j(2\pi f_0 t + \pi \mu t^2)} \, \mathrm{e}^{-j2\pi ft} \, \mathrm{d}t \tag{3.72}$$

其柱相点为:

$$t = \frac{f - f_0}{\mu} \tag{3.73}$$

当带宽时宽积 $BT_p \gg 1$,频谱近似为

$$S(f) = A \sqrt{\frac{1}{2\mu}} \mathrm{rect}\left(\frac{f - f_0}{\mu}\right) \exp\left(\frac{-j\pi(f - f_0)^2}{\mu}\right) \exp\left(j\frac{\pi}{4}\right) \tag{3.74}$$

信号幅频特性如图 3.94 所示。

(2)匹配滤波器原理

如果对宽脉冲进行频率、相位调制,它就具有与窄脉冲相同的带宽,对于简单信号,时宽带宽积为 1,而经过脉冲压缩后的线性调频信号,其时宽带宽积远大于 1,这就是脉冲压缩。介绍脉冲压缩之前首先介绍匹配滤波器。

匹配滤波器是指输出端的信号瞬时功率与噪声平均功率的比值最大的线性滤波器。

图 3.95 中 $x(t)$ 是输入信号,$y(t)$ 是输出信号,$h(t)$ 为冲激响应函数。

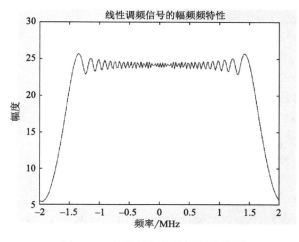

图 3.94　线性调频信号幅频特性图

图 3.95　匹配滤波器图

输入信号的一般数学模型如下:

$$x(t) = s(t) + n(t) \tag{3.75}$$

式中，$s(t)$ 为目标信号，$n(t)$ 为高斯白噪声。

$$y(t)=x(t)*h(t)=s(t)*h(t)+n_0(t)*h(t)=s_0(t)+n_0(t) \tag{3.76}$$

式中，"$*$"表示卷积，$s_0(t)$ 目标输出信号，$n_0(t)$ 噪声输出信号。

根据傅里叶变换可知：

$$s_0(t)=s(t)*h(t)=\int_{-\infty}^{+\infty}H(f)S(f)e^{j2\pi ft}\mathrm{d}f \tag{3.77}$$

式中，$H(f)$ 为系统传递响应函数，$S(f)$ 目标信号的功率谱密度函数。

由于噪声为高斯白噪声，因此 其功率谱密度等于输入白噪声的功率谱密度乘以系统传递函数模值的平方，即输出噪声功率为：

$$N_0=\frac{n_0}{2}\int_{-\infty}^{+\infty}|H(f)|^2\mathrm{d}f \tag{3.78}$$

式中，n_0 为高斯白噪声单边功率谱密度。

根据上面推导过程，在 t_1 时刻输出信噪比满足：

$$\mathrm{SNR}=\frac{|s_0(t_1)|^2}{N_0}=\frac{\left|\int_{-\infty}^{+\infty}H(f)S(f)e^{2\pi ft_1}\mathrm{d}f\right|^2}{\frac{n_0}{2}\int_{-\infty}^{+\infty}|H(f)|^2\mathrm{d}f} \tag{3.79}$$

根据施瓦兹不等式

$$\left|\int_{-\infty}^{+\infty}H(f)S(f)e^{2\pi ft_1}\mathrm{d}f\right|^2\leqslant\int_{-\infty}^{+\infty}|H(f)|^2\mathrm{d}f\int_{-\infty}^{+\infty}|S(f)e^{2\pi ft_1}|^2\mathrm{d}f \tag{3.80}$$

该式当 $H(f)=S^*(f)e^{2\pi ft_1}$ 时取得最大。

其中 $s(t)$ 和 $S(f)$ 是一组傅里叶变换对，用下式表示：

$$s(t)\leftrightarrow S(f) \tag{3.81}$$

根据傅里叶延时特性：

$$s(t-t_1)\leftrightarrow S(f)e^{-2\pi ft_1} \tag{3.82}$$

根据傅里叶变换的共轭特性：

$$s^*(t)\leftrightarrow S^*(f) \tag{3.83}$$

根据式（3.82）、式（3.83）可知匹配滤波器的响应函数为：

$$h(t)=s^*(t-t_1) \tag{3.84}$$

脉冲压缩的过程就是接收信号经过匹配滤波器处理的过程。

以上的匹配滤波器为完全匹配的过程，假设线性调频信号的带宽 4 M，采样率 5 M，脉冲持续时间 40 μs，脉压后的结果如图 3.96。

（3）脉冲压缩副瓣抑制技术

线性调频脉冲信号经过脉冲压缩技术，将宽脉冲信号压缩成窄脉冲信号，如图 3.96 所示。从图上可知，宽脉冲被压缩成了窄脉冲，但是一个强目标被压缩后其具有较大的副瓣，此时存在两个问题：

1）当强目标附近不存在其他目标时，经过脉冲压缩以后出现了虚假目标，造成了误报。

2）当强目标附近存在弱回波目标时，经过脉冲压缩后被强目标覆盖。

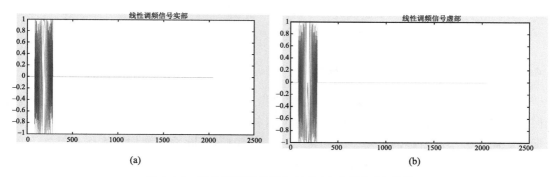

图 3.96　线性调频信号复包络的(a)实部和(b)虚部

为了解决该问题,采用了副瓣抑制技术提高主副瓣抑制比,抑制强目标回波副瓣的影响。

主副瓣抑制技术其本质是一种适配处理,其通过在脉压系数的频率相应函数上乘以一个适当的锥削函数,例如常用的汉宁函数,提高主副瓣比。

从图 3.97 可知加窗后的脉压系数使得脉压主副瓣比从之前的 24.5dB 提高到 42.7dB,一定程度上抑制了副瓣的影响。

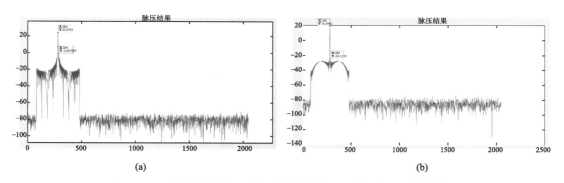

图 3.97　线性调频信号(a)脉冲压缩结果和(b)脉压加汉明窗结果

3.4.5　多脉冲积累

对于单个接收脉冲的信号能量往往是有限的,因此往往采用多个脉冲串进行处理,以提高信噪比。这种基于脉冲串而非单个脉冲的处理方法称为积累。从时域角度来说,积累则是将一个 CPI 内的所有脉冲回波在同一距离库的叠加。积累分相参积累和非相参积累。

3.4.5.1　相参积累

相参积累是在包络检波器之前进行,保留了回波信号的幅度和相位信息,将多个脉冲信号进行矢量叠加。

对于相参积累,复数据采样 y_n 相加可形成一个新的复变量 y ,即

$$y = \sum_{n=0}^{N-1} y_n \tag{3.85}$$

3.4.5.2　非相参积累

非相参积累是再包络检波之后进行,因此没有了回波信号的相位信息,是将多个脉冲信号

进行能量的叠加。平方律检测的多数经典检测结果是基于对以下量值进行检测的:

$$z = \sum_{n=0}^{N-1} |y_n|^2 \tag{3.86}$$

3.4.6 天气雷达常见信号分析方式

天气雷达的工作原理是,天线辐射电磁波当探测空间存在弥散目标时电磁波发生散射再次回到天线并被接收。为了分辨不同距离库的目标物,雷达接收机的距离门根据折射回来的目标的时间区分不同目标的距离。因此,任意距离上的回波脉冲序列均可看作是雷达发射的连续波被目标散射产生的结果。每个距离的回波序列均带有该距离库目标的散射特性和运动特征,而信号分析处理需要从回波中提取出不同距离库内目标统计特性。最基本的参量包含反射率因子、径向速度、速度谱宽。而对于双偏振雷达,通过统计两个极化方向之间的相关性获取更多的有关目标形态和大小等的信息,双偏振参量包括差分反射率因子、差分相移以及协相关系数。

目前采用较多的两种处理方法是 PPP 和 FFT 法。

3.4.6.1 反射率因子

表征探测的最小体积内目标回波强度大小,在一定程度反映了单位体积内降水粒子大小等信息。

回波 $s(t)$ 的 n 阶相关系数可由下式表示:

$$R(nT_r) = \frac{1}{m-n} \sum_{m=0}^{m-n} s(m) s^*(m+nT_r) \quad n = 0,1,2,\cdots,N-1 \tag{3.87}$$

式中,T_r 为雷达发射脉冲重复周期,n 表示阶数,N 表示脉冲对数。

接收功率 P_r:

$$P_r = 10 * \lg(R(0)) \tag{3.88}$$

式中,$R(0)$ 表示 0 阶自相关。

上面为 PPP 法计算,如果采用频域法计算则如下:

对时域信号进行 FFT 变换得到 X_k,根据时域频域关系:

$$X_k = \sum_{n=0}^{N-1} x(n) e^{-jwkn} \tag{3.89}$$

$$x(n) = \frac{1}{N} \sum_{k=0}^{N-1} X_k e^{jwkn} \tag{3.90}$$

对应的帕塞瓦尔等式:

$$\sum_{n=0}^{N-1} |x(n)|^2 = \sum_{n=0}^{N-1} x(n) x^*(n) = \sum_{n=0}^{N-1} x(n) \left(\frac{1}{N} \sum_{k=0}^{N-1} x(n) e^{jwkn} \right)^*$$

$$= \frac{1}{N} \sum_{n=0}^{N-1} x(n) e^{-jwkn} \sum_{k=0}^{N-1} X_K^* = \frac{1}{N} X_k \sum_{k=0}^{N-1} X_K^*$$

$$= \frac{1}{N} \sum_{k=0}^{N-1} |X_k|^2 = \sum_{k=0}^{N-1} \frac{|X_k|^2}{N} = \sum_{k=0}^{N-1} P_k \tag{3.91}$$

式中,P_k 为能量谱密度。

又由于:

$$R(0)=\frac{1}{N}\sum_{n=0}^{N-1}s(n)s^{*}(n)$$

因此：

$$R(0)=\frac{1}{N}\sum_{k=0}^{N-1}P_{k}$$

接收功率可表示为：

$$P_{r}=10\times\lg(R(0))=10\times\lg\left(\frac{1}{N}\sum_{k=0}^{N-1}P_{k}\right) \tag{3.92}$$

3.4.6.2　径向速度

应用多普勒原理探测的目标相对于雷达径向的速度。其可以通过自相关函数估计得到：

$$v_{r}=\angle R(T_{r})\times\frac{\lambda}{4\pi T_{r}} \tag{3.93}$$

式中，$\angle$ 表示角度，λ 为波长，T_{r} 为发射脉冲重复周期。

根据傅里叶变换的时移特性：

$$x(n)\leftrightarrow X_{k} \tag{3.94}$$

则：

$$x(n-m)\leftrightarrow X_{k}\mathrm{e}^{-jwkn} \tag{3.95}$$

利用该特性可知：

$$R(nT_{r})=\frac{1}{N}\sum_{k=0}^{N-1}P_{k}\mathrm{e}^{jnwk} \tag{3.96}$$

将公式(3.96)代入式(3.93)即可以从频域计算速度。

3.4.6.3　速度谱宽

速度谱宽是指速度波动的标准方差，计算公式如下。

$$\sigma_{v}=\left\{2\ln\left[\frac{|R(0)|}{|R(T_{r})|}\right]\right\}^{0.5}\times\frac{\lambda}{4\pi T_{r}} \tag{3.97}$$

将公式(3.96)代入式(3.97)，亦可从频域计算速度谱宽。

3.4.6.4　差分反射率 Z_{DR}

差分反射率是水平和垂直回波功率估计的比值，比值的大小与粒子的形状有关，根据雷达方程可知，接收功率与散射截面积成正比，因此对于双极化气象雷达探测的粒子的非球形程度一般用短轴半径(a)与长轴半径(b)的比值来表达，设长轴半径为0.2，则 $\frac{a}{b}$ 与 Z_{DR} 关系如下：

$$Z_{\mathrm{DR}}=10\lg\frac{a}{b} \tag{3.98}$$

从图 3.98 中可知，$\frac{a}{b}$ 越小即粒子越扁，Z_{DR} 越大，当 $\frac{a}{b}$ 趋近 1 时，Z_{DR} 约等于 0，此时的粒子近似为球形。在实际的降雨中大雨滴接近

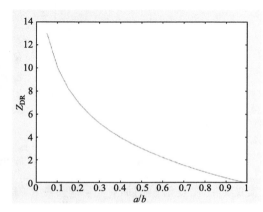

图 3.98　短轴长轴之比与 Z_{DR} 关系示意图

于扁椭球形状,此时的 Z_{DR} 偏大,而小雨滴和翻滚下落的大冰雹近似为球形,相应的 Z_{DR} 接近于 0。因此在气象雷达这个值的具有不容忽视的作用。

3.4.6.5 差分相移

多普勒雷达可以获取目标相对于雷达产生的相位差,定义探测同一空间水平的相位差和垂直极化的相位差的差值为差分相移:

$$\phi_{DP} = \frac{\phi_{HV} - \phi_{VH}}{2} \tag{3.99}$$

式中,ϕ_{HV} 是水平极化和垂直极化的回波信号的相位差,ϕ_{VH} 是垂直极化与水平极化回波信号的相位差。

3.4.6.6 相关系数

相关系数是描述水平偏振回波与垂直偏振回波的相关性,对估计冰雹大小、提高降水估计精确度、探测对流结构或层状结构的空中水凝结物融化曾有不可忽视的作用。

设脉冲多普勒天气雷达信号处理的是水平极化 H 和垂直极化 V 回波信号 $x(n)$ 的 N 点采样数据是由同一气象回波返回的信号,其中 $n = 0, 1, 2, \cdots, N-1$。

n 阶互相关表示为:

$$R_{HV}(n) = \frac{1}{N-n} \sum_{m=0}^{N-n-1} x_H^*(m+nT_r) x_V(m) \tag{3.100}$$

可得 0 阶互相关公式:

$$R_{HV}(0) = \frac{1}{N} \sum_{m=0}^{N-1} x_H^*(m) x_V(m)$$

1 阶互相关公式:

$$R_{HV}(1) = \frac{1}{N-1} \sum_{m=0}^{N-2} x_H^*(m+T_r) x_V(m)$$

因此,互相关系数:

$$\rho_{hv} = \frac{\rho_{hv}(T_r)}{\rho(2T_r)^{\frac{1}{4}}} \tag{3.101}$$

式中:

$$\rho(2T_r) = \frac{\left| \sum_{n=1}^{N} (H_{2n}^* H_{2n+2} + V_{2n+1}^* V_{2n+3}) \right|}{N(R_h(0) + R_v(0))} \tag{3.102}$$

$$\rho_{hv}(T_r) = \frac{|R_{hv}(0)| + |R_{vh}(0)|}{2(R_h(0) R_v(0))^{0.5}} \tag{3.103}$$

3.4.7 速度退模糊

3.4.7.1 单重频退速度模糊

当测量目标的多普勒频移 f_d 大于脉冲重复频率 F_D 的一半时,则目标物的速度测量值与真实值间存在差值。例如,$f_d = \frac{F_D}{2} + \delta$(其中 δ 小于 F_D 且大于 0,通常称之为一次折叠),此时测量多普勒频移 f_c 与实际多普勒频移之间满足如下关系:

$$f_c = -(F_D - f_d) = f_d - F_D \tag{3.104}$$

此时测量多普勒频移 f_c 与实际多普勒频移的差值 f_e 为：

$$f_e = f_d - (f_d - F_D) = F_D \tag{3.105}$$

根据多普勒频移与多普勒速度之间的关系可知：

$$v_e = \frac{\lambda}{2} f_e = \frac{\lambda}{2} F_D = 2v_n \tag{3.106}$$

式中，v_n 为最大不模糊速度。从上可知，当测量目标的速度发生一次折叠时，测量速度与实际速度相差 2 倍最大不模糊速度。

将模糊的情况更进一步地分析，假设测量目标的多普勒频移在当前范围内发生多次折叠，即 $f_d = \dfrac{F_D}{2} + NF_D + \delta$。因此差值 f_e 满足：

$$f_e = (N+1)F_D \tag{3.107}$$

对应的速度误差为 $v_e = 2 \times (N+1)v_n$。

雷达在探测流场时，仅能得到一个在最大不模糊范围内的测量值，而并不能得到流场的真实值。如果想知道真实值，首先需要确定的是折叠次数 N 值，然后根据速度差值公式推导出正确的速度。

一般情况下，大气风场的分布总是连续的，而单重频消除速度模糊则正是利用该特征，因此，只要分辨率足够高，保证风场的连续变化特征不会模糊，那么设置一个阈值则可以确定是否发生了折叠，因为折叠区域相邻的像素点的速度会发生明显的突变，选择适当的 N 值，使得该梯度明显减少即可认为此时的速度值是实际风场的速度值。

3.4.7.2　双 PRF 退速度模糊

双 PRF 即参差脉冲重复频率，参差脉冲重复频率法退速度模糊的工作原理是在发射信号脉冲时，重复频率按 f_1、f_2 交替变化，并分别对不同重复频率的回波信号估计多普勒速度。其发射时序如图 3.99 所示。

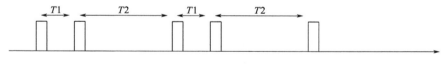

图 3.99　双 PRF 时序示意图

对于某一距离库的数据，分别对脉冲重复频率为 f_1、f_2 的数据计算其一阶自相关函数 R_1、R_2，对 R_1、R_2 的相位差进行退速度模糊可以得到目标的真实速度估计值。

$$v = \frac{\lambda}{4\pi(T_2 - T_1)} \big[\arg(R_1) - \arg(R_2) \big] = \frac{\lambda}{4\pi(T_2 - T_1)} \big[arg(R_1 R_2^*) \big]$$

使用该方法得到的最大不模糊速度扩大至：

$$v = \frac{\lambda}{4(T_2 - T_1)} \tag{3.108}$$

由式可知，两个脉冲重复周期的差值越小，则最大不模糊速度会更大。然而在实际实验中发现，两个脉冲重复周期的差值越小，R_1、R_2 的统计误差越大，退模糊速度的不确定性越大。一般 $T_2 : T_1$ 取 3:2。

3.4.8 距离模糊和抑制距离模糊

雷达正确测距范围是由雷达脉冲重复周期或脉冲重复频率所决定。当确定发射脉冲的重复频率 f ,则最大不模糊距离为:

$$R_{max} = \frac{c}{2f} \tag{3.109}$$

式中, f 是雷达脉冲重复频率, c 是光速。 f 越小,最大不模糊距离越大。目标实际距离 R_k 与雷达探测到的距离 R_1 ,满足如下关系:

$$R_k = R_1 + (k-1)R_{max} \qquad k = 1, 2, \cdots, M-1 \tag{3.110}$$

式中, k 表示脉冲编号,当前脉冲编号为 1,前一个脉冲编号为 2,再前一个脉冲编号为 3,以此类推。任何时刻,雷达接收到的信号都有可能包含多个发射脉冲的回波信号。只是大多数情况大于 R_{max} 的目标信号强度比较弱,最终没有体现出来。

如图 3.100 示,雷达测距范围 R_{max} 外有一个目标,雷达探测结果将这个目标显示在雷达探测距离范围 R_{max} 以内,离雷达很近的位置,这时雷达测量目标的距离与目标实际距离有一个很大的偏差,通常说发生了距离模糊。

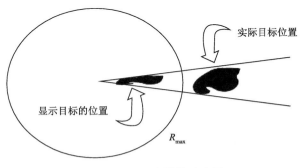

图 3.100　距离模糊示意图

为什么会出现距离模糊,其原因是在一个脉冲重复周期内收到了临近周期发射脉冲散射回来的信号。天气雷达通常是这样工作的,发射机开启,进入发射时段,然后发射机关闭,进入接收时段,发射时段加接收时段为一个脉冲重复周期,如此重复。如果在发射这个脉冲之前没有发射脉冲信号,那么只会收到当前脉冲的散射信号。当前脉冲的回波信号距离为 $t_1 C/2$, t_1 为雷达开始发射当前脉冲到雷达接收到散射回来的回波信号的时间, $t_1 < T$ 。目标的位置可以准确测量出来。但是实际情况是前面等间隔发射了一系列脉冲,那么前面的脉冲遇到雷达最大探测距离以外的目标,散射回来的信号足够强,就也会被雷达接收到。但是雷达分不清楚是哪个脉冲重复周期的信号,也就无法确定目标距离,正所谓距离模糊。

对于远程探测天气雷达,由于探测距离范围比较远,距离、地球曲率等因素的作用在一定程度上削弱了距离模糊的影响,或者说减小了距离模糊出现的概率。对于短程探测天气雷达,距离模糊的影响或概率大得多。比如最大探测距离 400 km,在 410 km 有降水目标,这时距离衰减就有 32 dB,只有信噪比大于 32 dB 的回波才会被提取出来。如果最大探测距离 40 km,50 km 有降水目标,这时距离衰减为 14 dB,信噪比大于 14 dB 的回波会被提取出来。比较远程测探测与短程探测距离衰减程度,就可以清楚地看到,短程探测距离模糊的问题严重得多。因此对于短程探测天气雷达,必须有有效的抑制距离模糊的方法,否则,距离模糊会严重影响资料质量。为了避免距离模糊,雷达系统在设计时除了会采用适当的脉冲发射重复频率外,还会采用抑制距离模糊的方法,相位编码就是一种有效抑制距离模糊处理方法。相位编码需要在发射和接收端同时进行。

（1）相位编码方法退距离模糊的基本原理

多普勒天气雷达通常时间序列的一阶自相关 $R(1)$ 的相位估计速度，即：

$$R(1) = E\{S(i+1)S(i)^*\} \tag{3.111}$$

式中，$S(i)$ 表示第 i 个脉冲的回波信号，"$*$" 表示共轭。

假如第 i 个脉冲的回波信号由一次回波和二次回波组成，即：

$$S = S_1 + S_2 \tag{3.112}$$

则该 CPI 的一阶自相关 $R(1)$ 可表示如下：

$$R(1) = E\{S(i+1)S(i)^*\} = E\{[S_1(i+1)+S_2(i+1)][S_1^*(i)+S_2^*(i)]\}$$
$$= E\{S_1^*(i)S_1(i+1)+S_2^*(i)S_2(i+1)\} = R_1(1)+R_2(1) \tag{3.113}$$

此时如果直接利用 $R(1)$ 计算一次回波的速度则会存在误差，相位编码的目的在于利用在每个发射脉冲附加一个相位并在接收回波上附加一个相应的相位从而改变二次回波的相位以使得 $R_2(1)=0$ 或者 $R_1(1)=0$，以此减少二次回波对一次回波的影响或者一次回波对二次回波的影响。

相位编码根据调制相位是否随机分为随机相位法和系统相位法。随机相位法是指在发射脉冲使用的调制信号 $a_k = \exp(j\varphi_k)$ 中的相位是随机变化的，相应的系统法是指调制信号的相位是按一定规律在变化。

（2）随机相位法的基本原理

随机相位法的基本原理是对不同的脉冲串，在发射之前对前增加一个随机的初相，利用一次和二次回波的初相不同，将一次回波和二次回波从信号中分离出来，当接收的第 i 个脉冲中既包含一次回波 S_1 又包含二次回波 S_2，则该回波信号的数学表达式如下：

$$S = S_1 \exp(j\varphi_n) + S_2 \exp(j\varphi_{n-1}) + N + N_1 + N_2 \tag{3.114}$$

式中，$S_1 \exp(j\varphi_n)$ 表示一次回波，$S_2 \exp(j\varphi_{n-1})$ 表示二次回波，N 表示系统噪声，N_1 表示一次回波相关的相位噪声，N_2 表示二次回波相关的相位噪声，φ_n 表示第 n 个脉冲序列的初相。当对接收回波序列进行相干时，有：

$$S = S_1 + S_2 \exp(j\varphi_{n-1} - j\varphi_n) + (N+N_1+N_2)\exp(-j\varphi_n)$$
$$S = S_1 \exp(j\varphi_n - j\varphi_{n-1}) + S_2 + (N+N_1+N_2)\exp(-j\varphi_{n-1}) \tag{3.115}$$

由于 φ_n 为 $(-\pi,\pi)$ 均匀分布的随机相位，因此 $S_2\exp(j\varphi_{n-1}-j\varphi_n)$ 和 $S_1\exp(j\varphi_n-j\varphi_{n-1})$ 均成了白噪声，从而使得一次回波和二次回波能够分离出来。当然，进行相干处理以后会发现将某一个回波信号白噪声化以后会使得另一个回波的信噪比下降。假如回波中存在较弱的一次回波和较强的二次回波，如果将二次回波白噪声化以后，一次回波的信噪比降低，并且根据相干以后估计出来的参量的质量也会明显比只存在一次回波的回波信号差。

（3）系统相位法的基本原理

Sachidananda 等（1985）提出了一种系统相位编码法，在对期望回波进行相参接收时，不期望的回波在频谱上将被均匀地分散在特定的奈奎斯特间隔内，使得其 $R_n(1)=0$，因此不会对期望回波的速度的估计产生影响。Sachidananda 等（2000）提出了 SZ (n/M) 编码。

1）SZ (n/M) 编码

SZ (n/M) 编码中的 M 是指在一个 CPI 内的脉冲个数，n 是一个整数且 M 能被 n 整除，使用该编码后使得非期望信号的 $R_n(1)$ 值只会在零延时和 M/n 的整数倍延时处有峰值，在其余延时处为 0。此编码的相位序列呈周期性，可表示如下：

$$\phi_k = \varphi_{k-1} - \varphi_k = \frac{n\pi k^2}{M}(k=0,1,2,\cdots,M-1) \tag{3.116}$$

式中，φ_k 为第 k 个脉冲序列的相位。

$$\varphi_k = \varphi_{k-1} - \phi_k = \varphi_{k-2} - \phi_{k-1} - \phi_k = \varphi_{k-3} - \phi_{k-2} - \phi_{k-1} - \phi_k = \varphi_0 - \sum_{m=1}^{m=k} \phi_m \tag{3.117}$$

式中，$\varphi_0 = 0$。

当一次回波和二次回波在回波中同时存在时，一次回波被同步而二次回波被调制时的变换码序列：

$$c_k = \exp(j\varphi_k) = \exp(j^{n\pi m^2}/M) \tag{3.118}$$

而二次回波同步一次回波被调制时的变换码序列：

$$c_k = \exp(-j\varphi_k) = \exp(-j^{n\pi m^2}/M) \tag{3.119}$$

SZ(n/M) 编码的具体实现过程：首先在脉冲信号的发射端对发射脉冲进行编码，也即是在发射脉冲前先将发射脉冲乘以变换码 c_k，再将发射信号经过天线辐射出去，由于每个发射脉冲的变换码均不一样，因此在接收端携带的相位不一样，此时一次回波携带的编码相位是 φ_k，而二次回波携带的相位是 φ_{k-1}。在接收信号时将回波信号减去相位 φ_k，此时二次回波信号的相位变化应该是 $\varphi_{k-1} - \varphi_k$ 即 ϕ_k，从而将二次回波在频域进行了打散，从而抑制二次回波对一次回波的影响。目前常用的 SZ(n/M) 主要是 SZ$(4/64)$ 和 SZ$(8/64)$。

2）SZ$(4/64)$

当 $n=4$，$M=64$ 的系统编码称为 SZ$(4/64)$，其调制码相位符合 $\phi_k = \varphi_{k-1} - \varphi_k = \frac{\pi k^2}{16}$，$\phi_k$ 以 16 为周期变化，相位变化如下：

$$-0, -\frac{\pi}{16}, -\frac{4\pi}{16}, -\frac{9\pi}{16}, -\frac{16\pi}{16}, -\frac{25\pi}{16}, -\frac{4\pi}{16}, -\frac{17\pi}{16}, -0, -\frac{17\pi}{16}, -\frac{4\pi}{16}, -\frac{25\pi}{16}, -\frac{16\pi}{16},$$
$$-\frac{9\pi}{16}, -\frac{9\pi}{16}, -\frac{\pi}{16}$$

根据 φ_k 与 ϕ_k 的关系可知调制码 φ_k 序列如下：

$$0, \frac{\pi}{16}, \frac{5\pi}{16}, \frac{14\pi}{16}, \frac{30\pi}{16}, \frac{23\pi}{16}, \frac{27\pi}{16}, \frac{12\pi}{16}, \frac{12\pi}{16}, \frac{29\pi}{16}, \frac{\pi}{16}, \frac{26\pi}{16}, \frac{10\pi}{16}, \frac{19\pi}{16}, \frac{23\pi}{16}, \frac{24\pi}{16}, \frac{24\pi}{16}, \frac{25\pi}{16}, \frac{29\pi}{16},$$
$$\frac{6\pi}{16}, \frac{22\pi}{16}, \frac{15\pi}{16}, \frac{19\pi}{16}, \frac{4\pi}{16}, \frac{4\pi}{16}, \frac{21\pi}{16}, \frac{25\pi}{16}, \frac{18\pi}{16}, \frac{2\pi}{16}, \frac{11\pi}{16}, \frac{15\pi}{16}, \frac{16\pi}{16}, \frac{16\pi}{16}, \frac{17\pi}{16}, \frac{21\pi}{16}, \frac{30\pi}{16}, \frac{14\pi}{16}, \frac{7\pi}{16}, \frac{11\pi}{16},$$
$$\frac{28\pi}{16}, \frac{28\pi}{16}, \frac{13\pi}{16}, \frac{17\pi}{16}, \frac{10\pi}{16}, \frac{26\pi}{16}, \frac{3\pi}{16}, \frac{7\pi}{16}, \frac{8\pi}{16}, \frac{9\pi}{16}, \frac{13\pi}{16}, \frac{22\pi}{16}, \frac{6\pi}{16}, \frac{31\pi}{16}, \frac{3\pi}{16}, \frac{20\pi}{16}, \frac{20\pi}{16}, \frac{5\pi}{16}, \frac{9\pi}{16}, \frac{2\pi}{16},$$
$$\frac{18\pi}{16}, \frac{27\pi}{16}, \frac{31\pi}{16}, 0$$

SZ$(4/64)$ 码调制码的频谱特性如图 3.101 所示。

从图 3.101 可知整个频谱上有 8 个谱线不为 0，谱峰值间隔为 8。当对一次回波同步处理时二次回波将会被调制，相当于将未调制的二次回波与调制码 c_k 进行乘法处理，在频域相当于对将信号的频谱与相位码的频谱进行卷积。此时二次回波将会被调制码分散至整个频率范围内的 8 个谱线上，即在频谱上存在由于二次回波导致的 8 个频率峰值，峰值间隔为 8。

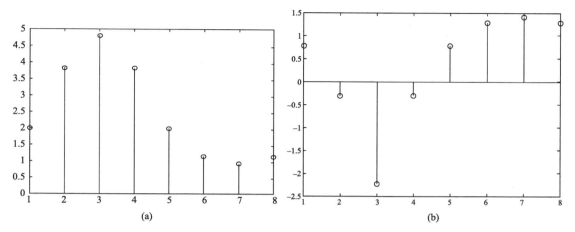

图 3.101　SZ(4/64)码调制码频谱的(a)幅度特性和(b)相位特性

3)SZ (8/64)

当 $n=8, M=64$ 的系统编码称为 SZ(8/64),其调制码相位符合 $\phi_k = \varphi_{k-1} - \varphi_k = \dfrac{\pi k^2}{8}$, ϕ_k 以 8 为周期变化,相位变化如下:

$$-0, -\frac{\pi}{8}, -\frac{4\pi}{8}, -\frac{9\pi}{8}, 0, -\frac{9\pi}{8}, -\frac{4\pi}{9}, -\frac{1\pi}{8}。$$

根据 φ_k 与 ϕ_k 的关系可知调制码 φ_k 序列如下:

$$0, \frac{\pi}{8}, \frac{5\pi}{8}, \frac{14\pi}{8}, \frac{14\pi}{8}, \frac{7\pi}{8}, \frac{11\pi}{8}, \frac{11\pi}{8}, \frac{12\pi}{8}, \frac{13\pi}{8}, \frac{\pi}{8}, \frac{10\pi}{8}, \frac{10\pi}{8}, \frac{3\pi}{8}, \frac{7\pi}{8}, \frac{16\pi}{8}, \frac{16\pi}{8}, \frac{9\pi}{8}, \frac{13\pi}{8}, \frac{6\pi}{8},$$
$$\frac{6\pi}{8}, \frac{15\pi}{8}, \frac{3\pi}{8}, \frac{4\pi}{16}, \frac{4\pi}{16}, \frac{5\pi}{16}, \frac{9\pi}{16}, \frac{2\pi}{16}, \frac{2\pi}{16}, \frac{11\pi}{16}, \frac{15\pi}{16}, 0。$$

SZ(8/64)码调制码的频谱特性如图 3.102 所示。

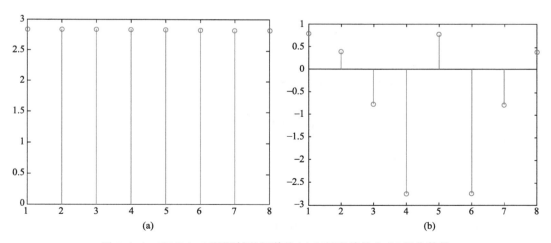

图 3.102　SZ(8/64)码调制码频谱的(a)和幅度特性和(b)相位特性

从图 3.102 可知整个频谱上有 8 个谱线不为 0,谱峰值间隔为 8。当对一次回波同步处理时二次回波将会被调制,相当于将未调制的二次回波与调制码 c_k 进行乘法处理,在频域相当于对将信号的频谱与相位码的频谱进行卷积。此时二次回波将会被调制码分散至整个频率范围内的 8 个谱线上,即在频谱上存在由于二次回波导致的 8 个频率峰值,峰值间隔为 8。

3.4.9 地杂波处理

地物杂波是静态或者接近静态的非气象目标产生的回波,例如山、建筑物等,通常在低仰角会比较明显,并且其信噪比能达到 50 dB 甚至更大,如果不能将其有效滤除会影响数据的应用。

由随机过程理论可以证明,天气信号和地物杂波信号的谱都服从高斯分布。由于地物相对于静止,其多普勒速度为零或者在零附近,相对于天气回波其谱宽较窄,而对于天气信号其多普勒速度分布在零到最大不模糊速度之间,天气信号的谱一般会比地物的谱宽。

3.4.9.1 去零频法地物杂波抑制

由随机统计特征可知,地物主要分布在零频附近,且谱较窄,可以通过该特点在频域处理零频附近的谱线达到消除地物或抑制地物对天气测量的影响。其处理方式为对回波数据进行傅里叶变换,然后直接将零频附近的大小和相位置零。设在数据中存在一个速度较大的天气信号和一个地杂波信号,其频谱示意如图 3.103 所示。

图 3.103 为地物杂波和天气回波共存的回波数据的频谱图,对零频附近做固定 5 个点宽度的插零值处理,其处理方式是以零频为中心点,左右各取 2 个频率点,并将该频率对应的幅度和相位置零,如图 3.104 所示。

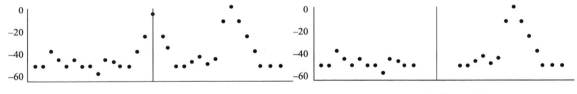

图 3.103　回波频谱示意图　　　　　图 3.104　去零频法示意图

3.4.9.2 线性插值法地物杂波抑制

对于速度较大的天气回波采用去零频法地物杂波抑制方法进行地物抑制简单、有效。但对于天气目标速度较小的回波,去零频法杂波抑制往往也会损失天气信号,因此针对该问题,提出了线性插值的方式进行杂波抑制,其实现方式是以零频为中心,左右各取 2 个点,并根据左右的第三个点对中间 5 个点进行插值。

从图 3.105 是一个速度接近零的天气信号和一个地物杂波的混合回波,两者之间在频率有叠加,如果采用去零频率法地物杂波抑制,在去除地物的基础上对天气回波也会产生影响。

从图 3.106 可知,采用线性插值法进行地物抑制相对于去零频法对地物进行抑制,对天气回波一定程度的补偿。

图 3.105　回波频谱示意图　　　　　　图 3.106　线性插值法地物杂波抑制效果图

3.4.9.3　GMAP 滤波算法

高斯模型自适应滤波器(Gaussian Model Adaptive Processing,GMAP)是由 Sigmet 公司开发的一种自适应频域滤波器。GMAP 假定天气和杂波的功率谱近似为高斯型,杂波的谱宽是由用户输入的,给定杂波谱宽和零速附近谱点的功率后,为杂波适配一个高斯曲线。曲线与噪声电平交于两点,两点间的间距定义了初始凹口的宽度。对凹口外的功率谱点进行高斯曲线的拟合,这被用来代替天气信号。接着将凹口内的谱点用高斯曲线的值来代替。高斯拟合和功率估计的步骤一直迭代直到功率谱的功率和速度不再显著地变化。

(1)GMAP 算法假设

使用 GMAP 算法前,算法对天气信号、杂波信号以及噪声信号有一些假设。

1)天气回波的谱宽要大于杂波回波的谱宽。这是所有多普勒杂波滤波器的基本假定。

2)多普勒功率谱由地杂波、单一天气目标和噪声组成。双模天气目标、天气回波与飞行器、鸟群混合时,不能满足这个假定。

3)杂波的谱宽是近似已知的。它主要由扫描速度决定,较小程度上也会受当地气候的影响。预设的杂波宽度用来确定滤除的杂波点数目。

4)杂波的形状近似为高斯形。这一假定用来确定有多少杂波点需要被滤除。

5)天气回波的形状也近似为高斯形。这一假定用来重建被滤除的与地杂波重叠的天气信号。

(2)GMAP 算法主要步骤

1)加窗及 DFT 处理

对输入的时间序列进行加窗及 DFT 处理,以获得多普勒功率谱。首次加窗为 Hamming 窗。

2)动态噪声功率

如果噪声电平是未知的,或者当 CSR>40 dB 需要用 Blackman 窗重新计算 GMAP 时,需要执行这一步。按照功率强度的升序重新组织谱分量。噪声的理论关系为图中的曲线。计算出 5%到 40%的总功率,通过和理论曲线对应部分(5%~40%)的总和值进行对比,来确定噪声电平。下一步是将实际值和理论曲线的大于 40%的点进行相加。如果某点的实际功率和超过理论曲线功率和 2 dB,那么,可以确定为噪声区域和信号/杂波区域的分界线。

3)滤除杂波点

GMAP 滤波器利用三个中心谱点的总能量匹配出一个高斯模型,舍弃掉高斯杂波谱与噪声电平相交范围内的点数。

4）替换杂波点

动态噪声的情况：利用那些已经确定的既不是噪声，又不是杂波的点，匹配出高斯曲线来，并填充上一步滤除掉的杂波点。然后利用插入的替换值重新匹配高斯信号。迭代上述步骤，直到计算的功率变化小于 0.2 dB，而且速度变化小于 Nyquist 速度的 0.5%。

固定噪声的情况：和动态噪声的情况是类似的，不同之处在于使用的是大于噪声电平的频谱点。

5）选择最优的窗函数，重新计算 GMAP

根据杂信比来确定是否使用了最优的窗函数：

① 如果 CSR＞40 dB，利用 Blackman 窗函数和动态噪声计算，重复 GMAP。

② 如果 CSR＞20 dB，利用 Blackman 窗函数重复 GMAP。

③ 如果计算的结果是 CSR＞25 dB，采用 Blackman 窗的结果。

④ 如果 CSR＜2.5 dB，利用矩形窗重复 GMAP。

⑤ 如果计算的结果是 CSR＜1 dB，采用矩形窗的结果。

⑥ 否则，接受 Hamming 窗的结果。

3.4.10　处理增益

在信号处理后，将改善信号的信噪比，这种信号改善可以称之为处理增益。脉冲压缩后形成脉冲压缩增益；积累处理后形成积累增益；波束形成处理形成波束形成增益。

3.4.10.1　脉冲压缩增益

脉冲压缩增益是指波束合成后的波束数据经过脉压后的信噪比增益。计算公式如下：

$$A = \frac{\mathrm{SNR_{po}}}{\mathrm{SNR_{pi}}} \tag{3.120}$$

$$\mathrm{SNR_{po}} = 20 \times \lg\left(\frac{u_{\mathrm{pos}}}{u_{\mathrm{pon}}}\right) \tag{3.121}$$

$$\mathrm{SNR_{pi}} = 20 \times \lg\left(\frac{u_{\mathrm{pis}}}{u_{\mathrm{pin}}}\right) \tag{3.122}$$

式中，$\mathrm{SNR_{pi}}$ 表示脉冲压缩前的信噪比，$\mathrm{SNR_{po}}$ 表示脉冲压缩后的信噪比。u_{pos} 表示脉冲压缩后信号的电压值，u_{pon} 表示脉冲压缩后噪声的电压值。u_{pis} 表示脉冲压缩前信号的电压值，u_{pin} 表示脉冲压缩前噪声的电压值。

根据脉压增益公式：

$$A = 10 \times \lg(B \times T) \tag{3.123}$$

式中，B 是信号带宽，T 为脉冲宽度。因此可以通过理论值与计算值的比较得出脉压是否正常。

3.4.10.2　积累增益

积累增益是指多个脉冲经过相干积累后的信噪比增益。计算公式如下：

$$A = \frac{\mathrm{SNR}_{Ao}}{\mathrm{SNR}_{Ai}} \tag{3.124}$$

$$\mathrm{SNR}_{Ao} = 20 \times \lg\left(\frac{u_{Aos}}{u_{Aon}}\right) \tag{3.125}$$

$$SNR_{Ai} = 20 \times \lg\left(\frac{u_{Ais}}{u_{Ain}}\right) \tag{3.126}$$

式中，SNR_{Ai} 表示积累前的信噪比，SNR_{Ao} 表示积累后的信噪比。u_{pos} 表示积累后信号的电压值，u_{pon} 表示积累后噪声的电压值。u_{pis} 表示积累前信号的电压值，u_{pin} 表示积累前噪声的电压值。

根据积累增益公式：

$$A = 10 \times \lg(NPRT) \tag{3.127}$$

式中，NPRT 表示当前 cpi 的脉冲对数，因此可以通过理论值与计算值的比较得出积累是否正常。

3.4.10.3 数字波束合成增益

数字波束合成增益是指通道数据经过加权后前后信噪比增益。计算公式如下：

$$A = \frac{SNR_{DBFo}}{SNR_{DBFi}} \tag{3.128}$$

$$SNR_{DBFo} = 20 \times \lg\left(\frac{u_{DBFos}}{u_{DBFon}}\right) \tag{3.129}$$

$$SNR_{DBFi} = 20 \times \lg\left(\frac{u_{DNFis}}{u_{DBFin}}\right) \tag{3.130}$$

式中：SNR_{DBFi} 表示通道的信噪比，SNR_{DBFo} 表示波束合成后的波束数据信噪比；u_{DBFis} 表示通道信号的电压值，u_{DBFin} 表示通道噪声的电压值；u_{DBFos} 表示波束合成后的波束信号的电压值，u_{DBFon} 表示波束合成后的波束噪声的电压值。

假设波束合成的加权系数均为 1，则 DBF 增益计算公式：

$$A = 10 \times \log10(N) \tag{3.131}$$

式中，N 表示通道个数。因此可以通过理论值与计算值的比较得出波束合成是否正常。

3.5 伺服

伺服系统又称随动系统，是指被控制量跟随输入量变化而变化的自动控制系统。被控量往往是一些诸如位置、速度、力矩、温度的物理量，输入量往往是指外部手动或自动输入的控制指令。在本伺服分系统中，输入量为伺服控制器根据当前的运行模式及相关参数，自动生成的角度控制量，被控制量是指转台当前的实际角度。

伺服系统的构成包括被控对象、执行器和控制器。执行器用于给被控对象提供动力，其构成主要包括伺服电机和伺服驱动器，伺服电动机包括电机本体及电机反馈装置，如光电编码器、旋转编码器。控制器用于接收外部控制指令，经过数据处理后生成相应的伺服控制信号给伺服驱动器；伺服驱动器用于接收伺服控制信号，并根据采集的电机编码器信号，执行伺服电机的位置、速度、电流闭环控制算法，进行功率放大后，驱动伺服电机按指定的速度、转矩运转。

在雷达系统中伺服分系统的主要功能是驱动雷达天线稳定的作方位旋转和俯仰调整。即使在有强外部扰动的环境中，如大风，雷达天线稳定地运行。在工作时，执行相关运动指令，提供实时方位、仰角角度。雷达能够实现 PPI、RHI、体扫、扇扫、定点、用户自定义等扫描模式，也是通过伺服得以实现的。伺服系统可以按控制命令对驱动功率进行放大、变换与调控,使驱动装置输出的力矩、速度和位置相应变化。控制方式采用闭环模块化控制,转台控制单元通过串口方式接收雷达后端的遥控指令,向转台驱动器发送控制信号,驱动器驱动电机转动,电机驱动负载做各种运动。转台末级安装高精度同步系统,同步系统实时刷新转台角度信息,以此构成闭环控制系统。

3.5.1 伺服结构

伺服分系统简图(图3.107)给出了相控阵阵列天气雷达前端伺服的外观结构,外观结构包括底座、旋转支架、俯仰调整轮。伺服控制系统由控制器、驱动器、伺服电机、光电编码器、电源模块、滤波器、同步装置以及各种机械传动装置组成。图3.108是系统原理框图。

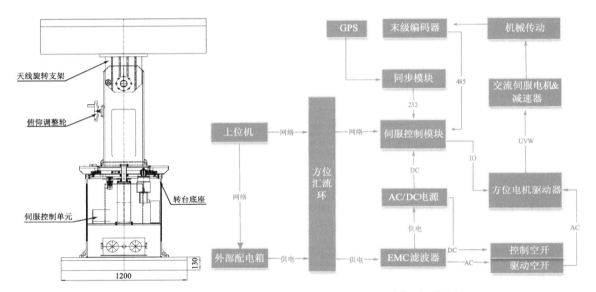

图3.107 伺服分系统简图   图3.108 系统原理框图

控制器为伺服的核心部件,主要是起到接收指令,采集信息,处理指令以及下发指令的作用。驱动器为动力控制器件,主要是在接收到控制器的指令以后驱动电机转动。伺服电机带动旋转支架旋转,通过编码器输出电机状态和位置。光电编码器装在动力传输的末级位置,输出角度信息。AC-DC模块将输入的220 V电源转换成所需的直流电源,DC-DC模块提供不同的直流电源。电磁兼容(EMC)滤波器的作用主要是抑制电磁干扰,降低差模和共模干扰,提高系统的稳定性。

时间同步装置包含了GPS接收机和同步模块,GPS接收机提供的时间、经度、纬度等。通过GPS提供的时间,保证多个前端扫描严格同步。

机械传动装置,包含齿轮,减速器,转盘轴承等,主要是将电机输出的动力减速、增加力矩传送到旋转支架上,进而带动负载(天线)进行平稳转动。

3.5.2 伺服系统控制原理

伺服系统的控制可以分成三个相关联的闭环负反馈PID调节控制环路,如三环控制框图

3.109 所示。从内到外依次是电流环控制、速度环控制和位置环控制。电流环反应最快,速度环的反应速度必须高于位置环,否则将会造成电机运转的震动。伺服驱动器的设计要确保电流环具备良好的反应速度。

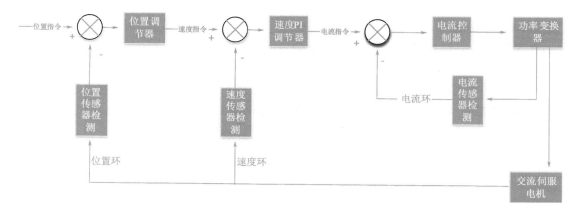

图 3.109   三环控制框图

电流环为最内的 PID 控制环路,电流环的输入是速度环 PID 调节后的输出,称为电流环给定,电流环的给定和电流环的反馈值进行比较后的差值在电流环内部做 PID 调节,电流环的输出就是电机每相的相电流,电流环的反馈不是编码器的反馈,而是在驱动器内部安装在每相的霍尔元器件反馈给电流环的,通过霍尔装置检测驱动器给电机的各相的输出电流,负反馈给电流的设定进行 PID 调节,从而达到输出电流尽量接近于设定电流,电流环控制电机转矩,在转矩模式下驱动器的运算最小,动态响应最快。

速度环是通过检测电机编码的信号来进行负反馈 PID 调节,它的环内 PID 输出直接就是电流环的给定,所以速度控制时就包含了速度环和电流环,速度环的输入就是位置环 PID 调节后的输出,称之为速度设定,这个速度设定和速度环反馈值进行比较后的差值在速度环做 PID 调节,输出的即为电流环的给定。

位置环为最外环,可以在驱动器和编码器间构建,也可以在外部控制器和编码器或最终负载间构建,位置环的输入就是外部的脉冲,外部的脉冲经过平滑滤波处理后作为位置环的设定,设定的和来自编码器反馈的脉冲信号经过偏差计数器计算后的数值在经过位置环的 PID 调节后输出和位置给定的前馈信号的合值就构成了上面讲的速度环的给定,位置环的反馈也来自于编码器。由于位置控制下系统进行了三个环的调节运算,此时系统运算量最大,动态响应最慢。

三种环路单独或者结合完成控制。通常控制包括转矩控制、速度控制、位置控制三种模式。在相控阵阵列天气雷达中还有方位同步控制。

3.5.2.1   转矩控制

转矩控制方式是通过外部模拟量的输入或直接赋值来设定电机轴对外的输出转矩的大小。主要应用于需要严格控制转矩的场合,在转矩模式下驱动器的运算最小,动态响应最快。

3.5.2.2   速度控制

通过模拟量的输入或脉冲的频率都可以进行转动速度的控制。速度控制包含了速度环控制和电流环控制。

匀速运动的原理,在伺服雷达上位机对伺服下发匀速转动命令,伺服控制器收到命令以后对驱动器下发转速指令,驱动电机转动,电机依据自身编码器对位置以及转速等进行闭环反馈,驱动器对外部给定转速以及电机传导的实际转速,在经过驱动器内部 PID 控制器以后,输出电压控制信号,在将信号进行功率放大以后,对电机进行转速调整,速度控制流程图如图 3.110所示:

3.5.2.3 位置控制

伺服中最常用的是位置控制。通过模拟量的输入或脉冲的个数来实现位置控制。

雷达上位机对伺服控制器下发定位指令,伺服控制器对驱动器下发脉冲信号,来驱动电机转动,电机转动带动齿轮转动,光电编码器对旋转角度进行反馈,伺服控制器在经过外部给定位置和编码器反馈的实际位置进行比较,经 PID 控制器运算以后,输出脉冲控制信号,来对传动装置进行控制,进而对角度进行调整。角度控制流程图如图 3.111 所示。

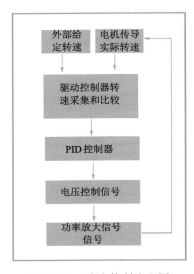

图 3.110　速度控制流程图

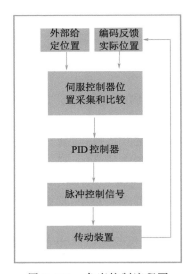

图 3.111　角度控制流程图

3.5.2.4 方位同步控制

方位同步的原理如图 3.112 所示。伺服控制器收到雷达后端的命令以后对驱动器下发转速指令,驱动电机转动,电机带动同步齿轮的编码器进行转动,编码器对角度进行闭环反馈,同时伺服控制器接收 GPS 的信息,实现时间同步,伺服控制器会依据时间判断在规定时间内是否到达指定角度,根据实际角度与理论角度大小判断,当实际角度大于理论角度的时候,会调慢转速,当实际角度小于理论角度的时候会调快转速。以此来保证在规定的时间内到达指定角度。相控阵阵列天气雷达是由多个前端构成,每个前端实现方位同步,探测数据的数据时差就能降低到最小,从而保证风场生成和强度融合的正确性。

方位同步控制流程图如图 3.113 所示。方位同步流程如下:

(1)后端下发相关参数至各个前端。

(2)伺服控制系统接收到相关指令和参数以后,伺服控制系统根据下发参数、GPS 同步时间信息、伺服自身方位传感器信息进行比对计算。

(3)在设定时刻,当目标方位位置与理论计算的方位位置一致时,相关运行速度不做方位

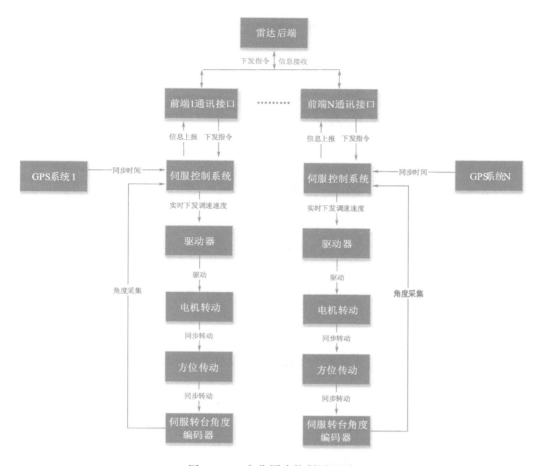

图 3.112　方位同步控制原理图

速度校准。

（4）在设定时刻,当目标方位位置与理论计算的方位位置偏差时,按照比对计算结果,对相关运行速度做相应的调整,使之目标方位位置与理论计算的方位位置一致。

3.5.3　伺服分系统主要技术指标

描述伺服技术性能的指标有定位精度、控制精度、转速、扭力矩、功率、抗风能力

3.5.3.1　定位精度

伺服定位精度是指理论到位角度与实际到位角度之间的差值,差值越小,精度越高。定位精度由该系统所能提供的最小误差决定。

3.5.3.2　控制精度

控制精度是指反馈控制系统中最终的控制参数值与额定值的符合程度,即余差。在转台中方位角的控制精度是指最终的显示角度与实际应到位的角度的差值。

3.5.3.3　方位转速

方位转速指方位轴转动的实时速度或平均速度,实时速度指的是某一时刻的速度,平均速度指的是运行一圈或者多圈的平均速度。

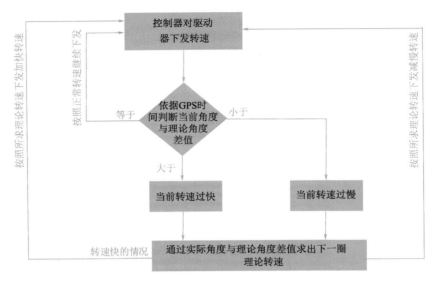

图 3.113　方位同步控制流程图

3.5.3.4　扭力矩

交流伺服电机通过高精度减速机传动方位轴。

方位轴受力主要为负载转动惯量产生的惯性力矩以及轴承的摩擦力矩。方位摩擦力矩由转盘轴承部分产生,摩擦力矩:

$$M_{摩}=m \cdot g \cdot f \cdot R \tag{3.132}$$

式中:m 是加载在方位轴上的重量,包括天线重量、俯仰副支臂重量、俯仰主动支臂重量、方位平台重量;f 是滚道的摩擦系数;R 是滚道的半径。当 $R=0.25$ m,$f=0.02$,天线重 400 kg,俯仰副支臂重 80 kg,俯仰主动支臂重 140 kg,方位大平台重 80 kg,所以摩擦力:

$$M_{摩}=(400+80+140+80)\times10\times0.02\times0.25=35\text{ N}\cdot\text{m}$$

方位轴惯性力矩由转动惯量和转动加速度决定。方位轴惯性力矩:

$$M_{惯}=J_{负载} \cdot a \tag{3.133}$$

式中,$J_{负载}$ 是转动惯量,a 是转动角速度。由上述重量可得出方位所受总负载为 700 kg,方位转动加速度为 $20°/s^2$。转动惯量:

$$J_{负载}=m \cdot R^2$$

式中,m 是加载在方位轴上的重量,R 是方位平台半径。

当重量为 700 kg,方位平台半径为 0.6 m 方位转动加速度为 0.35 rad/s^2 转动惯量为 252 kg·m^2 方位轴惯性力矩:

$$M_{惯}=J_{负载} \cdot a=252\times0.35=87\text{ N}\cdot\text{m}$$ 所以方位总的负载力矩为:

$$M_{方位}=M_{惯}+M_{摩}=35+87=122\text{ N}\cdot\text{m}$$

根据传动链可知,转台方位初级为行星减速器。其中减速器所需输出力矩:

$$T=\frac{M_{方位}}{I\eta} \tag{3.134}$$

式中,I 是齿轮速比,η 是齿轮效率。当 $I=7,\eta=0.9,T=19.4$ N·m。所选行星减速器额定输出扭矩为 60 N·m>19.4 N·m,满足使用要求,并留有足够安全余量。

3.5.3.5　功率

驱动方位负荷的功率与电机转速和输出扭矩相关。驱动方位负荷的功率：

$$M_{方位}=9550\frac{P}{n}i\eta \tag{3.135}$$

式中,n 是电机额定转速,i 是总速比,$\eta=$ 齿轮效率×行星减速器效率,P 是所需电机功率。$n=3000$ rpm,$i=350$,$\eta=0.81$,$M_{方位}=122$ N·m(前面已计算)计算得所需电机的功率

$P=0.13$ kW 选择电机功率为 0.75 kW,安全系数 5.7,额定转速为 3000 转/min,额定扭矩 2.39 N·m。方位电机的选择满足要求,并留有安全余量。

3.5.3.6　抗风能力

设备的抗风能力指多大风力能正常工作和多大风速条件下不会被风破坏。这里讨论多大风力雷达伺服系统能正常工作。在大风天伺服系统最大输出扭矩必须大于风产生的扭矩、伺服与天线的转动惯性力矩和摩擦力矩。

方位轴的末级最大输出扭矩为：

$$P_{\max}=Ti\eta \tag{3.136}$$

式中,T 为电机的额定输出扭矩,i 为方位传动的总速比,η 为传动效率。伺服转台方位电机的额定输出扭矩为 $T=2.39$ N·m,方位传动的总速比为 $I=350$,传动效率为 $\eta=0.81$,方位轴的末级最大输出扭矩为 $P_{\max}=2.39\times350\times0.81=678$ N·m

风力扭矩由风压、天线面积、形状和结构、天线姿态等因素决定,俯仰轴为 90°时对方位轴进行风力矩分析。风压：

$$q=1/2\rho V^2 \tag{3.137}$$

8 级风的风速为 $17.2\sim20.8$ m/s,风压 $q=270.4$ Pa,10 级风的风速为 $24.5\sim28.5$ m/s,风压为 $q=507.7$ Pa。

天线边长：$B=1.29$ m,$H=1.58$ m,$\delta=0.34$ m。

结合天线外形尺寸及方位轴偏心距绘制方位轴风力矩分析如图 3.114 和图 3.115。

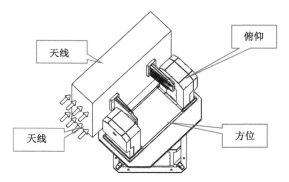

图 3.114　天线受风示意图　　　　图 3.115　方位轴风力矩分析图(俯仰图)

图中,α 表示方位角;$\theta=470$ mm 表示天线形心相对方位轴偏心距离。

天线侧面受风面积：

$$A=\delta\times H=0.34\times1.58=0.54 \text{ m}^2 \tag{3.138}$$

天线侧面受风合力：

$$F = q \times A = 0.54q \text{ N} \tag{3.139}$$

风力产生的方位力矩：

$$M_风 = F \times e = 0.54q \times 0.34 = 0.18q \text{ N} \cdot \text{m} \tag{3.140}$$

总负载力矩：

$$M_{总负载} = M_风 + M_惯 + M_摩 \tag{3.141}$$

8 级风力矩计算,将风压 $q = 270.4$ Pa 代入公式,求得最大风力矩：

$$M_风 = 0.18 \times 270.4 = 48.67 \text{ N} \cdot \text{m}$$

此时,方位轴总负载力矩：

$$M_{总负载} = M_风 + M_惯 + M_摩 = 48.67 + 87 + 35 = 170.67 \text{ N} \cdot \text{m} < P_{max} = 678 \text{ N} \cdot \text{m}$$

10 级风力矩计算,将风压 $q = 507.7$ Pa 代入公式,求得最大风力矩：

$$M_风 = 0.18 \times 507.7 = 91.39 \text{ N} \cdot \text{m}$$

此时,方位轴总负载力矩：

$$M_{总负载} = M_风 + M_惯 + M_摩 = 91.39 + 87 + 35 = 219.39 \text{ N} \cdot \text{m} < P_{max} = 678 \text{ N} \cdot \text{m}$$

综上所述,方位轴转动时,方位驱动力矩 $678 \times m$ 大于 8 级风和 10 级风况总负载力矩,8 级风况和 10 级风况可正常工作。

3.5.4 伺服分系统关键器件性能

3.5.4.1 控制器

图 3.116 是一种伺服控制板实物图。控制器的种类包括运动控制卡、PLC 变频器控制器、单片机控制器。伺服采用 LPC1700 系列 Cortex-M3 微控制器用于处理要求高度集成和低功耗的嵌入式应用。ARM Cortex-M3 是一代新生内核,它可提供系统增强型特性,例如现代化调试特性和支持更高级别的块集成。

LPC1700 系列 Cortex-M3 微控制器的操作频率可达 100 MHz。ARM Cortex-M3 CPU 具有 3 级流水线和哈佛结构,带独立的本地指令和数据总线以及用于外设的稍微低性能的第三条总线。ARM Cortex-M3 CPU 还包含一个支持随机跳转的内部预取指单元。

LPC1700 系列 Cortex-M3 微控制器的外设组件包含高达 512KB 的 Flash 存储器、64KB 的数据存储器、以太网 MAC、USB 主机/从机/OTG 接口、8 通道的通用 DMA 控制器、4 个 UART、2 条 CAN 通道、2 个 SSP 控制器、SPI 接口、3 个 I2C 接口、2-输入和 2-输出的 I2S 接口、8 通道的 12 位 ADC、10 位 DAC、电机控制 PWM、正交编码器接口、4 个通用定时器、6-输出的通用 PWM、带独立电池供电的超低功耗 RTC 和多达 70 个的通用 I/O 管脚。

(1)控制器的原理

后端下发指令,同时也接收控制器所返回的数据,通过外设串口在下发完指令以后,给到核心处理器,处理器做出处理,通过 IO 口进行信号的下发,例如上位机下发的是转动指令,核心处理器在接收到指令以后,会通过 IO 口下发脉冲信号,脉冲信号包含了方向信号,通过改变脉冲信号频率来改变电机转速。GPS 提供基准时间,光编提供转速和角度。图 3.117 是控制原理图。

图 3.116　某伺服控制板实物图

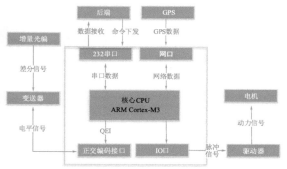

图 3.117　伺服控制器原理图

（2）主要性能指标

1）ARM Cortex-M3 处理器，可在高至 100 MHz 的频率下运行，并包含一个支持 8 个区的存储器保护单元（MPU）。

2）具有在系统编程（ISP）和在应用编程（IAP）功能的 512KB 片上 Flash 程序存储器。64KB 片内 SRAM 包括：32KB SRAM 可供高性能 CPU 通过本地代码/数据总线访问；2 个 16KB SRAM 模块，带独立访问路径，可进行更高吞量的操作。

3）供电为 3.3V 电源（2.4～3.6V）。温度范围为－40～85℃。

4）片内晶振工作频率为 1 MHz 到 24 MHz；4 MHz 内部 RC 振荡器可在±1% 的精度内调整，可选择用作系统时钟；每个外设都自带时钟分频器，以进一步节省功耗。

5）4 个 UART，带小数波特率发生功能、内部 FIFO、DMA 支持和 RS-485 支持，串口通信速率可到 115200 bit/S。

3.5.4.2　伺服驱动器

伺服驱动器主要包括步进电机驱动器、直流伺服驱动器、交流伺服驱动器以及特种驱动器等。本系统采用交流伺服驱动器，其外观图如图 3.118。

伺服驱动器主要由外围接口电路、信号处理电路、功放电路等组成，其原理框图如图 3.119。

根据原理图可知，主回路交流电源输入驱动器后，经过三相全桥整流电路对输入的三相电或者市电进行整流，得到相应的直流电；然后，通过三相正弦 PWM 逆变器变频输出 U、V、W 三相交流电驱动三相永磁式同步交流伺服电机运转。

伺服驱动器的控制核心（CPU）器件通常采用数字信号处理器（DSP），利用其强大的运算处理能力可以实现复杂的基于矢量控制的电流、速度、位置闭环控制算法，从而实现驱动器的数字化、网络化和智能化。

功率驱动器件则普遍采用以智能功率模块（IPM）为核心设计的驱动电路，IPM 内部集成了驱动电路，同时具

图 3.118　驱动器实物图

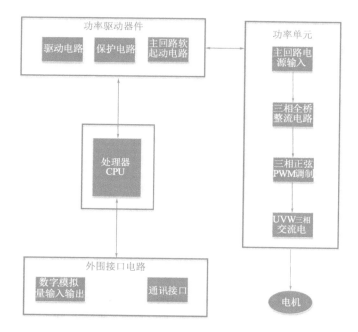

图 3.119　伺服驱动原理图

有过电压、过电流、过热、欠压等故障检测保护电路,在主回路中还加入软启动电路,以减小启动过程对驱动器的冲击。功率驱动单元的整个过程可以简单地说就是 AC-DC-AC 的过程,整流单元(AC-DC)主要的拓扑电路是三相全桥不控整流电路;驱动单元(DC-AC)主要的拓扑电路则是三相全桥可控整流电路,用于实现正弦脉冲宽度调制(SPWM)输出。

外围接口电路则用于实现外部数字、模拟量的输入、输出,比如数字脉冲信号输入、模拟控制信号输入、使能输入、限位输入、编码信号输入、抱闸输出、状态输出及外部通信接口等。

体现驱动器性能的重要参数包含通信参数,增益参数,基本模式参数和数字输入信号(DI)等。

(1)通信参数包含机器编码参数,串口参数。机器编码参数指定机器,在由多个驱动器组成的系统中,需要设置不同的编号来进行区分不同的驱动器。串口参数包括串口编号和通信波特率,常用波特率:9600、38400、57600、115200、19200。

(2)增益参数包含第一速度增益参数、第一位置增益参数、机械刚性参数。第一速度增益:单位为 rad/s,值越大响应越快。第一位置增益:单位为 Hz,值越大,刚性越高,响应越快及滞留偏差脉冲越小,但此值若设置太大会引起振荡。机械刚性参数值越大,刚性越强,响应越快,但太大会引起振荡,调整原则为由较小刚性值逐步增加,观测效果而定。

(3)基本模式参数包含电子齿轮比设定参数、控制模式参数、指令脉冲类型参数等。电子齿轮比设定包含分子和分母的设定,目前设定的原则为倍数关系,此电机为 14 位编码器,也就是分辨率为 16384,分子和分母为倍数关系,当设定分母为 4 的时候,即 4 代表 16384,此时分子可以设定为 1-4,假设设定为 1 即代表 4096,也就是电机旋转一圈需要 4096 个脉冲。控制模式参数包含速度模式、位置模式、模拟调速模式、混合控制模式、点触式调速模式、定长模式、通信位置控制模式、内部测试模式、CanBus 同步控制模式。指令脉冲类型参数包含脉冲和向、正交脉冲、双脉冲。

（4）DI 外设参数对输出端子 Y0 输出功能进行配置，参数值功能意义包含报警输出、定位完成、转矩到达、速度到达、零速检出、电磁制动输出、伺服准备好。

3.5.4.3　伺服电机

电机类型包括直流电动机、交流电动机、步进电动机、无铁芯电动机等。图 3.120 是一种伺服电机实物图。

图 3.120　伺服电机实物图

直流伺服电机由定子、转子铁芯、电机转轴、伺服电机绕组换向器、伺服电机绕组、测速电机绕组、测速电机换向器构成。

直流伺服电机分为有刷和无刷电机，有刷电机成本低，结构简单，启动转矩大，调速范围宽，控制容易，需要维护，会产生电磁干扰。因此它可以用于对成本敏感的普通工业和民用场合。无刷电机体积小、重量轻、出力大、响应快、速度高、惯量小、转动平滑、力矩稳定。

交流伺服电机由定子部分和转子部分构成。其中定子的结构与旋转变压器的定子基本相同，在定子铁心中也安放着空间互成 90°电角度的两相绕组。其中一组为激磁绕组，另一组为控制绕组。

交流伺服电机的速度控制特性良好，在整个速度区内可实现平滑控制，几乎无振荡，高效率、发热少，额定运行区域内，可实现恒力矩、惯量低、低噪声、无电刷磨损、免维护（适用于无尘、易爆环境）。交流伺服电机分为同步和异步电机，目前运动控制中一般都用同步电机，其功率范围大，转速随功率增大而匀速下降，适用于低速平稳运行场合。交流伺服电机的缺点是控制较复杂，驱动器参数需要现场调整，而且需要更多的连线来支持其运行工作。目前此伺服驱动系统采用宽温交流伺服电机。伺服电机主要技术参数如下。

（1）机械时间常数指的是机械的惯性时间常数。比如，当系统从零加速到额定转速时被系统的机械惯性所延时的时间，每一个特定的系统，都有自己的这个机械时间常数。

（2）电气时间常数指的是电器的滤波时间、电磁惯性延时时间。针对一个特定的传动系统，一旦其软件和硬件被确定，那它的电气时间常数也就被确定了。

（3）派生的时间常数指的是系统的加速时间（这个加速时间既针对系统的加速过程，也针对系统的减速过程)它是由系统的机械时间常数与电气时间常数之和以及系统的驱动功率共同决定的。这个系统的"加速时间"不是通常我们设置斜坡函数发生器的那个加减速时间。而是系统以额定转矩从 0 加速到额定转速的时间。这是一个系统加减速能力的指标。

（4）热时间常数是指一个系统在额定负载下运行,由冷态到热稳定的时间常数。

（5）转动惯量是刚体绕轴转动惯性的度量。转动惯量只决定于刚体的形状、质量分布和转轴的位置,而同刚体绕轴的转动状态(如角速度的大小)无关。规则形状的均质刚体,其转动惯量可直接计得。不规则刚体或非均质刚体的转动惯量,一般用实验法测定。转动惯量应用于刚体各种运动的动力学计算中。

（6）峰值扭矩是指在一定时间或者转角之内的最大扭矩示值,实时扭矩则是指连续输出当前扭矩值。

3.5.4.4 汇流环

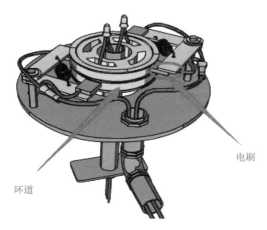

图 3.121 汇流环内部结构图

汇流环是为旋转体输送电源与信号的电气部件。图 3.121 是一种汇流环内部结构图。图 3.122 是剖面示意图。图 3.123 是实物外形图。汇流环种类包括电滑环、光滑环、液滑环以及组合滑环,根据频率和结构特点可分为低频汇流环、中频汇流环、微波旋转关节和光纤汇流环等。本系统采用光电组合汇流环。

汇流环通常安装在设备的旋转中心,主要由旋转与静止两大部分组成。旋转部分连接设备的旋转结构并随之旋转运动,称为"转子",静止部分连接设备的固定结构的能源,称为"定子"。定子与转子部分分别引出导线连接固定结构与旋转结构的电源与终端电器,并能够随之旋转。

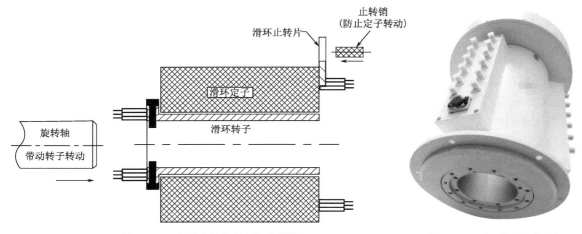

图 3.122 汇流环剖面结构示意图　　　　图 3.123 汇流环实物图

汇流环内部转子上有电刷所需要的滑道,可供电刷进行滑动导通,每条滑道的内壁会引出当前通路对应的线缆,所有通路线缆汇合在一起即为转子出线,同时在定子电刷的尾部出线即构成定子出线,定子和转子的通道一一对应,形成转子与定子间的通路,各个通路间电气性能相互独立,不能存在干涉。

(1)汇流环关键性能指标设计

1)滑环环数设计

滑环的环数包含动力环、信号环以及光滑环等。滑环的动力环是指经过此滑环的所有的动力线以及供电线,动力环所过电流大。信号环是指经过此滑环的所有的信号线,大部分采用双绞线,信号环所经过的电流小。光滑环指的是光纤滑环,设备上需要用到光纤通信的,需要用到光滑环,光滑环的设计需要注意光纤的类型以及光纤的接口类型。

2)滑环额定电流和额定电压设计

滑环的额定电流大小决定了滑环环路的带载能力。一般情况下,动力环需要考虑所经过滑环的设备的功率大小,来决定动力环的额定电流大小,电流大小需要留有一定冗余。信号环在没有特殊要求的情况下,电流在 2~3A,额定电压的选择,需要考虑所接负载的供电类型,包含交流电以及直流。

3)滑环绝缘电阻的设计

一般情况下,动力线和信号线的绝缘电阻不同,动力线的绝缘电阻大于信号线的绝缘电阻,动力线大概在 1000 MΩ,信号线在 500 MΩ。

4)转速、工作环境的设计

滑环由于内部采用的是滑道以及电刷组合进行信号以及动力传输,这就需要有一定的转速限制,防止因为转速过快,导致损坏滑环,同样工作环境指标也需要含温度湿度以及防护等级等,不能超过滑环的工作温度和湿度,一旦拆过,可能对内部的器件造成损坏。

5)结构外观的设计

结构外观设计一般需要结构工程师对设备整体进行设计,设计好外观以后将内径外径等指标明确出来,给到厂家进行整体的滑环设计,设计的方式不同,结构类型也就不同。

(2)汇流环主要性能指标

1)通路数:功率环 6 环,信号环 30 环,光滑环 4 环。

2)额定电流:功率环 50 A,信号环 2 A。

3)额定电压:交流电压最高为 440 V,直流最高电压为 220 V。

4)绝缘电阻:动力通道绝缘电阻≥1000 MΩ@1000 VDC;信号通道绝缘电阻≥500 MΩ@500 VDC。

5)绝缘体强度:动力≥1500 VAC@50 HZ,60S,1ma;信号≥500 VAC@50 HZ,60S,2ma。

6)动态电阻变化值:<10 MΩ。

7)工作转速:0~300 rpm。

8)工作温度:-40~80℃。

9)产品寿命:≥1000 W 转。

3.5.4.5　编码器

编码器(encoder)的转轴与被测旋转轴连接,随被测轴一起转动,能够将被测轴的角位移转成二进制编码或一串脉冲。根据其信号输出形式,可分为增量式、绝对式以及混合式三种。图 3.124 是编码器实物图。

增量式编码器:每转过单位的角度就发出一个脉冲信号;编码器的分辨率以每旋转 360°提供多少的通或暗刻线称为分辨率,也称解析分度、或直接称多少线,一般在每转分度 5～10000 线。增量式编码器包含三相信号,分别为 A/B/Z 三相,A、B 两相相位差相差 90°,可通过比较 A 相在前还是 B 相在前,以判别编码器的正转与反转,Z 相信号为零位信号,编

图 3.124　编码器实物图

码器每旋转一圈经过一次零位脉冲,可获得编码器的零位参考位。

绝对式编码器:绝对编码器又分为单圈绝对和多圈绝对。单圈绝对式编码器其光电码盘转动超过 360°时,编码器回到原点,因此只能用于旋转范围 360°以内的测量;多圈绝对式编码器旋转圈数可由靠锂电池驱动的寄存器保存,也可采用类似钟表的齿轮结构来记忆圈数,前者被称作"假绝对",后者则被称为"真绝对"。绝对式编码器最重要的特点在于具备掉电保持功能,即使断电之后再重新上电,也能读出当前位置的绝对编码数据。

按照传感方式编码器可分为光学式、磁式、感应式和电容式。增量编码器原理构造简单,寿命长;差分信号传输具有传输距离长,抗干扰性能强,可靠性高。相控阵阵列天气雷达前端伺服系统采用的是光学式增量式编码器。

光电编码器是一种通过光电转换将输出轴上的机械几何位移量转换为脉冲或者数字量的传感器,光电编码器是由光栅盘和光电检测装置组成。光栅盘是在一定直径的圆板上等分地开通若干个长方形孔。由于光电码盘和电动机同轴,电动机旋转时,光栅盘和电动机同速旋转,经发光二极管等电子元器件构成的检测装置检测,输出若干脉冲信号,通过计算每秒光电编码器输出脉冲的个数就能反映当前电动机的转速。此外为判断旋转方向,码盘还可提供相位相差 90°的两路脉冲信号。图 3.125 是编码器原理框图。

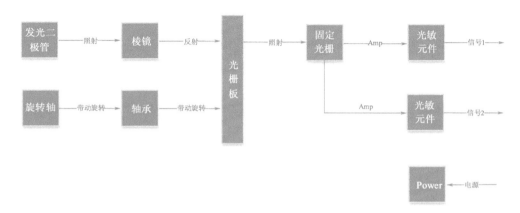

图 3.125　编码器原理图

编码器分辨率取决于编码器位数,位数越多,分辨率越高。通常码盘位数 12～23 bit。在选取分辨率的时候需要清楚知道用编码器的电机轴的精度要求。编码器通信协议包含 RS485 协议,以及 ModBus 标准协议等,通信接口包含 RS422、RS232、RS485。编码器的供电电压大致分为 2 类,一种是 5 V 供电,一种是 24 V 供电,所选用电压取决于系统中能供电的电压。

机械参数指标中包含孔径指标或者是轴径指标,转动惯量,转速,力矩,负载,震动,冲击以及工作温度和防护等。孔径或者轴径取决于选用的是抱轴编码器还是出轴编码器,所选用尺寸的大小区别于链接编码器的结构件的尺寸,这个为结构设计决定,同样重要还有温度指标要求,在有低温要求的设备中需要选用低温编码器,没有低温要求的设备可选用常温编码器,其他的转速负载等指标编码器厂家有规定最大的值,只要在不超过厂家规定值以内都可以正常使用。

3.5.5　伺服分系统测试

3.5.5.1　伺服定位精度测试

测试方法:设置天线阵面指向任意方位,查看阵面实际指向方位和设置方位的差值,误差≤0.1°。俯仰方向定位使用象限仪测量定位,确认仪器精度误差。

测试步骤:

(1)需要用水平仪对转台进行调平,保证经纬仪放置的位置在水平平面上。

(2)将经纬仪架设到转台的运动中心上,瞄准远处目标(目标清晰、棱角分明)后分别校准转台角度和经纬仪角度。

(3)方位按照 30°间隔运动,运动停止后记录转台反馈角度。

(4)此时将经纬仪对准被选目标,记录下经纬仪读数。

(5)方位转动 360°后会测得若干组数据,计算出各个经纬仪读数与第一个读数的差值得到运动角度相对量;计算出转台各个反馈角度与第一个角度的差值得到运动角度相对量。

(6)用经纬仪的运动角度相对量减去转台反馈的运动角度相对量,统计出两者之间的差值。此差值即为转台在各个角度的精度。

(7)计算出均方根得到转台角度精度。对方位轴进行正传测试和逆转测试,得到转台方位轴精度。

(8)将所有方位测试数据汇总表格进行分析,计算求出误差的均方根值即为定位精度。

3.5.5.2　伺服控制精度测试

测试方法:设置天线阵面指向任意方位,测试输入的方位角度值与实际雷达方位角度值之差,误差≤0.1°。

测试步骤:

(1)整机系统通电,控制设置为位置模式。

(2)调节雷达的方位角度,通过编码器读取返回值。

(3)方位角度设置为 0°～360°,步进为 30°。

(4)分别将测量值记录表格中,计算出差值,即:测量值与预设置值的差值。

(5)记录方位角最大差值,并计算求出误差的均方根值,即为方位控制精度。

3.5.5.3　方位转速测试

测试方法:设置天线阵面方位转动速度,通过软件记录天线转动圈数 N,旋转时间 T,转

动速度 $V=(N\times360)/T$。分别测试最大速度,中间速度,最小速度即可。

测试步骤:

(1)整机系统通电,打开伺服控制软件,和伺服进行通信链接,速度测试采用速度模式进行顺逆转转动。

(2)通过方位轴编码器读取返回值,来确定方位轴当前角度,可以将天线方位角转动到 0 位置便于记录所转角度和圈数。

(3)通过软件对伺服进行速度的设定,例如设定为 6°/s,12°/s,30°/s 等等,然后下发顺逆转动让天线转动起来。

(4)通过软件记录天线转动圈数 N,以及时间 T,依据公式转动速度 $V=(N\times360)/T$ 来求得速度。

3.5.5.4 多台雷达前端伺服同步测试

测试方法:设置两台或者两台以上雷达前端伺服同步扫描,检查过设定角度时间差≤10 ms。

测试步骤:

(1)通过控制终端给多台雷达前端伺服下达同步扫描参数和命令。

(2)自动记录扫描通过设定方位角度的时间。

(3)计算不同前端伺服过指定方位的时间差。

第 4 章　相控阵阵列天气雷达后端

　　相控阵阵列天气雷达后端主要功能有:监控布设在不同位置相控阵阵列天气雷达前端;处理前端送来的探测数据,完成数据质量控制;处理生成各种探测产品和预警产品。图 4.1 是后端的系统框图。后端由两部分软硬件构成,一部分是控制处理设备,包括控制服务器、数据存储服务器、产品生成服务器和终端;另一部分是通信设备,包括通信服务器、路由器、交换机、防火墙。

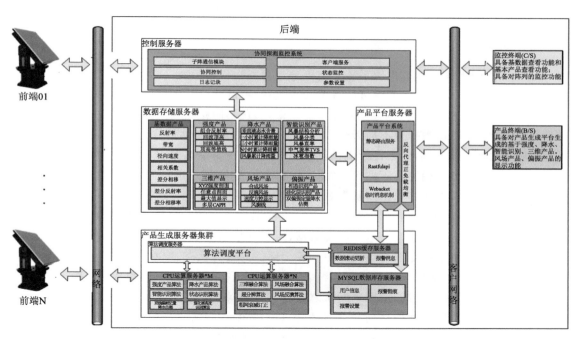

图 4.1　相控阵阵列天气雷达后端系统结构框图

4.1　雷达监控子系统

　　雷达监控子系统是雷达系统中不可或缺的组成部分,如图 4.2 所示。其结构、原理、功能和信息流程的设计和优化对雷达系统的性能和效率具有重要影响。阵列雷达由一个雷达后端和多个雷达前端组成,雷达后端的监控子系统对多个雷达前端进行控制和监视。当监控子系统向雷达前端下达运行命令后,各个雷达前端按照设置参数决定的运行方式开始探测,将探测数据和雷达前端工作状态参数送回到监控子系统。监控子系统实时分析、判断、显示、记录雷达前端工作状态,一旦故障发生,及时报警,通知值班人员。监控子系统同时存储探测数据。

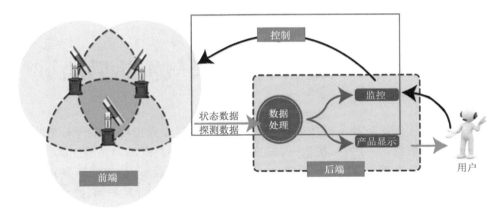

图 4.2   相控阵阵列天气雷达监控子系统示意图

4.1.1   雷达监控子系统功能

相控阵阵列天气雷达监控子系统功能可分为两类。

第一类功能是控制雷达的运行。具体功能包括:控制各前端天线的转动,各前端实现分组同步扫描;控制雷达的发射功率、频率和发射波束,实现不同距离和天气类型的探测;控制雷达接收机的增益和带宽,为提取不同天气类型散射信号的提取提供条件;控制信号进行处理,针对不同的类型天气散射信号进行分析、转换、检测识别;控制数据处理,采用对应的方法处理雷达探测到的数据,形成相控阵阵列天气雷达系列产品;控制雷达前端与后端之间的通信,完成命令和参数分发,收集探测数据与状态数据。

第二类功能是监测雷达的状态,确保雷达正常工作。监控分系统一般会收集以下状态数据:各级电源电压、电流、功率等电源状态数据,用于判断系统是否正常供电。各个部件的温度状态数据,用于判断系统是否过热或过冷。各个部件的运行状态、位置、速度等机械状态数据,用于判断系统是否正常运行。各个分系统之间的通信状态数据,用于判断系统是否正常通信。各个分系统的故障状态数据,用于判断系统是否存在故障。监控子系统会对这些状态数据进行处理和分析,及时发现和处理问题。具体处理方法包括:对采集到的数据进行处理,如滤波、平滑、归一化;对处理后的数据进行分析,如统计分析、趋势分析、异常检测;当系统出现异常时,控制分系统会发出报警信号,通知操作人员进行处理。

4.1.2   雷达监控子系统控制原理

监控子系统对雷达的控制是建立在控制理论基础上的,应用的控制论原理如下。

4.1.2.1   反馈控制原理

通过对系统输出进行测量和比较,对系统进行调整和控制,使其输出达到期望的目标。通常采用的反馈控制方法有:自适应增益控制,可以根据目标的距离和信号强度自动调整雷达的增益,以确保信号质量始终保持在最佳状态;自适应阈值控制,可以根据目标的距离和信号强度自动调整雷达的信噪比阈值,以确保只有真正的目标信号被检测到,而不是噪声信号;自适应波束控制,可以根据目标的类型调整雷达的波束数和覆盖宽度,以确保雷达能够获得最佳的信号质量;自适应滤波控制,可以根据目标的速度和类型自动调整雷达的滤波器参数,以确保只有真正的目标信号被检测到,而不是噪声信号或其他杂波信号。

4.1.2.2　系统辨识原理

通过对系统输入和输出数据的分析,建立数学模型,更好地理解和控制系统。雷达控制中的系统辨识原理主要应用于目标类型识别。具体来说,系统辨识原理可以通过以下步骤实现:收集雷达系统的输入和输出数据,包括发送的电磁波和接收到的目标反射信号;对数据进行预处理,包括滤波、去噪等操作,以提高数据质量。建立数学模型,可以采用传统的统计模型、神经网络模型等方法,以描述目标的特征和行为;对模型进行参数估计和优化,以提高模型的准确性和鲁棒性。系统辨识原理在雷达控制中的应用可以提高目标分类识别准确性,从而提高雷达控制性能和可靠性。

4.1.2.3　最优控制原理

通过对系统的数学模型进行优化,找到最优的控制策略,使系统输出达到最佳状态。最优控制原理在雷达控制中的应用主要是通过优化雷达系统的探测性能,实现最佳的目标探测和识别。具体来说,最优控制原理可以通过优化雷达系统的发射功率、接收灵敏度、脉冲重复频率等参数,来实现最佳的探测。例如,在雷达目标探测中,最优控制原理可以通过优化雷达系统的发射功率和接收灵敏度,来实现最佳的目标识别效果。当目标接近雷达时,雷达系统可以降低发射功率和接收灵敏度,以减少噪声干扰和能量消耗。而当目标远离雷达时,雷达系统可以增加发射功率和接收灵敏度。最优控制原理还可以应用于雷达信号处理中,例如通过优化雷达系统的脉冲重复频率和脉冲宽度等参数,来实现最佳的信号处理效果。这些优化措施可以提高雷达系统的探测距离、探测精度和抗干扰能力,从而实现更好的目标识别和定量测量。

4.1.2.4　自适应控制原理

通过对系统的自适应性进行调整,使其能够适应不同的工作环境和工作条件,以达到更好的控制效果。自适应控制原理在雷达控制中的应用主要是指自适应滤波器的应用。雷达信号在传输过程会受到各种干扰,如多径效应、杂波干扰等,这些干扰会影响雷达系统的探测性能,自适应滤波器可以通过自适应地调整滤波器的参数,抑制干扰,提高雷达系统的探测性能。

4.1.2.5　鲁棒控制原理

通过对系统的鲁棒性进行调整,使其能够在面对不确定性和干扰时保持稳定性和可靠性。在雷达控制中,鲁棒控制可以应用于多个方面。雷达信号受到多种干扰和噪声的影响,鲁棒自适应滤波可以通过自适应调整滤波器参数来抑制这些干扰和噪声,提高雷达信号的质量。雷达目标识别需要对目标的特征进行提取和分类,但目标的特征可能会受到多种因素的影响,如目标的形状、材质、运动状态等。鲁棒目标识别可以通过设计鲁棒分类器来适应这些因素的影响,提高目标识别的准确性和鲁棒性。

4.1.3　雷达监控子系统结构

雷达监控子系统由数据服务器、处理服务器和控制终端组成。处理服务器一般只有一个,数据服务器、控制终端可以有多个。数据服务器转发前端和处理服务器的信息。处理服务器统一处理信息,供多个控制终端进行显示和操作。图 4.3 是监控子系统框图。

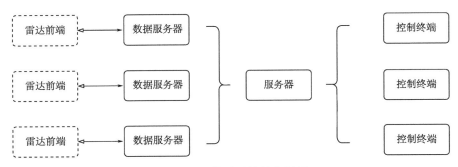

图 4.3　监控子系统结构框图

4.1.3.1　控 制 终 端

控制终端是人机交互的平台,控制人员通过控制终端向雷达发出指令,设置雷达参数,控制雷达开机运行、关机。控制终端也是雷达参数、探测状态、探测数据、GIS 地理信息、日志可视化显示窗口。

控制终端输入形式有三种,分别为模拟输入、字符输入、文件输入。模拟输入就是点击模拟装置,例如开关按键。模拟输入的优点就是简单明确。为了避免误操作,点击后有确认提示。命令输入就是采用模拟方式输入。字符输入就是在输入窗口中输入数字或字符。一些参数的输入就是采用字符输入的方式。字符输入通常有输入范围、字符属性的限制和错误提示,以及确认提示,减少和避免错误。文件输入就是调入文件,包括文本文件、表格文件和 JSON 格式文件。在文件中有固定格式的数据。这种方式一般用于数据量相对较多,或者通过测试、分析产生的批量参数,比如波束已执行补偿参数。

控制终端的输出主要包括状态显示输出和探测数据显示输出。

状态显示输出以可视化形式展示数据,展示方式有模拟方式、数字方式和图形方式。模拟方式就是模仿电气装置示意设备状态,比如红灯闪烁表示故障,绿灯常亮表示正常。模拟方式直观醒目,在监控中用得比较多。自动解析各个节点状态信息,并根据预设的阈值范围进行判别,对于异常节点,相应"灯"会变红,全屏异常弹窗提示、声音循环报警等多种手段进行持续报警,通过完整的异常状态集合和分类,用户可以清晰地了解存在的问题。数字方式就是用数字,按一定格式显示节点的电性能数据。一般在点击相应节点时弹出窗口,显示这个节点的具体数据,便于详细了解这个节点的状态。图形方式就是以图形的方式显示雷达的状态,比如用时间-功率曲线显示发射机的功率随时间的变化。图形方式是一种直观的状态显示方式,在表达雷达长期工作状态、统计分析雷达性能上是一种十分有效的方式。

在监控中主要是监视探测性能,因此探测数据的显示在种类的上相对较少,方式也比较简洁。探测数据显示输出以 2D 方式进行可视化展示,充分利用 2D 显示在直观性、易于设计和制作、兼容性和可访问性、资源效率以及信息传递效果等方面的优势。探测数据显示功能支持多种方式获取数据,包括手动导入、自动加载、软件关联格式数据文件双击加载等多种方式。用户可以导入多种雷达、基础产品数据文件,包括基础数据、原始数据和融合产品数据等。系统支持多种数据源文件的读取和解析,并将解析结果与界面进行动态交互。利用 CPU 和 GPU 的多维度高速绘制能力,数据能够实时在界面上得到准确呈现。此外,系统还支持多种可视化地图和地理信息数据的协同显示,提供更丰富的数据展示方式。

4.1.3.2　数据服务器

在数据服务器上部署转发雷达前端和服务器信息软件程序,完成服务器下发的命令、参数向前端转发;将前端输出的回波数据打包、存储和上传。图 4.4 是数据服务器框图。

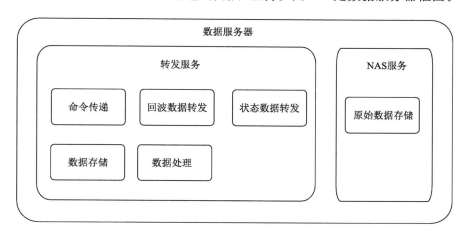

图 4.4　数据服务器框图

从控制终端手动下发命令或处理服务器自动下发命令,均需要通过数据服务器转发给雷达前端进行相关设置和运行,数据服务器接收命令后自动根据前端编号及通信控制命令协议对命令内容进行校验和转发,保证命令及设置参数准确性、即时到达前端。同时转发接收到的前端反馈的命令执行信息,分析执行结果,判定执行是否存在异常。

雷达前端在正常运行后会实时上传探测到的回波数据,转发服务根据各前端运行的转速结合协同运行的条件,对雷达前端上传的数据进行实时分割组包,雷达前端天线转动一圈完成一次打包,并存储到本地临时文件中。雷达前端上传的数据采用专用传输协议格式,在后端进一步预处理,生成标准输出格式文件。

雷达前端在正常运行时会定时自动上传雷达组件状态信息,数据服务器实时接收组件状态信息并进行状态内容解析,根据组件状态信息内容对应阈值范围进行校验比对,筛选异常的组件及异常类型,对异常组件进行持续监测,同时将经过解析及阈值对比后的数据传输到处理服务器中存储以及在终端上显示。

数据服务器设有数据超时检测功能,根据状态数据上报情况判断雷达前端是否正在正常运行,在超时未接收到状态数据,则标记当前雷达前端未正常运行,此时会通过相关方式通知值班员进行故障排查。

转发服务器在接收到回波数据后,自动进行临时存储,对执行完预处理后生成的标准格式基数据和原始数据文件进行本地存储。本地存储数据采用滑动更新方式,始终保存最近一段时间的数据,比如保留最近十天的数据。保证留有充足的存储空间,避免实时数据存储不了的情况。对于原始数据,数据服务器自动进行降水时段识别。在晴天,数据传输量较小,宽带信道比较空闲时,数据服务器插空将降水时段原始数据传送到处理服务器。

数据服务器收到前端的回波数据包括从空间返回的回波信号和前端接收通道本身的噪声。很多情况下噪声数据量占了整个数据量的绝大部分,为了减少数据传输量,提高通信效率,数据服务器对回波数据进行预处理,将噪声信号去除,保留回波数据,然后进行数据压缩和数据传输。

4.1.3.3　处理服务器

处理服务器是监控的核心设备。处理服务器与数据服务器和控制终端对接。主要功能包括:控制前端,监测前端,数据管理,操作管理。图 4.5 是处理服务器框图

数据管理是将系统生成的数据实时分类存储和分发的过程。在处理服务器对接多个控制终端和多个数据服务器,存在一对多的复杂信息交换关系。所有雷达前端在协同运行的前提下,同时将探测数据和状态数据发送到处理服务器。根据相控阵阵列天气雷达数据量大、数据源多、实时性高的特点,数据管理综合考虑数据格式、存储策略、备份和恢复、数据安全性等因素。

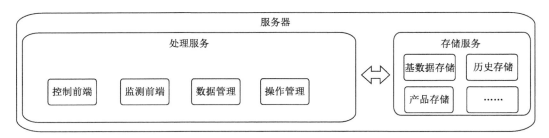

图 4.5　处理服务器框图

数据存储格式包括二进制格式和文本格式。探测数据、状态数据采用二进制格式存储,参数数据和日志数据采用文本格式存储。处理服务器根据各个雷达前端的编号和时间信息分区存储,所有前端的数据存储文件格式,分类方式,更新周期相同。存储介质可根据前端的数量进行扩展。

统计数据使用数据库管理系统(如 MySQL、PostgreSQL 等)可以方便地存储和管理雷达状态信息。数据库可以提供高效的数据检索、查询和存储功能,并且可以根据需要进行数据备份和恢复。

根据数据的重要性和使用频率,将数据分为热数据(经常访问的数据)和冷数据(不经常访问的数据),并采用不同的存储介质和策略进行管理。定期进行数据备份是保证数据安全性的重要措施。可以使用磁盘阵列、云存储等方式进行数据备份,并确保备份数据的完整性和可靠性。在需要恢复数据时,可以根据备份策略进行数据恢复。

存储数据分为探测数据、状态数据、参数数据和日志数据。存储的数据具有共享属性,相关应用可以实时调用,进行显示和产品处理。一些数据,如参数数据涉及雷达运行的稳定性和可靠性,需要确保数据的访问权限和安全性。可以通过访问控制、加密等手段保护数据的安全性,限制只有授权人员可以访问和操作数据。

操作管理包括操作权限管理和操作运行信息管理。在创建时操作人员账户分配好对应的控制角色和权限,根据使用情况,操作人员分为值班员、系统管理员、高级系统管理员三种不同角色,对不同的控制角色分配对应的控制权限以及终端显示内容。值班员负责日常开关机操作、检查雷达运行状态。值班管理员负责日常对雷达工作等简单控制。系统管理员负责开关机操作、基础标定、控制参数设置等。高级系统管理员负责对所有前端完整控制,控制内容设置,管理权限设置。处理服务器对用户采用一人一号进行权限控制验证,系统运行期间会对每个控制账户的所有操作、控制、请求、设置等均采用对应账户权限进行校验过滤。

处理服务器对人员操作和雷达运行信息等进行详细完整的日志记录。操作日志记录用户下发控制命令、参数内容和雷达上报的应答信息，以及时间等详细信息。状态日志记录雷达各组件经过阈值验证的总状态标识等信息。操作日志分为数据库存储及文件存储两种方式，数据库存储主要用于记录控制内容，保证所有用户、程序对雷达控制的完整记录，文件日志用于记录程序运行的重要输出和琐碎繁杂的信息记录。详细的日志记录主要用于分析雷达工作状态和操作情况，监测存在的安全问题及隐患信息，在运行发生故障时，通过日志信息可以帮助控制人员进行快速定位问题。除此之外通过日志信息还可以帮助系统升级优化。

处理服务器的控制包括运行控制、调试控制、工作模式设置、系统参数设置、校准设置、数据处理设置、通信设置。

处理器监测内容有：设备的电源状态、雷达的发射功率、雷达回波信号质量、监测雷达的校准状态、监测雷达的伺服状态、监测雷达工作温度、监测雷达的网络连接状态、监测雷达的存储空间、监测服务器和内存使用率。

4.1.4　监控子系统的通信

从控制终端到雷达前端的信息传递，采用了多种通信方式。不同传输数据特性及传输内容采用不同的通信方式。图 4.6 是监控子系统通信框图。

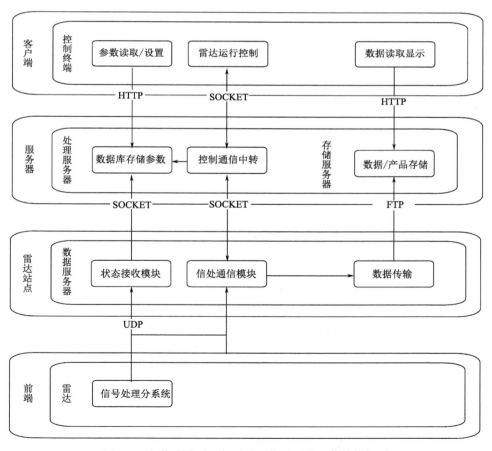

图 4.6　相控阵阵列天气雷达监控子系统通信结构框图

129

从雷达前端到数据服务器端采用 UDP(User Datagram Protocol)传输协议。UDP 是一种无连接的传输协议,它提供了一种简单的、无阻塞的数据传输服务。UDP 在数据传输之前不需要建立连接。发送方直接将数据报发送给接收方,没有握手和确认的过程。UDP 以数据报(Datagram)为单位进行传输。每个 UDP 数据报都包含了完整的数据和目标端口号,接收方根据端口号将数据报交给相应的应用程序。它不提供数据包的可靠传输和重传机制。一旦数据报发送出去,就无法保证它们能够按照发送的顺序到达接收方。UDP 没有建立连接和维护状态的开销,它具有较低的延迟和较小的数据包头开销,适用于对实时性要求较高的应用场景。UDP 可以支持单播(一对一通信)、多播(一对多通信)和广播(一对所有通信)三种通信方式。UDP 没有拥塞控制机制,当网络拥塞时,UDP 发送方会继续发送数据。雷达前端上报雷达数据及状态数据存在时间短、数据量大的特征,为保证实时接收数据同时不阻碍新的数据传输稳定,可以在有网络波动的情况下适当地舍弃部分接收丢失的数据,保证双方通信不受网络波动影响而造成系统运行异常,不会因大量数据传输而造成数据积压。

在控制命令和参数传输过程中,需要保证链路稳定可靠,后端的命令或参数要可靠地传输给前端后。从控制前端到数据服务器端命令传输采用以 TCP/IP 为基础的 Socket 即时双向通信协议。基于 TCP/IP 的 Socket 是一种用于网络通信的编程接口,它提供了在网络上进行数据传输的方法和工具。Socket 使用 IP 地址和端口来标识网络中的进程。IP 地址用于标识主机,端口用于标识主机上的进程。通过组合 IP 地址和端口,可以唯一确定网络中的一个进程。Socket 可以基于 TCP 协议进行通信。TCP 是一种可靠的、面向连接的传输协议,它提供了数据包的可靠传输、流量控制、拥塞控制和错误恢复等功能。Socket 支持面向连接的通信模式和无连接的通信模式。在面向连接的模式下,通信双方需要先建立连接,然后进行数据传输。在无连接的模式下,通信双方可以直接进行数据传输,无须事先建立连接。Socket 提供了发送和接收数据的方法。发送方可以使用 Socket 发送数据,接收方可以使用 Socket 接收数据。数据可以以字节流的形式进行传输,也可以以数据报的形式进行传输。Socket 提供了处理错误的机制。在数据传输过程中,可能会发生各种错误,如连接中断、超时等。Socket 提供了相应的错误码和错误处理方法,以便应用程序进行错误处理和恢复。基于 TCP/IP 的 Socket 是一种强大而灵活的网络编程接口,它可以用于构建各种网络应用,如 Web 服务器、聊天程序、文件传输工具等。

从数据服务器到存储服务器之间采用 FTP 协议(File Transfer Protocol)进行基数据传输。FTP 是一种用于在计算机网络上进行文件传输的标准协议,具有文件传输、简单易用、跨平台性、可靠性、权限和安全性、批量处理等优点。它是在 20 世纪 70 年代末和 80 年代初开发的,旨在提供一种简单而可靠的方法来在客户端和服务器之间传输文件。FTP 基于客户端-服务器模型,其中客户端是发起文件传输请求的一方,而服务器是存储文件并响应客户端请求的一方。客户端和服务器之间通过网络连接进行通信。在 FTP 中,客户端可以使用各种 FTP 客户端软件或命令行界面来与服务器进行交互。用户可以使用 FTP 客户端软件浏览服务器上的文件和目录结构,上传文件到服务器或从服务器下载文件。FTP 支持文件的读取、写入、删除、重命名和移动等常见操作。FTP 使用两个独立的连接来进行文件传输。控制连接用于发送命令和接收响应,而数据连接用于实际传输文件内容。这种分离的连接方式使得 FTP 具有更好的灵活性和可扩展性。虽然最初的 FTP 协议并没有提供加密和身份验证功能,但后来出现了一些扩展协议,如 FTPS(FTP over SSL/TLS)和 SFTP(SSH File Transfer

Protocol),它们在传输过程中提供了更高的安全性。

在控制终端到处理服务器端之间数据通信采用简单、灵活、易于扩展的传输方式 HTTP (Hypertext Transfer Protocol),可以根据控制终端操作情况,对服务器的数据进行及时获取请求,结合接口权限等功能对相关请求进行严格控制筛选。HTTP 是一种基于 TCP/IP 协议的应用层协议,用于在 Web 上进行数据传输和通信。HTTP 使用请求-响应模型进行通信。客户端发送 HTTP 请求给服务器,服务器接收请求并返回 HTTP 响应给客户端。请求包含请求方法、URL、协议版本、请求头和请求体等信息,响应包含状态码、响应头和响应体等信息。HTTP 定义了多种请求方法,常用的有 GET、POST、PUT、DELETE 等。不同的请求方法用于实现不同的操作,如获取资源、提交数据、更新资源和删除资源等。请求头包含了客户端发送给服务器的附加信息。常见的请求头有 User-Agent(用户代理标识)、Content-Type (请求体的类型)、Authorization(身份验证信息)等。请求体用于向服务器传递数据。在一些请求方法中,如 POST 和 PUT,客户端可以通过请求体传递数据给服务器。响应中包含一个状态码,用于表示服务器对请求的处理结果。常见的状态码有 200(成功)、404(未找到)、500 (服务器内部错误)等。响应头包含了服务器返回给客户端的附加信息。常见的响应头有 Content-Type(响应体的类型)、Content-Length(响应体的长度)、Set-Cookie(设置 Cookie)等。响应体包含了服务器返回给客户端的数据。它可以是 HTML 文档、图片、JSON 数据等,根据 Content-Type 进行解析和处理。Cookie 是一种用于在客户端和服务器之间传递状态信息的机制。服务器可以通过 Set-Cookie 响应头将 Cookie 发送给客户端,客户端会在后续的请求中携带该 Cookie,以便服务器进行识别和状态管理。HTTP 支持缓存机制,可以减少网络传输和服务器负载。客户端和服务器可以通过缓存相关的请求头和响应头进行缓存控制,如 Cache-Control、Expires、Last-Modified 等。HTTP 是一种用于在 Web 上进行数据传输和通信的协议。它采用请求-响应模型,通过 URL、请求方法、请求头、请求体、状态码、响应头和响应体等组成,实现了客户端和服务器之间的数据交互和资源访问。HTTP 在 Web 应用中扮演着重要的角色,被广泛应用于网页浏览、API 调用、文件下载等场景。

4.1.5　控制

对雷达的控制是通过命令和参数设置来实现的。参数设置决定雷达探测的特性,如探测距离、波束宽度、波束数量、扫描速度、覆盖范围、分辨率等等。命令决定探测或调试的开始、结束以及探测方式。

4.1.5.1　参数设置

根据不同的需要设计了多种运行模式,在不同的模式下,雷达各前端、各组件以不同的方式工作,比如伺服以不同的运行方式运动,波束形成单元形成不同的波束形式、波束数量和覆盖策略,信号处理以不同的距离分辨率、距离覆盖范围和方法处理信号,产品服务器以不同的方式处理数据。模式设计对于灵活性、性能优化、可靠性和容错性、资源管理以及安全性都起到重要的作用。在实际运用中可以结合具体情况选择不同的运行模式,实现一般性和特殊性的探测任务,更好地适应不同的应用场景,实现探测需求和数据处理需求的最佳匹配。工作模式有业务工作模式和调试模式。业务工作模式包括体扫模式、扇扫模式、单方位扫描模式。

每一种工作模式都涉及到一系列参数设置。结合实际应用需求,参数设置能实现对雷达探测模式的自定义,方便使用者根据各种应用场景对雷达需要的参数进行更细致、更准确的设置,以达到更好的探测效果。每个参数均可修改、下发、导出、存储。雷达参数设置主要可分为系统参数设置、校准参数设置、质控参数设置三大类。

系统参数设置就是对雷达前端的发射机,接收机,频率源,波束控制,信号处理等系统各个组件的设置。设置内容包括收发波位波束设置、时序控制、收发脉冲信号设置、脉冲宽度选择、时钟时间、中发衰减、波控放大信号、波形控制、DBF 系数、杂波抑制等内容。图 4.7 是系统参数设置界面。

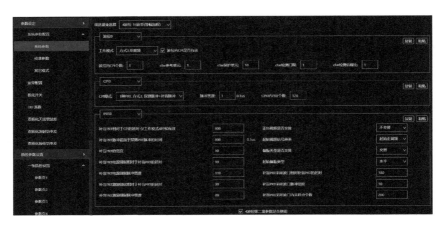

图 4.7　系统参数设置界面

雷达数据质控处理是指对雷达所采集到的数据进行质量控制和处理,以提高数据的准确性和可靠性。通常经过数据校验、数据校准、数据插值、去噪、地物处理、衰减订正、退速度模糊等步骤对雷达基数据进行质控处理操作。这些质控处理都涉及到一些参数的设置包括波束校正参数设置、滤噪参数设置、退模糊参数设置、地物滤除参数设置、杂波滤除参数设置、强度定标参数设置、离散点滤除参数设置、毛刺滤除参数设置、数据平滑参数设置、双偏量处理参数设置、空洞填充参数设置、输出 & 存储参数设置等内容。图 4.8 是质控参数设置界面。

图 4.8　质控参数设置界面

校准参数设置就是用来对前端各个通道的幅度相位一致性进行校准。每个前端都有 64 个接收通道和 64 个发射通道,通过控制每个通道幅度相位来实现波束指向的改变,只有保证各个通道本身的幅度相位具有高度的一致性,才能使得波束指向控制准确,相控阵雷达探测的数据才能准确。图 4.9 是标准参数设置界面。

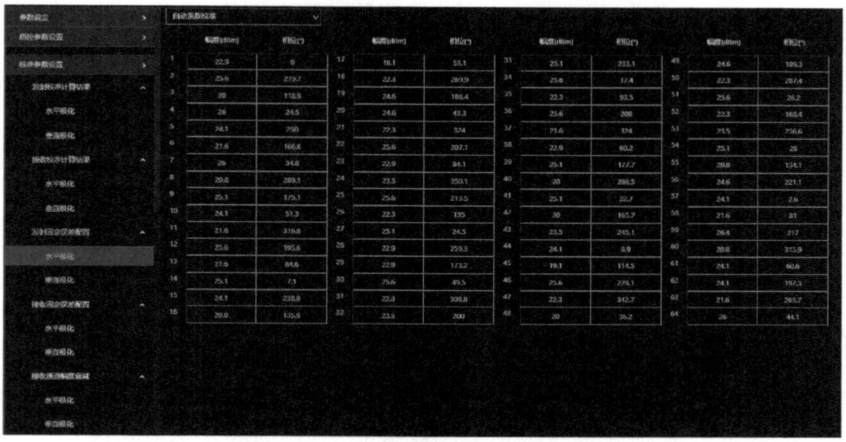

图 4.9　校准参数设置界面

4.1.5.2　命令

命令用于控制雷达以某种方式开启和停止。整个雷达是一个复杂系统,而且前端分布在不同的地方。开关机的过程是一个按照时间顺序逐步进行的过程。早期的雷达是由操作人员一步一步开启或关闭若干个开关或操作旋钮而完成的。现在雷达整个开关机过程由计算机按照事先设定的流程自动完成。减少了技术人员的工作量,保证了操作的正确性和规范性。当点击开机或关机按键后,计算机完成多个步骤,每个步骤包含控制类型(协议命令、自定义传输命令)。每个控制类型还包含控制参数。

控制过程也是一个信息交互过程。每一步包括下发命令、等待返回、校验结果,确认无误后再次继续执行。

控制过程中终端实时显示控制进度、返回结果,直到整个流程执行完成。当控制流程在某一步执行失败时会再次尝试执行,如还是不能正常执行,则停止当前自动流程。在自动控制流程执行成功或者中途执行出现异常,均会在控制终端体提示,并结束相应的控制流程。

在控制过程中,可以通过控制页面中"终止控制"对正在执行的控制流程进行手动终止控制,系统在接收到终止信号后,立即停止正在执行的自动控制流程。

相控阵阵列天气雷达的前端必须实现方位同步扫描,处理服务器根据每个前端布设的位置计算生成分配每个前端同步方位角、到达同步方位角的时间以及转动方向等,让各前端扫描波束同时进入三维探测区。保证三维探测区的数据时间差最小。

从控制终端到雷达前端的控制命令、控制参数传输采用统一的格式进行传输,采用统一的解析方法进行命令内容解析,并进行相应的显示。控制命令及参数由 7 部分内容组成,如表 4.1 所示。通过雷达前端版本控制协议进行命令参数组装。控制命令设计保证了命令传输的可靠性、简易性、扩展性,控制命令采用二进制的方式进行存储和传输。

对客户端软件控制雷达信息有着详细的校验,根据雷达型号不同自动结合对应的传输协议验证控制命令及控制参数的准确性,保证客户端下发到雷达的命令及参数准确有效,避免出现误控误设置的情况。严格校验各命令之间的互斥性,避免出现控制异常、冲突等情况。

表 4.1　控制命令及参数结构说明

字节数	含义	值	备注
0～3	包头	0X5555AAAA	上位机—>DSP
4～5	命令类型	0x1	转台控制命令
6～7	命令子类型	0x0	转台指向固定角度子命令
8～11	是否带下传参数	0x1	0x1:带角度参数
12～15	参数字节数	0x2	参数字节数为 2
16～19	包尾	0XAAAA5555	
20～21	转台指向角	0～36000	单位为 0.01°

4.1.6　监测

对雷达自身状态进行监测可以及时发现和诊断雷达的故障,可以尽早采取措施,提前修复或更换故障部件,降低故障对雷达性能和工作效果的影响,提高雷达的可靠性和稳定性。监测雷达自身的工作状态可以评估雷达的性能,包括发射功率、接收信号强度、回波信号质量等。通过对这些指标的监测和分析,可以了解雷达的工作效果,从而进行性能优化和改进。通过监测雷达的存储空间、CPU 和内存使用率等,可以对雷达的资源进行管理和规划。及时了解资源的使用情况,可以合理分配和利用资源,提高雷达的工作效率和性能。监测雷达的运行时间和累计工作量,可以根据实际使用情况进行维护和保养。及时进行维护和保养,可以延长雷达的使用寿命,减少故障和损坏的发生。当雷达出现异常或达到预设的阈值时,及时发送报警通知给用户。对雷达状态监测主要有这几方面:

(1)监测设备的电源状态,包括电源供应是否正常、电池电量是否充足等。可以通过电池电量监测模块、电源管理芯片等进行监测。

(2)监测雷达的发射功率,以确保雷达探测性能。可以通过功率检测模块和信号强度检测模块进行监测。

(3)监测雷达接收到的回波信号质量,包括信噪比、回波强度等。可以通过信号处理算法和质量评估模块进行监测。

(4)监测雷达的校准状态,包括校准参数是否正确、校准过程是否正常等。可以通过校准检测模块进行监测。

(5)监测雷达的伺服状态,包括旋转速度、旋转角度等。可以通过编码器等进行监测。

(6)监测雷达的温度,以确保雷达工作在正常的温度条件下。可以使用温度传感器进行监测。

(7)监测雷达的网络连接状态,包括网络是否正常连接、数据速率、信号强度等。可以通过网络模块、ping 命令等进行监测。

(8)监测雷达的存储空间使用情况,以确保雷达有足够的存储空间来保存数据。可以通过文件系统的接口或存储管理模块进行监测。

(9)监测服务器和内存使用率,以确保设备的性能和资源利用情况。可以通过系统监控工具、性能分析工具等进行监测。

(10)设计异常报警机制,当雷达出现异常或达到预设的阈值时,及时发送报警通知给用户。可以通过报警模块、通知系统等完成报警。

雷达状态监测主要是通过获取雷达各个环节状态数据,结合对应的阈值进行校验,对每个环节做出正异常判断。在持续监测中发现异常状态,在终端界面用图示和声音报警,同时根据设置的发送规则给值班员发送短信通知。状态监测和报警在保证系统正常运行和应对异常情况方面起着至关重要的作用。通过实时监测和报警机制,能够快速发现问题、提高故障排除效率,预防潜在风险,最大程度地提高系统的可用性和稳定性。

4.1.6.1　连接监测界面

在连接资源界面中,详细记录雷达前端到控制服务器之间各程序主体的连接、传输及资源使用情况。图 4.10 是连接资源监测界面。

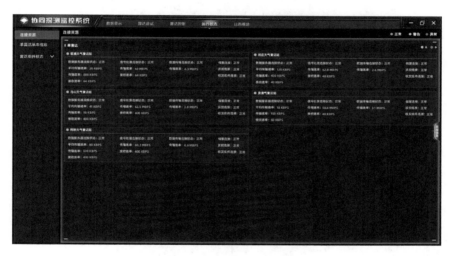

图 4.10　连接资源监测界面

连接信息包含有:数据服务器连接状态、传输速率、接收速率、平均传输速率,信号处理连接状态、传输速率、接收速率,数据传输连接状态、传输速率,伺服连接状态,波控连接状态,收发组件连接状态等。计算机资源信息:数据服务器内存使用占比,CPU 使用占比,原始数据、基数据磁盘存储情况等信息。

可以从此界面中清晰地了解到雷达运行各个节点的状态和详细内容详细。当雷达的状态存在异常,则当前主体范围框以红色标识,并且对应状态也会以红色高亮标识显示。

4.1.6.2　收发监测界面

在收发界面中,左侧选择 T/R 组件按钮,可切换到 T/R 收发状态页面中,默认展示当前雷达的所有 T/R 状态,蓝色正常、红色异常、黄色警告(部分内容超过阈值的情况),根据显示的 T/R 状态信息,可清楚查看某个 T/R 的总状态,鼠标移上按钮后可展示当前 TR 的详细信息,包括当前 TR 的变化、状态、电压、功率等相关信息。图 4.11 是 T/R 组件状态监测界面。

4.1.6.3　信处监测界面

信处模块主要用于显示当前雷达的各 AD 板卡信息监控、信处处理板内容监控、DSP 内容监控,信处模块中会对各信息进行状态灯的方式进行显示,红色异常、蓝色正常、黄色警告;鼠

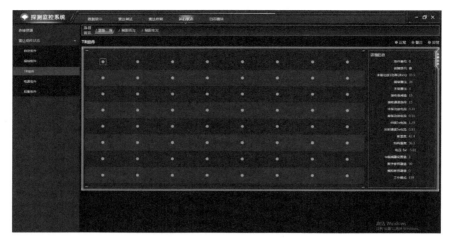

图 4.11　TR 组件状态监测界面

标移上状态灯可查看对应的详细内容。图 4.12 是信处组件监测界面。

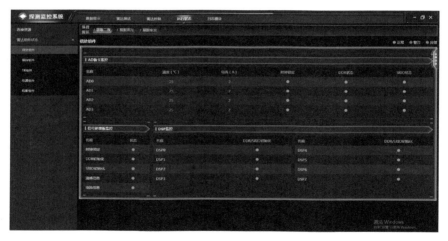

图 4.12　信处组件监测界面

4.1.6.4　伺服监测界面

伺服模块主要用于显示当前伺服运动的状态和方位角信息,如:当前转速、当前伺服角度、驱动器状态、编码器状态、电机状态等;伺服上报后自动显示当前伺服的角度信息转动速度信息和各组件的状态信息,鼠标移上状态点可查看具体的状态信息内容,可根据上报的角度信息在图标中进行对应角度的指向。图 4.13 是伺服组件监测界面。

4.1.6.5　电源监测界面

电源监测界面显示当前雷达运行的电源信息,采用状态灯的方式表示具体内容的正异常状态(绿色正常、棕色警告、红色异常)。电源组件模块共有 4 个电源组件信息,每个电源组件包含最多 5 路电源信息,其中内容包括:电源是否正常、5V 电流、5V 电压、33V 电流、33V 电压、12V 电流、12V 电压等信息。鼠标移上每个状态灯可查看对应内容的名称以及详细的数值。图 4.14 是电源组件监测界面。

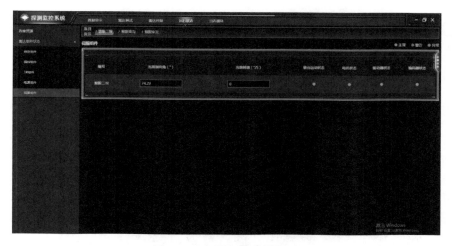

图 4.13　伺服组件监测界面

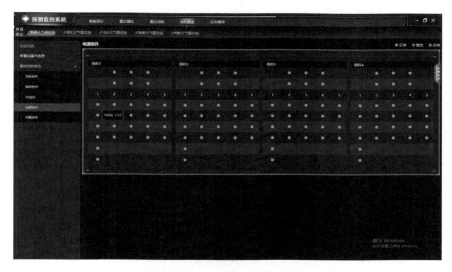

图 4.14　电源组件监测界面

4.1.6.6　同步扫描监测界面

同步扫描监测是对各前端方位扫描同步的监测。监测每个前端波束方位扫描的一致性。当前端扫描波束到达设定方位角度的时间与设定时间的差值越小,或者在设定时间波束方位角与设定方位角的误差值越小,方位扫描的一致性越好。连续采集各前端的时间、转动角度、转速、伺服状态等,通过这些数据监测各前端方位扫描。图 4.15 是同步扫描监测界面

4.1.6.7　产品监测界面

产品监测界面主要用于实时显示雷达基数据、原始数据、基础二次产品进行 PPI、RHI 等方式进行绘制,再辅以 GIS 地理信息进行辅助查看天气情况。图 4.16 是产品监测界面。

通过切换时间轴当前时间,可自动加载不同时刻的产品数据进行显示;产品显示界面采用二维 GIS 展示方式,可切换卫星地图、街道地图、纯色地图等,方便快速查看回波在地理上的分布显示;根据导入的数据信息,自动读取数据中的物理量信息、仰角信息、方位角信息等,可

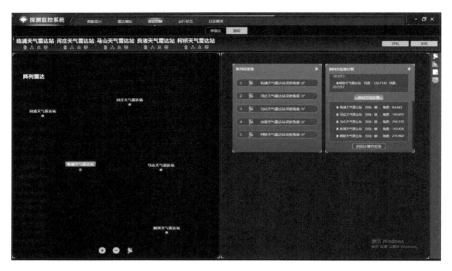

图 4.15 同步扫描监测界面

图 4.16 产品监测界面

自动或手动进行不同仰角的 PPI 绘制和不同方位的 RHI 绘制,同时采用鼠标和 GIS 结合的方式对鼠标滑过的地方进行精准的数据取值功能。

数据服务器实时统计接收雷达前端数据并转发送数据处理服务器,数据处理服务器接收到信息后根据信息类别进行验证,根据阈值范围查看若干状态以及雷达实时数据时间、产品实时数据时间是否正常,超过设定阈值范围则汇总到雷达总状态中以及声音报警模块中,对于异常雷达以高亮闪烁的方式进行醒目提示,声音报警循环对异常内容进行播报,从而让异常在发生的时候立即展示到控制终端。

显示界面整体分为雷达状态面板、雷达数据查看面板、RHI 查看面板、地图显示区域等。在雷达状态面板中,直观展示所有雷达的总状态及雷达和产品最新数据时间,对于异常雷达进行特殊标识,在登录状态下可以点击跳转到对应雷达详细状态页。雷达切换面板主要用于切换产品及单雷达显示,在不同显示主体下接收到最新数据可自动加载并解析数据,数据中相关信息反馈到面板中供用户交互使用,默认绘制第一层 PPI 数据并展示到地图模块中。在地图模块中可以双击数据进行对应数据点水平、方位、俯仰曲线图,便于分析使用,鼠标滑过有效数据区域可实时获取对应位置所有相关信息展示到取值面板中。RHI 查看面板可选择绘制 RHI 横纵坐标起始、结束范围,切换不同物理量、不同方位角进行执行绘制等。

4.2　雷达质控

　　天气雷达是一种通过遥感方式获取天气信息的重要工具,探测得到的信息除了降水气象信息以外可能含有非气象降水信息。非降水信息包括地物杂波、晴空湍流回波、生物回波、同频无线电干扰以及接收系统的热噪声。探测到的降水信息还受到雷达电磁波传播路径上降水的衰减影响,这种影响包括对信号幅度的衰减和对信号相位的延迟。天气雷达本身的探测能力不是无限的,当散射目标特性超出了雷达的测量范围,雷达探测的信息也会出现变异,比如降水粒子运动速度在雷达波束方向的分量大于雷达的测速范围,探测到粒子的运动信息—径向速度就会出现模糊,也就是说,雷达探测到的径向速度不是粒子的真正径向速度。总之,雷达探测到的信息中有很多需要剔除的干扰信息。这些干扰信息将直接影响到数据的准确性和可靠性,会给后续的产品生成带来错误,更会对应用带来困难和失误。质量控制可以帮助排除雷达数据中的噪声、干扰和误报等问题,确保数据的准确性。这对于准确预测和监测天气现象非常关键。质量控制可以确保不同雷达站点之间的数据一致性。通过对雷达数据进行标定和校正,可以消除不同雷达站点之间的系统偏差,使得数据具有可比性和一致性,方便进行天气分析和预测。天气雷达数据是生成各种天气产品的基础,如降水强度、风速、雷暴跟踪等。质量控制可以确保生成的产品具有可靠性和准确性,为用户提供准确的天气信息和预报服务。质量控制可以帮助排除雷达数据中的无效信息,减少数据处理和传输的负荷,优化资源利用。这对于大规模雷达网络和数据处理系统来说尤为重要,可以提高数据处理效率和系统性能。

　　天气雷达质量控制的基本方法包括以下几种:

　　(1)数据过滤:对雷达数据进行过滤,排除掉非气象回波、非降水气象回波、噪声、干扰和误报等无效数据。常用的过滤方法包括基于信噪比、强度、速度和谱宽的阈值过滤,以及基于空间和时间连续性的过滤。

　　(2)数据校正:对雷达数据进行标定和校正,消除雷达系统的偏差和误差。常用的校正方法包括天线增益校正、系统时延校正、速度偏移校正、波束差异订正、降水衰减订正等,以确保数据的准确性和一致性。

　　(3)数据质量评估:通过对雷达数据进行质量评估,判断数据的可靠性和准确性。常用的评估方法包括雷达回波的统计分析、比较不同雷达站点的数据一致性等。

　　(4)数据插值和填补:对雷达数据进行插值和填补,以填补数据缺失或不完整的情况。常用的插值方法包括最近邻插值、反距离加权插值等。

　　(5)数据融合:将不同雷达站点的数据进行融合,以提高数据的空间覆盖和一致性。常用的融合方法包括基于加权平均法、多普勒速度融合法等。

(6)数据验证:通过与其他观测数据(如地面观测、卫星观测、雨滴谱等)进行对比和验证,评估雷达数据的准确性和可靠性。

这里主要讨论地杂波去除,波束差异的订正,衰减订正和速度退模糊等。

4.2.1 地物去除

地物杂波干扰天气信号是雷达气象学中长期存在的问题。它直接影响雷达数据的质量,降低雷达产品的准确性和可信度。为此,国内外的专家提出了多种抑制地物杂波的方法。Smith 和 Steiner 将杂波抑制的方法大致分为四类,(1)使用高质量的雷达硬件以及合理的雷达布设位置;(2)在信号处理器内对 IQ 数据进行处理;(3)在数据处理环节,基于雷达基数据进行处理;(4)与其他设备探测到的数据对比。相比于后面三种方法,第一种方法不容易修改,使用范围较局限。因此,人们的研究集中在后面三种方法。

使用 IQ 数据抑制地物杂波,一般是对雷达探测到的数据使用时域或频域滤波器,滤除径向速度接近 0 的数据。这种方法虽然简单,但会把速度垂直于雷达扫描波束的天气数据当作地物去除。Li 等(2013)在频谱上提取识别地物和天气回波的特征参数,作为朴素贝叶斯算法的输入构建自动识别算法。使用多个特征参数虽然增加了计算量,但可以提高地物识别的准确率,更好地保留天气信号。使用雷达基数据的处理算法,主要是从雷达基数据中提取一维、二维或三维特征参数。Steiner 等(2002)年为了减少数据量,提高算法的效率,只使用从回波强度数据中提取的三维参数构建决策树算法,而速度谱宽和径向速度未被使用。他们通过使用回波强度的一系列研究发现,回波强度的垂直梯度、回波强度的水平变化和回波的垂直范围是最有效的特征。Zhang 等(2005)在 Smith 和 Steiner 的基础上,改进回波强度垂直梯度的计算方法,在计算时考虑了波束抬高水平距离的改变。Laksmanan 等(2003)使用回波强度的三维结构,径向速度和速度谱宽等特征,作为神经网络的输入,识别并去除地物杂波。神经网络的方法虽然能够较为高效地去除地物,但计算量非常庞大,不适合在实时业务中使用。Kessinger 等(2003)使用 Steiner 和 Smith 提出的特征参数,第一次使用模糊逻辑算法识别非气象回波。综合使用雷达基数据的模糊逻辑算法被美国大气研究中心应用在 WSR-88D 天气雷达系统中。刘黎平等(2007)也使用了类似 Kessinger 的模糊逻辑算法,对我国新一代天气雷达超折射地物回波的识别开展了研究。此外,Cho 等(2006)和江源等(2013)也使用模糊逻辑算法开展了地物识别和抑制的研究。李丰等(2012,2014)使用模糊逻辑识别非降水回波的同时,还对比分析了 S 波段和 C 波段多普勒天气雷达各个特征参数分布的区别。2015 年日本研究人员 Ruiz 等(2015)使用大版相控阵天气雷达的基数据,从中提取了 TRCT(Texture of the reflectivity correlation with time)等参数,使用朴素贝叶斯算法识别地物杂波。对会产生更多地物杂波的相控阵雷达,该算法能有效地识别并去除地物杂波。但其运行效率相对较低,对于扫描速度快、数据量大的相控阵天气雷达,要实现实时生成产品,就需要更强的运算能力。在相控阵阵列天气雷达中采用了模糊逻辑识别非降水地物杂波。在这种方法中主要考虑回波强度纹理、回波强度垂直梯度、径向回波强度变化程度、回波强度时间变化量、径向速度平均值和速度谱宽平均值这六种特征量。

4.2.1.1 数据

地物回波识别处理所用的数据为长沙 2019 年 12 月和佛山 2019 年 10 月—2020 年 3 月不同天气情况下的阵列雷达数据。雷达基数据中存在少量孤立的线状或点状杂波图 4.17(a),为了提高数据质量,在地物识别前使用了 Zhang 等(2005)提出的孤立点滤波算法进行预处理。方法如下:对于空间中任意一点 X,计算以点 X 为中心的 5×5(方位×径向)范围内有效回波点占总点数的百分比。如果得到的百分比大于预设阈值(默认为 75%),则认为点 X 为有效点,否则将其视为杂波点并去除。对比图 4.17(a)和图 4.17(b)可以看出,通过滤波算法可以消除大部分孤立杂波点。

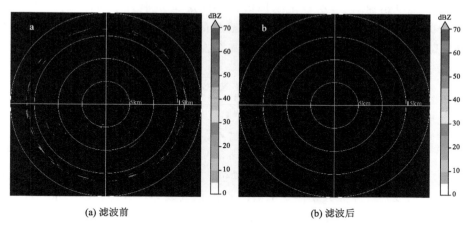

(a) 滤波前　　　　　　　　　　　　　(b) 滤波后

图 4.17　孤立点滤波前后回波强度

在做了杂波点处理后,根据地物杂波和天气回波的特征,预先对回波进行分类。分类的依据是:地物主要出现在较低的仰角,且随着仰角的抬高强度迅速减小;地物的径向速度接近零;位置不随时间改变;地物回波与降水回波形态差异;地物回波与降水回波垂直结构差异及随时间演变差异。最后将这些分类数据随机分为两个部分,一部分数据用于统计分析,另一部分则用于算法识别效果检验。

4.2.1.2　特征函数分析

分类后有 120 个地物体扫数据,包含了不同季节的不同时间段。84 个降水体扫数据包含了对流云降水、层状云降水和混合型降水。利用这些数据计算出各空间点上特征参数的值,进一步统计分析得到地物回波和降水回波的各特征参数的概率分布。

(1)选取特征函数

地物特征参数包括:回波强度纹理(TDBZ)、回波强度垂直梯度(GDBZ)、径向回波强度变化程度(SPIN)、回波强度时间变化量(TVR)、径向速度平均值(MDVE)和速度谱宽平均值(MDSW)。回波强度纹理

$$\text{TDBZ} = \frac{\sum_{i=1}^{N_A} \sum_{j=1}^{N_R} (Z_{i,j} - Z_{i,j+1})^2}{N_A \times N_R} \tag{4.1}$$

式中,N_A、N_R 表示在方位和径向定义的计算范围,i、j 为计算范围内的索引,Z 为回波强度。相比于降水回波,地物回波的形状不规则,空间分布不均匀,回波强度变化大,因此,在计算 TDBZ 时会与降水回波有一定的差异。而在降水回波中,对流性降水又比层状云降水的 TDBZ 值大。回波强度垂直梯度

$$\text{GDBZ} = \frac{\sum_{i=1}^{N_A} \sum_{j=1}^{N_R} (Z_{\text{up}_{i,j}} - Z_{\text{low}_{i,j}})}{N_A \times N_R} \tag{4.2}$$

式中,Z_{low}、Z_{up} 为对应的本层和上层 PPI 的回波强度。地物主要存在于较低的仰角,而且随着仰角的抬高回波强度迅速减小,所以地物回波的 GDBZ 为负值且绝对值较大;对于降水回波 GDBZ 大部分为 0。对于远距离降水回波和比较浅薄的层状云降水回波,低的仰角可以探测到回波,而较高的仰角只能探测到较弱的回波甚至探测不到回波,这时降水回波的 GDBZ 会出现较大负值。径向回波强度变化程度:

$$\text{SPIN} = \frac{\sum_{i=1}^{N_A} \sum_{j=1}^{N_R} M_{\text{SPIN}}}{N_A \times N_R} \tag{4.3}$$

$$M_{\text{SPIN}} = \begin{cases} 1, & |Z_{i,j} - Z_{i,j-1}| \geqslant Z_{\text{thresh}} \\ 0, & |Z_{i,j} - Z_{i,j-1}| < Z_{\text{thresh}} \end{cases} \tag{4.4}$$

式中,Z_{thresh} 为径向上相邻距离库强度变化的阈值。SPIN 计算的是在选定的计算范围内,相邻两个距离库的回波强度差异大于设定阈值的点占总点数的百分比。因降水回波相对均匀,所以降水回波的 SPIN 值相对较小。而地物回波的 SPIN 值相对较大。回波强度时间变化量:

$$\text{TVR} = \frac{\sum_{i=1}^{N_A} \sum_{j=1}^{N_R} |Z_{Ni,j} - Z_{Li,j}|}{N_A \times N_R} \tag{4.5}$$

式中,Z_N 和 Z_L 分别表示当前时刻的强度和上一时刻的强度。大多数地物都固定不动,所以地物回波 TVR 值主要集中在 0 附近。径向速度平均值:

$$\text{MDVE} = \frac{\sum_{i=1}^{N_A} \sum_{j=1}^{N_R} |V_{i,j}|}{N_A \times N_R} \tag{4.6}$$

式中,V 为径向速度。大多数地物都是固定不动,速度为 0,所以地物回波的 MDVE 值都主要集中在 0 附近。

$$\text{MDSW} = \frac{\sum_{i=1}^{N_A} \sum_{j=1}^{N_R} S_{w_{i,j}}}{N_A \times N_R} \tag{4.7}$$

式中,S_w 为速度谱宽。地物回波的 MDSW 值都主要集中在 0 附近。

（2）计算区域的选择

在计算特征参数时,数据计算区域的选择也很重要。为了得到最佳的计算区域,分别选择 $N_A = 3, N_R = 3; N_A = 5, N_R = 5; N_A = 7, N_R = 7$ 统计各个特征参数的概率分布,其中在计算 TVR 时两个体扫的间隔为 1 min,SPIN 的阈值为 2 dBZ。统计结果如图 4.18—图 4.20 所示。

根据统计结果显示,计算区域为 $3 \times 3, 5 \times 5$ 和 7×7 时,各个特征的概率分布曲线的整体趋势相同。但不同的计算区域对地物和降水各个特征分布曲线的交点、波峰和波峰位置有着直接的影响。计算区域越大,分布曲线就越平滑;反之振荡得更厉害。选择合适的计算区域能够更好地区分地物回波和降水回波。综合考虑后,本文选择计算区域为 5×5。

（3）SPIN 函数中阈值的选择

计算回波强度特征 SPIN 时,需要确定 Z_{thresh} 的取值。从 SPIN 的计算式（4.3）和图 4.20 可知,SPIN 的取值与 Z_{thresh} 的取值密切相关。一般而言,Z_{thresh} 的取值在 $2 \sim 5$。在固定计算范围为 5×5 时,分析了 Z_{thresh} 为 2、3、4 时 SPIN 的概率分布图,统计结果如图 4.21。

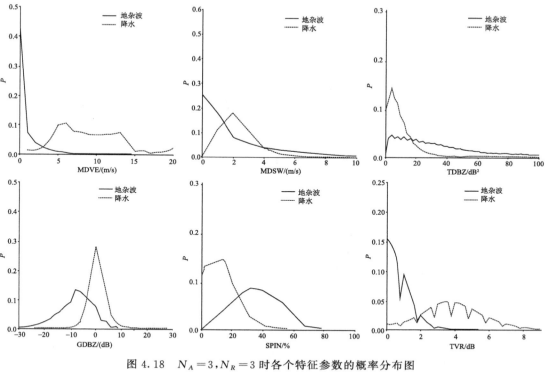

图 4.18　$N_A = 3, N_R = 3$ 时各个特征参数的概率分布图

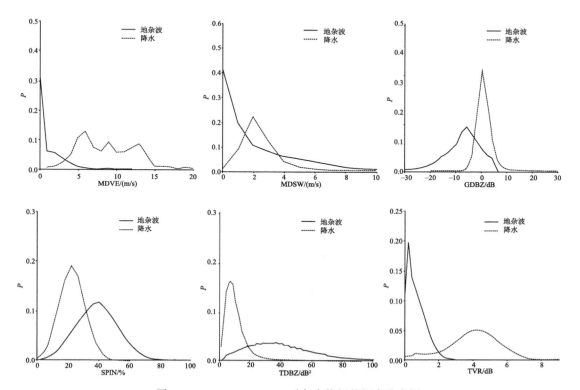

图 4.19　$N_A = 5, N_R = 5$ 时各个特征的概率分布图

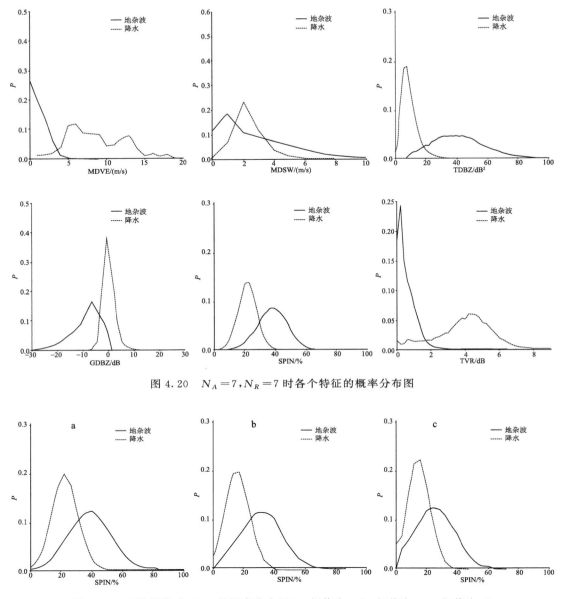

图 4.20 $N_A=7$，$N_R=7$ 时各个特征的概率分布图

图 4.21 不同阈值时 SPIN 的概率分布图(a. 阈值为 2；b. 阈值为 3；c. 阈值为 4)

由统计结果可知，Z_{thresh} 对 SPIN 的概率分布曲线有一定的影响。随着 Z_{thresh} 的增大，降水的 SPIN 曲线与 Y 轴的截距就越大，波峰位置逐渐向左移动。但由于地物变化本身较大，Z_{thresh} 从 2 变到 4 时，地物的 SPIN 曲线变化不大。综合 3 个阈值情况下两条曲线的重叠面积和交点，本文选取 Z_{thresh} 的值为 2 dBZ。

(4)TVR 函数中体扫间隔

在计算回波强度特征 TVR 时，需要确定两个体扫数据之间的时差。TVR 的取值与 Z_N 和 Z_L 之间的时差密切相关。在固定计算区域为 5×5 时，分别分析了时间间隔为 24 s、60 s 和 120 s 时 TVR 的概率分布，统计结果如图 4.22。

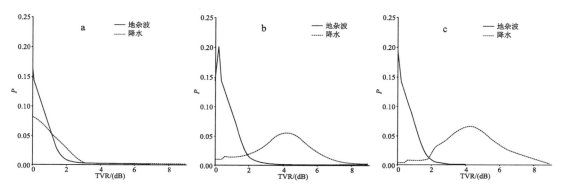

图 4.22　不同时间间隔的 TVR 概率分布图(a. 间隔 24 s;b. 间隔 60 s;c. 间隔 120 s)

由统计结果可知,由于地物基本固定不动,所以在选择的三个时间间隔中,地物回波的 TVR 分布曲线基本没有变化。对于降水回波,时间间隔为 24 s 时,TVR 的值集中在 0 附近,随着时间间隔的增大,0 附近的值减少,TVR 分布曲线的波峰逐渐向右移动。时间间隔为 60 s 和 120 s 的分布曲线差别不大,所以本文选择的时间间隔为 60 s。

(5)统计结果分析

根据图 4.19 所示的统计结果,对从地物回波和降水回波的强度、径向速度和速度谱宽中提取的各个特征参数的分析如下。

地物杂波和降水的 MDVE 区别较大,且地物的 MDVE 集中分布在 0 附近。地物和降水回波的 MDSW 区别不够明显,有较大的重合面积,与预期结果存在一定差异,因此在识别算法中剔除该参数。与降水回波相比,地物杂波的 TDBZ 分布相对离散,体现了地物杂波空间分布差异较大的特征。地物杂波的 GDBZ 存在少数大于 0 的部分,虽然与预期效果存在一定差异,但与降水回波存在明显差异,仍可用于识别地物。地物杂波 SPIN 分布曲线的波峰位置更靠右,且与降水回波的波峰位置区别明显。即在计算区域内,地物杂波强度波动更大。TVR 在地物和降水回波之间有明显差异,降水回波的 TVR 分布相对离散,而地物杂波主要分布在 0~2 dB 的范围内。综上所述,地物和降水回波的大部分参数有着较为明显的差异,但同时存在少部分重合区域。如在 TDBZ 靠近 0 的区域也有部分地物杂波,MDVE 较小的区域也有降水回波。因此,仅使用某一个特征参数识别地物杂波是相当困难的,需要综合使用这些特征才能很好地区分地物和降水回波。

根据各种回波特征参数的统计分析结果,确定使用 TDBZ、GDBZ、SPIN、MDVE 以及 TVR 5 个特征参数识别地物回波。

4.2.1.3　确定判断阈值

根据地物和降水特征参数分布的范围、交点和波峰位置确定采用如图 4.23 所示的梯形隶属函数。根据隶属函数,可以计算每个回波点各个参数的判据 M。然后,对每个点的所有判据(N 个)进行累加平均(式 4.8),这样就得到了每个点地物的判断值 EM(0~1)。该值越小代表该点是降水回波的可能性越大,反之代表是地物回波的可能性就越大。最后将得到的判断值 EM 与预先设定的阈值进行比较,小于阈值判断为降水回波,反之判断为地物回波。

$$\mathrm{EM} = \frac{\sum_{i=1}^{N} M_i}{N} \tag{4.8}$$

145

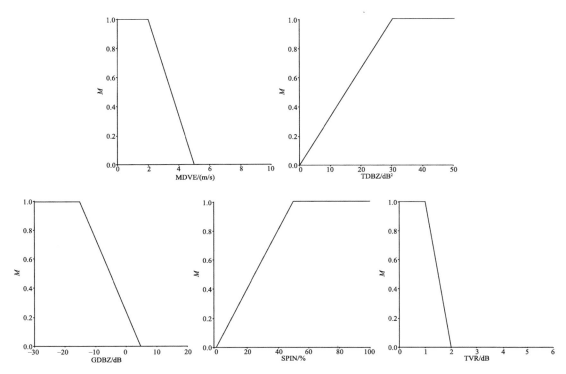

图 4.23 地物识别的隶属函数

式(4.8)中 EM 值的阈值选择直接决定了地物识别的准确率,本节在分析算法识别效率时,选取了不同的阈值分别计算了地物识别准确率和降水识别的误判率。同时还分析了在不同阈值时,本文新提出的 TVR 对识别效果产生的影响。分析结果如表 4.2 所示。

表 4.2　地物识别的准确率和降水识别的误判率

阈值	地物识别准确率/%		降水识别误判率/%	
	采用 TVR	不采用 TVR	采用 TVR	不采用 TVR
0.40	96	93	12	14
0.45	91	87	10	11
0.50	80	80	7	8
0.55	75	72	4	4
0.60	64	63	3	3

由表 4.2 可知,随着阈值的提高,地物识别的准确率和降水的误判率有一定程度降低。阈值不同时,TVR 对算法的影响也有所不同。在阈值小于或等于 0.55 时,TVR 对改善地物识别的准确率和降水识别的误判率都有贡献。当阈值大于 0.55 后,TVR 将不再对识别算法产生影响。

虽然阈值为 0.4 时地物识别的准确率最高,但降水识别的误判率也最大。综合考虑地物识别的准确率和降水识别误判率,最终选取阈值为 0.45。

4.2.1.4　算法实现效率分析

由于阵列天气雷达的体扫时间最短可到 12 s,为了能够实时地处理数据,使用传统的 CPU 算法已经不能满足效率需求。本小节将详细介绍使用 GPU 实现地物识别算法,本节在计算时使用的是 win10 64 位操作系统,CPU 型号为 inter(R) core i7-8700,GPU 型号是 NIVDIA GeForce GTX 1080Ti。其中 GPU 的相关参数见表 4.3。

表 4.3　NIVDIA GeForce GTX 1080Ti 相关配置

参数	数值
NVIDIA CUDA 核心数量	3584
时加速频率	1582 MHz
显存速率	11 Gbps
标准显存	11 GB GDDRX
显存带宽	48 4GB/s
内存接口位宽	352 bit
线程块 X 维度最大值	2^{10}
线程块 Y 维度最大值	2^{10}
线程块 Z 维度最大值	2^{6}
线程网格 X 维度最大值	2^{31}
线程网格 Y 维度最大值	2^{16}
线程网格 Z 维度最大值	2^{16}

(1)算法实现步骤

使用的雷达数据为体积扫描的网格数据,以长沙阵列天气雷达的 PPI 数据为例,仰角数、方位角数和径向距离库数分别为 64、240 和 676。在使用 GPU 计算时分配了一个有 64 个线程块的一维网格,每个线程块上分配了 240×676 个(X 方向维度×Y 方向维度)线程。这样分配后,雷达数据点与线程一一对应。在 GPU 计算时,所有线程并行计算,这样就可以避免多次循环计算。

因为 GPU 不能直接在硬盘读写,所以需要 CPU 与 GPU 共同完成算法。其中 CPU 主要负责从硬盘中读取数据并将数据传送到 GPU,在计算结束之后,将 GPU 传出的新数据写入到硬盘中。GPU 负责所有的运算,其中包括数据预处理算法和地物识别算法。CPU 将数据传到 GPU 后,存放在 GPU 的全局内存中,方便所有线程对数据操作。每一个线程将一个格点的数据处理好后,会将处理好的数据会覆盖原来全局内存中的数据。为了避免覆盖后的数据影响计算,在计算特征值时需要用到线程同步,保证所有线程都已经提取到了处理前的数据。所有线程处理结束后,GPU 再将新的数据传出到 CPU 上并由 CPU 存储在硬盘上。具体程序流程图如图 4.24 所示。

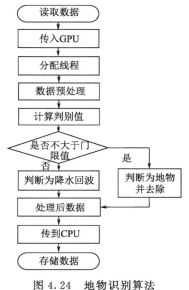

图 4.24　地物识别算法
程序流程图

（2）效率分析

为了知道 GPU 计算对算法效率的提高，本节对比分析了 CPU 和 GPU 的计算效率。为了避免选择数据的特殊性造成误差，分别计算了处理 10 个、20 个和 50 个体扫数据时每个体扫的平均耗时。分别使用了长沙（64×240×676）和佛山（64×300×1236）的阵列天气雷达数据分析。分析结果如表 4.4 所示。

表 4.4　CPU 与 GPU 计算效率对比

计算次数/（次）	长沙		佛山	
	CPU 效率/(s/次)	GPU 效率/(s/次)	CPU 效率/(s/次)	GPU 效率/(s/次)
10	48.24	3.16	54.31	3.21
20	47.81	3.04	55.47	3.17
50	48.31	3.13	54.83	3.19

从表 4.4 中可以看出，数据量对 CPU 计算速率有着明显的影响，数据量越大 CPU 计算的时间就越长。因为 GPU 计算是一个线程负责计算空间中的一个数据点，所以数据量的改变不影响 GPU 的计算速率。在计算长沙数据时，GPU 的计算速率是 CPU 计算速率的 16 倍。计算佛山数据时是 18 倍。GPU 的计算时间稳点在 3 s 左右，而阵列天气雷达的最小体扫时间为 12 s，算法完全能够满足实时处理的要求。

4.2.1.5　处理结果分析

不同的天气的回波在形态、结构有所不同。为了检验地物识别算法在不同天气情况下的表现，对无降水、层状云降水和对流性降水三种天气情况下回波地物识别处理结果来进行分析，对佛山和长沙阵列天气雷达数据的处理情况。在分析时，使用预先收集并标记好地物和降水真值的数据。为了避免资料重复使用带来的误差，在统计地物和特征时已经使用到的数据，在分析算法效果时不再使用。

（1）无降水地物识别处理效果

使用长沙和佛山阵列天气雷达探测到的无降水数据，分析了地物识别算法在两地的处理效果，分析结果如表 4.5 所示。从表中可以看出，地物识别算法在无降水情况下表现较好，其地物识别准确率在长沙和佛山分别为 94% 和 95%，只有较少的地物不能被准确识别。

表 4.5　无降水时地物识别效果

地点	地物识别准确率/%
长沙	94
佛山	95

图 4.25 给出了长沙阵列天气雷达前端 3 在 2019 年 7 月 18 日 11：31 经过地物识别算法处理前后 1.4° 仰角的回波强度和径向速度的 PPI 图。从图 4.25a、c 中可以看出，在距离子阵中心 10 km 的范围内存在大片地物回波，最强回波达到 70 dBZ 以上，其径向速度主要分布在 0 m/s 附近。由图 4.25c、d 可以看出，经过地物识别算法的处理，绝大部分的地物杂波能被有效地识别并抑制，仅有子阵中心附近和西北方向 15 km 处有少部分地物未能准确识别。

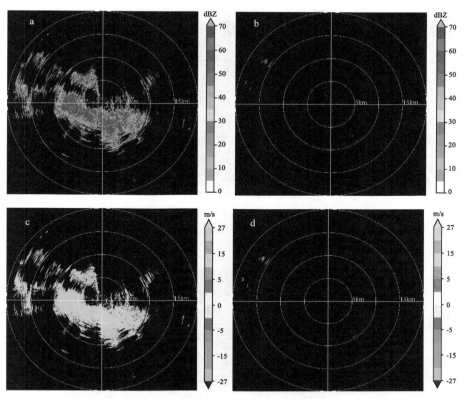

图 4.25　长沙阵列雷达前端 3 地物识别处理前后 1.4°仰角的回波强度和径向速度 PPI 图（a. 识别处理前的回波强度；b. 识别处理后的回波强度；c. 识别处理前的径向速度；d. 识别处理后的径向速度）

（2）层状云降水

使用预先确定为层状云降水的数据，分析在层状云降水情况下地物识别处理的效。

图 4.26 和图 4.27 给出了长沙阵列雷达前端 1 在 2019 年 7 月 7 日 14：55 地物识别算法处理前后 1.4°和 2.8°仰角的回波强度和径向速度的 PPI 对比图。从图 4.26a、c 和图 4.27a、c 可以看出，在子阵的东南和正南方向有大量地物回波，其强度最大超过 60 dBZ，径向速度主要集中在 0 m/s 附近。相比 1.4°仰角，2.8°仰角的地物强度明显减小，面积也有所减少。 由

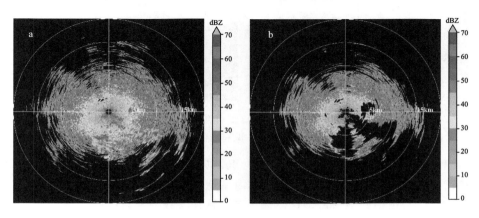

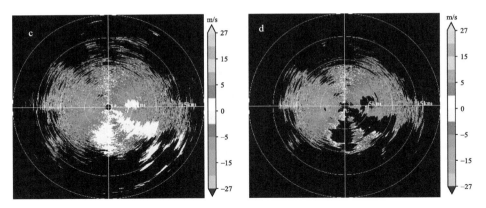

图 4.26 长沙阵列雷达前端 1 地物识别前后 1.4°仰角的回波强度和径向速度 PPI 图(a. 识别
前的回波强度;b. 识别后的回波强度;c. 识别前的径向速度;d. 识别后的径向速度)

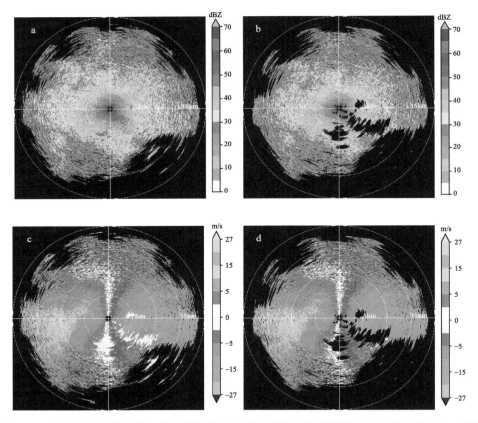

图 4.27 长沙阵列雷达前端 1 地物识别前后 2.8°仰角的回波强度和径向速度 PPI 图(a. 识别
前的回波强度;b. 识别后的回波强度;c. 识别前的径向速度;d. 识别后的径向速度)

图 4.26b、d 和图 4.27b、d 可以看出,经过地物识别算法的处理,大多数地物被准确识别出来
并抑制,并较好地保留了降水信息。正北方向因雷达波束与回波运动方向垂直引起的径向速
度为 0 m/s 的区域,被很好地保留。这体现了多个特征参数的共同作用。

分析结果如表 4.6 所示,在此类降水情况下,长沙和佛山的地物识别准确率都能达到 92% 以上,降水识别的误判率在 9% 左右。

表 4.6　层状云降水地物识别效果

地点	地物识别准确率/%	降水识别误判率/%
长沙	92	10
佛山	93	9

（3）对流性降水

图 4.28、图 4.29 给出了长沙阵列雷达前端 2 在 2019 年 7 月 21 日 13：57 地物识别处理前后 1.4° 和 2.8° 仰角的回波强度和径向速度的 PPI 图。从图 4.28a、c 和图 4.29a、c 可以看出,1.4° 仰角时子阵的西边和西北边存在大量地物回波,径向速度主要分布在 0 m/s 附近。随着仰角的抬高地物回波的面积明显减少。由图 4.28b、d 和图 4.29b、d 可以看出,经过地物识别算法的处理,两个仰角的地物基本都被识别出,降水区域也被很好地保留。由于高仰角的地物回波面积较小,降水区域被更加完整地保留。此个例中经算法识别处理后除降水回波边缘部分和西南方向的一小块孤立的降水回波被识别错误外,其余部分被较好地保留。

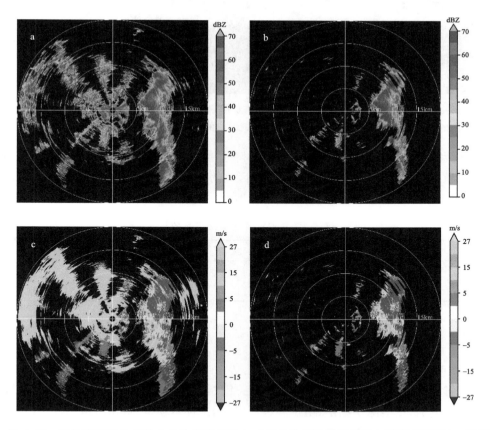

图 4.28　长沙阵列雷达前端 2 地物识别前后 1.4° 仰角的回波强度和径向速度 PPI 图（a. 识别前的回波强度；b. 识别后的回波强度；c. 识别前的径向速度；d. 识别后的径向速度）

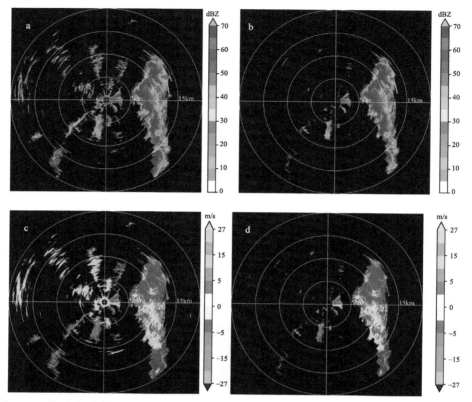

图 4.29　长沙阵列雷达前端 2 地物识别前后 2.8°仰角的回波强度和径向速度 PPI 图(a. 识别前的回波强度；b. 识别后的回波强度；c. 识别前的径向速度；d. 识别后的径向速度)

统计分析结果如表 4.7 所示。虽然对流性降水和层状云降水各个参数特征略有不同，但对比表 4.6 和 4.7 可以看出，在两种降水情况下，长沙和佛山两地地物识别算法的都有着较好的表现，无太大差别。

表 4.7　对流性降水算法识别效果

地点	地物识别准确率/%	降水识别误判率/%
长沙	92	11
佛山	93	9

4.2.2　Z_{DR} 系统偏差订正

4.2.2.1　订正理论

差分反射率(Z_{DR})是双偏振参数中的一个关键指标，用于描述水平和垂直偏振方向上的反射率差异。然而，在实际探测中，由于各种原因，如硬件不稳定、雷达校准不准确或其他外部因素，都可能造成 Z_{DR} 出现系统偏差。

为了确保 Z_{DR} 的准确性和可靠性，进行系统偏差订正是至关重要的。常用的方法包括测试信号定标法、太阳辐射法、自然目标法、金属球定标法。这些方法的目标都是确定偏差的大小和方向,然后相应地调整原始 Z_{DR} 观测值。经过系统偏差订正后的 Z_{DR} 数据不仅更加准确,而且在气象分析和预报中更为有用。例如,订正后的 Z_{DR} 可以更准确地描述降水粒子的类型和大小,从而提供更准确的降水估计和更好的天气预警。

传统的抛物面天气雷达所有仰角 Z_{DR} 的系统偏差相同。与传统抛物面天线的天气雷达不同的是,相控阵天气雷达的波束随着偏离法向的角度变化,波束性能会发生变化。相控阵天气雷达 Z_{DR} 的系统误差还会受到波束成形算法的影响。此外,相控阵天气雷达在宽发窄收模式下,由于带内波动的影响,会造成不同波束的误差不同。由于相控阵天气雷达的特殊性,使用测试信号标定法和太阳辐射法,只能标定接收通道产生的误差,不能标定发射通道产生的误差。金属球定标法在理论上可行,但在实际操作过程中受无人机电池续航,飞行高度等的影响,要想在短时间内完成对所有波束的误差订正,实际操作难度很大。因此对于相控阵天气雷达 Z_{DR} 的系统偏差订正,最方便可靠的方法就是自然目标法。

自然目标法,主要是通过观测已知的无偏振目标,如地面散射体或小雨滴等,来估计系统偏差。这些目标的 Z_{DR} 应该是已知的或接近零,因此任何偏离这一值的观测都可以被视为系统偏差。关于自然目标法的原理张培昌已经做了详细的描述,需要注意的是相控阵天气雷达在系统误差订正时需要分波束进行订正。选用相控阵天气雷达的实测的小雨数据,分波束确定 Z_{DR} 的系统偏。为了避免非降水回波和 0℃ 层以上的数据对结果的干扰,在数据确定系统偏差时,需要先对数据进行筛选。选择高度在 3 km 以下,距离雷达 5 km 以外,强度在 18～25 dBZ,信噪比大于 15 dB 且相关系数大于 0.98 的数据,同时需要排除避雷针影响方位的数据。对筛选出的样本分仰角进行统计,得到每个仰角样本的平均值,即为该仰角 Z_{DR} 的系统偏差。

4.2.2.2　订正案例

为了使统计到的系统偏差更准确,订正的效果更好,在选择订正数据时需要选择降水强度较小的层状云降水数据,同时每个波束的样本量需要达到 1 万个以上。选择架设在芜湖二坝的 X 波段相控阵天气雷达探测到的一次层状云降水数据,该雷达的时间分辨率为 1 min。为了得到可靠的结果,选择了 2.5 h 的数据进行样本筛选和统计。对筛选到的样本按波束进行求平均值,得到每个波束的 Z_{DR} 的系统偏差,如图 4.30 所示。从得到的结果可以看出,该雷达的每个波束的系统偏差相差较大,这与前面的分析相吻合。使用探测到的原始 Z_{DR} 直接减去对应波束的系统偏差,便得到了订正后的 Z_{DR}。图 4.31 给出了订正前后 Z_{DR} 的对比效果,订正前在 RHI 剖面上可以清晰地看到波束之间的差异,小雨时 Z_{DR} 应该在 0 附近,订正前的数据与这一理论值偏差较大。订正后的数据消除了波束间的差异,与理论值更加吻合。订正后的数据更加准确,在对粒子大小,相态等的判断中能够提供更加准确的信息。

4.2.3　衰减订正

天气雷达通过发射微波信号,接收反射回来的信号来探测降水的位置、强度和类型等信息。然而,雷达信号在传播过程中会受到衰减的影响,导致接收到的信号强度减弱,从而影响雷达的探测能力和精度。雷达回波的衰减与降水的特性有关。当雷达发射的微波信号遇到降水时,会发生多次反射、散射和折射,其中一部分能量被吸收和散射,从而导致信号强度减弱,这就是所谓的降水衰减。降水衰减的程度取决于降水的类型、强度、粒径分布、密度、形态以及雷达波长等因素。一般来说,降水强度越大、粒径越大、密度越高,衰减就越明显。不同类型的

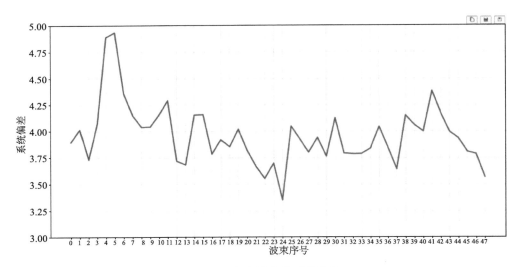

图 4.30　每个波束的系统偏差

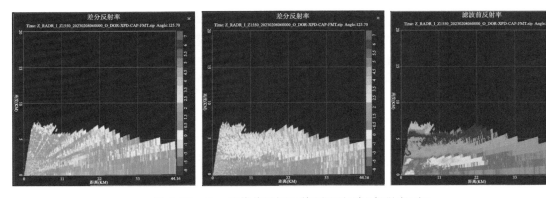

图 4.31　Z_{DR} 系统偏差订正前(左)后(中)与强度(右)

降水对雷达回波的衰减也有所不同,例如,雨水对雷达回波的衰减比雪水和冰雹要小。

为了准确地探测降水,需要对雷达回波进行降水衰减订正,以消除衰减的影响,得到更加准确的降水信息。降水衰减订正是一种对雷达信号进行修正的方法,它可以根据信号传播过程中的衰减规律,对接收到的信号进行补偿,从而得到更加准确的降水信息。降水衰减订正的主要目的是消除雷达信号在传播过程中的衰减影响,提高雷达的探测能力和精度。降水衰减订正虽然可以提高雷达的探测能力和精度,但也存在一定的误差和不确定性。因此,在进行天气预报和灾害预警等应用时,需要综合考虑多种因素,进行准确的分析和判断。

X 波段雷达相比于 S/C 波段来说波长短,对小粒子探测更敏感,但是更短的波长意味着衰减更强。衰减会影响到重点观测区域的选取,会对后续的扫描决策产生很大的影响,使一些天气现象无法被观测到,尤其是新形成或是正在形成的强风暴单体和冰雹,无法提前预警。

X 波段雷达反射率因子衰减订正一直是非常关注的问题。X 波段雷达反射率因子衰减订正包括单雷达订正、多雷达订正和天基地基结合订正。Hitschfeld 等(1954)、Marzong 等(1994)、张培昌等(2001)基于经验公式 $\alpha = aZ^{b}$,a 和 b 为参数,研究降水衰减订正具体算法,研究表明,虽然 k-Z 经验公式中的 b 参数变化不大,但公式对参数 a 敏感。Testud 等(1989)提出立体雷达算法,即利用两部雷达从不同角度对雨团的观测来反演整个观测区域的反射率因子,该方法不依赖于 a-Z 关系,但在强降雨区效果好,在回波边缘效果差。在单雷达订正中还利用双偏振量进行订正,一般使用差传播相移率(K_{DP})与衰减率(A_H)之间的对应关系进行订正(Testud et al.,2000;肖柳斯等,2021)。多雷达订正方法,Testud 等(2009)基于同一空间点反射率因子相同的前提,建立两部雷达同一点观测方程组,通过求解联立方程组,得到真实反射率因子。Chandrasekar(2008)提出了雷达组网衰减订正方法,与双波束法类似,该方法利用多部雷达的多个公共探测点的观测值作为约束条件,找到使得各个公共点衰减因子差异最小的解。天基地基结合订正就是利用卫星星载雷达对地基雷达进行订正,常用的方式是用星载雷达反射率因子做基准订正 S 波段天气雷达反射率因子定标偏差(朱艺青等,2016;韩静等,2017;楚志刚等,2018)。

4.2.3.1　单雷达降水衰减综合订正

差分相移率 K_{DP} 反映了降水粒子的大小,而且不受降水区的影响,因此广泛用于降水衰减的订正。X 波段雷达的差分相移率 K_{DP} 与降水衰减率 A_H 的关系如下:

$$A_H = \alpha K_{DP}^{\gamma} \tag{4.9}$$

式中:γ 为衰减指数,γ 约等于 1;α 为衰减系数,在不同的反射率因子 Z_H 与差分相移率 K_{DP} 条件下,α 的值是不同的,在 X 波段中,α 的变化范围是 0.139~0.335。可以通过统计的方式获得衰减系数。从表 4.8 可以查出对应的 α。

表 4.8　K_{DP} 综合分类法针对各分档的误差系数

$Z_H \backslash K_{DP}$	0~1.5	1.5~3.0	3.0~4.5	4.5~6.0	6.0~7.5
0~15	0.216	0.218	0.201	0.125	0.1
15~30	0.2	0.193	0.167	0.178	0.1
30~45	0.202	0.175	0.163	0.189	0.12
45~60	0.369	0.234	0.187	0.154	0.12

对式(4.9)进行积分就可以得到雷达信号经过的降水区的衰减量,将衰减量与雷达探测到的反射率因子相加就可以实现降水衰减订正。式(4.10)给出了衰减订正的算式。

$$10\lg[Z_h(r)] = 10\lg[Z_h'(r)] + 2\int_0^r A_H(r)\,dr \tag{4.10}$$

式中,Z_h' 和 Z_h 分别表示订正前后的反射率因子,$Z_H = 10\lg Z_h$(单位:dBZ),r 为距离变量(单位:m)。

利用雷达进行了降水衰减订正试验。图 4.32 给出了 2023 年 08 月 17 日 14:30 河庄雷达方位 0°、仰角 0.75°,利用式(4.10)进行降水衰减订正前后的反射率因子曲线。

黑色曲线为订正前曲线,红色曲线为订正后曲线统计 S 波段雷达与雷达订正前后反射率因子散点图,如图 4.33 所示。订正后散点图的对称性有了明显改善。说明两种雷达探测的回波反射率因子的一致性增加。

4.2.3.2　组网降水衰减订正

当有多部雷达重叠探测某个区域时,在同一空间点就有多个反射率因子数据,根据反射率因子的定义,假设多个雷达定标准确,那么理论上这几个雷达在同一空间点探测到的反射率因

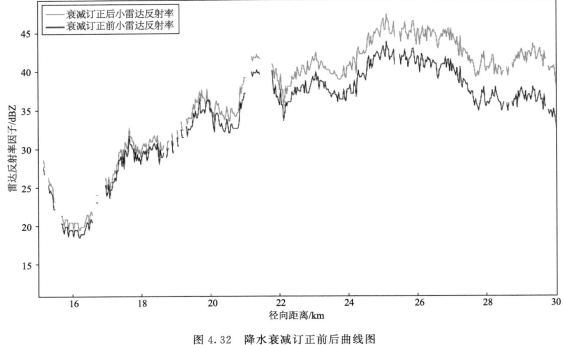

图 4.32　降水衰减订正前后曲线图

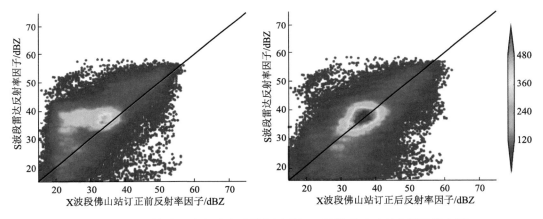

图 4.33　订正前后 S 波段雷达反射率因子与 X 波段雷达反射率因子散点图

子数据应该相同,但实际上并不相同。造成这种差别的原因就是不同雷达发射接收的电磁波信号经历了不同的有降水的路径,降水衰减不同。也就是说同一空间点上不同的探测的反射率因子值通过衰减能建立起关系。这就给解决降水衰减订正提供了新的途径。Chandrasekar 等(2008)提出了网络化雷达反射率因子衰减订正方法。网络化雷达反射率因子衰减订正的前提条件是多部雷达在不同位置观测相同的天气过程,且雷达经过严格定标,没有其他不确定性因素影响。如图 4.34 所示,雷达 A、B、C 布设在三个不同位置,他们可以探测同一块降水。

　　沿雷达 A 的一个径向有探测点 V_1-V_N ,对于每个雷达这些点上真实反射率因子值是相同的。即:$Z_{h,AN} = Z_{h,BN} = Z_{h,CN}$ 这里 $Z_{h,AN}$ 表示雷达 A 在第 N 个共同观测点上的真实反射率因子值。但是,由于每个雷达发射和接收电磁波途径的降水区路径不同,实际探测得到的反射率因子是不同的。

降水衰减率 α_h (单位:dB/km)与水平反射率因子 Z_h (单位:mm^6/m^3)之间幂函数关系:

$$a_h(r) = a[Z_h(r)]^b \qquad (4.11)$$

式中,a、b 是经验系数,r 是雷达到目标的距离,$Z_h(r)$ 是真实反射率因子。

总的降水路径衰减是真实的反射率因子与探测的反射率因子之差:

$$2\int_{r_0}^{r} \alpha_h(s)ds = 10\lg[Z_h(r)] - 10\lg[Z'_h(r)] \qquad (4.12)$$

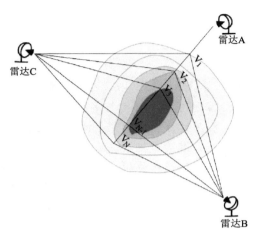

图 4.34　网络化雷达衰减
订正雷达布置示意图

式中,Z'_h 是雷达探测的反射率因子。经过适当的代数运算,可以得到某一径向上各格点的衰减率($\hat{a}_h(r)$;dB/km)(Chandrasekar 等,2008):

$$\hat{a}_h(r) = \frac{[Z'_h(r)]^b \times [10^{0.1 \times b \times \Delta Z(r_m)} - 1]}{I(r_0, r_m) + [10^{0.1 \times b \times \Delta Z(r_m)} - 1] \times I(r, r_m)} \qquad (4.13)$$

其中:

$$I(r_0, r_m) = 0.46b\int_{r_0}^{r_m} [Z'_h(s)]^b ds \qquad (4.14)$$

$$I(r, r_m) = 0.46b\int_{r}^{r_m} [Z'_h(s)]^b ds \qquad (4.15)$$

$$\Delta Z(r_m) = 10\lg[Z_h(r_m)] - 10\lg[Z'_h(r_m)] \qquad (4.16)$$

式中,r_0 和 r_m 表示回波区的起始位置和结束位置,$\Delta Z(r_m)$ (单位:dBZ)表示在回波区结束位置上真实的反射率因子与探测的反射率因子的差值,可称为双向累积衰减。

某一格点上计算过程中的反射率因子 $\hat{Z}_h(r)$ (单位:mm^6/m^3)满足:

$$10\lg[\hat{Z}_h(r)] = 10\lg[Z'_h(r)] + 2\int_{r_0}^{r} \hat{a}_h(s)ds \qquad (4.17)$$

如果在距离 r_m 处的真实反射率因子已知,我们就能利用公式(4.13)与(4.17)得到沿着从 r_0 到 r_m 的径向上的衰减率和反射率因子的分布。

选取每个雷达在结束点 V_N 的探测反射率因子中的最大值,用该值作为第一初始估计值。接着,使用该初始值与式(4.13)和式(4.17),可以得到 A 雷达在径向 $\overline{AV_N}$ 上所有共同观测点的衰减率和反射率因子,即可以得到 $a^1_{h,A1}, a^1_{h,A2}, \cdots, a^1_{h,AN}$ 和 $Z^1_{h,A1}, Z^1_{h,A2}, \cdots, Z^1_{h,AN}$,上标 1 表示第一次计算。接下来使用 A 雷达在共同观测点上的计算反射率因子,再利用公式(4.13)和(4.17),就可以得到 B、C 雷达在共同观测区域点上的衰减率,即得到 $a^1_{h,B1}, a^1_{h,B2}, \cdots, a^1_{h,BN}$ 和 $a^1_{h,C1}, a^1_{h,C2}, \cdots, a^1_{h,CN}$。注意这里得到 B、C 雷达的衰减率时,用到了假设:在同一点各雷达的真实反射率是相同的。

经过上述的一轮计算,可以得到每个雷达在共同观测点的衰减率。定义评估函数 δk 为:

$$\delta k = \frac{1}{N} \sum_{i=1}^{N} \frac{|\hat{\alpha}_{Ai} - \overline{\alpha}_i| + |\hat{\alpha}_{Bi} - \overline{\alpha}_i| + \cdots + |\hat{\alpha}_{Xi} - \overline{\alpha}_i|}{\overline{\alpha}_i} \tag{4.18}$$

其中：

$$\overline{\alpha}_i = \mathrm{mean}(\hat{\alpha}_{Ai} + \hat{\alpha}_{Bi} + \cdots + \hat{\alpha}_{Xi}) \tag{4.19}$$

式中，$\overline{\alpha}_i$（单位：dB/km）表示衰减率的平均值，$\hat{\alpha}_{Ai}$、$\hat{\alpha}_{Bi}$ 和 $\hat{\alpha}_{Xi}$ 表示不同雷达计算的衰减率，N 为沿着雷达 A 径向上与多部雷达共同观测区域格点数量。

经过计算后得到一个评估函数的值，这时第一轮计算结束。接下来利用 $Z_{h,AN}^1$ 得到新的 $\Delta Z(r_m)$，继续重复上一轮的计算步骤，这样可以得到第二个评估函数值。不断改变 $\Delta Z(r_m)$，经过多次迭代运算后，比较各次计算出的评估函数值，取最小的值，用该值所计算出的一组反射率因子 $Z_{h,A1}^x, Z_{h,A2}^x, \cdots, Z_{h,AN}^x$ 为最优值，用这组值作为最终的订正反射率因子。订正后的雷达反射率因子 Z_H（单位：dBz）为：

$$Z_H = 10\lg \hat{Z}_h \tag{4.20}$$

（1）处理流程

图 4.35 是处理流程框图。方位角间隔 1.5°进行数据规整。将每个雷达数据从 0°开始，以 1.5°为间隔进行数据规整。将强度数据进行均值平滑。以基准雷达为中心进行坐标转换。将基准雷达中心点设为 (x_0, y_0, z_0)，辅助雷达中心点为 (x_1, y_1, z_1)，计算公式如下：

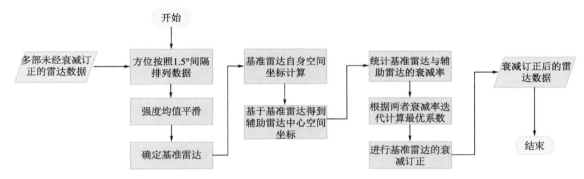

图 4.35　处理流程框图

$$x_1 = x_0 + \mathrm{dist}X \tag{4.21}$$
$$y_1 = y_0 + \mathrm{dist}Y \tag{4.22}$$
$$z_1 = z_0 + h \tag{4.23}$$

式中，h 是基准雷达中心与辅助雷达中心的高度差，通过各雷达经纬度计算得到 $\mathrm{dist}X$、$\mathrm{dist}Y$。计算基准雷达与辅助雷达的衰减率、反射率因子。经过多次迭代计算，通过评估函数选出最优订正系数获取该点真实反射率因子。

（2）效果检验

为了检验订正的效果选取选择佛山相控阵阵列天气雷达的三个前端（三桂山、梧村、尖峰岭）开展检验。

1）探测区重叠分析

佛山相控阵阵列天气雷达布设在三桂山、梧村、尖峰岭前端探测区重叠情况如图 4.36 所示。图 4.36a 显示三桂山、梧村、尖峰岭前端共同探测区，图 4.36b 显示三桂山、尖峰岭前端共同探测区,图 4.36c 显示三桂山、梧村前端共同探测区。

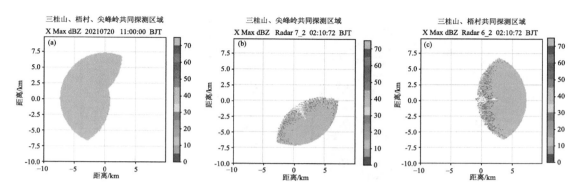

图 4.36　三部雷达共同探测区域效果图

2)Z-α 关系

图 4.37a 是三桂山前端 PPI,图 4.37b 是梧村前端 PPI,以三桂山前端为基准,梧村前端为辅助,计算得到 Z-α 关系(图 4.37c),利用这个 Z-α 关系,对三桂山、梧村探测资料进行降水衰减订正。图 4.38a 是 S 波段雷达组合回波图,图 4.38b 是佛山相控阵阵列雷达经过网络化衰减订正后的组合回波图。两者的相似性比较好。

3)单个前端与 S 波段雷达对比

图 4.39 是三桂山前端衰减订正后组合回波与 S 波段雷达组合回波对比图。图 4.40 是梧村前端衰减订正后组合回波与 S 波段雷达组合回波对比图。图 4.41 是梧村前端衰减订正后等高度图与对应的 S 波段雷达等高度图。

从组合回波对比来看,组网衰减订正效果与大雷达匹配。从等高度回波对比来看,组网衰减订正后的雷达数据在 0.5 km 高度与 SA 雷达对应不好,可能是因为底层地物的影响。在 1.0 km 高度、1.5 km 高度相控阵雷达与 SA 雷达几乎一致,在 2.0 km 以上强回波区域略高于 SA 雷达,其余区域与 SA 雷达基本一致。

组网衰减订正的优势是根据当前回波,通过计算得到衰减系数,进而完成衰减订正,理论上更客观,订正更加准确。但是这种方法也需要一定的条件,比如雷达之间都经过严格的标定。实际上雷达即使经过标定,测量误差还是存在的,另外天线罩上水膜产生的水衰,再者地物的影响,都会破坏雷达探测的准确性,导致衰减订正的效果变差。这些都需要进一步研究,形成针对性的解决方法。

4.2.4　速度退模糊

天气雷达探测的径向速度为我们提供了关于流场的宝贵信息。径向速度在识别各类天气系统中有着重要的作用,目前被广泛应用在灾害天气识别和预警中,是短时临近天气预报的重要手段之一。但多普勒天气雷达的测速范围是有限的,存在一个与雷达发射脉冲的重复频率 PRF 和工作波长 λ 相关的最大不模糊速度 $V_a = \lambda \times PRF/4$。当实际径向速度小于 V_a 时,雷达探测到的径向速度准确可靠;当实际的径向速度大于 V_a 时,雷达测得的径向速度就会出现模糊。速度模糊意味着测量的速度值不是真实值,而是一个与真实只有一个比较大的偏差。比如 $V_a = 30$ m/s,当实际径向速度为 32 m/s,那么雷达测得的径向速度为 -28 m/s,显然这个

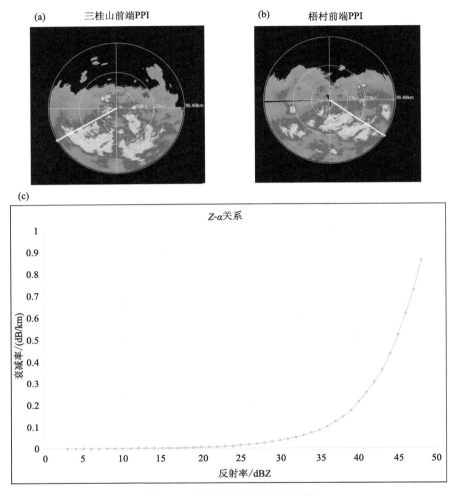

图 4.37 拟合得到的衰减率曲线

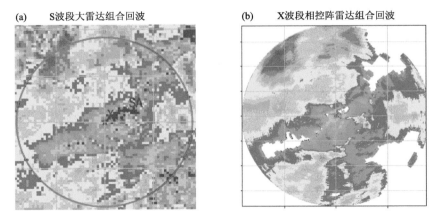

图 4.38 单雷达订正效果

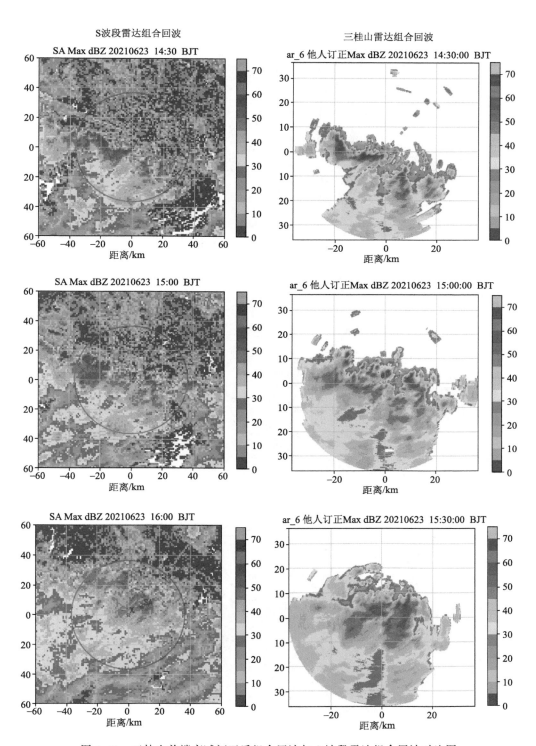

图 4.39　三桂山前端衰减订正后组合回波与 S 波段雷达组合回波对比图

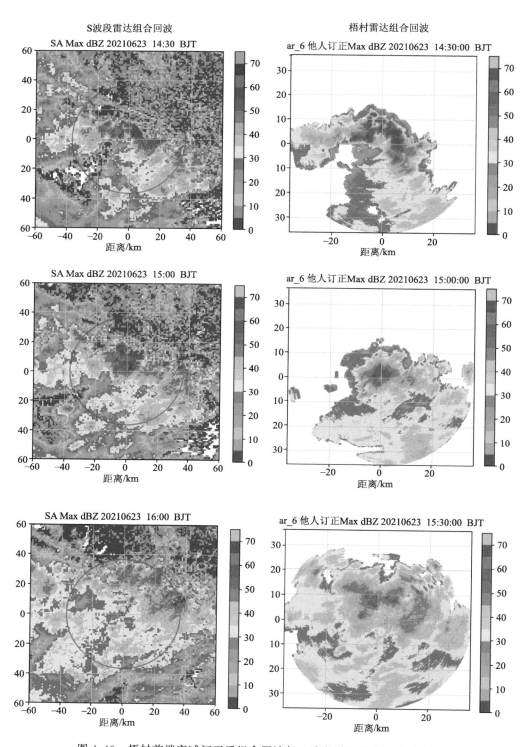

图 4.40　梧村前端衰减订正后组合回波与 S 波段雷达组合回波对比图

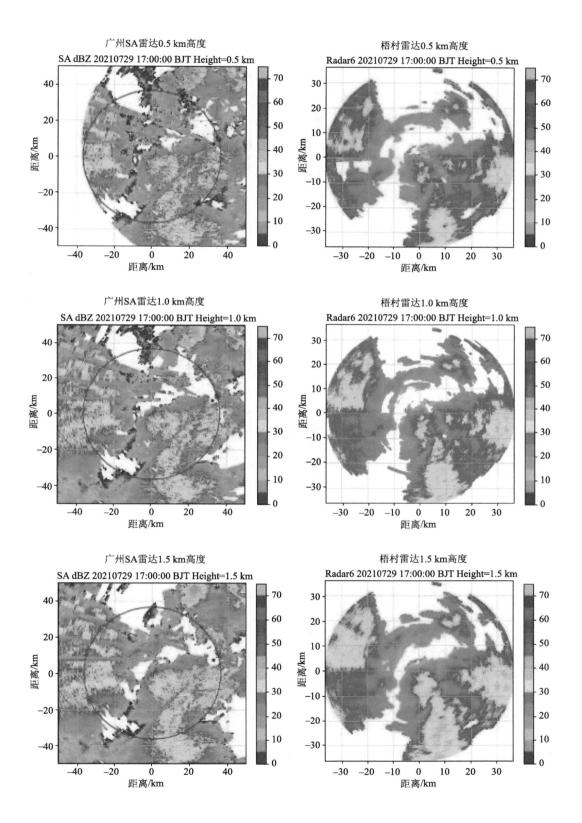

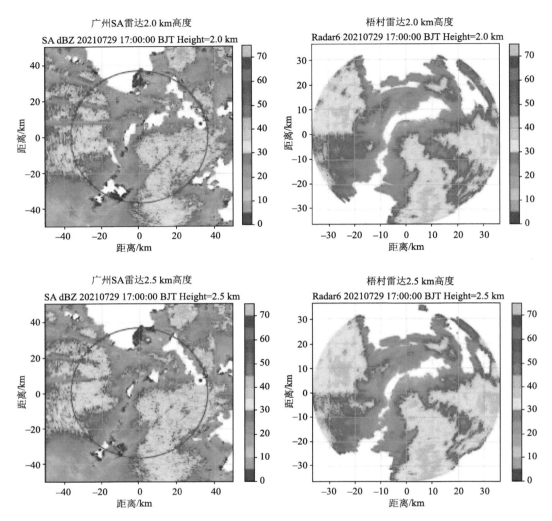

图 4.41 梧村前端衰减订正后等高度图与对应的 S 波段雷达等高度图

值与实际值相差甚远。如何解决这一问题,已经形成了多种退速度模糊的方法。常规的方法有单脉冲重复频率退速度模糊方法和双脉冲重复频率退速度模糊方法。在相控阵阵列天气雷达上还采用了一种正交退速度模糊方法。

4.2.4.1 单脉冲重复频率径向速度退模糊

单脉冲重复频率径向速度退模糊主要依据的是径向速度的连续性,即相邻距离库之间的径向速度不会存在较大的梯度。因此,从理论上讲,只要雷达的分辨率足够高,保证风场变化的连续性不会丢失,在雷达探测数据中使用连续性原理,可以从没有速度模糊的数据开始,推算出速度模糊区域的速度值。真实速度与探测速度之间的关系如下:

$$V_t = V_m + 2 \times N \times V_a, N = 0, \pm 1, \pm 2, \pm 3, \cdots \tag{4.24}$$

式中,V_t 为真实径向速度,V_m 为雷达探测到的径向速度。从速度没有模糊到速度出现模糊,相邻距离之间的速度差值突然增大,当选择合适的 N 值,使速度梯度明显减小时,则认为此时的速度值为真实的速度。

单脉冲重复频率径向速度退模糊,需要把观测到的径向速度与某个参考速度进行比较,当两者之间出现超过某个阈值的差值时,就认为探测到的径向速度出现了模糊。此时需要根据式(4.24),调整其中的 N 值,使得到的 V_t 与参考值之间的差值小于阈值。在已有的算法中,大多采用与当前距离库临近且已经被正确退模糊的多个距离的平均值作为参考速度。这样处理有一个必要条件,就是在算法开始时,必须能够准确地找到没有模糊的参考速度。

目前寻找参考速度的方法常常是基于零速度线附近的速度不存在折叠。通过程序自动判断时,一般是通过计算整根径向上速度绝对值的均值,找到均值最小且最小值小于阈值,则把这一径向作为退速度模糊的第一参考径向。再根据在多数天气情况下零速度线是对称的特征,再找到与之相距180°的径向作为第二参考径向。找到参考径向后,可以利用径向或方位的一维连续性、PPI 平面的二维连续性,甚至使用时间和空间的四维连续性进行退速度模糊。

图 4.42 给出了 2023 年 7 月 28 日台风"杜苏芮"期间,泉州永春 X 波段相控阵阵列天气雷达探测到的径向速度数据。从图 4.42a 中可以看出原始数据中出现了较大面积的速度模糊,由于雷达本身的最大不模糊速度相对较大,肉眼和程序能够较为容易地找到准确的区域。图 4.42b 为经过单脉冲重复频率径向速度退模糊处理后的径向速度,对比两张图可以发现退模糊处理可以完全准确地得到真实的径向速度。这为后续进一步生成准确可靠的二次产品提供了保障。

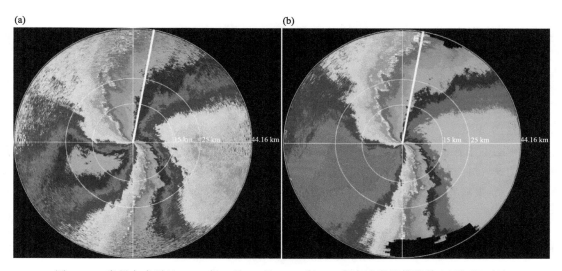

图 4.42 泉州永春雷达 2023 年 7 月 28 日 5.25 度 PPI 径向速度退模糊前(a)后(b)对比

当雷达最大不模糊速度较小,在遇到台风这样大范围风速很大天气时,整个回波范围径向速度都会模糊,很难寻找到正确的参考区。单重频退速度模糊就不能正确进行速度退模糊,或者说退模糊处理的结果就是错误的。为了说明这一问题,录取了 2023 年 7 月 28 日台风杜苏芮期间泉州南安 X 波段相控阵天气雷达的 IQ 数据,如图 4.43 所示。在对 IQ 数据的在此处理时,修改速度估计算法,使最大部模糊速度降低为原来的一半。实际风速达到了 40 m/s 左右,而雷达当时的最大不模糊速度只有 11.4 m/s,整个径向速度模糊严重。在这样的数据中,肉眼都难以区分出哪些区域的速度是正确的,退模糊算法也难以找到准确的参考区。这样的数据就难以准确地完成退速度模糊,获取正确的径向速度信息。

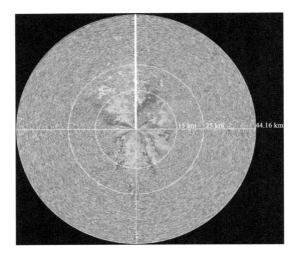

图 4.43　2023 年 7 月 28 日泉州南安 X 波段相控阵天气雷达 0.75°仰角径向速度

4.2.4.2　双脉冲重复频率退径向速度模糊

双脉冲重复频率 PRF 退速度模糊需要雷达用两种脉冲重复频率进行探测,即先发射脉冲重复频率为 PRF_l 的脉冲串,然后发射脉冲重复频率为 PRF_h 的脉冲串,不断交替。在相邻方向,用不同的 PRF,分别测得径向速度 V_{ah} 和 V_{al}。假设两个 PRF 分别是 PRF_h 和低 PRF_l,它们的比值满足下面关系式:

$$\frac{PRF_h}{PRF_l} = \frac{V_{ah}}{V_{al}} = \frac{N+1}{N} \tag{4.25}$$

为了有效的通过双 PRF 技术完成退速度模糊,需要确保$(N+1)$和 N 是互质数,常用的 N 值有 2,3,4。

在 PRF_h 中探测到的多普勒相移为 θ_h,对应的径向速度 V_{ah}。在 PRF_l 中探测到的多普勒相移为 θ_l,对应的径向速度 V_{al}。假设两个相邻方位的"实际"速度相同,则它们对应的 θ_h 和 θ_l 组合起来获得去折叠速度 v_e。

$$v_e = \frac{V_{ae}}{\pi} (\theta_l - \theta_h)_{\min} \tag{4.26}$$

式中,min 表示求模,V_{ae} 为扩展后的奈奎斯特速度,计算公式如下:

$$V_{ae} = NV_{ah} = (N+1)V_{al} \tag{4.27}$$

使用双 PRF 估算径向速度,其误差会被放大,并且如果不满足双 PRF 的假设,当相邻距离库之间的径向速度超过某个阈值时,就会出现退速度模糊错误。

$$|v_i - v_{i-1}| > \frac{V_{ae}}{N(N+1)} \equiv \Delta v_{\max} \tag{4.28}$$

如果满足这个等式,即相邻方位之间的径向速度超过阈值 $\Delta v_{\max}$ 时,式(4.26)中估计的 v_e 就会出现偏差,并且折叠次数会不正确。

要想尽可能地扩大测速区间,N 值的选择就要尽可能偏大,这样带来的问题就是 $\Delta v_{\max}$ 会很小,非常容易导致退速度模糊错误。因此在实际使用中要结合实际情况合理选择 N 值的大小。

图 4.44 是上海的 X 波段双偏振相控阵天气雷达 2021 年 7 月 25 日探测到的"烟花"台风数据。雷达双 PRF 的重频比为 4∶5,窄脉冲的对应的最大不模糊速度为 50 m/s、40 m/s;宽脉冲对应的最大不模糊速度为 11.4 m/s、9.1 m/s。根据双 PRF 的原理,可知宽脉冲退速度模糊后的最大不模糊速度为 45.6 m/s。

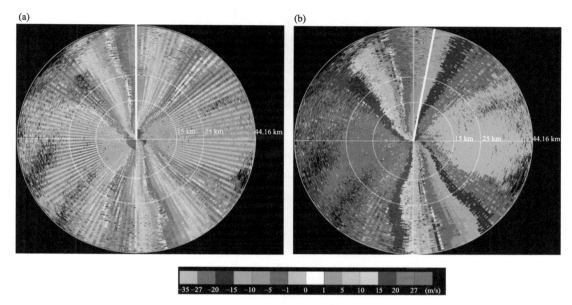

图 4.44　双 PRF 探测的原始径向速度(a),扩展后的径向速度(b),4.5°PPI

从图 4.44a 可以看出,由于两个 PRF 对应的最大不模糊速度都较小,在原始数据中存在大面积的速度模糊,因为两个 PRF 对应的最大不模糊速度不同,在模糊区域出现了明显的条纹状,整个速度场的速度基本无法使用。图 4.44a 经过双 PRF 退速度模糊后得到,从图 4.46b 中可以看出,退速度模糊后整体的风场特征变得清晰,能看出最大径向速度在 35 m/s 左右,但整个图中出现了较多异常速度点,使用这个径向速度生成二次产品时会出现部分错误信息。之所以这样,就是因为 $\Delta v_{\max}$ 较小。根据雷达参数可以计算出公式(4.28)中 $\Delta v_{max}=2.3$ m/s,由于真实速度存在梯度或者速度估计出现波动很容易就超过 2.3 m/s,从而导致双重频退速度模糊时出现异常值。为了减少这样的异常值,可以减小 N。当然减小 N,会使退模糊后最大不模糊速度也减小。但无论 N 值怎么减小,都不能避免出现这样的异常值,因为真实的风场中会有风切变较大的区域。退速度模糊后还需要进行相关处理,进一步减少异常值的出现。为了使用径向速度生成更加可靠的二次产品,必须对这些异常点进行处理。常用的处理方法是在 PPI 平面上做二维的中值滤波或均值滤波。对图 4.44b 的结果进行二维中值滤波后得到图 4.45 的结果。对比两张图可以发现,经过中值滤波处理后,基本所有异常点都能去除,可以得到较为干净的径向速度,在此基础上得到的二次产品会更加准确可靠。

在雷达设计时,PRF 不宜过小,选择合适的 PRF,不仅不模糊速度本身较大,而且有利于退速度模糊。

4.2.4.3　正交退径向速度模糊

上面介绍了两种解决多普勒雷达测速模糊的方法,单重频退速度模糊对于径向分辨率高

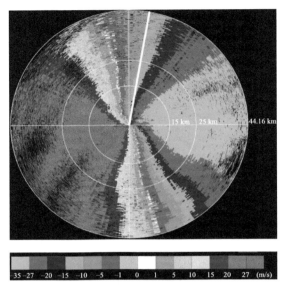

图 4.45　异常点滤波结果

的雷达(比如相控阵阵列天气雷达,径向距离分辨率为 30 m),相邻距离库之间风场变化较小,绝大多数情况能够满足风场在相邻距离库之间变化较小的条件,从而能正确完成退速度模糊。但是对于短程探测雷达,探测范围比较小,有可能一个雷达探测范围都处在速度模糊区,这样就无法进行速度退模糊。双脉冲重复频率退速度模糊是利用两个重复频率直接解除真实径向速度,并不需要向单重频退速度模糊那样,需要从没有速度模糊的区域开始。但是双重频退速度模糊是在方位相邻两个径向速度具有相同性的前提条件下进行的。随着距离增加,雷达方位向空间分辨率显著下降,两个相邻方位的径向速度,实际代表相隔几百米,甚至上千米的空间运动特性,对于强对流天气,比如龙卷,这时方位相邻两个径向速度具有相同性的条件就可能不满足,退速度模糊就可能出现错误。

为了更好地退速度模糊,准确地获取风场信息,利用双重频不需要从不模糊区开始和单重频退速度模糊受风场切变影响小的特点,把单重频退速度模糊和双重频退速度模糊方法的优点结合起来完成速度退模糊。由于单重频速度退模糊是沿径向两点进行计算,双重频退速度模糊是沿切向两点进行计算,所以把这种退速度模糊的方法称之为正交退速度模糊方法。正交退速度模糊方法包括三个步骤:第一步选取基准参考区,第二步采用双重频退速度模糊方法计算基准径向速度,第三步从基准径向速度点开始单重频退速度模糊。

选基准参考区就是选择经过双重频退模糊处理后能够得到准确径向速度的区域。选择的条件如下:

(1)基准参考区范围:径向 10~20 个距离库,方位向 3~5 个方位。

(2)如果真实的径向速度小于较小 PRF 对应的最大不模糊速度,两个 PRF 测得的径向速度相同;真实径向速度超过较小 PRF 对应的最大不模糊速度且不超过双重频扩展后的最大不模糊速度时,两个重频估算出的径向速度就会出现较大的差异。根据这一特性,参考区满足沿径向径向速度标准差小于 2 m/s;经过双重频退速度模糊后,沿切向径向速度标准差小于 2 m/s。

3)信噪比足够大是径向速度准确的基本条件,参考区信噪比大于 15 dB。

选择参考区后,在参考区用双重频退速度模糊方法退速度模糊,计算参考区径向速度平均值,以参考区中最接近径向速度平均值的点作为单重频退速度模糊的起始点,进行单重频退速度模糊。

由于在一个体扫中可能有若干个回波区,对于独立的回波区,要单独进行正交速度退模糊。为了提高处理的可靠性,也可以将一块回波划分成多个区域,分别进行正交速度退模糊。

使用架设在芜湖二坝的相控阵阵列天气雷达前端进行了对比试验。图 4.46a 图是该前端两个 PRF 的比值为 5∶4,对应的最大不模糊速度为 11.4 m/s、9.1 m/s。对应的双 PRF 速度扩展不出错的阈值为 2.3 m/s。图 4.46a 给出了 4.5°仰角原始径向速度 PPI,从图中可以清晰地看到,在径向速度小于 9.1 m/s 的区域,两个重频探测到的速度一样,不会存在方位间的明显差异;在径向速度大于 9.1 m/s 的区域,方位间的差异明显。采用正交速度退模糊处理得到速度场信息如图 4.46b 所示。采用双重频速度退模糊加上中值滤波处理得到速度场信息如图 32 右图所示。对比图 4.46b 和 5.46c,可以看到,使用双重频速度退模糊方法加上中值滤波后得到的速度仍有少量异常点存在。正交退速度模糊方法更为准确和精细。

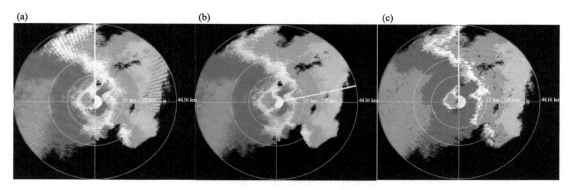

图 4.46　原始径向速度(a),正交退速度模糊方法处理结果(b),双 PRF 直接扩展速度(c)

4.3　雷达产品

现在,单偏振天气雷达在每次体扫过程中都能得到反射率、径向速度、谱宽,双偏振天气雷达还能得到四个双偏振量。这些数据体现了风暴的空间结构,反映了风暴的演变特征。当有了这些宝贵的数量巨大的数据后,我们将面临两个问题:(1)如何展示这些数据,让使用者直观地了解风暴的空间结构和演变;(2)利用这些数据自动分类天气现象,区别是冰雹还是降雨,是降雨还是降雪等等。由此就有了处理生成天气雷达探测产品(简称产品)的技术和加工处理流程。处理生成的产品分为一次产品和二次产品。

一次产品是由反射率、径向速度、谱宽和双偏振量直接得到的产品,直观地反映各种降水天气过程的气象特征,是预报员进行天气分析过程中最常用的产品。一次产品一般包括平面显示产品(PPI)、距离高度显示产品(RHI)和等高度平面显示产品(CAPPI)。PPI 产品(图4.47a)展示某个物理量在设定仰角上的数值分布。这些数值实际并非分布在一个平面上,而是分布在一个以雷达为顶点的倒立锥面上。因此,距离雷达越远,回波对应所处的高度越高。RHI产品(图4.47b)是设定方位以雷达为起始点,某个物理量垂直剖面图,可直接查看各个高度的物理量数值分布情况;CAPPI(图4.47c)则是某个物理量在设定高度上的数值分布,是通过坐标转换和插值的方法得到的平面图,可以分析同一高度上物理量的分布情况。

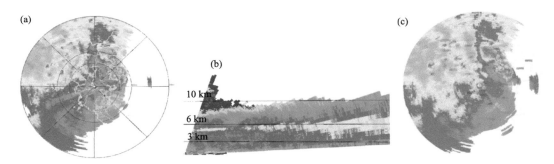

图4.47　陕西旬阳X波段双偏振相控阵雷达2022年7月22日06:20的4.5°仰角
反射率PPI(a)、60°方位角反射率RHI(b)和5km高度反射率CAPPI(c)

通过分析一次产品的反射率PPI、RHI和CAPPI产品,可以得到风暴的空间结构,再结合其在时间上的变化,可以了解风暴的发展过程;通过分析径向速度PPI和RHI产品,可以获取风场空间特征;通过分析双偏振量PPI和RHI产品,可以获取云中粒子相态、粒子分布、含水量等特征。

一次产品主要着眼于提升其使用过程的便利程度,基于PPI数据可以形成任意剖面产品,使用户不再局限于方位角和仰角,可以从任意角度查看风暴的立体结构。有了一次产品后,虽然使用者能够直观地看到风暴的空间结构,反映了风暴的演变。但是还存在如下问题:

(1)基本产品难以为气象人员解读气象学特征。反射率因子虽然在定义上是反映气象目标物内降水粒子的尺度分布和数密度,但无法具体给出粒子的大小和数密度;而径向速度则仅仅表示目标物在雷达径向方向的速度分量,不是目标物真实的运动速度。因此一次产品无法完整地表达气象目标物的气象学特征。

(2)大量数据依靠人工判断客观性和时效性达不到要求。由于一次产品只是展示,气象人员需要耗费大量的分析时间才能得到风暴的气象学特征,对于快速发展的强对流天气而言,气象人员没有足够的时间去分析一次产品,也没有精力长时间盯着雷达产品,一些自动化、智能化的预警产品就很有必要,如冰雹指数、大风指数、风暴识别和告警等产品。系统通过对反射率因子、径向速度和双偏振量的综合分析,得到相应的告警信息,再结合声音、图像给气象人员发出告警,从而提高气象人员的工作效率。

为了弥补这些不足,就有了二次产品。通过科学的分析处理生成直观的、能够反映风暴动力热力特征的预报预警指标参数等,这些就属于二次产品。相控阵阵列天气雷达有三个以上前端共同覆盖区域,可以从三个方向获取径向速度,即得到风速度矢量的三个分量,可以通过径向速度计算得到真实的风向风速。这种二次产品中的风场、垂直速度具有高的准确性,揭示风暴动力学气象学特征。

4.3.1　相控阵阵列天气雷达探测

相控阵阵列天气雷达是一种新型分布式相控阵天气雷达,由按三角形布局的若干个雷达前端组成数据采集子系统、产品生成子系统和用户终端子系统构成,如图 4.48 所示。

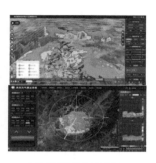

数据采集子系统　　　　　产品生成子系统　　　　　用户终端子系统
RDA　　　　　　　　　　RPG　　　　　　　　　　PUP

图 4.48　阵列天气雷达子系统构成

每三个相邻雷达前端为一组,使用雷达前端间同步扫描技术和多波束同时扫描技术,破解了长期困扰天气雷达获取风场的数据时差过大的问题,从而实现了对强对流天气风场的有效探测,为短临预报客观化,自动化的发展,以及建立基于天气雷达动力学和热力学探测的现代短临预报系统创造了新的条件。

每一台雷达前端可以获取反射率因子(Z)、径向速度(V)、谱宽(W)及协相关系数(C_C)、差分反射率因子(Z_{DR})、差分相移(Φ_{DP})和差分相移率(K_{DP})四个双偏振量基本产品。

反射率因子是单位体积中降水粒子直径 6 次方的总和,用 Z 表示,该产品是在获取到回波功率、雷达参数以及目标与雷达距离等数据的情况下,由瑞利散射条件下的气象雷达方程计算得到:

$$Z = \frac{r^2 P_r}{C} \tag{4.29}$$

$$C = \frac{\pi^3 P_t G_r G_t \theta \varphi h}{1024(\ln 2)\lambda^2} \left| \frac{m^2-1}{m^2+2} \right|^2 \tag{4.30}$$

式中,r 为目标与雷达的距离,P_r 为雷达回波功率,Z 的单位为 mm^6/m^3,C 为与雷达本身参数和降水相态有关的参数,P_t 为雷达发射功率,G_r 为天线接收增益,G_t 为天线反射增益,θ 为波束水平宽度(单位为弧度),Φ 为波束垂直宽度(单位为弧度),$h = 300\tau(m)$,τ 为脉冲宽度,λ 为波长,m 为散射粒子的复折射指数,一般用

$$K^2 = \left| \frac{m^2-1}{m^2+2} \right|^2 \tag{4.31}$$

对于降水粒子 K^2 取值为 0.93,冰粒子 K^2 取值为 0.197。

相控阵雷达在采用电控扫描的方式,在垂直方向上的增益,不同仰角增益不同,天线法向增益最大,偏离法向越远,增益越小。

另外,X 波段雷达由于波长较小,粒子直径增大后,可能不再满足瑞利散射,如图 4.49,随着粒子直径增加,后向散射截面的变化曲线在不同的波长(S 波段 10 cm、C 波段 5.5 cm、X 波段 3.21 cm)不一样,其中 X 波段发生波动的直径最小,例如目标粒子为水球时,直径大于 12 mm 时,由于不再满足瑞利散射,其后向散射截面不是随着直径单调增大的,而是交替增大减小。目前 X 波段相控阵雷达所用的雷达方程仍是用的瑞利散射作为假定条件。

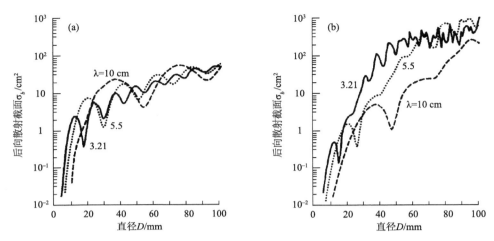

图 4.49 不同波长下水球(a)和冰球(b)的后向散射截面随球体直径的变化曲线
(引自 Doviak 和 Zrnic,1993)

由于 Z 值变化范围跨越的量级较大,因此一般对其取对数得到:

$$\mathrm{dBZ}=10\times\lg\frac{Z}{Z_0}(Z_0=1\ \mathrm{mm}^6/\mathrm{m}^3)\tag{4.32}$$

径向速度是通过相继返回的脉冲对之间的相位差计算得到的。其计算公式:

$$V_r=\frac{\lambda\Delta\varphi\times\mathrm{PRF}}{4\pi}\tag{4.33}$$

式中,λ 为雷达发射电磁波的波长,$\Delta\varphi$ 为相继返回的两个脉冲之间的相位差,PRF 为脉冲重复频率,V_r 为径向速度。V_r 大小等于目标物的速度在雷达径向方向的分量,目标物朝向雷达运动,则 V_r 为负数;目标物远离雷达运动,则 V_r 为正数;当 V_r 值为 0 时,目标物不一定是静止的,可能是垂直于雷达径向方向运动。

由于雷达接收的降水回波信号是雷达有效照射体积内所有降水粒子散射回波造成的,雷达测量的多普勒速度是有效照射体积内所有粒子径向速度的综合结果,因此可以对回波信号进行功率谱分析,然后提取出回波强度和径向速度平均值。

速度谱宽是径向速度的标准差,是表征雷达有效照射体积内速度离散程度的量,与这些速度的方差成正比。对于一些特殊天气的速度谱宽可能相对较大,如气团边界、雷暴、湍流、风切变、强降水内部等。另外,谱宽还与天线转速、探测距离和雷达的信噪比有关,天线转速越快,采样频率越小,谱宽越大;探测距离越大,有效照射体积越大,内部的速度差值越大,谱宽越大;当回波信号接近系统内部噪声时,弱信号难以区分,谱宽也就越大。

双偏振量:雷达通过发射水平及垂直偏振两种波,如图 4.50,由于降水粒子的相态、形状、大小和取向等特征不一样,对水平和垂直偏振波的后向散射能力不一样,电磁波在穿过降水粒子的速度也不一样,导致接收的水平和垂直偏振波的信号强度和相位发生变化,对这两种回波信号的差异进行分析得到的几个物理量。

最常用的几个双偏振量有:协相关系数(C_C)、差分反射率因子(Z_{DR})、差分相移(Φ_{DP})、差分相移率(K_{DP})和线退偏振比(L_{DR})。目前双偏振雷达的技术体制主要有:一套发射机和一套接收机的交替发射接收体制；一套发射机和两套接收机的同时发射接收体制；两套发射机和两套接收机的同时发射接收体制。

协相关系数（C_C）也常被记为 ρ_{HV}，表示水平偏振波与垂直偏振波之间的相关性，包括两个偏振波的回波功率和相位的相关性。如果相关性很高，则表示水平偏振波与垂直偏振波的变化一致。

$$\rho_{HV}=\frac{\langle S_{VV}S_{HH}^{*}\rangle}{\sqrt{\langle|S_{VV}|^{2}\rangle\langle|S_{HH}|^{2}\rangle}} \quad (4.34)$$

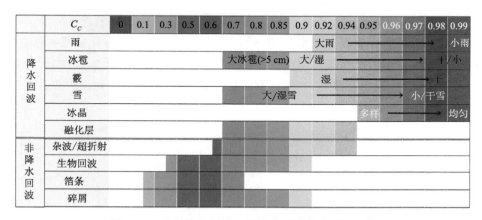
图 4.50　双偏振探测原理示意图

式中，$\langle S_{HH}\rangle$ 和 $\langle S_{VV}\rangle$ 分别表示单位体积内水平偏振波和垂直偏振波的粒子平均散射特性的集合。

均匀的小雨或者毛毛雨或者纯雪天气的粒子相关性高，C_C 值接近 1；冰雹或者冰水混合物的相关性低，C_C 值在 0.8～0.97；地物杂波或者被吹向空中的碎屑相关性很低，C_C 值小于 0.7。图 4.51 为各种类型粒子的 C_C 值统计。

差分反射率因子（Z_{DR}）是水平极化波的反射率因子与垂直极化波的反射率因子之差，$Z_{DR}=Z_H-Z_v$，Z_{DR} 与产生后向散射的水凝物粒子的形状、密度和成分构成（影响复介电常数）有关，与产生后向散射的水凝物浓度无关，对 Z_H 和 Z_v 绝对定标精度不敏感。Z_{DR} 是雷达取样体积内所有粒子以反射率因子为权重的形状的度量。当粒子形状为球形时，Z_{DR} 为 0；当粒子为扁球形时，Z_{DR} 为正值；当粒子为柱状时，Z_{DR} 为负值，如图 4.52 所示。对于形状大小相同的非球形粒子，Z_{DR} 随着构成粒子物质的介电常数的减小而减小，固体冰的介电常数 0.197 仅为水介电常数 0.93 的 20% 左右。

C_C		0	0.1	0.3	0.5	0.6	0.7	0.8	0.85	0.9	0.92	0.94	0.95	0.96	0.97	0.98	0.99
降水回波	雨									大雨		→					小雨
	冰雹						大冰雹(>5 cm)		大/湿		→				干/小		
	霰									湿			→		干		
	雪						大/湿雪			→			小/干雪				
	冰晶										多样		→			均匀	
	融化层																
非降水回波	杂波/超折射																
	生物回波																
	箔条																
	碎屑																

图 4.51　常见降水回波和非降水回波的典型 CC 值

对于常见的降水粒子 Z_{DR} 如下：

雨滴，随着直径增大，形状越扁，Z_{DR} 值越大，温度和天气类型对于雨滴的大小及介电常数有影响，导致 Z_{DR} 的特征不一样，图 4.53 为 0℃ 和 20℃ 不同波段雷达 Z_{DR} 随雨滴直径的变化特征，当雨滴直径达到 3～5 mm 时，X 波段双偏振雷达的 Z_{DR} 不随雨滴增大而增加，反而略有减小。

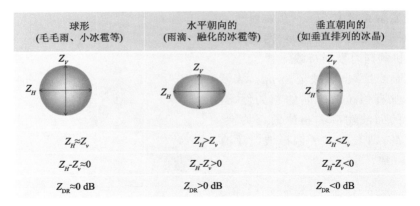

图 4.52 不同形状粒子的 Z_{DR} 表现

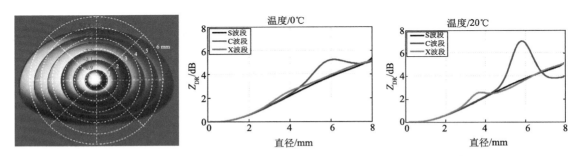

图 4.53 不同直径雨滴的 Z_{DR} 值(左)和不同温度时 Z_{DR} 值的变化特征
(引自 Ryzhkov and Zrnic,2005)

冰雹、干冰雹(包括位于干增长阶段或伴随很少降水的冰雹),认为其下落过程中随机翻滚,Z_{DR} 接近 0 dB;下落过程中融化的小冰雹,由于水"壳"包裹,介电常数增大,Z_{DR} 值通常大于 0 dB,与雨滴类似达到 5~6 dB;大而扁的冰雹(即使融化也会很快失去薄层水)由于米散射共振散射效应甚至可以有负值。图 4.54 为 0℃和 26℃不同波段雷达 Z_{DR} 随冰雹直径的变化特征,直径 1.5 cm 以下的干冰雹由于翻滚,Z_{DR} 接近于 0 dB 或略大于 0 dB,大于 1.5 cm 的干冰雹 Z_{DR} 基本为负值,但也有波动;而湿冰雹由于水膜包裹,使得其特性变得更为复杂,Z_{DR} 时而大于 0 dB,时而小于 0 dB。

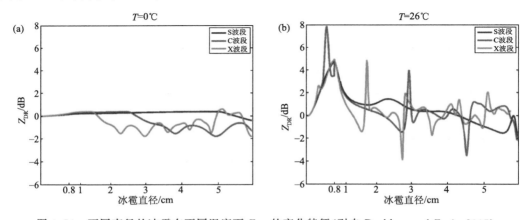

图 4.54 不同直径的冰雹在不同温度下 Z_{DR} 的变化特征(引自 Ryzhkov and Zrnic,2005)

雪花由于介电常数极低,其 Z_H 和 Z_v 本身就很小,因此差值就很小,Z_{DR} 一般都不大,干雪的 Z_{DR} 值接近 0 dB 或稍大于 0 dB;湿雪或融化的雪 Z_{DR} 在 2~3 dB。图 4.55 为各种类型粒子的 Z_{DR} 值统计。

	ZDR	-4	-3	-2	-1	0	0.2	0.5	0.8	1	1.5	2	2.5	3	3.5	4	5
降水回波	雨						小雨									大雨	
	冰雹			大冰雹(>5 cm)											雨夹冰雹		
	霰				干				湿								
	雪				干					湿							
	冰晶				聚合			针状		柱状					板状		
非降水回波	杂波/超折射																
	生物回波																
	箔条																
	碎屑																

图 4.55　常见降水回波和非降水回波的典型 Z_{DR} 值

差分相移(Φ_{DP}),当垂直极化和水平极化的雷达信号通过特定目标时,相位变化不同。差分相移即是水平极化和垂直极化信号的相位差 $\Phi_{DP} = \phi_H - \phi_V$,$\Phi_{DP}$ 与探测方向上含水量有关,其值沿雷达径向累积,如图 4.56 所示。因此在应用上比较困难,需引入 Φ_{DP} 在距离上的变化率 K_{DP} 这个量才方便分析。

差分相移率(K_{DP})为 Φ_{DP} 在距离上的半斜率,单位:°/km,计算公式为:

$$K_{DP} = \frac{\phi_{DP}(r_2) - \phi_{DP}(r_1)}{2(r_2 - r_1)} (r_2, r_1 \text{ 为所测位置与雷达的距离}) \tag{4.35}$$

K_{DP} 大小取决于降水粒子浓度、大小,还有降水粒子成分。图 4.57 给出了降水和非降水回波典型 K_{DP} 值。因为 K_{DP} 只涉及位相差,不受雷达定标不准,衰减和微差衰减,波束部分阻挡等因素的影响;在低信噪比(SNR)区域,K_{DP} 大小难以估计;在波束非均匀充塞(Non-uniform Beam Filling)区域,误差也会比较大;在大粒子米散射情况下,Φ_{DP} 中会包含一项称为后向散射相移 δ 的附加项,有时会导致 K_{DP} 出现异常值。在有冰雹和部分波束阻挡,并且雨强较大情况下,K_{DP} 用于估测降水优于反射率因子 Z_H。

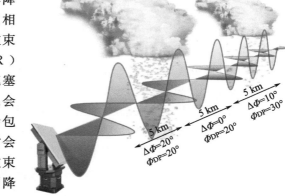

图 4.56　Φ_{DP} 在距离上的变化特征

线退偏振比(L_{DR}):发射水平极化波而接收到垂直极化波 Z_{vh},发射水平极化波而接收到水平极化波 Z_{hh},线退偏振比:

$$L_{DR} = Z_{vh} - Z_{hh}$$

对于球形粒子,L_{DR} 理论上会接近负无穷大,但实际上只能达到 -40 dB。L_{DR} 表示粒子产生正交极化能量的能力,与粒子的空间取向、形状、相态和粒子的相当密度有关。图 4.58 揭

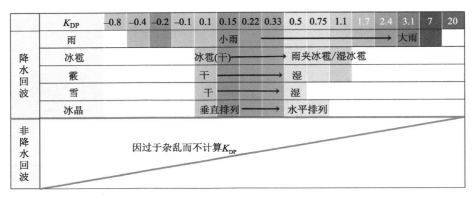

图 4.57 常见降水回波和非降水回波的典型 K_{DP} 值

示了 L_{DR} 的原理：水平极化波照射倾斜的粒子时（该粒子沿黄色箭头所示的长轴和短轴有偶极子），入射极化矢量可以分解为沿粒子各轴的分量（图 4.58a），沿各轴的偶极子被激发并散射辐射（图 4.58b），两个受照射的偶极子的后向散射辐射可以分解为水平和垂直极化（图 4.58c），最终后向散射辐射具有水平和垂直偏振分量（图 4.58d）。

图 4.58 线退偏振比 L_{DR} 的原理示意图

干冰雹、干雪、雨的 L_{DR} 值在 $-30\sim-25$ dB，湿软雹 L_{DR} 值在 $-25\sim-20$ dB，湿雪、雨夹冰雹 L_{DR} 值在 $-20\sim-10$ dB。0℃层亮带冰雪混合物中，L_{DR} 较大，在 $-20\sim-10$ dB，因此 L_{DR} 也可以作为识别零度层的因子。另外，当风暴上部存在强电场时，大量冰晶粒子可能受电场作用会变得与电场对齐，使得 L_{DR} 值较大，同时 Z_{DR} 也会受到影响而出现大的正值或负值的条纹状，这种现象虽然不利于 Z_{DR} 的解读，但结合 L_{DR}，可以对大气电场进行预测，出现这种现象时，一般意味着空中存在强大的电场，可能即将开始出现闪电。

X 波段相控阵阵列天气雷达采用了相控阵技术和方位同步扫描技术，因此产品有着高时间分辨率、高空间覆盖率和高有效性的优势。

高时间分辨，是指雷达完成一次体扫的时间很短。机械扫描式雷达由于单波束扫描方式的限制，先进行 PPI 扫描，然后抬仰角再扫描。以最常用的 VCP21 扫描模式来说，完成一次体扫要抬 9 次仰角，其时间分辨率一般为 6 min。而相控阵雷达采用电扫方式，先进行多波束 RHI 扫描，再转动方位角进行下一个方位角上的 RHI 扫描，一个 RHI 扫描仅需 0.125 s，最快 30 s 可以完成一次体扫，目前常规观测一般采用 60 s 的体扫，兼顾扫描速度和探测威力。

高空间覆盖，是指雷达探测的盲区小。机械扫描式雷达由于单波束扫描，要完成俯仰全覆盖，就需要更长的体扫时间。兼顾俯仰覆盖和体扫时间，机械扫描式雷达最常用的 VCP21 体扫模式最高的探测仰角为 19.5°，当风暴距离雷达较近时，其上部无法被探测到，导致雷达出现

"静锥区",如图 4.59a 所示;当风暴距离雷达较远时,由于地物遮挡、地球曲率和电磁波的折射等影响,低层的目标物便无法探测到,如图 4.59b 所示。相控阵阵列雷达采用多波束同时扫描方式,扫描速度快,可以在很短的体扫时间内(60 s)实现高仰角(90°)覆盖。而其探测距离一般不太远(30~50 km),地球曲率的影响几乎可以忽略不计,因此其空间覆盖率要明显高于传统机械扫描式雷达。

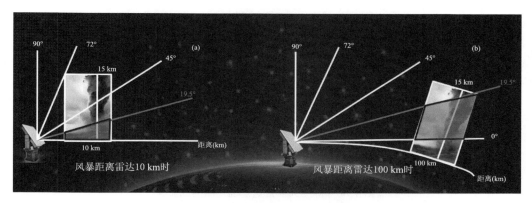

图 4.59　仰角和地球曲率对雷达完整探测风暴垂直结构的影响

高有效性,是指在强对流天气中,探测风场误差小。相控阵阵列天气雷达,采用独特的方位同步扫描技术,数据时差非常小,因此,可以在龙卷、冰雹、短时强降水这些风场剧烈变化天气系统能够探测得到有效的三维风场。也能够融合生成增强分辨率的强度场。

4.3.2　产品生成流程

相控阵阵列雷达产品生成流程包括:信号处理→基数据→质控→坐标转换与差值→单雷达前端产品+阵列产品,如图 4.60 所示。

雷达信号在雷达上会经过一级质控、数据压缩生成基数据(RAW),基数据传输,CPU 和 GPU 运算服务器对基数据进行二级质控,包括杂波滤除、退速度模糊、衰减订正等,然后生成二级基数据(CAN)。得到二级基数据后,进一步处理得到单雷达前端反射率、径向速度、谱宽、双偏振量的 PPI 和 RHI 产品数据,还有风廓线和中气旋识别产品;另一方面,还会对二级基数据进行坐标转换和差值,得到笛卡尔坐标系的三维格点数据,对多个雷达前端的三维格点数据进行融合,得到 CAPPI 产品;利用径向速度反演风场和合成风场;基于风场和强度场产品,还可以通过算法得其他新的产品。

相控阵阵列天气雷达系统是由一个后端对所有雷达前端数据进行处理的,每一个雷达前端分辨率很高,其本身上传的数据量便很大,多个雷达前端的数据集中起来,得到的将是海量的数据,这对中心站的数据存储和数据处理能力要求很高。一个雷达前端在有天气的情况下,一天的基数据约 40 G,产品数据月 50 G;晴空无回波时,基数据约 3 G,产品数据月 6 G。3 个雷达前端组成阵列,降水情况下,一天基数据 120 G,产品数据 150 G,融合产品 100 G,中间文件约 45 G;晴空无回波情况下,一天基数据 9 G,产品数据 18 G,组网产品 8 G,中间文件约 6 G。按照一年 120 d 降水来算,三个前端的阵列雷达 1 年的总数据量约 60 T。针对如此大的数据量保存,在部署超大存储服务器的基础上,每年还需对数据进行筛选、删除大量无天气以

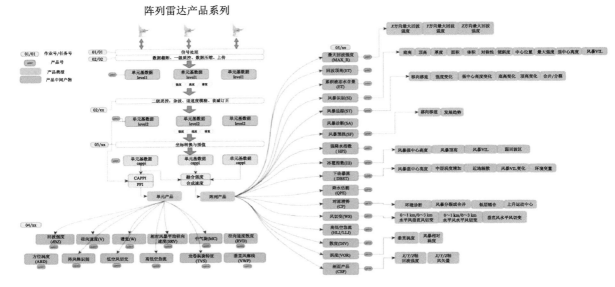

图 4.60 阵列天气雷达系统产品生成流程

及不重要的天气数据,保留和备份重要的天气过程数据。

为了提高处理能力,相控阵阵列天气雷达采用 CPU 运算和 GPU 并行的方式,大大提高运算能力,从雷达完成体扫到用户端接收到产品延迟不超过 1 min。

阵列雷达数据质控包括杂波滤除,速度退模糊、距离模糊抑制、衰减订正和定标。在地物滤除方面,通过杂波抑制滤波器、强度和双偏振量纹理特征、强度垂直分布特征等多因子综合处理,实现自适应地物杂波、晴空与超折射回波、海杂波、鸟类非气象回波及电磁干扰的抑制和消除,提升雷达数据质量。在退距离折叠采用相位编码技术有效抑制距离折叠。退速度模糊方面,采用正交退速度模糊技术将速度探测范围增至 ±60 m/s。衰减订正方面,发挥阵列雷达的优势,采用多雷达衰减订正技术提升订正效果。定标方面,采用暗室法、太阳法、微雨法、金属球等确保雷达的准确性。

4.3.3 雷达产品清单

阵列雷达产品分为六大类:基于反射率的产品、降水产品、智能识别产品、三维展示产品、流场产品和偏振数据产品,共有 26 种。下面对这 26 个产品进行详细介绍,阐述其算法原理及气象应用。其中大部分产品的算法参考现有的 S 波段多普勒天气雷达的算法,部分算法如中气旋、TVS 和智能识别产品在 S 波段雷达算法的基础上有所改进,更加贴合 X 波段雷达高分辨率的特征(表 4.9)。

表 4.9 X 波段双线偏振相控阵天气雷达产品清单

X 波段双线偏振相控阵天气雷达产品清单			
基于反射率的产品	组合反射率	流场产品	速度方位显示
	回波顶高		速度方位显示风廓线
	回波底高		三维变分反演风场

续表

X 波段双线偏振相控阵天气雷达产品清单				
降水产品	垂直积分液态水含量	流场产品	合成风场	
	累计降水量		垂直涡度	
智能识别产品	风暴识别		水平散度	
	风暴追踪		双向积分变权重垂直速度	
	中气旋		协相关系数 C_C	
	TVS		差分反射率因子 Z_{DR}	
	冰雹指数		差分相移 Φ_{DP}	
三维展示产品	XYZ 强度剖面产品	偏振数据产品	和差分相移率 K_{DP}	
	绘制剖面		粒子相态识别	
	多层 CAPPI		双向偏振定量降水估测	

4.3.4　基于反射率的产品

4.3.4.1　组合反射率(CR,composite reflectivity)

(1)产品介绍

图 4.61 为佛山相控阵阵列天气雷达 2022 年 6 月 19 日 07:13 的组合反射率产品图,空间分辨率为 100 m×100 m×100 m,时间分辨率 1 min,资料等级 15 级(5～75 dBZ)。图中展示了三维的 X、Y、Z 三个面上的组合反射率,左侧竖面为 X 方向的组合反射率,前部竖面为 Y 方向组合反射率,中间的水平面为 Z 方向的组合反射率。从图像可以看到在佛山东部有 1 个强对流单体,最大反射率因子达到 55 dBZ,其发展高度达到 15 km。

图 4.61　佛山相控阵阵列天气雷达 2022 年 6 月 19 日 07:13 的组合反射率产品

(2)产品原理

将反射率因子极坐标数据转换成直角坐标系数据,选取某个平面,将平面垂直方向最大值投影到这个平面,数据的单位:dBZ。图4.62是组合回波原理图。在 XY 平面上, $x=a$, $y=b$ 处组合反射率:

$$Z 组合(a,b)=\text{Max}(Z(a,b,z)) \qquad z=0,1,2\cdots \qquad (4.36)$$

同样,在 $Z-X$ 和 $Z-Y$ 平面上, $x=a$, $z=b$ 和 $y=a$, $z=b$ 处组合反射率分别为:

$$Z 组合(a,b)=\text{Max}(Z(a,y,b)) \qquad y=0,1,2\cdots \qquad (4.37)$$

$$Z 组合(a,b)=\text{Max}(Z(x,a,b)) \qquad x=0,1,2\cdots \qquad (4.38)$$

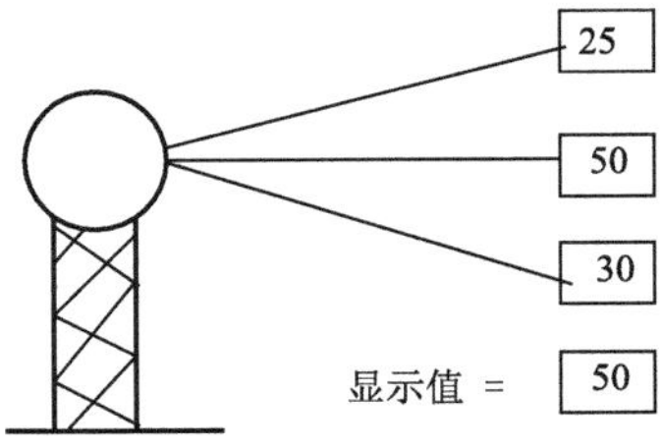

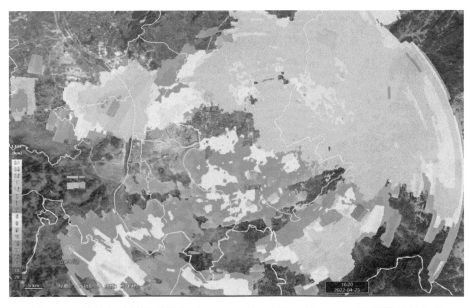

对于多个雷达融合的组合反射率产品,共同覆盖区域的值取所有雷达中的最大值。

图 4.62　组合回波原理示意图

(3)产品应用

1)显示出整个可探测空间的最大反射率因子分布。

2)相较于基本反射率因子,组合反射率更便捷地反映了风暴结构特征和强度等。

3)通过组合反射率因子知道风暴的最强回波区域,再做剖面产品,有利于反映风暴的垂直结构。

4) X 、 Y 、 Z 三个组合反射率面结合基本可以定位对流云的位置,大体确定其回波顶高和垂直结构。

4.3.4.2　回波顶高(ET,Echo TOP)

(1)产品介绍

图4.63为长沙相控阵阵列天气雷达2022年04月25日16:20的回波顶高产品图,空间分辨率为 $100\text{ m}\times100\text{ m}$,时间分辨率1 min,资料等级18级(0.1～20 km)。图中可以看到大部分回波顶高在9～11 km,西北部小块红色和东南部红色的回波顶高达到14 km,说明此处

图 4.63　长沙相控阵阵列天气雷达 2022 年 04 月 25 日 16：20 的回波顶高产品

对流发展旺盛。

（2）产品原理

回波顶高 H_{top} 就是回波的最大高度，回波顶高的反射率因子一般取大于 18 dBZ，数据单位：km。在直角坐标系中，反射率因子表示为 $Z(x,y,z)$，当 $x=a$，$y=b$，反射率因子表示为：

$$Z(a,b,z), z=z_{min}, z_{min}+1, z_{min}+2 \cdots z_{max} \tag{4.39}$$

回波顶高：$H_{top}=z_{max}$。

由于 X 波段相控阵雷达的仰角最高可达 70°以上，因此其盲区比 S 波段雷达要小得多，回波顶高更加可信。S 波段雷达在云体离雷达较近时，无法探测到云体顶部，回波顶高可能不准确。

（3）产品应用

1）通过回波顶高产品可快速获取强对流回波发展的高度、位置。

2）回波顶越高，一般来说，对流系统的强度越强。

3）有助于识别风暴结构特征，诸如倾斜，低层反射率因子梯度区上的回波顶。

4）在低层回波还未探测到时，先探测到中上层回波。

4.3.4.3　回波底高（EB，Echo Bottom）

（1）产品介绍

图 4.64 为长沙相控阵阵列天气雷达 2022 年 4 月 25 日 16：20 的回波底高产品图，空间分辨率为 100 m×100 m，时间分辨率 1 min，资料等级 18 级（0.1～20 km）。图中可以看到大部分回波底高在 0.1 km 说明回波基本已经接地，地面开始下雨。

图 4.64　长沙相控阵阵列天气雷达 2022 年 4 月 25 日 16：20 的回波底高产品

（2）产品原理

回波底高 H_{bot} 就是回波的最低高度，回波底高反射率因子一般取大于 18 dBZ，数据单位：km。在直角坐标系中，反射率因子表示如式（4.39）。

X 波段相控阵雷达可以探测 0°仰角甚至负仰角,因此其回波底高的探测要比 S 波段雷达更加准确。S 波段雷达在云体距离雷达较远时,由于地形遮挡和地球曲率影响,无法探测到云体中下部,回波底高可能不准确。

（3）产品应用

1）反映云底部的高度,配合云顶高可以获取云层厚度,进而判断云的发展情况。

2）云底高度为地面高度,一般说明已经发生降水。

4.3.5　降水产品

4.3.5.1　垂直积分液态水含量(VIL)

（1）产品介绍

图 4.65 为昆明相控阵阵列天气雷达 2022 年 7 月 7 日 15:00 的垂直累积液态水含量（VIL）产品图,空间分辨率为 100 m×100 m,时间分辨率 1 min,资料等级 15 级（0.1 kg/m² ～ 55 kg/m²）,图中 VIL 值最大达到 40 kg/m² 以上,当天发生了冰雹天气。

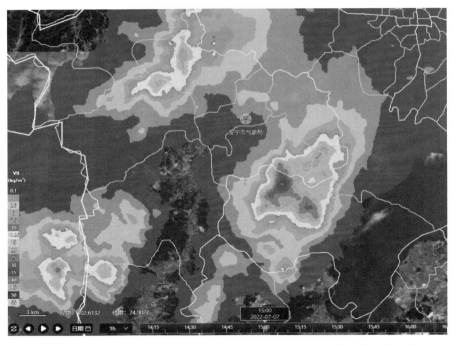

图 4.65　昆明相控阵阵列天气雷达 2022 年 7 月 7 日 15:00 的垂直累积液态水含量(VIL)产品

（2）产品原理

垂直积分液态水含量表示空中垂直方向总的液态水量,单位:kg/m²。空中液态水含量与降水强度相关联。在假定反射率因子是完全由液态水反射得到的条件下,垂直积分液态水含量

$$\text{VIL} = \int_{\text{底高}}^{\text{顶高}} M \mathrm{d}h \tag{4.40}$$

$$M = 3.44 \times 10^{-3} Z^{4/7} \tag{4.41}$$

实际计算时,垂直积分液态水含量:

$$VIL = \sum_{i=1}^{n} 3.44 \times 10^{-3} \left[\frac{Z_i + Z_{i+1}}{2} \right]^{4/7} \Delta h \qquad (4.42)$$

式中,M 为单位体积液态水含量(单位:g/m^{-3}),Z 为雷达反射率因子(单位:mm^6/m^3)。

S 波段雷达由于探测能力和扫描模式的限制,做一个俯仰需要 6 min,导致垂直结构产品产生倾斜,造成 VIL 的计算误差比较大。但是相控阵雷达一个俯仰只需 0.125 s,极小的时间差可以保证观测产品更好地体现当时的客观情况,得到较为准确的 VIL 值。

(3)产品应用

1)一般 VIL>5 kg/m² 以上,就要特别注意可能导致的短时强降水、冰雹等高影响天气。

2)有助于确定大多数显著的风暴单体位置。

3)由于冰雹单体并非由液态水构成,导致很强的 VIL,所以有助于识别较大的冰雹单体。

4)有助于识别超级单体风暴,超级单体风暴有较大的 VIL。

5)有助于识别强风灾害天气,强风开始时,垂直液态水含量 VIL 迅速减小。

6)当 VIL 值增加到很大,尔后开始减少时,表明即将降雹。

4.3.5.2　累计降水量

(1)产品介绍

累计降水量产品分为 1 h 累计降水量、3 h 累计降水量和 N 小时累计降水量。图 4.66 为昆明相控阵阵列天气雷达 2022 年 7 月 7 日 15∶25 的 1 h 累计降水量产品图,空间分辨率为 100 m×100 m,时间分辨率 10 min,资料等级 15 级(0.1~204 mm)。图中 1 h 累计降水量最大值达到 32 mm,表明过去 1 h 内,此处降水量达到 32 mm,达到短时强降水级别。

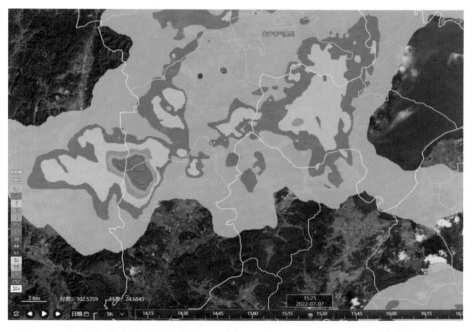

图 4.66　昆明相控阵阵列天气雷达 2022 年 7 月 7 日 15∶25 的 1 h 累计降水量产品

(2)产品原理

累计降水量是指一定时间内总的降水量,是基于雷达回波资料建立雷达回波与降水的 Z-

I(反射率因子与雨强的关系)关系,再对降水进行时间上的累计得到一定时段内的降水量。产品时间分辨率为 10 min,单位:mm。获取步骤如下:

$$Z = 10^{dbZ/10} \tag{4.43}$$

得到反射率因子值 Z。

$$Z = A \cdot I^b \tag{4.44}$$

得到雨强 I 值。式中 A 和 b 系数采用经验的 275 和 1.55 来计算。为了减少误差,雷达回波取 2.1~3.0 km 的均值,进行计算。

获取 1 h 的累积降水量 OHP:

$$OHP = \int_t^{t-60} I \cdot t \ dt \tag{4.45}$$

获取 3 h 的累积降水量 THP:

$$THP = \int_t^{t-180} I \cdot t \ dt \tag{4.46}$$

获取 N 小时的累积降水量 NHP:

$$NHP = \int_t^{t-60 \times N} I \cdot t \ dt \tag{4.47}$$

(3)产品应用

1)可用于城市、乡村,特别是机场和山区洪水的监测和警报发布。

2)对于快速移动的风暴,应用该产品动画可监测风暴的移动信息。

3)水利方面的应用,如用于河流湖泊的水位估测。

4.3.6　智能识别产品

4.3.6.1　风暴识别

(1)产品介绍

图 4.67 为昆明相控阵阵列天气雷达 2022 年 07 月 07 日 15：23 的风暴识别和分类产品图,图中识别并分类 5 个风暴(2 个"降水、大风"风暴、2 个"雷暴、大风"风暴和一个"降水、大风、冰雹"类型的风暴),下方的表格中所列数据为风暴的各类参数,如:风暴面积(km²)、平均反射率强度(单位:dBZ)、最大反射率强度(单位:dBZ)、最大反射率所在高度(单位:km)、回波顶高(单位:km)、质心高度(单位:km)、冰雹概率(%)、冰雹尺寸(单位:in①)等。

(2)产品原理

风暴识别是基于对三维反射率数据进行识别的技术,其算法流程是:

第一步:风暴识别,采用基于数字识别的三维风暴体识别技术对三维反射率数据进行识别,识别出风暴单体。

传统的识别算法有 TITAN 和 SCIT,其中 TITAN 算法无法分别风暴簇中的风暴单体,SCIT 虽然可以识别风暴簇中的风暴单体,但是会抛弃低阈值的信息,造成识别信息缺失。并且这两种方法都不能分离虚假合并的风暴(两个独立的风暴单体有微弱的连接)。X 波段相控阵雷达系统采用的算法结合了这两种传统方法的优点,同时在这两种方法上面加以改进,得到了更好的效果。具体识别流程:1)识别风暴簇;2)识别风暴簇中的风暴单体;3)对低阈值信息进

---

① 1 in=2.54 cm。

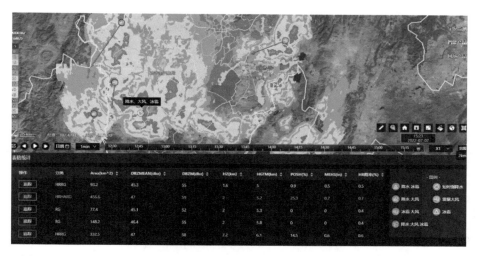

图 4.67　昆明相控阵阵列天气雷达 2022 年 7 月 7 日 15:23 的风暴识别和分类产品

行保留,保证识别信息的准确性;4)进行虚假合并风暴的分割;5)采用分水岭算法,对低阈值风暴单体通过高阈值单体进行切分。

风暴体的特征主要有风暴体质心、风暴体面积、平均回波强度、风暴体轮廓、风暴体最大回波强度、风暴体最大回波高度、回波顶高、质心高度、拟合椭圆长轴长度、拟合椭圆短轴长度等。

阈值包括:风暴识别的双 dbZ 阈值 35 dBZ、40 dBZ;过滤小风暴面积阈值 35 dBZ 面积＞4 km^2、40 dBZ 面积＞2 km^2。

第二步:基于对象诊断的检验方法 MOD 实现风暴的分类。

风暴主要分为短时强降水、冰雹、雷暴大风三大类。基于 VIL、面积、最大回波强度、最大回波强度所在高度等风暴单体属性,通过相应的权重计算公式,得到该风暴单体的分数,当分数达到一定的阈值(阈值通过统计计算得到)之后,则认为该单体属于该类风暴。

短时强降水类型考虑的属性主要有 VIL、面积、移动速度、最大回波强度、最大回波强度所在高度、3 km 以下最强回波。

冰雹类型考虑的属性主要有 VIL、面积、最大回波强度、最大回波强度所在高度、8 km 以上最强回波。

雷暴大风类型考虑的属性主要有 VIL、面积、移动速度、最大回波强度、最大回波强度所在高度、8 km 以上最强回波。风暴分类的标识如表 4.10。

表 4.10　风暴分类图标及风暴预测图标

类型	风暴分类图标	风暴预测图标	缩写
强天气	无	无	NM
短时强降水	◌	…	HR
冰雹	△	///	HA
雷暴大风	⊅	+/+/	RG

续表

类型	风暴分类图标	风暴预测图标	缩写
短时强降水 & 冰雹	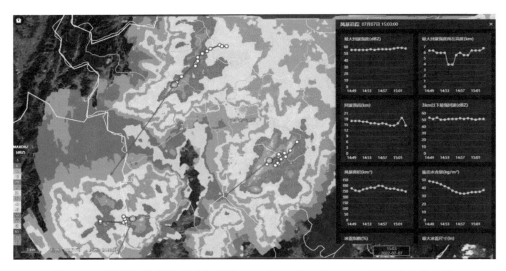	XX	HRHA
雷暴大风 & 短时强降水		OO	HRRG
冰雹 & 雷暴大风		++	HARG
短时强降水 & 冰雹 & 雷暴大风		* *	HRHARG

（3）产品应用

1）风暴识别产品对于监测和识别各种风暴类型（如冰雹、龙卷、暴雨等）有很好的参考价值，方便预报员快捷监测天气和发布预警。

2）风暴识别产品中的风暴参数列表可直观获取风暴的各类参数，从而了解风暴强弱。

4.3.6.2 风暴追踪

（1）产品介绍

图 4.68 为昆明相控阵阵列天气雷达 2022 年 7 月 7 日 15∶03 的风暴追踪产品图，图中显示了 3 个风暴的风暴追踪信息，紫色线条展示了过去 10 min 内逐分钟的风暴移动路径，过去 10 min 内每分钟风暴位置用点表示。箭头为未来风暴的移动方向预测。右侧表格展示了风暴各个参数在过去 10 min 内的发展趋势。

图 4.68　昆明相控阵阵列天气雷达 2022 年 7 月 7 日 15∶03 的风暴追踪产品

（2）产品原理

通过风暴识别技术识别对象，计算这些对象空间属性，如对象的位置、形状、面积大小等，通过比较两个场中对象的各个属性，在此基础上用模糊逻辑算法计算得出两个场中"对象"之间的综合相似度，以此进行跟踪判断。此算法目前对于合并分裂的风暴追踪效果会受影响，小的风暴的生成和消亡对追踪的结果也有影响，还需要优化。风暴追踪展示过去 10 min 的风暴位置。风暴移动方向预测算法通过对最后两个体扫描间风暴体匹配实现风暴跟踪，再作线性外推预报其位置。

（3）产品应用。

对预报员监测风暴的移动和发展是很好的参考。

表格产品为预报员提供过去 10 min 内风暴各个参数的趋势，为预报员做出合理的风暴预测提供参考。

4.3.6.3　中气旋

（1）产品描述。

图 4.69 为佛山相控阵阵列天气雷达 2022 年 06 月 19 日 07：18 的中气旋产品图，图中黄色圆圈为中气旋，其右侧表格中展示了该中气旋的方位角、径向距离、纬度、经度、海拔高度、核区直径、角动量、核区中最大径向速度、核区中最小径向速度、二维特征格点数、展高、二维特征量最大风切变等参数。当天 07：20 左右在佛山南海大沥镇境内即图中黄圈位置发生 EF1 级龙卷风。

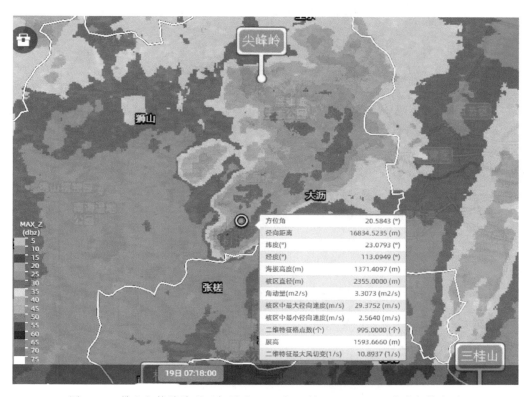

图 4.69　佛山相控阵阵列天气雷达 2022 年 6 月 19 日 07：18 的中气旋产品

（2）产品原理

中气旋是对流风暴中几千米到十几千米尺度的小尺度涡旋，通常与强对流风暴的上升气流和后侧下沉气流紧密相联系，该涡旋满足一定的切变、垂直伸展和持续性判据。具体算法如下。

1）第一步：一维特征筛选。

中气旋在雷达中的展现形式经常表现为具有强切变的速度对。本步骤首先在方位向上搜寻具有气旋性切变的切变区,下文称为型矢量,是后续算法的基本计算单元。

型矢量的筛选办法:按照顺时针方向依次寻找距离雷达相等的某一个圆环上的径向速度,如果径向速度值沿着顺时针方向连续递增,直到不再递增为止,则这一段距离库序列称为一个型矢量。计算这个型矢量序列的风切变值:

$$\frac{\mathrm{d}v}{\mathrm{d}L} = (v_{\max} - v_{\min})/(\varphi_{\max} - \varphi_{\min}) \times r) \tag{4.48}$$

式中,$v_{\max}$ 是这个型矢量中速度最大值,$v_{\min}$ 是最小值,$\varphi_{\max}$ 是这个型矢量的方位角跨度,r 为型矢量与雷达的距离。如图 4.70,从 $v_{\min}$ 开始顺时针方向,每个小方块(距离库)的径向速度都要比前一个大(可以允许最多一个噪点不满足递增规律)。

型矢量还需同时满足下列条件:风切变值 $\geqslant 5(\mathrm{m}/(\mathrm{s}\cdot\mathrm{km}))$,$(v_{\max}-v_{\min}) \geqslant 10(\mathrm{m}/\mathrm{s})$,$1\ \mathrm{km} \leqslant (\varphi_{\max}-\varphi_{\min}) \times r \leqslant 10\ \mathrm{km}$,$3° \leqslant (\varphi_{\max}-\varphi_{\min}) \times 180/\pi \leqslant 45°$。

2)第二步:一维特征聚类。

本步骤的目的是通过设计聚类算法,将每一层众多的通过筛选的一维型矢量聚集为若干二维涡旋特征。

构造二维特征时,依次使用以下 6 个阈值(速度差(单位:m/s),风切变(单位:m/(s·km))阈值作为筛选标准:[10,5],[15,10],[20,15],[25,20],[30,25],[35,30],例如以 [10,5] 为阈值时,$(v_{\max}-v_{\min}) \geqslant 10(\mathrm{m}/\mathrm{s})$ 且风切变值 $\geqslant 5(\mathrm{m}/(\mathrm{s}\cdot\mathrm{km}))$。多个阈值的逐层筛选聚类可以识别出长切变区内的涡旋。如果两个型矢量的径向距离相差 $\leqslant 2$ 个距离库,且方位向相差为 0,则这两个型矢量可以聚类为一个二维特征。最终得到的由若干个型矢量组成的二维特征,其径向长度除以平均弧长得到纵横比,纵横比必须在 0.5~2。如图 4.71,蓝色的几个型矢量全部相邻,构成一个二维特征,红色的型矢量由于方位向相差 >1 个格点,因此不能与蓝色二维特征聚类为一个二维特征,绿色的型矢量方位向相差为 0,径向上相差 1 个距离库,所以可以聚类到蓝色二维特征。

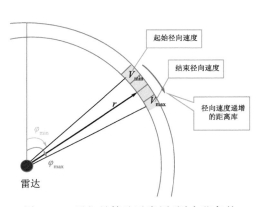

图 4.70 型矢量筛选示意图(图中蓝色的几个小方块是构成型矢量的距离库)

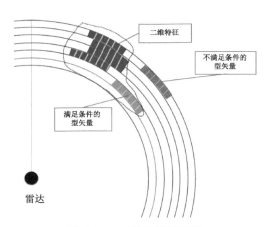

图 4.71 二维特征示意图

最终得到的二维特征还需要满足横纵比、面积和均方根误差的阈值,如表 4.11。

表 4.11　二维特征要素值检验标准

二维特征物理量	单位	筛选条件
速度差（$v_{max} - v_{min}$）	m/s	≥20
风切变（dv/dL）	m/(s·km)	≥10
横纵比（R）	—	2≥R≥1/2
面积（S）	km²	78.54≥S≥0.785
均方根误差（RMSE）	—	≤3

3)第三步:二维特征组合。

将不同仰角层下的二维特征根据一定的规则进行组合,构成三维特征。算法设计思路如下。

每个二维特征视为一个节点,构建每个二维特征的垂直网络结构关系,首先筛选出所有临近两层之间的二维特征水平距离≤2 km 的边。若某节点与临近层的所有节点都没有边,则跨过一层(最多只允许跨一层),与下一层中的所有节点寻找水平距离≤2 km 的边。遍历所有的仰角层,找出并记录垂直网络结构中所有的边。

这些边构建出若干有序树(仰角从低到高),从根节点开始找出所有的路径。比较每个路径的深度,选取最深的路径。若有路径深度相同,则先计算出每个边的相似度,后构建出每条路径的总相似度。选取相似度最高的路径,保存路径并从树中删除所有该最优路径上的节点。再次循环,查找出剩余节点的最优路径。直到所有点都被从有序树中剔除则停止计算。每一条最优路径即为一个三维特征。

三维特征的仰角层数≥3,且速度差值≥25,且风切变≥15 时,这个三维特征即是中气旋。

(3)产品应用

1)中气旋是超级单体风暴的特征,观测到中气旋,90%以上的情况出现强烈天气(灾害性大风、冰雹),20%的概率出现龙卷。因此只要观测到中气旋就可发布天气警报。

2)高度正在下降且强度增强或者已经出现在低层的中气旋(1 km 以下)与龙卷的联系紧密,产生龙卷的概率较大,大约 40%,中气旋的强度达到最大值时,是出现龙卷概率最大的时刻。

4.3.6.4　龙卷涡旋特征(TVS)

(1)产品描述

图 4.72 为佛山相控阵阵列天气雷达 2022 年 6 月 19 日 07：25 的 TVS 产品图,图中红色倒三角为 TVS,其右侧表格中展示了该 TVS 的方位角、径向距离、纬度、经度、海拔高度、核区直径、角动量、核区中最大径向速度、核区中最小径向速度、二维特征格点数、展高、二维特征量最大风切变等参数。当天 07：20 左右在佛山南海大沥镇境内即图中 TVS 位置发生 EF1 级龙卷。

(2)产品原理

龙卷涡旋特征 TVS 是一种与龙卷紧密关联的比中气旋尺度更小旋转速度更快的涡旋,在速度图上表现为像素间有很大的风切变。TVS 的筛选方法与中气旋一致,具体算法如下。

1)第一步:一维特征筛选。

在方位向上搜寻具有气旋性切变的切变区,下文称为型矢量,按照顺时针方向依次寻找距离雷达相等的某一个圆环上的径向速度,如果径向速度值沿着顺时针方向连续递增,直到不再

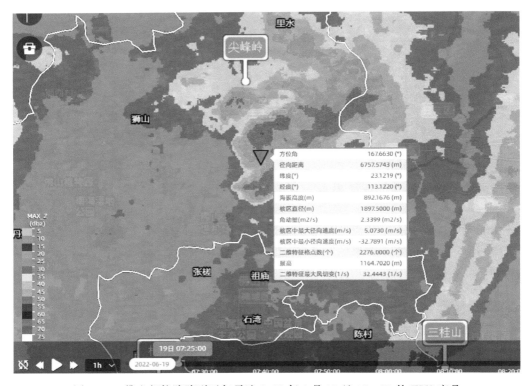

图 4.72　佛山相控阵阵列天气雷达 2022 年 6 月 19 日 07：25 的 TVS 产品

递增为止,则这一段距离库序列称为一个型矢量。参考式(4.48),计算这个型矢量序列以下项目:风切变值$\geqslant5(\text{m}/(\text{s}\cdot\text{km})),(v_{\max}-v_{\min})\geqslant10(\text{m}/\text{s}),1\text{ km}\leqslant(\varphi_{\max}-\varphi_{\min})\times r\leqslant10\text{ km},3°\leqslant(\varphi_{\max}-\varphi_{\min})\times180/\pi\leqslant45°$。

2)第二步:一维特征聚类。

通过设计聚类算法,将每一层众多的通过筛选的一维型矢量聚集为若干二维涡旋特征。依次使用以下 6 个阈值(速度差(m/s),风切变(m/(s·km))阈值作为筛选标准:[10,5],[15,10],[20,15],[25,20],[30,25],[35,30])。如果两个型矢量的径向距离相差$\leqslant2$个距离库,且方位向相差为 0,则这两个型矢量可以聚类为一个二维特征。最终得到的由若干个型矢量组成的二维特征,其径向长度除以平均弧长得到纵横比,横纵比、面积和均方根误差的阈值,如表 4.12。

表 4.12　二维特征要素值检验标准

二维特征物理量	单位	筛选条件
速度差（$v_{\max}-v_{\min}$）	m/s	$\geqslant20$
风切变（$\text{d}v/\text{d}L$）	m/(s·km)	$\geqslant10$
横纵比（R）	—	$2\geqslant R\geqslant1/2$
面积（S）	km^2	$78.54\geqslant S\geqslant0.785$
均方根误差（RMSE）	—	$\leqslant3$

3)第三步:二维特征组合。

将不同仰角层下的二维特征根据一定的规则进行组合,构成三维特征。每个二维特征视为一个节点(即质心),构建每个二维特征的垂直网络结构关系,首先筛选出所有临近两层之间的二维特征质心的水平距离≤2 km 的边。若某节点与临近层的所有节点都没有边,则跨过一层(最多只允许跨一层),与下一层中的所有节点寻找水平距离≤2 km 的边。遍历所有的仰角层,找出并记录垂直网络结构中所有的边。

这些边构建出若干有序树(仰角从低到高),从根节点开始找出所有的路径。比较每个路径的深度,选取最深的路径。若有路径深度相同,则先计算出每个边的相似度,后构建出每条路径的总相似度。选取相似度最高的路径,保存路径并从树中删除所有该最优路径上的节点。再次循环,查找出剩余节点的最优路径。直到所有点都被从有序树中剔除则停止计算。每一条最优路径即为一个三维特征。

三维特征的仰角层数≥3,且速度差值≥30,且风切变≥20 时,这个三维特征即是 TVS。

(3)产品应用

1)TVS 与龙卷直接相关,一旦探测到 TVS,即可发布龙卷预警。

2)TVS 出现空中,然后逐渐向下发展时,TVS 接地时刻即为龙卷发生时刻,可提前发布龙卷预警。

4.3.6.5　冰雹指数

(1)产品描述

图 4.73 为佛山相控阵阵列天气雷达 2022 年 03 月 26 日 15∶05 的冰雹指数产品图,图中的表格显示了识别到的风暴的强冰雹概率 POSH 值为 61.24%,可能的最大冰雹尺寸 MEHS 为 1.2 in[①]。说明图中这个风暴产生冰雹的概率很大。当天该地 14∶55 开始下冰雹,持续 20 min 左右。

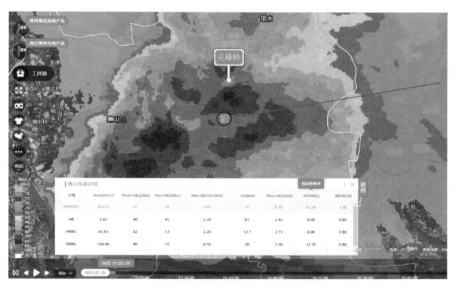

图 4.73　佛山相控阵阵列天气雷达 2022 年 3 月 26 日 15∶05 的冰雹指数产品

---

① 　1 in=2.54 cm。

（2）产品原理

冰雹指数是利用风暴单体识别和跟踪算法（SCIT）输出结果，查找 0℃ 等温线高度上的强反射率因子值，0℃ 等温线上的强反射率因子值越强（至少 40 dBZ），发生高度越高（可超过负 0℃ 等温线），产生冰雹/强冰雹的可能性（POH/POSH）就越大，冰雹尺寸也越大。主要的参数有 SHI（强冰雹指数）、POSH（强冰雹概率）、MEHS（可能的最大冰雹尺寸，单位：mm）。具体方法如下。

1）计算冰雹动能（E）

$$E = 5 \times 10^{-6} \times 10^{0.084Z} W(Z) \tag{4.49}$$

式中，E 为冰雹动能，$W(Z)$ 为关于冰雹反射率因子的权重函数，用于定义雨和冰雹反射率因子的转换区。其中：

$$W(Z) = \begin{cases} 0 & \text{当 } Z \leqslant Z_L \\ \dfrac{Z - Z_L}{Z_U - Z_L} & \text{当 } Z_L < Z < Z_U \\ 1 & \text{当 } Z \geqslant Z_U \end{cases} \tag{4.50}$$

式中，Z 为反射率因子，Z_L 和 Z_U 为两个根据经验值得到的可调经验参数，一般取 $Z_L = 40$ dBZ，$Z_U = 50$ dBZ。

2）计算强冰雹指数

$$SHI = 0.1 \int_{H_0}^{H_T} W_T(H_T) E \, dH \tag{4.51}$$

式中，H_T 为风暴单体顶高，$W_T(H)$ 为基于温度的权重函数，H 为相对雷达的高度，H_0 为环境融化层高度，默认为 3 km，H_{m20} 为 -20℃ 环境温度的高度，默认为 7 km。其中：

$$W_T(H) = \begin{cases} 0 & H \leqslant H_0 \\ \dfrac{H - H_0}{H_{m20} - H_0} & H_0 < H < Z_{m20} \\ 1 & H \geqslant H_{m20} \end{cases} \tag{4.52}$$

3）确定报警阈值选择模型（WTSM）

$$W_T = 57.5 H_0 - 121 \tag{4.53}$$

式中，W_T 为报警阈值，单位：J·m/s，当 $W_T < 20$ J·m/s 时，W_T 取 20 J·m/s。

4）计算强冰雹概率

$$POSH = 29 \ln \frac{SHI}{W_T} + 50 \tag{4.54}$$

5）最大预期冰雹尺寸（MEHS）

$$MEHS = 2.54 \times (SHI)^{0.5} \tag{4.55}$$

（3）产品应用

1）当 POSH 大于 50% 时极有可能产生冰雹，是一个探测冰雹的有效指数。

2）该指数的漏报率较低，但虚报率较高，即有冰雹时，一般冰雹指数较大，但较大的冰雹指数并不一定会下冰雹。

3）冰雹指数受季节影响，夏季需要较高的值才可能下冰雹，冬季则较低的值也可能下冰雹。

4.3.7 三维展示产品

4.3.7.1 XYZ 强度剖面产品

（1）产品描述

图 4.74 箭头所示白色剖面为温州相控阵阵列天气雷达 2022 年 08 月 26 日 14：00 的强度在 X 方向（经度）剖面产品图，空间分辨率为 100 m×100 m×100 m，图中展示了整个阵列雷达探测范围内在相同纬度（28.15°N）上不同经度的反射率垂直剖面，可以查看回波强度在 X 方向上的垂直分布情况，图中的强对流单体在该纬度上，最大反射率强度达到 60 dBZ 以上，回波顶高约 15 km。

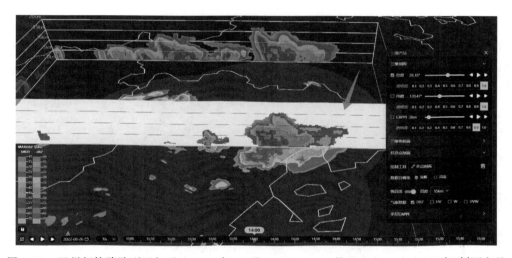

图 4.74　温州相控阵阵列天气雷达 2022 年 08 月 26 日 14：00 的强度在 X 方向（经度）剖面产品

图 4.75 箭头所示白色剖面为温州相控阵阵列天气雷达 2022 年 08 月 26 日 14：00 的强度在 Y 方向（纬度）剖面产品图，空间分辨率为 100 m×100 m×100 m，图中展示了整个阵列

图 4.75　温州相控阵阵列天气雷达 2022 年 08 月 26 日 14：00 的强度在 Y 方向（纬度）剖面产品

雷达探测范围内在相同纬度(120.47°E)上不同经度的反射率垂直剖面,可以查看回波强度在 Y 方向上的垂直分布情况,图中自南向北依次有三个对流单体,最南部单体较强,回波顶高达到 13 km,强度 55 dBZ 左右,往北第二个单体较弱,回波顶高仅 8 km 左右,强度 50 dBZ 左右,最北部单体回波顶高 10 km 左右,但回波强度达到 60 dBZ 以上。

图 4.76 为温州相控阵阵列天气雷达 2022 年 08 月 26 日 14:00 的强度在 Z 方向(CAPPI 等高平面显示)剖面产品图,空间分辨率为 100 m×100 m×200 m,图中展示了整个阵列雷达探测范围内在不同高度上的反射率强度(每隔 200 m 一个高度),可以查看回波强度在不同高度的分布情况,图中 A 和 C 位置的对流单体 12 km 高度已经没有回波,说明回波顶高较低,B 位置的对流单体则回波顶高较高,且最强的回波高度在 4 km 左右的高度,说明有一定的悬垂。

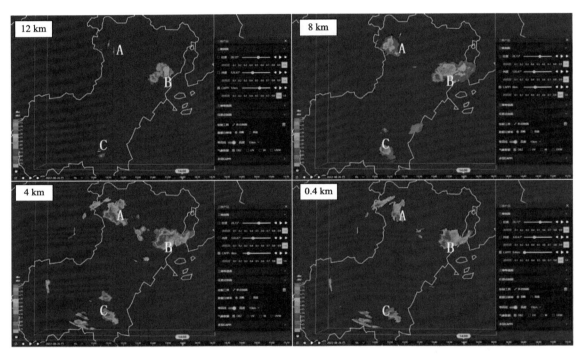

图 4.76　温州相控阵阵列天气雷达 2022 年 8 月 26 日 14:00 的强度在 Z 方向(CAPPI 等高平面显示)剖面产品

(2)产品原理。

X 剖面(经度):在整个雷达范围场,将各个仰角的 PPI 反射率数据采用差值方式将数据从极坐标差值到笛卡尔坐标,从而获取不同的经度上的反射率剖面数据。

Y 剖面(纬度):在整个雷达范围场,将各个仰角的 PPI 反射率数据采用差值方式将数据从极坐标差值到笛卡尔坐标,从而获取不同的纬度上的反射率剖面数据。

Z 剖面(CAPPI):按照设定的高度,应用测高公式,考虑电磁波的传播特性及等效地球半径,找到该高度平面上临近的上下两个仰角,选取相应雷达测距上的数据,用线性内插法得到该高度上的数据,一般采用双线性插值法,可以提高数据精度,显示时格点化。

数据分辨率(经度×纬度×高度):300 m×300 m×200 m

（3）产品应用

1）从不同的角度查看云体的反射率因子三维结构，从而通过分析云体的"回波悬垂""回波顶高""弱回波区"等特征来确定风暴的类型和风暴强度。

2）通过查看过去一段时间的产品可以监测风暴的发展趋势。

4.3.7.2　绘制剖面

（1）产品描述

图 4.77 为温州相控阵阵列天气雷达 2022 年 8 月 26 日 14：00 的强度的任意剖面产品图，空间分辨率为 100 m×100 m×100 m（右上角为剖面的俯视视角），图中展示了一个任意画出来的折线上的回波强度剖面，可以分析风暴任意位置的三维结构，如图中例子，风暴的 A 和 B 两个位置虽然从组合回波看强度相近，但从剖面可以看到 A 位置回波顶高较高，且呈现倾斜结构和悬垂结构，B 位置顶高较低，强回波中心悬垂高度较低，说明 A 发展强烈，可能产生冰雹，B 则可能为强降水或伴随大风。

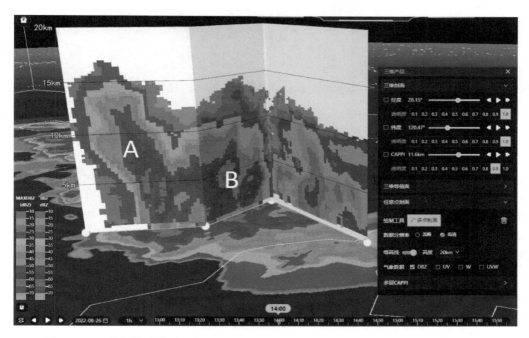

图 4.77　温州相控阵阵列天气雷达 2022 年 8 月 26 日 14：00 的强度的任意剖面产品

（2）产品原理

将各个仰角的 PPI 反射率数据采用差值方式将数据从极坐标差值到笛卡尔坐标，得到笛卡尔坐标表示的三维格点数据，用户在地面任取几个点（最多五个点），生成垂直剖面，获取这个剖面上的反射率数值，单位：dBZ。

（3）产品应用

1）与 X－Y 剖面产品相比，任意剖面产品可以更加自由地从不同的角度查看云体的反射率三维结构，从而通过分析云体的"回波悬垂""回波顶高""弱回波区"等特征来确定风暴的类型和风暴强度。

2）通过查看过去一段时间的产品可以监测风暴的发展趋势。

4.3.7.3 多层 CAPPI

（1）产品描述

图 4.78 为温州相控阵阵列天气雷达 2022 年 8 月 26 日 14：00 的强度的多层 CAPPI 产品图，A 图展示了从 2 km 到 20 km 每隔 2 km 一层的所有强度 CAPPI，B 图展示的是选中其中某一层（图中为 6 km 高度）的强度 CAPPI，空间分辨率为 100 m×100 m。多层 CAPPI 可以一目了然地显示各个高度上回波的分布情况，如图中的强对流单体，左侧回波顶高较高，回波顶高达到 16 km 以上，强反射率核心在 4～8 km 高度，是一个发展旺盛的风暴，可能会有冰雹天气。

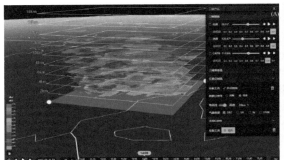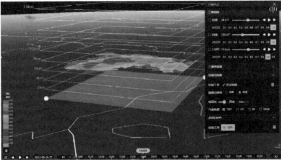

图 4.78 温州相控阵阵列天气雷达 2022 年 8 月 26 日 14：00 的强度的多层 CAPPI 产品

（2）产品原理

根据用户交互，选择矩形框，系统自动生成矩形框范围内的不同高度上的 CAPPI。每一层 CAPPI 是基于等高平面显示的反射率产品，根据不同仰角的反射率 PPI 在笛卡尔坐标系中差值得到的相同高度的反射率平面图，将 2 km、4 km、6 km、8 km、10 km、12 km、14 km、16 km、18 km 和 20 km 高度的 CAPPI 图片调整透明度后叠加到一起展示，可以同时看到不同高度的反射率 CAPPI 图。多层 CAPPI 产品可同时显示，也可选择某一高度单独显示。而单层的 CAPPI 产品是按照设定的高度，应用测高公式，考虑电磁波的传播特性及等效地球半径，找到该高度平面上临近的上下两个仰角，选取相应雷达测距上的数据，用线性内插法得到该高度上的数据，再展示出来。

（3）产品应用

1）展示云体不同高度的反射率因子分布情况，揭示云体的"回波悬垂""回波顶高""弱回波区"、风暴倾斜结构等特征，进而确定风暴的类型。

2）确定反射率因子核心高度。

4.3.8 流场产品

4.3.8.1 速度方位显示

（1）产品描述

图 4.79 为温州 X 波段相控阵阵列雷达瑞安五云山前端 2022 年 6 月 20 日 16：00 在 0.3 km 高度上的 VAD 产品，图中的点为 1.5°仰角上在 0.3 km 高度上各个方位角上对应的平均径向速度，曲线为这些点拟合后得到的正弦曲线。

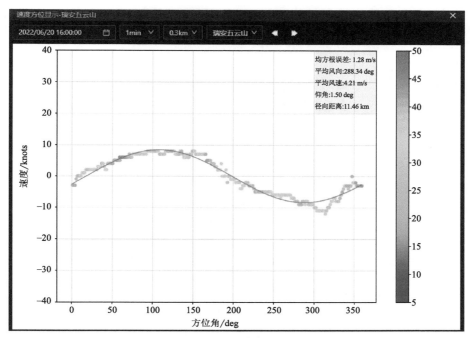

图 4.79　温州 X 波段相控阵阵列雷达瑞安五云山前端 2022 年 6 月 20 日 16：00 在
0.3 km 高度上的 VAD 产品

（2）产品原理

速度方位显示（VAD）是将特定高度上某个合适仰角的径向速度标在以方位角为横坐标、径向速度值为纵坐标（离开雷达为正，向着雷达为负）的直角坐标系中。然后用正弦曲线对数据点进行拟合，拟合后得到的正弦曲线。当 360°方位风场均匀，波谷所在的方位角为该高度上的平均风向，振幅为平均风速。

（3）产品应用

1）VAD 产品可以得到在某个高度上的平均风向和风速，从而可以分析各个高度层上的风场分布情况。

2）VAD 产品可以进一步获得风廓线产品（VWP）。

4.3.8.2　速度方位显示风廓线

（1）产品描述

图 4.80 为温州 X 波段相控阵阵列雷达瑞安五云山前端 2022 年 6 月 20 日 16：00 的风廓线 VWP 产品，图中横坐标为时间，纵坐标为高度，展示了 15：30—16：00 不同高度上风廓线的演变过程，可以看到近地面为偏西风，低层为西北风，中高层又转为偏西风。

（2）产品原理

基于单雷达 VAD 的计算结果，得到不同高度的风向风速，假定雷达探测范围内空间风场是均匀的，将风向风速以风羽的形式，显示在坐标系中，横坐标是时间，纵坐是标高度，最近时间在右侧。

通常只有在大面积降水的情况下才有可能得到比较正确的风廓线，稳定性降水的风廓线效果要比对流性降水好。

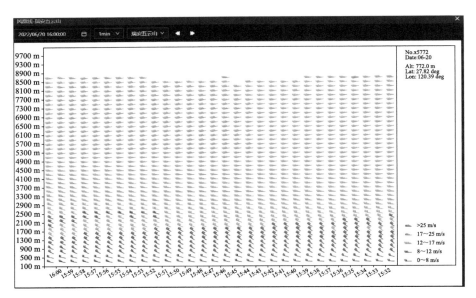

图 4.80 温州 X 波段相控阵阵列雷达瑞安五云山前端 2022 年 6 月 20 日 16：00 的风廓线 VWP 产品

（3）产品应用

1）获得过去一段时间内不同高度的风场分布情况。

2）通过分析风廓线产品可以得到天气系统如锋面、槽线、低空风切变、低空急流、冷暖平流等，进而对强对流天气进行预报。

4.3.8.3 三维变分反演风场

（1）产品描述

图 4.81 为佛山 X 波段相控阵阵列天气雷达 2022 年 06 月 19 日 07：17 的反演风场产品，产品空间分辨率为 300 m×300 m×200 m，每隔 2 min 更新一次，图中展示了 0.1 km、1.1 km、3.1 km 和 5.1 km 高度的风场，可以看到在 0.1 km 高度有明显的气旋式涡旋，且涡旋周围风速达到 20 m/s 左右，尺度仅数公里，说明此处为中气旋，1.1 km 高度涡旋不再闭合，到 3.0 km 高度以上，为西南风，风速达到 20 m/s 左右。

（2）产品原理

反演风场算法主要分为四个主部分：坐标转换、背景风计算、泛函构造与泛函求解。约束方程使用观测约束、质量守恒约束、背景风约束、平滑约束、涡度约束实现泛函的构造，泛函求解使用 BFGS 优化算法实现。

X 波段雷达反演风场的算法参考 S 波段雷达算法，但由于 X 波段雷达采用阵列布局，多部雷达协同观测，保证所有雷达能够严格地同步进行观测，在探测雷达共同覆盖区域时，时差很小，因此 X 波段相控阵阵列天气雷达获取的反演风场在理论上要比 S 波段雷达准确，且时空分辨率更高。

（3）产品应用

1）通过反演风场分析云体内部的动力学特征，包括辐合、辐散、切变、垂直运动等，进而结合风暴的热力学特征判断风暴的强度、分析风暴的发展趋势等。

2）通过反演风场计算涡度、散度、风切变等特征量，进一步研究风暴动力结构。

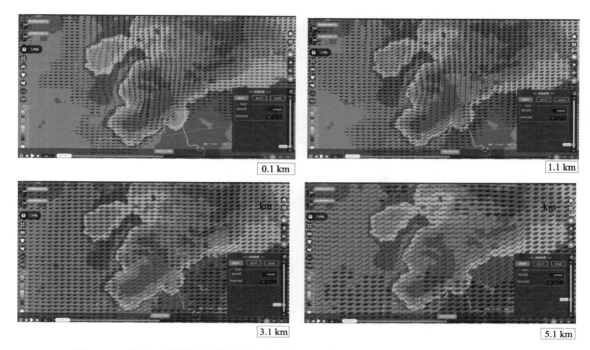

图 4.81　佛山 X 波段相控阵阵列天气雷达 2022 年 6 月 19 日 07：17 的反演风场产品

3)通过反演风场可以分析天气系统如锋面、气旋、风切变等,为预报员进行强对流天气预报预警提供参考。

4.3.8.4　合成风场

(1)产品描述

图 4.82 为佛山 X 波段相控阵阵列天气雷达 2022 年 6 月 19 日 07：17 的雷达风场产品,产品空间分辨率为 300 m×300 m×200 m,每隔 2 min 更新一次,图中展示了 0.4 km、1.0 km、3.0 km 和 5.0 km 高度的风场,可以看到在 0.4 km 和 1.0 km 高度有明显的气旋式涡旋,到 3.0 km 高度以上为西南风,风速达到 20 m/s 左右。

(2)产品原理

在三个前端同时覆盖区域,直接利用三个前端的不同径向速度,通过求解方程获取 UVW 三个速度分量,合成三维风场。计算公式如下:

$$
\begin{vmatrix}
\sum \cos^2\theta_i \cos^2\phi_i & \sum \sin\theta_i \cos\theta_i \cos^2\phi_i & \sum \cos\theta_i \sin\phi_i \cos\phi_i \\
\sum \cos\theta_i \sin\theta_i \cos^2\phi_i & \sum \sin^2\theta_i \cos^2\phi_i & \sum \sin\theta_i \sin\phi_i \cos\phi_i \\
\sum \cos\theta_i \sin\phi_i \cos\phi_i & \sum \sin\theta_i \cos\phi_i \sin\phi_i & \sum \sin^2\phi_i
\end{vmatrix}
\times
\begin{vmatrix} u \\ v \\ W \end{vmatrix}
=
\begin{vmatrix}
\sum V_i \cos\theta_i \cos\phi_i \\
\sum V_i \sin\theta_i \cos\phi_i \\
\sum V_i \sin\phi_i
\end{vmatrix}
$$

式中,其中 $i=1,2,3\cdots$ 为前端序号,θ_i 为该点相对 i 前端的方位角,ϕ_i 为该点相对 i 前端的仰角,V_i 为 i 前端的径向速度,u、v、w 分别为气流在直角坐标系中的 x 方向分量、y 方向分量和垂直方向分量,当 $i\geqslant3$ 时,通过解方程可求解出 u、v、w。

(3)产品应用

1)通过合成风场分析云体内部的动力学特征,包括辐合、辐散、切变、垂直运动等,进而结

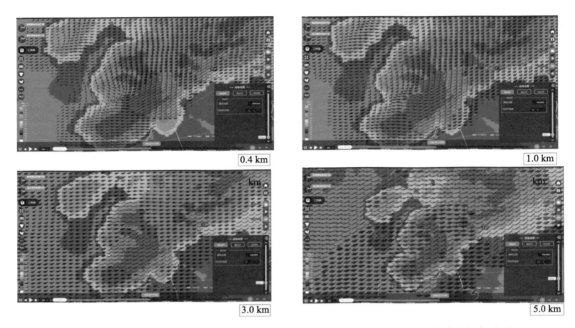

图 4.82 佛山 X 波段相控阵阵列天气雷达 2022 年 6 月 19 日 07：17 的雷达风场产品

合风暴的热力学特征判断风暴的强度、分析风暴的发展趋势等。

2)通过合成风场计算涡度、散度、风切变等特征量,进一步研究风暴动力结构。

3)通过合成风场可以分析天气系统如锋面、气旋、风切变等,为预报员进行强对流天气预报预警提供参考。

4.3.8.5 垂直涡度

(1)产品描述

图 4.83 为佛山 X 波段相控阵阵列天气雷达 2022 年 03 月 26 日 15：00 的垂直涡度产品,左下角为色标,单位为 $1 \times 10^{-3} \mathrm{s}^{-1}$。从图中可以看到大部分区域涡度为正值,黄色的达到 $15 \times 10^{-3} \mathrm{s}^{-1}$ 以上,说明该区域有较强的气旋式旋转(逆时针),蓝色的为 $-10 \times 10^{-3} \mathrm{s}^{-1}$ 以下,说明这些区域有较强的反气旋式旋转(顺时针)。

(2)产品原理

垂直相对涡度是衡量空气块转动强度的物理量,通过三维风场得到水平风的 u、v 分量,再通过式(4.56)计算得到垂直相对涡度:

$$\zeta_\circ = \frac{v_D - v_B}{\Delta x} - \frac{u_A - u_C}{\Delta y} \tag{4.56}$$

式中,$\zeta_\circ$ 为 o 点的垂直相对涡度(单位:s^{-1}),u_A、u_C、v_D、v_B 分别为 o 点四个方向上相邻的网格点的速度分量,Δx 为格点 B 和 D 的距离,Δy 为格点 A 和 C 的距离,如图 4.84。

(3)产品应用

1)分析降水云系的动力特征。

2)涡度的快速增长一般发生在强对流天气发生之前,对于强对流天气的预警有一定提前量。

3)用于科研,研究强对流天气与涡度的关系。

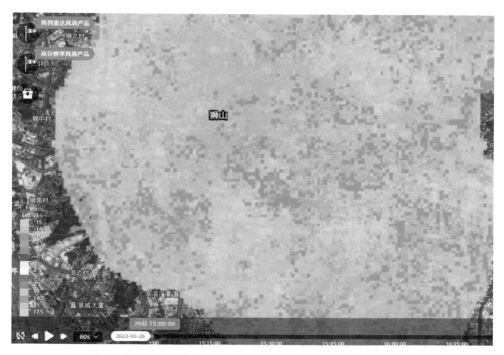

图 4.83　佛山 X 波段相控阵阵列天气雷达 2022 年 3 月 26 日 15：00 的垂直涡度产品

4.3.8.6　水平散度

（1）产品描述

图 4.85 为佛山 X 波段相控阵阵列天气雷达 2022 年 03 月 26 日 15：00 的水平散度产品,左下角为色标,单位为 $1 \times 10^{-3} \mathrm{s}^{-1}$。从图中可以看到大部分区域散度为正值,黄色的达到 $15 \times 10^{-3} \mathrm{s}^{-1}$ 以上,说明该区域以辐散为主,蓝色的为 $-10 \times 10^{-3} \mathrm{s}^{-1}$ 以下,说明这些区域以辐合为主。

（2）产品原理

水平散度是衡量速度场在水平方向上辐散、辐合强度的物理量,通过三维风场得到水平风的 u、v 分量,再通过如下公式计算得到垂直相对涡度:

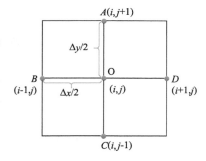

图 4.84　涡度计算原理示意图

$$D = \frac{u_D - u_B}{\Delta x} - \frac{v_A - v_C}{\Delta y} \tag{4.57}$$

D 为 o 点的水平散度,单位是 s^{-1},u_D、u_B、v_A、v_C 分别为 o 点四个方向上相邻的网格点的速度分量,Δx 为格点 B 和 D 的距离,Δy 为格点 A 和 C 的距离。

（3）产品应用

1）一般来说,中低层辐合高层辐散有利于对流发展,因此散度可用于分析对流发展的预测。

2）散度为正表明风场辐散,低层的辐散增强可能预示着地面大风的暴发。

3）用于科研,研究强对流天气与散度的关系。

图 4.85　佛山 X 波段相控阵阵列天气雷达 2022 年 3 月 26 日 15：00 的水平散度产品

4.3.8.7　双向积分变权重垂直速度

（1）产品描述

图 4.86 为温州 X 波段相控阵阵列雷达 2022 年 8 月 6 日 19：00 的双向积分变权重垂直速度产品，图中箭头表示垂直速度的大小，右上角有标尺。图中可以看到，在左侧强回波处有强烈的上升气流，气流大小达到 20 m/s，右侧弱回波处则有强下沉气流，气流大小最大达到 20 m/s。上升气流一般说明对流云团发展强烈，下沉气流抵达地面则表明地面即将产生大风天气，实况显示当日在此处有雷暴大风天气。

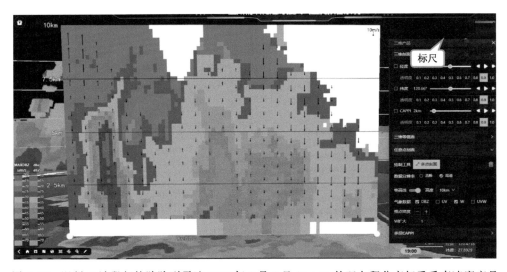

图 4.86　温州 X 波段相控阵阵列雷达 2022 年 8 月 6 日 19：00 的双向积分变权重垂直速度产品

（2）产品原理

在三个前端同时覆盖区域，直接利用三个前端的不同径向速度，通过求解方程获取 UVW 三个速度分量，合成三维风场。其中 w 分量即为垂直气流，w 的算法中采用了双向垂直积分的方法减小累积误差，双向垂直积分即从地面和云顶同时积分求取 w 值。

（3）产品应用

1）分析降水云系的动力特征。

2）强下沉气流抵达地面转为水平风，地面即出现大风天气，对于大风的预警有一定提前量。

3）用于科研，研究强对流天气与垂直气流的关系。

4.3.9　偏振数据产品

双偏振雷达是指能够同时或者交替发射水平和垂直偏振两种电磁波的雷达，由于云中的粒子形状千变万化，相互垂直的两种偏振波被云体散射后，各自得到的回波信号会出现差异，通过对两个方向的偏振波回波信号进行处理分析得到不同的双偏振量。双偏振量包括协相关系数 C_C、差分反射率因子 Z_{DR}、差分相移 Φ_{DP}、差分相移率 K_{DP}。

4.3.9.1　协相关系数 C_C

（1）产品描述

图 4.87 为佛山 X 波段相控阵阵列天气雷达 2022 年 3 月 26 日 15：00 梧村雷达 6°仰角的反射率因子（左图）协相关系数 C_C（右图）的 PPI 产品图。从 C_C 产品中可以看到云中大部分为紫色，对应左下角色标中的数值为 0.99，对应的可能天气为小雨，云体中部有少量绿色数值为 0.7～0.9，对应的可能天气为大的湿冰雹，与反射率图中强反射率因子核心位置接近，黄色为 0.9～0.97 对应小冰雹或大雨。

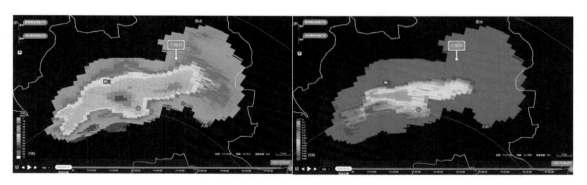

图 4.87　佛山 X 波段相控阵阵列天气雷达 2022 年 3 月 26 日 15：00 梧村雷达 6°仰角的反射率因子（左）协相关系数 C_C（右）的 PPI 产品

（2）产品原理

C_C 为水平、垂直偏振回波信号的零滞后互相关系数的幅值。描述水平和垂直极化的回波信号变化的相似度。与粒子的空间运动、形状有关。其值在 0～1，值越接近于 1，则云中粒子球形度越高，值越接近于 0，则云中粒子球形度越差。

（3）产品应用

1）用于识别云中粒子相态，一般来说 C_C 值在 0.7～0.9 为大的湿冰雹，0.9～0.95 为冰雹，0.95～0.99 为雨滴，小雨或毛毛雨 C_C 值接近 1。

2)用于识别零度层亮带,亮带层由于存在混合降水粒子,其值一般在0.9~0.95。

3)用于识别非气象回波和地物回波,非气象回波C_C小于0.7。

4)用于山火识别、龙卷碎片识别,由于燃烧灰烬或者地表碎屑被卷起到空中,这些粒子相关性极低,C_C值小于0.7,一般出现在山火附近或龙卷附近很小范围内。

4.3.9.2 双偏振量 Z_{DR}

(1)产品描述

图4.88为佛山X波段相控阵阵列天气雷达2022年3月26日15:00梧村雷达6°仰角的反射率因子(左图)和差分反射率因子Z_{DR}(右图)的PPI产品图。可以看到,对应于强回波中心的Z_{DR}值在0.5~2.5 dB,强回波靠北侧的Z_{DR}接近0,说明此处可能为冰雹粒子。

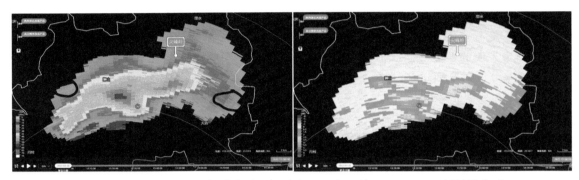

图4.88 佛山X波段相控阵阵列天气雷达2022年3月26日15:00梧村雷达6°
仰角的反射率因子(左)和差分反射率因子Z_{DR}(右)的PPI产品

(2)产品原理

Z_{DR}表达一个探测空间体(距离库)的平均的粒子形状的物理量,其值为水平偏振波的反射率因子与垂直偏振波的反射率因子之差:

$$Z_{DR} = Z_H - Z_V$$

式中,Z_H为水平偏振波反射率因子,Z_V为垂直偏振波反射率因子(单位:dB),Z_{DR}与粒子的水平尺度与垂直尺度之间的差别密切相关。粒子为球体时,Z_{DR}为0,粒子水平尺度比垂直尺度大时,Z_{DR}为正值,粒子水平尺度比垂直尺度小时,Z_{DR}为负值。冰雹在下落过程中出现翻滚,Z_{DR}可能接近0。

(3)产品应用

1)用于识别云中粒子相态,一般来说雨滴越大,Z_{DR}越大,冰雹由于翻滚,Z_{DR}接近0。

2)用于识别零度层亮带,冰水混合层内Z_{DR}要明显偏大。

3)用于识别山火识别、龙卷碎片Z_{DR}均出现很大的正值或负值。

4)分析上升气流,强上升气流区域对应有Z_{DR}柱。

4.3.9.3 双偏振量 Φ_{DP}

(1)产品描述

图4.89为佛山X波段相控阵阵列天气雷达2022年3月26日15:00梧村雷达6°仰角的反射率因子(左图)和差分相移Φ_{DP}(右图)的PPI产品图。可以看到,Φ_{DP}在强回波区域变化比较快,离雷达越远,Φ_{DP}越大。

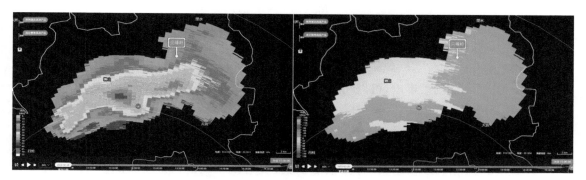

图 4.89　佛山 X 波段相控阵阵列天气雷达 2022 年 3 月 26 日 15：00 梧村雷达 6°
仰角的反射率因子(左)和差分相移 Φ_{DP}(右)的 PPI 产品

(2)产品原理

Φ_{DP} 为水平偏振波与垂直偏振波的相位差,当电磁波穿过雨层时,传播速度变慢,由于水平极化的电磁波传播相比垂直慢一些,因此导致两个通道的电磁波相位产生差异。Φ_{DP} 单位为"°",一个在距离上的累积量,与粒子的尺寸、形状和密度有关。

(3)产品应用

1)Φ_{DP} 显著增大的区域为降水区域。

2)用来计算 K_{DP}。

3)用于识别非气象回波和地物回波,非气象回波 Φ_{DP} 随距离无变化。

4)Φ_{DP} 对固态粒子不敏感,冰晶、冰雹的 Φ_{DP} 趋近于零。

4.3.9.4　双偏振量 K_{DP}

(1)产品描述

图 4.90 为佛山 X 波段相控阵阵列天气雷达 2022 年 3 月 26 日 15：00 梧村雷达 6°仰角的反射率因子(左图)和差分相移率 K_{DP}(右图)的 PPI 产品图。可以看到,对应于强回波处的 K_{DP} 值最大达到 3°/km,说明此处的含水量大。

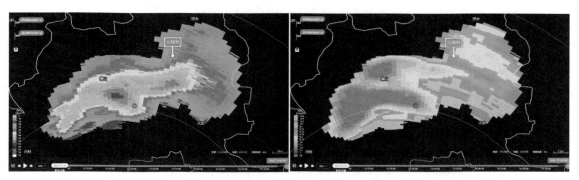

图 4.90　佛山 X 波段相控阵阵列天气雷达 2022 年 3 月 26 日 15：00 梧村雷达 6°
仰角的反射率因子(左图)和差分相移率 K_{DP}(右图)的 PPI 产品

(2)产品原理

K_{DP} 为 Φ_{DP} 在距离上的半斜率,单位为"°/km",计算公式为:

$$K_{DP} = \frac{\Phi_{DP}(r_2) - \Phi_{DP}(r_1)}{2(r_2 - r_1)} \qquad (4.58)$$

式中,r_2、r_1 为所测位置与雷达的距离,K_{DP} 表示 Φ_{DP} 在单位距离上的变率,与降水率成正比。

（3）产品应用

1）K_{DP} 几乎不受雨衰影响,可以用来做反射率的衰减订正。

2）K_{DP} 与降水率成正比,可估测降水,其结果比纯粹用反射率进行降水估测要精准,不受冰雹影响。

3）用于识别非气象回波和地物回波,如山火回波的 K_{DP} 为 0。

4）用于相态识别,K_{DP} 越大,降雨强度越大;反射率相同的情况下,冰雹的 K_{DP} 反而比雨小。

4.3.9.5　粒子相态识别

（1）产品描述

图 4.91 为佛山 X 波段相控阵阵列天气雷达 2022 年 3 月 26 日 15：00 梧村雷达 6°仰角角的相态识别产品图,相态识别产品图中左下角有色标,分别用不同颜色表示 11 种可识别的水成物类型:毛毛雨、雨、干雹、小湿雹、大湿雹、雨夹小雹、雨夹大雹、低密度霰、高密度霰、垂直冰晶、水平冰晶。从相态识别产品图中可以看到,云体中部有红色的雨夹小雹,大部分绿色的区域为雨,灰色的为毛毛雨,当日该地实况为 14：55 开始雨夹冰雹,持续约 20 min。

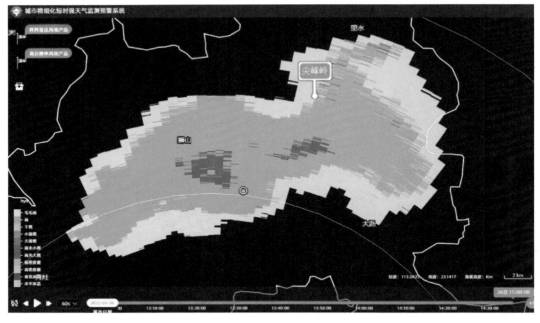

图 4.91　佛山 X 波段相控阵阵列天气雷达 2022 年 3 月 26 日 15：00 梧村雷达 6°仰角角的相态识别产品

（2）产品原理

利用不同粒子在 Z_H、Z_{DR}、K_{DP}、C_C 等参数上的不同表现,建立基于模糊逻辑算法的识别方法,实现自动粒子相态识别。根据各参数不同的阈值将识别的水成物类型分为 11 种,如表 4.13。

表 4.13　11 种水成物的直径及对应的偏振参量和温度的阈值

种类	直径/mm	输出粒子	Z_H/dBZ	Z_{DR}/dB	K_{DP}/(°/km)	ρ_{HV}	T/℃
毛毛雨(DR)	<1	1	−27~31	0~0.9	0~0.06	0.985~1.0	>0
雨(RA)	>1	2	25~55	0.1~5.6	0~25.5	0.98~1.0	>−10
干雹 DH)	>5	3	45~60	−1~0.5	0~1.75	0.94~1.0	<0
小湿雹(SWH)	5~20	4	50~60	−0.5~0.5	−1.75~1.75	0.91~0.95	>−15
大湿雹(LWH)	>20	5	55~80	−2~0.5	−1.75~3.5	0.85~0.93	>−25
雨夹小雹(RSH)	—	6	45~60	−0.5~6	0~25.5	0.91~0.95	>−5
雨夹大雹(RLH)	—	7	55~80	−1~3	0~25.5	0.85~0.93	>−10
低密度霰(LDG)	<5	8	24~44	−0.7~1.3	−1.4~2.8	0.983~1.0	<0
高密度霰(HDG》	<5	9	32~54	−1.3~3.7	−2.5~7.6	0.965~1.0	−5~5
垂直冰晶(VI)	—	10	−25~18	−2.1~0.5	−0.15~0	0.93~1.0	<0
水平冰晶(CR)	—	11	−25~20	0.6~5.8	0~0.3	0.97~1.0	<0

（3）产品应用

1）快速直观地展示云中粒子的分类，帮助预报员对冰雹、降雪等天气进行预警。

2）人工影响天气作业时，通过研究云中粒子相态的转换，来评估作业效果。

4.3.9.6　双线偏振定量降水估测

（1）产品描述

图 4.92 为温州相控阵阵列天气雷达 2022 年 8 月 26 日 14：00 的双线偏振定量降水估测产品图，图中展示了对应的降水回波处在这个时刻的降水强度或降水率（QPE），单位为 mm/h。

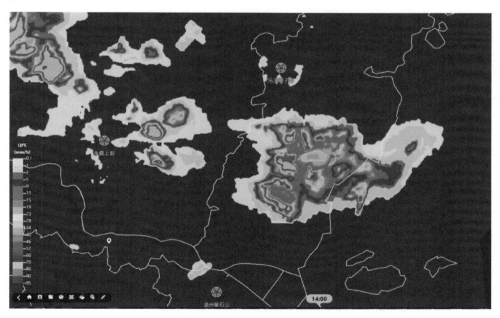

图 4.92　温州相控阵阵列天气雷达 2022 年 8 月 26 日 14：00 的双线偏振定量降水估测产品

（2）产品原理

利用双偏振量 K_{DP} 不受雨衰影响的特点，在降水估测算法中引入 K_{DP} 和 Z_{DR}，具体算法如下。

步骤一：按照公式

$$R(Z) = 0.0036 \times Z^{0.645} (Z = 10^{dBZ/10}) \tag{4.59}$$

通过 dBZ 计算得到初步的雨强 $R(Z)$。

步骤二：按照公式

$$R(K_{DP}) = 16.9 \times abs[K_{DP}]^{0.8} \tag{4.60}$$

通过 K_{DP} 计算得到初步的雨强 $R(K_{DP})$。

步骤三：对步骤一计算出的 $R(Z)$ 的值划分三个降雨区间

若 R(Z)<6 mm/h，则采用下式计算最终的雨强：

$$R = R(Z)/(0.4 + 5.0 \times abs[Z_{DR} - 1]^{1.3}) \tag{4.61}$$

若 6 mm/h<R(Z)<50 mm/h，则采用下式计算最终的雨强：

$$R = R(K_{DP})/(0.4 + 3.5 \times abs[Z_{DR} - 1]^{1.7}) \tag{4.62}$$

若 $R(Z)$>50 mm/h，则采用 $R = R(K_{DP})$ 计算最终的雨强。

（3）产品应用

1）用于判断降水云团可能的降水强度及其变化趋势，进而评估降水量，发布暴雨预警。

2）用于计算过去 1 h 累积降水量、3 h 累积降水量和 N 小时累积降水量产品。

第 5 章　相控阵阵列天气雷达测试和布设

5.1　前端整机测试

雷达前端的测试包括探测距离测试、回波强度测试、径向速度测试、差分反射率测试、差分传播相移测试、雷达方位角控制精度测试、雷达俯仰角控制精度测试和地物杂波抑制比测试。

5.1.1　雷达探测距离范围、误差和精度测试

测试雷达探测距离范围就是测试雷达最远探测距离；测试雷达探测距离误差就是测量雷达探测目标距离的测量值与目标的实际距离的差值；测试雷达探测距离精度就是对多次测量的探测距离误差进行统计得到的均方根误差。

5.1.1.1　*测试方法*

将发射信号延时后，经标校模块馈入接收系统，经信号处理后在显示界面显示出目标距离，显示的目标距离和模拟目标距离的偏差就是雷达探测距离的误差。多个显示的目标距离和模拟目标距离的均方根误差就是雷达探测距离的精度。

不断增加延时量，当目标距离从最大值变为最小值时，最大值就是雷达距离探测范围。实际测量出来的距离探测范围要满足设计要求。雷达探测距离范围由脉冲重复周期决定，雷达探测距离范围：

$$R_{\max} = \mathrm{PRT} \times \mathrm{C}/2 \tag{5.1}$$

式中，PRT（单位：s）为周期，C 为 3×10^8 m/s。

5.1.1.2　*测试环境*

测试设备：雷达前端整机 1 台

测试环境：专门的测试场

5.1.1.3　*测试步骤*

（1）该项测试框图如图 5.1 所示。

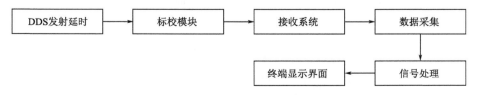

图 5.1　探测距离范围测试框图

(2)给雷达上电,待服务器正常启动后,输入远程 IP 地址,远程连接服务器,打开操作雷达的监控平台,进入电源控制界面,点击全开,给雷达各组件上电。

(3)开电后,检查各组件状态是否正常,状态检测界面如图 5.2。

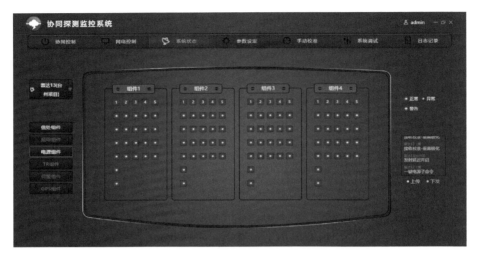

图 5.2　状态检测界面 1

(4)检查组件状态均正常后,在监控平台软件中设置好雷达系统工作参数,将雷达工作模式设置为发射延时模式,进行机内模拟测试;系统工作参数中包含了 PRT 信息,所以根据公式:

$$R = PRT \times C/2 \tag{5.2}$$

可以得到理论的最大探测距离 R。

(5)根据目标距离 $R_1 = t \times C/2$,将发射信号延时 t,模拟对应距离的一个点目标,运行雷达系统,模拟信号通过接收系统、信号处理系统进行处理,在终端显示界面上显示距离 R_{1-1}。多组 R_{1-1}-R_1 平均值为距离误差,均方根误差为距离精度。

(6)在显示界面观察目标强度最大点对应的距离,在强度测试显示图上,左下角的数据显示界面呈现的是光标对应位置的数据信息,在测试时,通过调整光标位置,观察强度和速度信息,以 $0.2~\mu s$ 的延时步进逐步增加模拟距离,直至目标最大值变为目标较小值,前一次强度最大值对应的距离为雷达在该工作模式下的最大探测距离,记为 R_2。

5.1.2　回波强度探测范围、强度探测精度和误差

回波强度探测范围是指雷达能够探测的最大和最小回波强度差值,与雷达探测威力和硬件电路设计有关;回波强度探测精度是衡量雷达强度探测稳定性的度量。强度探测误差是实际探测值和理论值之差。

5.1.2.1　测试方法

将发射信号延时后,经标校模块馈入接收系统,经信号处理后在显示界面呈现模拟目标,逐档改变衰减器的衰减量,显示界面模拟目标的回波强度值也将随着发生变化,得到一系列模拟目标的回波强度值,通过 1 dB 压缩点,确定最大回波强度值和最小回波强度值之差就是回波强度探测范围。

　　当衰减器的衰减量不变,得到一组实际测量值,这组测量值的均方根误差就是回波强度探测精度。

　　回波强度误差测试通过给定信号强度 P_r,在显示界面读取回波强度实际测量值 Z_1,并按照公式计算定标后的回波强度校准值 Z_2。

$$Z_2 = 10\lg\left[\frac{1024(\ln 2)\lambda^2}{\pi^3 P_t G_t G_r \varphi\theta c\tau k^2}\right] + 10\lg(P_r) + 20\lg(R) + 2\delta \qquad (5.3)$$

式中:Z_2 为回波强度的标定值,单位为 dBZ;λ 为波长,单位为 m;P_r 为模拟目标的强度值,单位为 W;δ 为电磁波的路径衰减系数,单位为 dB/m;R 为距离,单位为 m,$R = ct_d/2$;P_t 为脉冲发射功率,单位为 W;G_t 为天线发射增益,单位为 dB;G_r 为天线接收增益,单位为 dB;θ 为天线的水平波束宽度,单位为 rad;ϕ 为天线的垂直波束宽度,单位为 rad;τ 为发射脉冲宽度,单位为 s;C 为光速,3×10^8 m/s;K 为与散射物质介电属性相关的常数。

　　改变衰减值,重复上述过程以得到不同的回波强度值,经过多次测量统计实际测量值 Z_1 与理论值 Z_2 之间的差值为回波强度探测误差。

5.1.2.2　测试环境搭建

　　测试设备:雷达前端整机 1 台。

　　测试环境:专门的测试场。

5.1.2.3　测试步骤

　　(1)该项测试框图如图 5.3 所示。

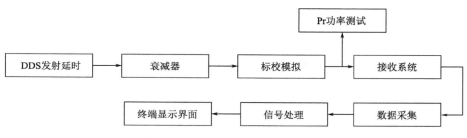

图 5.3　回波强度测量范围连接框图

　　(2)给雷达上电,待服务器正常启动后,输入远程 IP 地址,远程连接服务器,打开操作雷达的监控平台,进入电源控制界面,点击全开,给雷达各组件上电。

　　(3)检查各组件状态是否正常。

　　(4)检查组件状态均正常后,在监控平台的系统参数设置中设置好雷达系统工作参数,将雷达工作模式设置为发射延时模式,进行机内模拟测试。

　　(5)根据强度公式(5.3),调节衰减器衰减值改变 P_r,设置发射延时,模拟对应距离的一个点目标,运行雷达系统,模拟信号通过接收系统、信号处理系统进行处理,在终端显示界面上显示对应距离点目标的实际回波强度为 Z_1。多组 $Z_2 - Z_1$ 的平均值为雷达回波强度探测误差;多组偏差取均方根误差,得到回波强度探测精度。

　　(6)在显示界面观察模拟目标强度最大点和最小值,在回波强度测试显示图上,左下角的数据显示界面呈现的是光标对应位置的数据信息,在测试时,通过调整光标位置,观察回波强度和速度信息,在回波显示界面左下角可以显示光标位置的回波强度信息,通过调节光标到模拟目标位置,得到模拟目标实时测量回波强度值,以 1 dB 的衰减量逐步增加或者衰减回波强度值,分别记录上拐点和下拐点(P_1 dB 压缩点)对应的输出回波强度值,上拐点为回波强度范围上限,下拐点为回波强度范围下限值,上限和下限之间的范围即为该工作模式下的回波强度探测范围。

5.1.3　速度探测范围、分辨率和误差

速度探测范围是指雷达能够探测到的最大正速度和最小负速度值,与雷达工作频率和 PRT 设计有关;速度分辨率是指雷达测量速度最小分辨的能力。速度探测误差是指探测到的速度值和实际真实速度值之差。

5.1.3.1　测试方法

将发射信号延时后,叠加一个相位值来模拟一个有速度的点目标,再将该信号经标校模块馈入接收系统,经信号处理后在显示界面显示出模拟目标的速度。显示的目标速度和根据相位计算得到速度的偏差就是雷达探测速度的误差。

以 1°的步长逐步增加叠加的相位值,即增加模拟信号目标的速度值,当模拟目标的速度发生变化时,相位增加值对应的速度变化值就是速度分辨率。

继续以 1°的步长逐步增加叠加的相位值,即增加模拟信号目标的速度值,当目标的速度值发生符号反转,比如从正速度变为负速度,在符号变化前的速度就是正速度探测范围。

5.1.3.2　测试环境搭建:

测试设备:雷达前端整机 1 台。

测试环境:专门的测试场。

5.1.3.3　测试步骤

(1)该项测试框图如图 5.4 所示。

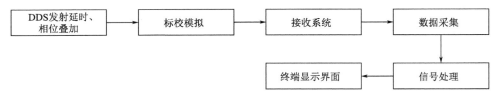

图 5.4　速度测量连接框图

(2)给雷达上电,待服务器正常启动后,输入远程 IP 地址,远程连接服务器,打开操作雷达的监控平台,进入电源控制界面,点击全开,给雷达各组件上电。

(3)检查各组件状态是否正常。

(4)检查组件状态均正常后,在监控平台的系统参数设置中设置好雷达系统工作参数,将雷达工作模式设置为发射延时模式,进行机内模拟测试。

(5)通过发射信号延时,同时叠加相位值,模拟一个有速度的点目标。

(6)从 0°相位开始,按照 1°相位步进叠加相位值来改变目标的速度值,在监控平台上开启调试,运行雷达系统,模拟信号通过接收系统、数据采集和信号处理系统进行分析,在显示界面观察模拟目标实际速度,当改变 $X°$ 相位后速度发生了变化,则该相位对应的速度变化量为速度分辨率。

(7)在显示界面观察模拟目标速度范围,在速度测试显示图上,左下角的数据显示界面呈现的是光标对应位置的数据信息,在测试时,通过调整光标位置,观察速度信息,以 1°的步进继续增加相位步进值,当目标的速度值发生符号反转,比如从正速度变为负速度,在符号变化前的速度就是正速度的探测范围,按照相同方式继续叠加,直至测试出正负最大速度范围,即为速度探测范围。

(8)模拟速度和显示速度之间的差值为速度误差值。

5.1.4 差分反射率因子(Z_{DR})探测范围和精度

差分反射率因子探测范围是指雷达能够探测到的最大和最小差分反射率因子的差值即为测量范围,与雷达 H 极化和 V 极化一致性、雷达系统设计有关;差分反射率探测精度是探测误差的均方根误差。

5.1.4.1 测试方法

将发射信号延时后,经耦合通道馈入接收机,运行雷达后再查看雷达显示界面上的差分反射率因子值。通过改变 H 极化和 V 极化衰减器的值调整两个极化的幅度差,模拟相应大小的差分反射率,在观测界面查看差分反射率的实测值,多次统计模拟值和实际测量到的值之间的偏差,计算均方根误差得到差分反射率的精度。

5.1.4.2 测试环境搭建

测试设备:雷达整机 1 台。

测试环境:专门的测试场。

5.1.4.3 测试步骤

(1)该项测试框图如图 5.5 所示。

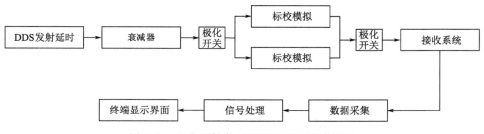

图 5.5 差分反射率因子测量范围连接框图

(2)给雷达上电,待服务器正常启动后,输入远程 IP 地址,远程连接服务器,打开操作雷达的监控平台,进入电源控制界面,点击全开,给雷达各组件上电。

(3)检查各组件状态是否正常。

(4)检查组件状态均正常后,在监控平台的系统参数设置中设置好雷达系统工作参数。

(5)在该实验前,要先确保 H 和 V 通道已经完成了通道补偿工作和校 0 工作,否则要先完成后再进入下一步。

(6)将雷达工作模式设置为发射延时模式,进行机内模拟测试;通过发射信号延时模拟一个在探测范围内的点目标。

(7)在监控平台上开启调试,运行雷达系统,模拟信号通过接收系统、数据采集和信号处理系统进行分析,在显示界面观察模拟目标实际差分反射率实测值。

（8）通过改变衰减器在 H 极化和 V 极化的衰减量调节模拟差分反射率的大小，在显示界面观察实测差分反射率值。

（9）逐渐增加或者减小差分反射率模拟值，看界面上实际能够显示的最大值和最小值之间的差值则为差分反射率探测范围。

（10）多次测试模拟值和显示值之间的偏差，求多组差值的均方根误差则为差分反射率因子的精度。

5.1.5 差分传播相移探测范围和精度

差分传播相移探测范围是指雷达能够探测到的最大和最小差分相移，与雷达 H 极化和 V 极化一致性、相位稳定性、雷达系统设计有关；多次统计模拟值和显示测量值的均方根误差就是差分传播相移的精度。

5.1.5.1 测试方法

通过机内模拟信号进行测试，模拟具有一定相位偏差理论值的信号，将该信号经耦合通道馈入接收机，运行雷达后在观测界面查看雷达界面显示的差分传播相移，分别模拟 H 极化信号和 V 极化信号的幅度差范围为 −90°～90°的信号，在观测界面查看显示的差分传播相移测量范围是否满足要求。多次统计模拟值和显示测量值的均方根误差就是差分传播相移的精度。

5.1.5.2 测试环境搭建

测试设备：雷达前端整机 1 台。

测试环境：专门的测试场。

5.1.5.3 测试步骤

（1）该项测试框图如图 5.6 所示。

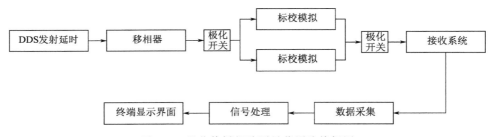

图 5.6　差分传播相移测量范围连接框图

（2）给雷达上电，待服务器正常启动后，输入远程 IP 地址，远程连接服务器，打开操作雷达的监控平台，进入电源控制界面，点击全开，给雷达各组件上电。

（3）检查各组件状态是否正常。

（4）检查组件状态均正常后，在监控平台的系统参数设置中设置好雷达系统工作参数。

（5）在该实验前，要先确保 H 和 V 通道已经完成了通道补偿工作和校 0 工作，否则要先完成后再进入下一步。

（6）将雷达工作模式设置为发射延时模式，通过发射信号延时模拟一个在探测范围内的点目标。

（7）在监控平台上开启调试，运行雷达系统，模拟信号通过接收系统、数据采集和信号处理系统进行分析,在显示界面观察模拟目标实际差分相位实测值。

(8)通过改变移相器在 H 极化和 V 极化的移相值调节模拟差分传播相移的大小,在显示界面观察实测差分相位值。

(9)逐渐增加或者降低差分相位模拟值,当到达最大值时会出现相位反转,反转点为最大或者最小值,两个值之间的范围则为差分相位探测范围。

(10)多次测试模拟值和实测值之间的偏差,求多组差值的均方根误差,得到差分传播相移的精度。

5.1.6　雷达前端方位角度误差和精度测试

设定方位角度和实际方位角度之间的偏差为方位角度误差,多次统计角度误差,计算出的均方根误差,则为方位角度控制精度。

5.1.6.1　测试方法

经纬仪至于伺服上方,转动雷达伺服,在任意角度停止,观察经纬仪方位角和雷达显示方位角度的偏差,多次统计偏差值,计算均方根误差,得到方位角度测量精度。

5.1.6.2　测试环境搭建

测试设备:雷达前端整机 1 台、经纬仪 1 台。

测试环境:专门的测试场。

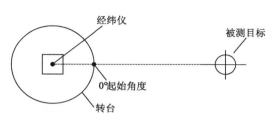

图 5.7　雷达前端方位误差和精度测试图

5.1.6.3　测试步骤

(1)如图 5.7 所示,将经纬仪架设到转台的运动中心上,瞄准远处目标(目标清晰、棱角分明)后分别校准转台角度和经纬仪角度。

(2)给雷达上电,待服务器正常启动后,输入远程 IP 地址,远程连接服务器,打开操作雷达的监控平台,进入伺服控制界面。

(3)控制伺服进行方位转动,方位按照 30°间隔运动,运动停止后记录转台反馈角度。

(4)此时将经纬仪对准被选目标,记录下经纬仪读数。

(5)方位转动 360°后会测得若干组数据,计算出各个经纬仪读数与第一个读数的差值得到相对角度;计算出转台各个反馈角度与第一个角度的差值得到伺服相对角度。

(6)用经纬仪的相对角度减去转台反馈相对角度,统计出两者之间的差值。此差值即为转台在各个角度的误差。

(7)计算出均方根得到转台角度精度。对方位轴进行正传测试和逆转测试,得到转台方位轴精度。

5.1.7　雷达前端俯仰角精度测试

仰角角度误差,主要体现为设定俯仰角度和实际角度之间的偏差。多次统计俯仰角度误差,计算出的均方根误差,则为俯仰角度精度。

5.1.7.1　测试方法

该项测试可以通过象限仪进行检验。如图 5.8 所示,象限仪置于伺服上方,将调节俯仰角,在任意角度停止,观察象限仪角度和雷达显示角度的偏差为俯仰角度误差,多次统计偏差值,计算均方根误差,得到俯仰测量精度。

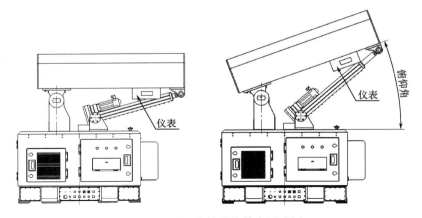

图 5.8　雷达前端俯仰精度测试图

5.1.7.2　测试环境搭建

测试设备:雷达前端整机 1 台、象限仪 1 台。

测试环境:专门的测试场。

5.1.7.2　测试步骤

(1)俯仰轴转到零度位置,用水平尺确定俯仰水平地面,将象限仪牢靠地固定在转台上,调平象限仪并记录下象限仪读数。

(2)给雷达上电,待服务器正常启动后,输入远程 IP 地址,远程连接服务器,打开操作雷达的监控平台,进入伺服控制界面。

(3)将俯仰轴沿一个方向以 10°角度的间隔转动,停止后将象限仪调节到水平,记录下象限仪读数,与象限仪第一组角度做差值,此差值角度为相对角度,以此类推测试 10 组数据,将数据记录在表中。

(4)用每一组象限仪的测量角度减去转台当前的控制软件角度,统计出两者之间的差值。此差值即为俯仰在该角度时的定位误差。

(5)计算多组误差角的均方根误差得到转台俯仰精度。

5.1.8　地物杂波抑制比测试

地物杂波抑制比是指开启地物滤除功能后,对地物回波强度的衰减量。

5.1.8.1　测试方法

该项测试可以通过机内和机外两种测试方法进行测试。

机内测试法:将雷达发射信号经过延时,模拟一定强度(SNR≥70 dB)的信号,通过耦合通道送给接收通道,接收机对该信号进行放大、滤波、采样、计算等操作,在终端显示界面上能够显示最终目标的强度值。分别开启地物滤除和关闭地物滤除功能,对比同一目标的强度值大小,强度差值则为地物杂波抑制比。

机外测试法:在晴空天气时,风速较小的天气,查看终端软件实时地物探测图,选取一个孤立且信噪比大于 70 dBZ 的地物,分别开启地物滤除和关闭地物滤除功能,对比同一目标的强度值大小,强度差值则为地物杂波抑制比。

5.1.8.2　测试环境搭建

测试设备:雷达前端整机 1 台。

测试环境:专门的测试场。

5.1.8.3　测试步骤

(1)机内测试

1)该项测试框图如图 5.1 所示。

2)给雷达上电,待服务器正常启动后,输入远程 IP 地址,远程连接服务器,打开操作雷达的监控平台,进入电源控制界面,点击全开,给雷达各组件上电。

3)检查各组件状态是否正常。

4)检查组件状态均正常后,在监控平台的系统参数设置中设置好雷达系统工作参数,将雷达工作模式设置为发射延时模式,进行机内模拟测试。

5)通过发射信号延时模拟一个在探测范围内的点目标,通过衰减器来设置发射信号的强度,确保模拟目标的信噪比＞70 dB。

6)在监控平台上开启调试,运行雷达系统,模拟信号通过接收系统、数据采集和信号处理系统进行分析,在显示界面观察模拟目标实际速度。

7)关闭地物滤除功能,对雷达进行参数设置,运行雷达,观察终端软件显示界面对应距离点的目标强度值,记为 A1。

8)雷达保持相同的设置,开启地物滤除功能,运行雷达,观察终端软件显示界面对应距离点的目标强度值,记为 B1。

9)B1－A1 则为地物滤除结果,测试结果应该满足要求。开启地物滤除前后效果图如图 5.9 所示。

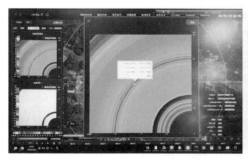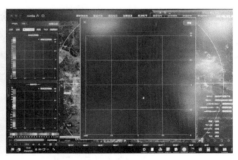

开启前　　　　　　　　　　　　　　　　　　开启后

图 5.9　机内模拟测试下开启地物滤除前后回波图效果

(2)机外测试

1)按照机内测试步骤 2)~步骤 5),开启雷达,将雷达工作模式设置为正常工作扫描模式;通过调整发射激励信号设置发射功率,根据工作模式调整好雷达仰角、伺服转速等参数,运行伺服,开启调试,运行雷达系统。

2)先关闭地物滤除功能,从终端软件显示界面找出一个独立且信噪比大于 70 dB 的地物,记录强度值,记为 A1。

3)保持相同的设置下,开启地物滤除功能,运行雷达,观察同一地物点的强度值,记为 B1。

4)B1－A1 则为地物滤除结果,测试结果应该满足要求。开启地物滤除前后效果图如图5.10 所示。

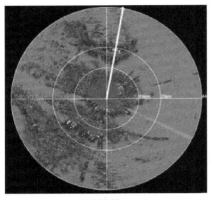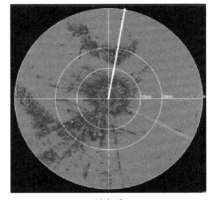

开启前　　　　　　　　　　　　　开启后

图 5.10　机外测试下开启地物滤除前后回波图效果

5.2　金属球定标

天气雷达发射电磁波,接收测量天气目标散射回雷达的电磁波信号强度、频率偏移、不同极化方向的幅度、相位差异,是一种测量系统。为了得到准确测量数据,就要对自身进行定标。在抛物面天线雷达中,常常采用对发射机、天线、接收机、信号处理器各分机技术指标进行测量,得到发射机功率、接收机增益、接收机动态特性、天线增益、波束宽度等,然后代入雷达方程,从而实现对雷达输出的定标。相控阵雷达技术结构复杂,有更多的接收发射通道,如果采用抛物面天线雷达的定标方式对相控阵雷达进行整机定标,不仅工作量大,而且在台站难以完成。采用金属球作为目标物可以对相控阵雷达整机进行完整的全系统的定标。

5.2.1　金属球散射理论

金属球对不同方向入射的电磁波的散射特性相同。因此,金属球可以成为标准的雷达定标的目标物。金属球归一化的散射截面是无量纲散射参数 $2\pi a/\lambda$ 的函数,a 为金属球半径,λ 为雷达波长,其关系如图5.11 所示。金属球归一化的散射截面在瑞利散射区、米散射区和几何光学散射区呈现不同的数值和变化特性。在瑞利散射区,散射截面随着球的直径增加而加大。在米散射区,散射截面并不随着球的直径增加而加大,而是出现振荡。在几何光学

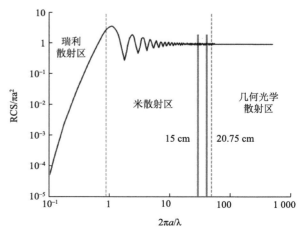

图 5.11　归一化的散射截面积随 $2\pi a/\lambda$ 的变化

散射区,也就是金属球直径远大于电磁波波长的散射区,散射截面不随着球的直径增加而加大,而是一常数,这个常数 σ 等于金属球截面积,即 $\sigma=\pi a^2$。利用这个特性和数值就可以实现雷达强度定标。X 波段雷达的波长为 3 cm,选用合适直径的金属球,比如 40 cm 直径金属球,这时金属球对 X 波段电磁波的散射正处在几何光学散射区。40 cm 直径金属球截面积 $\sigma=\pi 0.2^2$。

5.2.2 传统定标与金属球定标

传统方法的机内强度定标,通过仪器仪表测试出雷达各个参数,再将实测值带入雷达方程,计算出雷达常数,最终得到气象雷达强度方程。

由雷达方程可以得到以下公式:

$$dBZ = P_{r1} + C_1 - 10\lg G_t - 10\lg G_r - 10\lg P_t + 10\lg \lambda^2 + 10\lg R^2$$
$$- 10\lg|K|^2 - 10\lg(\tau) - 10\lg(\theta\varphi) + 144 \tag{5.4}$$

式中,P_{r1} 是信号处理其输出强度值,R 是目标距离,$|K|^2$ 是介质因子,其他符号的含义见表 5.1。

表 5.1 雷达方程公式各符号的含义

参数	含义	单位	获得方式
λ	波长	cm	测试整机频率获得
P_t	发射功率	kW	测试整机功率获得
τ	脉宽	μs	测试信号脉宽获得
θ	方位向波束宽度	°	暗室测试天线获得
φ	俯仰向波束宽度	°	暗室测试天线获得
G_t	天线发射增益	dB	暗室测试天线获得
G_r	天线接收增益	dB	暗室测试天线获得
C_1	接收机常数	dB	动态范围测试得到

$$C = C_1 - 10\lg G_t - 10\lg G_r - 10\lg P_t + 10\lg \lambda^2 - 10\lg|K|^2$$
$$- 10\lg(\tau) - 10\lg(\theta\varphi) + 144 \tag{5.5}$$

强度值表示简化为:

$$dBZ = C + P_{r1} + 20\lg R \tag{5.6}$$

传统的雷达定标就是用仪器分别测量表 5.1 所列各个参数,然后代入公式(5.5),得到 C。金属球定标就是利用金属球作为标准散射体,雷达探测金属球,得到金属球回波功率,然后通过点目标物雷达方程,计算得到定标常数。点目标雷达方程:

$$P_r = \frac{P_t G_t G_r \sigma \lambda^2}{(4\pi)^3 R^4} \tag{5.7}$$

式中,P_r 为雷达接收到的目标物回波功率,P_t 为雷达发射脉冲峰值功率,λ 为雷达波长,G_t 为天线发射波束增益,G_r 为天线接收波束增益,R 为雷达到目标物的距离。将金属球后向散射截面 $\sigma=\pi a^2$ 带入(5.7),则雷达方程可表示为:

$$P_r = \frac{P_t G_t G_r a^2 \lambda^2}{64\pi^2 R^4} \tag{5.8}$$

对式(5.8)两边取对数,乘 10

$$10\lg P_r = 10\lg \frac{P_t G_t G_r a^2 \lambda^2}{64\pi^2 R^4} \tag{5.9}$$

$$10\lg P_r = P_{r1} + C_1 \tag{5.10}$$

P_{r1}为雷达信号处理器输出接收信号值,C_1为接收通道相关的常数。将(5.10)带入(5.9)式

$$P_{r1} + C_1 = 10\lg \frac{P_t G_t G_r a^2 \lambda^2}{64\pi^2 R^4} \tag{5.11}$$

整理(5.11)式,得:

$$C_1 - 10\lg P_t G_t G_r = -P_{r1} + 10\lg \frac{a^2 \lambda^2}{64\pi^2 R^4} \tag{5.12}$$

金属球定标常数为:

$$\text{factor} = C_1 - 10\lg P_t G_t G_r \tag{5.13}$$

将定标常数代入(5.4)式

$$dBZ = \text{factor} + 10\lg\lambda^2 + 10\lg R^2 + P_{r1} - 10\lg|K|^2$$
$$- 10\lg(\tau) - 10\lg(\theta\varphi) + 144 \tag{5.14}$$

在式(5.14)中还有发射电磁波波长、脉冲宽度和波束宽度四个雷达参数需要定标。电磁波波长、脉冲宽度这两个参数可以通过仪器测量得到,这两个雷达参数不容易变化,可以用出厂测试数据。雷达波束方位向和俯仰向宽度是相控阵雷达容易变化的雷达参数,在金属球定标时必须测量,否则定标准确性会受到影响。利用金属球作为点目标,雷达天线波束进行方位偏转和俯仰偏转,得到不同波束指向时的强度值,分析这两组强度数据就能得到雷达波束方位向和俯仰向宽度。

金属球强定标就是确定定标参数的过程。金属球定标包括发射、接收、天线的综合定标。具体操作有两部分:(1)就是用待定标的雷达探测金属球,得到金属球的强度值 P_{r1},然后用这个值计算出金属球定标常数。这个定标常数描述或者代表了雷达接收和发射通道的性能。虽然它没有给出发射功率、天线增益和接收增益。但是它完整给出了这些雷达参数在雷达方程中的"和"(这些参数用 dB 表示)。(2)以金属球为点目标,通过雷达波束偏转测试得到雷达波束宽度。

传统雷达定标是分段式的定标,是通过分别测试发射、接收、天线各个分系统的技术指标,完成定标,这样测试往往要将雷达系统拆解开来,与雷达实际工作状态有所不同,不能排除状态不同带来的测量误差。此外,一些分系统只能在特定的环境中测试,例如天线系统只能在暗室中测试,一旦雷达架设到了外场就无法再做定标测试。而金属球定标是一种全系统的完整定标,定标时不需要对系统进行拆分,并且到了外场后仍然可以快速实现定标,比传统方法更加方便准确。

5.2.3　定标操作

金属球定标包括用雷达探测金属球和探测金属球数据处理。雷达探测金属球又分无人机携带金属球飞行,雷达设置和探测。探测金属球数据处理也分为数据预处理和定标参数计算。

5.2.3.1　雷达探测金属球

雷达探测金属球首先要将金属球"放到"空中,然后操作雷达"找到"金属球。早期常常采

用飞艇、气球将金属球带到空中。采用飞艇和气球作为空中平台虽然也能将金属球放到空中,但是操作比较麻烦。首先要对飞艇或气球进行充氢气或氦气,定标完成后需要将飞艇或气球的气放掉,操作比较麻烦。如果是氢气,就有防爆、防燃的安全问题。如果是氦气,价格比较昂贵,一次用气就要几千元到上万元。飞艇和气球对风都非常敏感,风大了不能升空,即使较小的风也会使飞艇和气球在空间的位置不好确定,进而影响金属球的位置难以控制。大大降低了定标的工作效率,提升了工作难度。旋翼机的出现为金属球定标提供了新的便捷的空中平台,旋翼机操作简单,使用费用低廉,空中定位准确。

（1）旋翼机挂载金属球

旋翼机是一种遥控无人机,不仅能在空中水平运动,还可以垂直起飞和悬停。这种飞行性能为金属球定标带来了极大便利。经常用在金属球定标的旋翼机有两种,如图 5.12 所示:左图中一款起飞重量 10 kg 左右,可以携带 40 cm 直径或更大直径的金属球（重量 1 kg）;右图中另一款比较小,起飞重量 1 kg 左右,可以携带 20 cm 的金属球（重量 0.2 kg）,这一款便于携带,一个人就可以随身携带和操作。

图 5.12　旋翼机

使用旋翼机作为空中平台也存在一个问题,旋翼机本身有金属部件,对雷达发射的电磁波会产生散射。这种散射不是金属球定标所需要的,如果与金属球的散射叠加在一起,就是一种干扰。为了避免旋翼机产生的干扰,旋翼机与金属球之间的绳子必须足够长,使得金属球与旋翼机不仅不在同一个雷达电磁波照射体内,而且相隔足够远的距离。比如距离库长 30 m,绳长就需要超过 30 m,当绳长 100 m,就能很好的避免旋翼机对定标的影响。如图 5.13 所示。如果雷达探测金属球,波束与地面夹角不超过 60°时,绳长可以适当缩短。

起飞和降落时旋翼机与金属球分开放置,保证连接旋翼机与金属球的绳子不缠绕。除操作人员外,其他人员远离旋翼机。起降旋翼机时,要注意连接金属球与旋翼机的绳不要被螺旋桨缠绕。旋翼机升空后,旋翼机挂载金属球飞到雷达上方 500 m 高（旋翼机限高 500 m）,再飞到指定距离,一般情况下飞到水平距离雷达 300 m 左右的位置,此时金属球出现的位置应该在 0～2 波束之间,旋翼机位置在比金属球位置高的波束。在雷达捕捉到金属球后,旋翼机沿着波束方向和垂直方向缓慢运动,使得金属球能够有机会进入雷达波束中心。只有金属球在波束中心,强度定标才能准确。在旋翼机电池续航时间范围内,旋翼机在空中的时间尽可能长,以便取得足够多的数据样本。

为了获得更准确金属球位置,可以在金属球内安装卫星导航定位模块和存储模块,卫星导航定位模块天线必须安装在金属球顶端,以减小对定标的影响。卫星导航定位模块提供金属球的经度纬度高度,存储模块存储经度纬度高度以及时间信息。雷达系统时间要与卫星导航定位模块时间一致。

（2）设置雷达

日常探测时,雷达天线面一般与水平面保持 45°～60° 夹角。在金属球强度定标时,为了减少近距离地物对定标准确性的影响,通常将雷达天线平面设置成与水平面平行,天线面正对天空,如图 5.14 所示。当天线面正对天空,天线的工作波束与水平面的夹角都会大于 45°,根据雷达天线方向图可以知道,雷达天线这样设置,地物的影响会减小到可以忽略不计。

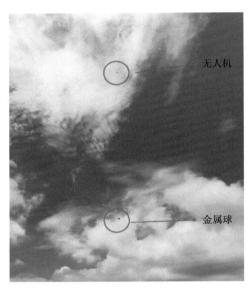

图 5.13　无人机悬挂金属球飞行

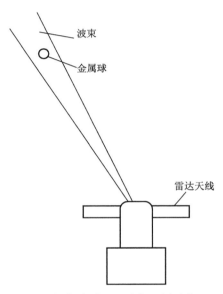

图 5.14　相控阵雷达天线与金属球位置

选择金属球与雷达天线面的距离通常考虑这几个因素:①金属球的 RCS 有限,散射信号的强度不会太大,所以金属球距离雷达不能太远;②金属球到雷达天线面的距离要大于雷达探测的距离盲区范围;③旋翼机飞行高度。旋翼机飞行高度受两个限制,一是旋翼机升限,这是旋翼机的飞行性能所决定的;二是旋翼机飞行限高,这个限高由旋翼机厂家设定或空域管理部门规定。通常让金属球处在距离雷达 500 m 的位置,这是旋翼机厂家设定的限高高度。如果雷达的探测盲区大于 500 m 则需要通过降低发射脉冲宽度的方式来缩短盲区范围。

（3）获取金属球回波数据

要获得准确的定标,正确获取金属球回波数据就是关键。只有金属球处在雷达波束中心,获取的金属球回波数据才是正确的。雷达波束做方位扫描,只要方位旋转速度足够低,就能保证探测得到金属球处在波束中心或者非常接近波束中心的回波数据。

雷达天线方位旋转,开启雷达发射机,通过终端界面观察回波。在 PPI 上找到金属球回波,图 5.15 中红框中为金属球回波。理论上金属球回波在方位和径向上只会占据几个距离库,图中的色标体系是颜色越深强度越大,深红色的即为金属球回波。图 5.16 所示为金属球回波强度-仰角曲线和强度-方位角曲线。

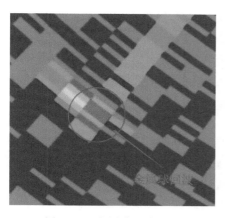

图 5.15　金属球回波显示

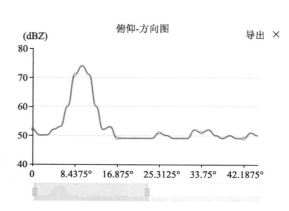

图 5.16　金属球强度分布曲线

当雷达天线每分钟旋转 1 圈,雷达波束(宽度 1.6°)扫过金属球的时间是 0.27 s。如果雷达每个方位数据获取时间是 0.2 s,经过金属球就可以得到 1-2 组金属球回波数据,也就是说可以捕捉到金属球回波,但是获取数据时金属球不一定处在波束(方位向)中心或者非常接近波束(方位向)中心,可能导致强度有小于 3 dB 的强度差。金属球距离雷达天线 400 m 时,波束宽度 1.6°对应的波束跨度约 11 m。当波束与水平面夹角时 60°时,从波束下边到波束的上边距离约 22 m。金属球处在不同高度也会产生不大于 3 dB 的强度差。要让金属球处在波束中心就需要调整波束的方位角和金属球的高度。

停止雷达天线旋转。根据强度—方位曲线和强度—俯仰曲线找到金属球幅度最强点所在俯仰角和方位角,将天线波束方位指向调到这个方位角。此时由于雷达波束的方向固定指向金属球所在的方向,为了便于观察,回波数据中的方位角用 360°循环角度数据来代替,PPI 上回波强度呈圆圈分布,如图 5.17 所示。

通过微调雷达天线指向与金属球高度,使金属球处在波束中心。当金属球处在波束中心时它的回波强度最大,如果调整技术球位置时金属球回波的强度降低则说明调整的方向不对,就应该往相反方向调整。调整金属球高度位置时步长为 2 m,每调一步观察一下强度,找到强度最大值后停止高度调整。雷达天线方位指向调整步长为 0.1°,每调一步观察一下强度,找到强度最大值后停止方位调整。记录金属球处于波束中心位置时的回波强度,这个值用于定标计算。同时还可以获取金属球的 Z_h、Z_v、C_C、Z_{DR}、Φ_{DP} 用于相关探测量的定标。

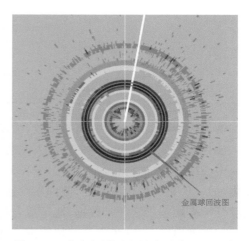

图 5.17　定向探测时金属球回波 PPI 显示

为了得到雷达俯仰波束宽度和方位波束宽度,首先将金属球调到波束中心。然后以 1 m 为步长,旋翼机升速为 1 m/s,垂直向上 12 m,然后垂直向下 24 m。得到一组若干强度和高度数据,这组数据用于统计分析得到俯仰波束宽度。接着将金属球调到强度最大位置,然后以 0.1°

为步长,角速度 0.1°/s,向右旋转天线 10°,向左旋转天线 20°,得到一组强度和方位数据,这组数据用于统计分析得到方位波束宽度。

在获取金属球定标数据过程中还需要正确识别金属球和旋翼机。金属球是一个各项辐射特性相同的目标物,金属球目标的相关系数为 1,Z_{DR} 接近 0,而无人机的偏振特性不具有这些特征,可以据此来区分是金属球还是无人机。

5.2.3.2 定标数据处理

金属球定标常数的计算方法如式(5.7)至式(5.13)式所描述。采用计算机处理可以减少人员工作量,避免人工计算错误,提高工作效率。金属球强度定标计算机处理软件由金属球强度提取模块、波束宽度分析模块、数据输入模块和金属球定标常数计算模块组成。

金属球强度提取模块完成金属球位置的搜寻。金属球强度提取模块的输入数据是信号处理后的原始数据,数据的坐标系是以前端为原点的极坐标系,坐标轴是方位、仰角和距离库数。金属球回波的强度在整个体扫数据中是最大值。提取模块在体扫模式下得到的探测数据中找到强度最大值 $P_{\text{max1}}(\emptyset, R)$,这组 $(\emptyset, R)$ 就是金属球的坐标值。这组坐标是精确调整金属球到波束中心的基础坐标值。

金属球中装有卫星导航定位模块,金属球探测完成后导出金属球卫星导航定位模块数据:时间、经度、纬度、高度、速度。金属球卫星导航定位模块数据中,时间与雷达金属球最强回波的时间相同的金属球卫星导航定位的精度、纬度、高度,就是卫星导航定位模块测得金属球在波束中心的位置。表 5.2 为金属球的卫星导航定位数据。

表 5.2 卫星导航定位模块测得金属球位置数据

名称	经度	纬度	高度/m	创建时间
TrackPt00737	112°52′11.60″E	28°12′44.26″N	541.9	2022.4.12 10：29：20
TrackPt00738	112°52′11.60″E	28°12′44.25″N	541.7	2022.4.12 10：29：21
TrackPt00739	112°52′11.60″E	28°12′44.24″N	541.6	2022.4.12 10：29：22
TrackPt00740	112°52′11.60″E	28°12′44.23″N	541.6	2022.4.12 10：29：23
TrackPt00741	112°52′11.60″E	28°12′44.22″N	541.6	2022.4.12 10：29：24
TrackPt00742	112°52′11.60″E	28°12′44.22″N	541.7	2022.4.12 10：29：25

输出包括存储和显示金属球位置、强度、方位—强度曲线数据和俯仰—强度曲线数据。

波束宽度分析模块完成俯仰波束宽度和方位波束宽度的分析。在完成精确调整金属球到波束中心后,会得到两份回波数据,一份是俯仰角度不变,方位以步长为 0.1°,逐步变化的回波数据,另一份是方位角度不变,俯仰角度逐步变化(高度变化步长为 1 m/s)的回波数据。波束宽度分析模块基于这两份数据,通过拟合得到如图 5.18 所示的方位强度曲线和图 5.19 所示的俯仰强度曲线,进一步得到方位波束宽度和俯仰波束宽度。

金属球定标常数计算模块完成定标常数计算。金属球定标常数计算模块根据式(5.13),基于雷达基本信息数据和探测得到的金属球最大强度数据、最大强度数据所在距离,计算出定标常数。数据输入输出模块用于完成数据输入和输出。数据输入软件界面如图 5.20 所示。

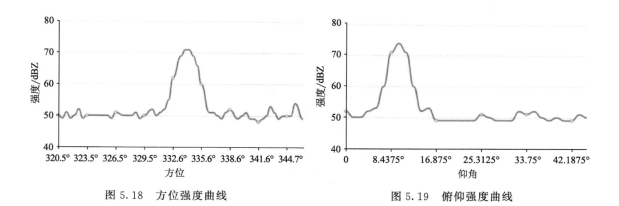

图 5.18　方位强度曲线　　　　　　　　　　图 5.19　俯仰强度曲线

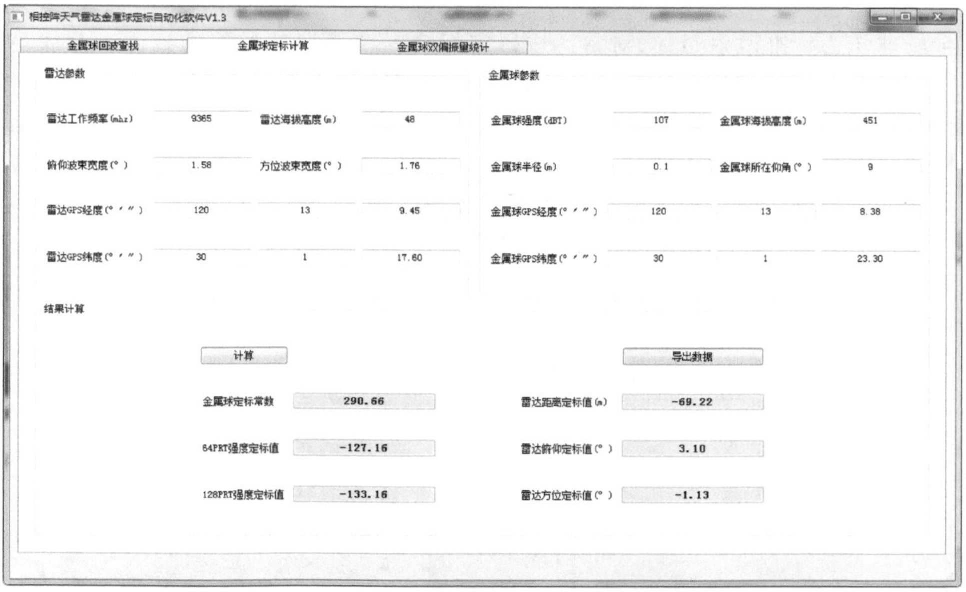

图 5.20　金属球强度定标计算软件界面

　　输入数据有雷达基本信息数据和探测金属球数据。输入雷达基本信息数据有雷达工作频率、脉冲重复频率、脉冲宽度、FFT 点数、雷达海拔高度、雷达经度纬度。探测金属球数据就是前段探测金属球获得体扫数据和 RHI 数据。输出数据有金属球回波强度、金属球所在仰角、金属球所在方位角、金属球海拔高度、金属球经纬度、俯仰波束宽度、方位波束宽度。

　　输出的 64PRT 强度定标值是指,宽发窄收模式 64PRT,H 和 V 各 32PRT 工作时,宽脉冲的强度定标值。

　　输出 128PRT 强度定标值是指,宽发窄收模式 128PRT,H 和 V 各 64PRT 工作时,宽脉冲的强度定标值。

　　输出了金属球的径向距离,金属球俯仰角,金属球方位角计算结果,可以用来进行雷达距离、方位、俯仰定标。

5.2.3.3 对不同波束进行订正

相控阵雷达不同波束的波束宽度和增益都不相同,需要分别订正。从技术上讲,可以对每个工作波束进行金属球定标。但是这样工作量会很大。例如相控阵阵列天气雷达前端有 64 个工作波束,如果一次飞行定标 2 个波束,那么就要飞行 32 次,每次飞行 20 min,就要飞行 640 min。

在研发阶段,为了解雷达的波束特性,可以对每个波束进行金属球定标。在外场应用阶段可以采用折中的方式,用金属球定标 1 个波束,然后利用暗室测试的天线方向图得到金属球定标波束与其他波束间的增益差和波束宽度差,以这些差值作为修正值,结合金属球定标波束的定标参数得到未做金属球定标的波束的定标参数。还有一种方式通过大量天气回波数据的统计,得出波束间的强度差,用这个强度差作为修正值,结合金属球定标波束的定标参数得到未做金属球定标的波束的定标参数。

5.2.4 验证试验

用金属球作为标准散射目标,对雷达进行定标是一个经典的成熟的技术。金属球雷达定标包括探测获取金属球雷达回波数据和计算处理,在实施金属球定标时,具体的操作和资料处理是否正确对定标结果是有影响的。

通常认为降水对 S 波段天气雷达的衰减可以忽略不计。图 5.21 是同时次同区域 X 波段相控阵雷达探测数据与 S 波段雷达探测数据对比图。图 5.21a 是经过金属球定标(包括降水衰减订正)后的回波强度图,图 5.21b 是 S 波段天气雷达的回波强度图,可以看到两者在 30 dBZ 以上区域形状和分布相似。这种相似虽然不能确切地证明 X 波段相控阵雷达定标准确,但是能一定程度说明金属球定标是合理的。

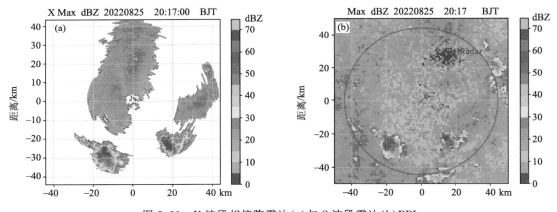

图 5.21　X 波段相控阵雷达(a)与 S 波段雷达(b)PPI

为了进一步验证金属球定标是一个相对稳定、具有实操性的正确定标方法,开展了一些验证试验。

5.2.4.1 重复性试验

进行 3 次金属球测试。按照前述方法,每次无人机携带金属球升空,进入定标位置,雷达探测金属球,调整金属球和波束,然后处理得到定标常数,无人机降落。操作方法好和流程完全一致,表 5.3 为金属球三次金属球定标结果,三次定标数据的标准差为 0.53 dB,三次定标数据之间的最大差值为 1 dB。

表 5.3　金属球 3 次定标结果

次数	定标值/dB	时间
第一次	−127.04	14：30
第二次	−126.21	14：51
第三次	−126.04	15：00
标准差	0.53	

为了进一步验证金属球定标的稳定性,进行了更长时段的 9 次金属球定标,得到如下表所示的强度定标值。可以看到在 20 天内进行的 9 次定标得到的定标值偏差在 1 dB 以内,平均为 132.5(表 5.4)。

表 5.4　更长时段 9 次金属球定标结果

不同时段的金属球定标值统计情况				
序号	日期	时段	天气	金属球定标值/dB
1	8 月 25	下午	多云、34°、微风	−132.3
2	8 月 26	下午	多云、36°、微风	−132.4
3	9 月 1	上午	多云、25°、微风	−132.9
4	9 月 2	上午	多云、26°、微风	−132.6
5	9 月 5	下午	多云、35°、5 级风	−132.2
6	9 月 7	下午	多云、33°、4 级风	−132.6
7	9 月 8	上午	多云、32°、4 级风	−132.2
8	9 月 13	下午	多云、34°、5 级风	−132.8
9	9 月 14	下午	多云、32°、6 级风	−132.7

从多次金属球定标结果可以看出定标的一致性较高,也说明操作重复性良好。

5.2.4.2　相对变化测试

为了验证金属球定标的正确性,采用人为改变雷达发射功率或接收机增益,检验技术球定标是否也相应变化。分别进行了 3 次改变雷达的接收增益和改变发射功率金属球定标试验。试验方法和结果:调整雷达 stc 设置值即改变接收增益,接收增益的变化量为 0 dB、−5 dB、−10 dB,分别进行金属球定标。对应接收机增益变化,定标值也对应变化,误差小于 1 dB。调整中发现衰减即改变发射功率,发射功率的变化量和金属球定标值的变化量能够吻合,误差小于 1 dB。说明金属球定标可以准确检测出雷达的状态变化情况。测试结果如表 5.5 所示。

表 5.5　相对变化测试

试验次数	试验次数	雷达状态	64prt 强度定标结果/dB
试验一(调整接收增益)	第一次	stc 设置为 0 dB 衰减	−127.44
	第二次	stc 设置为 5 dB 衰减	−123.36
	第三次	stc 设置为 10 dB 衰减	−117.39
试验二(调整发射功率)	第一次	中发衰减 0 dB	−126.73
	第二次	中发衰减 5 dB	−121.90
	第三次	中发衰减 10 dB	−116.97

5.2.5　讨论和小结

金属球定标理论基础坚实,不仅仅可以用于天气雷达定标,也是所有雷达常用的标准定标方法。经过多年在实际工作中的完善,已经形成了一套完整的技术,包括旋翼机挂载金属球、调整金属球在雷达波束中的位置、金属球探测数据处理等。完成一次金属球定标,只要两位技术人员花费1 h,高效快捷。目前,金属球定标与天气定标存在一些差别,那么这种差别是什么原因造成的呢? 可能有以下三个方面的因素。

(1)金属球定标的误差

金属球定标误差主要是操作造成的误差,也就金属球是否在波束中央。目前金属球离雷达径向距离400～450 m,这时的3 dB波束宽度在10～15 m,因此,比较好控制无人机的位置,使金属球落在接近波束中心的位置。根据实际操作的结果分析,偏离波束中心带来的误差不会超过1 dB。

无人机的影响、金属球的尺寸和反射效率、地物等等都会对标定带来一些影响。目前采取了一些有效措施,这些影响降低到可以忽略。

(2)天气定标的不确定性

天气定标是借助大雷达的探测强度经过统计进行定标的方法,那么大雷达自身准确性、空间一致性、时间一致性以及降水衰减订正的准确性都会对定标值带来误差,也是金属球定标与天气定标差别的重要原因。天气定标不确定具体有多大,需要专门进行研究。

(3)不适当的相关后续处理的影响

由于相控阵雷达波束多,金属球很难逐个波束进行定标,没有金属球定标的波束就要通过波束之间的相关性进行间接定标,比如通过统计波束间的差值进行补偿,即统计补偿。如果统计补偿不是以定标了的波束为准,就会人为造成定标误差。

当金属球定标时间与天气定标时间很接近时,金属球定标与天气定标就是由上述三个因素决定的。当金属球定标时间与天气定标时间相差比较大,金属球定标与天气定标的差别就还要包括雷达状态变化带来的差别,比如发射功率、接收增益、波束特性变化带来的差别。

5.3　布设安装

相控阵阵列天气雷达布设包括布局设计、选址、站点设计建设、架设和调试等。

5.3.1　布设设计

相控阵阵列天气雷达由多个按照一定规则布设在不同位置的相控阵前端构成。前端的站址选择,直接关系到相控阵阵列天气雷达能否在覆盖范围内充分发挥建设效益,如风场准确性和风场覆盖范围等。图4.22—4.25是上海、佛山、雄安、昆明相控阵阵列雷达前端照片以及布局图。

相控阵阵列天气雷达分布式布局和严格的扫描同步,不仅可有效扩大探测面积,弥补单一前端(雷达)探测的范围、遮挡及衰减等不足,还可以大幅度缩短多前端(雷达)对于同一目标的探测时间差。相控阵阵列天气雷达在实现多前端互补的同时,获取更加精细、更加完整的探测

图 5.22　上海相控阵阵列天气雷达布局图和前端照片

图 5.23　佛山相控阵阵列天气雷达布局图和前端照片

结果,进一步提高中小尺度危险天气预报的准确性,延长预报预警时间。多前端布局要求如下。

(1)至少以三前端为基础,三个前端以三角形为布局原则,最理想布局为等边三角形,雷达间距为雷达探测半径,但受实际地形影响,很难选取正三角形,原则上三角形三个内角均不能大于 90°。

(2)多前端探测的总面积符合实际需求,覆盖监测区域达到最大化。

(3)实现以前端站为中心、半径 45 km 左右水平范围内、地面以上至 20 km 垂直高度空间

图 5.24 雄安新区相控阵阵列天气雷达布局图和前端照片

图 5.25 昆明相控阵阵列天气雷达布局图和前端照片

扫描作业。

5.3.2 选址

相控阵阵列天气雷达前端选址应以核心覆盖区为中心,综合考虑净空环境、供电情况、交通情况、电磁环境、用地情况、地质条件、网络情况因素(图 5.26)。

相控阵阵列天气雷达前端选址步骤应包含地图作业、净空条件分析、现场勘察、电磁环境测试、环境测评、地质勘察等工作。

5.3.2.1　核心覆盖区

雷达核心覆盖区一般为城市人口密集区域、天气系统来向区域、主要景区、自然灾害多发区域等。核心覆盖区应根据雷达建设目的进行确认。考虑到相控阵阵列天气雷达前端俯仰角度覆盖范围为 0°～90°(双偏振 0°～72°)，即雷达顶端存在一定的静锥区，单前端选址时宜距离核心覆盖区域 6.57 km 以上，确保核心覆盖区域无探测盲区，如图 5.27 所示。

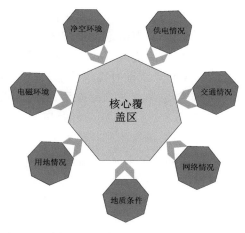

图 5.26　雷达选址考虑因素

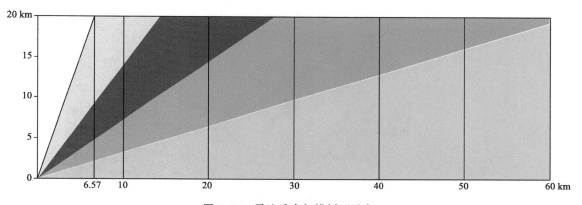

图 5.27　雷达垂直扫描剖面示意

5.3.2.2　净空环境

(1)净空环境要求

选址第一大因素应考虑前端站点净空环境，相控阵阵列天气雷达因兼顾补充大雷达低空探测盲区作用，所以雷达选址时海拔不宜过高，应尽量实现覆盖区域低空覆盖，选址离覆盖区平均高度不宜大于 600 m。参考相关选址规范，相控阵天气雷达前端选址原则如下：单个障碍物对雷达电磁波的遮挡仰角宜<1°，核心覆盖区遮挡物的遮挡方位角之和不应>5°。

(2)净空环境评估方法

净空环境评估采用专业软件评估和现场勘察评估两种方法结合的方式进行。

专业软件评估即采用组网天气雷达多维覆盖域分析和布局仿真系统对前端站点进行仿真分析，分析前端站点方位角遮蔽图、等射束高度图、遮挡物遮挡图，通过三张分析结果图即可判断雷达站点遮挡物方位、与雷达间距、遮挡仰角等情况。

专业软件评估虽然可以对雷达站址覆盖范围内净空环境进行仿真分析，但该软件地图数据只有自然环境海拔高度数据，但站址周边人工建筑遮挡无法进行分析仿真，所以站址净空环境分析还需现场勘察评估相结合。

现场勘察评估即选址人员需采用无人机、全站仪等专业设备对雷达备选站址进行现场勘察。一般站址周边均存在树木遮挡,采用无人机对站址周边环境进行拍摄,即可初步查看站在近端遮挡情况。但当站址位于市区时,站址周边可能存在较多人工建筑遮挡时,即需采用全站仪等专业设备对周边人工建筑进行标高测量,准确测量遮挡物距离、遮挡高度、遮挡方位等信息,方便后续站点建设时确定雷达架设高度。

多前端备选站点选取完成后,应对多前端覆盖空域进行组网遮挡分析,风场选址分析,以500 m 高度为步进,计算新建相控阵阵列天气雷达 500 m、1 km、1.5 km、2 km 等高度层三维覆盖情况。确保新建相控阵阵列天气雷达布设能达到建设目的,实现核心覆盖区域三前端全覆盖,满足合成风场生成要求。

(3)净空环境评估案例

图 5.28 为采用组网天气雷达多维覆盖域分析和布局仿真系统对西吉站点进行仿真分析图。图 5.29 左侧为系统仿真后站点方位角遮蔽图,右侧为等高射束度图。

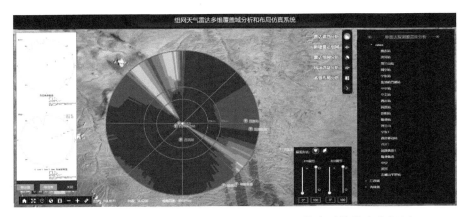

图 5.28　组网天气雷达多维覆盖域分析和布局仿真系统仿真分析图

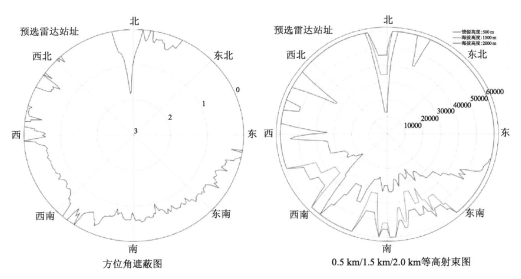

图 5.29　站点方位角遮蔽图、等高射束度图

从方位角遮蔽图可以看出,站点俯仰角＜1°时遮挡较多,正北方向存在一处将近 2° 遮挡。而从等高射束图中可以看出 0.5 km/1.5 km/2.0 km 高度层遮挡情况。

从图 5.30 可知,可以通过调节波束扫描仰角,得到遮挡仰角情况。

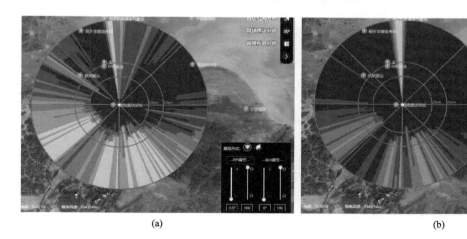

(a)　　　　　　　　　　　　　　(b)

图 5.30　0.5°仰角(a)和 1°仰角(b)遮挡情况

5.3.2.3　用地情况

选址时应充分了解土地属性、土地归属、后续规划等情况。土地属性分为国有农用地、建筑用地、林业用地等,依据我国相关法律法规国有农用地及林业用地不能用于建设。土地归属及土地所有者情况,选址时充分了解后可判断后续土地是否能用于雷达站点建设,土地归属应该清晰明了且有相关文件支撑,避免后续建设过程中产生纠纷。后续规划即需了解土地后续是否存在变动情况,如周边建设开发等,避免后续短期内周边净空环境产生较大变化,应争取当地政府相关部门承诺雷达探测环境得到长期保护的正式函。

5.3.2.4　交通情况

为了站点建设及后续维护便利性,条件准许时宜有宽度 3 m 以上道路直达站点,且车辆转弯半径满足重型货车转弯需求。条件恶劣情况下,也应有便道到达站点,且站点周边有 ≥ 100 m² 空地用于放置施工物料及后续设备吊装时放置设备。

5.3.2.5　网络情况

选址时应对备选站点周边运营商网络接入点进行勘察,勘察周边是否有专线网络接入点,接入点距离雷达站距离、后续接入便利性等。条件准许时应选取周边最近的两家运营商网络接入点进行勘察,后续站点采用双网络备份。

5.3.2.6　供电情况

相控阵阵列天气雷达前端站点宜采用三相电。现场勘察时应对备选站点电力接入点进行勘察,在资金充足情况下,可选用两路主干电接入前端站点进行双备份。站点供电电路可采用立杆架空方案,架空线缆需进行实地勘察,综合考虑后续树木生长情况,也可采用地下预埋方案。但最后一根电杆到机房距离宜大于 100 m,且该段距离采用套金属管预埋进入机房,避免雷击时产生跨步电弧。

5.3.2.7　电磁环境

选址第二大因素应考虑雷达站点电磁环境,站点电磁环境应不会对雷达信号产生干扰。

依据:《气象探测环境保护规范天气雷达站》(GB 31223—2014)电磁环境测试要求,对备选站点进行电磁环境测试。电磁环境测试容限值见表5.6。

表5.6 电磁环境测试容限值

频率范围/GHz	干扰电压容限值/μV
2.7~3.0	0.4
5.3~5.7	0.43
9.3~9.7	0.44

注:2.7~3.0 GHz频段的干扰电压容限值引自《对空情报站电磁环境防护要求》(GB 13618—1992);5.3~5.7 GHz,9.3~9.7 GHz频段的干扰电压容限值计算方法参见《气象探测环境保护规范天气雷达站》(GB 31233—2014)附录D。

5.3.2.8 地质条件

地质条件为选址八大考虑因素最后一点,在前面七个方向都满足且计划在该位置建设站点时邀请第三方专业地质勘查单位对站点地层进行地质勘探,并出具专业报告,该报告为后续站点建设设计的前置条件。

5.3.3 站点设计建设

相控阵阵列天气雷达前端站建设包含前端安装平台建设、配套设施机房建设、市电网络、防雷系统、安防系统建设等。

5.3.3.1 雷达安装平台建设

相控阵阵列天气雷达前端安装平台一是用于固定相控阵天气雷达前端,二是让雷达天线高于站点周边树木。安装平台可分为高塔式和楼顶式,高塔式又可分为专用塔和租用塔。

(1)高塔式

高塔的性能要求:①高塔或楼顶高度,根据实际情况确定(高于周边近端遮挡);②高塔设计寿命为50年;③高塔类型为四脚塔(直爬梯、内爬梯塔等);④顶部平台的圆形直径>5 m;⑤高塔摇摆速度(风速小于25 m/s时)小于1 m/s;⑥塔顶水平位移与塔高比值小于1/300;⑦自振频率大于1 Hz;⑧方位角偏差小于0.125°,俯仰角偏差小于0.125°;⑨日常风速下高塔顶端摇摆度≤0.2°;⑩高塔顶部平台承重需要大于1.8 t;⑪抗风等级为能够承受16级的风荷载(当地最大风速调整);⑫高塔抗震、抗盐雾等级符合当地环境标准。

1)租用塔

当选取的雷达站点存在运营商四柱塔时,可评估原有铁塔性能是否满足上述要求,如满足则可协商对运营商铁塔塔顶进行改造,即塔顶用于放置相控阵天气雷达前端,塔身用于安装运营商其他设备,实现一塔多用。采用租用塔的好处是有现成基础设施(电、通信、路),建设周期短,一次性费用低。

2)专用塔

当没有现成的塔可以租用时,需在站点新建专用塔用于放置相控阵天气雷达。专用塔可在满足上述建设要求前提下根据实际情况建设四柱、六柱、八柱、九柱等圆钢或角钢塔。

(2)楼顶式

选取的站点存在高楼且楼顶环境满足相控阵天气雷达架设要求时将相控阵天气雷达前端直接安装在高楼楼顶,或者先做一个安装支架再进行安装。

5.3.3.2　配套设施机房建设

相控阵阵列天气雷达前端为一体化设计,前端所有设备均在塔顶,但由于前端供电、网络设施需要一个安装空间。而为了确保这些设备的安全性、稳定性则需在站点建设小型机房或直接采用方舱机房。机房空间大小应满足放置不间断电源、消防设备、网络设备需求。机房六面应铺设内嵌 40 mm×40 mm 钢网用于雷电电磁屏蔽。

5.3.3.3　市电网络建设

雷达站点宜采用三相电到达机房,供电功率宜大于 5 kW,相控阵天气雷达前端取其一相供电,供电电压需满足 220 VAC±10%,注意当雷达站点有空调等其他耗电设备时设备功耗应分析后平均接入,不可全接入到一相,避免三相失衡。

为了确保雷达供电的稳定性,在雷达机房加装 UPS 备用电源,确保在市电中断后,能无缝跳接,确保雷达供电稳定。UPS 电源参数如下:

(1)UPS 电源:输入 220 VAC±10%;输出 220 VAC±2%。

(2)UPS 续航:大于 8 h。

(3)UPS 主机负载:10 KVA;电池配备 5000 W 以上;空调功耗按照 5 倍计算负载容量。

(4)UPS 电源配备稳压功能。

(5)UPS 应具备远程监控功能,带 SNMP 卡,并开放端口(SNMP-RJ45)。

(6)UPS 电源具备远程监控功能,能通过雷达协同控制软件实时监测市电通断,UPS 输入、输出电压、电流,电池电量等,并在市电中断后主动报警,以便售后维护人员能及时现场处理。

注意:如条件准许时可采用 2 条主干供电线路互备份或采用 UPS 与发电机互备份方案满足供电需求,确保站点供电稳定性。

雷达站点网络采用专线网络,网络带宽需满足强对流天气时相控阵天气雷达数据传输要求,雷达站点采用带宽>50 M 对等专线。条件准许时可采用双运营商网络互备份。

5.3.3.4　防雷系统建设

为了确保相控阵天气雷达净空环境,雷达一般位于当地制高点,防雷系统建设是相控阵天气雷达站建设的核心环节之一。防雷系统建设应根据相关行业标准结合当地实际地形、雷击频率等进行综合设计。

防雷设备包含避雷针设计、防雷地网设计、电网防雷设计、屏蔽设计。

避雷针设计:相控阵天气雷达站需采用不少于三根避雷针,避雷针采用玻璃钢材质,尽可能降低避雷针对雷达信号的影响。同时,经实际验证,玻璃钢避雷针也会对雷达信号产生一定影响,为了进一步降低影响,需采用长短针设计方案,即只有一根玻璃钢避雷针高于雷达,其他避雷针应低于雷达天线面。避雷针针尖采用不锈钢材质,针尖连接一根 50 平方铜导线作为防雷引下线。

防雷地网设计:相控阵天气雷达站防雷地网应根据实地地阻情况设计,防雷地阻要求<4 Ω。

电网防雷设计:相控阵天气雷达站电力系统应采用三级防浪涌保护,即市电接入点、机房配电箱、塔顶配电箱三处加入防浪涌保护器。同时所有网络走线需接入 SPD 浪涌保护器。

屏蔽设计:相控阵天气雷达站所有走线需采用金属屏蔽,如塔顶网线、光纤、引下线等均需采用金属套管屏蔽。机房采用六面金属网屏蔽。

5.3.3.5 安防系统建设

(1)围栏建设

为了确保相控阵天气雷达站安全性,推荐站点建设围墙,围墙采用砖石结构围墙或栅栏结构围墙,围墙高度 1.8 m,顶部带防爬刺。围墙门采用不锈钢防盗门,门宽 0.9 m。围墙四周预留排水沟,并在围墙底部四面预留直径 70 mm 排水管,如图 5.31 所示。

图 5.31　围墙实物图

(2)消防系统建设

机房内有许多重要设备、设备价值较高、设备密集,且设备需要 24 h 不间断运行,对消防要求较高,一旦机房出现火灾,为保证设备安全,需要消防系统在第一时间内自动启动进行灭火,通知远程管理人员减少损失,机房配备气体灭火系统控制装置、点型感温火灾探测器、点型光电感烟火灾探测器、气体释放报警器火灾声光报警器、紧急启停按钮等消防设备、设施,可采用七氟丙烷气体灭火装置或者手提式灭火装置。

(3)监控系统建设

为确保雷达设备及站房安全,在雷达站配置 1 套视频监控子系统。如图 5.32 所示视频监控子系统采集到的数据存储在站点的 NVR 录像机上,当站点有人员靠近时,能够以短信的方式实时提醒有关人员,并将人员闯入时的照片(30 s 一张)、实时视频传输到中心机房服务器上。监控值班人员能通过视频监控子系统的平台实时调用雷达站任意监控的实时视频,并能够按照需要进行 1 分屏、4 分屏、9 分屏、16 分屏展示,实现雷达站 24 h 不间断监控。

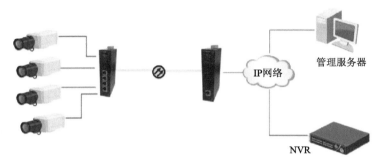

图 5.32　监控系统组成

（4）动环监控系统建设

为了实现雷达站点无人值守智能化管理，站点宜配备机房动力环境监控系统，整个系统需满足 24 h×365 d 机房所有设备不间断运行状态监控，并报警，管理人员可通过网络进行远程监控和管理，如图 5.33 所示。

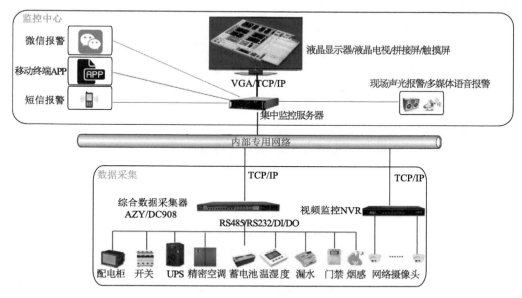

图 5.33　机房动环监控结构图

（5）指示牌

雷达站点建设完成后应在铁塔四面人员无法触碰到的位置挂设安全保护、防盗等警示牌，并预留联系人电话。

5.3.4　架设

相控阵天气雷达架设需根据实地道路环境制定架设计划。当站点具备重型设备到达条件时，可采用吊车直接将雷达吊装至塔顶固定，当站点不具备重型设备到达条件时，可考虑采用直升机将设备运输到塔下后采用轮滑组吊装至塔顶固定。

吊车吊装需满足塔下宽 5 m、长 10 m 平地用于吊车展开作业。

轮滑组吊装：直升机吊装货物最大限额 950 kg，而相控阵天气雷达自重 950 kg，为了确保吊装安全性，雷达需拆分为两部分分开运输。由于雷达挂载在直升机上时受风速影响，雷达摆幅为±5 m，无法直接放置在铁塔顶端，需满足站点附近有停机平地用于直升机挂载雷达，塔下距离铁塔 10 m 以上有 10 m×10 m 平地用于雷达组装，防止雷达放置时触碰到铁塔。同时，采用直升机运输雷达需预留 1～2 月空域申请时间。

5.3.5　调试

相控阵天气雷达使用部署包含网电调试、硬件参数调试、软件部署、雷达定标等步骤。

5.3.5.1　网电调试

相控阵阵列天气雷达前端为无人值守站，站点采用点对点 50 M 以上专线，雷达探测数据通过专线传输到气象部门,各地网络拓扑存在差异,吊装完成后需要完成站点到气象部门网络通畅,需针对现场网络进行适配性调试。

相控阵阵列天气雷达前端采用 220 VAC 市电供电,站点配备 UPS 不间断电源,前端吊装完成后需对前端及站点配套设备进行通电,确保市电稳定,市电要求波动范围 220 V±10％,市电通过 UPS 稳压后波动范围 220 V±2％。

5.3.5.2 硬件参数调试

硬件调试包括雷达关键指标的检查确认、方位俯仰定标、强度和偏振量定标三个方面。

（1）关键指标检查

前端架设到站点后先进行通网通电,然后对发射功率、接收灵敏度、收发通道一致性、极化开关隔离度、伺服同步、地物滤除等关键指标进行检查。

1）前端发射功率检查

雷达系统内部有功率监测系统,前端达上电后先进行参数配置,然后利用功率监测软件来检查各个通道的功率是否正常开启。通过小上位机 tr 组件状态处检查 tr 功率值,如果所有通道的末级功率在 39～39.5 dBm 说明前端的发射功率正常。

2）接收灵敏度检查

前端内部有灵敏度测试软件,运行测试软件检查系统灵敏度是否正常即可。

通过接收校准获取水平极化,垂直极化的不加固定误差的校准结果,不用减去天线固定误差,将 HV 幅度补到相同大小,幅度和相位补平值直接通过大上位机天线回灌系数写入即可。

打开自动测试平台,点击自动测试即可,软件会自动进行测试并显示测试结果,如图 5.34 所示为灵敏度自动测试软件。

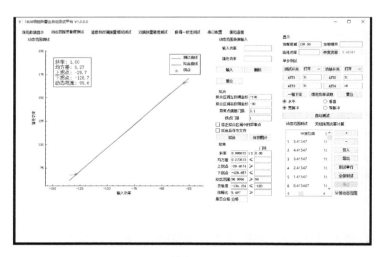

图 5.34　灵敏度自动测试软件图

如果测试结果显示 2 μs 脉宽的灵敏度为 −121±1 dBm,40 μs 脉宽的灵敏度为 −135 dBm± 1 dBm 为正常。注意上述测试的为整个接收系统的灵敏度,并非单通道的灵敏度。

3）收发通道一致性检查

通过雷达监控软件上的通道校准功能获取各个通道的幅度相位值,然后计算各通道间的幅相一致性即可。

如果发射通道幅度一致性达到±1 dB、相位一致性达到±10°、接收通道幅度一致性达到±1 dB、相位一致性达到±5°,则通道一致性为正常。

4)极化开关隔离度检查

通过雷达控制软件将极化开关的极性固定,然后再通过通道自动校准功能分别获取此时的水平极化幅度和垂直极化的幅度,两者的幅度差异即可反映极化隔离度。具体操作如下:

① 通过串口命令固定极化方向。先选择"耦合通道开关固定 H,其他受控",将前面对应的框内打上"√",并且点击文字发送,左侧如果出现回传指令,则表示下发成功。

② 通过自动校准功能获取水平通道和垂直通道的幅度值。然后统计对比水平通道和垂直通道的幅度差异即可。

如果水平和垂直方向各个通道的水平和垂直幅度差异在30±1 dB 则表明正常。

5)伺服同步检查

检查伺服同步功能,确保雷达数据能够正常融合。在雷达安装好之后检查伺服 GPS 状态获取是否正常即可。在系统调试中的,伺服调试里面,点击获取伺服状态即可,查看最后一项 GPS 状态是否正常即可,如下图所示为正常状态。分别下发伺服"匀速转动","停止转动"命令,通过状态获取按钮,查看伺服转速,伺服角度上报,温度上报是否正常。如果 GPS 状态正常,伺服转速上报正常,方位上报正常,温度上报正常,就可以判断该伺服状态正常。

6)地物滤除检查

通过对比关闭和开启地物滤除的回波来检查雷达地物滤除功能是否正常。具体操作如下:

① 关闭地物滤除功能查看原始的地物回波。

② 开启地物滤除功能查看原始的地物回波。

③ 对比关闭和开启杂波抑制的地物图。

如果开启地物滤除后地物大幅度减少说明地物滤除功能正常。图 5.35 给出了关闭和开启杂波抑制的效果。

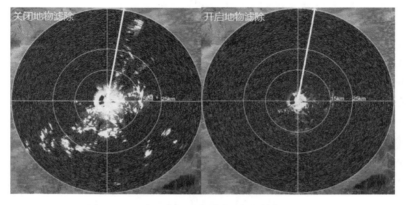

图 5.35　对比关闭和开启杂波抑制的地物图

(2)方位俯仰定标

前端架设到站点后必须对前端方位和俯仰进行标定,采用太阳法对前端方位和俯仰进行定标,操作方便,定标精度高。图 5.36 是太阳法标定分析软件界面,具体操作如下:

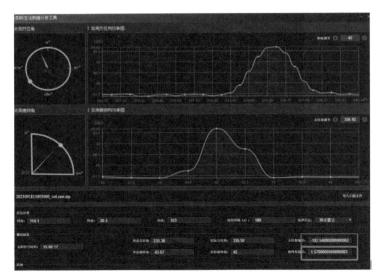

图 5.36　太阳法标定分析软件界面

1)计算适合进行太阳法定标的时段。进入"太阳算法.html"通过修改时间确定太阳相对于前端的最佳俯仰角度。根据前端的俯仰探测范围,尽量选择太阳处在前端法线波束的时段进行测试,定标结果更加准确。

2)设置前端为接收模式,获取太阳信号,通过监控软件上的太阳法定标功能分析前端探测到的太阳方位仰角。

3)方位仰角和太阳与前端的理论方位俯仰角的差异。

根据分析结果来修正雷达的方位角和俯仰角。方位角可以在数据处理的时候进行修正,俯仰角需要实际调整雷达天线阵面的俯仰角度。

（3）回波强度和偏振量定标

前端架设到站点后必须进行回波强度定标和偏振量的定标,只有进行了准确的回波强度和偏振量定标才能保证雷达探测到的回波强度、偏振参量的准确性。通过金属球定标的方法可以快速准确地完成该定标工作。具体操作如下:

用无人机挂载金属球飞入雷达上方,进入雷达的探测区域,一般选择将金属球带入到距离雷达距离和高度均为 500 m 左右的位置进行探测。

打开金属球定标软件,观察金属球回波,并分析金属球定标的结果。

金属球定标软件可以方便快速地处理定标数据,得到雷达强度定标值和差分反射率、相关系数、差分相移等偏振量的定标结果。

5.3.5.3　软件参数调试

软件调试包含协同控制处理平台软件(监控软件)调试及状态确认、质控算法效果确认、产品算法效果确认、网页产品效果确认、服务器确认、接口测试、功能测试等。

（1）监控软件

监控软件在联调阶段主要进行环境配置、初始参数适应调整以及最终的状态确认。涉及软件版本号确认、中心站转发环境配置、系统参数设置、产品生成效果确认、数据传输状态检查、开机自启动及自动删除状态检查、转发掉线重启机制确认。

1)步骤一:确认版本号

检查协同控制处理平台软件的版本号,包括质控版本、转发版本和监控软件版本,确保与雷达设备要求的版本兼容。

2)步骤二:中心站转发环境设置

配置中心站转发环境,包括网络连接、IP 地址、按照基础依赖环境等设置。确保中心站与协同控制处理平台软件能够正常通信。

3)步骤三:系统设置

对协同控制处理平台软件进行必要的系统设置,包括时间同步设置、操作系统自动更新设置、电源属性设置等。

针对雷达设备的特殊需求,进行相应的系统设置,如雷达参数配置、日志记录设置、报警阈值设置等。

4)步骤四:产品生成效果确认

配置雷达设备的运行模式参数、伺服运行模式、波束扫描模式等。确保协同控制处理平台软件能够根据预设的控制流程对雷达进行控制,并实时查看雷达产品的生成效果。

5)步骤五:数据传输状态检查

监控协同控制处理平台软件与雷达之间的数据传输状态,确保数据能够正常传输。检查数据传输延迟、丢失等情况,如有异常及时进行排查和解决。

6)步骤六:开机自启动及自动删除状态检查

确保协同控制处理平台软件能够正常实现开机自启动功能。

检查自动删除功能是否按照预期工作,确保无效数据及时删除。

7)步骤七:转发掉线重启机制确认

验证系统中的转发掉线重启机制,确保当转发环境中断或故障时,能够自动进行重启并恢复正常工作。模拟转发环境中断情况,观察系统的自动重启行为,并确保恢复后能正常工作。

(2)质控算法

质控的联调是为了确保雷达数据质量的准确性和可靠性,通过对质控算法进行调试和验证,以确保在不同天气条件下获取到高质量的雷达数据。

1)步骤一:版本号及版本质控效果确认

确认质控版本号,并撰写版本简述,确保与实际使用的质控算法版本一致。确认该质控版本是否为最新版本,如不是最新版本,需要进行升级或更新。

通过线上测试数据和本地测试数据对比,确认质控效果一致性。

2)步骤二:质控参数确认

验证质控参数文件中各参数值与质控参数标准文件中的参数是否一致。

对所有参数逐一进行检查和确认,确保参数设置正确。

3)步骤三:晴天效果确认

在晴朗的天气条件下,进行质控后地物的检查,确保地物能够完全去除或只有少量残留。

观察并记录晴天下质控后数据的特征,如地物干扰情况和信噪比等。

4)步骤四:第一次合适天气情况下的天气分析

当出现第一次合适的天气条件时,进行以下质控参数和效果的确认:

确认定标值是否符合要求;检查 30 km 灵敏度是否满足质量标准;验证 Z_{DR} 系统偏差与

波束一致性;检查初始相位是否与单一方位初始相位基本吻合;观察 SNR-C_C 关系,确保随着 SNR 增大,C_C 平均值逐渐趋近于1,标准差逐渐降低。检查质控后各基本量是否满足所给出的判据。

5)步骤五:第二次天气过程时的质控参数及效果确认

检查雷达探测到的强度、径向速度、差分反射率、差分相移等基本量是否正常。对所有质控参数进行验证和确认,确保质控算法在不同天气过程中的效果符合预期要求。

测试过程中,记录异常情况和出现的问题,并提供相应的解决方法。通过以上的质控联调及确认,可以确保质控算法在不同天气条件下的准确性和可靠性,从而提高雷达数据的质量,并使其能够更好地应用于实际需求中。

(3)产品算法

产品算法检查主要进行产品配置检查以及产品效果检查两个步骤。

1)产品配置检查步骤

① 根据项目中的产品清单,仔细核对各个产品的配置项,包括经纬度范围、雷达扫描半径等配置参数。

② 检查配置文件是否正确加载,并验证配置项是否与产品需求一致。

③ 确保参数配置的准确性,包括风暴识别、追踪等算法的参数配置。

④ 若存在配置错误或不一致,及时进行修正,确保配置项正确无误。

2)产品效果检查步骤

① 使用真实数据或合成的仿真数据作为输入,模拟多种天气条件和场景,以验证产品算法的效果。

② 对组合回波、回波顶高、回波底高、垂直液态水含量、三维等值面、风暴产品等进行检查,确保生成的产品结果正常。

③ 对每个产品结果进行效果图的生成和展示,确保产品效果直观可见。

④ 如果发现产品效果异常或不符合预期,及时调整算法参数或进行算法优化,并重新进行效果检查。

3)联调记录和问题排查

① 在联调过程中,详细记录每一次的配置检查和产品效果检查结果,包括关键参数、测试数据、效果图等信息。

② 如果出现问题,及时记录并进行问题排查。通过日志分析、调试工具等手段,定位问题根源,并尽快解决。

③ 对于常见问题和解决方法,进行总结和归档,以便在后续联调和维护中参考和使用。

(4)前端网页

前端网页主要基于 WEBGIS 实现,联调阶段涉及版本号的确认以及是否是最新版本,时间轴间隔的确认、地图清晰度的确认、数据接口确认、雷达位置与卫星图确认、产品加载速度检查、剖面产品确认、单雷达产品检查、四分屏功能检查。其他的检查根据以往的经验和项目特性,灵活设置检查项。

1)步骤一:版本号的确认以及是否是最新版本

① 确认使用的前端网页版本号,并与团队中的开发人员进行沟通,确保使用的版本是最新的稳定版本。

② 检查版本控制系统中的提交记录,确认是否有新的版本发布,如果有,及时更新并进行测试。

2)步骤二:时间轴间隔的确认

① 根据项目需求和数据源的时间间隔,检查网页中的时间轴组件,确保时间轴间隔与数据的时间间隔一致。

② 在不同时间段模拟数据,并检查时间轴是否能正确显示和调整时间范围。

3)步骤三:地图清晰度的确认

1)确认使用的地图来源,如高分辨率卫星图、矢量地图等。

2)检查地图清晰度是否符合需求,确保地图层级适当(如 18 级),并能够清晰展示地理信息。

4)步骤四:数据接口确认

① 确认所使用的数据接口,包括实时雷达数据、卫星云图、地理信息等。

② 检查数据接口是否通畅,能否正常获取数据,确保数据接口功能正常。

5)步骤五:雷达位置与卫星图确认

① 核对雷达站点的经纬度信息,确保地图上展示的雷达位置准确。

② 在地图上叠加卫星图,与雷达数据进行对比,确认雷达覆盖范围和卫星图是否一致。

6)步骤六:产品加载速度检查

① 测试产品加载速度,在不同网络环境下进行测试,确保产品加载速度满足用户的需求。

② 分析产品加载速度的瓶颈,并进行性能优化,提高产品加载速度。

7)步骤七:剖面产品确认

① a 验证剖面产品的功能是否正常,包括选择不同地点、不同时间段的剖面数据展示。

② 确保剖面产品的数据与真实数据一致,并进行验证和对比。

8)步骤八:单雷达产品检查

① 验证单雷达产品的功能和数据准确性,包括组合回波、回波顶高、回波底高等产品。

② 检查产品的生成和展示是否正确,确保单雷达产品符合需求和预期。

9)步骤九:四分屏功能检查

① 验证四分屏功能的可用性和稳定性,确保能够正确显示多个产品和地区的信息。

② 进行不同操作场景下的测试,如切换产品、地区,确保四分屏功能的正常切换和展示。

(5)后端运维

后端运维部分在整个软件集成联调过程中,起到至关重要的作用,是整个实现串联、稳定的重要操作。涉及服务器环境部署及验收确认、服务器环境部署清单、稳定性测试、线上 API接口检查、接口测试、业务运维检查等步骤。通过后端集成联调,可以全面评估系统的集成联调情况,确保服务器环境稳定可用,并验证系统的功能和性能是否符合预期。

1)步骤一:服务器环境部署及验收确认

① 确认服务器的硬件配置和网络连接是否满足系统需求。

② 验收服务器配置,确保服务器能够正常启动,并进行基本的功能测试。记录服务器的CPU、硬盘、内存等主要指标,并进行验收确认。

2)步骤二:服务器软件环境部署

① 部署服务器环境,包括操作系统、运行环境、数据库等组件的安装和配置,涉及 web 调度部署、redis 部署、mysql 主从部署等。

② 制定服务器环境部署清单,包括各个服务器的 IP 地址、用户名密码等信息,以及对应的服务和组件的部署情况。

3)步骤三:稳定性测试

① 根据项目需求,选择关键功能和模块进行稳定性测试,如组合回波、三维反射率、三维风场等。

② 运行稳定性测试脚本,生成相关产品和数据,并观察其生成稳定性。

③ 分析测试结果,输出监控曲线和页面,确保产品和数据的稳定性达到预期要求。

4)步骤四:线上 API 接口检查

① 检查系统的登录接口、Socket 接口、报警接口等主要接口的可用性和稳定性。

② 验证接口的功能是否正常,包括请求和响应数据的正确性、数据传输的安全性等。

③ 监控接口的性能,确保接口的响应时间和并发处理能力符合预期。

5)步骤五:接口测试

① 根据项目需求和接口文档,编写接口测试用例,覆盖关键功能和各种边界情况。

② 运行接口测试用例,检查接口的输入输出数据是否符合预期,验证接口的功能和性能。

③ 对于异常情况,如参数错误、网络异常等,进行异常处理和错误提示的验证。

6)步骤六:业务运维检查

① 检查网站是否能够正常打开,并浏览各个页面,确认前端界面的展示是否正常。

② 验证产品是否能够正常生成,并检查各个产品的内容和展示是否符合预期。

③ 检查服务器上的服务部署是否正确,包括 Redis、MySQL 的主从部署是否正常。

④ 监控调度系统的运行情况,确保调度系统能够正常运行,并进行必要的调度配置检查。

(6)功能测试

成立专门的测试组,对系统功能进行全面、细致、完整的测试,并输出测试报告。

1)步骤一:集成测试环境搭建

① 搭建集成测试环境,包括服务器、数据库、第三方接口等的配置和部署。

② 确保测试环境与生产环境的设置一致,以确保测试结果的可靠性。

2)步骤二:测试用例编写

① 根据需求文档和设计文档,编写测试用例,覆盖系统的所有功能和各种边界情况。

② 设计测试数据,包括正常数据、异常数据和边界数据,以验证系统的容错性和稳定性。

3)步骤三:功能测试执行

① 执行测试用例,进行功能测试,包括系统的各个模块和功能点的验证。

② 检查系统在各种场景下的响应和处理是否符合预期,包括输入输出数据的正确性和页面展示的准确性。

③ 对于每个功能点,及时记录测试结果,包括通过的用例、失败的用例和待修复的缺陷。

4)步骤四:异常情况处理

① 在测试中遇到异常情况时,及时记录并进行异常处理,包括错误提示的验证和系统的容错机制的测试。

② 与开发人员紧密合作,及时反馈问题,并跟进缺陷的修复和验证。

5)步骤五:性能测试

① 针对系统的性能要求,设计性能测试用例,包括并发用户数、响应时间等指标的测试。

② 执行性能测试,观察系统在高负载下的性能表现,确保系统能够满足预期的性能要求。

6)步骤六:安全测试

① 对系统的安全功能进行测试,包括用户权限管理、数据加密等。

② 检查系统是否存在潜在的安全漏洞,并提出相应的改进建议。

7)步骤七:输出测试报告

① 汇总所有测试用例的执行结果,包括通过的用例、失败的用例和待修复的缺陷。

② 提供详细的测试报告,包括测试结果的总结、问题的描述和建议的改进措施。

5.3.5.4　定标

雷达建设之后,联调阶段需要进行定标操作。一般情况下,会进行 GPS 初定标以及太阳法定标,若有条件,应开展金属球定标。

(1)GPS 定标

雷达在部署架设时,通过手机 GPS 方位信息,对雷达伺服整备方向进行大致定位,此方案定标结果可减少实际方位差值。

(2)太阳法定标

太阳法定标可以对雷达方位、俯仰进行相对精细化定标。在进行太阳法定标的前提需要保证当地天气在晴天或多云的情况下完成(需要接收太阳信号),然后对雷达关闭辐射、放慢转动操作,增加太阳信号接收频率。存储太阳信号数据到本地进行手动分析,多次数据分析结果取平均得到最终雷达偏差值。

(3)金属球定标

金属球定标可以对雷达方位、俯仰、径向、强度等多个方面进行标定测试,标定过程中需要放平雷达阵面,保持雷达短距离运行,飞行无人机使金属球在雷达探测范围内进行移动。后续结合雷达飞行轨迹及数据金属球特征进行分析,最后即可得到雷达方位、俯仰、径向、强度偏差值。

5.3.5.5　人员配置

相控阵阵列天气雷达部署人员包含工程吊装人员、网电调试人员、软硬件调试人员三类。工程吊装人员负责将前端按照装站要求安装到塔顶;网电调试人员负责进行雷达网电调试,确保前端正常工作,且数据正常传输到气象部门;软硬件调试人员负责对雷达软硬件进行部署调试、雷达定标。调试完成后雷达即可达到试运行状态。

注意:所有现场调试登高人员必须具备特种登高作业证书,到达现场人员必须佩戴安全帽,登高人员必须配备安全帽和安全绳,网电调试人员除必须配备特种登高作业证外还需配备电工证。

第6章　风场处理方法

　　风场是气象上非常重要的信息,对分析强对流过程、下击暴流和龙卷等强烈天气过程有着重要的帮助,对提高短临预报的准确率有着重要的意义。多普勒天气雷达以探测反射率强度和径向速度为主,是分析中小尺度天气系统的重要数据源。其中,径向速度是有效照射体积内降水粒子沿雷达波束方向上的平均速度,不是探测目标实际的运动方向和大小,而是相对于雷达的运动速度。它不能直接代表降水云系统中实际的风场情况,利用多个雷达的径向速度合成或反演三维风场,是雷达气象学的一个重要研究方向。精细的三维风场信息可以用来研究中小尺度对流系统的结构和运动特征,同时对研究天气系统形成机理和大气边界层的复杂结构都具有重要意义和广泛应用范围。

　　为得到精细的三维风场信息,国内外学者一直致力于多普勒天气雷达探测风场的研究工作。通过单多普勒天气雷达的径向速度反演得到三个方向的风分量对假定条件过于依赖,不适用于风场变化迅速的对流性天气事件。Lhermitte 和 Atlas(1961)提出基于单多普勒天气雷达的速度方位显示方法(VAD),该方法假设大气风场整体是在均匀的条件下,利用径向速度反演风场的平均风向和平均风速。随后 Caton(1963)、Browning 等(1968)在 VAD 方法上进行改善。在他们的研究中,假设风场是线性分布的,通过计算径向速度按方位角展开的傅里叶级数,从中得到均匀风场的平均风速、风向、散度和形变等物理量,改善了风场反演的精度。后续发展的速度体积处理法(VVP)、速度方位处理法(VAP),伴随方程法均是要求风场呈线性或稳定的假设条件进行反演,运用最小二乘法得到满足要求的风场信息。然而实际上,大多数中小尺度天气过程风场是变化迅速的,单雷达的假设条件过于理想化,不能满足复杂的情况。且只能得到平均风场信息,不能准确地反演水平风场的真实结构。要想提高风场的准确性和普适性,需要借助两个或多个多普勒天气雷达的径向速度数据。当然利用双(多)多普勒天气雷达进行风场合成和反演,其结果的准确性也受很多因素影响。比如多部雷达之间的观测误差、空间位置误差和资料时间差等,均会造成径向速度的偏差以及各点降水粒子的下落速度能否精确估计,从而会影响到方程求解。在外场观测中,尤其是要求两(多)部雷达探测同一时刻同一空间点的数据并进行合成和反演,但目前的探测条件很难实现,只能尽量缩短雷达体扫时间或者制定特殊的扫描策略。现有的传统机械扫描天气雷达执行一个完整的体积扫描需要 6 min,而对于发展阶段的天气系统,其变化快速,移动速度可以达到 5～30 m/s,一次体扫完后,观测的风暴系统已经移动了 1800～10800 m,这会对最终的合成和反演结果造成很大的误差。如果改变现有雷达的扫描策略,减少扫描层数或进行指定区域扇形扫描来达到缩短体扫时间的目的,这会造成扫描过程中,出现部分高度层数据缺失的情况。假设能够采用快速扫描技术的相控阵雷达,能够达到减小最终风场合成和风场反演误差的目的。

　　近年来网络化雷达和相控阵技术在天气雷达中得到了广泛应用。日本东芝公司和大阪大学在国家信息与通信技术研究所的资助下于 2015 年开发建立了两个短程相控阵雷达网络。

相控阵天气雷达组网克服了传统天气雷达系统时差大、扫描速度慢的缺点。2017 年研制出第一套 X 波段阵列天气雷达,它结合了网络化雷达和分布式相控阵技术,具有高时空分辨率的特点。与组网相控阵雷达系统的协同扫描还不相同,它运用分布式协同自适应扫描策略以及严格的同步扫描技术确保获取的数据资料时差更小。阵列天气雷达完成一个同步观测体积扫描周期仅用 12 s(或 30 s),在多个相控阵前端的共同覆盖扫描区域,其优点是有潜力利用径向速度合成和反演出时差小、精确的三维风场。

6.1 多前端径向速度合成风场

在三部或三部以上雷达共同扫描的覆盖区域内,直接在笛卡尔坐标系中建立多个雷达测得的径向速度关系式,可解出此区域内三个方向的风分量。假设降水粒子的下落速度能较为准确地估计,垂直方向上的垂直气流求解将更为准确。

Armijol 等(1969)和 Ray 等(1980)列出了笛卡尔坐标系中风场合成的方程组。张沛源等(1998)对三部多普勒雷达测量大气风场的误差分布和雷达最佳地理位置布局进行研究,从理论上证明了误差分布与雷达之间的相对位置有关以及误差分布还和每部雷达各自的测速精度有关。在三部雷达的测速精度相同的前提下,综合考虑到探测地形、距离、试验雷达的精度等各种要素,雷达最佳位置布局是等边三角形。周海光等(2002)运用多部多普勒天气雷达综合和连续调整技术为基础的算法,建立了我国第一套反演三维风场的软件系统。韩颂雨等(2017)在动态地球坐标系下利用三部雷达共同探测风场,基于风场结果分析构建福建漳州降雹超级单体的三维立体流场,以期为深入研究冰雹云精细结构及其变化、提高冰雹预警水平提供参考。

多部雷达联合探测风场尽管在计算上容易实现,但是数据时差对探测准确性影响较大。相控阵阵列天气雷达多前端径向速度合成风场大幅度减小数据时差,保证了合成风场的准确性。相控阵阵列天气雷达多前端径向速度合成算法的计算原理与 Ray 等文章中介绍的多部多普勒天气雷达计算方法近似,包括坐标转换,插值和合成风场。

6.1.1 坐标系的选取

根据风场合成的需要,本节定义如下的笛卡尔坐标系:以前端 2 为坐标原点,正东方向为 X 轴正方向,正北方向为 Y 轴正方向,垂直方向为 Z 轴,如图 6.1 所示。

虽然阵列天气雷达的探测范围较小,但为了减小空间位置的误差,提高合成风场的准确性,在转换坐标时需要考虑地球曲率的影响,以及大气折射率不均匀导致的电磁波在大气中非直线传播等因素。在阵列天气雷达的探测范围内,可以将地球当作圆球处理。三个前端的海拔高度比较接近,因此忽略海拔高度在转换坐标时的影响。此时,对于前端探测到数据 $p(\theta,\phi,r)$ 转换到笛卡尔坐标系下的 $p(x,y,z)$ 可以表示为:

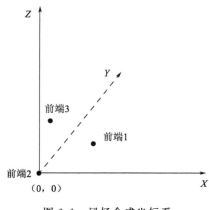

图 6.1 风场合成坐标系

$$\begin{cases} x = r\cos[\theta + \beta(\phi)]\sin(\phi - \alpha) \\ y = r\cos[\theta + \beta(\phi)]\cos(\phi - \alpha) \\ z = r\sin[\theta + \beta(\phi)] \end{cases} \tag{6.1}$$

式中:θ、ϕ、r 分别表示极坐标系中的仰角、方位角和径向距离;α 为笛卡儿坐标系中的 Y 轴与地面正北线之间的夹角;$\beta(\phi)$ 为仰角订正函数,它与方位角的关系如下:

$$\beta(\phi) = \begin{cases} \left[\arctan\left(\dfrac{L}{R_0}\right)\right]\left(\dfrac{\phi - \alpha}{90}\right), & 0° \leqslant \phi - \alpha \leqslant 90° \\[2mm] \left[\arctan\left(\dfrac{L}{R_0}\right)\right]\left(\dfrac{180 - (\phi - \alpha)}{90}\right), & 90° \leqslant \phi - \alpha \leqslant 180° \\[2mm] -\left[\arctan\left(\dfrac{L}{R_0}\right)\right]\left(\dfrac{(\phi - \alpha) - 180}{90}\right), & 180° \leqslant \phi - \alpha \leqslant 270° \\[2mm] -\left[\arctan\left(\dfrac{L}{R_0}\right)\right]\left(\dfrac{360 - (\phi - \alpha)}{90}\right), & 270° \leqslant \phi - \alpha \leqslant 360° \end{cases} \tag{6.2}$$

式中,L 为转化的前端与前端 2 的水平距离,地球等效半径 $R_0 = 8500$ km。

经过上述计算,可以把三个前端的数据统一到同一个直角坐标系中。

6.1.2 数据插值

由于三个前端都是立体扫描,因此在合成风场前必须把各个前端的观测数据插值到笛卡尔网格点中,然后才能进行风场合成。

图 6.2 为插值方案的示意图。笛卡尔坐标内的一点 (X, Y, Z),插值结果为该点影响半径 R 内所有距离库的加权平均。加权方案有很多种,本节使用的是传统的 Cressman 加权方案。在第 n 个距离库的权重为:

$$W_n = \frac{R^2 - R_n^2}{R^2 + R_n^2} \quad n = 1, 2, 3, \cdots, N \tag{6.3}$$

$$R^2 = dX^2 + dY^2 + dZ^2 \tag{6.4}$$

式中,定义影响半径的 dX、dY 和 dZ 是自行设定的,N 为影响范围内总共的距离库数,R_n 为网格点到第 n 个距离库的距离。对于相同的 dX、dY 和 dZ,加权体积变成了一个影响范围。最后得到的网格点 k 处的数据值为:

$$a_k = \frac{\sum_{n=1}^{N} W_n a_n}{\sum_{n=1}^{N} W_n} \tag{6.5}$$

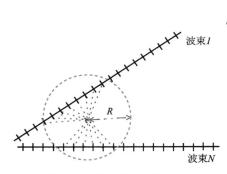

图 6.2　影响范围内的距离
加权平均插值示意图

影响半径也可以定义为方位角、仰角和距离库,在这种情况下可以指定影响的方位角、仰角和径向范围。根据指定的信息可以计算出 dX、dY 和 dZ。这种插值方案对于距离雷达较远的网格点可以增大影响半径,但同时也能模糊天气特征。由于阵列天气雷达在扫描时波束之间没有留下任何间隙,因此本节使用了恒定的影响半径,三个参数分别 $dX = 200$ m,$dY = 200$ m 和 $dZ = 200$ m。

6.1.3　径向速度合成风场

三维风场的合成,在本质上是将空间中非正交的三个向量转化为一组正交向量。

在笛卡尔坐标中的一点 (x, y, z) 处的速度可以表示为 $(u, v, w + w_f)$,其中 u、v、w 分别是对应东、北和垂直方向的速度分量,w_f 是降水粒子下落的最终速度。在实际应用中,垂直方向的空气运动应该与多普勒测量的 $w + w_f$ 相分离。前端探测到的径向速度可以表示为:

$$V_R^1 = u \sin\phi_1 \cos\theta_1 + v \cos\phi_1 \cos\theta_1 + (w + w_f)\sin\theta_1$$

$$\cdots$$　　　　　　　　　　　　　　　　　　　　(6.6)

$$V_R^m = u \sin\phi_m \cos\theta_m + v \cos\phi_m \cos\theta_m + (w + w_f)\sin\theta_m$$

式中,V_R^m 表示第 m 个前端探测到的径向速度,Φ_m 和 θ_m 分别表示第 m 个前端径向波束的方位角和仰角。根据笛卡尔坐标系中的几何关系,式(6.6)可以改写为:

$$V_R^m = \frac{1}{r_m}\left[(x - x_m)u + (y - y_m)v + (z - z_m)(w + w_f)\right]$$

(6.7)

$$r_m = \left[(x - x_m)^2 + (y - y_m)^2 + (z - z_m)^2)\right]^{\frac{1}{2}}$$

用式(6.7)表示第 m 个前端在空间质点 (x, y, z) 处的径向速度,其中 x_m、y_m、z_m 为第 m 个前端在笛卡尔坐标系中的坐标。

可以把多个前端探测到的径向速度写成如式(6.8)的向量形式,

$$V_R = [V_R^1 \cdots V_R^m]^T$$　　　　　　　　　　(6.8)

定义如式(6.9)的矩阵 H,

$$H = \begin{bmatrix} \dfrac{x - x_1}{r_1} & \dfrac{y - y_1}{r_1} & \dfrac{z - z_1}{r_1} \\ \vdots & \vdots & \vdots \\ \dfrac{x - x_m}{r_m} & \dfrac{y - y_m}{r_m} & \dfrac{z - z_m}{r_m} \end{bmatrix}$$

(6.9)

那么由多个前端探测到的径向速度可以表示为:

$$V_R = H[u \quad v \quad w + w_f]^T$$　　　　　　　(6.10)

在实际中,矩阵 H 中的项是已知的。利用广义最小二乘法可求得三维风速分量:

$$[u \quad v \quad w + w_f]^T = (H^T H)^{-1} H^T V_R$$　　　　(6.11)

水平风分量 u 和 v 可以直接由式(6.11)得到。但垂直方向的速度是垂直方向的空气运动速度和降水粒子的下落末速度的矢量和,因此要想得到垂直方向的空气运动速度 w,必须先得到降水粒子的下落末速度 w_f,降水粒子的下落末速度 w_f 与反射率因子 Z 有如下关系:

$$w_f = 2.65 Z^{0.114} \left(\frac{\rho_0}{\rho}\right)^{0.4}$$

(6.12)

密度 ρ 和温度 T 有如下关系式:

$$\rho = \rho_0 \exp\left(\frac{-gNr\sin\theta}{RT}\right)$$

(6.13)

式中,ρ 为所在高度的空气密度,ρ_0 为标准大气时的空气密度,g 为重力加速度,θ 为雷达的仰角,r 为雷达径向距离,R 为理想气体常数,T 为绝对温度,N 为混合空气分子量。这样通过式(6.12)和式(6.13),可由温度和雷达观测到的反射率因子Z求得粒子下落末速度,从而得到垂直方向的空气运动速度。

6.1.4 合成风场误差分析

由于目前很难得到真实的三维风场信息,因而使用模拟风场作为参考对三个前端径向速度合成的风场进行误差分析。把模式得到的风场数据作为空间中真实的风场,模拟阵列天气雷达的扫描方式。图6.3是模拟分析流程。模拟风场的空间三个方向的分辨率均为 100 m,每个方向 1500 个格点,模拟的空间为 15 km×15 km×15 km,并假设其位于阵列天气雷达的中心。用式(6.7)的方法,把网格点的风场数据转化为三个前端的径向速度。由于雷达在探测时会产生的探测误差最大为 1 m/s,因此在得到的径向速度数据中,每个点随机加上−1 m/s~1 m/s 的雷达探测误差。使用三维风场合成算法合成风场,然后分高度层分析合成后的三个分量与原风场三个分量之间的均方根误差(σ)和平均绝对离差(M)。分析的流程图如图6.3所示。

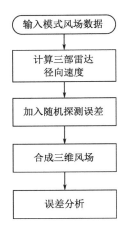

图 6.3 误差分析流程图

$$M = \frac{\sum_{i=1}^{N} |U_{ri} - U_{oi}|}{N} \tag{6.14}$$

$$\sigma = \sqrt{\frac{\sum_{i=1}^{N} (U_{ri} - U_{oi})^2}{N}} \tag{6.15}$$

均方根误差和平均绝对离差的计算如式(6.14)和(6.15)。式中,U_r 和 U_o 分别表示合成后的分量和原分量,N 表示总共的点数。

使用多个模拟数据分析后,得到不同高度层上三个分量的平均误差,如表6.1所示。从表中可知,在较低高度层时,垂直方向的分量误差相对较大,随着高度的增加误差逐渐减小。这是由于较低高度是由雷达在较低仰角时探测到的数据,此时垂直分量对径向速度的贡献较小,而在合成风场时,会将误差放大。在 3 km 高度时,垂直速度的平均绝对离差和均方根误差都保持在 1 m/s 附近。u、v 两个分量的误差随着高度的增加呈增大的趋势,但在分析的 1 到 15 km 各个高度层平均绝对离差都小于 1 m/s,均方根误差最大也在 1 m/s 左右。这里分析的垂直分量误差不是空气垂直方向速度的误差,而是空气垂直运动速度与降水粒子下落末速度矢量和的误差。在实际风场合成中,垂直方向的误差还会受到粒子下落末速度估计误差的影响。

表 6.1 三个分量在各个高度层误差分析结果

高度/km	u/(m/s)		v/(m/s)		$w+w_f$/(m/s)	
	M	δ	M	δ	M	δ
1	0.56	0.69	0.51	0.79	2.66	3.08
2	0.56	0.7	0.52	0.85	1.41	1.64
3	0.57	0.72	0.53	0.91	0.95	1.12
4	0.58	0.75	0.54	0.93	0.94	1.13

在流程图中的文字:
输入模式风场数据
计算三部雷达径向速度
加入随机探测误差
合成三维风场
误差分析

续表

高度/km	$u/(\mathrm{m/s})$		$v/(\mathrm{m/s})$		$w+w_f/(\mathrm{m/s})$	
	M	δ	M	δ	M	δ
5	0.61	0.79	0.55	0.94	0.88	0.94
6	0.61	0.72	0.56	0.95	0.78	0.94
7	0.64	0.84	0.57	0.97	0.71	0.93
8	0.66	0.90	0.59	0.98	0.67	0.86
9	0.69	0.92	0.61	1.00	0.63	0.81
10	0.70	0.95	0.63	1.00	0.60	0.77
11	0.71	0.95	0.65	1.02	0.58	0.73
12	0.75	1.00	0.67	1.03	0.56	0.71
13	0.77	1.02	0.70	1.06	0.55	0.69
14	0.79	1.05	0.72	1.06	0.53	0.67
15	0.82	1.06	0.74	1.04	0.52	0.66

6.1.5　算法实现及效率分析

算法的实现主要分为坐标系的转换与统一、数据插值和风场合成三个步骤,其中数据插值和风场合成在 GPU 内完成,坐标转换与统一在 CPU 中完成。以长沙阵列天气雷达的三维探测区 100 m 的空间分辨率为例,说明 GPU 线程的分配。长沙阵列天气雷达每个前端的最大探测距离为 20 km,在网格点中的数据点数为 $200\times400\times400$ 个。为了保证在运算时网格点与线程一一对应。在数据插值时,对应的给 GPU 分配 $200\times400\times400$ 个线程。具体分配为 200 个线程块,每个线程块分配 400×400 个线程。在风场合成时需要注意,为了减少 CPU 与 GPU 之间数据传输的耗时,只传输三维探测区的数据。因此只需给每个线程块分配 200×200 个线程。

风场合成流程如图 6.4 所示,先使用 GPU 分别把三个前端的数据插值到网格点上,再把三个前端的数据统一到同一个坐标系下;提取需要进行风场合成区域的数据,并将其传入 GPU 合成风场;最后 GPU 再把合成的风场信息传出到 CPU,经 CPU 存储在电脑硬盘。

分析算法效率时,通过多次计算取平均值的方法。使用的 GPU 和 CPU 的参数信息在第 3 章中已经详细介绍。考虑到 CPU 在进行风场合成时,只计算三维探测区中有数据的部分,在分析时分合成风场有效区域的大小进行讨论。

由表 6.2 可以看出,在对整个三维探测区进行风场合成时,GPU 的效率大约是 CPU 的 11 倍。CPU 的计算时间与合成区域大小密切相关,但 GPU 基本不受合成区域大小的影响,稳定在 8 s 左右。这就意味着,可以在很短的时间延迟下实时地观测风场,这对于大风灾害的预警有着重要的帮助。

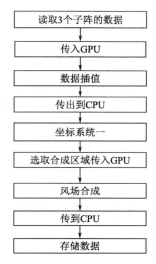

图 6.4　风场合成算法流程图

表 6.2　CPU 与 GPU 风场合成效率对比

次数 /次	20 km×20 km×20 km		10 km×10 km×10 km		5 km×5 km×5 km	
	CPU 效率 /(s/次)	GPU 效率 /(s/次)	CPU 效率 /(s/次)	GPU 效率 /(s/次)	CPU 效率 /(s/次)	GPU 效率 /(s/次)
10	85.2	7.8	73.7	7.6	58.6	7.7
20	86.0	8.1	72.9	7.8	58.8	7.4
30	85.5	7.6	73.6	7.3	57.9	6.9

6.2　三维变分风场反演

双多普勒天气雷达风场反演主要依靠同步观测获得降水云系中散射体两个方向的径向速度资料,利用两个雷达在此方向的径向速度资料,质量连续方程约束条件,垂直速度的假设条件联立方程迭代求解大气风场。Ray 等(1975)利用两部多普勒天气雷达资料,首次展示了龙卷风风暴中空气运动的三维风场结构图像。Dovlak 和 Ray 分析了双多普勒天气雷达网格场插值方法、平均多普勒速度估计的不确定性、空间位置函数关系对测量风场的误差问题。Chong 等(1989)和 Fankhauser 等(1992)使用双多普勒天气雷达资料推导出热带飑线系统内气流的明确描述,利用风暴动力学阐述了飑线的特征,研究表明三维气流对飑线的维持至关重要。Brandes(1977)利用两部 S 波段天气雷达观测资料,揭示了一次强雷暴过程的三维流场和生命周期。Ziegler 等(1983)结合双多普勒天气雷达风场和数值模式研究了美国俄克拉何马州多单体风暴中的冰雹生长,定性比较发现,雷达观测到的冰雹和模拟的冰雹在降落地点显示出很强的相似性。刘黎平(2003)利用双多普勒天气雷达资料分析了暴雨系统中切变线降水过程的三维风场结构及其与回波演变的关系。罗昌荣等(2012)在双雷达风场反演的基础上采用地球坐标系进行计算,使空间相关位置关系更为接近实际,分析了一次超强台风"圣帕"外围强带状回波的风场特征。

三维变分风场反演方法在近年得到改善和提高,大量的研究结果表明,其在数值模拟观测系统试验和实际观测试验中被证明能够提供更精确的风场分析。外场探测中,雷达数据往往不能覆盖从地面到风暴顶的整个区域,该方法有提高反演垂直速度的潜力且能减少反演误差。这类方法通常根据被观测的天气系统是否存在平流效应和内演变化,又可分为两类:一类是约束方程未考虑天气系统平移情况和内演变化,另一类是在约束方程中考虑天气系统平移情况和内演变化。

第一类方法中,Scialom 等(1990)发展了多部多普勒天气雷达变分分析方法,该方法利用一系列标准正交函数(例如勒让德多项式)形成径向风的解析模型,并在质量连续方程和下边界条件等约束条件下对观测的径向风进行变分约束以提高反演能力。Protat 等(1999)设计了一种实时的三维变分风反演方案,采用向上和向下积分及其伴随的加权组合,对经典的质量连续方程上向积分进行了优化改进。Mewes 和 Shapiro(2002)在约束方程中引入了滞弹性垂直涡量方程作为流动约束,重点改进了垂直速度场的反演。但是,他们的方法只能应用于两部多普勒天气雷达。Gao 等(2004)提出了一种用于三维风分析的双多普勒雷达变分反演方法,采用准牛顿共轭梯度算法,通过有限的内存使代价函数最小化节省了运算效率,且其结果对边界条件的要求不是很敏感。Liou 等(2009)优化了多部多普勒天气雷达变分反演方法的方程,利用模拟数据和真实数据进行试验证明了该方法能够恢复沿着雷达间基线位置的风场,进一步提高了风场反演的精度。王艳春等(2015)分析了双多普勒天气雷达三维变分法反演风场的能力,误差分析结果表明在中尺度天气系统下水平风速和水平风向的反演结果相对可靠。但是,这类方法没有考虑雷达体积扫描过程中真实的天气系统也在快速移动的事实,未对资料进行平流校正。因此,数据会出现时间空间不匹配的现象,特别是在小尺度强对流天气系统中会给最终结果带来一定的误差。

第二类方法中,Liu 等(2005)在三维变分风场反演算法中使风分量用勒让德基函数的截断展开式表示,并允许随时间线性变化。结果表明,他们的方法能减少传统方法忽略观测天气系统时间演化的误差,且能够捕捉到风场的快速演变。Shapiro 等(2009)考虑到天气系统的移动会带来误差的影响,在算法中引入垂直涡度约束方程和泰勒冰冻湍流假设。将原方程中的时间导数项用空间导数项代替,其结论证明雷达数据体扫时间越短,反演效果越好;在变化强度小的中小尺度天气系统中提高了风场反演的精度。在此研究基础上,Potvin 等(2011)扩展了算法应用场景,针对强对流风暴进行平流校正和内在演化估计改善。在约束方程中,订正后的分析风对于提高反演垂直风速的准确性也起到了巨大的作用,并且得出雷达体积扫描周期控制在 2 min 以内,反演误差结果越小的试验结论。Dahl 等(2019)再次对算法进行改善,讨论了在有无涡度约束条件下雷达体积扫描周期长短、雷达位置距天气系统的距离远近对垂直风速反演的影响。

相控阵阵列天气雷达的体扫时间较短,并且各个前端方位扫描严格同步,各个前端探测到同一目标的数据时差较小,为生成准确风场提供了优越的条件。相控阵阵列天气雷达三维变分风场反演算法与 Shapiro 等(2009)、Potvin 等(2011)和 North 等(2017)文章中提出的风场反演算法近似,主要算法思想为:在两部或两部以上雷达的重叠扫描区域,利用观测的径向速度信息作为主要约束条件,再以大气流体场的物理特性定义质量连续性守恒约束、大气边界层约束、平滑约束条件进行补充。初始的风分量 u,v,w 设置为 0,通过迭代共轭梯度算法最小化约束条件函数,得到最优解 u,v,w。

6.2.1 三维变分风场反演算法

相控阵阵列天气雷达三维变分风场反演算法如下:记笛卡尔坐标系格点场中每个分析点的东西、南北、垂直方向的风分量分别为 u、v、w。经过资料预处理后,在已插值的同一笛卡尔坐标系网格场中每个相控阵前端的位置表示为(x_i,y_i,z_i),空间中某一个分析点的位置表示为(x,y,z),相控阵前端的数量编号用 i 表示。利用径向速度观测约束 J_O,质量连续性守恒约束 J_M,边界层约束 J_P 和空间平滑约束 J_S 对三个相控阵前端的径向速度观测资料进行迭代求解,最优风场解在代价函数 J 的全局极小值处取得。定义代价函数 J:

$$J(u,v,w)=J_O+J_M+J_P+J_S \tag{6.16}$$

径向速度观测约束 J_O 定义为:

$$J_O=\sum_{i=1}^{N}\lambda_O(V_{ri}-V_{ri}^{ob})^2,\forall\,i=1,\cdots,N \tag{6.17}$$

$$V_{ri}^{ob} = \frac{1}{r_i}\{(x-x_i)u_i + (y-y_i)v_i + (z-z_i)[w_i - |w_{t_i}|]\} \tag{6.18}$$

$$r_i = \sqrt{(x-x_i)^2 + (y-y_i)^2 + (z-z_i)^2} \tag{6.19}$$

式中,N 为相控阵前端的数量,V_{ri}^{ob} 与 V_{ri} 分别为实际观测径向速度和分析反演径向速度,r_i 为每个相控阵前端与网格点的斜距,w_{t_i} 为降水粒子的下落速度。假定雷达观测的径向速度在时间上是密切匹配的,Shapiro 等(2009)研究结果表明,雷达体积扫描时间需要控制在两分钟或更短的时间内,才能减轻与降水云系统的平流效应和内演变化情况带来的风场误差。由于阵列天气雷达体扫时间短,能够保证各个相控阵前端同时探测到降水云系中径向速度的空间和时间一致性。

质量连续性守恒约束 J_M 定义为:

$$J_M = \sum_{x,y,z} \lambda_M \left(\frac{\partial u}{\partial x} + \frac{\partial v}{\partial y} + \frac{\partial w}{\partial z} + \frac{w}{\rho}\frac{\partial \rho}{\partial z}\right)^2 \tag{6.20}$$

假设大气基态参考密度为:$\rho_s(z) = (1\ \mathrm{kg/m^3})\exp(-z/10000\ \mathrm{m})$。

边界层约束 J_P 定义为:

$$J_P = \sum_{x,y,z} \lambda_p w^2 \tag{6.21}$$

式中,网格场最底层(地面)的权重系数设置为零。

空间平滑约束 J_S 定义为:

$$J_s = \sum_{x,y,z} \lambda_{su}(\nabla^2 u)^2 + \lambda_{sv}(\nabla^2 v)^2 + \lambda_{sw}(\nabla^2 w)^2 \tag{6.22}$$

$$\nabla^2 = \frac{\partial^2}{\partial x^2} + \frac{\partial^2}{\partial y^2} + \frac{\partial^2}{\partial z^2} \tag{6.23}$$

式中,∇^2 为拉普拉斯算子。

上述公式中,每一项的约束函数权重系数采用 North 等(2017)在外场试验中通过灵敏度分析试验得到的最优解结论。权重系数分别设置为 $\lambda_O=1$,$\lambda_M=500$,$\lambda_P=1$,$\lambda_{su}=1$,$\lambda_{sv}=1$,$\lambda_{sw}=0.1$。

6.2.2　风场有效区域

根据上述阵列天气雷达布局特点以及风场算法原理,多个相控阵前端以类似等边三角形进行布局,增加了雷达重叠探测覆盖的面积,也补偿扩大了雷达覆盖区域之间的波束相交角度,从而提高了合成和反演得到的风场精度。

两部雷达之间的扫描波束相交角度称为波束交叉角,在以往的研究中已经证明小于 30°(或大于 150°)的波束交叉角会导致风场合成和反演精度下降。主要原因为两部雷达的扫描波束在沿着靠近连接它们之间的平行轴线的区域时,它们测量的径向速度基本相等且相反;两部雷达在此时测得的径向速度很少或完全没有正交分量,提供的径向速度信息不足以解得正确的风场信息。相对于笛卡尔坐标系中的网格点而言,雷达扫描覆盖的几何形状会影响最终风场的准确性。

为此,图 6.5 中给出了长沙机场阵列天气雷达的扫描覆盖密度,也给出对应的不考虑复杂地形下风场反演的最佳有效区域。同样,图 6.6 为广东省佛山市阵列天气雷达的扫描覆盖密度和对应的不考虑复杂地形下风场反演的最佳有效区域。从图中可看出,增加相控阵前端数

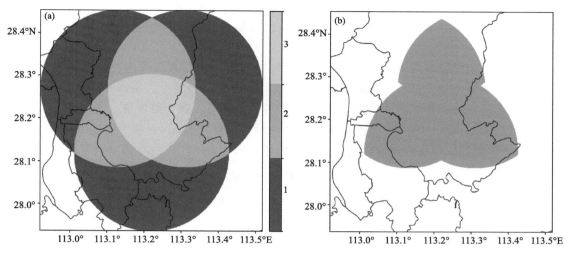

图 6.5　(a)长沙机场阵列天气雷达扫描覆盖密度和
(b)不考虑复杂地形下风场反演最佳有效区域

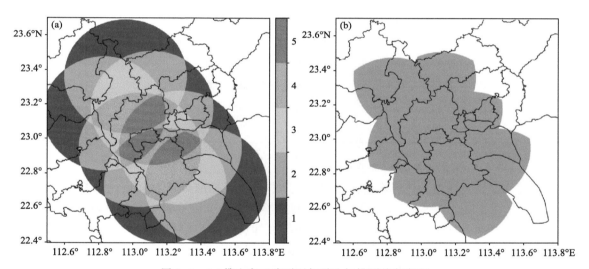

图 6.6　(a)佛山市区阵列天气雷达扫描覆盖密度和
(b)不考虑复杂地形下风场反演最佳有效区域

量可扩大风场反演的有效区域,弥补了传统双多普勒风场分析中有效区域过小的缺点。

6.2.3　风场验证

　　获取降水云系中真实的三维风场信息一直是人们追求的目标。然而在实际应用中,现有的风场探测仪器资料很难观测到准确的实时风场信息以及其时空分辨率普遍较低,不便与高分辨率的雷达资料进行匹配(特别是阵列天气雷达 12 s 的时间分辨率、100 m 空间分辨率的网格场资料)。因此,实时风场的“真值”很难衡量,通过雷达资料反演风场的实时验证工作存在较大困难。本节为了验证阵列天气雷达三维变分风场反演方法(以下简称反演风场)的风场效果,以长沙机场内一部 L 波段边界层风廓线雷达产品和多部阵列天气雷达风场合成方法(以下简称合成风场)的风场结果作为参考值,对反演风场结果分别进行对比验证评估。在三个相控阵前端共同扫描的三维精细探测区域内,将合成风场结果作为参考值,对反演风场进行误差分析。

本节利用架设在湖南省长沙黄花机场开展外场试验的阵列天气雷达进行风场验证工作。长沙机场区域春季夏季降水事件较多,主要筛选了 2019 年 4 月至 9 月降水系统完全经过三个相控阵前端共同扫描区域内的资料,按降水类型可分为两类。第一类为稳定性降水天气,第二类为对流性降水天气。表 6.3 中给出了选取个例资料的详细介绍,包括个例编号,降水时段,降水类型,与风廓线雷达产品验证时段以及两种计算风场方法的误差对比分析时刻。

表 6.3　资料个例描述

个例编号	降水时段	降水类型	与风廓线雷达产品验证时段	误差对比分析时刻
1	2019-04-26T17:50—20:00	对流性降水	18:00—20:00	19:00:00
2	2019-04-29T13:00—14:30	稳定性降水	13:15—14:15	13:35:12
3	2019-05-12T15:30—18:00	稳定性降水	15:30—17:30	16:30:00
4	2019-06-01T13:00—14:30	稳定性降水	13:00—13:50	13:20:00
5	2019-07-12T12:20—14:30	稳定性降水	12:25—13:05	12:47:12
6	2019-07-19T14:00—15:50	对流性降水	14:30—15:20	14:50:00
7	2019-08-18T18:00—19:30	对流性降水	18:35—19:05	18:55:12
8	2019-08-21T14:00—16:00	对流性降水	降水回波未经过风廓线	14:52:00
9	2019-08-25T16:50—18:20	稳定性降水	16:55—17:35	17:05:12
10	2019-09-10T17:50—19:00	对流性降水	18:00—18:30	18:15:12

6.2.3.1　与风廓线雷达产品的偏差分析

风廓线雷达是探测大气风场的重要仪器,为本节验证反演风场和合成风场提供了基础。本节使用的 L 波段边界层风廓线雷达产品时间分辨率为 5 min,高度上空间分辨率为 120 m。主要验证思路如下:已知风廓线雷达站点精确的经纬度坐标(28.17°N,113.23°E),可匹配到阵列天气雷达网格场资料相同位置的网格点,以此格点为中心计算半径 $R=2500$ m 内反演风场和合成风场各高度层的平均水平风场。半径取值较大是由于降水系统经过风廓线雷达站点时间较短,且降水个例中两种风场方法不一定在定点的垂直廓线上有风场解。

根据表 6.3 中列出的降水时段,选取风廓线雷达产品对比分析时间序列内不同高度的水平风场作为参考值分别与反演风场和合成风场进行验证评估。风场的客观评价方式采用平均绝对偏差(MAD)、均方根差(RMSE)、相对均方根差(相对参考值的均方根差百分比,RRMSE)进行偏差分析,公式如下:

$$\mathrm{MAD} = \frac{\sum |A_{\mathrm{AWR}} - \overline{A}_{\mathrm{WPR}}|}{N} \tag{6.24}$$

$$\mathrm{RMSE} = \sqrt{\frac{\sum (A_{\mathrm{AWR}} - A_{\mathrm{WPR}})^2}{N}} \tag{6.25}$$

$$RRMSE = \sqrt{\frac{\sum (A_{AWR} - A_{WPR})^2}{\sum (A_{WPR})^2}} \times 100\% \tag{6.26}$$

式中 A_{AWR} 和 A_{WPR} 分别代表阵列天气雷达(反演风场或合成风场)的水平风速、水平风向物理量和风廓线雷达资料的水平风速、水平风向物理量。

（1）稳定性降水天气

本节选取表 6.3 中列出的稳定性降水天气个例 3 进行图片展示,图 6.7a、b、c 为分析时段 15：30—17：30 内风廓线雷达产品、反演风场和合成风场在风廓线站点上空各层高度的时间序列水平风场(风羽图)。为了匹配风廓线资料 5 min 的时间分辨率,挑选了与风廓线雷达产品同一时间的阵列天气雷达资料进行对比。图中横轴方向坐标间隔为 5 min,纵轴方向坐标间隔为 500 m,没有显示出风羽的位置表示无风。

从图 6.7 中可看出,三种方法在 1 km 和 1.5 km 高度上水平风场的风向存在较小差异,2～5 km 高度上都为均匀的西南风,整体风速风向在各高度层随时间变化的趋势一致,均由东南风变为西南风。

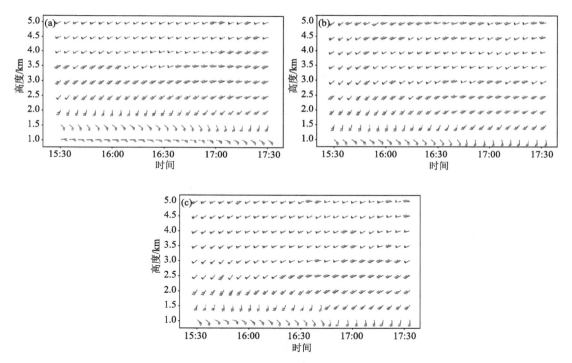

图 6.7　2019 年 5 月 12 日 15：30—17：30 不同高度的水平风场(风羽图)
(a)风廓线雷达产品;(b)反演风场;(c)合成风场

稳定性降水过程中风场较为均匀,风廓线雷达测风精度不会受到太大影响。故可将风廓线雷达产品的水平风场作为参考值,分别计算表 6.3 中 5 个稳定性降水天气个例验证时段内与反演风场、合成风场的平均绝对偏差和均方根差,以及水平风速的相对均方根差。

表 6.4 为反演风场与风廓线雷达产品的偏差分析结果,从中得到水平风速的平均绝对偏差最大值为 3.96 m/s,水平风向的平均绝对偏差最大值为 10.81°,表明两种方法的风场变化

情况不大;两种方法的水平风速均方根差为 $2.14\sim3.92$ m/s,相对均方根差为 $19\%\sim31\%$。与风廓线雷达产品相比,反演风场的水平风速存有偏差,但相对偏差在 31% 以下,可认为水平风速大小较为合理;水平风向的均方根差为 $7.56°\sim17.49°$,说明风向表现较一致。

同样,表 6.5 也给出了合成风场与风廓线雷达产品的偏差分析结果,偏差数值大小与表 6.4 差异不大。结合偏差统计分析,可认为在稳定性降水天气下风廓线雷达产品,反演风场,合成风场三种方法的结果较为一致。

表 6.4 反演风场与风廓线雷达产品在个例验证时段内的偏差统计结果

个例编号	验证时段	水平风速			水平风向	
		平均绝对偏差/(m/s)	均方根差/(m/s)	相对均方根差/(%)	平均绝对偏差/(°)	均方根差/(°)
2	13:15—14:15	2.85	3.27	24	7.15	10.06
3	15:30—17:30	3.74	3.21	20	10.81	15.87
4	13:00—13:50	3.96	3.48	29	9.19	15.55
5	12:25—13:05	2.10	2.91	19	5.72	7.56
9	16:55—17:15	1.28	3.92	31	9.42	17.49

表 6.5 合成风场与风廓线雷达产品在个例验证时段内的偏差统计结果

个例编号	验证时段	水平风速			水平风向	
		平均绝对偏差/(m/s)	均方根差/(m/s)	相对均方根差/(%)	平均绝对偏差/(°)	均方根差/(°)
2	13:15—14:15	2.43	3.08	23	9.46	13.30
3	15:30—17:30	4.13	2.73	17	11.89	14.67
4	13:00—13:50	4.04	4.34	27	8.04	12.62
5	12:25—13:05	1.73	2.85	18	7.40	8.45
9	16:55—17:15	2.32	4.13	33	13.81	17.48

(2)对流性降水天气

本节分析方法与稳定性降水天气保持一致,个例 8 中降水系统没有经过风廓线雷达覆盖区域,故不再计算分析。挑选表 6.3 中列出的对流性降水天气个例 1 进行展示,图 6.8(a)、(b)、(c)为分析时段 18:00—20:00 内风廓线雷达产品、反演风场和合成风场在风廓线站点上空各层高度时间序列的水平风场(风羽图)。在 18:00—18:30 时段内对流性降水严重情况下的风廓线测风精度下降,风场扰动较大,而反演风场和合成风场测风较好地保持一致。

表 6.6 为反演风场与风廓线雷达产品的偏差分析结果,水平风速和水平风向的平均绝对偏差最大值分别达到 2.94 m/s、55.89°,表明水平风向在验证时段内变化明显。水平风速的均方根差为 $2.66\sim5.57$ m/s,相对均方根差为 $44\%\sim73\%$;水平风向的均方根差为 $33.88°\sim58.24°$。统计结果显示和风廓线雷达产品相比,水平风速和水平风向偏差较大。

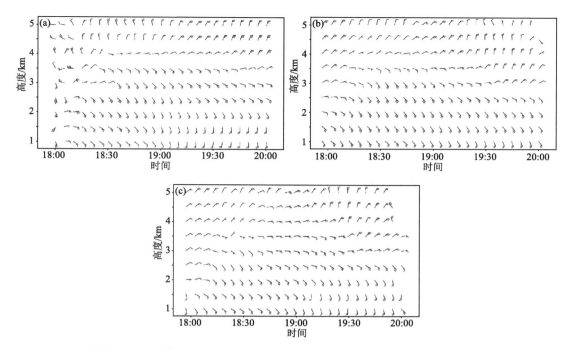

图 6.8　2019 年 4 月 26 日 18：00—20：00 不同高度的水平风场（风羽图）
(a)风廓线雷达产品,(b)反演风场,(c)合成风场

表 6.7 也给出了合成风场与风廓线雷达产品的偏差分析结果,同样出现了不好的偏差结果。对流性降水出现时环境风场不均匀性会造成风廓线雷达测得的水平风向、风速的测量误差较大,不能满足测风精度要求。风廓线雷达产品的水平风场与反演风场、合成风场在对流性降水天气中存在较大差异,但在同一定点上空反演风场和合成风场效果较一致,也间接说明风廓线雷达反演的水平风场在降水场很不均匀时会出现精度下降的事实。

表 6.6　反演风场与风廓线雷达产品在个例验证时段内的偏差统计结果

个例编号	验证时段	水平风速			水平风向	
		平均绝对偏差/ (m/s)	均方根差/ (m/s)	相对均方根差/ %	平均绝对偏差/ °	均方根差/ °
1	18：00—20：00	2.07	3.47	44	47.60	41.46
6	14：30—15：20	1.96	2.66	56	42.82	33.88
7	18：35—19：05	2.94	5.57	55	55.89	58.24
10	18：00—18：30	1.52	4.54	73	39.79	52.89

表 6.7　合成风场与风廓线雷达产品在个例验证时段内的偏差统计结果

个例编号	验证时段	水平风速			水平风向	
		平均绝对偏差/ (m/s)	均方根差/ (m/s)	相对均方根差/ %	平均绝对偏差/ °	均方根差/ °
1	18：00—20：00	1.73	3.44	43	46.56	39.10
6	14：30—15：20	1.39	3.47	72	44.78	50.91

续表

个例编号	验证时段	水平风速			水平风向	
		平均绝对偏差/(m/s)	均方根差/(m/s)	相对均方根差/%	平均绝对偏差/°	均方根差/°
7	18：35—19：05	3.05	5.12	53	62.12	59.92
10	18：00—18：30	1.12	4.64	74	34.32	59.51

6.2.3.2 与合成风场对比分析

本节主要分析在不同降水天气过程下两种风场方法求解得到水平风场的偏差结果。两种方法的风场在三维精细探测区域中笛卡尔坐标系下的水平方向范围为 20 km×20 km,高度方向为 20 km,空间分辨率均为 100 m。在进行偏差分析时,以合成风场作为参考值并且只在网格场中存有合成风场的格点上进行偏差计算。这能保证两种风场方法在同一网格点位置对应匹配。虽然降水天气过程不同,但两种风场方法应在同一体扫时刻得到相近的风场结果。由于不同时刻的偏差分析结果没有太大差异,因此任意挑选了 10 次降水个例中一个体积扫描时刻为例进行偏差分析,所选具体个例时刻如表 6.3 所示。利用 6.2.3.1 节中给出的均方根差(RMSE)和相对均方根差(RRMSE)评估参数对水平风场进行偏差计算。

(1)稳定性降水天气

对表 6.3 中列出的 5 个稳定性降水天气过程进行偏差统计,图 6.9 清晰地显示出各高度层水平风速和水平风向的均方根差,以及水平风速的相对均方根差。由图可知,水平风速的最大均方根差为 2.28 m/s,最大相对均方根差为 19%;水平风向的最大均方根差为 14.92°。与合成风场相比,反演风场的水平风速相对偏差低于 20%,水平风向偏差小于 15°。结果表明,在稳定性降水天气下两种方法在各高度层的水平风场对应较好,偏差相对较小。

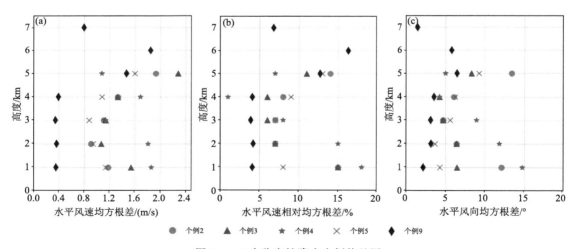

图 6.9　5 个稳定性降水个例偏差图

2019 年 7 月 12 日长沙机场出现一次稳定性降水天气过程,13：30 之前为持续中雨过程。降水回波经过三维精细探测区被阵列天气雷达探测到的时间段为 12：25—13：05,回波整体以平均 16 m/s 的平流速度自西南向东北方向移动。图 6.10、图 6.11、图 6.12 分别是当日

12：47：12时刻三个相控阵前端的不同仰角反射率强度和径向速度探测情况,从图中可看出,水平风场与各相控阵前端不同仰角的径向速度能较好地对应。

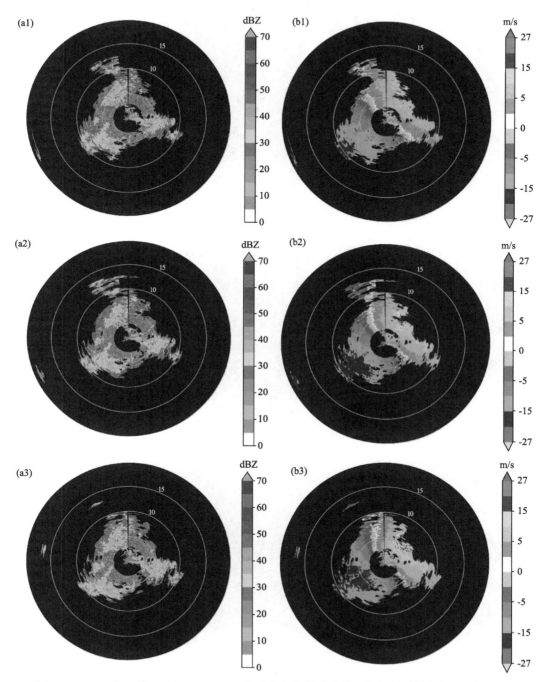

图 6.10　2019 年 7 月 12 日 12：47：12 长沙机场相控阵前端 1 探测的不同仰角(5.6°(上)、
9.8°(中)、15.5°(下))反射率强度 PPI(a1—a3)和径向速度 PPI(b1—b3)

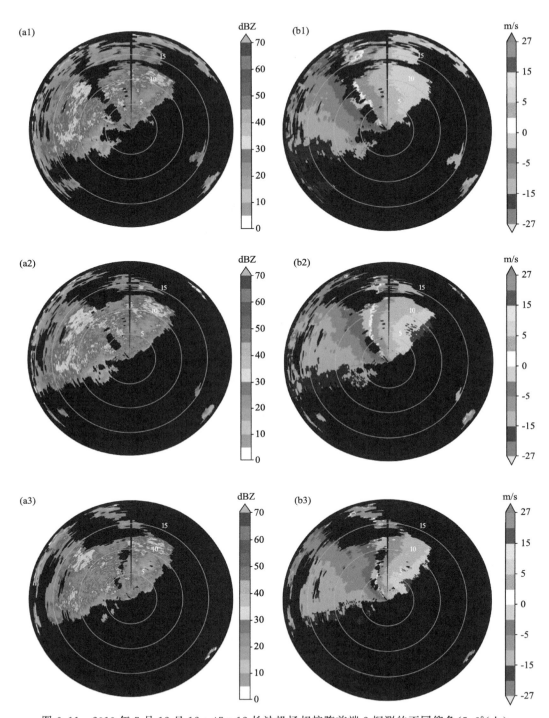

图 6.11　2019 年 7 月 12 日 12：47：12 长沙机场相控阵前端 2 探测的不同仰角（5.6°（上）、
9.8°（中）、15.5°（下））反射率强度 PPI（a1—a3）和径向速度 PPI（b1—b3）

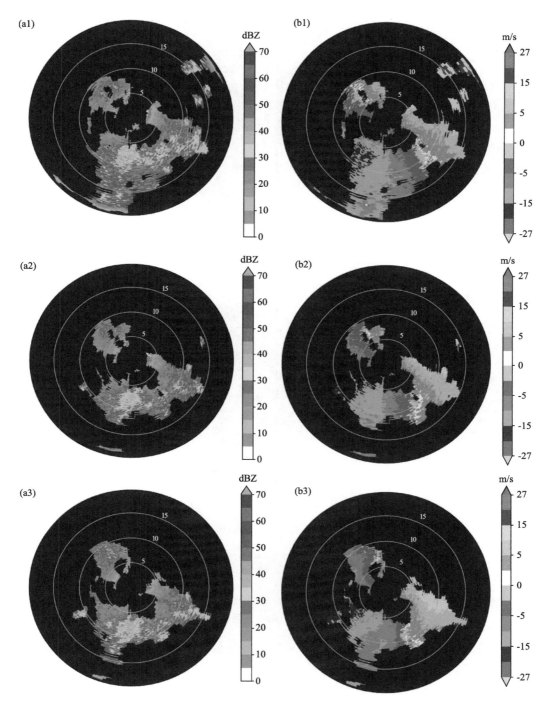

图 6.12　2019 年 7 月 12 日 12∶47∶12 长沙机场相控阵前端 3 探测的不同仰角(5.6°(上)、
9.8°(中)、15.5°(下))反射率强度 PPI(a1—a3)和径向速度 PPI(b1—b3)

　　图 6.13 为此时刻合成风场和反演风场 2.5 km、4.5 km 高度上的反射率强度叠加风场分
布图,选取了三维精细探测区域中 10 km×10 km 范围进行精细展示。从视觉上看不出两种
风场方法计算的风场有明显差异,低层为均匀的偏西风,大小在 15 m/s 左右,高层转变为西南

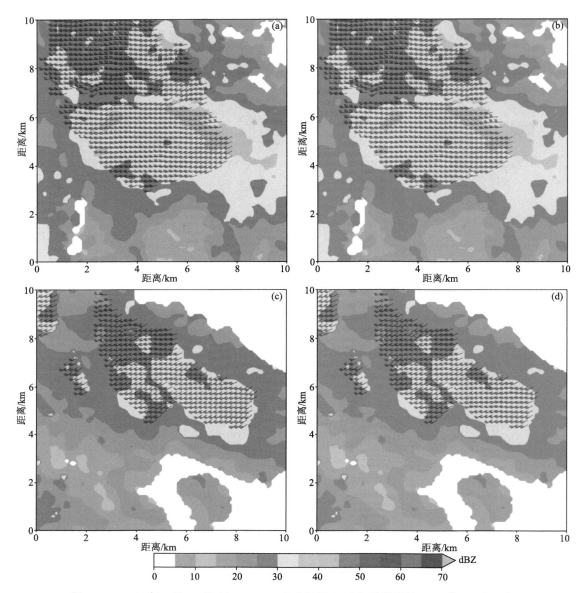

图 6.13　2019 年 7 月 12 日 12：47：12 合成风场(a、c)和反演风场(b、d)的 2.5 km 和
4.5 km 高度的阵列天气雷达融合反射率强度叠加水平风羽图

风,大小在 12 m/s 左右。两种方法的水平风场空间分布和方向大小非常接近,算法表现较好。

(2)对流性降水天气

本节与稳定性降水天气分析方法一致,将合成风场作为参考值对表 6.3 中列出的 5 个对流性降水天气过程进行偏差统计。对流性降水事件特征为回波发展时间快,反射率强度大且降水云内风场情况复杂,演变速度快。

图 6.14 展示出各高度层水平风速和水平风向的均方根差,以及水平风速的相对均方根差。从图中得到,水平风速的均方根差最大值为 3.73 m/s,相对均方根差最大值为 29%;水平风向的均方根差最大值为 26.35°。水平风速的相对偏差低于 30%,水平风向偏差小于 30°。

与稳定性降水天气相比,两种方法的水平风向差略大。出现这种现象是由于风场求解过程中算法原理不同导致。合成风场是将网格场中每一个格点的风分量独立计算,而反演风场通过迭代计算在风分量梯度消失时求得全局最优解,并进行数据平滑处理。因此,对流性降水天气个例图中反演风场在每个网格点上的水平风向比合成风场整体偏向更为一致。

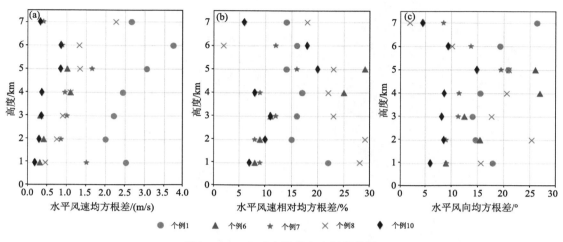

图 6.14　5 个对流性降水个例误偏图

2019 年 8 月 18 日 18:35—19:20 时段长沙机场出现了热力性质的短时雷雨天气过程,此次过程在降水回波上主要表现为:傍晚前后从机场东北 40 km 处逐渐发展出小的对流云团,然后缓慢地加强向西南方向移动,最后直接扫过机场。图 6.15、图 6.16、图 6.17 分别是当日 18:40:00 时刻三个相控阵前端的不同仰角反射率强度和径向速度探测情况;图 6.18 为此时刻合成风场和反演风场 2.5 km、4.5 km 高度上的反射率强度叠加风场分布图,同样选取了三维精细探测区域中 10 km×10 km 范围进行展示。从图中看出,水平风场风速大小变化大风向分布不均匀,从视觉上看风场细节存在一些差异,但两种算法的风场空间结构较为一致;同时,三维精细探测区内的整体风场与三个相控阵前端探测的径向速度信息对应较好。

利用 2019 年 4 月至 9 月长沙机场阵列天气雷达外场试验期间 10 次降水数据对三维变分风场算法的结果进行验证评估。以机场内 L 波段边界层风廓线雷达产品和多部阵列天气雷达风场合成算法的结果作为参考值,定性和定量分析了在两类降水天气下反演风场的能力。得到如下结论:

(1)与风廓线雷达产品的偏差分析表明:在稳定性降水天气下,反演风场和合成风场结果与其较为一致,比较合理;在对流性降水天气下,偏差结果较大。对流性降水出现时环境风场不均匀性会造成风廓线雷达测得的水平风向、风速的测量误差较大,不能满足测风精度要求,造成与反演风场和合成风场相比产生了较大差异。

(2)本节通过三维变分风场反演方法和多部阵列天气雷达合成风场方法得到的风场结果在两类降水类型下进行对比分析,得到的风场结构符合各类天气系统的基本特征,两种算法水平风场的空间分布和大小方向相近。

(3)本节采用均方根误差和相对均方根误差来评估两种风场算法的误差,结果表明三维变分风场反演结果与多部阵列天气雷达风场合成结果在稳定性、对流性降水天气中水平风速相对偏差分别低于 19%、29%，水平风向差分别低于 $14.92°$、$26.35°$，误差在可接受范围内。与合成风场结果相比，稳定性降水天气的反演风场效果优于对流性降水天气的反演风场效果。

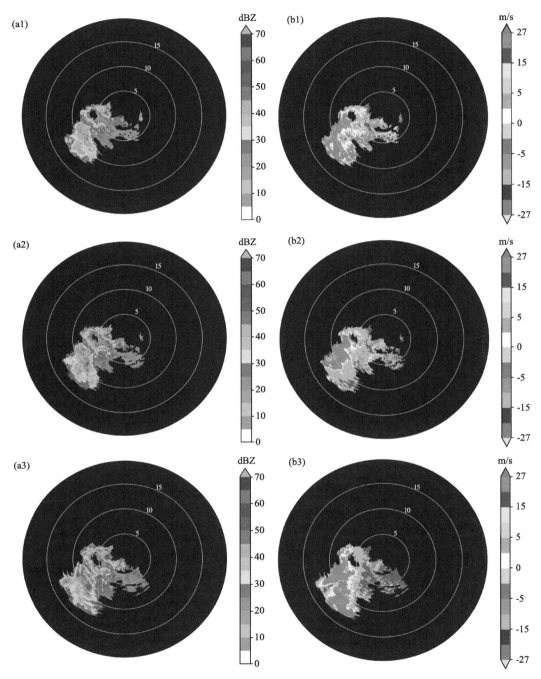

图 6.15 2019 年 8 月 18 日 18：40：00 长沙机场相控阵前端 1 探测的不同仰角（$5.6°$（上）、$9.8°$（中）、$15.5°$（下））反射率强度 PPI(a1—a3)和径向速度 PPI(b1—b3)

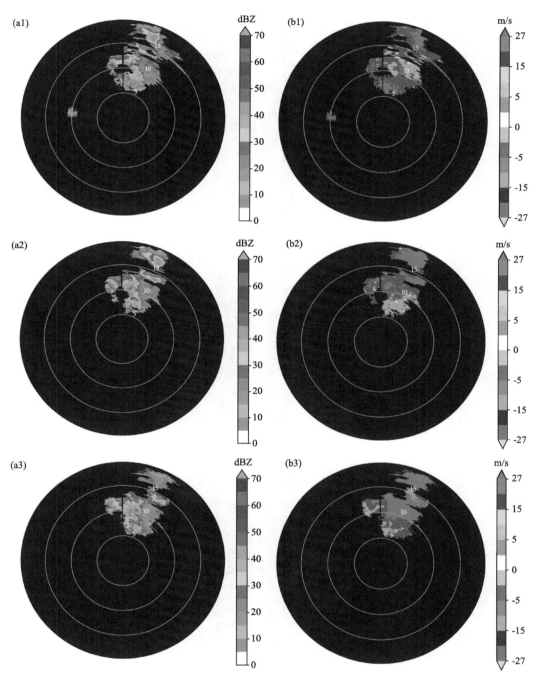

图 6.16　2019 年 8 月 18 日 18：40：00 长沙机场相控阵前端 2 探测的不同仰角(5.6°(上)、
9.8°(中)、15.5°(下))反射率强度 PPI(a1—a3)和径向速度 PPI(b1—b3)

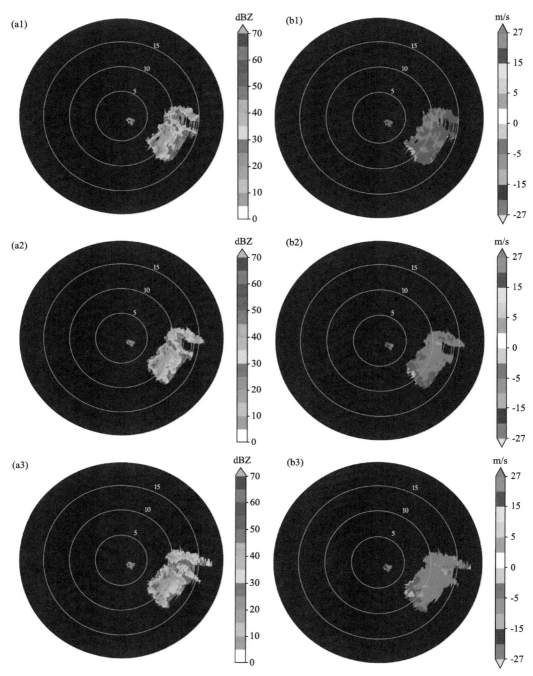

图 6.17　2019 年 8 月 18 日 18：40：00 长沙机场相控阵前端 3 探测的不同仰角(5.6°(上)、9.8°(中)、15.5°(下))反射率强度 PPI(a1—a3)和径向速度 PPI(b1—b3)

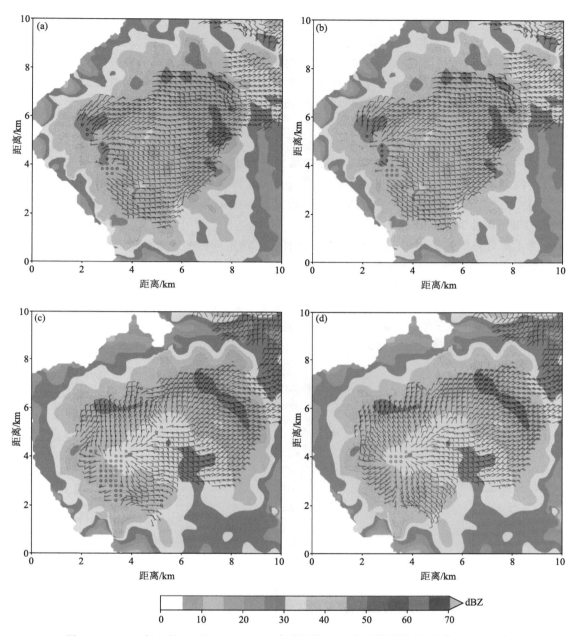

图 6.18　2019 年 8 月 18 日 18：40：00 合成风场(a、c)和反演风场(b、d)的 2.5 km 和
4.5 km 高度上的阵列天气雷达融合反射率强度叠加水平风羽图

6.3　多雷达数据时差对风场的影响

相控阵阵列天气雷达能提供数据时差非常小的多前端探测数据,利用这些数据可以探讨
不同数据时差对风场准确性的影响。三维变分风场反演方法的最优风场解是代价函数的全局

最小值,求解中平滑约束条件可能会弱化针对数据时差的讨论,这将影响到定量评估最终风场误差的分析。当有三个相控阵前端的径向速度测量值时,通过多雷达合成方法可得到三维精细探测区的风场,并从所有相控阵前端的径向速度测量值中以最小二乘的方式计算风场。这在数学意义上保证了风场解的准确性和稳定性。因此,为了得到风场数据对数据时差的敏感性以及定量评估风场误差,选择风场合成方法进行探讨。

6.3.1 数据时差

本节利用部署在湖南省长沙黄花国际机场进行外场观测试验的阵列天气雷达资料对上述提出的问题进行研究讨论。多部雷达之间能否同步观测是获得准确风场的关键之一,在本文的分析中,定义不同雷达在同一空间点获取数据的时间间隔称为数据时差(Data Time Diffrence,以下简称为DTD)。

为了更好地描述数据时差的概念,本文计算了三维精细探测区域的数据时差分布,文中计算数据时差时理想地认为阵列天气雷达的布局是一个等边三角形。在图6.19a中,假设等边三角形的每个顶点都有相控阵前端1、2、3(同一高度平面),相控阵前端2、1、3的雷达波束分别用红线、蓝线、绿线表示。当三个相控阵前端从图6.19a所示位置沿顺时针方向进行同步体积扫描时,可将等边三角形区域内的每个空间点(X,Y)在笛卡尔坐标系中表示。相控阵前端1、2、3探测到数据的位置与时间关系用公式表达如下。

相控阵前端1:
$$X = L - r_1 \cos(60° - \omega t_1)$$
$$Y = L - r_1 \sin(60° - \omega t_1)$$

相控阵前端2:
$$X = L \sin 30° - r_2 \cos(60° + \omega t_2)$$
$$Y = L - L \cos 30° + r_2 \sin(60° + \omega t_2)$$

相控阵前端3:
$$X = r_3 \cos(\omega t_3)$$
$$Y = L - r_3 \sin(\omega t_3)$$

联立上述公式,可得:
$$t_1 = \begin{cases} \{-\arctan[(L-Y)/(L-X)] + 60°\}/\omega, & X \neq L \\ 0, & X = L \end{cases} \tag{6.27}$$

$$t_2 = \begin{cases} \{\arctan[(-L + L\cos 30° + Y)/(L\sin 30° - X)] - 60°\}/\omega, & X \neq L\sin 30° \\ 1, & X = L\sin 30° \end{cases} \tag{6.28}$$

$$t_3 = \begin{cases} \{\arctan[(L-Y)/X]\}/\omega, & X \neq 0 \\ 0, & X = 0 \end{cases} \tag{6.29}$$

式中,L为两个相控阵前端之间的距离,ω为雷达波束的旋转速度,相控阵前端1、2、3到笛卡尔坐标系中某一空间点(X,Y)的距离分别为r_1、r_2、r_3,相控阵前端1、2、3到达笛卡尔坐标系中某一空间点(X,Y)的时间分别为t_1、t_2、t_3。假设以相控阵前端2作为参考,相控阵前端1和相控阵前端3相对于相控阵前端2的数据时差分别为t_1-t_2、t_3-t_2。t_3-t_2和t_1-t_2的数据时差分布在图6.19b、c中体现,从图中可以看出,平面空间中同一点的两个相控阵前端之间的数据时差绝对值在0～2 s,并且所有平面空间点数据时差的平均值为0.88 s。

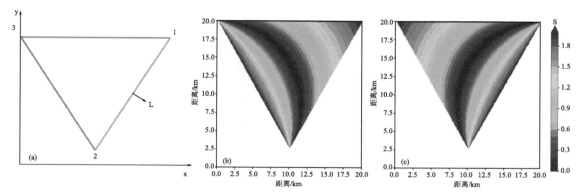

图 6.19 (a)笛卡尔坐标系中三个相控阵前端理想等边三角形的布局,数据时差的
绝对值分布图;(b)相控阵前端 3 相对于相控阵前端 2;(c)相控阵前端 1 相对于
相控阵前端 2(X 轴和 Y 轴分别代表东西方向和南北方向)

6.3.2 数据时差分析

试验步骤如下:(1)采用 8 组有时差的体积扫描资料(每组时间间隔为 12 s)来模拟数据时差的逐渐增大,具体的做法是相控阵前端 2 使用一个恒定体积扫描时刻的数据,相控阵前端 1 和相控阵前端 3 使用的体积扫描数据滞后 12 s,24 s,…,84 s,96 s,对应的数据时差分别表示为 $\mathrm{DTD}_{12\,s}$,$\mathrm{DTD}_{24\,s}$,…,$\mathrm{DTD}_{84\,s}$,和 $\mathrm{DTD}_{96\,s}$;(2)上一小节中数据时差分布图表明三个相控阵前端的数据时差小于 2 s,即使三维精细探测区域内极端降水云系统以 40 m/s 的速度移动,在 100 m 分辨率的笛卡尔网格坐标系下可认为探测数据的空间位置不变。以三个相控阵前端使用同一体积扫描数据(认为没有数据时差,记作 non-DTD)作为"真值",通过计算均方根误差(RMSE)和相对均方根误差(RRMSE)来评估整个风场数据集的误差;(3)试验结果的分析中,定性和定量客观评价风场误差的方法是计算整个风场数据集中水平风速相对均方根误差的相对频率和水平风向均方根误差的相对频率并用直方图展示;不同数据时差下水平风速相对均方根误差超过 20% 和水平风向均方根误差超过 10° 的相对频率用折线图表示;在同一平面高度,用误差分布图详细地显示水平风速相对均方根误差和水平风向均方根误差的变化。

在试验前,需要对所选两类降水个例(分别是 2019 年 8 月 21 日个例 1 和 2019 年 8 月 25 日个例 2)进行初步分析,以确定降水云系统中气流的稳定性。在本文中,考虑到最大数据时差设置为 96 s。因此,本节只分析了数据时差 96 s 范围内的风场变化情况。注意到,在分析时段所选的体积扫描时刻分别记为 $T_1=0$,$T_2=12$ s,…,$T_8=84$ s,$T_9=96$ s。分别计算分析时间段内水平风速相对标准差(RSD)和水平风向的标准差(SD),以便分析两个不同降水类型个例的风场变化情况。

(1)对流性降水个例

2019 年 8 月 21 日 14:00—16:00 时段,阵列天气雷达探测到一次短时强对流降水事件。特别地,在 14:30—15:10 时段内一个孤立的对流单体在三维精细探测区内生长并消亡,对流单体以平均平流速度 4 m/s 向西南方向移动。在数据时差分析时段(14:50:00—14:51:36),最大回波顶高为 9 km。图 6.22a、b 展示了三维精细探测区 5 km 高度的完整降水回波情况,从图中看出红色圆圈中存在一个明显的涡旋结构。

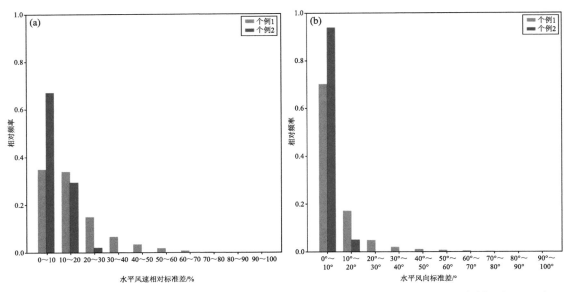

图 6.20　两个个例数据时差分析时段内(2019 年 8 月 21 日 14：50：00—14：51：36 个例 1 和 2019 年 8 月 25 日 17：05：12—17：06：48 个例 2)水平风速相对标准差(a)和水平风向标准差(b)的直方图

从图 6.20 直方图误差分布情况可看出该个例水平风速的相对标准差和水平风向的标准差分布在 0％～100％误差区间内。尽管在高误差区间的相对频率较低,但风速相对标准差超过 20％的相对频率为 0.31,风向标准差超过 10°的相对频率为 0.30,能表明在数据时差分析时段内数据集中有一定数量的风场格点变化快。因此,可以认为此个例中气流是不稳定的。

然后,本节以 14：50：00 时刻为初始时刻对此个例进行数据时差敏感性分析试验。探讨数据时差对最终风场结果的影响究竟有多大,在图 6.22a、b 中可看出与三个相控阵前端使用同一体积扫描时刻(14：50：00)作为"真值"相比,不同数据时差下的水平风场偏差有所变化。随着数据时差的逐渐增大,风速的相对均方根误差在 0％～20％范围内的相对频率以及风向的均方根差在 0°～10°范围内的相对频率都在逐渐变小。相反,在其余的误差区间内,风速的相对均方根差、风向的均方根差相对频率在逐渐增大。特别是在数据时差为 96 s 时,风速的相对均方根差超过 20％和风向的均方根差超过 10°的相对频率分别为 0.46 和 0.49,表明此时三维精细探测区域内风场发生了显著变化(图 6.21a、b)。

假设用风场的均方根误差和相对均方根误差来定量评价某一高度层的平面风场,可能会掩盖风场变化的细节情况;并且在同一高度平面上水平风速和水平风向的误差难以得出定量评价结论。为了更好地讨论同一平面上的数据时差敏感性分析,本节通过不同数据时差资料计算得到 5 km 高度的水平风矢量如图 6.22c、f 所示,可以看出红色圆圈内存在明显的涡旋结构。随着数据时差的逐渐增大,平面上各空间点的水平风矢量也发生了变化。尽管在视觉上很难看到风羽的变化程度(图 6.22d、e、g、h),但是在不同数据时差下 5 km 高度风场的误差分布图上,可以看到明显的变化情况(图 6.22d、e、g、h)。在某些暖色色标的区域,风速的相对均方根误差和风向的均方根误差逐渐增大。特别是在红色圆圈内,涡旋的风向变化程度十分明显,甚至在数据时差为 96 s 时旋转程度发生了改变。

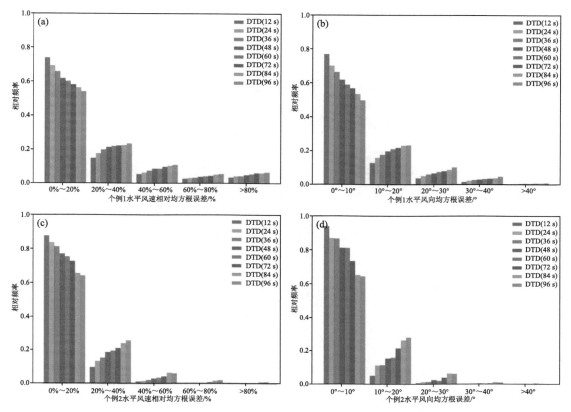

图 6.21　与三个相控阵前端同一体积扫描时刻相比,三维精细探测区域内不同数据
时差下风场的相对均方根差和均方根差直方图:(a)个例 1 水平风速的相对均方根差;
(b)个例 1 水平风向的均方根差;(c)个例 2 水平风速的相对均方根差;
(d)水平风向的均方根差

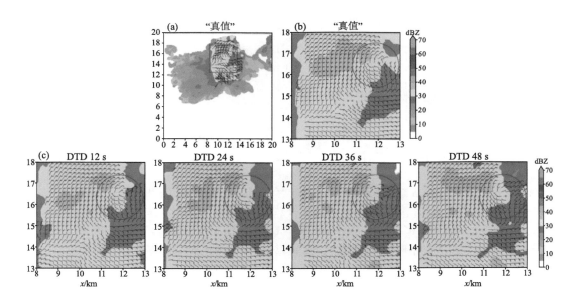

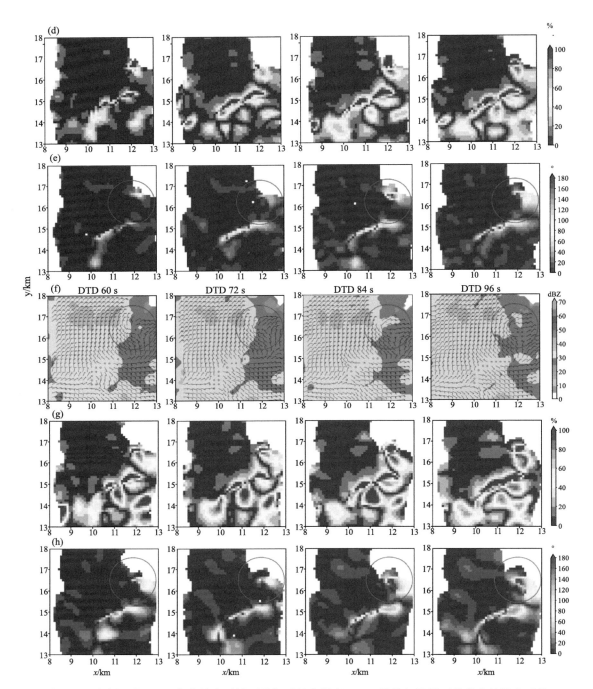

图 6.22 个例 1 中 5 km 高度的水平风羽叠加反射率强度,(a)三维精细探测区域的完整降水系统
(三个相控阵前端同一时刻扫描数据作为"真值"),(b)5 km×5 km 区域((a)中的红色方框),(c)DTD$_{12\,s}$、
DTD$_{24\,s}$、DTD$_{36\,s}$ 和 DTD$_{48\,s}$,(f)DTD$_{60\,s}$、DTD$_{72\,s}$、DTD$_{84\,s}$ 和 DTD$_{96\,s}$,与"真值"相比,
个例 1 中 5 km 高度不同数据时差的风场平面误差分布,(d)、(g)水平风速的相对均方根差,
(e)、(h)水平风向的均方根差

（2）稳定性降水个例

阵列天气雷达于 2019 年 8 月 25 日 16：50—18：10 时段探测到稳定性降水系统从长沙机场东部向西南方向移动。其中，在 16：50—17：20 时间段内稳定性降水系统开始进入三维精细探测区至其完全离开，平均平流速度为 10 m/s。最大回波顶高为 7 km。图 6.23a、b 为 5 km 高度完整的降水系统结构，可以看出风场风向分布十分均匀。

从图 6.23 中可看出稳定性降水个例的风速相对标准差和风向标准差集中分布在低误差区间，风速相对标准差超过 20% 的相对频率为 0.03，风向标准差超过 10° 的相对频率为 0.06，这表明数据时差分析时段内风场变化程度小。因此，可以认为此个例中气流是相对稳定的。

从图 6.21c、d 中看出，与对流性降水个例不同，水平风速的相对均方根误差超过 40% 的相对频率以及水平风向的均方根差超过 20° 的相对频率均小于对流性降水个例的相对频率。同时，随着数据时差的逐渐增加，风速和风向的误差相对频率也在逐渐增加。在数据时差为 96 s 时，水平风速的相对均方根差超过 20% 和水平风向的均方根差超过 10° 的最大相对频率分别为 0.35 和 0.35。与对流性降水个例相比，数据时差变大后对风场的误差影响较小。

图 6.23a、b 展示了 5 km 高度完整的降水系统结构和红框中更精细的风场区域。本节以 17：05：12 时刻为初始时刻对此个例进行数据时差敏感性分析试验，使用三个相控阵前端同一体积扫描时刻（17：05：12）作为"真值"，以便评估分析数据时差给风场带来的误差。在 5 km 高度层上不同数据时差下的风场也为均匀的东北风，风场结构保持不变（图 6.23b、c、d）。但不同数据时差下水平风速误差在暖色色标区域逐渐增大，风向误差小于 20°（图 6.23d、e、g、h）。

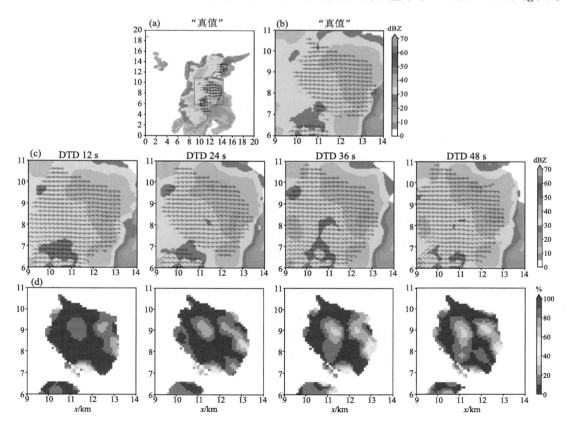

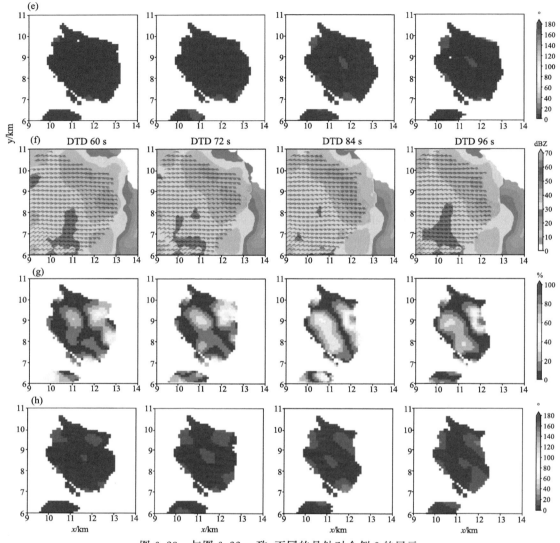

图 6.23　与图 6.22 一致,不同的是针对个例 2 的展示

6.3.3　模拟风场数据时差分析

在多雷达同时探测时,不能保证在风场合成区域内的所有点的资料是多个雷达同时探测到的,不可避免地会出现时间差,只能通过改变雷达扫描方式减小资料之间的时间差。如果是风场比较均匀,变化较慢的天气系统,资料时差对风场的合成影响不大。本小节主要分析资料时差对风场比较复杂,快速变化的天气系统的影响。

本节的模拟分析中,所用到的速度场是在环境风场上叠加 Beltrami 流,其空间分辨率为 100 m×100 m×100 m。其中 x 和 y 方向上的环境风分别为常量 U 和常量 V。为了使复合的风场满足 Navier-Stokes 方程,将 Shapiro 公式中的 x 和 y 分别替换为 $x-Ut$ 和 $y-Vt$。复合场的构建方程如下:

$$
\begin{cases}
u = U - \dfrac{A}{k^2 + l^2} \begin{Bmatrix} \Delta l \cos[k(x-Ut)]\sin[l(y-Vt)]\sin(mz) + \\ mk\sin[k(x-Ut)]\cos[l(y-Vt)]\cos(mz) \end{Bmatrix} \exp(-\mu\Lambda^2 t) \\[4mm]
v = V + \dfrac{A}{k^2 + l^2} \begin{Bmatrix} \Delta l \cos[k(x-Ut)]\cos[l(y-Vt)]\sin(mz) - \\ mk\sin[k(x-Ut)]\sin[l(y-Vt)]\cos(mz) \end{Bmatrix} \exp(-\mu\Lambda^2 t) \\[4mm]
w = A\cos[k(x-Ut)]\cos[l(y-Vt)]\sin(mz)\exp(-\mu\Lambda^2 t)
\end{cases}
\tag{6.30}
$$

式中,k、l、m 分别为 x、y、z 方向上的波数分量,$\Lambda \equiv \sqrt{k^2 + l^2 + m^2}$ 为波数值。A 为最大垂直速度,从指数项可以明显看出,空间风场经历了 $T_e \equiv 1/(\mu\Lambda^2)$ 时间衰减,μ 为运动粘度系数。

本节对式(6.30)中的参数取值如下:$m = 2\pi/12$ km,$k = l = 2\pi/10$ km,$\Lambda \cong 1.03 \times 10^{-1}\,\mathrm{m}^{-1}$,$T_e = 10$ min,$A = U = V = 10$ m/s。生成大小为 20 km$\times$20 km$\times$20 km 的空间风场信息,1 km 高度的风场如图 6.24 所示。

假设复合的风场在阵列天气雷达三个前端的中心位置,把式(6.30)中 $t=0$ 时得到的风场,作为空间真实的风场信息。使用 $t=0$ 时的风场计算出前端 1 的径向速度,在分析时固定前端 1 的径向速度不变。假设前端 1 与前端 2,和前端 2 与前端 3 之间的探测时差都为 Δt,那么分别由 $t=\Delta t$ 和 $t=2\Delta t$ 时的风场计算出前端 2 和前端 3 探测的径向速度。使用这样得到的三个径向速度合成得到时差为 $2\Delta t$ 时的风场。需要注意的是,计算径向速度时需要考虑复合场在空间中的位置随着时间改变。分析了在环境风场 $U=V=$ 10 m/s 时,数据时差从 5 s 变化到 200 s 合成风场的变化情况。图 6.25 和表 6.8 给出了6 km 高度各个时差数据合成的风场和误差。

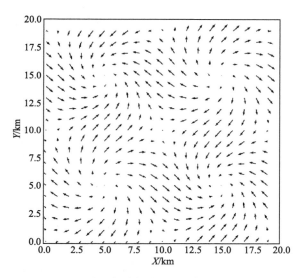

图 6.24 生成的复合场在 1 km 高度的水平风场

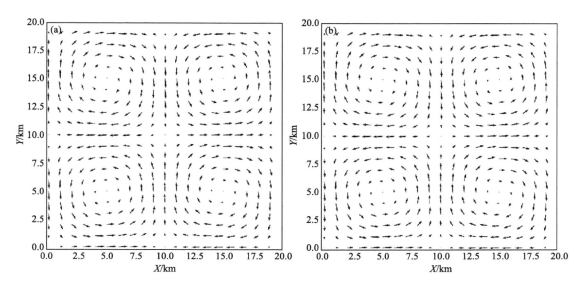

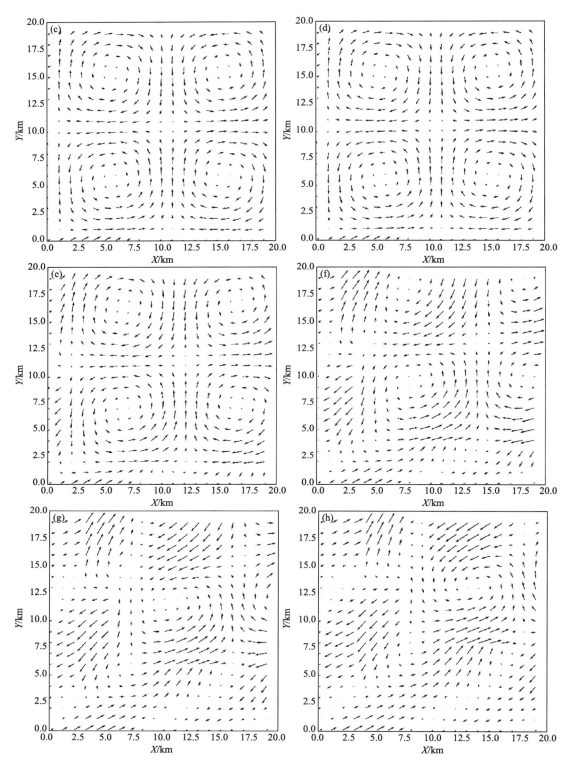

图 6.25 6 km 高度不同时差数据合成的风场：(a)真实风场；(b)时差 5 s；(c)时差 10 s；
(d)时差 20 s；(e)时差 50 s；(f)时差 100 s；(g)时差 150 s；(h)时差 200 s

表 6.8　6 km 高度各个时间差风场的误差

时差/s	$u/(\text{m/s})$		$v/(\text{m/s})$	
	M	σ	M	σ
5	0.17	0.24	0.12	0.26
10	0.27	0.60	0.20	0.51
20	0.50	0.94	0.49	0.93
50	1.03	1.10	1.06	0.96
100	2.32	2.05	2.59	2.72

由图 6.25 和表 6.8 可以看出,时差为 5 s 时,合成的风场与原风场基本没有区别;当时差小于等于 50 s 时,合成的风场的结构与原风场结构差异较小,空间位置的偏移也较小,u,v 分量均方根误差和平均绝对离差最大分别为 1.06 m/s 和 1.10 m/s。随着时差的继续增大,合成后的风场的结构与原风场结构差异越来越大,直至完全不同。

对于长沙机场阵列天气雷达,三维探测区的最大资料时差只有 2 s。也就是说,在假设的背景场下,阵列天气雷达可以几乎没有误差地还原空间的真实风场。

6.3.4　讨论分析

双(多)多普勒天气雷达联合探测风场可以得到三维风场,风场的精度取决于算法的数学原理、多部雷达观测是否同步以及各个雷达相对于测点风的几何误差。本节采用多部雷达风场合成的方法获得了三维精细探测区域的风场,这从数学意义上保证了风场解的准确性和稳定性,同时可以选择风分量精度高的合适区域进行分析。因此,本节中主要讨论多部雷达之间能否同步观测会对最终获得的风场造成多大影响。

本节通过改变数据时差来实现多雷达之间不同步观测的目的。通过上述内容,对流性降水个例结果表明,随着数据时差的增大,最终获得的风场误存在误差且误差也在增大,部分暖色色标区域的水平风速和水平风向已经完全改变(图 6.24d、e、g、h)。图 6.23 也表明在对流降水事件中,风场对数据时差非常敏感。在稳定性降水个例中,降水系统以平均平流速度 10 m/s 向西南移动,其水平运动可以用环境风场来解释。随着数据时差的增大,风场结构保持不变(图 6.25b、c、f)。稳定性降水个例结果表明,随着数据时差的增加,风场误差也在缓慢增加。与对流性降水事件相比,风场结果对数据时差的敏感性较低。从图 6.26 中还可以看出,对流性降水个例比稳定性降水个例对数据时差更加敏感。对流性降水在数据时差为 24 s 时,水平风速相对均方根误差超过 20% 和水平风向均方根误差超过 10° 的相对频率分别为 0.31 和 0.30。然而在稳定性降水个例中,当相同的水平风场误差相对频率超过 0.3 时数据时差为 84 s。

本章以小时差的阵列天气雷达数据为基准,模拟了多部雷达之间不同步观测的情况,探讨最终风场是否会受到影响。虽然多部雷达风场合成方法的数学原理相对简单,但多部雷达在外场实时同步观测的时差一直没有实现小于 2 s。且多部雷达风场合成方法相对三维变分风场反演方法,对于讨论数据时差更有精确定量化误差分析的意义。

本章提出观测中很难保证多部雷达之间的同步观测的实际问题,同时也介绍了数据时差的概念以及试验设计的方法。对真实降水数据进行了试验,统计分析表明,对流降水系统比稳

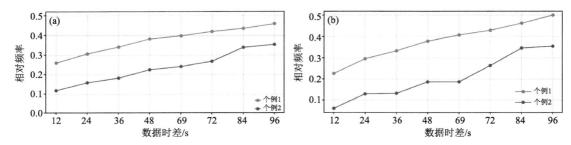

图 6.26　不同数据时差下(a)水平风速的相对均方根误差超过 20% 和
(b)水平风向的均方根误差超过 10°的相对频率折线图

定性降水系统对数据时差更加敏感。此外,随着数据时差的增加,在两种降水情况下,水平风速相对均方根误差超过 20% 和水平风向均方根误差超过 10°的相对频率均在增加。在 2019年 8 月 21 日个例 1 中,对流降水系统的风场变化迅速,数据时差越大,最终得到的风场误差越大。当数据时差大于 24 s 时,获得的风场具有更多的误差。在 2019 年 8 月 25 日个例 2 中,稳定性降水系统中的风场相对稳定,但是降水系统的平流效应会导致风场误差的增加。平流速度越快,风场的误差就越大。当数据时差大于 84 s 时,获得的风场具有更多的误差。通过两种不同降水系统下的风场讨论了阵列天气雷达风场数据时差的敏感性分析。降水系统的平流效应和内在演化对多部雷达观测到的风场会产生误差影响。多部雷达同时观测的数据时差越大,风场的误差就越大。阵列天气雷达具有时差小的优势,并且可以获取快速且变化剧烈天气现象的真实流场,这有助于深入研究变化迅速的小尺度天气系统。

第7章 垂直气流处理方法

三维流场资料是分析研究小尺度对流天气系统的基础。其中较为准确的垂直气流及其变化信息在研究强对流天气十分重要,是强对流天气的主要特征,是强对流天气短临预报取得新突破的突破口。

大气的垂直运动可以反映大气边界层中的湍流、云内的对流、重力波的传播耗散以及大尺度的动力过程,也是数值模式的重要参量。Rosenfeld 等(2006)利用飞机观测,发现冰雹云云底典型的上升气流为 4~7 m/s,上升气流随高度增加,在 7 km 高度以上超过 25 m/s,在 8 km 高度以上偶尔超过 40 m/s。利用飞机观测可以得到真实可靠的观测数据,但是成本高,风险大。几十年来,毫米波雷达、风廓线雷达等新的观测仪器的出现,为大气垂直运动的观测提供了新的手段。早期,利用速度谱和雷达反射率的关系来计算大气垂直速度。Rogers 等(2011)假设滴谱按照指数分布,并根据 w_f-Z 关系计算了空气的垂直速度,但在雷达观测精度有限和粒子谱分布特征不准确的情况下,计算结果误差较大。而利用探空气球测量垂直速度时,数据的采样间隔、仪器参数和求解算法都有可能使得分析结果不准确。Giangrande 等(2013)采用改装的 UHF 风廓线雷达进行垂直观测,通过减去粒子下降末速度反演垂直气流,反演得到的最大上升气流速度超过 15 m/s,最大下沉气流速度约为 10 m/s,与飞机观测结果较为一致。毫米波雷达可将云粒子作为大气运动示踪物,得到云的运动信息。但由于降水粒子相态的不确定性以及粒子谱分布的描述不准确等因素影响,会对分析结果造成较大偏差。

多普勒天气雷达用于观测降水,且探测范围大,可以通过多部雷达组网或网络化等方式进行联合探测,为实时得到大范围的大气垂直速度提供强有力的技术支持。多普勒天气雷达反演垂直气流在实际探测中存在难点,主要是降水云系中,多普勒天气雷达测量的多普勒速度是降水粒子运动速度在雷达波束方向的投影,包含了垂直方向上空气运动速度(w)、空气水平方向运动速度(u、v)和降水粒子的下落速度(w_t)在波束方向的投影矢量和,而不是空气运动在波束方向的投影。当在空间点上有多径向速度,通过矢量合成的方式计算出垂直速度(V_Z),V_Z 包含粒子自由下落速度(V_T)和垂直气流速度(w)。因此,要想得到垂直方向的垂直气流速度,必须先得到降水云中空间点的降水粒子下落速度。但是降水粒子下落速度很难准确估计,通常是以雷达反射率因子进行参数化估计。这种参数化估计存在一些不确定性因素,可能会导致求解的垂直气流存在较大误差。第一,X 波段雷达存在衰减,反射率因子会有误差,不准确的反射率因子将会影响到降水粒子的下落速度估算;第二,实际环境中降水粒子下落速度估算更为复杂,不仅仅与反射率因子有关,还与粒子的相态和尺寸大小分布有关。

目前,利用两部及以上多普勒天气雷达获得垂直气流的方法大致分为三类:第一类,利用三部雷达径向速度通过直接合成法得到水平风速分量 u、v 以及粒子垂直速度 V_Z,再利用反射率因子 Z 与粒子自由下落速度 V_T 之间的关系计算大气垂直速度 w。韩颂雨等(2017)利用双部和三部多普勒天气雷达,采用动态地球坐标系风场反演算法,详细分析了一次冰雹过程,包括各阶段水平风场及垂直气流结构的演变发展。

第二类,利用两部及以上雷达径向速度通过三维变分法以及反射率因子 Z 与粒子自由下落速度 V_T 之间的关系,反演得到三维风速分量 u、v、w。Shapiro 等(2009)在前人研究的基础上考虑天气系统移动,探讨了滞弹性垂直涡度方程在弱约束变分双多普勒风分析程序中的应用,通过最小化由径向观测约束、质量守恒约束、滞弹性垂直涡度约束和空间平滑约束构成的代价函数反演风场。试验结果表明在,雷达无法采样低层大气的情况下,同时施加涡度约束方程和不渗透性条件能够有效提高垂直气流速度的反演精度。并且证明雷达快速扫描模式提供的数据能够提高反演效果。Potvin 等(2011)利用模拟数据和外场试验观测数据对该技术进行了测试,结果表明,考虑了空间可变的平流校正和内部演化的估计后,订正的分析风对于利用涡度约束方程提高反演垂直气流速度准确性有很大的帮助。利用小于 2 min 体扫时间的雷达数据进行反演,涡度约束方程能大大提高垂直速度反演精度。North 等(2017)利用三维变分算法反演得到的上升气流与迭代向上积分技术和 UHF 波段风廓线观测结果进行了比较。测试表明,三维变分法与迭代向上积分技术相比,能够得到更小误差的垂直气流速度反演解。三维变分法反演垂直气流速度的时空特征与风廓线基本一致。值得注意的是,该试验使用的雷达体扫时间为 6~7 min,扫描时间较长,各部雷达数据时差较大,计算时没有考虑这期间对流云的移动和演变,将存在潜在的误差。

第三类,利用直接合成法得到的水平风分量 u、v 计算散度,通过连续方程采用积分的方式得到垂直气流 w。一种方法是,假设地面垂直气流为 0 m/s,积分由地面向上进行到所需垂直气流速度的高度上。但是因为空气密度随高度增加而减小,所以下层空气的辐合误差会造成上层较大的垂直速度误差。另一种是用飞机或者雷达反射率因子测定某一较大高度上的粒子下落速度,并对此高度上的粒子自由下落速度做一定假设,这样就可以得到该高度上的垂直气流速度,以此值作为上边界条件,使连续方程的积分自上而下地进行到所需的高度。Protat 等(2001)基于上面两种方法,提出了双向连续性方程的积分方法,即利用地面和上层边界条件同时进行向上积分和向下积分,以此减缓积分过程中的误差累积。

由于第二类方法在风场反演章节已有介绍,在这里只介绍第一、三类方法。

7.1 基于合成风场计算垂直气流

利用三部雷达(前端)径向速度通过直接合成法得到水平风速分量 u、v 以及粒子垂直速度 V_z,V_z 包括粒子自由下落速度 V_T 和垂直气流 w,粒子垂直速度 V_z 表示为:

$$V_z = w - V_T \tag{7.1}$$

式中,粒子自由下落速度 V_T,可以通过建立反射率因子 Z 与粒子自由下落速度 V_T 之间的关系,即 Z-V_T 关系得到。Shapiro 等(2009)和 Potvin 等(2011)采用的 Z-V_T 关系经验公式如下:

$$V_T = A(BZ)^2 \left(\frac{\rho_0}{\rho}\right)^x \tag{7.2}$$

该方法以 0℃ 层高度为界限,计算不同高度下不同反射率因子区间的粒子自由下落速度 V_T。式(7.2)中,不同高度的粒子自由下落速度权重为 $(\rho_0/\rho)^x$,ρ 和 ρ_0 分别表示测量高度和地面的空气密度，x 的变化范围从 0.4 到 0.45，取决于降雨率等因素，本节采用 0.4。表 7.1 记录了不同情况下的系数取值。

表 7.1　$Z\text{-}V_T$ 关系的参数

系数	0℃层高度以下			0℃层高度以上		
	$Z<55$	$55\leqslant Z\leqslant 60$	$Z>60$	$Z<33$	$33\leqslant Z\leqslant 49$	$Z>49$
A	-2.6	-2.5	-3.95	-0.817	-2.5	-3.95
B	0.0107	0.013	0.0148	0.0063	0.013	0.0148

通过直接合成法计算的垂直气流优点是计算量相对小。若径向速度准确，在较高的高度计算得到的 u、v、V_z 分量误差很小。缺点是在低空粒子垂直运动速度投影在径向速度中的占比很小，径向速度的误差会严重影响 V_z 和垂直气流 w 的准确性。由于 $Z\text{-}V_T$ 关系是经验公式，在计算粒子自由下落速度 V_T 时可能存在误差，这个误差也会导致垂直气流 w 产生误差。

7.2　基于大气连续方程计算垂直气流

第二类方法利用风的分量 u、v，通过大气运动的连续方程计算垂直气流速度 w。大气连续方程为：

$$\frac{\mathrm{d}\rho}{\mathrm{d}t}+\rho\left(\frac{\partial u}{\partial x}+\frac{\partial v}{\partial y}+\frac{\partial w}{\partial z}\right)=0 \tag{7.3}$$

假设空气密度在水平方向是均匀的，在笛卡尔坐标系中采用深环流（滞弹性假定）的连续方程应为：

$$\frac{\partial u}{\partial x}+\frac{\partial v}{\partial y}+\frac{1}{\rho}\frac{\partial(\rho w)}{\partial z}=0 \tag{7.4}$$

假设空气密度 ρ 按指数规律随高度递减：

$$\rho(z)=\rho_0 e_0^{-\frac{z}{H}} \tag{7.5}$$

式中，地面空气密度 ρ_0 为 1 kg/m³，大气定标高度 H_0 为 10 km。将式(7.5)代入式(7.4)，得：

$$\frac{\partial w}{\partial z}=-\left(\frac{\partial u}{\partial x}+\frac{\partial v}{\partial y}\right)+\frac{w}{H_0} \tag{7.6}$$

对式(7.6)进行积分，积分的边界条件分为两种，一种是设 z 为 0 时：

$$w=0 \tag{7.7}$$

采用这种下边界条件，从地面向上积分到所需垂直气流速度的高度上。但是由于空气密度随高度增加而减小，如果低层水平风分量存在误差，将导致散度项存在较大误差，下层空气的辐合误差会造成上层较大的垂直速度误差。另一种是利用 $Z\text{-}V_T$ 关系，测得某一较大高度 z_0 上的粒子下落自由速度 V_T。例如在风暴顶部，一般只包含小粒子，如：小冰晶和过冷水滴，利用 $Z\text{-}V_T$ 关系对其自由下落速度估测的偏差不会太大。利用直接合成法测得的 V_z 加上 V_T 得到 z_0 高度上的垂直气流速度：

$$w(z_0)=V_z(z_0)+V_T(z_0) \tag{7.8}$$

利用此值作为上边界条件，使连续方程自上而下地积分到地面。双向积分权重法与 Protat 等(2001)提出的连续性方程的积分方法相似,但是对上边界条件的定义有所不同。本节利用直接合成法计算得到较为准确的水平风分量 u、v,网格点水平分辨率 100 m,垂直分辨率 100 m,计算前对网格点水平风分量进行窗口为 5×5 的平滑,尽可能减少小尺度波动带来的误差。以地面作为下边界条件高度,设垂直气流 w 为 0,进行向上积分。在网格场中每一点上水平风分量存在的最大高度处,利用 Z-V_T 关系估测粒子自由下落速度 V_T,此时在高层回波强度相对较弱,利用 Z-V_T 关系对粒子自由下落速度估测的偏差不会太大。然后代入公式(7.8)计算出作为上边界条件的垂直气流速度,进行向下积分。综上所述,结合向上积分和向下积分计算垂直气流 w,以此减缓积分过程中的误差累积。公式如下:

$$w = \left(1 - \frac{z}{z_{\text{top}}}\right)w\uparrow + \left(\frac{z}{z_{\text{top}}}\right)w\downarrow \tag{7.9}$$

式中,z 为计算的高度,z_{top} 为计算的最大高度,$w\uparrow$、$w\downarrow$ 分别表示向上积分和向下积分计算的垂直气流速度。

通过双向积分权重法计算的垂直气流优点是没有采用不确定的 Z-V_T 关系,使用的合成风场 u、v 分量较为准确。缺点是尽管双向积分权重的方法可以有效减缓误差累积,但是仍不可避免,并且采用了合成风场分量进行计算,所以得到的垂直气流范围同样较小。

本节对不同条件下的双向积分权重法进行讨论,并选择最恰当条件下的双向积分权重法进行后续冰雹过程分析。将 Protat 等(2001)利用雷达回波顶上一层的高度作为上边界条件高度并设垂直气流速度 w 为 0 的上边界条件记作条件 1;将本节提出的利用任一网格点上水平风存在的最高高度作为上边界条件高度,利用 Z-V_T 关系估测粒子自由下落速度 V_T 并带入式(7.8)计算出该点垂直气流速度 w 的上边界条件记作条件 2;将在条件 2 的基础上,计算向上积分和向下积分前对网格点水平风分量 u、v 分别进行窗口为 5×5 的平滑操作的条件记作条件 3。在上述三种条件下使用双向积分权重法计算不同时刻的垂直气流,发现上升气流和下沉气流的整体分布结构相同,但存在显著区别。

如图 7.1—图 7.3 所示,以 12∶30 沿 115.993°E 进行垂直剖面为例,对三种条件下的双向积分权重法得到的垂直气流进行比较。不难发现,三幅图中的向上积分法和向下积分法计算的垂直气流都有明显的误差累积,分别导致在回波顶附近和近地面处的垂直气流速度异常大,但是在中层两种方法计算的垂直气流结构存在相似性。而双向积分权重法可以有效减轻误差累积,保证上下边界处垂直气流速度的合理性,同时使中层的垂直气流速度与两种方法得到的垂直气流速度具有一致性。

如图 7.1 所示,条件 1 的缺点在于,高层存在回波但缺失水平风数据时仍然会进行向上积分,导致了很大的误差累积;从回波顶向下积分,垂直气流速度一直为 0,直到某一高度上出现水平风,才会出现数值,这将使上边界条件失效。如图 7.2 所示,条件 2 避免了条件 1 中由于高层存在回波但缺失水平风数据时导致的误差累积。存在缺点是若水平风最大高度在强回波处,使用 Z-V_T 关系计算得到的粒子自由下落速度可能存在较大偏差。但在本次冰雹个例中,该情况很少,不会影响对降雹回波的分析。如图 7.3 所示,条件 3 在条件 2 的基础上进行改进,相较于条件 1 和条件 2,得到的垂直气流速度明显更为合理。图 7.3a 中风矢量与回波对应较好,有上升气流沿入流口流入,高层强回波悬垂结构处表现为较强的上升气流,低层强回波中心表现为下沉气流。该条件下的双向积分权重法得到的垂直气流,在水平上和垂直上均有较好的连续性,上下边界垂直气流速度合理,很好地展现上升气流和下沉气流核心区域的同时,保留了利用大气连续方程计算垂直气流的优势,即体现了中小尺度强对流天气中存在上升气流与下沉气流在小范围内交替出现的现象,这与直接合成法和三维变分法计算的垂直气流有明显的区别。故下文分析采用条件 3 下的双向积分权重法得到的垂直气流。

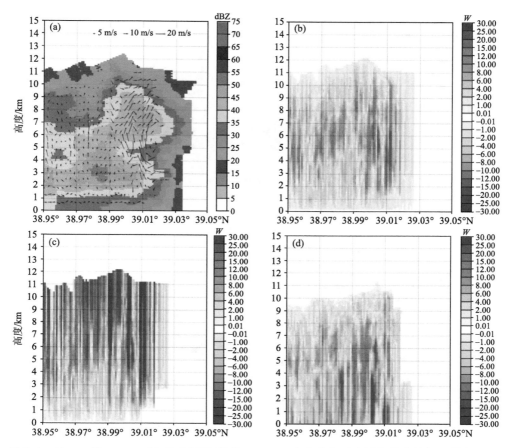

图 7.1　12:30 沿 115.993°E 垂直剖面(条件 1):(a)双向积分权重法风矢量和叠加反射率因子;(b)双向积分权重法垂直气流;(c)向上积分法垂直气流;(d)向下积分法垂直气流

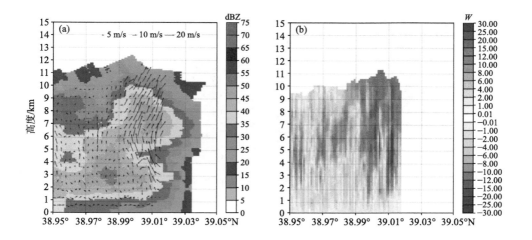

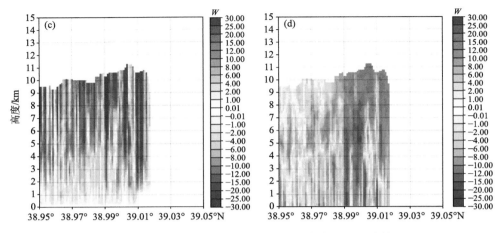

图 7.2　与图 7.1一致,不同的是在条件 2 下的计算

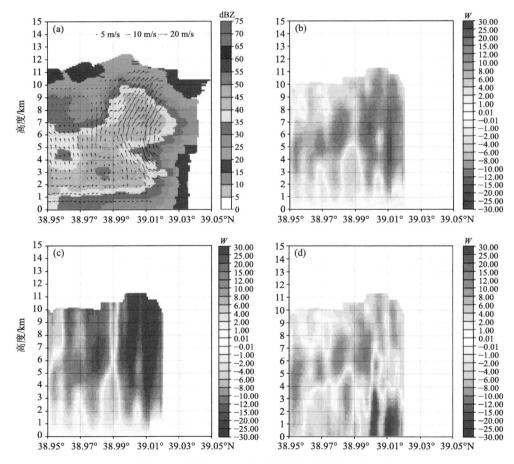

图 7.3　与图 7.1一致,不同的是在条件 3 下计算

7.3　直接合成法垂直气流与三维变分法垂直气流比较

直接合成法计算出的垂直速度分量为粒子垂直速度 V_Z，利用 $Z\text{-}V_T$ 关系减去粒子自由下落速度 V_T 后得到垂直气流。三维变分法在迭代过程中使用 $Z\text{-}V_T$ 关系减去粒子自由下落速度 V_T，计算出的垂直分量即为垂直气流 w。从图 7.4 可以看出，尽管两种方法计算处理过程有较大差异，但是得到的水平风速风向基本一致，无明显差异，说明两种方法均能较好地还原雷达前端探测径向速度中包含的大气运动的水平速度分量。从图 7.4a 中可以看出，在低空直接合成法计算的垂直气流异常大，这是由于在低空垂直分量对于径向速度的贡献小，计算径向速度的误差会严重影响垂直速度的准确性。而三维变分法计算的垂直气流较小，接近实际天气状况，如图 7.4b 所示。这是因为采用了垂直涡度约束、边界条件约束、质量守恒约束，使误差大大减小。从中图 7.4c、d 可以看出，在对流中高层两种算法计算的上升气流与下沉气流区域基本一致，但是直接合成法计算的气流无论是上升气流还是下沉气流都偏大，并且在强弱回波交界处存在明显跳变，这是因为 $Z\text{-}V_T$ 关系是以反射率因子进行分段计算粒子自由下落速度大小，如果在 0℃ 层以上的强回波区域是密度大的小粒子或过冷水滴，将会严重高估粒子自由下落速度大小，在反射率因子急剧变化区域粒子垂直速度大小估计也会有很大的差别。而三维变分法采用多种约束条件，可以使垂直气流变化较为均匀，在空间上具有连续性，减小由于

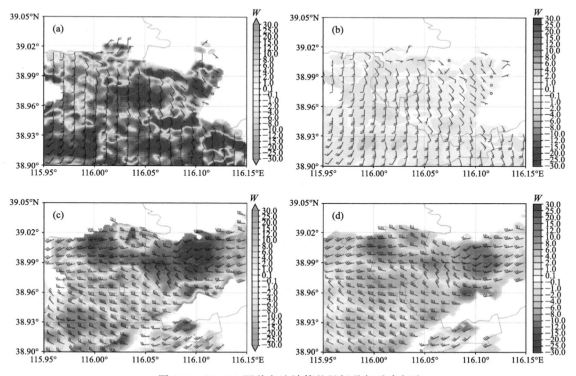

图 7.4　12:30 两种方法计算的风场叠加垂直气流

(a)1 km 直接合成法；(b)1 km 三维变分法；(c)6 km 直接合成法；(d)6 km 三维变分法

Z-V_T 关系不准确带来的估计误差。综上所述,两种算法计算得到的垂直气流分布基本一致,但是由于低空垂直分量对径向速度贡献较小和不准确的 Z-V_T 关系影响,相较于三维变分法,直接合成法计算的垂直气流误差较大。

7.4 垂直气流合理性分析

探测风向风速有无线电探空、风廓线雷达。在晴空时,也可以利用风廓线雷达垂直波束探测空气的垂直速度,当降水时,风廓线雷达垂直波束通常探测的是降水粒子垂直速度。X 波段相控阵阵列天气雷达只能降水时探测空气的垂直速度。因此目前在降水空间中没有现成的垂直速度数据作为对比数据,进而评价相控阵阵列天气雷达探测得到的空气垂直速度的准确性。在这里通过分析不同的垂直气流计算方法得到的垂直气流分布,评价其合理性。

2020 年 9 月 7 日佛山市区阵列天气雷达探测到的两次短时小尺度对流性局部强降水事件。对这个过程分析包括:(1)结合广州 SA 雷达、地面自动站雨量计确定两个个例的回波正确性,主要利用阵列天气雷达数据分别对两个个例的雷达回波进行降水追踪并统计对流单体初生时间、出现小雨时间、出现强降水时间、最大反射率强度、对流单体消亡时间等回波特征,还利用 30 s 的体扫数据更细节总结分析了两个个例在发展阶段、成熟阶段、消亡阶段的回波演变特征。(2)结合连续时间的强度场的变化特点和葵花 8 号卫星可见光云图对三维变分风场反演方法得到的垂直气流和迭代向上积分方法得到的垂直气流进行探讨。

7.4.1 个例 1 分析和讨论

图 7.5 是对流单体演变过程中三个阶段的反射率强度叠加水平风场,回波整体从南向北缓慢移动。三个阶段回波内部风场变化不大,低层为东南风,风速较小(2.5 m/s),中层为偏南风(4 m/s),高层转变为西南风。低空到高空风速大小变大,方向发生偏转。

图 7.6、图 7.7、图 7.8 分别给出了个例 1 中沿着对流单体强回波中心的发展阶段、成熟阶段、消亡阶段垂直剖面图(时间间隔为 2 min),都给出了反射率强度,三维变分风场反演得到的垂直气流,迭代向上积分方法得到的垂直气流。从图 7.6a1—f1 中可以看出,发展阶段的对流单体逐渐增长变强,对应图 7.6b3—f3 中迭代向上积分方法得到的垂直气流在靠近最强回波中心的位置出现了上升气流,并且剖面位置处上升气流的面积和大小随着时间都在逐渐变大。不同的是,图 7.6b2—c2 中三维变分风场反演得到的垂直气流主体为上升气流,而且图 7.6d2—f2 显示出垂直气流的配置与强回波中心不匹配。

同样在成熟阶段,图 7.7a3—d3 中上升气流与图 7.7a1—d1 的最强回波中心对应,上升气流的位置匹配较好;当对流单体在 13:13:30 时刻开始出现降水核心交替时,左侧的强回波对应的垂直气流由上升转变为下沉,而右侧新生的强回波对应的气流与之相反,由下沉气流逐渐变为上升气流占主导(图 7.7d3—f3)。对比可知,图 7.7a2—f2 中垂直气流的配置分布散乱,与回波不能较好对应,在图 7.7d2—f2 中降水核心交替时才有比较合理的现象。

在对流单体消亡阶段,图 7.8d3—f3 中显示出微弱的下沉的气流占主导,特别是 13:25:30 时刻后整体剖面上气流变为下沉;图 7.8d2—f2 中消散阶段甚至出现了上升气流,很难解释其原理。

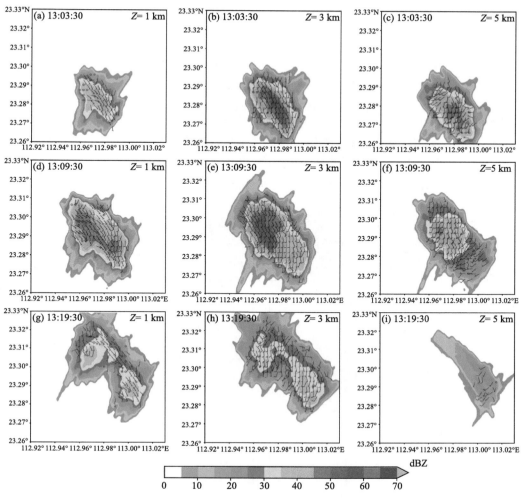

图 7.5　个例 1 水平风场叠加反射率强度图：发展阶段 13：03：30 时刻（a—c）、
成熟阶段 13：09：30 时刻（d—f）、消亡阶段 13：19：30 时刻（g—i）

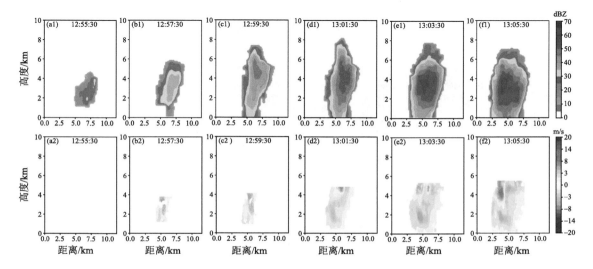

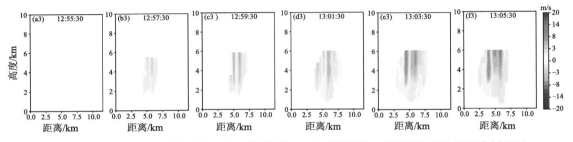

图 7.6　个例 1 对流事件中沿着对流单体强回波中心时间间隔 2 分钟的发展阶段垂直剖面图
（a1—f1）反射率强度；（a2—f2）三维变分风场反演垂直气流；（a3—f3）迭代向上积分方法垂直气流

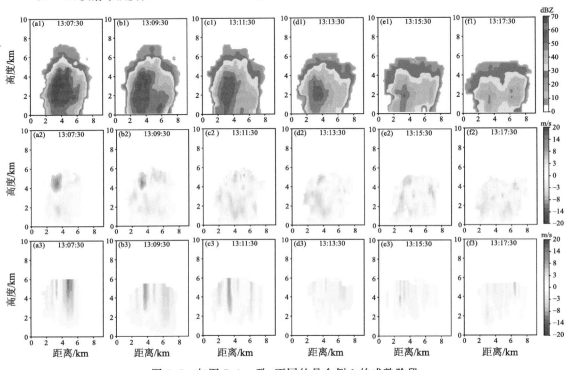

图 7.7　与图 7.6 一致，不同的是个例 1 的成熟阶段

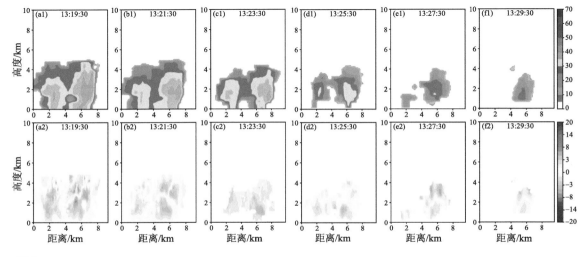

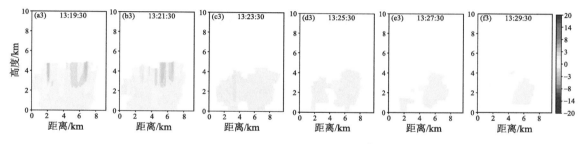

图 7.8　与图 5-14 一致,不同的是个例 1 的消亡阶段

2020 年 9 月 7 日 13∶10∶00 时刻"葵花"8 号卫星探测到的可见光云图显示,个例 1 对流单体中有明显的白色区域(图 7.9 红色圆圈内),云体中反照率最强的地方最白,表明强烈的上升气流冲出云顶。同时绘制出同一时刻雷达探测到的回波强度与两种方法垂直气流 2 km、4 km、6 km 的等高平面图(图 7.10),可以看出迭代积分向上方法垂直气流和回波对应较好,且在 6 km 高度处的气流与卫星云图相对吻合。在缺少其他探测仪器资料条件下,卫星可见光云图可以间接佐证垂直气流的合理性。

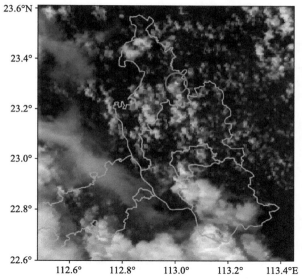

图 7.9　2020 年 9 月 7 日 13∶10∶00 时刻"葵花"8 号卫星 500 m 分辨率可见光云图

从不同时间序列的垂直剖面图、与"葵花"8 号卫星可见光云图同一时刻对比分析得出,迭代向上积分方法得到的垂直气流与回波的变化情况基本一致,三维变分风场反演方法由于降水粒子的下落速度估算偏差较大得到的垂直气流随时间变化与回波的演变对应不好,十分难解释其物理机制。

个例 1 对流单体维持时间为 38 min,其生命周期遵循 Chisholm 等(1972)提出典型对流单体的特征规律。迭代向上积分解得的垂直气流能体现降水过程中对流单体在发展、成熟、消散三个阶段的演变特点,与 Kim 等(2012)多单体对流降水风暴发现的特征一致。他们的研究表明,在早期的回波增长阶段,与低层辐合或者热力强迫相关的上升气流开始形成,当其足够大时可以将正在生长的云滴带着向上。当云滴被抬升,并继续长大,直到它们变得足够重,足

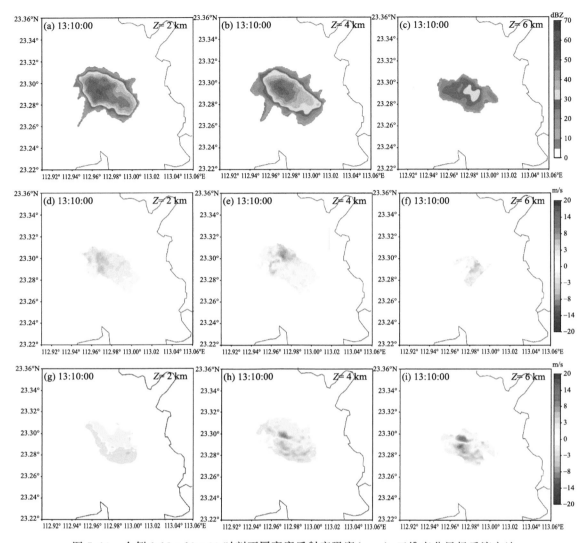

图 7.10 个例 1 13∶10∶00 时刻不同高度反射率强度(a—c)、三维变分风场反演方法
垂直气流(d—f)、迭代向上积分方法垂直气流(g—i)

以克服上升气流上推作用,就开始相对地面下降。个例 1 发展和成熟阶段中,阵列天气雷达观测到上升气流在最强回波中心位置附近出现,回波单体不断膨胀变强,上升气流持续了大约 20 min(12∶57∶30—13∶17∶30);当出现降水核心交替时,在分支强回波中心也出现了上升气流,存在时间极短就开始发生消散。最后的消亡阶段,在降水的驱动下上升气流逐渐转变为下沉气流,没有上升气流的支撑降水核心高度降低,对流单体开始消亡。

7.4.2 个例 2 分析和讨论

与个例 1 分析垂直气流讨论一致,图 7.12—7.14 列出了个例 2 中沿着对流单体强回波中心移动的发展阶段、成熟阶段、消亡阶段的反射率强度,三维变分风场反演得到的垂直气流,向上积分方法得到的垂直气流剖面图。在发展阶段中,前 11 min 内对流单体的单核增长情况与个例 1 十分类似,不再展示时间序列图。

从个例 2 对流单体演变过程中三个阶段的反射率强度叠加水平风场图看出此次降水过程几乎是在原地,移动非常缓慢(图 7.11)。与个例 1 中的水平风场基本一致,低空到高空风向由东南风转为西南风,整个过程中平均风速未超过 6 m/s。

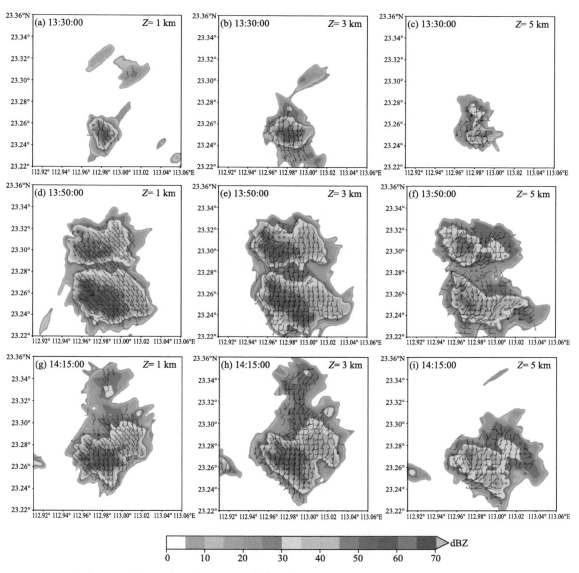

图 7.11　个例 2 水平风场叠加反射率强度图:(a—c)发展阶段 13:30:00 时刻、
(d—f)成熟阶段 13:50:00 时刻、(g—i)消亡阶段 14:15:00 时刻

图 7.12a1—f1 中清楚地看到左侧和右侧出现了新的降水核心,对应图 7.12a3—f3 中迭代向上积分方法得到的垂直气流在相同位置出现了上升气流,其大小和范围都在变大;且初生的降水核心渐渐被融合,此位置处的垂直气流由上升变为下沉。图 7.12a2—f2 中三维变分风场反演得到的垂直气流亦有一样的趋势,不过在同一垂直列上气流不太连续,同时夹杂着上升和

下沉两股气流。在成熟阶段,回波强度大,持续时间久,特别是在图7.13b1—c1中出现了超过60 dBZ的值,出现强降水核心。图7.13a3—b3中迭代向上积分方法上升气流超过了20 m/s达到最大值,与回波强度变化密切。当回波强度出现超过60 dBZ值时,图7.13b3—c3中强烈的上升气流迅速变为下沉气流,此时上升气流支撑不住降水核心,导致气流发生转变。这一过程持续了6 min,图7.13e3—f3中随着强中心落地后同一位置处低空存在微弱的下沉气流,高空再次出现上升气流。而图7.13a2—f2三维变分风场反演方法气流和强回波中心不能较好对应,垂直配置分布较为散乱,体现不出回波随时间变化的物理现象。在对流单体消亡阶段,回波强中心强度逐渐减弱(图7.14a1—f1),图7.14a3—f3中上升气流也在慢慢变弱,下沉气流出现并且在消散后期占主导;图7.14a2—f2中整体以下沉气流为主,掺杂着微弱的上升气流。

同样,2020年9月7日13:40:00时刻葵花8号卫星探测到的可见光云图更加明显地显示出个例2对流单体中变化强烈的云体运动(图7.15红色圆圈内)。雷达探测到的积雨云范围会比卫星更小,但根据地形轮廓可以判断出位置的正确。由可见光云图的成像原理可知,图中色调最亮的区域云体的反照率最强。图7.16给出了同一时刻雷达探测到的回波强度与两种方法垂直气流2 km、4 km、6 km的等高平面图。可以看出向上迭代积分方法垂直气流和回波对应较好,且在6 km高度处的上升气流与卫星云图的最亮处纹理形态基本一致。从定性的角度,卫星可见光云图可以间接佐证垂直气流的合理性。

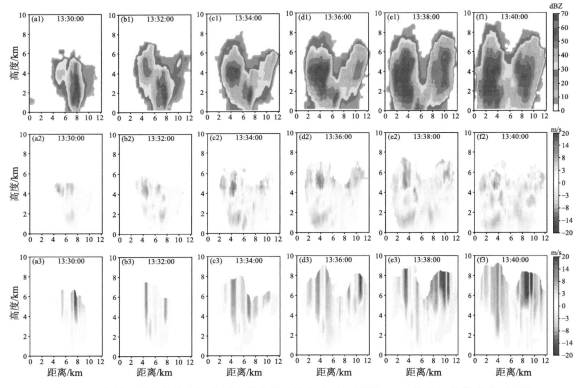

图7.12　个例2对流事件中沿着对流单体强回波中心时间间隔2 min的发展阶段垂直剖面图
(a1—f1)反射率强度;(a2—f2)三维变分风场反演垂直气流;(a3—f3)迭代向上积分方法垂直气流

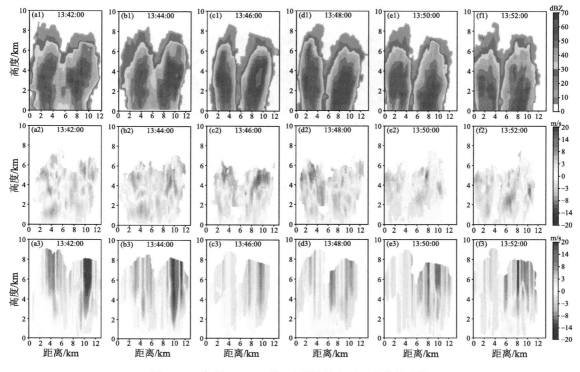

图 7.13　与图 7.12 一致,不同的是个例 2 的成熟阶段

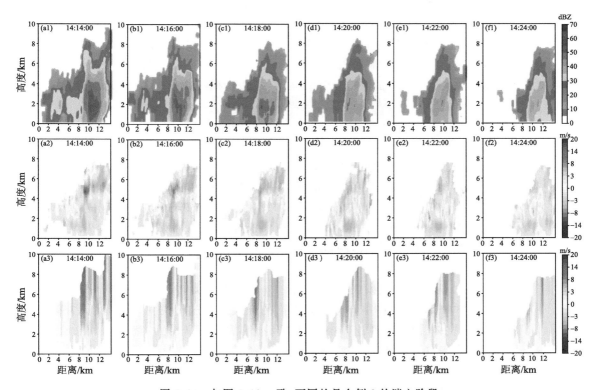

图 7.14　与图 7.12 一致,不同的是个例 2 的消亡阶段

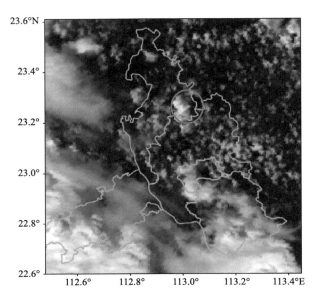

图 7.15　2020 年 9 月 7 日 13：40：00 时刻"葵花"8 号卫星 500 m 分辨率可见光云图

从上述分析得出,在这个个例中迭代向上积分方法得到的垂直气流比三维变分风场反演方法更加合理,更能体现对流单体在演变过程中的物理特征。个例 2 相对于个例 1 生命周期更长,超过了典型对流单体的寿命。与个例 1 中总结的特征规律相同,上升气流和下沉气流分别在早期的回波增长阶段和消散阶段占主导。不同的是,当对流单体具有多个降水核心时,在初始的降水核心附近出现了两个新的降水核心并出现较强的上升气流。Kim 等(2012)提出的物理机制是地面的水平风朝向已经建立的降水核心,降雨蒸发产生的湿度产生了上升气流和新的降水核心。这一研究结论可以解释本节中观测到的对流单体演变现象,而且当两个新的降水核心发生交替时,只需要 3～4 min 完成。这表明快速扫描的阵列天气雷达能捕捉到对流单体内降水核心的详细时间演变情况,为进一步研究降水形成和资料同化提供了基础。

7.4.3　个例 3 分析和讨论

本节对降雹回波发展过程中的强度场及三维风场,尤其是利用三维变分法和条件 3 下的双向积分权重法计算的垂直气流进行对比分析。降雹回波整体向东移动,发展过程分为三个阶段,分别是 12：20—12：30 发展阶段、12：30—12：45 成熟阶段和 12：45—13：00 消亡阶段。直接合成法网格分辨率均为 100 m,双向积分权重法计算的垂直气流网格分辨率也为 100 m。由于三维变分法计算量较大,网格场水平分辨率为 300 m,垂直分辨率 200 m。

（1）发展阶段

12：20—12：30 为降雹回波发展阶段,选择 12：28 作为典型时刻进行分析。由于两种方法的水平风场基本一致,选取网格点分辨率更高的合成风场进行说明。如图 7.17 所示,低层反射率因子较小,整体为南风,风速较小。中层反射率因子显著增大,整体为西风最大风速超过 10 m/s,回波北侧为偏北风,存在较强辐合,出现气旋结构。高层反射率因子减小,整体为 15 m/s 的西风,最大风速超过 20 m/s。风速从低层到高层不断变大,整体由南风变为西风,与北京探空站测得的水平风速随高度变化趋势基本一致。

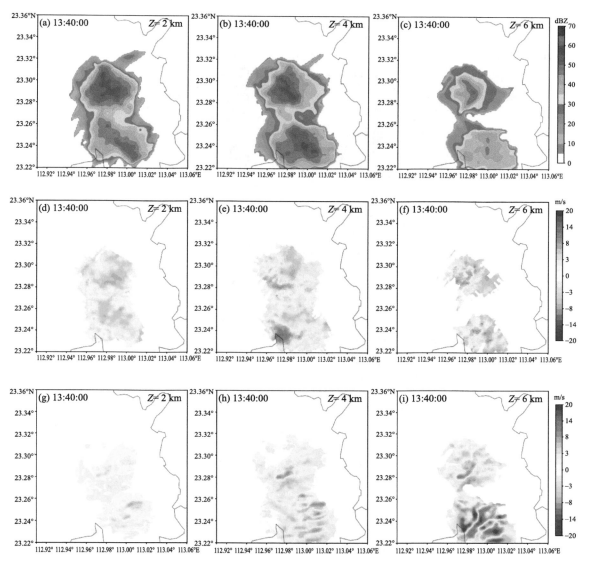

图 7.16　个例 2 13：40：00 时刻（a—c）不同高度反射率强度、（d—f）三维变分风场
反演方法垂直气流、（g—i）迭代向上积分方法垂直气流

　　对降雹回波沿强回波中心移动方向进行垂直剖面，剖面上的箭头为垂直气流与水平风在
剖面投影的矢量和，如图 7.18a 所示。12：28 沿 38.999°N 做垂直剖面，由于仅有一部相控阵
雷达前端探测到很弱的回波触击，低层水平风场缺失，计算的垂直气流准确性不高，水平上一
致性较差，且水平风分量 u 较大，不利于分析剖面上的垂直气流分量。故下文对降雹回波沿
强回波中心移动的正交方向做剖面，即沿经度方向做剖面。同时，虽然双向积分权重法可以减
缓积分过程中的误差累积，但是仍然累积误差。所以当任一网格点上不同高度的水平风速缺
失超过总高度的 20% 时，该点不进行计算。

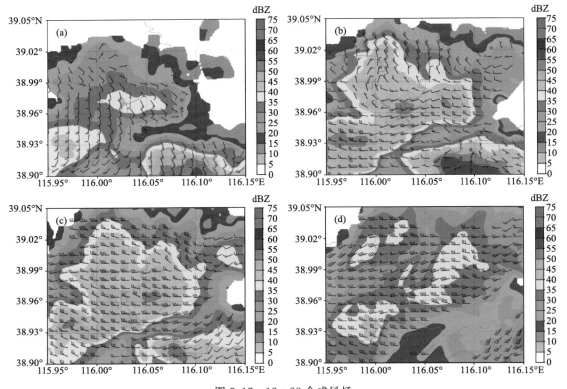

图 7.17　12：28 合成风场
(a)1 km；(b)3 km；(c)5 km；(d)7 km

　　如图 7.19 所示,12：28 沿 115.977°E 做垂直剖面,对比两种算法发现,两种算法在低层计算的垂直气流均较小,绝对值小于 2 m/s。双向积分权重法计算的垂直气流几乎均为上升气流,在 6 km 高度上达到最大约为 13 m/s,三维变分法计算的垂直气流在 5 km 以下的弱回波区域为上升气流,在 4 km 高度上最大值为 5 m/s。如图 7.20 所示,12：28 沿 115.984°E 做垂直剖面,可以发现在 7 km 高度处存在强回波中心,反射率因子约为 40 dBZ。双向积分权重法计算的垂直气流变化不大,仍然以较强的上升气流为主。三维变分法计算的垂直气流变为以上升气流为主,对应中层弱回波区域以及高层强回波中心。如图 7.21 所示,12：30 沿 115.993°E 做剖面,此时低层回波中心在 3 km 左右,最大反射率因子超过 50 dBZ,高层出现悬垂结构,强回波中心在 7.5 km 左右,最大反射率因子超过 45 dBZ,整体回波强度迅速增大。在低层强回波中心处,两种算法计算出来的垂直气流均较小。在 4.5 km 高度附近存在入流缺口,回波显著弱,较大的上升气流沿入流口流入,使降雹回波不断发展。在悬垂的强回波中心处,两种算法的相同点在于从低层到中高层垂直气流迅速增大,不同点在于双向积分权重法计算的最大上升气流约为 25 m/s,而三维变分法计算的最大上升气流约为 18 m/s,明显更小。在其他剖面处,悬垂强回波中心下方双向积分权重法计算的最大上升气流超过 30 m/s,三维变分法计算的最大上升气流约为 20 m/s。

　　上述分析表明,发展阶段高层出现强回波中心逐渐形成悬垂结构,初始 40 dBZ 以上回波高度在 7 km 左右,具有脉冲风暴特征。在强回波中心及下方弱回波区两种算法计算出的垂

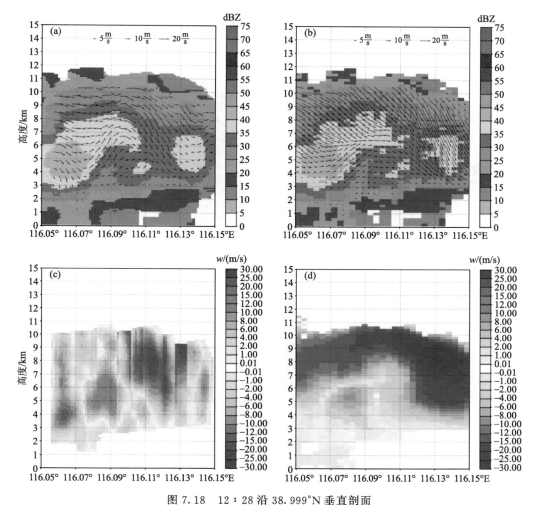

图 7.18　12：28 沿 38.999°N 垂直剖面

（a）双向积分权重法风矢量和叠加反射率因子；（b）三维变分法风矢量和叠加反射因子；
（c）双向积分权重法垂直气流；（d）三维变分法垂直气流

直气流均为上升气流，有较大的上升气流沿弱回波处的入流口流入，在低层均为微弱的垂直气流。区别在于双向积分权重法得到的垂直气流中几乎均为上升气流，且数值明显更大能够使冰雹不断发展。三维变分法得到的垂直气流在云顶以及强回波后侧表现为较弱的下沉气流，上升气流区与下沉气流区成对出现。对流风暴发展阶段由低层辐合引起的上升气流所控制，上升速度一般随高度增加。双向积分权重法较好地展现了这一特征，得到的垂直气流更加合理。

（2）成熟阶段

12：30—12：45 为降雹回波成熟阶段。该段时间，回波增强，面积增大，与 12：28 相比水平风场变化不大，整体风场结构不变，中低层辐合加强。

如图 7.22 所示，12：32 沿 116.009°E 做剖面，此时低层强回波最大反射率因子超过 50 dBZ，触地回波反射率因子超过 35 dBZ，降水到达到地面，甚至可能出现冰雹。高层左侧出

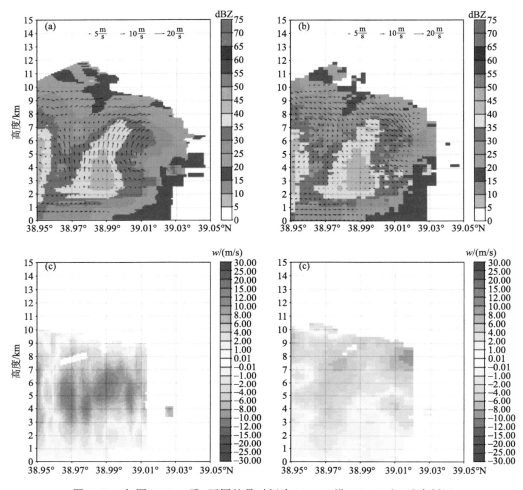

图 7.19　与图 7.18 一致,不同的是时间为 12∶28 沿 115.977°E 垂直剖面

现新的强回波,右侧强回波中心在 7.5 km 左右,略微升高,最大反射率因子超过 50 dBZ。在低层强回波中心处,两种算法计算结果较为一致,均为微弱的上升或下沉气流。悬垂的强回波中心处,两种算法的相同点在于从低层到悬垂结构处垂直气流迅速增大,最大上升气流约为 25 m/s。由于在 12 km 高度处反射率因子仍然大于 35 dBZ,根据 Z-V_T 关系,此处计算出来的粒子自由下落速度仍然较大,所以双向积分权重法计算出来的垂直气流表现为较强的上升气流,该处两种算法得到的垂直气流结果较为一致。不同点在于双向积分权重法计算的垂直气流,在强回波中心上升流较小,下方上升气流较大,回波顶部气流逐渐减小。而三维变分法计算的垂直气流,在强回波中心处较大,并且随着高度增加继续增大,直到 10 km 高度处。如图 7.23 所示,12∶36 沿 116.030°E 做剖面,高层强回波中心在 6.5 km 左右,略微下降,两种算法的强上升气流均从 4 km 高度处的入流口流入。双向积分权重法计算的最大上升气流在 5 km 左右,约为 22 m/s,随高度增加上升气流逐渐减小,在回波顶上升气流小于 4 m/s。三维变分法计算的最大上升气流在 6.5 km 左右,约为 15 m/s,与强回波中心吻合,在回波顶仍有较大的上升气流。如图 7.24 所示,12∶39 沿 116.059°E 做剖面,可以发现强回波中心显

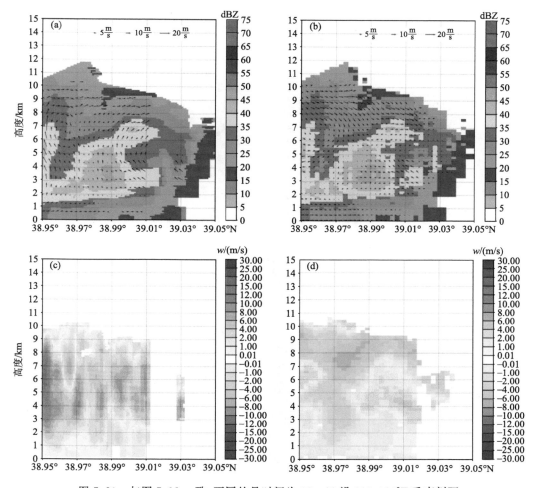

图 7.20　与图 7.18 一致,不同的是时间为 12∶28 沿 115.984°E 垂直剖面

著增强,超过 55 dBZ。低层强回波中心进一步下降,双向积分权重法计算的垂直气流在低层强回波中心附近以较弱的垂直气流为主,悬垂结构处上升气流和下沉气流共存,出现较弱的下沉气流。三维变分法计算的垂直气流在低层以较弱的上升气流为主,中高层回波后侧存在较弱的下沉气流,但整体以上升气流为主,上升气流区域明显更大。

　　上述分析表明,降雹回波迅速增强,在 8 km 高度处回波强度超过 55 dBZ,扩展到 -20 ℃等温线以上,由此可判断此次过程属于脉冲风暴,并且可能产生边际尺度的冰雹 (10~25 mm)。低层强回波触地,超过 40 dBZ 表明已经发生降水,甚至可能产生降雹。双向权重积分法计算的垂直气流逐渐出现下沉气流,在 12∶39 悬垂回波高度开始下降,出现很强的下沉气流。而三维变分法计算的垂直气流整体仍以上升气流为主。对流风暴成熟阶段,一般表现为上升气流与下沉气流共存,此阶段降水通常降落到地面,云中的上升气流将会达到最大,随着降水的开始,降水粒子会产生拖曳作用,形成下沉气流。随着降水的发展,下沉气流区会在垂直和水平方向进行扩展。双向积分权重法得到的垂直气流结果符合该阶段特征。

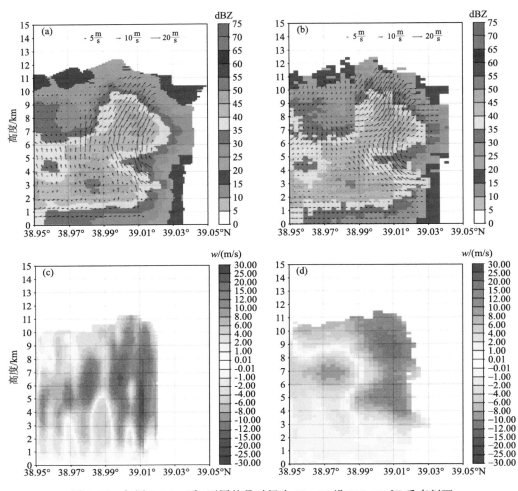

图 7.21　与图 7.18 一致,不同的是时间为 12:30 沿 115.993°E 垂直剖面

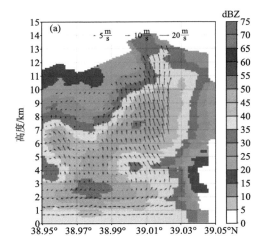

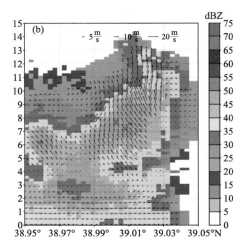

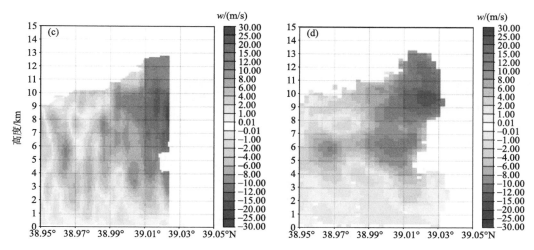

图 7.22　与图 7.18 一致,不同的是时间为 12:32 沿 116.009°E 垂直剖面

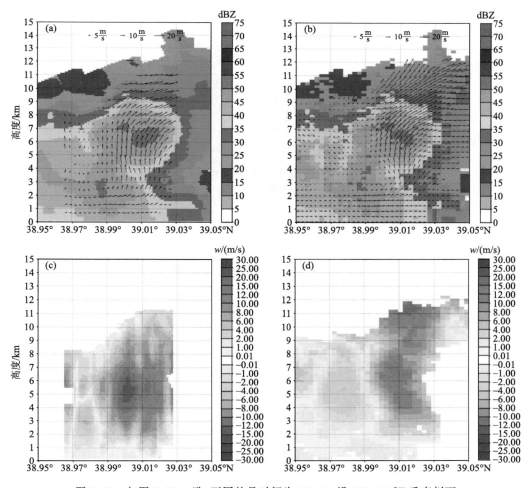

图 7.23　与图 7.18 一致,不同的是时间为 12:36 沿 116.030°E 垂直剖面

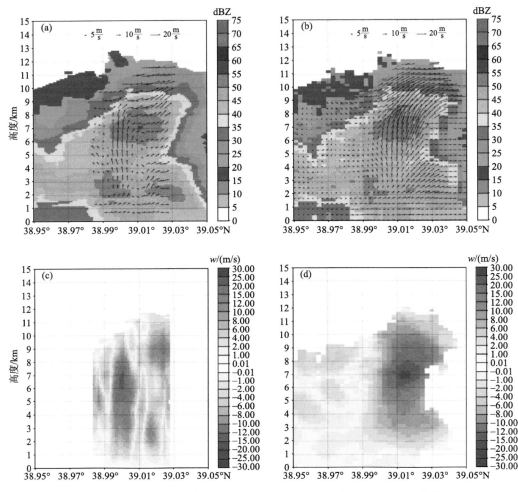

图 7.24　与图 7.18 一致，不同的是时间为 12：39 沿 116.059°E 垂直剖面

（3）消亡阶段

12：45—13：00 为降雹回波消亡阶段。该段时间，回波减弱，强回波中心逐渐下降，水平风场变化不大，从低层到高层仍由南风转为西风，但低层风速减小。

如图 7.25 所示，12：45 沿 116.068°E 做剖面，由于多处高度水平风场缺失，双向积分法在部分区域没有计算垂直气流。降雹单体略微向低纬度移动，低层回波强度减弱，高层悬垂回波开始下降，悬垂结构下方有较弱的垂直气流，约为 −4 m/s。如图 7.26 所示，12：47 沿116.080°E 做剖面，高层回波强度减弱，强回波面积缩小，悬垂结构几乎消失，强回波中心继续下降。双向积分权重法计算的垂直气流在强回波区域以上升气流为主，整体约为 12 m/s。相较于图 7.25，在强回波后侧的下沉气流区域显著扩大，整体约为 −6 m/s，低层为微弱的垂直气流。三维变分法计算的垂直气流以上升气流为主，整体约为 8 m/s，部分区域上升气流较强。如图 7.27 所示，12：51 沿 116.090°E 做剖面，此时高层强回波迅速减弱，强回波中心迅速下降。双向积分法计算的垂直气流在低层以较弱的下沉气流为主，整体约为 −5 m/s。三维变分法计算的垂直气流整体仍以较弱的上升气流为主。

12：54 雄安气象局(116.10°E, 39.00°N)地面观测到小冰雹,如图 7.28 所示,对降雹回波沿 116.10°E 做剖面,降雹区域的触地回波强度大于 40 dBZ,悬垂结构消失。两种算法在低层计算的垂直气流均为微弱的下沉气流,较为一致。双向积分权重法计算的垂直气流在强回波中心处为较弱的下沉气流,中低层以−6 m/s 左右的下沉气流为主,中高层有较强的上升气流和较弱下沉气流交替。三维变分法计算的垂直气流在强回波中心处以上升气流为主,高层为较弱的下沉气流。

上述分析表明,该阶段强回波中心迅速下降,悬垂结构逐渐消失,地面观测到直径小于 20 mm 的冰雹。消亡阶段,对流单体内一般以下沉气流占主导,但是由于多单体内包含多个强回波中心,可能会发生合并、分裂、交替等现象,结构复杂。虽然双向积分权重法得到的垂直气流在中低层以下沉气流占主导较为合理,但是中高层仍然存在较大的上升气流,难以分析中高层垂直气流的合理性。

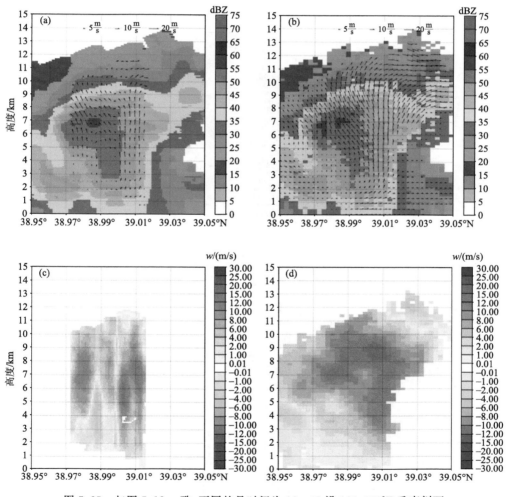

图 7.25 与图 7.18 一致,不同的是时间为 12：45 沿 116.068°E 垂直剖面

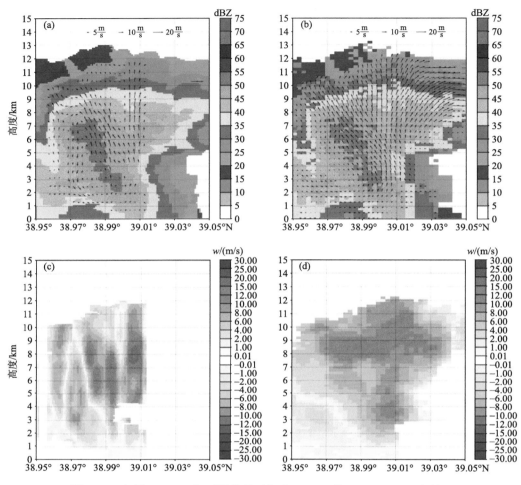

图 7.26　与图 7.18 一致,不同的是时间为 12：47 沿 116.080°E 垂直剖面

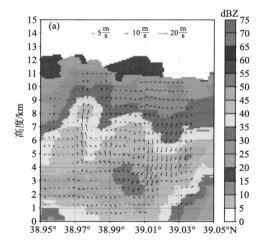

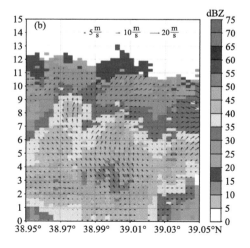

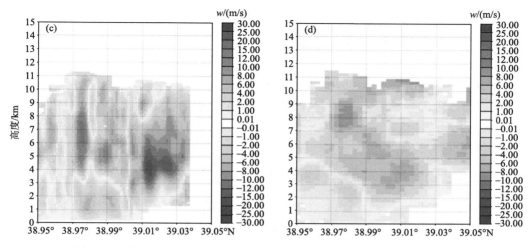

图 7.27　与图 7.18 一致,不同的是时间为 12:51 沿 116.090°E 垂直剖面

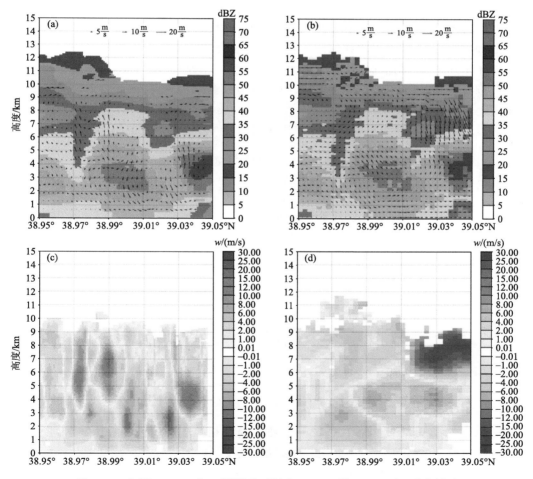

图 7.28　与图 7.18 一致,不同的是时间为 12:54 沿 116.100°E 垂直剖面

7.5 粒子垂直速度误差分析

为检查三个雷达前端探测一致性,以及直接合成法的准确性,利用直接合成法得到的粒子垂直速度作为参考值与各雷达前端探测的径向速度中包含的粒子垂直速度分量对比,进行误差分析,理论上误差应该趋于 0。计算三维风场前,对相控阵阵列天气雷达资料进行了数据质量控制,雷达资料对比等。

7.5.1 雷达前端粒子垂直速度计算方法

用于计算粒子垂直速度的径向速度是雷达前端探测的径向速度在空间最邻近的插值,插值到网格的分辨率均为 100 m。直接合成法利用上述三个雷达前端插值后的径向速度进行风场合成。各雷达前端计算粒子垂直速度的思路如下:利用雷达前端与任一网格点的经纬度坐标,计算前端与网格点的相对位置,模拟雷达扫描的方位角和仰角。利用直接合成法得到的水平风分量 u、v,计算网格点的风速及风向,并将风投影到对应雷达前端的径向上,将其与雷达前端插值后的径向速度做差,差值为粒子垂直速度在雷达前端径向上的投影。最后将差值方投影至 Z 轴方向,即为雷达前端探测到的粒子垂直速度。

具体计算方法:设雷达前端所在位置为笛卡尔坐标系原点 $(0,0,0)$,网格场中一点 (x,y,z) 处的三维分量可以表示为 (u,v,V_z),其中 u、v 分别是东西方向、南北方向风的分量,V_z 是粒子垂直速度。

利用雷达前端与网格点的距离计算雷达前端与空间点连线的方位角和仰角,方位夹角

$$\phi = \arctan \frac{x}{y} \tag{7.10}$$

仰角:

$$\theta = \arctan \frac{z}{\sqrt{x^2+y^2}} \tag{7.11}$$

风向:

$$\gamma = \arctan \frac{u}{v} \tag{7.12}$$

粒子垂直速度:

$$V_z = \frac{V - \sqrt{u^2+v^2}\cos(\phi-\gamma)\cos\theta}{\sin\theta} \tag{7.13}$$

式中,V 为雷达前端插值后的径向速度。

7.5.2 两种粒子垂直速度对比

利用 2021 年 8 月 5 日 12：10—12：50 雄安新区相控阵阵列天气雷达数据,将直接合成法计算得到的粒子垂直速度与用各雷达前端径向速度与风向风速计算得到的粒子垂直速度对比,进行误差分析。资料时间分辨率为 30 s,12：10—12：50 共 40 min,81 个时刻的体扫数据。选取该段时间内直接合成法计算的粒子垂直速度作为参考值分别与雷达前端 1、2、3 进行

验证评估。粒子垂直速度的客观评价方式采用平均绝对偏差（MAD）进行差异分析。公式如下：

$$\text{MAD} = \frac{\sum |V_{zs} - \overline{V}_z|}{N} \tag{7.14}$$

式中，V_{zs} 和 V_z 分别表示通过雷达前端径向速度计算的粒子垂直速度和直接合成法计算的粒子垂直速度，N 为样本数。

理论上仰角较低处粒子垂直速度在雷达前端径向上的分量很小，若公式（7.13）右边中径向速度减去水平风分量后得到的粒子垂直速度在径向上的分量存在误差，那么计算粒子垂直速度 V_T 时，会将误差放大几倍甚至几十倍。例如，在距离雷达前端 40 km，高度为 0.5 km 处，公式（7.13）中 $\sin\theta$ 为 1/80，此时得到的粒子垂直速度 V_T 中包含的误差会放大 80 倍。实际计算中，发现低层确实出现超过百米每秒的垂直气流速度，故在进行异常值处理后计算平均绝对偏差。由于垂直气流一般不会超过 50 m/s，处理方法为剔除粒子垂直速度绝对值大于 50 m/s 的异常点。表 7.2 为 2021 年 8 月 5 日 12：30—12：50 通过雷达前端径向速度与直接合成法计算的粒子垂直速度平均偏差统计结果，统计区域内粒子垂直速度绝对值小于 50 m/s 的网格点即为有效点，统计每一个时刻的平均绝对偏差。总点数为 81 个时刻有效网格点之和，三个雷达前端的总点数均在 1.6 亿个点左右，统计区域一致。从表 7.2 中可以看出，剔除的异常点并不多，剔除率为 2%～4%，对统计结果影响不大。主要统计区域与雷达前端 1 的距离一直较远，距离雷达前端 2 由远到近，距离雷达前端 3 由近到远。随着回波发展，统计区域与雷达前端 1 的距离较远，变化不大，其平均绝对偏差较大，变化不大，分别为均值 7.01 m/s，最大值 8.02 m/s，最小值 6.37 m/s；统计区域逐渐靠近雷达前端 2 并且统计点数逐渐变少，其平均绝对偏差从最大 5.1 m/s 显著减小至最小 1.71 m/s，均值为 3.70 m/s；统计区域逐渐远离雷达前端 3，其平均绝对偏差从最小 4.59 m/s 显著增大至最大 7.31 m/s，均值为 6.06 m/s。在相同高度处，若雷达前端仰角越低，则径向距离越远。对距离雷达前端越远的网格点进行数据插值，由于波束展宽，会使数据越不准确。这是雷达前端 1、3 的平均绝对偏差较大而雷达前端 2 的平均绝对偏差较小的主要原因。由于整体粒子垂直速度在 −50～50 m/s，雷达前端径向速度计算的粒子垂直速度在对流层中低层会将误差放大几十倍，且直接合成法计算的粒子垂直速度进行了平滑等操作，都会使平均绝对偏差增大。故三个雷达前端与直接合成法的平均绝对偏差相对较小，具有较好的探测一致性，利用直接合成法能够较好地还原径向速度中包含的粒子垂直速度分量。

表 7.2　雷达前端与直接合成法在验证时刻的平均偏差统计结果

雷达前端	统计总点数	剔除点数	剔除率/%	平均绝对偏差/(m/s)		
				均值	最大值	最小值
1	165344009	6624003	4.00	7.01	8.02	6.37
2	167229711	5007071	2.99	3.70	5.10	1.71
3	164316739	4596264	2.80	6.06	7.31	4.59

为进一步说明误差分布，以雷达前端 2 在 12：30 和 12：45 的探测数据为例进行分析。图 7.29 为 12：30 通过雷达前端 2 径向速度和直接合成法计算的粒子垂直速度在每层高度上

的绝对偏差和相对偏差占比,分析点数为3513650个,平均绝对偏差为4.86 m/s。从图7.29a中可以看出,低层绝对偏差很大,随着高度增加,大于10 m/s的绝对偏差占比迅速减小,大于5 m/s的绝对偏差占比先增大后减小,在中高层以小于3 m/s的绝对偏差为主。从图7.29b中可以看出在低层相对偏差较大,在中高层小于20%偏差占比最高,整体以小于40%偏差占比为主。20%~40%偏差占比较大主要是因为粒子垂直速度较小的缘故。图7.30为通过雷达前端2径向速度和直接合成法计算的粒子垂直速度在每层高度上的绝对偏差和相对偏差占比,分析点数为1315209个,平均绝对偏差为1.8 m/s。从图中可以看到12:45与12:30的偏差分布规律一致,不同的是相同高度的绝对偏差与相对偏差都更小,因为此时回波距离雷达前端2更近。图7.31和图7.32为12:30在3 km和6 km高度上的雷达前端2径向速度、雷达前端2径向速度计算的粒子垂直速度、直接合成法计算的粒子垂直速度和两者的粒子垂直速度之差。从图中可以看出,3 km和6 km高度上两种粒子垂直速度的正速度和负速度分布均基本一致,粒子垂直速度之差在6 km高度上显著更小,尽管粒子垂直速度绝对值超过20 m/s,大部分绝对偏差在2 m/s以内,拥有较好的一致性。

上述分析表明,雷达前端距离回波越近,径向速度插值数据越准确,在直接合成法计算水平风分量和粒子垂直速度时占有更大比重。随着仰角增大,高度增加,粒子垂直速度对径向速度的贡献增大,利用径向速度计算得到的粒子垂直速度误差越小。三个雷达前端拥有较好的探测一致性,利用直接合成法能够较好地还原径向速度中包含的粒子垂直速度分量。

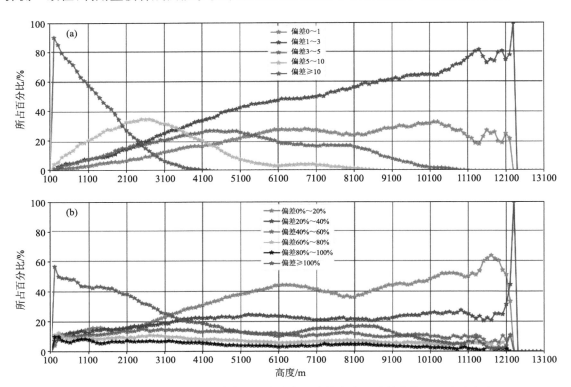

图7.29　12:30通过雷达前端2径向速度和直接合成法计算的粒子垂直速度在
不同高度上的(a)绝对偏差占比和(b)相对偏差占比

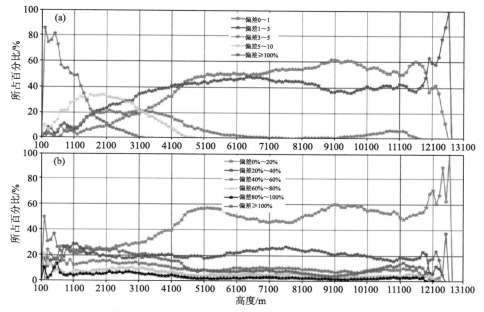

图 7.30　与图 7.29 一致，不同的是时间为 12：45

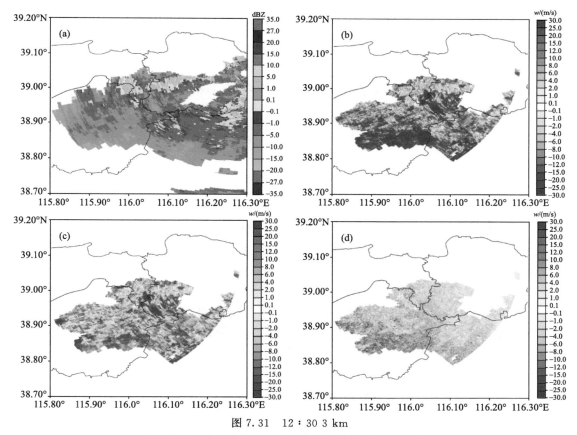

图 7.31　12：30 3 km

（a）雷达前端 2 径向速度；（b）雷达前端 2 计算的粒子垂直速度；

（c）直接合成法计算的粒子垂直速度；（d）两种粒子垂直速度差值

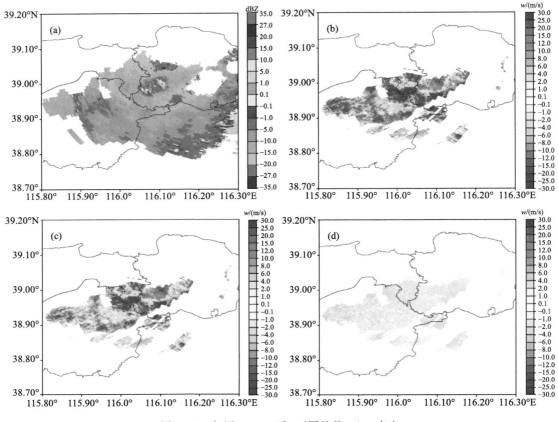

图 7.32　与图 7.31 一致,不同的是 6 km 高度

7.6　小结

　　基于相控阵阵列天气雷达径向速度数据,采用三种方法进行处理得到空间垂直气流分布,结合实际天气讨论了大气垂直速度计算方法的合理性,分析了单个雷达前端和三个雷达前端径向速度计算垂直粒子速度的差异。

　　天气雷达探测降水区域大气垂直速度一般有三种方式:(1)采用风场直接合成法利用三个雷达前端径向速度直接合成得到粒子垂直速度,然后通过反射率因子 Z 与粒子自由下落速度 V_T 之间的关系,得到粒子自由下落速度 V_T,最后计算得到大气垂直速度。(2)通过三维变分法计算得到空气垂直气流。这种方法涉及观测约束、大气质量守恒约束、边界条件约束等,也用到了反射率因子 Z 与粒子自由下落速度 V_T 之间的关系。(3)利用风的分量 u、v,通过大气运动的连续方程在垂直方向积分计算垂直气流速度。其中双向变权重垂直积分方式能够显著抑制累积误差。三种方法各有特点,第一种方法用观测量和经验公式计算得到大气垂直速度;第二种方法采用了多种约束,提高了计算大气垂直速度的准确性;第三种方式没有采用反射率因子 Z 与粒子自由下落速度 V_T 之间的经验关系,避开了反射率因子误差和反射率因子 Z 与

粒子自由下落速度 V_T 之间的关系的不确定性。

到目前为止,难以找到能够作为标准的大气垂直气流数据,很难开展准确性分析。因此,需要利用在实际天气过程中探测的资料,采用不同的大气垂直气流计算方法,得到不同的垂直气流数据,结合气象学原理对这些数据进行合理性分析。对比分析直接合成法和三维变分法计算的垂直气流,对比结果表明,两种算法计算的上升气流和下沉气流分布较为一致,但是直接合成法由于不确定的 $Z\text{-}V_T$ 和低层计算粒子垂直速度误差较大导致垂直气流存在较大误差。三维变分法相比于直接合成法,能够有效扩大垂直气流范围,采用的各类约束可以有效减轻不确定的 $Z\text{-}V_T$ 关系带来的影响。对降雹回波演变的三个阶段利用双向积分权重法和三维变分法计算垂直气流结合强度场结构进行对比分析,分析结果表明,双向积分权重法能够有效减轻误差累积,虽然基于单点的积分,水平相关性弱,但是计算散度前进行的 u、v 分量平滑在减轻异常值干扰的同时,可以提高水平相关性,并且这种方法可能会有利于保留小尺度天气的局部特点。三维变分法与双向积分权重法得到的垂直气流的分布结构相差比较大,但总体特征是一致的:从发展到成熟阶段,垂直气流逐渐增强,强回波悬垂结构处都有较强的上升气流区,上升气流从入流口处流入;从成熟到消亡阶段,垂直气流逐渐减弱等。但是三维变分法计算的垂直气流在对流发展、成熟阶段几乎全是上升气流,下沉气流很少。双向积分权重法在发展和成熟阶段的垂直气流分布更为合理。消亡阶段,两种算法得到的垂直气流在中低层以较弱的下沉气流为主较为合理,中高层回波结构复杂,难以分析合理性。回波强度与粒子速度的关系对三维变分法计算垂直气流有较大的影响,如何更客观地描述回波强度与粒子速度的关系是改善三维变分法计算垂直气流准确性的重要工作。

利用部署在容城县、雄县和安新县的三个雷达前端探测的径向速度,采用直接合成法计算的得到风 (u,v) 和粒子垂直速度 V_z,同时利用各雷达前端径向速度和 (u,v) 计算雷达前端 1、2、3 的粒子垂直速度分别为 V_{z1}、V_{z2}、V_{z3}。分析了 V_{z1}、V_{z2}、V_{z3} 与 V_z 的偏差。V_{z1}、V_{z3} 与 V_z 在每个时刻平均绝对偏差较大,V_{z2} 与 V_z 的平均绝对误差较小。距离雷达前端越远的数据,仰角越低,得到的垂直速度越不准确。这是 V_{z1}、V_{z3} 与 V_z 的平均绝对偏差较大而 V_{z2} 与 V_z 的平均绝对偏差较小的主要原因。对比分析表明,三个雷达前端具有较好的探测一致性,直接合成法较为准确。

第8章　高分辨率强度场融合

多普勒天气雷达空间分辨率取决于影响方位分辨率的雷达波束宽度和影响距离分辨率的脉冲宽度。提高天气雷达空间分辨率能更精细地呈现天气系统结构，进而提高对天气系统基础认识，改善预报预警能力。

目前，在不改变雷达天线性能的情况下，天气雷达空间分辨率增强的方法主要集中在以下三类：(1)采用改进信号处理或数据分析方法获得更高分辨率的雷达资料，例如通过降低雷达方位向采样间隔的方式使实际分辨率提高。(2)通过径向或方位向加权函数的先验信息，并利用数据反演或逆卷积方法得到更高分辨率的雷达资料。其中，径向可表达为径向距离加权函数的加权和结果，方位向可表达为天线方向图函数的加权和结果。(3)利用多个雷达从不同视角提供反射率因子分布结构进行综合处理。此类方法为相控阵阵列天气雷达时空分辨率的增强提供了很好的研究思路。

自从国内外天气雷达网络完成部署后，在一些公共区域通常会被多个雷达覆盖，由此开始了多个雷达拼图技术监测天气系统的研究。相比于二维平面的拼图技术，业务上更倾向于采用更适合监测强天气的三维网格拼图算法。天气雷达数据通常以极坐标形式存储，但不利于将雷达资料与其他气象资料进行联合分析，也不利于雷达组网或网络化雷达的观测。笛卡尔坐标系提供了一个通用化框架，在该框架中可以合并其他观测数据集并使其相互关联。美国NEXRAD和中国CINRAD等雷达组网已经提出了许多将雷达观测结果进行三维网格化处理的方法和技术，例如把基于极坐标的雷达基数据转换成基于笛卡尔坐标的数据，其中就用到一些插值技术。普遍存在的插值技术有最近邻域法、线性插值法、径向和方位上的最近邻域法和垂直线性(VI)法等。在得到径向和方位向分辨率均匀的单个雷达反射率因子强度场后，把来自多个雷达的格点强度场重叠部分拼接起来，形成三维雷达反射率因子格点场。国内外常用融合方法包括最大值法、算术平均法和权重法等。总的说来，没有一种固定方法适用于所有条件，大多数方法都是基于具体的应用而提出和选取。

随着CASA等X波段网络化雷达的推广，国内外学者开展了基于网络化雷达的强度合成方法。通过求解反射率和衰减的积分方程获得特定的衰减分布，还原出比S波段组网雷达更精细的强度场资料。近年来，雷达研究人员开始尝试采用变分法反演三维强度场。通过建立各种观测资料和约束条件的函数关系，并最小化代价函数，得到最终的精细反射率因子强度场。

无论是NEXRAD、CINRAD和网络化雷达的组网拼图，完成的拼图并不提高资料的分辨率。相控阵阵列天气雷达各个前端提供的强度资料具有很小的数据时差，因而为增强分辨率的数据融合提供了条件。基于这种数据时差小的资料开发出了一种实时更新的增强分辨率强度场数据融合技术。

8.1　高分辨率增强理论

雷达分辨率通常指时间分辨率和空间分辨率,时间分辨率一般由雷达扫描模式决定,空间分辨率包括距离分辨率、方位向分辨率和俯仰向分辨率。雷达距离库数据代表有效照射体积内所有散射粒子返回的电磁功率总和。雷达探测体积中空间分辨率并不均匀。其中,雷达的距离分辨率由雷达发射脉冲宽度决定,不会随距离改变。方位向和俯仰向分辨率由天线的波束宽度决定。雷达天线波束覆盖的目标物会被同一雷达同时接收。以阵列天气雷达的 1.6°波束宽度为例,当探测距离为 20 km 时,实际方位向分辨率已经变为 0.56 km。

要想减小波束展宽带来的消极影响,直接办法是增大天线尺寸,意味着需要升级天线硬件。阵列天气雷达通过多个雷达前端探测,可提供来自不同方向探测到的反射率因子,利用雷达径向的高分辨率资料来弥补随距离增加而降低的方位向分辨率,提出了一种基于阵列天气雷达多个前端探测,重构出更高分辨率反射率因子数据的方法。

单位体积内的雷达距离库的数量,即数据点密度。计算数据点密度时用每个距离库的中心点代表该距离库。图 8.1 是表示如何计算数据点密度的平面示意图。红色方框范围表示雷达前端的数据点(红色圆圈)所在的单位区域。根据所有雷达前端的纬度和经度信息可以获取每个数据点的位置。如果该数据点落入单位区域,则记为有效点。单位区域所有有效点的数量就称为数据点密度。

为了进一步说明使用高距离分辨率资料补偿低方位分辨率资料的思想和分辨率

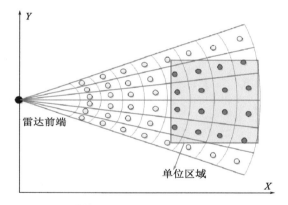

图 8.1　计算单个雷达前端数据点密度示意图

增强效果,完成了两个雷达前端的数据点密度估计试验,试验结果如图 8.2 所示。两个雷达前端波束在目标区域呈 90°夹角以获得最佳补偿效果,目标区域大小为 6 km×6 km。两个雷达前端设置在目标区域的正西方(雷达前端 1)和正南方(雷达前端 2),分别以相同的 5 km 距离(从雷达到目标区域的距离)进行模拟扫描。图 8.2a 和 8.2b 所示的每个数据点都代表一个距离库的中心点。由于距离分辨率为 30 m,这些点在径向方向非常近,但在方位向上却相距较远。当有两个雷达前端同时扫描该目标区域时,该目标区域的数据点分布情况如图 8.2c 所示。

这里把目标区域进一步细分为九个部分,从而更好地分析目标区域的分辨率增强效果的分布。首先,根据主观评估,左下部分的数据点密度明显高于其他部分,这表示左下部分的回波结构比其他部分更精细。为了客观地评估分辨率增强效果,图 8.2d—f 分别给出了由雷达前端 1、雷达前端 2 和两个雷达前端同时扫描目标区域的数据点密度值。从图 8.2f 中也可以清楚地看出,当两个雷达前端同时扫描目标区域时,左下部分的数据点密度高于所有其余部分,而右上部分的数据点密度是所有区域中最少的部分。

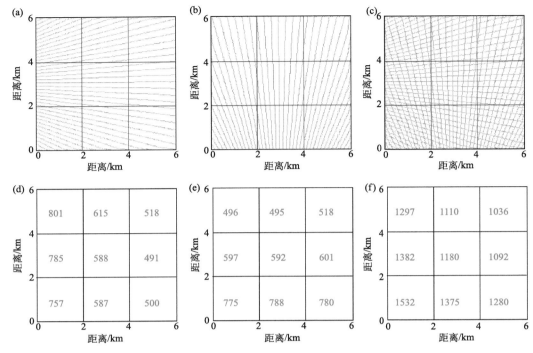

图 8.2 数据点密度(a)雷达前端 1 在正西方扫描、(b)雷达前端 2 在正南方扫描、(c)雷达前端 1 和 2 同时扫描、(d)雷达前端 1 扫描、(e)雷达前端 2 扫描和(f)雷达前端 1 和 2 同时扫描

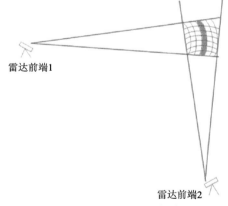

图 8.3 阵列天气雷达分辨率增强原理

图 8.3 是图 8.2 的一个局部区域。从图中可以看出红色弧线和蓝色弧线将两个雷达前端波束重叠区域划分成细小的网格,不同角度的雷达前端扫描使精细探测区有可能揭示回波更精细的结构。灰色带表示雷达前端 1 探测到的一个距离库,则雷达前端 1 在这个面积区域只有一个值输出。同时雷达前端 2 从另一个方向对这个区域探测,灰色带被雷达前端 2 的 7 个距离库覆盖,或者说灰色带与雷达前端 2 的 7 个距离库相交。这 7 个距离库数据是带有灰色带不同位置的信息。假如把红色弧线和蓝色弧线分成细小的网中的反射率因子表示为 $Z(i,j)$,i 表示雷达前端 1 的距离库数,j 表示雷达前端 2 的距离库数。$Z(i)$ 表示雷达前端 1 距离库 i 的反射率因子,$Z(j)$ 表示雷达前端 2 距离库 j 的反射率因子,则

$$Z(i)=a_1 \times Z(i,j)+a_2 \times Z(i,j+1)+a_3 \times Z(i,j+2)+a_4 \times Z(i,j+3)+a_5 \times Z(i,j+4)+a_6 \times Z(i,j+5)$$
$$Z(j)=a_1 \times Z(i,j)+a_2 \times Z(i+1,j)+a_3 \times Z(i+2,j)+a_4 \times Z(i+3,j)+a_5 \times Z(i+4,j)+a_6 \times Z(i+5,j)$$

$a_1,a_2,\cdots,a_6$ 是与波束有关的系数,可以从天线波束测试中得到。如果 i 是从 1000 变到 1006,有 7 个距离库,j 从 900 变到 905,也有 6 个距离库。也就是一共有 13 个已知数,由此可以得到 14 个方程。但是未知数有 42 个。无法直接求解,需要通过增加一些假设条件或者简化处理才能得到 $Z(i,j)$,即重构反射率因子分布,增强分辨率。

8.2　高分辨率强度场数据融合方法

　　高分辨率强度场数据融合方法利用阵列天气雷达多个雷达前端数据体积扫描数据,重构精细强度场资料。高分辨率强度场数据融合流程框图如图 8.4。其中,数据预处理包括地物杂波剔除和衰减订正等,这里主要对后面的步骤进行详细介绍。

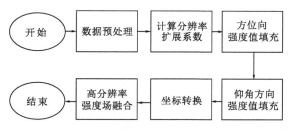

图 8.4　高分辨率强度场数据融合框图

　　(1)计算方位向和仰角方向分辨率扩展系数。分辨率扩展系数用于描述理论上分辨率可以提升的潜力。分辨率扩展系数:

$$E = \frac{A \times R}{r} \tag{8.1}$$

式中,A 为方位或仰角波束宽度,R 为该距离库与所在雷达前端的距离,r 为距离分辨率。分辨率扩展系数随着距离 R 和波束宽度 A 的增加而增加。阵列天气雷达前端的水平和垂直方向波束宽度均为 $1.6°$。当 $R = 10$ km 时,$E = 9.3$;当 $R = 20$ km 时,$E = 18.7$。

　　(2)方位向和仰角向强度值填充。方位向填充方法类似线性插值,其示意图如图 8.5a 所示。首先,计算相邻方位角上的两个反射率因子值之差,然后计算所在径向探测距离的分辨率扩展系数,即所在两个方位向之间需要填充反射率因子值的总个数。最后,依次给 a_1 至 a_n 填充。以 a_n 这一点的值举例,其反射率因子值公式:

$$a_n = \frac{(Z_1 - Z_2)}{E} \times n + Z_1 \tag{8.2}$$

式中,Z_1 和 Z_2 分别代表相邻方位向上的两个反射率因子值,E 为该位置的分辨率扩展系数,n 为 a_n 点所在索引值。

　　仰角方向填充示意图见图 8.5b,填充方法类似。

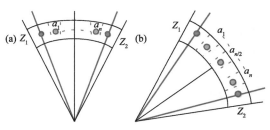

图 8.5　方位向和仰角方向填充示意图

(a)方位向填充示意图;(b)仰角向填充示意图

　　(3)融合。融合前需要把极坐标下的单个雷达前端数据分别转换到对应的笛卡尔坐标,并保证每个格点中有两个雷达前端强度数据,并且这两个雷达前端过这个格点的波束接近正交。融合的方式就是将两个雷达前端共同探测区域的资料进行算术平均值处理,融合后强度值:

$$Z = \frac{Z_1 + Z_2}{2} \tag{8.3}$$

式中,Z_1、Z_2 分别为雷达前端 1 和雷达前端 2 的强度数据。算法比较简单,要达到增强分辨率的效果关键是两个雷达前端波束空间定位要准,数据时差要足够小,二者缺一不可。

8.3 GPU 处理方法

GPU 在并行计算的方面有突出的优势,采用 GPU 将使高分辨率强度场数据融合方法更具有实用性和可延展性。

8.3.1 并行性分析

并行计算是区别于串行计算的一个宽泛概念。并行计算是通过同时调用若干个计算资源解决一个计算问题。CPU 和 GPU 均可实现数据并行运算,但概念上有所区别。基于 CPU 的并行计算采用多指令多数据架构,是一种流水线式的计算思路;基于 GPU 的并行计算则是采用 SIMT 模型,即不同执行单元执行相同指令。

通过对阵列天气雷达数据结构以及数据处理流程的整体分析,从各个雷达前端的分辨率扩展系数的计算、方位向和径向上的插值填充、坐标转换再到多雷达前端的强度场数据融合。整个过程的运算量和数据量均较大,并且业务上要求对于数据实时处理,因此研究如何对该部分进行加速计算很有必要。

按照 GPU 编程的流程,CUDA 的开发和优化需要首先解决的问题是确定哪些步骤可以用 GPU 并行程序完成,哪些步骤仍然由 CPU 完成。基于前一节的分析得出,在分辨率扩展系数的计算、插值和融合的过程中会出现 CPU 计算耗时长、内存占用大的问题,且每个循环运算相互独立,不存在数据之间多次调用的问题。CUDA 并行编程架构和较强的浮点运算能力有助于对这三个步骤进行加速。另一方面,从相对计算量来看,需要考虑程序本身是否有 CUDA 优化的必要性,对最后能否取得预期加速比十分重要。而这三个步骤在整个应用中的并行优化部分占比非常大,即经过优化这三个部分后,并行计算可占整个计算应用的绝大部分,大致保证了采用 GPU 处理后的计算效率可以得到明显提高。CPU 和 GPU 协同处理的高分辨率强度场数据融合方法流程如图 8.6 所示。

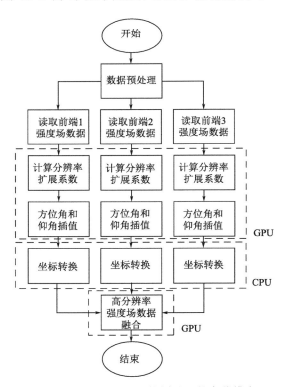

图 8.6 CPU 和 GPU 协同处理的高分辨率强度场数据融合方法流程

8.3.2 并行模块实现

完成整个流程的并行性分析之后,接下来对需要并行的模块程序进行编写。

采用 Python 中的 PyCUDA 工具包访问 NVIDIA 的 CUDA 并行计算 API。Python,甚至是 MATLAB 之类的脚本语言在与 GPU

结合使用时,开发功能已经扩展到"全面"代码领域。与 C 语言控制的 GPU 计算代码相比,基于 Python 的 GPU 计算代码在实现 GPU 硬件的全部性能潜力方面不会有任何问题,并且开发人员的开发成本会得到降低。PyCUDA 是一个成熟且实用的 Python 开源工具包,选择 Python 高级动态编程语言替代性能可能更好的低级静态编程语言的主要因素是 GPU 和主机处理器之间任务的互补性更好。PyCUDA 本身是多层的。在最底层,PyCUDA 可从 Python 获得整个 CUDA 运行系统。CUDA 运行系统的每个特性都可通过 PyCUDA 从 Python 访问,包括纹理、固定 host 端内存、OpenGL 交互、主机内存映射等。PyCUDA 提供了涉及向量和多维数组的计算线性代数,向量和多维数组可用来匹配基于 CPU 的 Python 数组包 Numpy 的接口。

所用的 GPU 型号为 NVIDIA Geforce GTX 1080 Ti,主要参数见表 8.1。CPU 处理器类型为 Intel(R)Core(TM)i7-8700,主频为 3.19 GHz。本系统开发平台配置见表 8.2。

CPU 和 GPU 协同处理的算法流程如图 8.7 所示。下面按照图中算法流程的顺序进行详细阐述。

表 8.1 GeForce GTX 1080 Ti 显卡主要参数

参数/单位	指标
芯片厂商	NVIDIA
芯片系列	NVIDIA GTX 10 系列
CUDA 核心/个	3584
计算能力	6.1
显存容量/GB	11
显存位宽/bit	352
显存速率/Gbps	11
显存带宽/GB×s^{-1}	484
加速频率/MHz	1582
接口类型	PCI Express 3.0 16X
显卡功率/W	250
最大分辨率	7680×4320

表 8.2 开发平台配置

平台	版本
操作系统	Windows 10 专业版
CUDA 开发工具包	CUDA Toolkit 10.1
软件开发环境	Visual Studio 2019,Python 3.7
PyCUDA 库	10.1

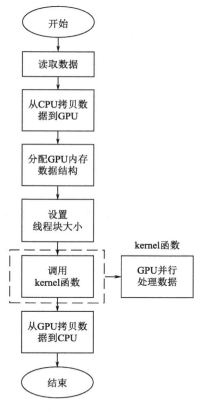

图 8.7 CPU 和 GPU 协同处理的算法流程

(1)任务块划分和数据拷贝。首先,将每组需要并行实现的程序包装成一个符合 CUDA 的两层并行架构的 kernel 函数。目前 CUDA 架构还不能做到单独赋予 GPU 任务,所有的 GPU 计算必须与 CPU 之间进行通信才能工作。根据图 8.6 所示,由于坐标转换步骤在 CPU 中完成,而插值和融合过程在 GPU 中完成,所以整个流程需要两个 kernel 函数。kernel 函数启动时需要将 GPU 程序里所有用到的数据从 Host 端拷贝至 Device 端,结束时需将所有输出数据从 Device 端拷贝至 Host 端。

（2）线程块设置。本试验平台中的 GPU 的显存容量为 11 GB。考虑到内存资源有限，结合生成数据的需求，将计算数据设为单精度类型以提高 GPU 性能。由于输入的阵列天气雷达数据本身是一个三维数据（仰角、方位角、径向距离库），在 kernel 函数中，一个 block 至多包含 1024 个 thread，本方案合理和均匀地分配了 grid、block 和 thread 大小：用 grid 处理仰角数据，block 处理方位角数据，thread 处理径向距离库数 1 据。

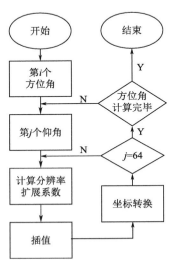

图 8.8　kernel 函数程序流程图

（3）调用 kernel 函数。通过 Python 调用 CUDA C 代码，把代码提交给 pycuda. compiler. SourceModule 构造函数。在 GPU 的 kernel 函数里编写的是每个 thread 的计算过程，GPU 自动让所有线程并行处理数据。thread 并行执行 kernel 函数中程序，即每一个 thread 都会单独运行一次该函数，等所有 thread 完成任务后才算运行结束。GPU 中的 kernel 函数流程图如图 8.8 所示。

（4）程序优化。①数据访存优化。GPU 具有多种存储器，分别对应多种权限，其读写指令的速度也有一定区别。例如，共享存储器（shared memory）可以供所有 block 使用，访问速度快；全局存储器（global memory）供所有 thread 使用，访问速度慢。将每次读写的数据合理地分配到各自的存储器可以明显提高算法执行效率。应尽量避免多次访问存储器。②指令流优化。需在 CUDA 编程模型中编写吞吐量高的代码。所有 thread 尽量使用多的数学运算来削减读写存储器带来的时延，并尽可能减少 warp 的分支指令。在读取字符型等变量时，需减少不必要的读写 global memory 的次数以提高程序效率。③同步。虽然 CUDA 的 thread 可以同时开始工作，但完成速度不尽相同。为避免这种不一致带来的误差，可通过一个同步命令保证所有 thread 同时进入下一步骤。syncthreads 指令是专门用于完成相同 block 内 thread 同步的命令。

8.4　模拟探测试验数据处理及有效性分析

由于现有雷达的分辨率有限，且没有真实的小尺度回波可用于比对和评价，设计了模拟强降水探测和模拟龙卷探测两个试验，对高分辨率强度场数据融合方法的有效性进行了主观和客观评价。强降水回波资料来源于阵列天气雷达探测到的一次降水回波，龙卷回波资料则是在一次台风回波的基础上改进得到的。这两种回波具有明显的结构特征，可以更清晰地评价出高分辨率强度场数据融合的有效性。为了简化讨论，假定两个天气回波是二维强度场，主要讨论径向和方位向的高分辨率融合。通过模拟分析可以看到：在不同的探测距离下，相比单个雷达前端扫描，高分辨率强度场数据融合后的结果都更加接近原始资料，一定程度上还原了原始回波的特点。

设计了一个时差模拟试验，证明了多个雷达之间数据时差会给融合结果带来更多的误差，从另一个角度说明了采用方位分组同步扫描技术的阵列天气雷达探测天气目标物具有提高空间分辨率的优势。

8.4.1 模拟探测试验设计

模拟试验设计及有效性分析主要包括以下三个步骤:首先,分别模拟两个雷达前端同时扫描回波;然后,进行高分辨率强度场数据融合;最后,根据相关系数 C_C 和均方根误差 RMSE 评价高分辨率强度场数据融合效果(式(8.4)和式(8.5)),将高分辨率强度场数据融合的回波与当作标准的"真实"回波进行比对分析。

$$C_C = \sqrt{\frac{\mathrm{Cov}(Z_s, Z_t)}{S(Z_s)S(Z_t)}} \tag{8.4}$$

$$\mathrm{RMSE} = \sqrt{\frac{\sum (Z_s - Z_t)^2}{n}} \tag{8.5}$$

式中:Z_s 表示模拟的雷达前端扫描得到的反射率因子强度,可以是来自单个雷达前端的扫描结果,也可以是两个雷达前端的融合结果;Z_t 表示"真实"反射率因子强度;Cov 表示 Z_s 和 Z_t 的协方差;S 表示标准差;n 是总的数据点的有效样本。当 C_C 越接近 1 时,Z_s 和 Z_t 之间的相似度越高,表征两组数据之间一致性越高。RMSE 越低表示两组数据之间的差异越小。

在模拟扫描过程中,两个雷达前端分别设置在天气目标的正西方(雷达前端 1)和正南方(雷达前端 2),并同时进行扫描,模拟试验雷达布局位置如图 8.9 所示。为了充分地评估不同距离下的扫描和高分辨率强度场数据融合效果,分别将距离变量设置为 5 km、10 km 和 20 km,分三组试验完成。

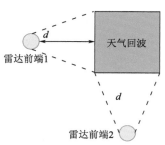

图 8.9 模拟探测试验雷达
布局示意图

模拟雷达前端扫描及高分辨率数据融合的详细流程如图 8.10 所示。首先,输入假定的真实反射率因子数据并设置雷达扫描参数(波束宽度设为 1.6°,距离分辨率设为 30 m)。然后,计算每个点的方位角和与雷达前端之间的距离信息,从而确定该点在雷达前端的距离库位置信息。最后,为了模拟出单个雷达前端真实扫描结果,用所有属于同一距离库的数据点的算术平均值填充该距离库,这个过程类似于一个降采样过程。再利用模拟的雷达前端扫描数据,完成数据融合过程,从而得到高分辨率强度场数据融合结果。

8.4.2 强降水回波模拟探测试验及有效性分析

作为参考标准的强降水回波如图 8.11 所示。整个降水区域的水平尺度约为 6 km×6 km。图 8.11 中的每个数据点代表 30 m×30 m 分辨率的反射率因子值。回波的中心具有一个降水强中心,回波最大值为 64 dBZ。

图 8.12a 和 8.12b 分别给出了雷达前端 1 和雷达前端 2 在三个不同距离的模拟扫描结果(从上至下分别为 5 km、10 km

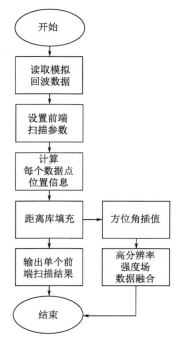

图 8.10 模拟探测流程图

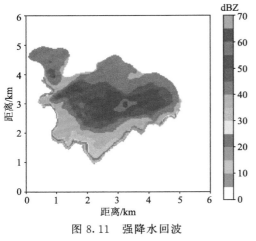

图 8.11 强降水回波

和 20 km)。图 8.12c 显示了两个雷达前端在三个不同距离(从上至下分别为 5 km、10 km 和 20 km)的高分辨率强度场融合结果。通过对模拟扫描效果的主观评价可得出,雷达前端 1 和 2 在 5 km 和 10 km 距离均能反映出降水的强中心,并且回波结构与图 8.11 较一致。由于方位向分辨率随着距离的增加而降低,两个雷达前端在 20 km 距离的单个雷达前端扫描均产生了较大的方位向模糊效果。相比而言,图 8.12c 中的融合结果与图 8.11 更加一致。在所有的三个探测距离,高分辨率融合不仅都恢复了回波的强中心,而且回波的层次更加清晰,回波具有更高的保真度。

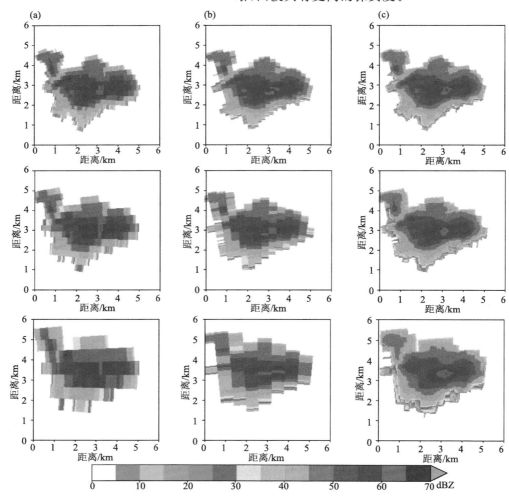

图 8.12 强降水回波模拟扫描结果

(a)雷达前端 1 在 5 km、10 km 和 20 km 距离模拟扫描结果(自上而下);(b)雷达前端 2 在 5 km、10 km 和 20 km 距离模拟扫描结果(自上而下);(c)5 km、10 km 和 20 km 距离高分辨率强度场融合结果

表 8.3 显示了强降水回波模拟的两个雷达前端和高分辨率强度场融合的定量评价结果。

表 8.3　强降水回波模拟扫描客观指标

	指标	5 km	10 km	20 km
雷达前端 1	C_C	0.93	0.89	0.79
	RMSE/dBZ	3.26	4.14	5.50
雷达前端 2	C_C	0.94	0.92	0.87
	RMSE/dBZ	2.99	3.58	4.36
融合	C_C	0.97	0.94	0.88
	RMSE/dBZ	2.15	3.19	4.36

与单独的雷达前端扫描结果相比,高分辨率强度场融合结果在各个探测距离都具有最高的 C_C 值和最低的 RMSE 值。但是,随着探测距离的增加,C_C 值减小,RMSE 值增大。对于 5 km 的距离,融合将雷达前端 1 的 RMSE 值降低了 34%,将雷达前端 2 的 RMSE 值降低了 28%;而对于 20 km 的距离,融合结果将雷达前端 1 的 C_C 值提高了 9%。

8.4.3　龙卷回波模拟探测试验及有效性分析

作为参考标准的龙卷回波如图 8.13 所示。图 8.13 中的每个数据点代表 30 m×30 m 分辨率的反射率因子值。模拟的龙卷回波的水平尺度为 3 km×3 km,回波中心具有约 0.5 km× 0.5 km 大小的龙卷风眼。

模拟龙卷回波评价流程与模拟强降水回波相同。模拟龙卷回波结果如图 8.14。图 8.14a 和 8.14b 分别给出了雷达前端 1 和雷达前端 2 在三个不同距离的模拟扫描结果(从上至下分别为 5 km、10 km 和 20 km)。图 8.14c 显示了两个雷达前端在三个不同距离(从上至下分别为 5 km、10 km 和 20 km)的高分辨率强度场融合结果。总体而言,主观评价表明扫描效果随着距离的增加而变差。在 20 km 的距离,单独扫描的两个雷达前端都无法分辨出龙卷风眼。高分辨率强度场融合的回波结构与图 8.13 最接近,即使在 20 km 的距离仍然可以看到一个弱风眼。

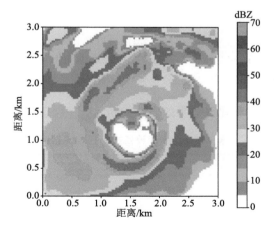

图 8.13　龙卷回波

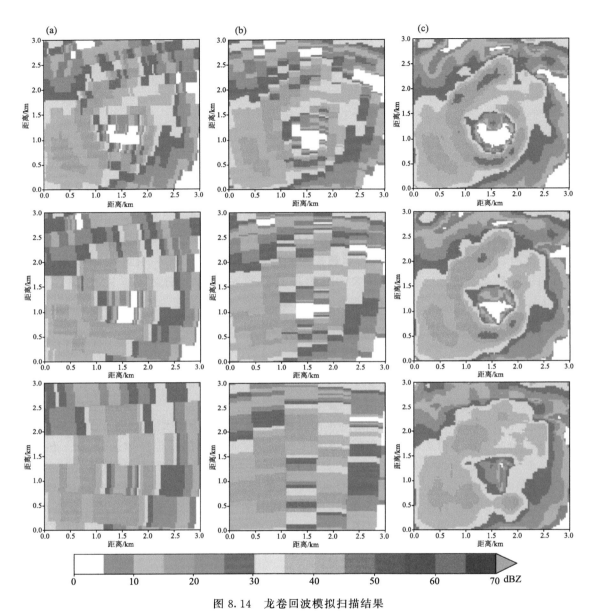

图 8.14 龙卷回波模拟扫描结果

(a)雷达前端 1 在 5 km、10 km 和 20 km 距离模拟扫描结果(自上而下);(b)雷达前端 2 在 5 km、10 km 和 20 km 距离模拟扫描结果(自上而下);(c)5 km、10 km 和 20 km 距离高分辨率强度场融合结果

龙卷回波模拟扫描的定量评价结果如表 8.4 所示。

表 8.4 龙卷回波模拟扫描客观指标

	指标	5 km	10 km	20 km
雷达前端 1	C_C	0.96	0.91	0.82
	RMSE/dBZ	2.55	3.86	5.47
雷达前端 2	C_C	0.97	0.94	0.85
	RMSE/dBZ	2.40	3.24	5.08

续表

指标		5 km	10 km	20 km
融合	C_C	0.98	0.96	0.89
	RMSE/dBZ	1.65	2.67	4.25

与各个探测距离下的单个雷达前端相比,高分辨率强度场融合结果均具有最高的 CC 和最低的 RMSE 值,和强降水模拟个例得出的结论保持一致。对于 5 km 的距离,融合后的 RMSE 比雷达前端 1 降低了 35%,比雷达前端 2 降低了 31%;对于 20 km 的距离,融合后的 CC 比雷达前端 1 提高了 7%。

8.4.4 时差模拟试验及有效性分析

要实现高分辨率强度场数据融合,必须同时满足雷达前端波束空间位置准确和数据时差足够小。二者缺一都不能达到预期效果。如果数据时差过大,即使采用上述方法进行多个雷达融合,强度场也不能重构出精细的回波结构,甚至会降低空间分辨率。目前许多研究学者采用了通过估计天气系统移动轨迹及速度的方法来削弱数据时差引起的误差,但大多只适用于移动速度不变或线性变化的天气系统,对于变化剧烈的强风暴仍然存在一定误差,且在实时业务的应用中具有一定挑战。

为了研究不同时差的数据对融合结果的影响,设计了一组时差模拟试验:假设将雷达前端 1 与雷达前端 2 扫描时差分别设置为 30 s 和 60 s,并且假设天气系统以 20 m/s 的速度向正北方向移动。这样,当雷达前端 1 探测到天气目标时,天气目标的实际位置已分别移动 0.6 km 和 1.2 km。试验采用的假设的天气系统回波仍然为强降水回波,如图 8.15a 所示。5 km 距离的无时差高分辨率强度场数据融合结果如图 8.15b 所示。30 s 和 60 s 时差的融合结果分别如图 8.15c 和 8.15d 所示。通过将两组模拟结果与图 8.15a 的强降水回波进行主观效果对比得出,强降水回波中 60 dBZ 以上的回波强中心均不能被重构出来,且 55~60 dBZ 强回波区域被错误地重构为两个强中心,资料失真均较严重。通过对比 30 s 和 60 s 时差模拟结果,反映出数据资料时差越大,强中心位置越偏离原始标准回波的位置,重构效果越差。

表 8.5 给出了时差模拟试验的客观指标。相比于无时差理想情况下的融合结果,30 s 和 60 s 时差具有更大的 RMSE 值和更小的 C_C 值。通过对比看出,30 s 和 60 s 时差的融合结果比无时差融合结果的 C_C 值分别降低了 10.3% 和 11.3%,而 RMSE 值分别提高了 102.4% 和 114.0%。因此可以认为资料的时差会引起融合的误差,且时差引起的误差随着时差的增加而增大。

表 8.5 时差模拟试验客观指标

	指标	数值
无时差	C_C	0.97
	RMSE/dBZ	2.15
30 s 时差	C_C	0.87
	RMSE/dBZ	4.32
60 s 时差	C_C	0.86
	RMSE/dBZ	4.60

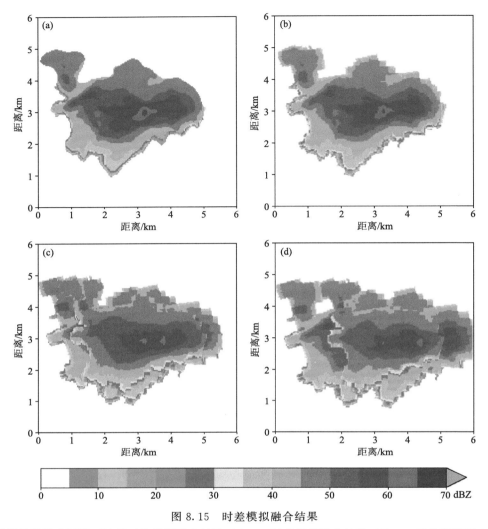

图 8.15　时差模拟融合结果

(a)假设的强降水回波;(b)无时差模拟融合结果;(c)30 s 时差模拟融合结果;(d)60 s 时差模拟融合结果

　　从实际效果看出,时差导致强中心失真较严重,因此进一步计算了强中心范围的 RMSE 和 C_C 值。这里以强中心为中心点,设定的范围为 600 m×600 m 大小。图 8.15a 黑色方框给出了大致区域。强中心范围时差模拟试验客观指标如表 8.6 所示。

表 8.6　强中心范围时差模拟试验客观指标

	指标	数值
无时差	C_C	0.97
	RMSE/dBZ	0.78
30 s 时差	C_C	0.88
	RMSE/dBZ	2.33
60 s 时差	C_C	0.72
	RMSE/dBZ	3.73

通过对比看出，强中心范围 30 s 和 60 s 时差的融合结果的比无时差融合结果的 C_C 值分别降低了 9.3% 和 25.8%，而 RMSE 值分别提高了 198.7% 和 378.2%。

8.5　高分辨率强度场数据融合个例

采用上述增强分辨率方法，对相控阵阵列天气雷达探测的两次降水进行高分辨率融合。一次大范围强降水，另一次是局地降水。由于没有更高分辨率的资料用于对比，只是与其他融合方案进行了对比。

8.5.1　2018 年 8 月 15 日个例

北京时间 2018 年 8 月 15 日 13：30—15：00，长沙黄花国际机场附近发生了一次较大范围强降水过程。降水回波整体从阵列天气雷达东北方向往西南方向移动，回波顶高约为 10 km，水平尺度约为 30 km。13：49 降水云团移动到阵列天气雷达区域，选取了 2018 年 8 月 15 日 13：49：12 的探测资料进行高分辨率强度场数据融合。黄花机场阵列天气雷达三个雷达前端之间相距约 20 km。高分辨率融合后的强度场网格水平和垂直分辨率均为 100 m。

图 8.16 给出了 2018 年 8 月 15 日 13：49：12 长沙阵列天气雷达的三个雷达前端的反射率因子 PPI（Plan Position Indicator）图。由于本次降水过程发生位置的客观原因，三维精细探测区没有降水回波。雷达前端 1 和雷达前端 2 具有一个共同探测到的回波，如图 8.16a—f 中红色圆圈区域中所示。雷达前端 1 和雷达前端 3 具有一个共同探测到的回波，如图 8.16a—c 和 8.16g—i 的蓝色圆圈区域中所示。

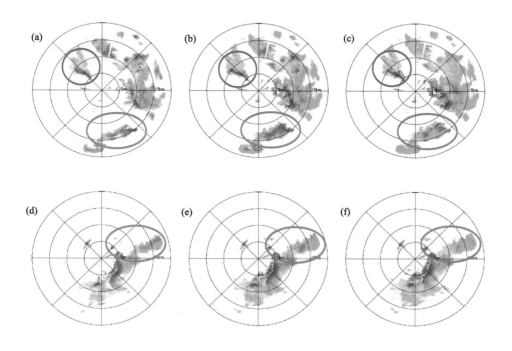

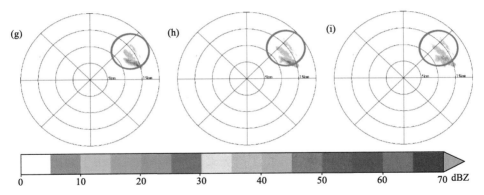

图 8.16　2018 年 8 月 15 日 13：49：12 长沙相控阵阵列天气雷达的 3 个前端的反射率因子 PPI
（a—c)前端 1 的 7°、14°、21°仰角 PPI；(d—f)前端 2 的 7°、14°、21°仰角 PPI；
(g—i)前端 3 的 7°、14°、21°仰角 PPI

　　为了充分说明本方法插值步骤的正确性，将试验结果与采用 VI 插值法进行了比对分析。通过国内外研究学者多年试验，证明 VI 法广泛适用于天气雷达反射率因子的插值。VI 法不仅可以生成空间连续性较好的强度格点场，也保证了格点资料与原始回波强度差异尽可能小。图 8.17 给出了 2018 年 8 月 15 日 13：49：12 时刻 3 个雷达前端的 CAPPI。其中，图 8.17a、c、e

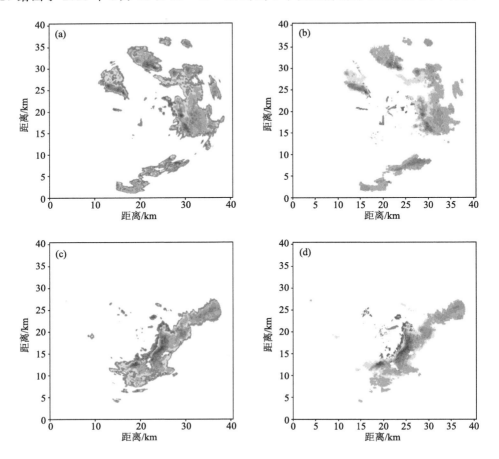

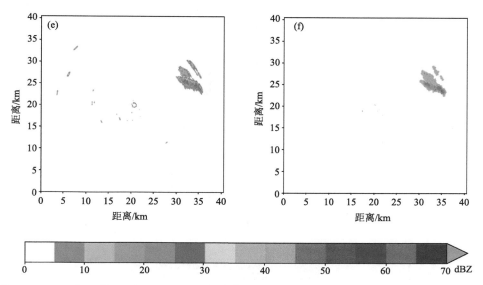

图8.17 2018年8月15日13:49:12长沙阵列天气雷达的3个雷达前端500 m高度CAPPI
(a)(c)(e)分别为雷达前端1、2、3采用本插值方法的500 m高度CAPPI;
(b)(d)(f)分别为雷达前端1、2、3采用VI法的500 m高度CAPPI

分别为本插值法生成的雷达前端1、2、3的CAPPI(500 m高度),图8.17b、d、f分别为VI内插法生成的雷达前端1、2、3的CAPPI(500 m高度)。由图可以看出,两种插值方法表现出较好的一致性,同时较好地恢复了原始体积扫描资料的反射率分布结构。本方法的层次更加丰富,回波中30 dBZ以下的反射率因子可以得到较好的恢复。同时,本方法的反射率因子结构更精细,而VI法得到的反射率因子结构更平滑。

图8.18a给出了阵列天气雷达高分辨率数据融合后的1.5 km高度反射率因子CAPPI,其中3个紫色五角星分别表示3个雷达前端的地理位置。长沙CINRAD/SA雷达(28.46°N,113.01°E)也同样捕捉到了这次降水过程,从另一个方面证明阵列天气雷达高分辨率强度场数据融合方法的有效性。图8.18b为长沙CINRAD/SA雷达在13:45:00时刻1.5 km高度CAPPI。两者在15 dBZ以上的强回波区域一致性较好。阵列天气雷达在15 dBZ以下的回波较少,因为采用相控阵技术的阵列天气雷达对弱回波的探测能力不及常规多普勒天气雷达。但由于CINRAD/SA雷达时空分辨率为6 min和1 km,不及阵列天气雷达。阵列天气雷达探测到的回波结构更加精细和丰富,验证了高分辨率融合的有效性和优越性。

8.5.2 2019年9月10日个例

2019年9月10日,长沙黄花机场发生了一次雷暴天气过程。降水过程发生在北京时间17:30,17:50回波整体从东往西移动,此时靠近机场范围。之后回波强度逐渐加强,范围逐渐增大。黄花机场发布天气警报的时间为18:05,此时回波正处于三维精细探测区中心位置。选取2019年9月10日18:11:36时刻进行高分辨率强度场数据融合试验,该时刻回波顶高大约为13 km,回波水平直径约20 km。

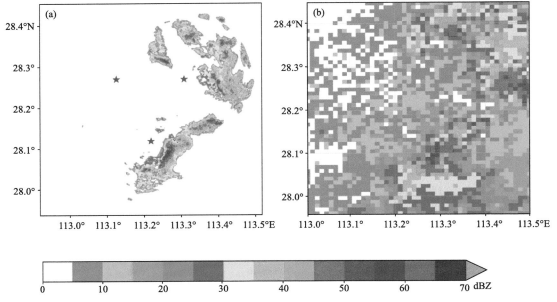

图 8.18　长沙 CINRAD/SA 雷达与阵列天气雷达 CAPPI(1.5 km 高度)
(a)阵列天气雷达 1.5 km 高度 CAPPI,3 个紫色五角星代表 3 个雷达前端位置;
(b)长沙 CINRAD-SA 雷达 1.5 km 高度 CAPPI

　　图 8.19 给出了 2019 年 9 月 10 日 18:11:36 长沙阵列天气雷达的 3 个雷达前端的反射率因子 PPI 图。由于这次降水过程发生在三维精细探测区,每个雷达前端在同一区域都探测到了降水回波。

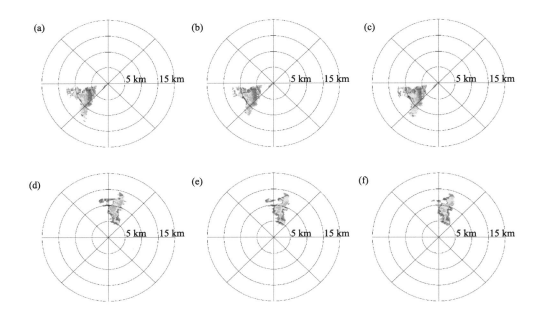

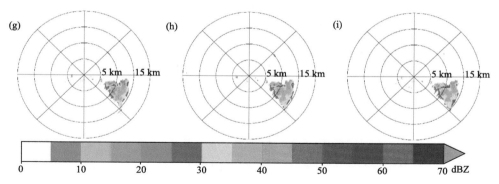

图 8.19　2019 年 9 月 10 日 18：11：36 长沙阵列天气雷达的 3 个雷达前端的反射率因子 PPI
(a—c)雷达前端 1 的 19.6°、21°、22.4°仰角 PPI；(d—f)雷达前端 2 的 26.6°、
28°、29.4°仰角 PPI；(g—i)雷达前端 3 的 15.4°、16.8°、18.2°仰角 PPI

同样地,将试验结果与采用 VI 插值法进行了比对分析。图 8.20 给出了 2019 年 9 月 10 日 18：11：36 时刻相控阵阵列天气雷达的 CAPPI。其中,图 8.20a 为本文插值法生成的 CAPPI(500 m 高度),图 8.20b 为 VI 内插法生成的 CAPPI(500 m 高度)。由图可以看出,回波主要集中在 20～50 dBZ,两种插值方法表现出较好的一致性,同时较好地恢复了原始体积扫描资料的反射率因子分布结构。本方法的层次更加丰富,回波中 30 dBZ 以下的反射率因子值更多,更接近大气中真实回波分布情况。同时,本方法的反射率因子结构更精细,而 VI 法得到的反射率因子结构更平滑。通过 CAPPI 进行比对,证明了提出的插值和填补方法有效且合理。

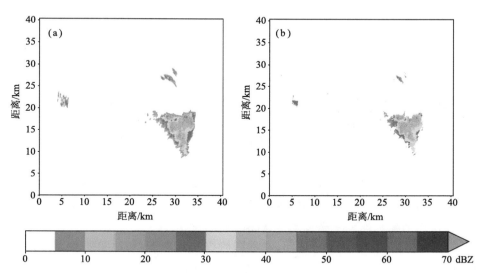

图 8.20　2019 年 9 月 10 日 18：11：36 长沙阵列天气雷达的 500 m 高度 CAPPI
(a)用本插值方法的 500 m 高度 CAPPI；(b)采用 VI 法的 500 m 高度 CAPPI

图 8.21a 给出了阵列天气雷达高分辨率融合后的 4.5 km 高度反射率因子 CAPPI,其中 3 个紫色五角星分别表示 3 个雷达前端的地理位置。同样,长沙 CINRAD/SA 雷达也探测到了本次过程,因此选取同时段反射率因子数据加入到比对分析中。图 8.21b 为长沙 CINRAD/

SA 雷达在 18：11：00 时刻 4.5 km 高度 CAPPI。两者回波强度大致在 15～40 dBZ，两者在回波强度和回波结构上呈现出较好的一致性。由于采用相控阵技术的阵列天气雷达对弱回波的探测能力不及常规多普勒天气雷达，CINRAD/SA 雷达在 15 dBZ 以下的回波略多于阵列天气雷达。高时空分辨率的阵列天气雷达探测到的回波结构更加精细和丰富，更有利于深入研究和实时监测中小尺度天气系统演变过程。

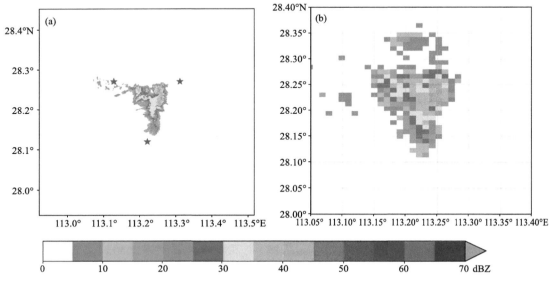

图 8.21　长沙 CINRAD/SA 雷达与阵列天气雷达 CAPPI(4.5 km 高度)
(a)阵列天气雷达 4.5 km 高度 CAPPI，3 个紫色五角星代表 3 个雷达前端位置；
(b)长沙 CINRAD-SA 雷达 4.5 km 高度 CAPPI

8.6　小结

　　网络化雷达探测将同一空间点上多个不同方向探测得到的数据进行融合处理上升到一个更加重要的程度，这种融合在提高雷达探测资料质量方面显现出优势。相控阵阵列天气雷达通过雷达前端方位同步扫描，使得数据时差大幅度降低，在数据时差很小的条件下，利用径向分辨率高的特点，通过两个雷达前端的数据融合提高空间分辨率是一种提高数据质量的方式。

　　(1)通过模拟强降水探测和模拟龙卷探测两个试验，对高分辨率强度场数据融合方法的有效性进行了主观和客观评价。试验证明，在不同的探测距离下，相比单个收发子阵扫描，高分辨率强度场数据融合后的结果都更加接近原始资料，并且较大程度地还原了原始回波的特点。

　　(2)通过时差模拟试验，验证了数据时差会降低融合的效果，随着数据时差的增大，融合结果与真值的差别增大，相关系数变小，均方根误差变大。

　　(3)对两个实际强降水个例做高分辨率强度场数据融合，其结果分别与 VI 法和 CIN-RAD/SA 雷达反射率因子的比对分析，验证了算法的可靠性，体现出阵列天气雷达高时空分辨率的优势。

（4）目前高分辨率融合只是起步，无论是具体融合方法，还是雷达前端技术准备都还有大量的工作要做。目前只是将两个前端的数据进行插值、平均，是一个基本的融合方案，需要探索新的效果更好的融合方法。目前雷达前端的方位同步做得比较严格，但是资料的空间位置匹配精准性还需要进一步提高。

第 9 章　冰雹探测

冰雹作为典型强对流天气之一,具有空间尺度小,持续时间较短,致灾严重的特点。国内外学者基于天气雷达对其识别与预报作了大量研究,Foote(1984)提出,冰雹生长的过程中会伴随着倾斜的上升气流,降水粒子脱离上升气流,不会因为粒子的下落导致上升气流的削弱。在超级单体中,其风暴尺度的旋转与环境风切变会相互作用产生一个附加向上的气压梯度力,进一步加强上升气流,因此冰雹与上升气流和垂直风切变有十分密切的关系。传统单部天气雷达只能探测到径向速度,对上升气流与垂直风切变很难精确地估测。在利用多雷达进行上升气流的估算上,Potvin(2012)提出了基于三维变分法的风场反演方法,其得到的上升气流比传统基于连续性方程的积分法获得的气流在临近风暴顶端表现更合理,North(2017)利用WSD-88D 对两种方法做出了评估,认为三维变分法相比于积分法提出了一个同时满足质量连续性方程和观测约束,且更鲁棒的解决方法。

为实现三维风场的反演,需要在同一个空间点获取到两个以上不同取向的径向速度信息。网络化天气雷达能够满足这种要求,但由于网络化雷达体扫时间最短也需 1~2 min,同一空间点上获取的数据的时差很大,影响风场反演的准确性。中国气象局气象探测中心与相关厂家合作研发了的 X 波段相控阵阵列天气雷达(以下简称为 X 波段阵列天气雷达),其与传统网络化天气雷达的区别在于 X 波段阵列天气雷达的多个前端在方位上同步完成扫描,完成一组体扫时间为 30 s,在多前端共同探测区域最大数据时差只有 5 s。李渝等(2020)试验证明了 X波段阵列天气雷达反演风的合理性,并探讨了数据时差对反演风误差的影响。肖靖宇等利用佛山 X 波段阵列天气雷达揭露了一次短时强降水过程中的水平风场变化情况。

目前,国内利用小时差资料反演得到的风场进行冰雹动力结构的研究较少,我们使用广东省佛山市的阵列天气雷达资料,对一次超级单体的冰雹过程进行分析研究。

9.1　资料

2022 年 3 月 26 日 15:00 左右(北京时,下同),佛山市多地出现暴雨,局地出现降雹,其中 14:55 南海区大沥观测站出现冰雹,15:15 南海区大狮观测站出现冰雹,降雹持续时间约 20 min。

9.1.1　雷达资料

本节分析采用了广州 S 波段雷达和佛山 X 波段相控阵阵列天气雷达两种雷达资料,以求获取更完整的冰雹变化过程。为了便于对比,两种雷达资料都采用直角坐标系。两种雷达资料差异如表 9.1 所示。S 波段雷达距离库长为 250 m,网格分辨率设置为 1 km×1 km×

1 km,资料高度范围分别为 1～15 km。X 波段相控阵阵列天气雷达距离库长为 30 m,网格分辨率设置为 0.2 km×0.2 km×0.2 km,资料高度范围 0.1～14.9 km。X 波段相控阵阵列天气雷达前端布局与 S 波段雷达位置如图 9.1 所示。冰雹云自西向东移动,14:30 进入 X 波段阵列天气雷达精细探测区域(三前端共同探测区域),15:30 后离开该区域。

表 9.1　雷达资料差异比较

	S 波段天气雷达	X 波段阵列天气雷达
距离库长/km	0.25	0.03
体扫时间/s	360	30
网格分辨率/km	1×1×1	0.2×0.2×0.2
资料高度范围/km	1～15	0.1～14.9

9.1.2　径向速度一致性验证

　　径向速度一致性指的是相邻雷达前端对径向速度探测的一致程度。相邻前端间连线中点处探测到的径向速度应该大小相等方向相反,又因最低仰角的探测到的速度的垂直分量极小,故选取最低仰角的相邻前端间连线中点径向速度进行验证。

　　本次天气过程中,14:39 到 14:49 在最低仰角处的相邻前端连线中点存在连续有效的回波数据,可用这个时间段的数据做一致性验证。具体如图 9.2 所示,其中左边的 y 轴表示两个前端径向速度差值,右边的 y 轴表示径向速度大小。为方便对

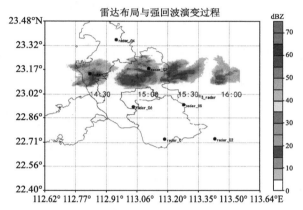

图 9.1　X 波段阵列天气雷达布局与冰雹云强回波区域演变过程(图中黑点代表相控阵阵列天气雷达前端部署位置,红星代表广州 S 波段天气雷达位置)

比,将前端 7 的速度取反,红线与紫线分别是前端 3 与前端 7(位置如图 9.1 所示)对应时间的速度。从图 9.2 中折线可以看出两个前端探测的径向速度大小与变化趋势基本一致,差值如柱状图所示,最大为 2 m/s,最小为 0 m/s。满足李渝等验证风场合理时的径向速度一致性条件。

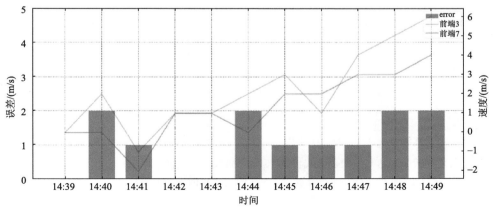

图 9.2　前端间连线中点速度差异对比(柱状图表示误差,折线图表示前端速度)

9.1.3 合理性分析

S波段雷达高仰角层数据与底层数据的时差比较大,最大可接近6 min,而从极坐标系转化为直角坐标系后,同一平面的数据有可能是不同仰角、不同时间的探测结果,为减小时差的影响,选低高度的探测资料进行分析。图9.3a、b分别为X波段阵列天气雷达探测的1 km和3 km高度反射率因子,图9.3c、d分别为S波段天气雷达探测的1 km和3 km高度反射率因子。由图可见,两种雷达探测的回波形状与强度较为一致,在3 km处(图9.3b、d)两种雷达都观测到了钩状结构。在S波段雷达反射率因子大于65 dBZ以上的部分,X波段阵列天气雷达探测的反射率因子数值偏低。

如图9.3a,蓝圈中的风羽表现为逆时针的气旋结构,图9.3b蓝圈中的风羽表现为从下到上先由西风逆时针偏转为西南风,再顺时针转转为西风。将X波段阵列天气雷达蓝圈中的风场(图9.3a、b)流线放到同一高度的S波段天气雷达的径向速度(图9.3e、f)中,此时S波段雷达位置处于回波的西南方(参考图9.1红星与回波的位置),可以看出X波段阵列天气雷达反演的风场结构与S波段天气雷达探测的径向速度结构相对应。

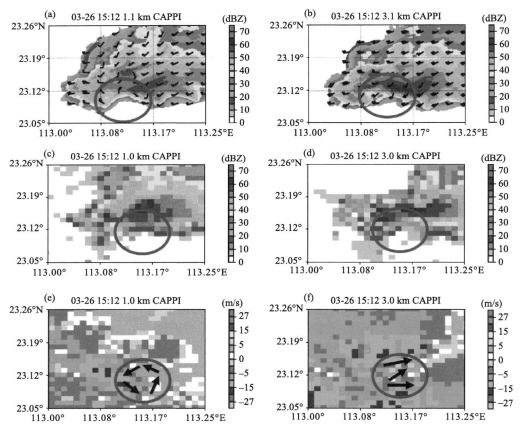

图9.3 X波段阵列天气雷达与S波段天气雷达15:12的数据对比:(a)X波段阵列天气雷达1.1 km的反射率因子与水平风场;(b)X波段阵列天气雷达3.1 km的反射率因子与水平风场;(c)S波段天气雷达1 km的反射率因子;(d)S波段天气雷达3 km的反射率因子;(e)S波段天气雷达1 km的径向速度;(f)S波段天气雷达3 km的径向速度(此时S波段雷达位于东南处)(图e、f圆圈内箭头为图a、b圆圈内流线)

9.2 强度和流场结构分析

首先通过分析 S 波段天气雷达反射率因子得到冰雹的强度演变过程,再分析 X 波段阵列天气雷达探测的流场资料得到冰雹的流场结构。

9.2.1 S 波段天气雷达冰雹云反射率因子演变过程分析

图 9.4 为 S 波段天气雷达探测的 14:30—14:36、14:36—14:42、14:42—14:48、14:48—14:54、14:54—15:00 时段 1 km、3 km、5 km、7 km、9 km 的等高平面反射率因子。

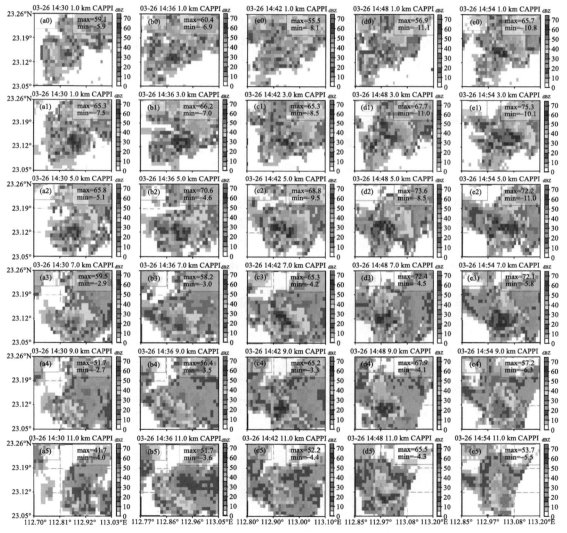

图 9.4　S 波段天气雷达 14:30—14:36 至 14:54—15:00 分别在高度 1 km、3 km、5 km、7 km、9 km、11 km 的反射率因子等高平面位置显示

在 14：30—14：42（图 9.5a—b 组）时段,1～7 km 高度最大反射率因子变化不超过 5 dBZ。在 9～11 km 高度(−20℃ 层以上)的强回波面积(本节分析中将反射率因子大于 45 dBZ 的回波区域定义为强回波)和形状发生变化,最大反射率因子上升至 56.4 dBZ,反射率因子大于 55 dBZ 的区域较小,此时处于冰雹发展阶段。14：42—14：54(图 9.4c—d 组), 5 km 高度的回波(图 9.4c2、d4)出现了明显的倒 V 型缺口,可能与偏南的气流进入有关,7～ 11 km 高度的强度与强回波面积增大,最大反射率因子上升至 72.4 dBZ,在 11 km 高度反射率因子由 52.2 dBZ 上升至 65.5 dBZ,增大 13.3 dBZ。在 14：42—14：54 时段,尤其是 14：48— 14：54 时段,冰雹云处于快速增长的状态。此时高层大于 60 dBZ 的区域相对于中低层大于 60 dBZ 的区域位置偏南,说明此时回波在垂直结构上向南倾斜。在 14：54—15：00 时段 (图 9.5e 组),3 km 高度的最大反射率因子从 67.7 dBZ 上升至 75.8 dBZ,5 km 高度的回波缺口消失,9～11 km 高度的最大反射率因子分别从 67.9 dBZ、65.5 dBZ 下降至 57.2 dBZ、53.7 dBZ, 这种高层强度减弱、低层强度增大的迹象表示冰雹从高处开始下落,此时处于降雹阶段。由于这段时间内有完整的冰雹生长与下降过程的探测资料,且在 15：00 之后冰雹云体与 S 波段天气雷达距离太近,高层出现了扫描盲区,探测资料不完整,因此 15：00 后不再进行分析。

9.2.2 X 波段阵列天气雷达冰雹云流场过程分析

通过分析 S 波段天气雷达的探测结果,可知高层强回波发展时段为 14：42—14：54,因此本节主要针对这个时段,利用 X 波段相控阵阵列天气雷达探测数据对低、中、高三个不同高度层的反射率因子、水平风场和上升气流进行分析,并对同一时间回波剖面的反射率因子、上升气流与粒子垂直速度进行分析。

图 9.5 是 3 月 26 日 14：42 反射率因子、上升气流在 1 km、5 km、9.1 km 高度的分布图, 并叠加了相应高度的水平风场。从不同高度的反射率因子(图 9.5a0—a2)来看,随着高度的上升,强回波区逐渐集中在西南部,弱回波区向东部延伸。由于 X 波段阵列天气雷达体扫时间为 30 s,其扫描数据时间一致性较高,而 S 波段雷达体扫时间为 6 min,其高仰角数据的时间

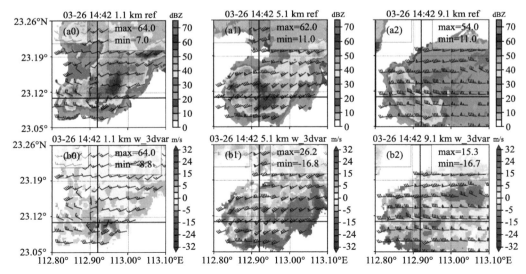

图 9.5　14：42 各等高平面图叠加风场：(a0—a2)分别是在 1.1 km、5.1 km、9.1 km 的反射率因子； (b0—b2)分别是在 1.1 km、5.1 km、9.1 km 的上升气流分布(黑线分别为沿经向、纬向剖面位置,下同)

延迟时间可达数分钟,因此,同时间,9 km 高度的反射率因子(图 9.5a2)与 S 波段天气雷的探测结果(图 9.4c4)相同高度的对比不一致,如将 9 km 高度的反射率因子(图 9.5a2)与延后 6 min 的同一高度(图 9.4b4)的反射率因子对比,其回波结构更加吻合。从图 9.5b 中可以看到,1 km 高度风速偏小,在强回波南部存在较小的气旋式涡旋,而随着高度的增加西风风速越来越大,5 km 高度涡旋结构消失,整体风向趋于一致。9 km 高度风速相比 5 km 高度更小,整体风向偏西。从图 9.5b0 至图 9.5b2 可以看到,不同高度的上升气流在不同高度层上都分布于西侧,并随着高度的增长其强度先增大后减小。

　　图 9.6 是分别沿着图 9.6 中黑线(112.91°E,23.09°N)的剖面图。从图 9.7a 和图 9.7d 反射率因子的剖面中能看到,反射率因子大于 50 dBZ 的最大高度接近 9 km,在南北方向上表现为朝南倾斜。上升气流(图 9.6b、e)主要集中在 4～8 km 高度,最强上升气流值约为 20 m/s,主上升气流区的高度在 6 km 附近。上升气流主要出现在回波的中下层高度,从粒子垂直速度(图 9.6c、f)中可以看到,在上升气流区内存在粒子上升通道,但此时该通道较短,只延伸至反射率因子核心区域高度以下,且在沿纬向的剖面中(图 9.6d、f)上升区主要分布于强回波区的左半部分,这种不均匀的上升气流导致了回波形成悬垂结构。

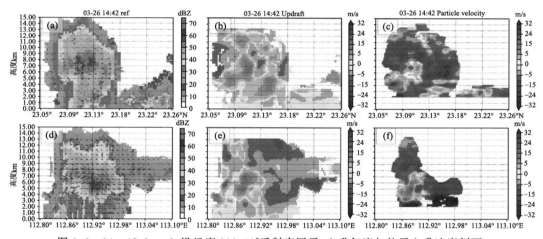

图 9.6　14∶42 (a—c) 沿经度 112.91°反射率因子、上升气流与粒子上升速度剖面;
(d—f) 沿纬度 23.10°反射率因子、上升气流与粒子上升速度剖面(反射率因子剖面叠加风场,下同)

　　与图 9.5 相似,图 9.8 为 14∶48 时刻情况,反射率因子在中层(图 9.7a1)出现了朝南的回波缺口,9 km 的最大反射率因子相比上一时刻增强。风场的特征与上一时刻类似,强回波区域存在水平风切变。中层(5 km)最大上升气流的减弱,高层(9 km)最大上升气流的增强。

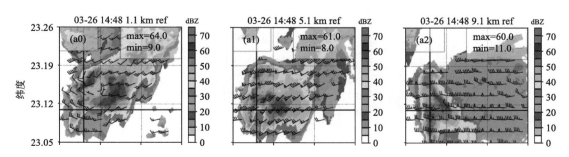

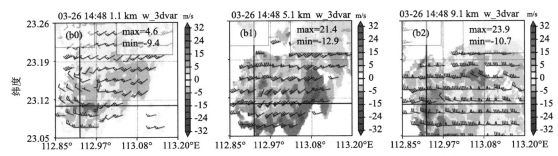

图 9.7　14：48 反射率因子、上升气流等高平面位置显示叠加风场：（a0—a2）分别是在 1.1 km、5.1 km、9.1 km 高度的反射率因子；（b0—b2）分别是在 1.1 km、5.1 km、9.1 km 高度的上升气流

从图 9.8 垂直剖面中看出大于 50 dBZ 强反射率因子（图 9.8a、d）的最大高度上升接近 10 km，且出现了明显的朝南倾斜的悬垂结构。上升气流区（图 9.8b，图 9.8e）高度有增加，其大值区高度与反射率因子核心高度持平。上升气流区内的粒子上升通道（图 9.8c，f）其长度增加，延伸至反射率因子核心区域顶部，这一现象与回波缺口的出现、强反射率因子的上移相吻合。在沿纬向的剖面中（图 9.8d—f）回波的倾斜程度进一步增大。

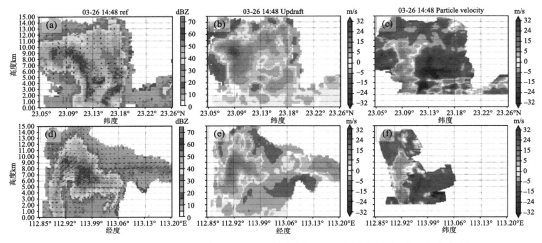

图 9.8　14：48（a—c）沿经度 112.91°反射率因子、上升气流与粒子上升速度剖面；（d—f）沿纬度 23.10°反射率因子、上升气流与粒子上升速度剖面（反射率因子剖面叠加风场）

14：54 水平风场维持原有结构。低层（图 9.9b0）出现集中的下沉气流区，高层（图 9.9a2、b2）反射率因子与上升气流整体进一步加强。

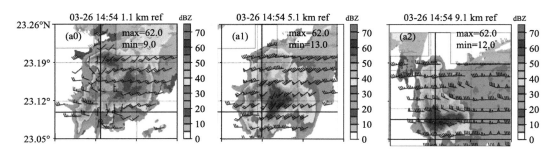

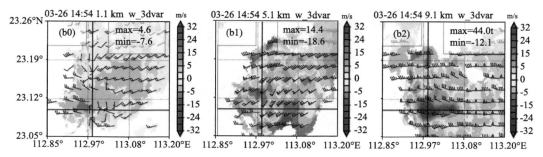

图 9.9 14:54 反射率因子、上升气流等高平面位置显示叠加风场:(a0—a2)分别是在 1.1 km、5.1 km、9.1 km 高度的反射率因子;(b0—b2)分别是在 1.1 km、5.1 km、9.1 km 高度的上升气流

从剖面上看,强回波(图 9.10a、b)高度继续抬升,上升气流(图 9.10b、e)随高度上升而增大,粒子上升通道(图 9.10c、f)整体向上移动,上升气流与粒子上升通道都延展至反射率因子核心区以上。沿纬向的剖面中(图 9.10d、f)位于下沉区的强回波持续下沉。中低层下沉气流区域扩大。

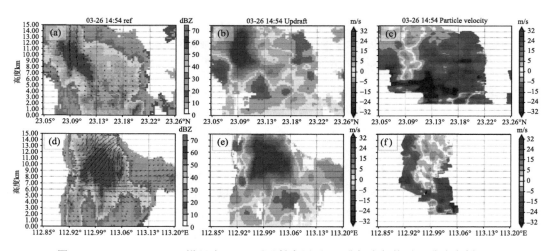

图 9.10 14:54 (a—c)沿经度 112.98°反射率因子、上升气流与粒子上升速度剖面;(d—f)沿纬度 23.10°反射率因子、上升气流与粒子上升速度剖面(反射率因子剖面叠加风场)

9.2.3 主要特征量时序分析

通过观察连续时间上各高度层反射率因子与流场变化的关系,可以发现冰雹的变化规律。图 9.11a 为从 S 波段天气雷达探测资料中提取的冰雹云中不同时间不同高度层最大反射率因子高度—时间图。图 9.11b 最大上升速度高度—时间图。图 9.11c 最大垂直风矢量差的高度—时间图。图 9.11d 最大风速时间—高度图。为了减小数据波动、降低异常值的影响,图 9.11b、c、d 作了 3×3×3 格点的均值滤波。

从图 9.10a 中看到,在 14:18 至 14:36 时段,3～7 km 高度最大反射率因子不断增强,对应冰雹不断增长,图 9.10b 显示这段时间上升速度在 3～7 km 高度也有所增加。在 14:42 至 14:48 时段,最大反射率因子迅速向上扩展,强回波伸展到 12 km 高度,这是冰雹快速增

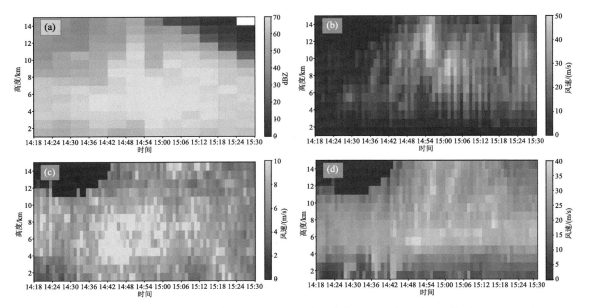

图 9.11　(a)S 波段雷达最大反射率因子的时间-高度变化;(b)X 波段阵列天气雷达最大上升
气流速度的时间-高度变化;(c)X 波段阵列天气雷达最大垂直风矢量差的时间-高度变化;
(d)X 波段阵列天气雷达最大水平风速的时间-高度变化

长时期。这段时期上升气流不断增大,同时最大上升速度高度快速升高,达到 14 km 高度。
14:54 最大上升气流速度达到峰值,10~14 km 高度的最大上升气流速度上升至 50 m/s 以
上。强回波最大高度和强回波最低高度突然下降,说明这个时间有强反射率因子的粒子下落,
与地面观测的降雹时间 14:55 相对应。

　　垂直风矢量差是高度差为 200 m 两层的风矢量差。从图 9.11c 可以看到,在 14:36 之后
4~10 km 高度的最大垂直风矢量差开始增大,相比于最大上升气流峰值出现的时间要更早,
原因可能是垂直风切变的加强使得上升气流倾斜,粒子下落拖拽作用对上升气流减弱的影响
变小,上升气流有了更好的发展环境。从图 9.11d 可以看到最大风速主要增长时段是 14:42
以后,最大风速增大,并且最大风速峰值出现早于最大上升气流峰值出现,最大风速峰值出现
在 5~6 km 高度。

　　垂直积分液态水含量是冰雹识别与预警的常用指标,垂直积分液态水含量的计算公式
如下:

$$\text{VIL} = \int_{H_0}^{H_{\max}} 3.44 \times 10^{-6} Z^{\frac{4}{7}} \, \mathrm{d}h \qquad (9.1)$$

式中,Z 为反射率因子,H_0、$H_{\max}$ 分别是回波底部高度与回波顶部高度。

　　前面的分析显示,这次天气过程中高层的最大上升速度和最大反射率因子特征明显,故给
出了 10~12 km 高度的最大上升气流与最大垂直积分液态水含量(图 9.12,左边 y 轴是垂直
积分液态水含量,右边 y 轴是最大上升速度)。图 9.12 中,三个高度层的最大上升速度变化(红
线)基本是沿着同一条曲线上下波动。在 14:48 之后有较大的上升趋势,在 14:54 左右到达峰
值为 50 m/s 左右。之后下降,直到 15:00 左右。垂直积分液态水含量(绿线)与最大上升速度
的上升趋势较为一致,不同的是垂直积分液态水含量变化更平缓,而且垂直积分液态水的峰值相

对较晚,在 14:57 左右到达 70 kg/m² ,在接近 15:00 的时候开始下跌,其下跌的幅度要小一点。

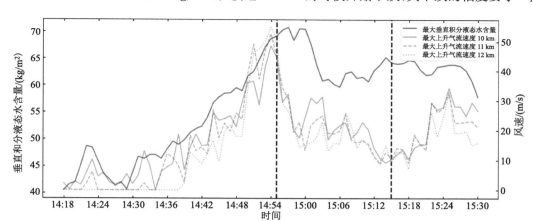

图 9.12　10 km、11 km、12 km 最大上升气流与最大垂直积分液态水含量变化

根据文献,从流场角度可知,对流层深层风垂直切变的 0~6 km 垂直风矢量差是影响强冰雹的一个重要环境要素。

图 9.11c 中显示中低层最大垂直风矢量差变化较大,因此,给出 4~6 km 高度的最大垂直风矢量差与 0~6 km 整层高度的最大垂直风矢量差时间变化图,从图 9.13 可以看出 4、5、6 km 高度的最大垂直风矢量差变化接近,均在 14:38 左右有极大值出现;0~6 km 整层高度的最大垂直风矢量差峰值在 15:00 之后出现。由此可见,垂直方向上不同高度最大垂直风矢量差反映冰雹云体物理特性有所不同,选取适当高度和厚度的最大垂直风矢量差对于识别和预报冰雹效果会有差异。

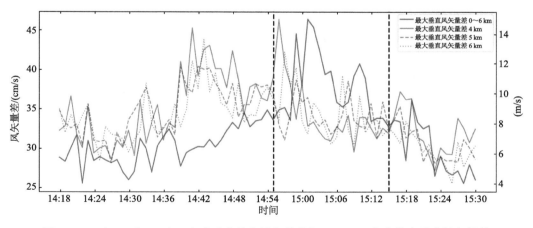

图 9.13　4 km、5 km、6 km 高度垂直最大风矢量差与 0~6 km 高度最大垂直风矢量差

9.3　预警指数讨论

对冰雹云体的强度结构、流场结构和演变的分析,可知,冰雹云体的热力和动力特征,

单层高度的最大垂直风矢量差能在更早的时候出现峰值,而最大上升气流与垂直积分液态水含量其次,0～6 km整层高度的最大垂直风矢量差表现较差。通常会把这些特征用一些指数来表示。根据相控阵阵列天气雷达探测资料,从图9.11中也发现,当某个特征量达到峰值时,在某些其他高度上也会出现相似的变化,而在实际预警时,无法预先确定数据的高度层,因此,为提高预警指标的实用性和泛化性能,利用垂直积分的思想分别对上升气流与垂直风矢量差尝试构建了垂直积分最大上升气流(Vertically Integrated Updrafts,VIU)和垂直积分最大垂直风矢量差(Vertically Integrated Wind Shear,VIS)。在50 dBZ回波区域内,垂直积分最大上升气流

$$\text{VIU} = \frac{1}{H_{\max} - H_0} \int_{H_0}^{H_{\max}} w_{\max} \mathrm{d}h \tag{9.2}$$

式中,$w_{\max}$为50 dBZ的回波内,每一高度层上升气流速度的最大值,H_0、$H_{\max}$分别是回波底部高度与回波顶部高度。

从以上冰雹过程中流场分析可以得到,在0℃层以上,-20℃以下最大垂直风切变差异较大,因此在50 dBZ回波区域内,垂直积分最大垂直风矢量差:

$$\text{VIS} = \frac{1}{H_{-20℃} - H_{0℃}} \int_{H_{0℃}}^{H_{-20℃}} |\vec{\Delta v_\mathrm{h}}|_{\max} \mathrm{d}h \tag{9.3}$$

式中,$|\vec{\Delta v_\mathrm{h}}|_{\max}$为每一高度层垂直风矢量差的最大值,$H_{0℃}$、$H_{-20℃}$分别是回波底部高度与回波顶部高度。

三种指数的变化如图9.14所示,图中左、中、右y轴分别是VIL,VIU,VIS,并且分别在图中以蓝、红、紫表示。蓝色的VIL在14:55左右达到最大值。从红色的VIU曲线中可以发现其与VIL曲线变化有很强的一致性。紫色的VIS曲线其趋势与其他两条曲线类似,但可以大概提前12 min在14:42左右到达峰值。

利用上升气流构建的预警指数表现出了高层上升气流的变化趋势,而垂直风矢量差构建的预警指数表现出了中层垂直风矢量差在14:42左右的峰值,消除了14:55左右的峰值。

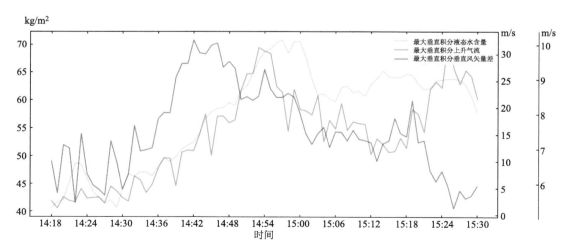

图9.14 对液态水、上升气流、垂直风矢量差的垂直积分(y轴从左到右分别是VIL、VIU、VIS)

9.4　结论与讨论

S 波段天气雷达资料和 X 波段阵列天气雷达资料的结合,完整展示了这次冰雹过程动力和热力精细结构。流场、强度不同剖面和时间变化的分析,使我们看到了一些特征和规律。

(1)在强回波高度逐渐上移的过程中,上升速度最大值随之增大、主上升气流区域面积扩大且高度逐步增加,与之对应的粒子上升通道长度增加。在中高层反射率因子的增强过程中,低层的上升气流区域面积却在减小。地面见雹前在低层的下沉气流区域面积增大,下沉趋势增强。

(2)各高度层的最大上升气流速度、最大风速、最大垂直风矢量差呈现明显的变化:较高层上升气流变化更显著,表现为随着强反射率因子高度的抬升而增大;垂直风矢量差在中层变化更显著,在上升气流达到最大值之前出现最大值。

(3)10 km、11 km、12 km 高度的最大上升速度与 VIL 变化趋势接近,但是会有更大的上升、下降梯度,峰值出现较早;4、5、6 km 高度的单层垂直风矢量差相比于 0~6 km 的整层垂直风矢量差有更好的预警效果。尝试对上升速度和风矢量差积分,构建基于流场特征的新的预警指数并与 VIL 对比,该预警指数保留了单层变量的变化趋势特点,其中基于垂直风矢量差构建的 VIS 且能提前大约 12 min 到达峰值。

本工作中利用 X 波段相控阵阵列天气雷达得到的垂直气流与垂直风矢量差,虽然得到了部分这次天气过程中的结构和变化特征,但是这仅仅是一个初步探索,存在很多不足之处。首先只是一次过程的分析,缺乏大量样本的统计,这种特征代表性、普适性都未能验证。其次,最大上升速度、最大风速、最大垂直风矢量差与冰雹演变有一定的对应关系,但是这些量与冰雹发生以及冰雹大小并没有确定的定量关系和阈值,如何形成应用还有很多工作要做。

在分析中上升速度、风速、风垂直切变在空间的选取采用的是最大值方式,这种最大值是否就具有较好的代表性。最大值方式简化了空间的匹配工作难度,但是有可能疏漏了较小空间尺度的空间匹配性。再者,在应用方面,只是基于单要素构建指数,没有综合考虑动力和热力要素构建模型。最大反射率因子、最大上升气流速度、最大风速、最大垂直风矢量差这些量都是单要素量,用单要素构建指数只反映部分特性,因此指数的有效性就会受到较大的限制。其四,本文的工作仅限于空间和时间的特征分析,而对于这些特征的机理没有做进一步深入的分析。这个冰雹过程中,冰雹主要形成时间段只有十几分钟,在这个时段,垂直上升速度、强度快速增加,快速向上扩展。为什么会这样?机理是怎样的?如果能揭示这些,不仅能够加深对冰雹过程的认识,对于识别和预报冰雹都会有重大意义。

第 10 章 短时强降水探测

短时强降水,主要是指发生时间短、空间尺度小、降水效率高的对流性降雨。1 h 雨量大于等于 20 mm 或 3 h 雨量大于等于 50 mm(俞小鼎,2013),为典型的中小尺度系统(孙继松,2017)。由于降水强度大,在短时间内易形成局地洪水,甚至引发山体崩塌、滑坡等次生地质灾害,造成的人员伤亡和财产损失在所有气象灾害中是最大的(樊李苗等,2013)。因此研究短时强降水天气的形成机制及提前发布短时临近预警,对防灾减灾具有非常重要的意义(徐娟等,2014)。

国内外许多学者对短时强降水进行了深入的分析。Marks(1987)和 Klaassen(1989)对雨强的探测进行了深入的研究。张涛等(2012)、韩宁等(2012)、陈炯等(2013)、王国荣等(2013)、许敏等(2017)研究表明,不同区域受气候背景、地形和城市下垫面等因素影响,短时强降水表现出一定的时空分布规律。樊李苗等(2013)、田付友等(2017)研究给出短时强降水天气的环境参数特征。

国内众多学者也利用单、多雷达进行风场反演,张勇等(2011)利用组网天气雷达产品三维格点反射率因子资料与两步变分法反演三维风场,对 2009 年第 7 号台风"天鹅"风场结构做了分析,结果表明:两步变分法较好地反演出"天鹅"台风的水平环流结构。刘婷婷等(2014)利用单部多普勒雷达四维变分同化方法反演重庆市两次局地强降水不同高度水平风场,分析了易发生局地强降水区域的局地环流特征,结果表明:风场反演能较准确地给出低空急流、低层辐合和局地气旋式涡旋的位置及演变情况。韩颂雨等(2017)研究表明双雷达和三雷达能较好地反演降雹超级单体的三维风场精细结构,有助于加深对冰雹云结构的认识进而提高冰雹预报能力。

尽管进行了大量研究,但是气象学界对强对流天气过程中不同天气现象的酝酿、发生、发展、传播和消亡等物理过程的认识程度远不如其他灾害性天气过程(如区域性暴雨、台风等)那样清晰,这是造成有效预警能力不足的根本原因(孙继松等,2014)。随着相控阵技术的发展以及雷达风场反演技术的不断发展(吴翀等,2014;刘黎平等,2015),利用相控阵阵列天气雷达能够得到高时空分辨率的强度场和三维风场反演资料,有潜力为强对流天气过程分析提供技术支持(马舒庆等,2019;叶开等,2020)。本节利用 3DVAR 风场反演算法获得风场(Shapiro et al.,2009;Potvin et al.,2011;North et al.,2017),该算法已在长沙机场阵列天气雷达进行风场验证(李渝等,2020)。本节对 2020 年 9 月 4 日佛山南海区的一次局地短时强降水天气过程分析,展示此次短时强降水的小尺度强度场与三维风场等结构特征,并选取逐 30 s 的强度场与三维风场反演资料,以及回波移动路径上的自动站逐 5 min 累积降水量资料,试图探究强度场、三维风场与自动站降水量三者之间的联系,以期为短时强降水天气的预报预警提供客观依据。

10.1　资料和天气过程

10.1.1　资料

架设于佛山市的相控阵阵列天气雷达(图 10.1a)布设了七个前端,每三个相邻的前端为一组进行同步扫描。每个前端的最大探测距离均为 36.48 km,径向分辨率为 30 m。方位向上每个前端均采用机械扫描方式,覆盖 0°~360°方位,俯仰向上采用相控阵多波束扫描技术,采用 4 个发射波束和 64 个接收波束覆盖仰角,其中单偏振前端覆盖 0°~90°仰角,双偏振前端覆盖 0°~72°仰角。每三个相邻的前端采用近似等边三角形布局,单个前端体扫时间为 30 s,对应 60°范围的扫描时间为 5 s。理论上,三个前端的共同覆盖区域(简称三维精细探测区)的探测资料时差在 5 s 以内,两个前端共同覆盖区域的探测资料时差在 10 s 以内,Li 等(2020)研究表明,探测资料数据时差越小,获得的风场越准确。三维探测区外的圆形区域内也有探测资料,这些区域称为普通探测区(图 10.1b)。

本节所用资料包括 2020 年 9 月 4 日佛山市南海区(112.90°—113.20°E,22.90°—23.30°N)16—18 时区域自动气象站逐 5 min 降水资料,9 月 4 日 16:00—17:30 广州 CINRAD/SA 雷达(简称广州雷达),佛山市阵列天气雷达三水潮湾站前端 3、禅城梧村站前端 6 及南海尖峰岭前端 7 的雷达基数据。

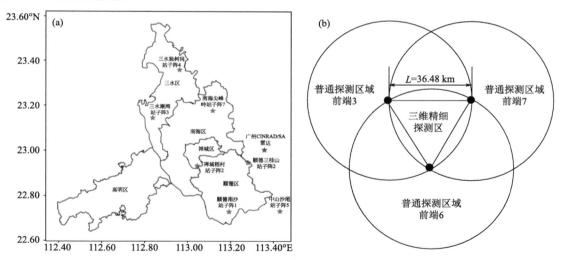

图 10.1　(a)广州 CINRAD/SA 雷达与佛山阵列天气雷达布局和(b)三个前端探测区

10.1.2　天气背景和雷达回波

2020 年 9 月 4 日东亚大槽加深东移,槽后西北气流带动冷空气南下,佛山处于槽前偏西南气流中,588 dagpm 等压线控制广东。925 hPa 上切变线位于粤北地区,有一支西南气流从海南东侧海面向北延伸到珠江三角洲西部,另外有一支东北气流从台湾海峡南下影响到珠江三角洲东部地区,二者在珠三角附近形成辐合,700 hPa 和 850 hPa 上切变线位于长江流域南侧一带,切变线南侧有偏西风急流在湖南和江西北部发展,200 hPa 上珠三角地区恰好处于偏北显著气流和西北显著气流两支气流直接的分流区。地面上弱低压在北部湾维持,本地受类均压场控制。距离佛山南海区最近的清远探空站 2020 年 9 月 4 日 08 时探空站资料表明:各层大气相对湿度较大,对流有效位能(CAPE)值为 2100 J/kg,对流抑制能量(CIN)值为 0 J/kg,不稳定能量充足(图 10.2)。综上所述,佛山 2020 年 9 月 4 日有充沛的水汽和水汽辐合,地面与 700 hPa 之间的条件不稳定结合低层水汽条件形成 CAPE 大值,具有显著的深厚湿对流潜势。此外,更大尺度范围内低层辐合,高层辐散,周边环境为上升气流,有利于 CAPE 增大,CIN 减小,深厚湿对流形成的可能性将更大。

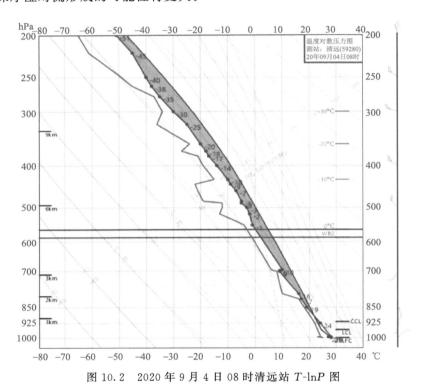

图 10.2　2020 年 9 月 4 日 08 时清远站 $T\text{-}\ln P$ 图

　　2020 年 9 月 4 日 16—18 时,佛山市南海区有多个单个单体或多单体结构的对流风暴生成,形成多单体风暴群,回波演变过程如图 10.3 所示。根据此次短时强降水过程发展特征及重点关注时刻,将其分为三个阶段。合并阶段,16：00 多单体 1、多单体 2 均在进行内部合并(简称第一次合并)(图 10.3a1)。16：05 多单体 1 上方出现新的对流单体(简称单体 1)(图 10.3a2)。16：11 单体 1 迅速发展,其右侧出现新的对流单体(简称单体 2),此时多单体 1、多单体 2 内部合并结束并分别发展成为新的对流单体(简称单体 3、单体 4)(图 10.3a3)。16：11—16：28 单体 3 及单体 4 开始分裂,单体 1、单体 2、单体 3、单体 4 逐渐合并(简称第二次合并),并向东北方向移动(图 10.3a4—a7)。16：30 合并阶段结束,第二次合并后形成的对流单体分裂为两个新的对流单体(简称单体 5、单体 6)(图 10.3a8),单体 5 进入成熟阶段。成熟阶段,16：30—16：50 单体 5 发展旺盛并向东北方向缓慢移动,单体 6 移动更快(图 10.3b1—b2)。消亡阶段,16：50 单体 5 转为消亡阶段,17：15 单体 5 与右侧新生对流单体(简称单体 7)合并(简称第三次合并)(图 10.3c1—c4),之后回波整体向东移动,迅速消亡。回波分析表明,高时空分辨率的相控阵阵列天气雷达可以精细地探测对流单体合并、分裂,从成熟走向消亡的演变过程。

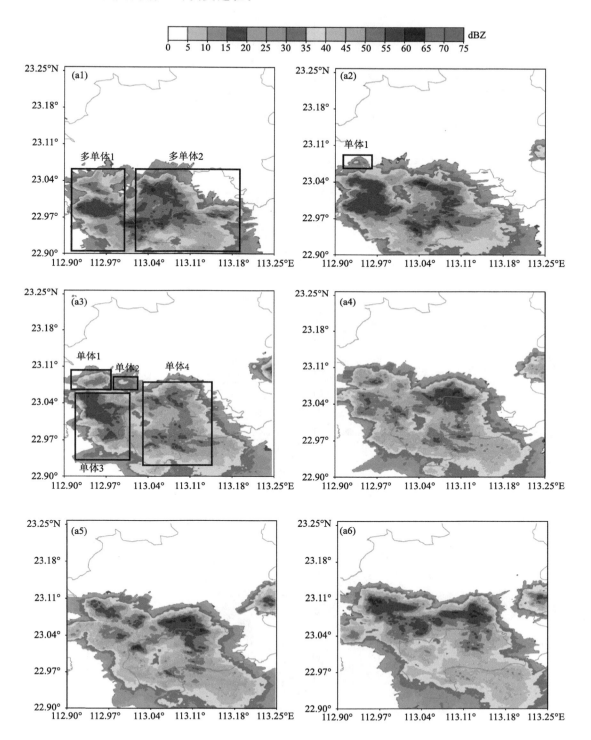

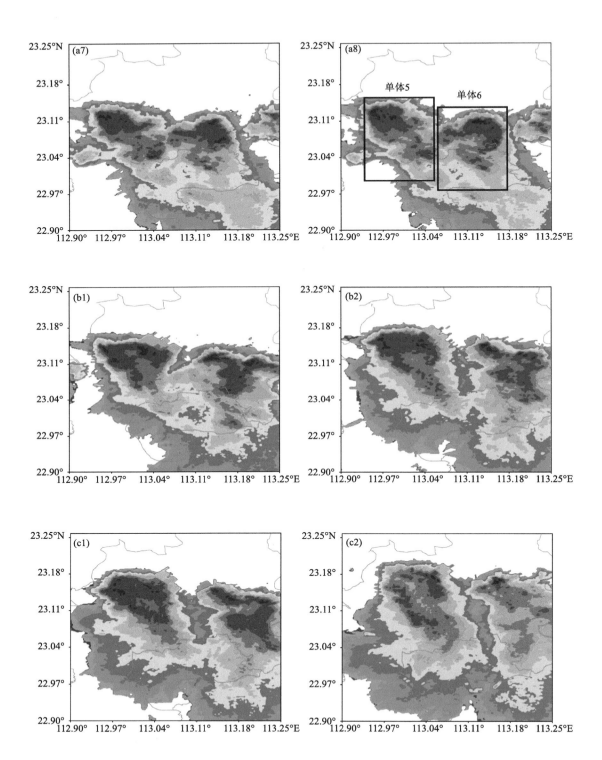

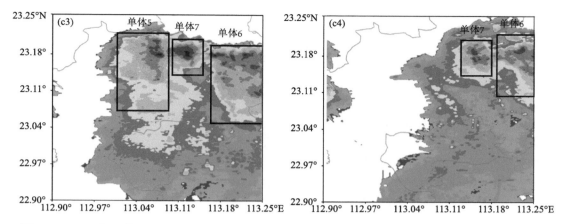

图 10.3　2020 年 9 月 4 日 16∶00—17∶30 在 0.1～14.9 km 高度上的组合反射率回波演变合并阶段
((a1)16∶00;(a2)16∶05;(a3)16∶11;(a4)16∶15;(a5)16∶18;(a6)16∶25;(a7)16∶28;(a8)16∶30)、
单体 5 成熟阶段((b1)16∶40;(b2)16∶48)和单体 5 消亡阶段
((c1)16∶50;(c2)17∶00;(c3)17∶15;(c4)17∶30)

10.2　数据质量控制

对雷达基数据进行地物杂波滤除、径向速度退模糊和衰减订正等质量控制,此外,还进行了金属球定标,雷达前端间径向速度对比,反演风场正确性和合理性检验以及与 S 波段雷达对比。

（1）金属球定标。采用金属球定标法对各雷达前端的径向速度进行机外标定。以雷达前端 3 为例进行说明,采用快速扫描模式,体扫时间调整为 15 s。在 2019 年 11 月 24 日,获取连续 10 个体扫样本,利用金属球相对于雷达前端 3 的实际径向速度与雷达前端 3 所测径向速度进行对比,雷达前端 3 的最大径向速度探测误差为 0.2 m/s,满足径向速度探测精度为 1 m/s 的设计要求。雷达前端 3 探测的方位角、俯仰角、距离与金属球实际的方位角、俯仰角、距离存在一个固定偏差,方位角偏差量平均 2.16°,俯仰角偏差量平均 0.28°,距离偏差量平均 189 m。不符合精度要求,因此后续对雷达前端 3 指北和天线俯仰角及距离库探测进行了相应修正。对雷达前端 6、雷达前端 7 也采用该方法进行正确性检验,并进行相应修正。

（2）雷达前端间径向速度对比验证。雷达前端 3 与雷达前端 6 对比为例,选取 2020 年 9 月 4 日 16∶01—16∶17,间隔 30 s 连续 33 个时刻数据,0°仰角连线中点处径向速度进行对比(雷达前端 3 径向速度大小取反以便于对比分析)。雷达前端 3 与雷达前端 6 的各时刻径向速度均满足方向相反,径向速度值之差小于 2 m/s(图 10.4a、b)。雷达前端 6 与雷达前端 7 也采用该方法选取 2020 年 9 月 4 日 16∶27—16∶40 间隔 30 s 连续 27 个时刻数据进行径向速度对比验证(图 10.4c、d)。结果表明,两部雷达前端连线中点处径向速度大小基本相同,方向相反,符合设计要求。

（3）为进一步检查该个例使用的强度场与三维风场反演资料的正确性,在进行强度场与三维风场分析前,利用广州 CINRAD/SA 雷达(简称广州雷达)和雷达前端 3、雷达前端 6、雷达前端 7 基数据以及三部雷达前端融合强度场与三维风场反演资料进行相互对比验证。

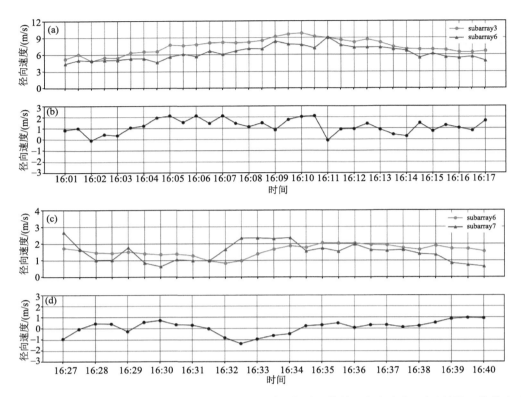

图 10.4　雷达前端连线中点径向速度对比:(a)雷达前端 3 与雷达前端 6 径向速度(雷达前端 3 数值取反);
(b)雷达前端 3 与雷达前端 6 径向速度绝对值之差;(c)雷达前端 6 与雷达前端 7 径向速度(雷达前端 7 数值取反);
(d)雷达前端 6 与雷达前端 7 径向速度绝对值之差

由于广州雷达与相控阵阵列天气雷达雷达前端波段不同,各项硬件参数不同,故在大雨滴和冰雹等情况下探测到的回波强度存在固有的不一致,并且两者空间分辨率也有很大差异,故下文仅从定性的角度进行一致性分析。以 2020 年 9 月 4 日 16:58 广州雷达 9.78°仰角 PPI 资料(对应高度约 6.3 km),雷达前端 3 在 6.3 km 高度 CAPPI 资料以及 6.3 km 高度处强度场与反演风场资料为例进行对比说明。如图 10.5 所示,广州雷达架设于佛山市南海区右侧,雷达前端 3 架设于佛山市三水区下侧,此时雷达回波区域在南海区,位于两部雷达中间。

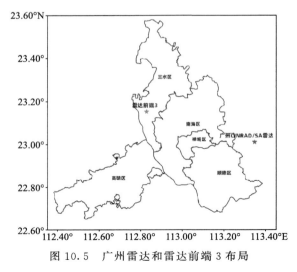

图 10.5　广州雷达和雷达前端 3 布局

广州雷达、雷达前端 3 和融合强度场(图 10.6a1—a2、c)三者的回波形状和强回波区域均较为一致。雷达前端 3 与广州雷达虽然架设于不同的位置(图 10.5),但径向速度图中均存在两处明显的正负径向速度交界线(图 10.6b1—b2)。6.3 km 高度上,反演风场显示单体 5 左侧与右侧分别出现清晰可见的气旋与反气旋(图 10.6c),且风速大值区与雷达前端 3 的径向速度大值区一致。故本次强对流天气过程资料完整且较为准确能够用于分析。

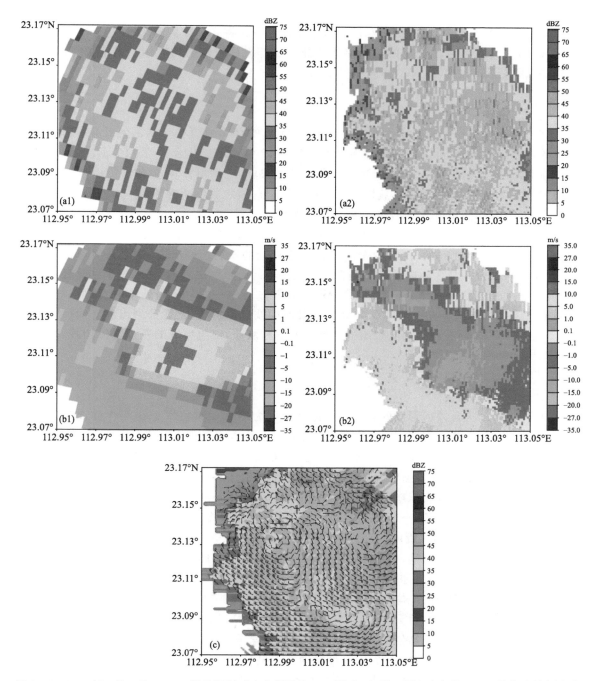

图 10.6　2020 年 9 月 4 日 16：58 雷达资料对比广州雷达 9.78°仰角(架设于图东南方位):(a1)基本反射率因子;(b1)径向速度雷达前端 3 6.3 km 高度;(a2)基本反射率因子;(b2)径向速度 6.3 km 高度;(c)强度场叠加风场

10.3 强度场与三维风场分析

本次强对流天气过程发展迅速,涉及多个单体。下文将详细分析该次过程合并阶段、成熟阶段和消亡阶段,各阶段观测的对流单体均处于三部雷达前端所构成的三维精细探测区内。网格场水平分辨率 100 m,垂直分辨率 200 m。

10.3.1 合并阶段

16:01—16:10 第一次合并(图 10.3a1—a2),多单体 1、多单体 2 内部各对流单体都处于相近的发展增强阶段,合并后发展增强。16:11—16:30 第二次合并(图 10.3a3—a8),单体 1、单体 2 发展增强,单体 3、单体 4 开始分裂并迅速减弱,之后单体 1、单体 2 与单体 3、单体 4 分裂出的上侧回波合并,回波迅速增强,回波顶迅速升高,之后逐渐合并为一个对流单体,向东北方向缓慢移动,而单体 3、单体 4 分裂出的下侧回波却减弱。

翟菁等(2012)在数值模拟中把两个对流单体云团之间的合并分为两类:第一类合并为发展强度接近的单体之间的合并,两个单体都处于相近的发展增强阶段,则合并后单体发展增强,上文第一次合并与之相同。第二类合并为发展不同的单体之间的合并,一个单体处于发展期,而另一个单体处于成熟至成熟后的衰减期,合并过程中一个单体得到增强,而另一个单体却减弱。上文第二次合并中单体 3、单体 4 分裂时回波迅速减弱,之后分裂出的上侧回波与单体 1、单体 2 合并得到增强,而分裂出的下侧回波逐渐减弱,这与单纯的一个单体增强,另一个单体减弱的结果略有不同。

10.3.2 成熟阶段

16:30 第二次合并后形成的对流单体逐渐分裂为单体 5 和单体 6,由于单体 5 出现深厚持久的气旋与反气旋,且始终位于三维精细探测区域,故本节仅分析单体 5 出现气旋与反气旋部分的发展情况。此时,单体 5 回波触地,回波顶高 12.1 km,最大反射率因子约为 65 dBZ,中低层(2.1~5.1 km)存在较强辐合,辐合中心位于强回波中心(图 10.7a1—a2)。

16:35 强回波中心面积增大,回波顶略微升高至 13.1 km,中低层(2.1~5.1 km)在强回波区域出现气旋(图 10.7b1—b2),强回波区域面积增大,气旋周围风速略微增大。之后回波顶迅速升高至 14.9 km,气旋向上、向下增长,水平范围扩大并逐渐形成闭环。

16:48 单体 5 回波触地,回波顶高 14.9 km,最大反射率因子约为 65 dBZ,形成 γ 中尺度气旋,直径最大约为 6 km,厚度约为 7 km,自 1.1 km 高度处延伸至 8.1 km。2.1 km(图 10.7c1)高度上,气旋位于单体 5 左上侧强回波中心处,直径约为 3 km。气旋左上侧风速较小,右下侧风速较大,最大约为 12 m/s。4.1 km(图 10.7c2)高度上,气旋位置相对 2.1 km(图 10.7c1)高度略向右下侧分布,气旋直径显著增大至 6 km 左右。6.1 km(图 10.7c3)高度上,气旋位置相对 4.1 km(图 10.7c2)高度略向右下侧分布,气旋中心反射率因子减小,直径几乎不变。该高度上气旋左下侧风速较大,右上侧风速较小,最大约为 14 m/s。散度场、涡度场与风场对应情况较好,风场中气旋式辐合处以负散度正涡度为主,最小散度值约为 $-3.8 \times 10^{-2} \ \mathrm{s}^{-1}$,最大涡度值约为 $7.1 \times 10^{-2} \ \mathrm{s}^{-1}$。气旋外围表现为较强辐散,气旋右侧既存在辐合中

心又存在辐散中心,但整体表现为负涡度,形成反气旋趋势(图 10.7d1—d2)。7.1 km(图 10.7c4)
高度上,气旋位置相对 6.1 km(图 10.7c3)高度几乎不变,强回波区域面积显著减小,气旋右侧
风向出现明显切变,由 6.1 km 高度东南风转为西北风,反气旋趋势更为明显。

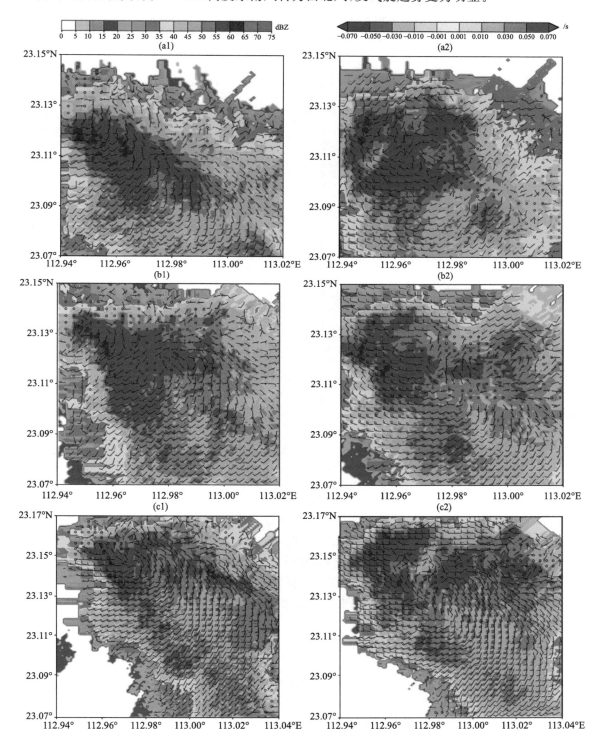

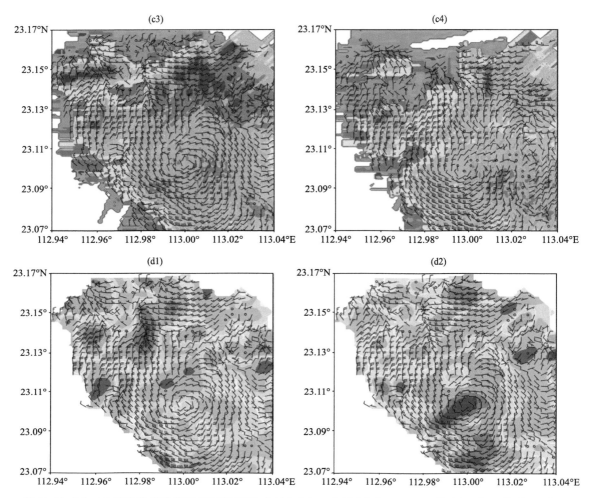

图 10.7　16：30 成熟阶段强度场与三维风场：(a1)2.1 km；(a2)4.1 km；16：35(b1)2.1 km；(b2)4.1 km；
16：48(c1)2.1 km；(c2)4.1 km；(c3)6.1 km；(c4)7.1 km；16：48(d1)6.1 km 散度场；(d2)6.1 km 涡度场

　　该阶段单体 5 发展旺盛，途经的各自动站点逐 5 min 降水量较多，最大值约为 7 mm，单体 5 从对流层低层直到中高层一直存在气旋式辐合，且气旋位置及强回波中心随高度的增加逐渐向东南方向倾斜，在强降水回波发展旺盛时辐合区上空叠加有辐散区。郝莹等（2012）分析多次短时强降水的径向速度场，发现中小尺度辐合的稳定维持是强降水持续的主要原因，本节成熟阶段的强度场与三维风场反演资料进一步清晰地展示了形成中小尺度气旋式辐合的过程，气旋式辐合维持时各高度上强度场与三维风场、气旋最强处散度场与涡度场的结构特点。

10.3.3　消亡阶段

　　16：50 中高层(6.1～8.1 km)在强回波区出现反气旋(图 10.8a1—a2)，之后反气旋向上略微增长，水平范围扩大并逐渐形成闭环，气旋水平范围逐渐缩小。回波顶高逐渐降低，强回波面积逐渐减小，单体 5 移动速度变快。

17：00 单体 5 回波顶高下降至 14.1 km,最大反射率因子约为 65 dBZ,形成 γ 中尺度反气旋,直径最大约为 6 km,厚度约为 3 km,自 6.1 km 高度处延伸至 9.1 km。2.1 km (图 10.8b1)高度上,气旋消失,表现为很强的水平风切变。4.1 km(图 10.8b2)高度上,气旋位于单体 5 左上侧,与 16：48 相同高度上(图 10.7c2)比较,气旋向左上移动,辐合减弱。最大风速由 14 m/s 减小至 10 m/s,整体风速减小,气旋中心反射率因子显著降低,强回波面积显著减小,整个回波面积显著增大,单体 5 右侧风场出现明显风切变。6.1 km 高度(图 10.8b3)与 16：48 相同高度上(图 10.7c3)比较,气旋受到右侧反气旋影响,分为左上侧、左下侧两个气旋。7.1 km(图 10.8b4)高度上,气旋左下侧与反气旋右上侧风速较大,最大约为 18 m/s,回波强度较强,最大反射率因子约为 60 dBZ。两者交界处风速较小,最大约为 10 m/s,回波强度较弱,最大反射率因子约为 40 dBZ。该层强度场与三维风场为外围强度大,风速大,中心强度小,风速小的结构。散度场、涡度场与风场对应情况较好,风场中反气旋式辐散处以正散度负涡度为主,其中最大散度值约为 4.5×10^{-2} s^{-1},最小涡度值约为 -5.7×10^{-2} s^{-1}(图 10.8c1—c2)。反气旋左侧的两个气旋中风切变较强,以辐合为主,但局部已经开始形成辐散,整体表现为正涡度。

17：10 强回波面积进一步减小,反气旋向下延伸至 4.1 km,4.1 km 高度(图 10.8d1)与 17：00 相同高度上(图 10.8b2)比较,回波面积增大,但强回波面积减小,气旋处风速显著减小,对应位置最大反射率因子由 60 dBZ 显著减小至 45 dBZ,气旋右侧回波强度变化较小,单体 5 右侧有单体 7 正在发展。7.1 km 高度(图 10.8d2)与 17：00 相同高度上(图 10.8b4)比较,反气旋范围显著扩大,回波强度减弱,面积缩小。

17：22 单体 5 回波顶高降至 10.1 km,与右侧单体 7 合并,消亡速度放缓。4.1 km 高度(图 10.8e1)与 17：10 相同高度(图 10.8d1)比较,最显著的变化是气旋消失,回波强度减弱。7.1 km(图 10.8e2)与 17：10 相同高度上(图 10.8d2)比较,最显著的变化是反气旋消失,回波强度减弱。之后对流单体迅速消亡,所经过自动站点逐 5 min 累积降水量显著减少。

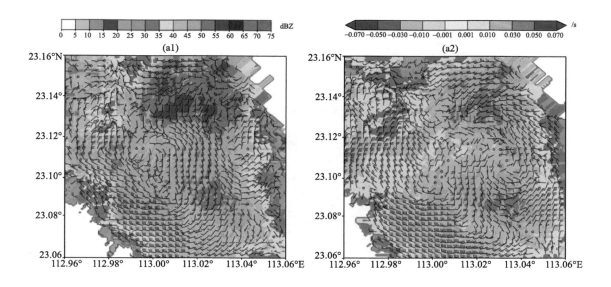

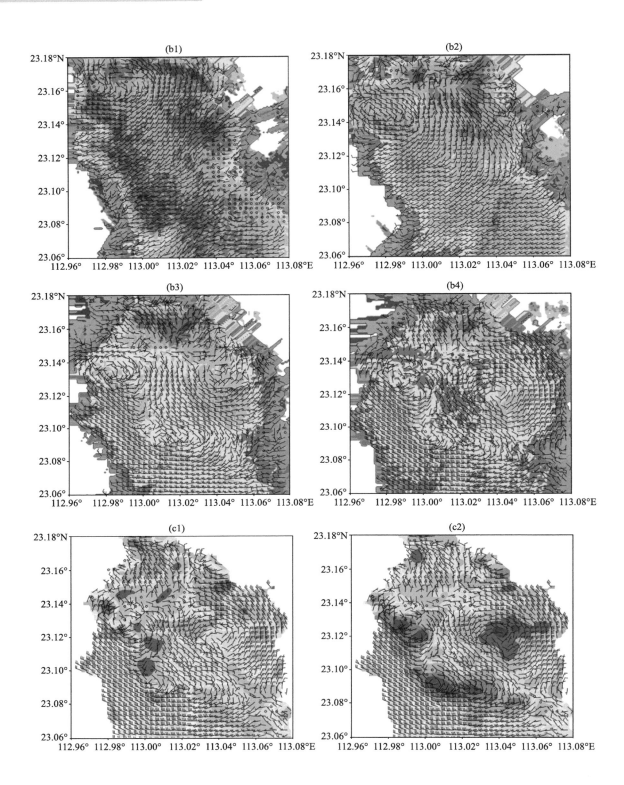

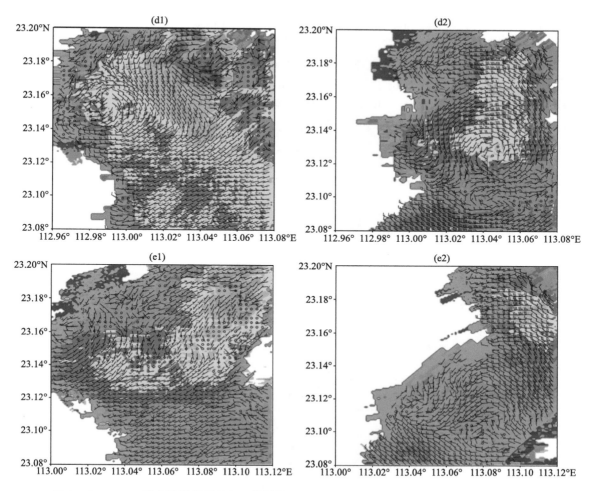

图 10.8　16：50 消亡阶段强度场与三维风场：(a1)6.1 km；(a2)7.1 km；17：00 (b1)2.1 km；
(b2)4.1 km；(b3)6.1 km；(b4)7.1 km；17：00 (c1)7.1 km 散度场；(c2)7.1 km 涡度场；
17：10 (d1)4.1 km；(d2)7.1 km；17：22 (e1)4.1 km；(e2)7.1 km

10.4　强度、风速与自动站降水量的关系

2020 年 9 月 4 日佛山市相控阵阵列天气雷达探测到了对流单体，对对流单体强度场、三维风场提取特征量，分析这些特征量与降水变化的关系。

10.4.1　自动站选取

本节利用架设在广东省佛山市开展外场试验的相控阵阵列天气雷达进行强度场、三维风场与自动站降水量的关系初探。前面分析了佛山市 2020 年 9 月 4 日 16—18 时造成短时强降水的多单体风暴群的发展，尤其是单体 5 的演变过程。这里选取单体 5 经过的 6 个自动站站点进行统计，同时为探究三维风场结构对于降水量的影响，将各阶段发展情况类似，但没有形

成深厚持久气旋与反气旋的单体 6 经过的 8 个有降水的和 3 个无降水或降水很少（小于 2.2 mm）的自动站站点也进行统计。单体 5 经过的自动站中，最小累积降水 3.9 mm，降水持续 15 min，最大累计降水 27.9 mm，降水持续 40 min。单体 6 经过的自动站中，最小累积降水 0 mm，最大累计降水 18.6 mm，降水持续 50 min。自动站分布如图 10.9a 所示，红色三角形表示单体 5 经过的站点，蓝色三角形表示单体 6 经过的站点。所有自动站站点逐 5 min 降水量如图 10.9b 和图 10.9c 所示。

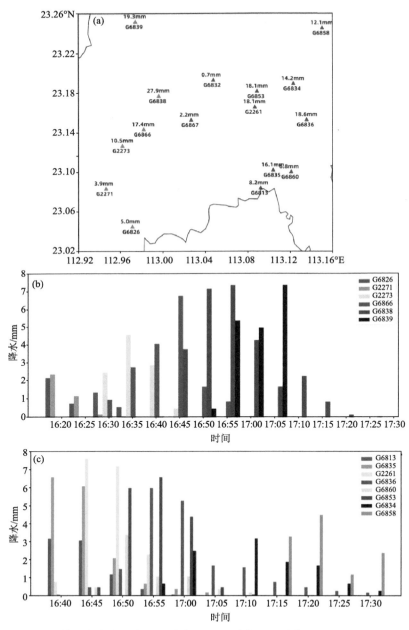

图 10.9　2020 年 9 月 4 日佛山市南海区自动站降水量：(a) 单体 5 与单体 6 经过的部分自动气象站 16—18 时累计降水量；(b) 单体 5 经过的自动气象站降水量统计；(c) 单体 6 经过的自动气象站降水量统计

10.4.2　强度场与三维风场特征量选取

　　反射率因子、水平风速、涡度、散度、垂直速度、风矢量差等反映了降水天气系统的物理特性。对这些量进行合适的统计,得到反映降水量变化,降水过程增强或减弱的特征量。由于部分自动站位置仅有两部雷达前端资料,不能利用直接合成法进行风场合成,所以选用三维变分法反演的风场进行分析。网格场数据水平分辨率 100 m,垂直分辨率 200 m,已知各自动站站点精确的经纬度坐标,可以匹配相同位置的相控阵阵列天气雷达资料。统计过程中发现,相较于选取与自动站站点最邻近匹配点的相控阵阵列天气雷达资料,以自动站站点为中心,选取水平范围 1 km×1 km 的资料,可以更好地观测各统计量的变化,得到相对平稳的随时间变化曲线,利于找出各统计量与自动站降水量之间的关系。故本节各统计量在水平上均选取以自动站站点为中心,1 km×1 km 的范围。特征量选取过程如下:

　　(1)反射率因子。在降水过程前,反射率因子逐渐增强。降水发生时,降水核心高度逐渐下降,反射率因子逐渐减弱。统计反射率因子均值可以很好地表征回波发展情况。对所有自动站进行 0.1 km 高度和垂直范围 0~1 km,0~3 km,0~6 km 的反射率因子均值统计,发现四者所绘制的曲线随时间变化趋势基本一致。图 10.10 为自动站 G6866 上空的统计结果。

　　故选择随时间变化更为平稳的 0~6 km 反射率因子作为特征量,以便更好地观察与自动站逐 5 min 降水量之间的关系。设空间中某一个网格点的位置为(x,y,z),以自动站站点为中心$(0,0,0)$,计算水平范围 0~1 km,垂直范围 0~6 km 的反射率因子均值(简称反射率因子):

$$\overline{R} = \frac{\sum_{x=-5}^{5}\sum_{y=-5}^{5}\sum_{z=0}^{29}R_{x,y,z}}{N} \tag{10.1}$$

式中,N 为统计的网格场总点数。

　　(2)水平风速。Hai Ying Wu 等(2020)通过数值模拟证明风场变化对风暴的结构和组织有重要影响,对流层中层或低层风场增强有利于对流发展。对所有自动站进行垂直范围 0~1 km,0~3 km,3~6 km,0~6 km,0~10 km 的水平风速均值统计,也发现 0~3 km 与 3~6 km 水平风速均值均有不同的显著变化特点。图 10.11 为自动站 G6866 上空的统计结果。

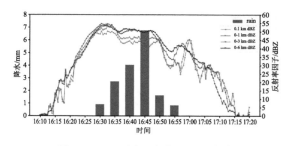

图 10.10　不同垂直范围的反射率
因子均值及降水量统计(G6866)

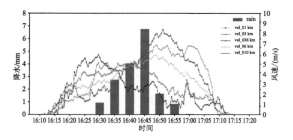

图 10.11　不同垂直范围的风速均值
及降水量统计(G6866)

　　选择 0~3 km 与 3~6 km 水平风速均值作为特征量。设空间中某一个网格点的位置为(x,y,z),以自动站站点为中心$(0,0,0)$,计算周围水平范围 0~1 km,垂直范围 0~3 km 和

3~6 km 的水平风速均值(简称低层风速和中层风速):

$$\overline{S}_{\text{low}} = \frac{\sum\limits_{x=-5}^{5} \sum\limits_{y=-5}^{5} \sum\limits_{z=0}^{14} S_{x,y,z}}{N_{\text{low}}} \tag{10.2}$$

$$\overline{S}_{\text{mid}} = \frac{\sum\limits_{x=-5}^{5} \sum\limits_{y=-5}^{5} \sum\limits_{z=15}^{29} R_{x,y,z}}{N_{\text{mid}}} \tag{10.3}$$

式中,N_{low} 和 N_{mid} 分别为统计的低层和中层网格场总点数。

(3)涡度。涡度是衡量空气块旋转运动强度的一个物理量。根据右手定则,逆时针旋转为正,顺时针旋转为负(北半球)。从动力学角度分析,根据涡度的变化,就能了解气压系统的发生和发展。涡度是一个矢量,因为大气中天气尺度及以上尺度的运动具有准水平性,表征这类运动旋转特征的涡度的垂直分量相当重要,所以通常在气象中一般只计算涡度的垂直分量,即垂直相对涡度。计算公式如下:

$$\zeta = \frac{\partial v}{\partial x} - \frac{\partial u}{\partial y} \tag{10.4}$$

对流单体发展阶段以上升气流为主,成熟阶段上升气流与下沉气流共存,消亡阶段云体内以下沉气流占主导,正涡度与上升气流联系紧密,由于水平风速已统计 0~3 km 和 3~6 km 均值。故本节统计垂直范围 0~6 km 的正涡度均值。设空间中某一个网格点的位置为(x,y,z),以自动站站点为中心$(0,0,0)$,计算周围水平范围 0~1 km,垂直范围 0~6 km 的正涡度均值(简称正涡度):

$$\overline{\zeta}_{\text{mid}} = \frac{\sum\limits_{x=-5}^{5} \sum\limits_{y=-5}^{5} \sum\limits_{z=0}^{29} \zeta_{x,y,z}}{N}, \zeta_{x,y,z} > 0 \tag{10.5}$$

式中,N 为统计的网格场总点数。

(4)散度。水平散度,是指空气在单位时间单位面积上的膨胀率,表征空气块的膨胀收缩特征。正值表示辐散,负值表示辐合。计算公式如下:

$$D = \frac{\partial u}{\partial x} + \frac{\partial v}{\partial y} \tag{10.6}$$

空气辐合一般利于对流单体发展,故本文统计垂直范围 0~6 km 的负散度均值。为便于后续分析,下文中负散度均取绝对值。设空间中某一个网格点的位置为(x,y,z),以自动站站点为中心$(0,0,0)$,计算周围水平范围 0~1 km,垂直范围 0~6 km 的负散度均值(简称负散度):

$$\overline{D} = \frac{\sum\limits_{x=-5}^{5} \sum\limits_{y=-5}^{5} \sum\limits_{z=0}^{29} D_{x,y,z}}{N}, D_{x,y,z} < 0 \tag{10.7}$$

式中,N 为统计的网格场总点数。

由于目前尚不能得到准确的垂直气流速度,不同高度水平风矢量差等物理量虽然存在随时间变化的趋势,但与降水量变化的相关性较弱,远不及其余特征量,故不将其余物理量作为特征量进行统计分析。综上所述,表 10.1 为短时强降水过程利用强度场和三维风场选取的特征量。

表 10.1　短时强降水统计量

序号	统计量	水平范围	垂直范围
1	反射率因子	1 km×1 km	0～6 km
2	水平风速	1 km×1 km	0～3 km、3～6 km
3	正涡度	1 km×1 km	0～6 km
4	负散度	1 km×1 km	0～6 km

10.4.3　特征量与降水量关系分析

单体 5 和单体 6 经过的自动站站点的特征量对比,如表 10.2 所示:单体 5 经过的自动站站点中反射率因子最大值为 55 dBZ,低层风速最大值为 7.3 m/s,中层风速最大值为 8.5 m/s,累积降水量最大值为 27.9 mm,降水持续 40 min。单体 6 经过的自动站站点中反射率因子最大值为 54 dBZ,低层风速最大值为 4.9 m/s,中层风速最大值为 6.8 m/s,累积降水量最大值为 18.6 mm,降水持续 50 min。相比于单体 6,单体 5 存在深厚持久的气旋、反气旋,自动站站点的累积降水量明显更多,各项特征量明显更大。

表 10.2　单体 5 与单体 6 的各项特征量对比

对流单体	反射率因子最大值	深厚持久的气旋、反气旋	低层风速最大值	中层风速最大值	自动站累积降水量最大值
单体 5	55 dBZ	存在	7.3 m/s	8.5 m/s	27.9 mm
单体 6	54 dBZ	不存在	4.9 m/s	6.8 m/s	18.6 mm

大部分自动站的特征值与降水量之间的关系具有相似性。如图 10.12a—d 所示,本节以单体 5 经过的自动站 G6866 和 G6838 以及单体 6 经过的自动站点 G6836 和 G2280 为例,结合图 10.13 中各阶段组合回波图,分析特征量与降水量之间的关系。

16:10 单体 1、单体 2 正在迅速发展,并逐渐与单体 3 进行合并,直到 16:30 合并结束形成单体 5,之后单体 5 进入成熟阶段,并于 16:50 进入消亡阶段,逐渐消亡。图 10.12a 为单体 5 经过自动站 G6866 时特征量与降水量随时间变化曲线。随着上述多单体的移动与发展,16:10 后各特征量开始增大,16:30 单体 5 进入成熟阶段,降水到达到地面,16:25—16:30 降水 1 mm 左右。降水前,各特征量均在逐渐增大,但中层风速却在 16:20 左右出现一个明显的极大值,在 16:25 左右出现一个极小值。16:30—16:45 单体 5 的降水核心经过自动站 G6866,该阶段降水明显增强,从 5 min 降水 1 mm 左右迅速增加至 7 mm 左右。反射率因子在 16:30 左右达到最大值约为 55 dBZ,低层风速在 16:40 左右达到最大值约为 5 m/s,中层风速在该阶段持续增大,正涡度与负散度绝对值随时间变化趋势较为一致,在 16:45 前达到最大值,正涡度约为 $11×10^{-3}$ s^{-1},负散度绝对值约为 $7×10^{-3}$ s^{-1}。16:40—17:05 降水量从 7 mm 左右迅速减小至 0 mm,中层风速在 16:52 左右达到最大值约为 8.5 m/s,随着降水量减小各特征量迅速减小至 0。图 10.12b 为单体 5 经过的自动站 G6838 特征量与降水量随时间变化曲线。随着多单体移动进入自动站 G6838 统计范围,16:25 各特征量开始增大,16:40 降水出现前,除中层风速 16:30 出现一个明显的极大值,16:37 左右出现一个极小值,其余统计量均逐渐增大。16:40—16:55 单体 5 降水核心经过自动站 G6838 且单体 5 处于成熟阶段,降水显著增强,从 5 min 降水 0.2 mm 左右迅速增加至 5 min 降水 7.3 mm,反射率因子在 16：40 左右达到最大值约为 54 dBZ,低层风速在 16：44 左右达到最大值约为 7 m/s,中层风速在该阶段迅速增大并在 16：45—16：55 略有波动,正涡度与负散度绝对值随时间变化趋势较为一致,均在 16：50 前达到最大值,正涡度约为 12×10^{-3} s^{-1},负散度绝对值约为 9×10^{-3} s^{-1}。16：55—17：30 随着单体 5 逐渐远离自动站 G6838 并进入消亡阶段,降水明显减少,各特征量也逐渐减小。

单体 6 发展各阶段时间与单体 5 相近,16：40 左右进入成熟阶段,17：00 左右进入消亡阶段,图 10.12c 为单体 6 经过的自动站 G6836 特征量和降水量随时间变化曲线。随着单体 6 进入自动站 G6836 统计范围,16：30 各特征量逐渐增大,16：40 左右中层风场出现一个极大值,此时降水开始,16：45 左右反射率因子达到最大值约为 49 dBZ,低层风场也达到最大值约为 4.8 m/s。16：55 降水量达到 6 mm,之后降水明显减少并维持了 30 min。降水维持期间,各特征量缓慢减小。图 10.12d 为单体 6 经过的自动站 G2280 特征量和降水量随时间变化曲线。该站点无降水,各统计量随时间缓慢变化,反射率因子最大值约为 38 dBZ,低层风速最大值约为 2 m/s,中层风速最大值约为 3.2 m/s,正涡度最大值约为 5×10^{-3} s^{-1},负散度最小值约为 -5×10^{-3} s^{-1},各特征量较小随时间变化无明显特征。

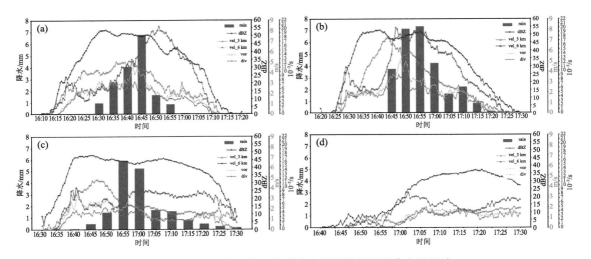

图 10.12　2020 年 9 月 4 日部分自动站特征量及降水量统计

(a)G6866 站点;(b)G6838 站点;(c)G6836 站点;(d)G2280 站点

对比 4 个自动站特征量和降水量随时间变化曲线不难发现,相比于有降水站点,无降水站点特征量变化缓慢,整体数值较小,无明显变化特点。存在深厚持久气旋、反气旋的单体 5 经过的自动站站点特征量整体数值远大于不存在深厚持久气旋、反气旋的单体 6 经过的自动站站点特征量。除此之外,观察各站点中各特征量与降水量之间的关系,得到以下特点：

(1)最大反射率因子一般出现在最大 5 min 降水前 10～15 min,降水发生时,反射率因子会有略微减小,在最大 5 min 降水发生前略微增大,之后迅速减小。通常出现强降水的站点最大反射率因子远大于无降水或降水很少的站点。

(2)低层风速与反射率因子变化趋势较为一致,在最大 5 min 降水发生前 5～10 min 达到最大值,之后迅速减小。通常出现强降水的站点低层风速最大值均大于 2 m/s,最大为 7 m/s,无降水或降水很少的站点低层风速最大值均小于 2 m/s。

（3）中层风速在单体 5 经过的自动站站点中,在降水发生前 10 min 左右会达到第一个极值,在所有自动站站点中最大 5 min 降水发生前后 5 min 达到最大值,通常中层风速最大值更大,且后于低层风速达到最大值。

（4）正涡度与负散度绝对值变化趋势基本一致,在最大 5 min 降水发生前 5～10 min 达到最大值,之后迅速减小,与低层风速变化趋势较为一致。

10.5　小结

对 2020 年 9 月 4 日佛山市局地短时强降水天气过程分析主要包括资料准备和过程分析。资料准备涉及金属球定标,径向速度对比,强度对比。在资料质量有保障的前提下对这次降水进行了过程分析,分析了降水不同阶段的动力和热力结构特征。初步分析研究的主要结论:

（1）2020 年 9 月 4 日佛山市地区具有强对流天气发生所需要的水汽条件,不稳定层结条件和抬升条件,CAPE 值充分大,CIN 值较小,有利于强对流降水产生,自动站数据表明 4 日下午佛山市南海区出现了局地短时强降水天气过程。

（2）相控阵阵列天气雷达能够对强对流天气过程进行更为精细的探测,同时获得高时空分辨率风场和强度场。从相控阵阵列天气雷达的强度场与三维风场可以看到:合并阶段,各单体发生多次分裂、合并。观测到两类不同发展阶段的对流单体之间的合并过程,一类是发展强度接近的单体之间的合并,合并后单体发展增强,一类是发展强度不同的单体之间的合并,处于成熟期的单体分裂成两个单体,一个单体与发展期单体合并得到增强,一个单体逐渐减弱。成熟阶段,观测到气旋形成的详细过程。回波中低层风场首先出现较强切变,然后在强回波中心迅速形成气旋结构,之后气旋向上、向下增长,水平范围扩大形成 γ 中尺度气旋。气旋形成后自动气象站测得的降水量明显增加,表明气旋式辐合的稳定维持是强降水持续的主要原因。消亡阶段,强回波区形成 γ 中尺度反气旋,反气旋逐渐增强,气旋逐渐减弱,降水量明显减少,回波移动速度加快。最终,气旋与反气旋均消失,对流单体迅速消亡。该次短时强降水天气过程分析表明,相控阵阵列天气雷达能够对强对流天气过程进行更为精细的探测,能观测到中小尺度下的气旋与反气旋详细演变过程。

（3）对相控阵阵列天气雷达探测到的两个对流单体进行强度场与三维风场物理量进行统计分析,选取了具有代表性特征量:以自动站为中心,水平范围 1 km×1 km,垂直范围 0～6 km 的反射率因子均值、垂直范围 0～3 km 的低层水平风速均值、垂直范围 3～6 km 的中层水平风速均值、垂直范围 0～6 km 的正涡度均值和负散度均值的绝对值。分析发现,有降水时特征量明显更大,无降水时特征量随时间变化缓慢。存在深厚持久气旋、反气旋的单体 5 经过的自动站站点特征量明显大于单体 6 经过的自动站站点。特征量在降水或最大降水出现前存在显著变化,如:反射率因子、低层风场、正涡度、负散度绝对值一般在最大 5 min 降水出现前 5～15 min 出现最大值,中层风场一般在降水出现前 10 min 出现明显极值,在最大 5 min 降水出现前后达到最大值。强度场、三维风场与自动站降水量关系初步分析表明从高时空分辨率的强度场、三维风场中获得的各特征量有可能改进短时强降水预警时效。

上述工作是利用相控阵阵列天气雷达探测得到的高分辨率热力学（强度）和动力学（风场）资料对短时强降水结构和演变的分析。首先分析各阶段具有特征的高度层上强度与风场,包括涡度散度的分布,可以得到一些分布特征。然后提取定义的风速、涡度、散度、强度的特征量,分析这些特征量变化与地面降水变化的关系。无论是方法还是结论都是初步的探索。对于这一次降水过程的强度和风场分布特征形成的机理以及强度与风场的相互作用还需要进一步研究,只有把这个问题理清楚,对于短时强降水的认识才能深入一步。随着研究样本(短时强降水过程)的增多,对短时强降水的认识广度和深度就会不断增加。研究认识短时强降水机理的一个主要目的就是提高预报预警能力。在上述短时强降水过程中,提取特征量,分析这些特征量与地面降水的关系,就是试图找到提高短时强降水的预报指标。但是上述这方面的工作还不够深入,在机理研究样本很少的情况下,比较难得到有效的指标。积累探测样本、深入分析是未来基于相控阵阵列雷达研究短时强降水的主要任务。

第 11 章　龙卷探测

　　龙卷是强对流天气之一,是从积雨云底部延伸至近地面很小尺度涡旋,样貌形似不规则弯曲的巨大漏斗状云柱,时而悬挂在空中时而直接延伸至地面或水面,其突发性强、持续时间短、移动速度快,所产生的地面强风能在短时间内造成重大人员伤亡和财产损失,破坏力极大。龙卷具有很强的灾害性和复杂性,历来是难以监测预警的灾害性天气系统之一,因此研究龙卷天气的形成机制及提前发布短时临近预警预报,对防灾减灾具有非常重要的意义。

　　美国龙卷灾害频发,对龙卷的研究是最先进、系统、全面、深入的国家(李峰 等,2020)。关于龙卷产生需要特定的环境条件,MacGorman(1994)通过研究得出:中层存在干冷空气、近地面层水汽含量充沛、存在蒸发冷却潜势所带来的强烈下曳气流的环境条件有利于龙卷的发生。Browning 等(1976)提出:龙卷分为超级单体龙卷和非超级单体龙卷。Corey(1997)通过对美国龙卷的研究认为,超级单体龙卷 0～6 km 的垂直风切变远高于非超级单体龙卷,同时 0～1 km 水平风切变和抬升凝结高度(LCL)也可以作为区分风暴严重程度的参数。Johns 等(1993)在对美国 242 个龙卷探空资料进行讨论,针对对流有效位能(CAPE)和 0～6 km 垂直风切变进行分析,他认为 0～6 km 垂直风切变一般高于 20 m/s,低层风切变矢量存在中等强度以上的气旋式曲率。Sobel(2011)将美国龙卷风发生时的环境参量进行分析研究,并对二者的关系进行了评估。Brooks(2003)使用 NCEP 再分析资料针对 1997—1999 年发生在美国和欧洲的龙卷天气过程进行探究,他认为 CAPE 对流有效位能、低层风切变、中层温度递减率等参数对龙卷的发生有良好的参考意义。Romero(2007)等也确定了有利于龙卷风产生的动力学和热力学参数,指出通常较高的 CAPE 值,较强的低层(0～1 km)风切变,以及较高的风暴相对螺旋度(SRH)和较低的抬升凝结高度(LCL)高度值,都使得龙卷风发生成为可能。

　　随着 20 世纪 80 年代多普勒天气雷达的出现,美国的气象研究人员开始利用雷达探测技术对龙卷的追踪以及预警开展一系列大量研究。Donaldson 等(1970)第一次通过多普勒雷达观测到超级单体中的龙卷气旋(即中气旋)。Brown 等(1978)认为观测到强的中气旋是龙卷预警的根本,据此得到龙卷发生的平均概率为 40%,此后他们发现在龙卷发生发展过程中存在一个比中气旋尺度还小的多普勒雷达速度差涡旋特征,根据旋转速度、维持时间和伸展高度将其定义为龙卷涡旋特征(TVS)。Doswell(1988)在此基础上总结出在观测到中气旋的基础上再探测到 TVS,此时发生龙卷的概率在 50% 以上。因为只有强大的龙卷和靠近雷达的龙卷才能探测到相应的 TVS,所以 TVS 算法对龙卷的误警率接近于零,不足之处是命中率不高。

　　我国对于龙卷的研究起步相对较晚,早期都是停留在对于龙卷的天气学特征,时空分布特征等统计特征方面的研究,例如像 20 世纪 90 年代魏文秀等(1995)统计研究了我国龙卷时空分布特征,得出中国东南部的平原地区是龙卷高发地等结论。黄先香等(2014)人对广东佛山近十年发生的龙卷进行时空特征分析,并将龙卷发生的环流背景分为台风外围型、锋面暖区型、地面辐合线型和热带扰动型四种类型。21 世纪以来,我国逐步建立了多普勒天气雷达网,雷达数据更加可靠,获得了降水的强度信息和降水系统的移动情况,以及其他二次产品,作为龙卷探测的重要工具,它可以探测出传统雷达不能探测到的龙卷特征例如说有界的弱回波区(BWER)、"V"形缺口、中气旋和中小尺度辐合辐散情况等等。国内学者利用新一代多普勒天气雷达对龙卷天气过程做了大量的研究。俞小鼎等(2006a)利用多普勒天气雷达资料,对 2003 年 7 月 8 日安徽无为县发生的龙卷形成机制和龙卷回波特征进行了讨论,这是利用我国首部新一代多普勒天气雷达 CINRDA/SA(合肥站)第一次记录下完整的龙卷过程,获得了完整的雷达数据。赵瑞金等(2010)通过 C 波段多普勒天气雷达对河北承德的一次龙卷过程进行了研究,指出垂直累积液态水含量在龙卷发生前出现大幅增长。俞小鼎(2011)在新一代天气雷达业务应用论文集中通过对多个龙卷个例的研究证实了国外学者 Brooks 等人提出的强低层垂直风切变和较低的抬升凝结高度对强龙卷产生有利的结论。廖玉芳等(2007)对湖南一次龙卷过程的雷达回波特征、中气旋最大旋转速度和最大切变值等特征进行了深入研究。周后福(2014)对江淮地区超级单体龙卷的中气旋参数、环境参数进行了分析。吴芳芳等(2013)通过分析苏北地区 72 个超级单体风暴的多普勒雷达回波特征分析得出在龙卷识别和预警中,反射率因子强度与龙卷等级并不完全相关,强反射率因子并不代表龙卷级别就很高,反之低反射率因子也不代表不可以产生龙卷,预警龙卷主要还是要以中气旋和 TVS 为根基,尤其是中气旋内含 TVS 的情况要特别引起注意。中气旋的底越低,直径越小,产生龙卷的可能性越大。江苏阜宁在 2016 年 6 月 23 日发生了我国历史罕见的 EF4 级龙卷,我国学者对此进行了大量研究。张小玲等(2016)认为,此次龙卷和美国强龙卷的中尺度对流系统高度吻合,属于块状离散单体对流模态;周海光(2018)通过双多普勒雷达反演的三维风场发现,将这次超级单体龙卷内部中气旋的三维结构演变过程进行了还原;顾瑜等(2018)利用多普勒雷达资料和卫星资料得出龙卷出现在3D 环流厚度及最大切变跃增的时刻。综上可知,国内学者对全国多个省份地区的龙卷多普勒雷达回波特征、环流背景场进行探讨研究。

强对流灾害天气预报时效性和精细化程度的要求不断提高,现有时空分辨率的多普勒天气雷达已不能充分满足演变迅速的龙卷等小尺度天气系统的快速识别和预警预报,研发具有双偏振功能的高时空分辨率的精细化雷达探测技术是提高龙卷和下击暴流等强对流灾害天气识别预警能力的重要手段。目前,相控阵技术已逐渐应用于天气雷达领域(吴翀 等,2014;刘黎平 等,2015),相控阵雷达能够获取高时空分辨率探测数据,对认识对流单体中小尺度系统的发展演变有较大帮助(于明慧 等,2019;程元慧 等,2020)。利用三个及以上相控阵接收发射前端组成的阵列天气雷达能够得到高时空分辨率的强度场和三维反演风场,有潜力为强对流天气过程分析提供技术支持(马舒庆 等,2019;叶开 等,2020)。

本章对 2022 年 06 月 19 日广东佛山一次龙卷天气过程进行研究分析,基于佛山 X 波段相控阵阵列天气雷达高分辨率龙卷探测数据,利用 3DVAR(Three Dimensional Variational Data Assimilation)风场反演算法获得风场(Shapiro et al.,2009;Potvin et al.,2012;North et al.,2017),该算法已在长沙机场阵列天气雷达进行风场验证(李渝 等,2020)。研究此次龙卷天气的小尺度强度场与三维风场等结构特征。以期为龙卷天气的预报预警提供依据。

11.1　数据资料与天气实况

11.1.1　资料

2022 年 06 月 19 日 07：20 左右(北京时,下同)在广东省佛山市南海区大沥镇出现龙卷天气,本章所用资料包括 6 月 19 日 06：54—07：42 广州 CINRAD/SA 雷达(简称广州雷达)基数据,06：30—07：40 时佛山市 X 波段相控阵阵列天气雷达(简称阵列雷达)三水潮湾站前端 3(简称前端 3)、顺德三桂山站前端 5(简称前端 5)、禅城梧村站前端 6(简称前端 6)、南海尖峰岭前端 7(简称前端 7)雷达基数据,以及前端融合强度场与三维风场反演资料。广州雷达基数据仅用于对比验证阵列雷达资料的可靠性与真实性,本章龙卷天气过程分析均使用阵列雷达资料。

广州雷达距离库长为 250 m,佛山阵列雷达距离库长为 30 m,网格分辨率分别设置为 1 km×1 km×1 km 和 0.2 km×0.2 km×0.2 km,网格高度分别为 1～15 km 和 0.1～14.9 km。如表 11.1 所示。

表 11.1　两种雷达资料差异

	S 波段天气雷达	X 波段阵列天气雷达
距离库长/km	0.25	0.03
网格分辨率/km	1	0.2
体扫时间/s	360	30

11.1.2　天气背景与龙卷实况

11.1.2.1　天气背景

佛山处于 500 hPa 的 588 dagpm 线副高边缘,且在短波槽前部,一直到 925 hPa 均为强烈西南急流湿区,上冷下暖特征,该龙卷属于低涡天气形势下的超级单体龙卷。

距离佛山南海区最近的清远探空站 2022 年 6 月 18 日 20 时探空站资料(图 11.1)表明:各层大气相对湿度较大,对流有效位能值(CAPE)为 2636.1 J/kg,大气稳定度极低,K 指数达到了 38.6。

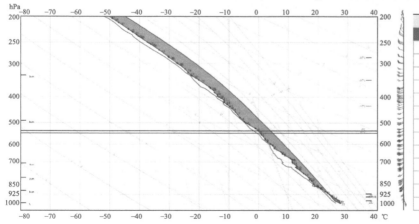

名称	值	说明
CAPE	2636.1	湿对流有…
CIN	15.2	对流抑制…
DCAPE	0.1	下沉对流…
A	19	A指数
K	38	K指数
SI	−2.15	沙氏指数
w_cape	72.6	最大上升速度
SSI	339.4	风暴强度指数
SWEAT	398.8	强天气威…
TCL_P	975	抬升凝结高度
LFC_P	921	自由对流高度
ELC_P	113	平衡高度
ZH	5315	零度高度
−20H	8698.057	−20度层高度

图 11.1　清远站点 06 月 18 日 20：00 探空图

11.1.2.2 龙卷发生地面风场和灾情调查

2022年6月19日受500 hPa短波槽和中低空的暖湿气流影响,07:20时左右,在广东佛山南海区大沥镇雅瑶社区附近出现龙卷天气。根据网友和相关媒体报料,经佛山市气象部门现场实地灾情调查,此次龙卷自西南向东北方向移动,呈跳跃式前进的特征,先后影响涌口村、奥亚幼儿园、雅瑶立交、联滘中心公园、罗布头村,造成铁皮木料掀起、电力设施损坏、仓库顶棚掀翻、树木折断、车辆侧翻等(图11.2)。龙卷路径长度约为5.4 km,最大影响宽度约240 m。龙卷最强破坏程度为EF1级,最大风力14级左右,属于中等强度龙卷。

图11.2 龙卷路径及受灾区域(红色区域)和灾情(图片来源:《2022年中国龙卷活动及灾情特征》黄舒婷,等)

11.2 资料对比验证

11.2.1 广州S波段与X波段阵列雷达回波强度对比

回波强度大于45 dBZ的回波区域可称为强回波(韩光,2008)。由于S波段雷达由低层仰角到高层仰角逐层进行扫描,并且6 min完成一次体扫,因此随着高度的增加,高层数据与底层数据的时差逐渐增大,为减小时差的影响,对较低高度的探测资料进行分析。以2022年6月19日07:24时雷达资料为例进行对比,图11.3a、b分别为阵列雷达前端7(南海尖峰岭站)和广州雷达在1.0 km高度探测的强度CAPPI。可见两种雷达探测的回波形状与强度较为一致,X波段阵列雷达回波结构更加精细清晰。

11.2.2 径向速度对比

11.2.2.1 阵列雷达前端间径向速度对比

阵列雷达相邻前端探测同一点的径向速度应该具有一致性(李渝,2020;肖靖宇,2022)。理论上相邻前端连线处的径向速度大小相等方向相反,为了降低垂直速度的影响,应选取低仰角的相邻前端间连线中点径向速度进行验证,又考虑0°仰角受地物影响较大,所以选取1.5°仰角。

如图11.4,以前端3(三水潮湾站)与前端5(顺德三桂山站)对比为例,选取2022年6月19

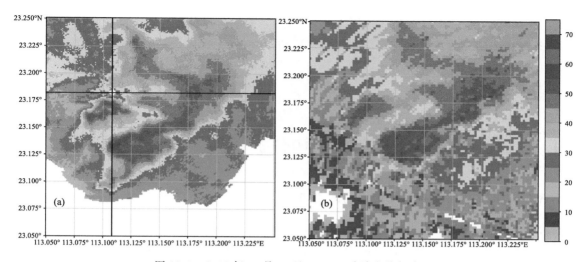

图 11.3　2022 年 06 月 19 日 07：24 时雷达强度对比
(a)前端 7 1.0 km 高度 CAPPI；(b)广州雷达 1.0 km 高度 CAPPI

日 06：56—07：05 时间隔 1 min 连续 10 个时刻数据的 1.5°仰角连线中点处径向速度进行对比(前端 3 径向速度大小取反)。前端 3 与前端 5 的各时刻径向速度均满足方向相反(即数值取反)的设计要求,径向速度值之差最大为 2 m/s,满足李渝(2020)验证风场合理时的径向速度一致性条件。

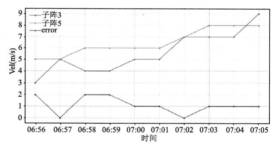

图 11.4　2022 年 06 月 19 日 06：56—07：05 时前端连线中点径向速度对比(图中折线蓝色为前端 3 径向速度相反数、红色为前端 5 径向速度、黑色为速度差取绝对值)

11.2.2.2　广州 S 波段与 X 波段阵列雷达径向速度对比

以 2022 年 06 月 19 日 07：24 时雷达资料为例进行对比分析,如图 11.5a、b 所示分别为阵列雷达前端 7(南海尖峰岭站)和广州

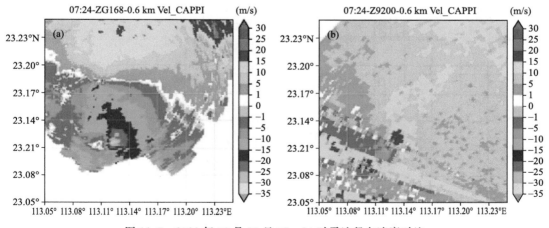

图 11.5　2022 年 06 月 19 日 07：24 时雷达径向速度对比
(a)前端 7 1.0 km 高度 CAPPI；(b)广州雷达 1.0 km 高度 CAPPI

雷达在 1.0 km 高度探测的径向速度 CAPPI。两个雷达均存在明显的正负径向速度对,X 波段相控阵阵列雷达探测到径向速度对正负差值约 45 m/s,广州 CINRAD/SA 雷达探测到径向速度对正负差值约 40 m/s,并且 X 波段相控阵阵列雷达更加精细,速度更加精准,可以看到中气旋内部的 TVS 特征。

11.3　龙卷初生与发展阶段结构分析

11.3.1　典型高度强度、风场、涡度、散度

11.3.1.1　回波强度

从 X 波段相控阵阵列雷达探测前端 6(梧村站)逐分钟强度 CAPPI 中看到,雷达回波图的强度如图 11.6 所示,2022 年 06 月 19 日 06:46 时(图 11.6a)在位于雷达 270°方位(以正北方向为 0°方位,下同),距离雷达中心大约 7.5 km 的位置开始出现弧状回波,弧状回波旁边回波块回波强度约 50~55 dBZ,回波高度大约 3.2 km;随着时间推移,弧状回波向东北方向移动,其弧状半径逐渐增大。06:56 时(图 11.6b、c)在位于雷达 330°方位、距离雷达中心大约 7.0 km 的位置 1.0 km 高度以下出现弧状回波,1.2~2.2 km 高度出现环状回波,环状回波旁边回波块回波强度约 55~60 dBZ;预示着强对流区域发展强盛。从 X 波段相控阵阵列雷达探测前端 7(尖峰岭站)逐分钟强度 CAPPI 中看到,雷达回波图的强度如图 11.6 所示,2022 年 6 月 19 日 07:10 时(图 11.6d)在位于雷达 200°方位,距离雷达中心大约 14 km 的位置有弧状回波,弧状回波强度约 50~55 dBZ;07:14 时(图 11.6e、f)在位于雷达 195°方位、距离雷达中

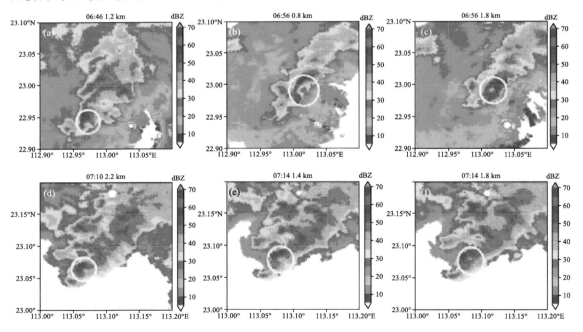

图 11.6　强度 CAPPI ((a)06:46 时刻 1.2 km 高度;(b)06:56 时刻 0.8 km 高度;(c)06:56 时刻 1.8 km 高度;(d)07:10 时刻 2.2 km 高度;(e)07:14 时刻 1.4 km 高度;(f)07:14 时刻 1.8 km 高度)

心大约 12 km 的位置 2.2 km 高度以下呈现弧状回波,2.4~2.8 km 高度呈现环状回波,回波强度约 50~55 dBZ;随着时间的推移不断发展,回波窟窿逐渐充盈明显变得饱满。

11.3.1.2 风场、涡度、散度

利用 X 波段相控阵阵列雷达四个前端(前端 3、前端 5、前端 6、前端 7)探测数据,采用风场合成算法合成出本次龙卷天气过程中的风场、散度以及涡度。表 11.2 统计了 2022 年 06 月 19 日 06:40、06:46、06:52、06:56、07:00、07:05、07:10、07:16 时刻的风场、高度、涡度以及散度辐合辐散的特征情况;图 11.7 为各时刻的风场(四个前端融合回波)、涡度、散度图。可以看出,涡旋位置随着时间的推移向东北方向移动;在回波特征上,06:40—06:56 时回波形状开始出现弧状回波,06:56 时发展为环状回波,在涡旋移动方向的东北侧回波强度较强,06:40—06:56 时回波强度增强,06:56 时回波强度最强,大于 60 dBZ,06:56 时之后回波强度减小;06:40—06:56 时风速逐渐增大,06:56 时以后,风速最大值维持在 30 m/s 左右;06:52 前,正涡旋位置出现高度在 1.0~3.0 km 左右的中层高度,正涡度值也最小,涡度值 0.01 s^{-1},说明刚开始生成涡旋,06:52—07:16,正涡旋位置出现高度 0.2~4.0 km,正涡度值也一直增大,07:05 以后正涡度值为 0.04 s^{-1},正涡度的最大值普遍出现在 1.0~2.0 km 左右的中层高度,07:10 开始,风场明显形成闭合涡旋;散度呈现正涡度中心位置龙卷移动方向一侧的散度为负,龙卷移动反方向一侧的散度为正,换言之,正涡度中心位置龙卷移动方向一侧辐合,移动反方向一侧辐散。

表 11.2 2022 年 06 月 19 日 06:40—07:32 分(龙卷发生前)风场特征

时间	正涡度位置(经纬度)	最大风速/(m/s)	正涡旋高度/km	正涡度最大值/(s^{-1})	正涡度最大值所在高度/km	涡度>0.03高度	涡度>0.02高度
6:40	(112.94°E,22.91°N)	22	1.2~2.4	0.01	1.2~2.4	无	无
6:46	(112.97°E,22.94°N)	26	1.0~3.8	0.01	1.0~3.8	无	无
6:52	(113.00°E,22.975°N)	30	0.2~3.4	0.033	0.4~1.2	0.4~1.2	0.4~2.0
6:56	(113.015°E,22.99°N)	32	0.2~3.4	0.036	0.2~0.6	0.2~0.8	0.2~2.6
7:00	(113.03°E,23.005°N)	28	0.2~4.0	0.039	0.2~1.8	0.2~1.8	0.2~2.6
7:05	(113.035°E,23.03°N)	30	0.2~4.0	0.044	1.2~1.4	0.8~2.0	0.4~2.6
7:10	(113.055°E,23.055°N)	30	0.2~4.0	0.045	1.6~1.8	0.2~2.0	0.2~3.4
7:16	(113.085°E,23.075°N)	26	0.2~4.0	0.045	1.0~1.8	0.2~2.0	0.2~2.8
7:21	(113.095°E,23.095°N)	28	0.2~3.6	0.045	2.2~2.8	0.2~1.8	0.2~2.4
7:22	(113.10°E,23.10°N)	28	0.2~3.2	0.046	1.2~2.4	0.2~1.8	0.2~2.4
7:26	(113.12°E,23.12°N)	24	0.2~2.4	0.023	0.4~0.6	无	0.4~0.6
7:32	(113.145°E,23.145°N)	22	0.2~1.6	0.018	0.2~0.8	无	无

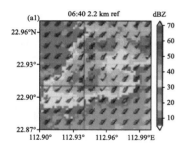
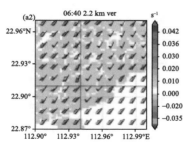
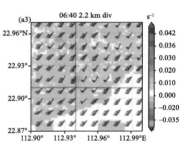

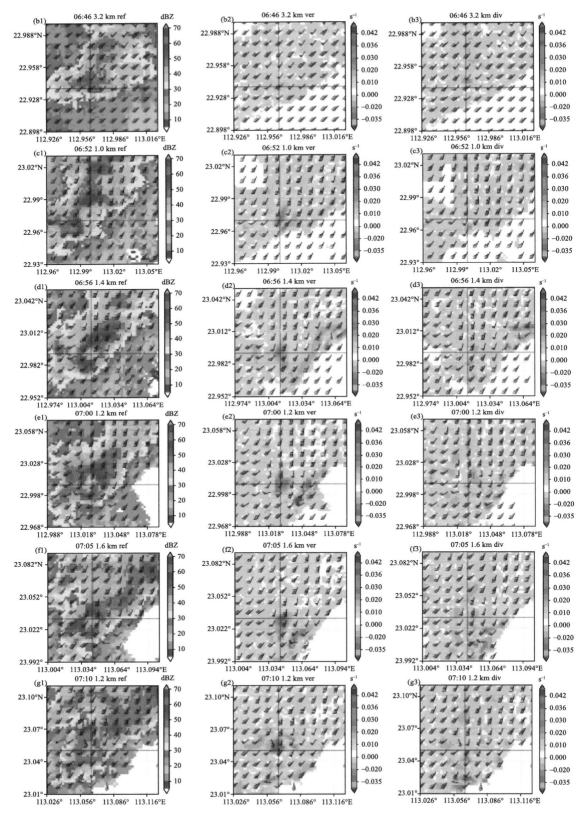

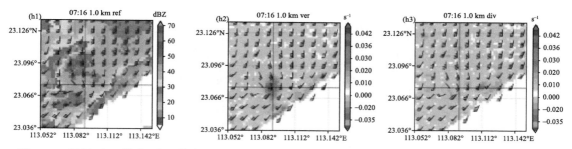

图 11.7　风场(左)、涡度(中)、散度(右)图((a)06：40 时刻 2.2 km 高度；(b)06：46 时刻 3.2 km 高度；(c)06：52 时刻 1.0 km 高度；(d)06：56 时刻 1.2 km 高度；(e)07：00 时刻 1.2 km 高度；(f)07：05 时刻 1.6 km 高度；(g)07：10 时刻 1.8 km 高度；(h)07：16 时刻 1.0 km 高度)

11.3.2　经度方向剖面和纬度方向剖面

11.3.2.1　经向剖面

图 11.8 是沿经度方向经过正涡度中心对强度、涡度和散度的剖面图,表 11.3 对应各个时刻剖面具体经度。可以得出,强度的剖面强回波(大于 50 dBZ)出现的高度主要集中在 0～4 km,在早期强回波主要在 2 km 高度,随着时间推移,强回波的高度逐渐增高,强度逐渐减弱,龙卷的中心出现弱回波区,两侧出现强回波。龙卷中心的南侧一直有下沉气流,垂直速度逐渐增大,最大约为 10 m/s,北侧一直有上升气流,垂直速度逐渐减小,07：16 之后,低层的上升气流消失。正涡度中心一直维持在低层,随之时间推移,正涡度高度逐渐降低,早期正涡度

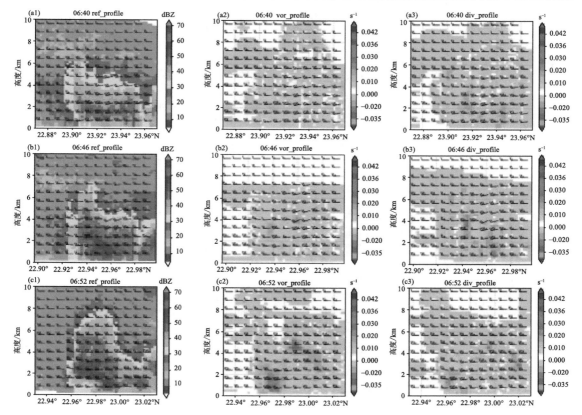

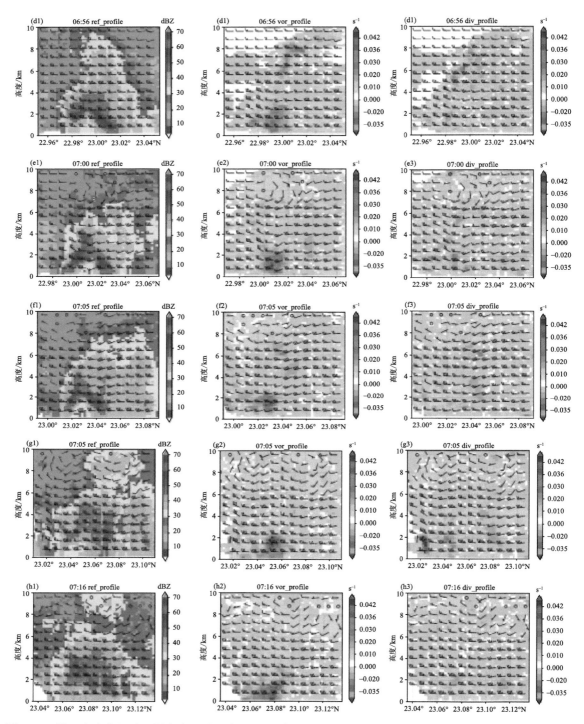

图 11.8　沿经度方向经过正涡度中心对强度(左)、涡度(中)、散度(右)的剖面图((a)06：40 时刻 2.2 km 高度；
(b)06：46 时刻 3.2 km 高度；(c)06：52 时刻 1.0 km 高度；(d)06：56 时刻 1.2 km 高度；(e)07：00 时刻
1.2 km 高度；(f)07：05 时刻 1.6 km 高度；(g)07：10 时刻 1.8 km 高度；(h)07：16 时刻 1.0 km 高度)

高度出现在 0~4 km,后期正涡度高度降低到 0~2 km,涡度大小逐渐增大,最大 0.04 s^{-1}。

11.3.2.2　纬向剖面

图 11.9 是沿纬度方向经过正涡度中心对强度、涡度和散度的剖面图,表 11.3 对应各个时刻剖面具体纬度。可以得出,强度的剖面强回波(大于 50 dBZ)出现的高度主要集中在 0~4 km,随着时间推移,强回波的高度逐渐增高,强度逐渐减弱,强回波主要出现在龙卷中心东侧。龙卷中心的东侧有上升气流,西侧有下沉气流,中心区域速度最小,由西向东呈现出先减小后增大。正涡度中心一直维持在低层并出现在龙卷中心的东侧,随之时间推移,正涡度高度逐渐降低,早期正涡度高度出现在 2~4 km,后期正涡度高度降低到 0~2 km,涡度大小逐渐增大,最大 0.04 s^{-1}。

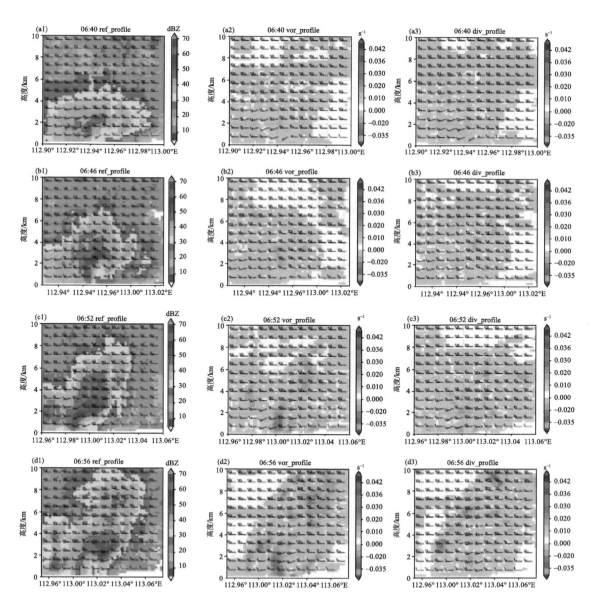

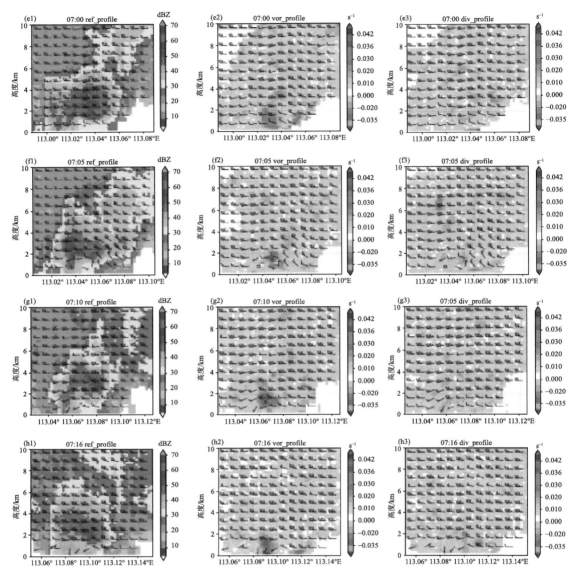

图 11.9　沿纬度方向经过正涡度中心对强度(左)、涡度(中)、散度(右)的剖面图((a)06：40 时刻 2.2 km 高度；
(b)06：46 时刻 3.2 km 高度；(c)06：52 时刻 1.0 km 高度；(d)06：56 时刻 1.2 km 高度；
(e)07：00 时刻 1.2 km 高度；(f)07：05 时刻 1.6 km 高度；(g)07：10 时刻 1.8 km 高度；
(h)07：16 时刻 1.0 km 高度)

表 11.3　2022 年 6 月 19 日 06：40—07：32 分剖面具体经纬度

时间	涡旋位置(经纬度)
06：40	(112.940°E,22.910°N)
06：46	(112.966°E,22.939°N)
06：52	(112.998°E,22.965°N)
06：56	(113.013°E,22.992°N)

378

续表

时间	涡旋位置(经纬度)
07：00	(113.027°E,23.006°N)
07：05	(113.045°E,23.029°N)
07：10	(113.064°E,23.054°N)
07：16	(113.089°E,23.076°N)
07：21	(113.105°E,23.096°N)
07：22	(113.111°E,23.101°N)
07：26	(113.126°E,23.119°N)
07：32	(113.142°E,23.145°N)

11.4　龙卷发生时结构分析

11.4.1　典型高度强度、风场、涡度、散度

11.4.1.1　强度

从 X 波段相控阵阵列雷达探测前端 7(尖峰岭站)07：21 时强度 CAPPI 如图 11.10 所示，2022 年 6 月 19 日 07：21 时在位于雷达 180°方位，距离雷达中心大约 8.5 km 的位置有明显的环状回波，雷达探测方向环状回波前方回波强度大约 55 dBZ。

11.4.1.2　风场、涡度、散度

表 11.2 统计了 2022 年 6 月 19 日 07：21 时刻的风场、高度、涡度以及散度辐合辐散的特征情况；图 11.11 为 07：21 时刻的风场(四个前端融合回波)、涡度、散度图。可以看出，涡旋位置向东北方向移动；07：21 时刻在回波特征上，环状回波消失，在涡旋移动方向的东北侧回波强度为 55 dBZ；风速最大 28 m/s；正涡旋位置出现高度在 0.2～3.6 km 高度，正涡度最大值 0.04，正涡度的最大值普遍出现在 0.2～1.6 km 左右的中底层高度。

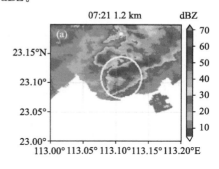

图 11.10　07：21 时刻 1.2 km 高度强度 CAPPI

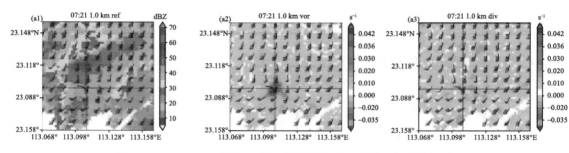

图 11.11　07：21 时刻 1.0 km 高度风场(左)、涡度(中)、散度(右)

11.4.2 经度方向剖面和纬度方向剖面(强度和风场、涡度、散度)

11.4.2.1 经度剖面

图 11.12 是 07：21 时刻沿经度方向经过正涡度中心对强度、涡度和散度的剖面图，表 11.3 对应剖面具体经度。可以得出，剖面强回波出现的高度主要集中在 0～4 km，回波强度为 50 dBZ，龙卷的中心出现弱回波区，两侧出现强回波；龙卷中心的南侧有下沉气流，垂直速度约为 10 m/s，北侧中层上升气流较强；正涡度中心在 0～2 km 高度，涡度大小 0.04 s^{-1}。散度呈现出低层为负(辐合)，中层为正(辐散)。

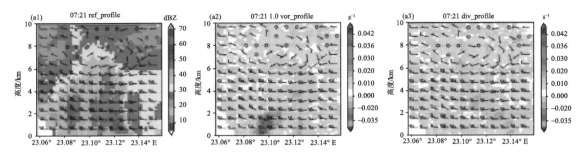

图 11.12　07：21 时刻 1.0 km 高度沿经度方向经过正涡度中心对强度(左)、涡度(中)、散度(右)的剖面图

11.4.2.2 纬度剖面

图 11.13 是 07：21 时刻沿纬度方向经过正涡度中心对强度、涡度和散度的剖面图，表 3 对应剖面具体纬度。可以得出，剖面强回波出现的高度主要集中在 0～4 km，回波强度为 50 dBZ，强回波主要出现在龙卷中心东侧；龙卷中心的东侧有上升气流，西侧有下沉气流；正涡度中心在 0～2 km 高度，最大 0.04 s^{-1}。散度呈现出低层为负(辐合)，中层为正(辐散)。

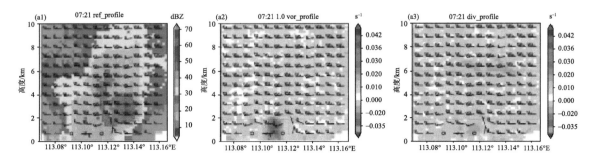

图 11.13　07：21 时刻 1.0 km 高度沿纬度方向经过正涡度中心对强度(左)、涡度(中)、散度(右)的剖面图

11.5　龙卷消亡阶段结构分析

11.5.1　典型高度强度、风场、涡度、散度

11.5.1.1　强度

从 X 波段相控阵阵列雷达探测前端 7(尖峰岭站)逐分钟强度 CAPPI 中看到，雷达回波图

的强度如图 11.14 所示,2022 年 6 月 19 日 07:32 时,回波特征逐渐消失,回波强度减小。

11.5.1.2　风场、涡度、散度

表 11.2 统计了 2022 年 06 月 19 日 07:22、07:26、07:32 时刻的风场、涡度等特征情况,图 11.15 为各时刻的风场(四个前端融合回波)、涡度、散度图。可以看出,涡旋位置随着时间的推移向东北方向移动,07:22 之后,涡旋位置出现高度之间降低,涡度值也逐渐减小,涡旋位置出现高度逐渐降低,说明龙卷逐渐消亡。07:32 时之后,涡度几乎消失。

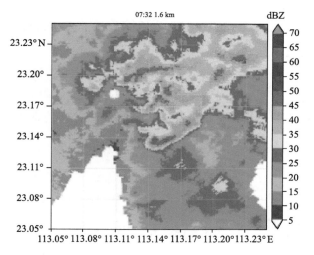

图 11.14　07:32 时刻 1.6 km 高度强度 CAPPI

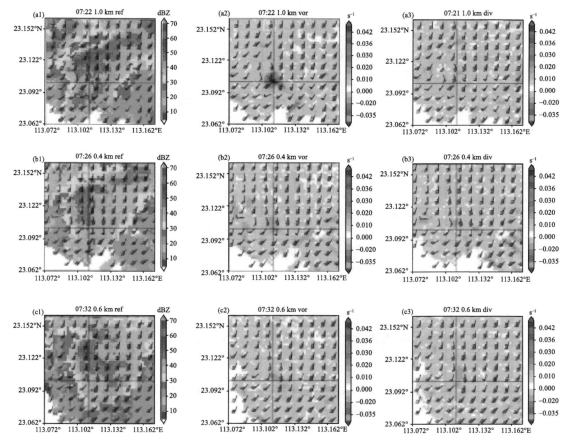

图 11.15　风场(左)、涡度(中)、散度(右)

(a) 07:22 时刻 1.0 km 高度;(b) 07:26 时刻 0.4 km 高度;(c) 07:32 时刻 0.6 km 高度

11.5.2　经度方向剖面和纬度方向剖面(强度和风场、涡度、散度)

11.5.2.1　经度剖面

　　图 11.16 是沿经度方向经过正涡度中心对强度、涡度和散度的剖面图,表 11.3 对应各个时刻剖面具体经度。可以得出,强度的剖面回波强度逐渐减小,强回波的高度逐渐降低。龙卷中心的南侧有下沉气流,北侧有上升气流,垂直速度逐渐减小。正涡度中心在 2 km 以下,涡度大小逐渐减小。散度为负(辐合)。

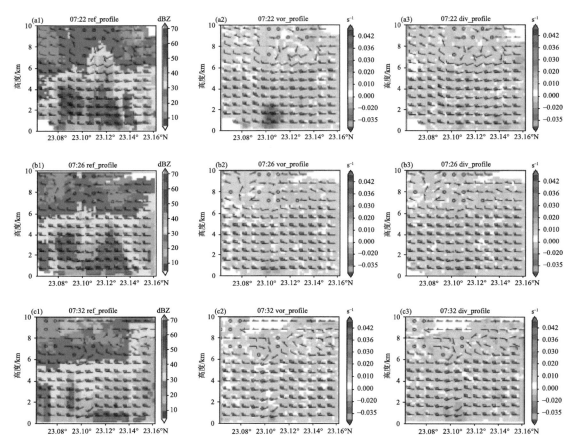

图 11.16　沿经度方向经过正涡度中心对强度(左)、涡度(中)、散度(右)的剖面图
(a) 07:22 时刻 1.0 km 高度;(b) 07:26 时刻 0.4 km 高度;(c) 07:32 时刻 0.6 km 高度

11.5.2.2　纬度剖面

　　图 11.17 是沿纬度方向经过正涡度中心对强度、涡度和散度的剖面图,表 11.3 对应各个时刻剖面具体纬度。可以得出,强度的剖面强回波逐渐消失,强回波的高度逐渐降低,龙卷中心东侧回波较强。07:22 分龙卷中心西侧有下沉气流,大小约为 5 m/s,东侧有上升气流,垂直速度逐渐减小,07:26 分垂直速度消失。正涡度中心在 2 km 以下,涡度大小逐渐减小。散度为负(辐合)。

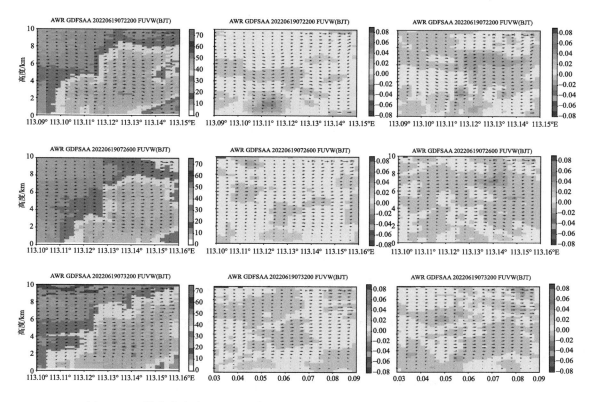

图 11.17　沿纬度方向经过正涡度中心对强度(左)、涡度(中)、散度(右)的剖面图
(a) 07：22 时刻 1.0 km 高度；(b) 07：26 时刻 0.4 km 高度；(c) 07：32 时刻 0.6 km 高度

11.6　龙卷过程中物理量变化与预警

　　基于阵列天气雷达高时空分辨率的特点,选取逐分钟的阵列雷达强度融合场与三维风场资料,分析整个龙卷形成与消亡过程的动力学物理量(风场、涡度、散度)的变化过程,对于探究龙卷形成、发展规律,摸索龙卷预警新的方法有着重要意义。

11.6.1　整个龙卷过程风场变化

　　图 11.18 为整个龙卷过程正涡度变化曲线图。绿色曲线表示正涡度>0.03 阈值的平均高度随时间变化,06：46 后持续增加,07：22 以后,迅速减小。蓝色曲线表示正涡度>0.03 阈值的涡度厚度随时间变化,06：46 后持续增加,07：22 以后,迅速减小。红色曲线表示正涡度的厚度随时间变化,正涡度的厚度 06：40 开始增大,07：16 以后减小。黄色曲线表示正涡度的最大值随时间变化,正涡度最大值逐渐增大,07：22 达到最大,之后减小。以正涡度>0.03 阈值的曲线,能更加合理反映龙卷过程变化特征。

　　图 11.19 为整个龙卷过程两个高度风速变化曲线图,红色曲线是 0.2 km 高度风速随时间变化曲线,蓝色曲线是 1.0 km 高度风速随时间变化曲线。可以看出,高空风速一直较大,低空风速在龙卷发生前有明显增大的趋势,龙卷发生后迅速减小。

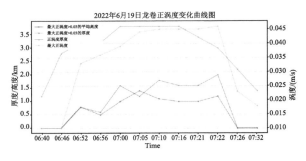

图 11.18　2022 年 6 月 19 日 06：40—07：21 时刻
正涡度变化曲线图

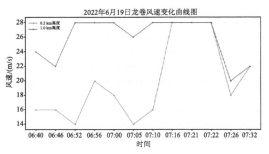

图 11.19　2022 年 06 月 19 日 06：40—07：21 时刻
不同高度风速变化曲线图

11.6.2　建立新的龙卷预警方法的可能性

传统的龙卷预警是通过中气旋和 TVS 来识别和预警龙卷,本次龙卷过程中,在 7：10 左右识别出中气旋,7：22 左右识别出 TVS,7：23 地面发生龙卷。无论是中气旋还是 TVS 都是以径向速度差为特征量,由于径向速度并不是一个完整的物理量,只是流场在雷达波束方向上的一个分量,存在很大的不确定性。这也是限制龙卷预警时效增加的关键因素。当有了完整的动力学量风速和垂直气流,能否利用动力学量结合热力学量将预警时效提前和延长?

通过上面对风速、涡度随时间变化的分析,可以看到在龙卷形成和消亡过程中,风速、涡度以及空间分布都有显著的特征。由此启发我们考虑基于这些特征,同时进一步研究探索反应热力学过程和特性的反射率因子,以及双偏振量与流场变化的关系,建立新的龙卷预警方法。构建新的龙卷预警方法可能主要从三个方面着手,一、分析流场结构特征和变化规律。二、涡旋区域整体旋转能量特征和变化。三、热力学特征和动力学热力学相互作用。其中流场结构主要涉及涡度、涡度变化、散度、垂直速度。整体旋转能量主要涉及涡度体积、涡度体积变化。热力学特征主要涉及强度和双偏振量表述的潜热释放。

11.7　总结与讨论

本章对 2022 年 06 月 19 日广东省佛山市 EF1 级超级单体龙卷的天气尺度背景、大气热力和动力条件、中小尺度结构特征等进行了分析,特别是利用 X 波段相控阵阵列天气雷达的高分辨率资料合成的三维风场研究了超级单体风暴及其内部气旋的三维精细结构演变特征。

(1)对 X 波段相控阵阵列天气雷达资料进行系统质控,并与广州 S 波段雷达资料对比,以及相控阵阵列天气雷达各前端相互对比验证,验证了相控阵阵列天气雷达径向速度准确性以及合成反演风场合理性。

(2)此次龙卷发生期间,佛山处于 500 hPa 的 588 dagpm 线副高边缘,且在短波槽前部,一直到 925 hPa 均为强烈西南急流湿区,上冷下暖特征,各层大气相对湿度较大,对流有效位能值(CAPE)较高,大气层结稳定度极低,这些都为中气旋和龙卷的形成、发展提供了很好的热力和动力条件。

(3)此次龙卷具有典型的超级单体龙卷特征,如环状回波,以及弱回波区。龙卷未发生之前,强度特征上,提前龙卷发生时刻的 36 min 左右开始出现弧状回波,距离单体位置越近的雷达,越早观察到环状强回波。从三维风场、涡度、散度中得出,涡旋位置向东北方向移动,06:52 前,涡旋位置出现在中层高度,涡度值也最小,06:52—07:21,涡旋厚度增加,强涡度区向下伸展,涡度值也一直增大,涡度的最大值普遍出现在中层高度。

(4)龙卷发生之后,强度特征上,环状强回波随着时间的推移逐渐退变为弧状回波,并之后回波特征逐渐消失。从三维风场、涡度、散度中得出,涡旋位置向东北方向移动,07:22 之后,涡旋位置出现高度之间降低,涡度值也逐渐减小,涡旋位置出现高度逐渐降低,说明龙卷逐渐消亡。07:32 时之后,涡旋几乎消失。

(5)通过对风速、涡度随时间变化的分析,可以看到,在龙卷形成和消亡过程中,风速、涡度以及空间分布都有显著的特征。由此启发我们考虑基于这些特征,同时进一步研究探索反应热力学过程和特性的反射率因子,以及双偏振量与流场变化的关系,建立新的龙卷预警方法。

利用 X 波段阵列天气雷达对本次龙卷的动力过程进行分析,虽然展示了本次龙卷天气过程中的一些动力结构和变化特征,但是研究工作只是初步的分析,还有大量的工作要做。

第 12 章　在雷电监测分析中的应用

　　雷电(闪电)是自然界中发生的一种超长距离的强放电过程,一般与强对流雷暴天气相联系。雷电具有大电流、高温以及强烈的冲击波和电磁辐射等特征,并伴随强烈发光和雷声,不仅是大气中氮氧化物的主要自然来源,也是一种严重的气象灾害。雷电往往会造成人员伤亡,同时也会摧毁建筑物、配电系统、电脑信息系统、炼油厂、油田等,不仅危及到人类的财产和生命安全,而且还会对航空航天等运载工具造成重大的影响。雷电灾害被我国国家电工委员会称为"电子时代的一大公害"。雷电还是自然森林火灾的主要诱因。森林作为陆地生态系统中最大的碳库,对我国实现"双碳"目标发挥着重要作用。而森林火灾等更是对人类正常的生产生活产生严重冲击,造成了严重的经济损失和人员伤亡。根据 Tian 等(2011)的研究,在1987—2006 年的火灾季节,闪电是中国北方大兴安岭地区火灾总量的 57.1% 的主要火源。我国的雷电灾害以其频次多、范围广、危害严重、社会影响大为特征,对经济社会和人民财产构成了严重的威胁。闪电与温度的非线性响应也被认为是一个表征气候变化的指示信号(Williams,1992;Reeve et al. ,1999;Williams et al. ,2019)。因此,研究区域或全球范围内的雷电活动特征,无论是对于保护人类财产和生命安全,还是对了解气候变化背景下的雷电变化规律和雷电在碳氮循环中的作用都具有十分重要的意义。

　　基于卫星资料和地基闪电定位资料,国际上已经有较多关于全球和区域闪电活动特征的研究,揭示了不同区域闪电活动的空间分布和季节变化等特征(Orville et al. ,2002;Christian et al. ,2003;Altaratz et al. ,2003;Qie et al. ,2020;Nicora et al. ,2021)。由于缺少长时序和同类闪电观测资料,对中国地区闪电活动的气候特征研究十分稀少,相关的研究或者分析数据时间相对较短,或者研究区域覆盖面较小或仅限于一些特殊的区域(Ma et al. ,2005;Qie et al. ,2003b;Xia et al. ,2015;Yang et al. ,2020,2015;Zheng et al. ,2016)。从宏观来讲,目前对于热力学和动力学影响因子如地表气温、地面潜热通量、对流有效位能(CAPE)、地面感热通量、垂直风切变等如何影响闪电趋势的变化已有了一些定性的分析(Qie K. et al. ,2020;Zhang Q. et al. ,2017),在此基础上开展环流形势场如何驱动闪电活动特征变化的研究,有助于进一步揭示大气中能量和水汽的输送对闪电空间分布和变化趋势的影响。从微观来讲,随着观测技术精细化的发展,尤其是高分辨率相控阵阵列天气雷达的使用,可以从云内微物理和动力学的角度,揭示闪电活动趋势和雷暴结构、垂直运动速度的关系,深化对闪电活动规律及雷暴发生发展机理的认识,为闪电活动的参数化和提高灾害性天气的监测预警能力提供重要参考。

　　2010—2020 年,虽然中国陆地区域的地闪呈下降趋势,但是正地闪却相反地呈上升趋势。正地闪是指向地面输送正电荷放电的过程,它在地闪中的总体占比较低,在 10% 上下波动。通常来说,正地闪的回击数通常比较少,一般仅包含首次回击,但由于其回击电流峰值较大且伴随的连续电流持续时间较长,因而正地闪具有的破坏性更强,可能会引起森林火灾或者是高压输电线的损坏(Qie et al. ,2013)。而在强对流过程中,如雷暴大风、龙卷、冰雹等灾害性天气中,正地闪的比例较高,倾向于超过 50%(冯桂力 等,2007;郑栋 等,2021)。为了揭示正、负地闪呈现不同变化趋势的可能原因,我们结合强对流天气个例进行验证分析,从云内微物理和动力学角度深化对闪电活动规律和闪电发生发展机理的认识。

目前已有许多基于 S 波段天气雷达的组合反射率因子开展强对流天气系统中的雷电活动特征的研究(Zheng D et al.,2007;冯桂力 等,2007;Liu D et al.,2013;郑栋 等,2021),S 波段天气雷达的优势是受降水粒子的影响小,降水衰减可以忽略不计,但是时空分辨率相对较低,国内业务化的 S 波段多普勒天气雷达完成一次体扫通常需要 6 min,对于发展迅速的小尺度对流系统的探测有很大的局限性。相控阵阵列天气雷达是高时空分辨率的新型天气雷达,可以在 30 s 内完成一次体扫描,在强流天气的精细化流场和强度场的探测中可以发挥巨大作用。

利用广东省佛山市气象局的高时空分辨率的相控阵阵列天气雷达观测资料,开展三维精细化风场尤其是垂直运动速度的反演,结合闪电定位资料,对一次局地强对流个例中地闪频次和强回波体积、最大上升气流速度的关系进行研究。

12.1　观测数据

中国气象局国家雷电监测网获得了 11 年的闪电定位资料,对中国陆地和近海区域的闪电活动时空分布、海陆差异和变化趋势等有较为翔实的记载;高分辨率相控阵阵列天气雷达资料,提供对流雷暴个例中的闪电活动特征和垂直运动特征,为从机理上验证探讨闪电活动趋势提供条件。

12.1.1　雷电观测数据

截止到 2010 年底,全国共布设了 301 部闪电定位仪,探测范围基本覆盖了我国所有多雷电区域。2013 年,在新疆地区新增布设了 39 部闪电定位系统。2010 年 1 月至 2020 年 12 月通过中国气象局国家雷电监测网所获得的地闪观测数据,共计 11 年 132 个月,其中陆地总数据量为 0.86 亿余次,近海区域总数据量为 0.062 亿余次。

对闪电频次的计算时间间隔以雷达三维风场反演的时间间隔(2 min)为准,即自雷达三维风场反演的开始时间对应时刻为闪电频次开始统计的开始时间,雷达三维风场反演的结束时间即为闪电频次统计的结束时间。

12.1.2　相控阵阵列天气雷达观测数据

相控阵阵列天气雷达能够完整的探测降水粒子的运动,将速度探测和强度探测相结合,从而为更全面、更精细地揭示小尺度天气系统变化规律提供了一种新的手段。本节采用广东省佛山市气象局提供的相控阵阵列天气雷达观测数据,所选择天气过程是 2020 年 9 月 7 日的一次局地多单体雷暴过程。这个雷暴过程经过了中国广东省佛山市龙卷研究中心所在区域(22.4°—23.5°N,112.6°—113.7°E)。

12.2 数据处理方法

12.2.1 雷电数据处理方法

由 ADTD 传感器组成的中国气象局国家雷电监测网主要探测中国陆地和近海区域的闪电。所有收集到的闪电数据被发送到国家数据处理中心,在那里对原始数据进行计算、质量控制、存储、应用和分发。在此过程中,利用高精度的联合定位技术(IMPACT)识别闪电的位置和放电参数,如雷击发生时间、经度、纬度、峰值电流、极性等,并建立了国家闪电数据库。

由于在一个闪电中包含有多个辐射源的探测定位结果,因此,需要对闪电进行"归闪"分组,即根据一定的标准将多次回击归为一次闪电。目前,对闪电辐射源的聚类方法,尚未制定公认的标准。所以本节参考主流的闪电辐射源聚类(group)方法,主要有以下两种:

一种是 Lu 等(2021)采用的 group 算法,主要应用于北京闪电探测网络(BLNET),将探测到的闪电干扰(如辐射源)小于 400 ms 且水平距离差在 15 km 范围内的辐射脉冲分为一个归闪组(flash)。

另外一种是美国闪电定位网(NLDN)采用的 group 算法,标准如下:(1)后续回击发生在首次回击 1 s 内;(2)后续回击距离在首次回击距离 10 km 以内;(3)相邻回击时间间隔小于等于 500 ms。

我们选择了 2020 年 8 月 20 日至 26 日七天的闪电定位数据,对比分析了 Lu 等(2021)和 Cummins 等(1998)提出的两种归闪算法的敏感性。图 12.1a、b 表示了当分组半径标准从 10 km 增加到 15 km 而另外两个标准不变时,归闪的闪电次数相对变化比率的变化情况。即对于 Lu 等(2021)的归闪算法(图 12.1a),时间标准 400 ms 和持续时间标准 1.5 s 保持不变,对于 Cummins 等(1998)的归闪算法(图 12.1b),时间标准 500 ms 和持续时间标准 1 s 保持不变,对于两种归闪算法,相对变化比率分别略微降低 0.6% 和 0.8%。图 12.1c、d 显示了闪电次数的相对变化比率随时间标准的增加的变化情况。对于两种归闪算法,当时间标准从 400 ms 增加到 500 ms 时,两种算法的相对变化比率均小于 5%。图 12.1e、f 表示了当持续时间标准从 1 s 增加到 1.5 s 时,闪电次数的相对变化率的变化情况。对于 1 s 以上的闪电持续时间阈值,减少的幅度可以忽略不计。总体而言,这说明了归闪算法对归闪分组的时间间隔标准更为敏感。然而,由于相对变化比率都比较小,我们认为两种归闪算法对归闪结果的影响不大。

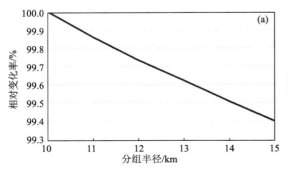
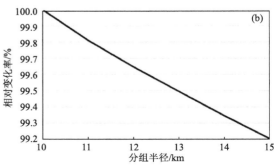

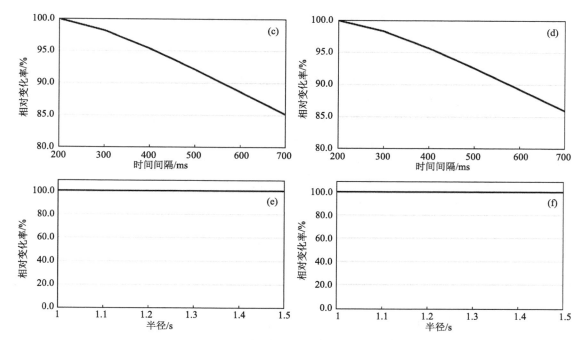

图 12.1　(a)(b)分组半径标准增加闪电次数相对变化率变化情况；(c)(d)时间标准增加闪电
次数相对变化率变化情况；(e)(f)归闪算法中持续时间标准的增加闪电次数相对变化率变化情况
（其中(a)(c)(e)代表 Lu 等(2021)的归闪算法，(b)(d)(e)代表 Cummins 等
(1998)的闪电次数相对变化率变化情况算法）

对比中国的两套闪电定位网，BLNET 采用时差定位法探测闪电，由快天线和慢天线、磁天线、和甚高频闪电传感器组成，是一个具有多波段综合雷电观测能力的探测仪，探测频率覆盖 VLF，LF，HF，和 VHF 频率带。而中国气象局国家雷电监测网采用 IMPACT 法探测闪电，其频谱带从 1 kHz 到 450 kHz。两套闪电定位系统均可应用于地闪回击主要发生的 VLF 和 LF 频谱带。因而本节采用的是 Lu 等(2021)的研究方法，将一次辐射脉冲前后发生时间差小于 400 ms 且水平距离差小于 15 km，总持续时间不超过 1.5 s 的辐射源定位的结果识别为同一次闪电。同时为了避免云闪被误判为正地闪，去除了 10 kA 以下的正地闪(Cummins et al.，1998)。

12.2.2　相控阵阵列天气雷达资料计算方法

利用相控阵阵列天气雷达三个前端探测的径向速度，采用矢量合成的方式（张培昌 等，2001)得到风速(u、v)，利用的 u、v 分量计算散度，采用双向积分方式得到垂直气流速度 w。

在雷达回波特征的分析中，温度在 $-30 \sim 0$ ℃区域内，当回波大于 30 dBZ 时，不仅能反映出强回波在水平方向上的分布，还可以反映出强回波在云内垂直方向上的发展情况，而且云内电荷的分离主要是在冰相与液相水成物并存的混合相态区内，以冷云过程为主，故将 $-30 \sim 0$ ℃范围内的大于 30 dBZ 的回波体积($V_{30\ dBZ}$)作为度量雷达回波变化的指标。

针对具体的温度层高度 h，用线性差值公式计算获得各个气压层气温和标准气压层高度（赵爱芳 等，2013；曹杨 等，2017)，下式为具体的计算公式：

$$h = \frac{h_1 - h_2}{t_1 - t_2}(t - t_2) + h_2 \tag{12.1}$$

式中,h_1 和 h_2 是所求温度层所在位置的上下两个标准气压层高度,t_1 和 t_2 是上下两层温度(℃),t 为目标温度层的温度。

利用双线性插值方法,将极坐标形式下的雷达基数据转化成分辨率为 0.01°(经度)×0.01°(纬度)×1 km(高度)的三维网格式数据。在此基础上,根据计算得到的 0～－30℃ 温度层的高度,计算不同时刻 $V_{30\,dBZ}$ 的大小。

滞后相关系数是一个衡量两个气象变量时间序列的超前、同期或滞后关系的重要手段。该方法以某一变量作为基准变量,利用滑动时间序列计算另一变量与基准变量之间不同时间差下的相关系数。在此基础上,最大的滞后相关系数反映另一变量与基准变量的所能达到的最大相关性程度,而对应的时间差异则表示相对滞后或超前的时间。在对闪电活动和雷达回波的特征分析中,为定量分析二者的关系,度量两变量在不同时刻相关性的关联程度,通过计算滞后相关系数,对两变量的时滞相关性进行分析,给出如下公式:

$$r_{xy}(\tau) = \frac{1}{n-\tau} \sum_{t=1}^{n-\tau} \left(\frac{x_t - \overline{x}}{s_x} \right) \left(\frac{y_{t+\tau} - \overline{y}}{s_y} \right) \tag{12.2}$$

式中:r_{xy} 表示变量 x 与变量 y 之间得到滞后相关系数的大小,是落后时间 τ 的函数,通常情况下落后时间 τ 的大小不超过样本容量的 1/3;n 代表样本容量,$\overline{x}$、$\overline{y}$ 分别对应两变量各自的平均数大小,s_x、s_y 代表变量 x 与变量 y 的标准差。在本文的讨论中,变量 x 与变量 y 分别代表总闪电频次大小和 0～－30℃ 温度区域内大于 30 dBZ 的回波体积。

12.3 雷电过程分析

此次多单体雷暴过程分初生、发展、成熟、消散四个阶段。

12.3.1 初生阶段

初生阶段(13:00—13:30):本次多单体局地雷暴从 12:00 开始逐渐发展,总体自西北向东南方向移动,13:00 起进入阵列雷达的三维精细观测区域并零星产生正地闪(仅统计阵列雷达探测范围内地闪)。图 12.2 为不同时刻的阵列雷达组合反射率与 2 min 内闪电活动分布的叠加图。在此次多单体局地雷暴的初生初期,雷暴的东南部存在较强的对流系统,随着系统向东南方向移动,其强度进一步增加,形成弓状回波(图 12.2b)。而西北后方的多单体逐渐趋于消散。在此过程中闪电频次开始不断增加,且正地闪比例优势明显,比例在总地闪的 30% 上下浮动。

12.3.2 发展阶段

发展阶段(13:30—13:46):图 12.3 为 13:30—13:46 的逐 4 min 阵列雷达组合反射率与闪电活动分布的叠加图。这一阶段的弓状回波稳定发展,地闪频次继续增加,正地闪比例在 50% 上下浮动,在 13:46 时达到最大值约为 65%,与前人研究的强对流雷暴中的正地闪比例相当(冯桂力 等,2007;郑栋 等,2021)。从图中地闪活动的分布情况可以看出,负地闪较为密集地分布于弓状回波之内,而正地闪则相对分布于弓状回波的边缘位置。随着系统的移动,13:42 起弓状回波开始减弱,回波结构逐渐松散,闪电频次略有降低。从图 12.3 给出的 13:40 阵列雷达组合反射率及 3DVAR 垂直风场分布可以看出,在这个阶段,云体在垂直方向上

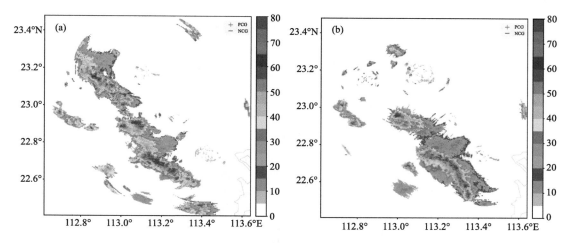

图 12.2　2020 年 9 月 7 日雷暴初生阶段不同时刻的阵列雷达组合反射率（单位：dBZ）与 2 min 内闪电活动分布
（红色"＋"代表正地闪（PCG），蓝色"－"代表负地闪（NCG）；(a—b)时间分别为 13：00 和 13：20）

迅速增长，雷达回波的强度和发展高度都增长较快，垂直发展高度超过 10 km，垂直运动以上
升气流为主，速度小于 10 m/s。

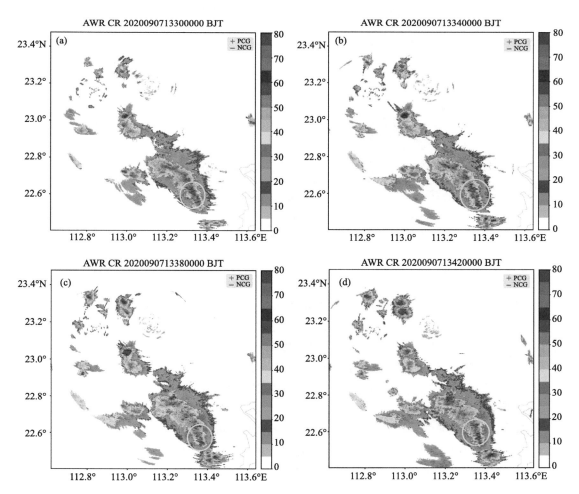

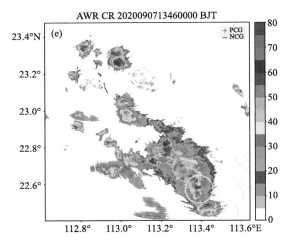

图 12.3　2020 年 9 月 7 日雷暴发展阶段不同时刻的阵列雷达组合反射率(单位:dBZ)
与 2 min 内闪电活动分布(红色"+"代表正地闪(PCG),蓝色"-"代表负地闪
(NCG),黄色圈形为雷电主要分布区域;(a—e)时间为 13:30—13:44(逐 4 min))

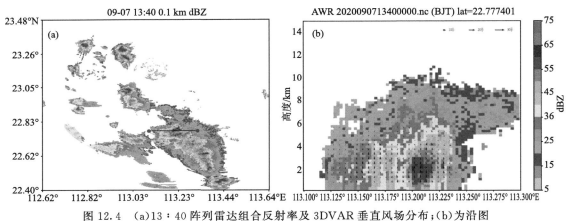

图 12.4　(a)13:40 阵列雷达组合反射率及 3DVAR 垂直风场分布;(b)为沿图
(a)中黑色线的垂直剖面,叠加 3DVAR 垂直风场分布

12.3.3　成熟阶段

成熟阶段(13:48—14:26):13:48 起本次过程进入对流成熟阶段。如图 12.5 所示,
13:54 时,弓状回波继续向东南方向移动,结构也进一步松散,而 4 min 后,也就是 13:58,系
统后方多对流单体已基本成型,组合反射率超过 50 dBZ,局部超过 60 dBZ。随着前方的系统
继续移动,闪电频次出现波动,总体呈上升趋势。到了 14:04,云体在垂直方向上迅速发展到
14 km 的高度,且以上升气流为主(图 12.6b),地闪频次在该时刻达到峰值 96 次/(2 min),并
持续在高位波动。

由此可见,本次局地多单体雷暴过程中,得益于阵列雷达可以在 30 s 内完成一次体扫
(本次分析为 2 min),从而获得高时空分辨率的回波强度和风场,可以实现对这样 1 h 空尺度对
流现象的快速无缝观测,有助于进一步理解局地多单体对流雷暴的起始、发展和快速生消的过程。

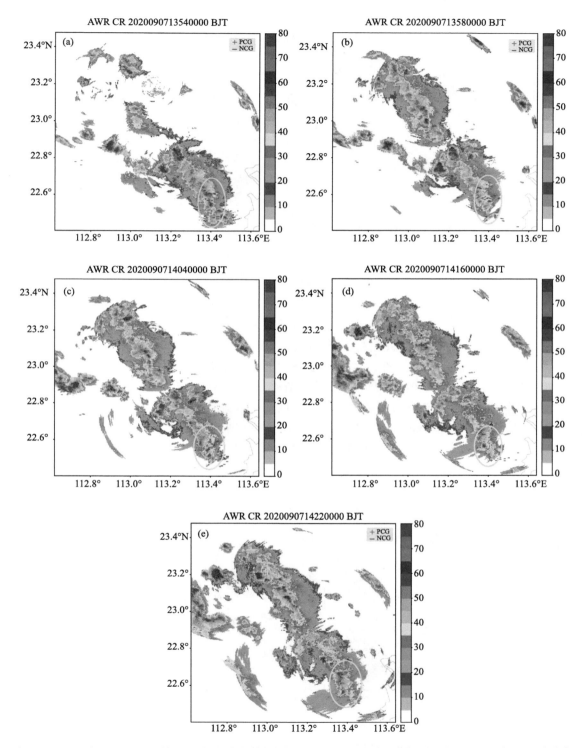

图 12.5　2020 年 9 月 7 日雷暴旺盛阶段不同时刻的阵列雷达组合反射率(单位:dBZ)与 2 min 内闪电活动分布
(红色"＋"代表正地闪(PCG),蓝色"－"代表负地闪(NCG),黄色圈形为雷电主要分布区域;
(a—e)时间分别为 13:54,13:58,14:04,14:16,14:20)

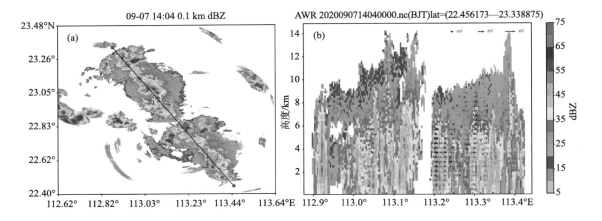

图 12.6　(a)14∶04 阵列雷达组合反射率及 3DVAR 垂直风场分布；
(b)为沿图(a)中黑色虚线的垂直剖面,叠加 3DVAR 垂直风场分布

12.3.4　消散阶段

消散阶段(14∶26—14∶30):从 14∶26 起,本次系统后部的对流单体生消速度减缓,结构进一步松散,进入消散阶段。图 12.7 给出了阵列雷达组合反射率与 2 min 内闪电活动分布叠加图。在这个阶段,地闪频次也大幅减少并逐渐移出阵列雷达观测范围。负地闪频次下降更快的原因可能是由于对流区域内动力减弱的程度更大,因而正地闪比例在消散阶段反而有所增加(郄秀书等,2014;Feng et al.,2009)。另外,云体在垂直方向的增长已经呈现颓势,垂直运动以下沉气流为主(见图 12.8b),速度小于 10 m/s。

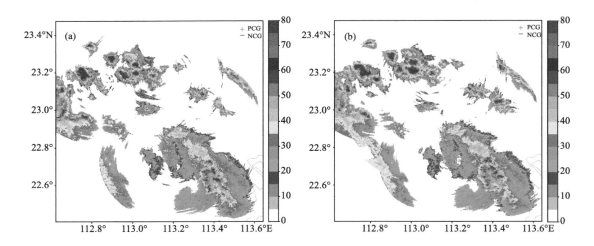

图 12.7　2020 年 9 月 7 日雷暴消散阶段两个不同时刻的阵列雷达组合反射率(单位:dBZ)与 2 min 内闪电活动分布(红色"+"代表正地闪(PCG),蓝色"-"代表负地闪(NCG),黄色圈形为雷电主要分布区域
(a—b)时间分别为 14∶26 和 14∶30)

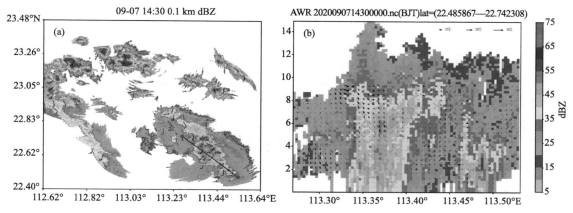

图 12.8　(a)14：30 阵列雷达组合反射率及 3DVAR 垂直风场分布；
(b)为沿图(a)中黑色线的垂直剖面，叠加 3DVAR 垂直风场分布

12.4　雷暴过程的闪电频次和雷达回波的关系

图 12.9 给出了 2020 年 9 月 7 日局地多单体雷暴过程中闪电频次随时间的变化曲线，可以看出，在本次系统的发展过程中，闪电频次呈现多峰分布。13：36 左右，总地闪频次达到第一次峰值，为 28 次/(2 min)，其中正地闪为 7 次/(2 min)，负地闪为 21 次/(2 min)，此时地闪活动中，正地闪占主导地位。随着系统朝着东南方向发展，地闪活动表现得更为活跃，正地闪占总地闪的比例升高，在 13：46 时，正地闪最高可占总地闪活动总数的 64%。随着系统的发展，14：48 起达到旺盛阶段，地闪频次再次升高，分别在 13：50，14：00，14：04 和 14：22 达到不同的峰值，分别为 46 次/(2 min)、55 次/(2 min)、96 次/(2 min)和 94 次/(2 min)，而该阶段的正地闪比例则逐渐下降，在 15% 上下浮动。到了 14：26 的消散阶段，随着系统以下沉气流为主，闪电频次随之迅速减小。

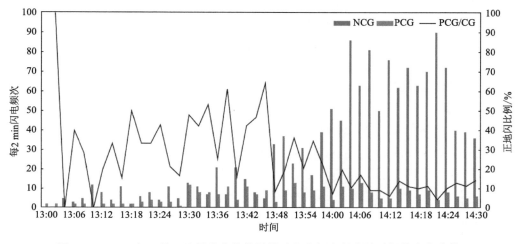

图 12.9　2020 年 9 月 7 日局地多单体雷暴过程中闪电频次随时间的变化曲线：
正地闪(PCG)、负地闪(NCG)及正地闪比例(PCG/CG)

在本次过程中,我们还分析比较了总地闪频次与$-30°\sim0$ ℃温度区域雷达回波体积(V_{30} dBZ 和 V_{35} dBZ)随时间的变化,从图 12.10 可以看出,二者随着时间的演变趋势基本一致,均呈现多峰分布,且雷达回波体积的峰值与总地闪频次的峰值对应较好。在发展阶段,随着地闪频次的增加,混合相态区域的雷达回波体积也在不断增加。在旺盛阶段,V_{30} dBZ 和 V_{35} dBZ 的雷达回波体积在 13:58,14:04,14:16 和 14:22 分别达到峰值,同时在 14:16,V_{30} dBZ 最大值可达 776 km³,V_{35} dBZ 则最大值可达到 362 km³。对应于总地闪频次在 13:50,14:00,14:04 和 14:22 达到不同的峰值存在同期或者延后的情况,说明地闪频次同时或者提前雷达回波体积达到峰值。

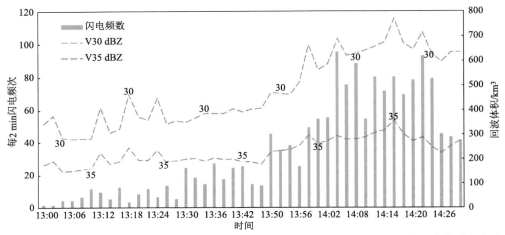

图 12.10　总地闪频次与$-30°\sim0$ ℃温度区域回波体积随时间的变化曲线(柱状图代表总闪频次
(单位:次/(2 min)),虚线代表回波体积 V_{30} dBZ、V_{35} dBZ(单位:km³))

时滞相关性分析可以精确定量化地分析闪电频次和强雷达回波体积二者之间的相关性,并且对于二者之间是否存在超前或者滞后的关系也可以剖析。表 12.1 为 13:00—14:30 逐 2 min 总地闪频次与雷达回波体积时滞相关性分析结果。可以看出,总闪频次和 V_{30} dBZ 雷达回波体积同期相关性最高,为 0.905,同样的,总闪频次和 V_{35} dBZ 雷达回波体积同期相关性 0.851 也是最高,二者都通过了置信度 99% 的检验。而对于地闪频次超前雷达回波体积 10 min 和 20 min 时,相关系数虽然都通过了置信度 99% 的检验,但是相关系数值较同期略低。当地闪频次超前雷达回波体积 30 min 时,相关系数进一步较小,总闪频次和 V_{30} dBZ 雷达回波体积的相关系数为 0.359,通过了 95% 的置信度检验,而总闪频次和 V_{35} dBZ 雷达回波体积的相关系数为 0.256,仅通过了 90% 的置信度检验。当地闪频次超前雷达回波体积 60 min 时,地闪频次与雷达回波体积呈现负相关。

表 12.1　13:00-14:30 总地闪频次与雷达回波体积时滞相关性分析结果(逐 2 min)

时滞关系	时间差/min	$V_{30\text{ dBZ}}$ 相关系数	$V_{35\text{ dBZ}}$ 相关系数
同期	0	0.905 ***	0.851 ***
超前	10	0.774 ***	0.751 ***
超前	20	0.603 ***	0.535 ***
超前	30	0.359 **	0.256 *
超前	60	−0.065	−0.084

注:*** 通过 99% 信度检验,** 通过 95% 信度检验,* 通过 90% 信度检验。

这一结果表明,在本次局地多单体雷暴过程中,当 2 min 闪电频次与雷达回波体积存在 0~30 min 的时间窗口时,二者之间相关性最大,同时也说明了,闪电有可能在一定程度上能够为提前预警对流性天气的增强提供指示性因子。

为了更好地分析本次局地多单体雷暴活动中闪电频次与 $V_{30\,dBZ}$ 和 $V_{35\,dBZ}$ 雷达回波体积之间相关关系,本章进一步分析两者间的非线性关系,通过拟合分析,结果发现,地闪频次与 $V_{30\,dBZ}$ 和 $V_{35\,dBZ}$ 雷达回波体积呈现指数函数关系,其拟合得到的关系式为:

$$F = a e^{bx} \tag{12.3}$$

式中:F 代表地闪频次,单位:次/2 min;x 代表 $V_{30\,dBZ}$ 或 $V_{35\,dBZ}$,单位:km^3;a、b 为拟合参数。

则可得出闪电频次与 $V_{30\,dBZ}$ 雷达回波体积之间的拟合方程为:

$$F = 0.3 e^{2.97 V_{30\,dBZ}} \tag{12.4}$$

式中,拟合度 R^2 的大小为 0.82,通过了 99% 置信度的检验。

而闪电频次与 $V_{35\,dBZ}$ 雷达回波体积之间的拟合方程为:

$$F = 0.01 e^{3.9 V_{35\,dBZ}} \tag{12.5}$$

式中,拟合度 R^2 的大小为 0.65,通过了 99% 置信度的检验。

说明这两个拟合方程所反映的指数关系,可以很好地反映闪电频次与雷达回波体积的联系。

12.5 闪电活动和最大上升气流速度的关系

图 12.11 为总地闪频次与通过三维变分方法反演风场得到的最大上升速度随时间的变化曲线,显然,在发展阶段也就 13∶30—13∶46 这段时间内,最大上升气流速度 w_{max} 呈现高值,而地闪频次较少,对比图 12.9,该时期正地闪比例较高。而到了对流旺盛的阶段(13∶48—14∶26),地闪频次大幅上升,而最大上升气流速度 w_{max} 较小,随后在消散阶段(14∶26—14∶30),地闪频次和最大上升气流速度 w_{max} 也呈现反相关的关系。这一结果说明,强烈的上

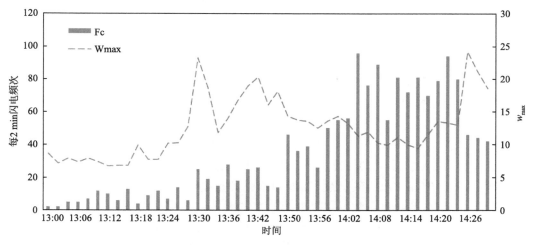

图 12.11 总地闪频次与最大上升气流速度随时间的变化曲线(柱状图代表总闪频次
(单位:次/(2 min)),虚线代表最大上升速度(单位:m/s))

升气流可能有助于上部正闪电电荷区的抬升,从而使得正地闪比例较高;而当高空上升气流较弱时,地闪尤其是负地闪更为活跃。

进一步利用时滞相关性分析定量化地分析闪电频次和最大上升气流速度 w_{max} 之间的相关性,结果如表 12.2 所示,当闪电频次和最大上升气流速度 w_{max} 处于同期或者超前 10 min 时,时滞相关性系数较小,而当闪电频次超前最大上升气流速度 w_{max} 20～30 min 时,相关系数分别为 0.587 和 0.698,均通过了 99％的置信度检验,说明闪电和最大上升气流速度有很好的时滞相关性,具备强对流天气预警预报的应用前景。

表 12.2 13：00—14：30 总地闪频次与最大气流上升速度时滞相关性分析结果(逐 2 min)

时滞关系	时间差/min	w_{max} 相关系数
同期	0	0.16
超前	10	0.248[*]
超前	20	0.587[***]
超前	30	0.698[***]

注:＊＊＊通过 99％信度检验,＊＊通过 95％信度检验,＊通过 90％信度检验。

闪电活动与对流云内的垂直运动尤其是上升气流速度密切相关的,而上升气流速度同时与云顶高度也有关。Price 等(1992)前期利用北半球和中纬度地区观测到的雷暴过程数据,将闪电频次 F_c 与最大上升气流速度 w_{max} 以及云顶高度 H 构建联系,建立了闪电频次和云顶高度之间的经验公式:

$$F_c = 3.44 \times 10^{-5} H^{4.9} \tag{12.6}$$

同时上升气流的强弱程度对流云发展的云顶高度有很大影响,所以 Price 等(1992)通过观测数据获得了云顶高度 H_{top} 和最大上升速度 w_{max} 之间的拟合方程:

$$w_{max} = 1.49 H_{top}^{1.09} \tag{12.7}$$

从而推导得出闪电频次 F_c 与最大上升速度 w_{max} 之间经验公式:

$$F_c = 5 \times 10^{-6} w_{max}^{4.54} \tag{12.8}$$

之后,Michalon 等(1999)考虑到对流云内起电过程中云凝结核可能带来的影响,对(12.8)式的修订结果如下:

$$F_c = 5.7 \times 10^{-6} w_{max}^{4.5} \tag{12.9}$$

因此,根据观测数据和模型模拟进一步研究造成各区域或全球闪电趋势的主要因素是有意义的,对于闪电预测本身和全球或区域气候模型中的闪电参数化都是重要的。根据以上经验公式,对于本次过程中 9 月 7 日 13 时 30 分—14 时 30 分的闪电频次 F_c 与最大上升速度 w_{max} 进行拟合,得出:

$$F_c = 5.7 \times 10^{-6} w_{max}^{5.49} \tag{12.10}$$

式中,拟合度 R^2 的大小为 0.404,通过了 99％的置信度检验。

垂直运动是影响强对流天气新生、发展和增强的重要因子之一(Wilson et al.,2010),因而对垂直速度的预报准确性在数值预报中是非常重要的。在现有的资料同化工作中,由于垂直运动速度信息的获得的难度较大,直接同化垂直速度的方法比较少见,主要是通过动力平衡,在模式中调整水平运动速度,间接调整垂直速度,往往会造成垂直运动的精度不准确。如果能在相控阵阵列天气雷达精细化反演垂直运动速度的基础上,同化与垂直气流正相关的闪电活动,利用雷达、雷电两种资料各自的优势和互补性,补充调整现有的数值预报的初始场,则有可能极大改善现有的数值预报,进一步提高强对流天气的短时临近预报能力,满足对精细化预报和服务的需要(郄秀书 等,2014)。

12.6　小结

利用高时空分辨率相控阵阵列天气雷达的探测,对 2020 年 9 月 7 日中国广东省佛山市一次局地强对流个例进行了分析,定量研究地闪频次和阵列雷达回波体积、最大上升速度之间的时滞相关性,以及非线性拟合关系,从云内微物理和动力学的角度解读闪电活动变化规律和趋势。得到如下结论:

(1)相控阵阵列天气雷达快速全空域扫描的技术优势,极大地增强了对流系统中垂直结构的观测密度。利用相控阵阵列天气雷达具有高密度垂直结构观测的优势,应用了基于三维变分 3DVAR 的云内三维风场反演方法,探讨了地闪和三维精细化反演风场尤其是垂直运动速度的关系,尤其是得到了云内的垂直运动速度,从而可以从云内微物理和动力学的角度揭示闪电活动规律和闪电发生发展机理。

(2)阵列雷达可以精密刻画局地中小尺度天气系统结构和运动特性,可以使我们进一步理解局地多单体对流雷暴的起始、发展和快速生消的过程。对本次个例的研究发现,在对流发展阶段正地闪占主导地位,正地闪比例峰值为 64%,在对流旺盛阶段以负地闪活动为主,地闪总频次峰值为 96 次/(2 min)。

(3)通过地闪活动与阵列雷达回波的对比发现,闪电活动主要集中在 30 dBZ 以上的强回波区域范围内,负地闪较为密集地分布于强回波之内,而正地闪则相对分散于强回波的边缘也就是层云部分的位置。

(4)通过对本次个例的地闪频次与雷达回波体积的时间变化研究发现,闪电频次与 $V_{30\ dBZ}$ 和 $V_{35\ dBZ}$ 雷达回波体积的时间演变趋势一致,大致呈现出闪电频次同期或提前于 $V_{30\ dBZ}$ 和 $V_{35\ dBZ}$ 雷达回波体积峰值的时间变化特征。通过分析地闪频次与雷达回波体积 $V_{30\ dBZ}$ 和 $V_{35\ dBZ}$ 之间的非线性关系,发现本次过程中两者按指数型关系的拟合度 R^2 较高,分别为 0.82 和 0.65,因此,指数拟合 $F=ae^{bx}$ 的形式可以构建地闪频次与 $V_{30\ dBZ}$ 和 $V_{35\ dBZ}$ 雷达回波体积之间的闪电参数化关系。

(5)通过地闪频次和最大上升气流速度 w_{max} 的时间演变特征来看,强烈的上升气流可能有助于上部正闪电电荷区的抬升,从而使得正地闪比例较高;而当高空上升气流较弱时,地闪尤其是负地闪更为活跃。二者同时具备较好的时滞相关性,当闪电频次超前最大上升气流速度 w_{max} 在 20～30 min 的窗口,相关系数分别为 0.587 和 0.698,均通过了 99% 的置信度检验,进一步建立了地闪频次和最大上升气流速度的参数化定量拟合关系,可以为精细化闪电预警预报和闪电资料的同化提供理论基础。

第 13 章　　在生态监测中的应用

13.1　国内外天气雷达生态监测

　　每时每刻都有难以计数的生物翱翔于空中,去寻找食物、伴侣和栖息地。这些生物是地球物质循环的重要组成部分,也是生态链的重要一环。大规模的生物监测对生态保护工作的成功至关重要。传统监测方法,如定点调查、诱捕、实验室解剖和基因检测等方法,由于空间、时间和劳动力的限制,难以满足日益增长的监测需求。同时,空中飞行生物的灵活性与机动性,使得人们开展监测工作面临重重困难。因此,人们迫切地寻求一种可以更有效地监测空中生物活动的方法。

　　在第二次世界大战后,发现原本用于观测云和雨的天气雷达能够观测大量的空中飞行生物的散射信号。Wilson 等(1994)通过理论分析与不同波段之间的反射率因子比值,认为在美国科罗拉多州和佛罗里达州观测到的边界层晴空回波主要是生物散射所导致。Martin 等(2007)使用了美国 WSR-88D 天气雷达,以及 X、W 波段天气雷达,提出夜间晴空回波基本由昆虫引起。此外,Van 等(2022)还发现由鸟类和昆虫会被困在热带气旋的环流中心并产生回波。威斯布鲁克等人使用 WSR-88D 雷达监测到一次玉米螟的迁飞过程。自此,天气雷达便被视为监测空中生物活动的一项重要数据来源。

　　利用天气雷达实现空中生物监测的技术随着雷达体制的不断发展而发展。虽然早在 Ottersten(1969)通过麦克斯韦方程组与 Kolmogolov 局地各向同性湍流概念,推导得出大气湍流散射的物理机制及其公式,但仅依靠反射率因子,只能基于晴空回波的形态特点来粗略判断其产生原因。而随着多普勒天气雷达的出现,使得径向速度成为晴空回波识别的依据之一。

　　由于鸟类、蝙蝠以及一些大型昆虫具有较强的自主飞行能力,因此通过速度方位显示,将所测得的速度与当地风速进行比较并分析速度的差异,来判断回波是否由生物活动产生。实际上,早在 1998 年,Gauthreaux 和 Belser 就发现天气雷达的径向速度可以用于分离迁飞的鸟、蝙蝠和其他生物的回波,因为迁飞的鸟类和蝙蝠通常速度很快,一般可以超过 8 m/s,但昆虫的速度一般都在 6 m/s 以内,并且很难超过风速。Diehl(2003)在 WSR-88D 雷达观测实验中,根据天气雷达径向速度绘制得到速度方位显示图,与当地风速进行比较来区分昆虫和鸟。Melnikov 同样利用 WSR-88D 测量的多普勒速度差分作为特征量,成功识别了降水、鸟和昆虫回波。

　　而随着天气雷达所使用不同波段的多样化,不同波段的雷达反射率因子比值也开始用于区分湍流回波与生物回波。Wilson 等(1994)使用一部 S 波段、X 波段双频雷达与三部 C 波段天气雷达,在美国佛罗里达、堪萨斯、科罗拉多及太平洋沿岸开展了联合观测实验,通过分析不同波段雷达的晴空回波的反射率因子,认为生物体散射是佛罗里达州和科罗拉多州地区上空晴空回波的主要产生原因。

到了现代,随着天气雷达逐渐由单偏振(极化)升级为双偏振(极化),天气雷达的偏振产品成为了识别的最重要的依据。1991 年 Achtemeier 通过分析差分反射率,发现昆虫差分反射率大于 5 dB,远高于降水回波的 0~2 dB,并以此对生物回波与降雨回波进行区分。Zrnic 等(2007)使用双偏振(极化)WSR-88D 雷达的差分反射率和差分相位分析了鸟类和昆虫的差异。2010 年,Chilson 采用双极化 WSR-88D,同时结合 X 波段双极化天气雷达,对美国得克萨斯州蝙蝠洞穴周围的飞行蝙蝠进行了联合探测,发现蝙蝠差分反射率因子为负的特有回波特性。Mirkovic 等(2016)还利用电磁模拟仿真,系统分析了蝙蝠的该双极化特性。在持续的研究下,目前 WSR-88D 双偏振天气雷达通过采用模糊逻辑算法已能对包含湍流回波、生物回波及各类降水在内的十余种雷达回波进行分类。

由于生物回波相较于其他回波存在着较为特殊的偏振特征,为了解释实际观测中所发现的生物回波偏振特征,Melnikov 等(2015)将昆虫富含水分的躯干近似为椭球体,并推算偏振特征。Mirkovic 等(2016)利用电磁模拟仿真,对蝙蝠的偏振特性进行了分析。与此同时,Stepanian 等(2016)进一步讨论了鸟类与昆虫的偏振特征及其纹理值的差异。Dokter 等(2013)基于 C/R 语言,于 2019 年起提供 bioRad 程序包,可从欧洲及美国雷达网数据中提取、显示生物信息。姚文等(2022)对辽河三角洲湿地的鸟类双偏振天气雷达回波特征进行了分析。

欧洲、北美洲、大洋洲均有利用多普勒天气雷达成功实现生物观测的研究。这些研究包括但不限于利用多普勒天气雷达监测具有农业害虫的爆发性迁飞;利用天气雷达和大气扩散模型,预测蚜虫迁入过程;利用天气雷达观测到夜间城市灯光对鸟类的不良影响;通过天气雷达数据结合气象要素,构建鸟类活动预测模型,等等。天气雷达网具有成为大范围监测空中生物活动的重要工具的潜力,是未来生态学研究中重要的数据来源,在生态研究领域取得了大量的研究成果。

Achtemeier(1991)利用双极化天气雷达对大气边缘层进行观测时,指出尽管循环气流可将昆虫带到更高的地方,但昆虫飞行高度不会超过 1800 m。这是因为当温度低于 10°~15 ℃,蝗虫是不飞的。而如果高于此高度,昆虫会通过折叠翅膀停止飞行甚至向下主动飞行,使自己保持在合适高度内。Wood(2009)使用一部毫米波垂直多普勒测云雷达观测到小型昆虫上升速率可达 4 m/s,昆虫在起飞过程中存在主动飞行,而非单纯依靠上升气流起飞。Rennie(2010)使用 WSR-88D 发现昆虫,尤其是自主飞行能力很弱的微小昆虫,白天可借助地面受热产生的上升气流升空,上限是对流边界层。此外,天气雷达也曾多次观测到大量迁飞的昆虫具有共同定向特性,而且头向与风向不一致。Leskinen 等(2011)通过天气雷达所观测到的蚜虫迁飞活动信息,结合基本气象信息与大气扩散模型,成功预测了蚜虫的迁飞。

除昆虫外,天气雷达在鸟类活动研究上也取得了大量成果。Dokter 等(2019)通过对欧洲天气雷达网的数据进行分析,揭示了斯堪的纳维亚迁飞通道在欧洲大陆的空间扩展。Shamoun 等(2011)通过应用 C 波段天气雷达,发现人为点燃的烟火会对鸟类的正常活动造成不良影响。Farnsworth(2006)使用该天气雷达数据,研究了鸟类的秋季迁飞定时性,发现大型食虫鸟类最先开始南迁,且迁飞时间受食物、气候等因素影响。美国俄克拉荷马大学 Stepanian 等(2015)对 NEXRAD 双极化数据进行了分析,发现径向速度图和双偏振量相关图都可观测到鸟类迁飞的共同定向行为。Horton(2016)利用美国东部的 6 台 WSR-88D 天气雷达对夜晚迁飞鸣鸟进行了观测,发现沿海地区的鸟类,迁飞时通常为侧风飞行,以此最大补偿大西洋海岸附近的风漂。McLaren 等(2018)对美国西部的天气雷达数据分析后发现,大型城市的夜间灯光会显著改变夜间鸟类的迁徙规律。此外,Chilson 等(2012)使用 NEXRAD 天气雷达对得克萨斯州中部多个蝙蝠洞观测,发现蝙蝠出洞觅食时,扩散方向是朝各个方向的,而随后会朝特定方向定向飞行,这些方向可能受天气以及食物的影响。

我国也有研究人员尝试,将晴空回波用于空中生态监测。焦热光等通过分析 S 波段天气雷达晴空回波与风廓线雷达数据,认为晴空回波与风向关系密切,且降水会中断昆虫迁飞。朱秩民利用模糊逻辑算法对上海 WSR-88D 天气雷达所探测回波进行分类,提取生物回波。为适应新时代生态文明建设需求,以及为生态监测提供数据支撑服务,2018 年在国家基金委重大仪器专项支持下,中国气象局气象探测中心与北理工合作利用天气雷达观测数据,系统地开展天气雷达晴空回波数据分析和提取空中生态目标物特征研究,设计开发生物回波识别模糊逻辑算法,研制了天气雷达空中生态监测系统,实现全国范围空中生物活动实时监测。2022年 5 月,天气雷达空中生态监测系统开始进入试运行。在实时监测期间,发现昆虫活动有明显的时空分布特征、昼夜活动和迁飞活动规律,监测结果符合生物学理论,该系统可有效地服务于空中生态实时监测,为虫灾精准防治提供监测技术与数据支持。图 13.1 是天气雷达空中生态监测系统软件界面。

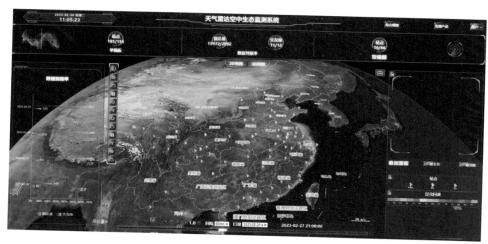

图 13.1 天气雷达空中生态监测系统

13.2 相控阵天气雷达优势

自天气雷达发明以来,天气雷达在大气探测中的各种难题逐步得以解决,无论是提高空间覆盖率还是提高空间精度,乃至各种订正方法、反演方法,天气雷达的探测能力不断提升,为各类研究提供了大量的遥感资料。然而,随着研究的不断深入,应用的不断拓展,仍然有不少新的问题需要解决。首先,许多危险天气发生在 3 km 高度以下的空间范围内,由于地球曲率、地形阻碍等影响,目前远程探测天气雷达难以覆盖这个空间范围。再者,众多的小尺度强烈天气生成、发展和消亡速度快、周期短,现有天气雷达单波束探测,数据更新速率较慢,体扫时间较长。自 1999 年美国开始对宙斯盾雷达进行天气探测改造,经过 20 多年的发展,越来越多的研究资料表明,相控阵天气雷达在对于极端天气探测、预警上,相较于常规体制雷达具有明显的优势,在提供天气发展过程的精细化遥感数据资料等方面有无可替代的作用。

相控阵天气雷达不仅在强对流天气监测中有着优势,也能在生物监测上发挥巨大的作用。生物在空中飞行的过程受多种因素的影响,但无论何种影响,其都存在着明显的时空连续性。时空连续的飞行轨迹对研究生物飞行行为及其背后机制都具有重大的价值。然而,传统雷达受限于时空分辨率,很难完整地观测生物从起飞到降落的完整飞行过程。这种不足一方面对生物对大气的响应研究造成了困难,另一方面使精细化完整监测生物起飞到降落全过程难以实现。而受益于相控阵天气雷达的高时空分辨率,可以从生物起飞便可对其活动过程进行监测。而监测速度和空间覆盖率的大幅提高,也使得对某一特定种类昆虫飞行轨迹的研究成为了可能。

13.3　晴空回波的日、月变化

晴空回波不同于降水回波,有着其特殊的形态特征和出现规律。晴空回波通常以雷达站为中心向外延伸,回波的强度和面积大多随着距离增加而减小,回波区域也基本固定,以雷达为圆心呈圆形,而其多普勒速度多不为零。晴空回波也会表现出较明显的日变化特征,回波在夜间强且分布广,而白天则较弱且分布少。而从季节上来看,回波常常发生于在夏秋两季,而春季较少,冬季则基本观测不到。为了更好地描述晴空回波的出现规律及变化特征,以 2018 年北京大兴 S 波段天气雷达、Ka 波段云雷达及北京房山 X 波段天气雷达数据为例,对晴空回波的出现规律进行简要的概述。

13.3.1　月变化趋势

对北京地区 S 波段天气雷达数据进行整理和分析(图 13.2),可以发现,天气雷达自 3 月起便可观测到反射率因子大于 0 dBZ 的晴空回波。晴空回波的强度随着时间发展逐渐增强,至 5 月中旬后,回波强度出现轻微减弱,在 7 月至 8 月起再次增强,8 月后保持在一定范围内,直至 9 月末。晴空回波的回波面积与回波(顶部)高度存在相似的变化趋势。相较于回波面积,回波高度的变化并不十分明显,自 5 月份以来基本维持在 2～3 km 的高度范围内,6 月与 7 月并未明显减低,8 月中下旬则进一步有所升高。

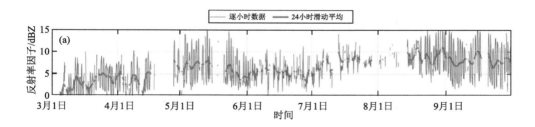

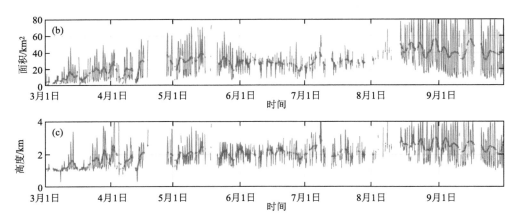

图 13.2　2018 年北京地区 S 波段天气雷达晴空回波随时间变化曲线
(a)反射率因子平均值;(b)回波水平面积;(c)回波顶部高度

X 波段天气雷达存在着与 S 波段相似的变化趋势,也存在着一些不同之处。从图 13.3 中可以看到,5 月起 X 波段天气雷达晴空回波的反射率因子、回波面积和回波高度开始迅速增加,增强过程直至 6 月初,而后开始减弱,7 月至 8 月再次开始增强,之后 9 月起便开始回落。不难发现 X 波段天气雷达的晴空回波出现的时间相较于 S 波段的晴空回波更短,强度更弱,高度也更低。

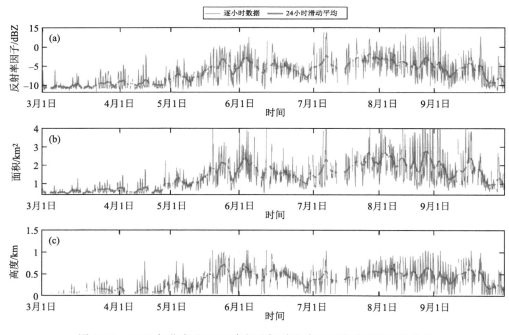

图 13.3　2018 年北京地区 X 波段天气雷达晴空回波随时间变化曲线
(a)反射率因子平均值;(b)回波水平面积;(c)回波顶部高度

而相较于 S 波段和 X 波段雷达设备观测的晴空回波,Ka 波段的晴空回波出现时间更晚。

从图 13.4 中可以发现,Ka 波段晴空回波的高度在 4 月中下旬微弱增高,其强度相对较弱。5 月中下旬,回波反射率因子开始逐步增强并短暂持续维持在一定的强度,在 5 月末至 6 月初快速增强后开始逐渐减弱,并基本维持在较弱的水平,直至 8 月中旬再次开始短暂增强。

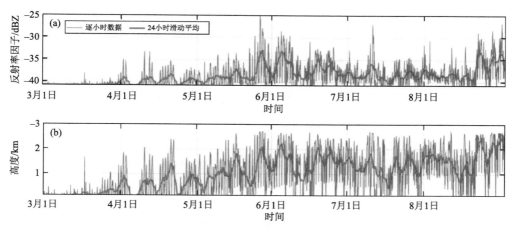

图 13.4　2018 年北京地区 Ka 波段天气雷达晴空回波随时间变化曲线
(a)反射率因子平均值;(b)回波顶部高度

13.3.2　日变化趋势

以晴空回波较强的 2018 年 8 月数据来看,S 波段晴空回波无论是反射率因子、回波面积还是回波顶部高度,都表现出明显的日变化(图 13.5)。晴空回波在夜间要明显强于白天,在入夜时存在一个快速增强的趋势,午夜达到峰值后又逐渐减弱。X 波段晴空回波的变化规律基本与 S 波段相似(图 13.6)。不过,X 波段晴空回波的反射率因子在增强后迅速减弱。Ka 波段则与 S 波段和 X 波段不同(图 13.7),在一天内强度基本保持不变,回波出现的最高高度则会在午后有所增加。

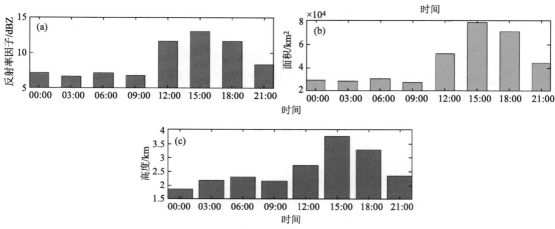

图 13.5　北京地区 2018 年 8 月 S 波段天气雷达晴空回波的日变化柱状图
(a)反射率因子平均值;(b)回波水平面积;(c)回波顶部高度

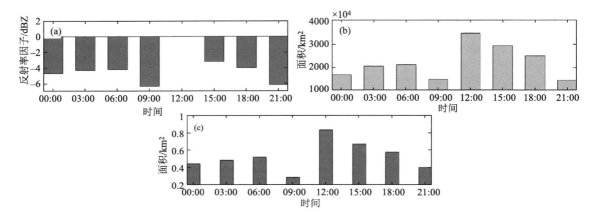

图 13.6　北京地区 2018 年 8 月 X 波段天气雷达晴空回波的日变化柱状图
(a)反射率因子平均值;(b)回波水平面积;(c)回波顶部高度

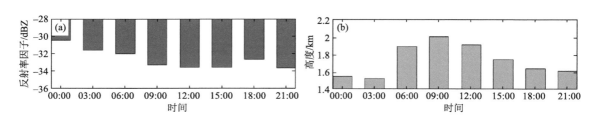

图 13.7　北京地区 2018 年 8 月 Ka 波段天气雷达晴空回波的日变化柱状图
(a)反射率因子平均值;(b)回波顶部高度

13.4　晴空回波的散射机制

从晴空回波的日、月变化中,我们不难发现,造成晴空回波的散射体并非一直稳定地存在,而是有着明显的、有节奏的规律变化。对于晴空回波的产生原因,目前主要有两种看法(张培昌 等,2001):一种是认为回波是由大气湍流导致的折射指数起伏所引起的布拉格(Bragg)散射所致,称为晴空大气回波,或湍流回波;另一种认为晴空回波则主要由昆虫、鸟类、蝙蝠等生物在空中飞行时被天气雷达波束照射,生物体产生散射所致,称为生物回波。而最近,我们也提出了一种对于晴空回波散射机制的新解释——对流层散射机制。本节将对晴空回波涉及的散射机制进行简要的介绍。

13.4.1　晴空布拉格散射

Bragg 散射是由湍流导致不均匀性引起的。从本质上讲,具有折射率梯度的大气湍流形成了偶极子模型而引起散射。Ottersten(1969)提供了雷达反射率与大气折射率结构常数 C_n^2 和雷达波长 λ 的关系。雷达反射率 η 在公式(13.1)中给出:

$$\eta = 0.38 C_n^2 \lambda^{-1/3} \tag{13.1}$$

因此,雷达反射率因子 Z 可表示为:

$$Z = \frac{0.38C_n^2\lambda^{11/3}}{\pi^5 K^2} \tag{13.2}$$

同时,差分反射率因子 Z_{DR} 也可由 C_n^2 表示为

$$Z_{DR} = \frac{Z_H}{Z_V} = \frac{C_{nH}^2}{C_{nV}^2} \tag{13.3}$$

基于各向同性的湍流,C_n^2 在水平和垂直方向上是相等的,Z_{DR} 的值正常应该为 0 dB。类似地,两个雷达波长的 Z 值的比率(也称为双波长比率,DWR)则为

$$\frac{Z_1}{Z_2} = \left(\frac{\lambda_1}{\lambda_2}\right)^{11/3} \tag{13.4}$$

正因为在 Bragg 散射中 DWR 仅与波长有关,Wilson(1994)便利用公式(13.4)研究了佛罗里达州和科罗拉多州上空的晴空回波,并得出结论,这些地区的晴空回波是由生物造成的。然而,公式(13.1)并不是雷达反射率和雷达波长之间的唯一关系。根据不同的应用湍流理论,雷达反射率的值是可变的。实际上方程式(13.1)是基于 Kolmogorov-Obukhov 理论。而根据 Villars-Weisskopf 理论,雷达反射率与波长的关系如公式下:

$$\eta = C\lambda^{1/3} \tag{13.5}$$

式中,C 是常数。研究人员对雷达反射率与波长持有不同的观点,包括从 η 正比于 $\lambda^{-1/3}$ 到 λ 之间。因此 DWR 的理论大小也在根据研究人员的不同观点而变化,但无论持有何种观点,总体来看,DWR 与波长的对应关系没有发生改变。

13.4.2 生物散射

生物躯体富含水分,与降水粒子类似都可以使电磁波产生散射或反射,因此天气雷达从理论上便具备了观测空中的生物活动的能力。与降水粒子不同的是,生物散射体具有复杂的表面外形和介电常数,因此其散射特性与降水也不可避免地存在一定的差异。

通常生物的散射截面(RCS)可采用等效质量的长球体建模(张培昌 等,2001;Stepanian et al. 2016;胡程 等,2020)。不过,这种一级近似模型也存在较大的偏差。因此,一种更好的获得生物 RCS 的方式便是通过 FEKO 等仿真软件对农业害虫的生物体后向散射截面积进行仿真(Richardson et al.,2017)。为了提高仿真的准确性,参考胡程等(2020)对不同介质模型仿真结果与实测结果,应用与昆虫的实测结果最为接近的脊髓介质等质量扁长椭球体模型。等质量扁长椭球体模型的长轴 a 与短轴 b 可写为

$$\begin{cases} a = \dfrac{bl}{w} \\ b = \sqrt[3]{\dfrac{6\, mw}{\pi l \rho}} \end{cases} \tag{13.6}$$

式中,l 为昆虫体长(cm),w 为昆虫体宽(cm),m 为昆虫体重(g),ρ 为介质密度,脊髓介质密度为 1.038 g/cm^3。

参照从中国农业科学院植物保护研究所获得的我国几种常见的重要农业害虫(鳞翅目)与迁飞相关的生物学参数,几种昆虫在 S 波段和 X 波段的 RCS 如表 13.1 所示。

表 13.1 几种昆虫的体态参数及其等效仿真参数

种类	平均体重 /mg	平均体长 /mm	平均体宽 /mm	S 波段 RCS /dBsm	X 波段 RCS /dBsm
桃蛀螟、甜菜白带野螟、二点委夜蛾	22.1	13.0	3.2	−52.5	−25.0
棉铃虫、银纹夜蛾	114.8	16.7	5.4	−39.8	−34.2
黏虫、小地老虎、黄地老虎、斜纹夜蛾	145.4	19.0	5.8	−36.2	−33.8

因此,当知晓生物的 RCS 后,便可根据反射率因子定义,可以推导得出生物密度 N 与雷达反射率因子 Z 的关系,该关系可写为:

$$N = \frac{0.93 \times \pi^5 \times 10^{\frac{Z}{10}-9}}{\delta \lambda^4} \tag{13.7}$$

式中:N 为生物密度,单位为个/km³;Z 为反射率因子,单位为 dBZ;δ 生物体后向散射截面积(RCS),单位为 m²;λ 为雷达波长,单位为 m。图 13.11 所示为农业害虫密度与 S 波段天气雷达反射率因子之间的关系。结合我国天气新一代天气雷达的灵敏度指标,可以得到我国天气雷达完全能够对一部分农业害虫的迁飞活动进行有效监测的结论。

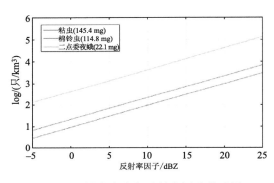

图 13.8 昆虫密度与反射率因子关系图

从表 13.1 中我们也不难发现,在不同波长下仿真获得生物 RCS 并非呈现线性关系,或者说呈现瑞利散射的特征,而是更多地表现为米散射。这使得生物大小、波长及反射率因子之间的关系变得十分复杂。对于 DWR 来说,只要米氏散射发生在一个或两个波长上,Z 值与生物体型大小的比率就是非线性的。这直接导致了 DWR 值的不规则变化。因此,比较 DWR 值是确定散射主导机制的一个有效方法,因为 Bragg 散射的 DWR 仅与雷达波长有关,但生物散射并不遵守相同的关系。

相似地,生物散射体具有的复杂形状,使其具有了高度依赖方向的散射特性。椭球形的昆虫和鸟类会表现出大的 Z_{DR} 信号和低的相关系数值。鸟类和昆虫之间也存在着极化差异。昆虫通常具有较高的 Z_{DR}(高达 10 dB)和相对较低的差分相位,而鸟类可能具有较低的 Z_{DR}(1~3 dB)和较大的差分相位。也正因如此,根据极化特征成为双极化雷达在空中生态学领域的通用方法。相似的,Kilambi 也提出了利用去极化比来对比、识别不同类型回波的方法。

13.4.3 对流层散射

对流层散射是指通信过程中对流层中的大气不规则引起的电磁波散射。它被国际电信联盟(ITU-R)的无线电通信部门认为是一种有前途的超视距无线通信方法。自 20 世纪 50 年代以来,许多研究都解释了对流散射传播的特点及其传播机制。一般来说,主要提出了三种理论:湍流非相干散射理论、稳定层相干反射理论和不规则层非相干反射理论。

（1）湍流非相干散射

湍流非相干散射理论认为，对流层散射传播来源自对流层中的湍流运动。湍流非相干散射理论认为，对流层中的湍流运动会产生不同尺度的湍涡。这些湍涡的连续运动和变化产生了具有持续变化的介电常数的不均匀性。当无线电波遇到这种湍流不均匀性时，它们成为二次辐射的来源，为接收器提供散射场强分量。

对任一固定的接收点来说，其接收场就是其与发射点共用的涡旋所在的那部分空间，即所谓"公共体积"中的所有散射体的总贡献。由于湍流运动的特点，散射体是随机运动的，它们之间在电气性能上应是相互独立的，或者说是互不相干的，因而，所有散射体的贡献可功率相加。

（2）不规则层非相干反射

在对流层中经常出现不同程度的不均匀。例如，在云层的边际和冷暖空气团的交接面上，由于温度、湿度和压力变化急剧，折射指数的变化剧烈，从而形成一种蜕变层。这类蜕变层强度不等，形状不一，位置、取向极不规则，不断变幻，并随气流不断移动。非相干反射理论认为，这类不规则层对电波产生非相干性的部分反射，这是电波超视距对流层传播的起因。这里所谓"非相干"，是指这些蜕变层间在电气上可以认为是彼此独立的，它们对接收场的贡献按功率相加。

（3）稳定层相干反射

稳定层相干反射理论认为，电波超视距对流层传播起因于介电常数随高度变化而较稳定的非线性分布。在此分布情况下，公共体积中的介质可以按高度连续分成一系列薄层：一层相对一层的介电常数都有所变化，因而，每层都能对电波进行部分反射；各反射分量间有确定的相位关系，它们在接收点的相干叠加即为接收场。

13.4　生物信息提取

13.4.1　天气雷达生物回波的双偏振识别

由于空中生物散射和大气湍流散射引起的晴空回波特征不同，可以利用偏振特征识别生物回波。在前人的工作基础上，利用模糊逻辑方法，开发了天气雷达双偏振量、强度值作为输入量的模糊逻辑识别算法，算法流程如图 13.9 所示。

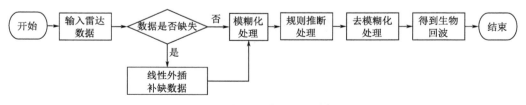

图 13.9　生物回波识别流程

模糊化处理是天气雷达的特征参数通过隶属度函数后，将具有物理意义的测量值转化为介于 0～1 的隶属度，隶属度表征了该特征参数属于某种回波的可能性，梯形隶属函数如图 13.13 所示，横坐标为雷达特征参数的观测值，纵坐标为隶属度值。输入对天气雷达的差分反射率(单位:dB)、相关系数、反射率因子纹理(单位:dB)和差分相位纹理(单位:°)4 个特征参数进行模糊化处理,表 13.2 给出了湍流回波、生物回波和降水回波不同特征参数的阈值。

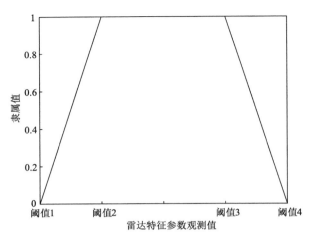

图 13.10　梯形隶属函数示意图

表 13.2　不同类型回波的指标阈值

回波类型	特征参数	阈值 1	阈值 2	阈值 3	阈值 4
湍流回波	差分反射率/dB	−4	−1	3	5
	相关系数	0.3	0.5	0.8	0.9
	反射率因子纹理/dB	−1	0	6	10
	差分相位纹理/°	0	10	40	180
生物回波	差分反射率/dB	0	2	10	12
	相关系数	0.3	0.5	0.8	1
	反射率因子纹理/dB	1	2	4	7
	差分相位纹理/°	8	10	40	60
降水回波	差分反射率/dB	$f_{1-0.3}$	f_1	f_2	$f_{2+0.3}$
	相关系数	0.92	0.94	0.99	1
	反射率因子纹理/dB	0	0.5	5	8
	差分相位纹理/°	0	1	25	30

表中,f_1、f_2 为变量值,与水平反射率因子有关,参数与降水回波水平反射率因子 Z_h (dBZ)的关系为:

$$f_1 = -0.5 + 0.25 \cdot 10^{-3} \cdot Z_h + 7.5 \cdot 10^{-4} \cdot Z_h^2 \tag{13.8}$$

$$f_2 = 0.08 + 3.64 \cdot 10^{-2} \cdot Z_h + 3.57 \cdot 10^{-4} \cdot Z_h^2 \tag{13.9}$$

规则推断处理,是对所有特征量的隶属度进行加权求和得到集成值 S_i,集成值即为属于该类回波的可能性。去模糊化处理,是对于雷达数据的不同类型回波可能性进行比较,取最大可能性的回波类型作为雷达数据的最后结果。集成值 S_i 通过加权公式(13.10)计算,式中 $P_i(x_j)$ 为 i 类回波的 j 类数据的隶属度函数,W_{ij} 为权重系数。

$$S_i = \frac{\sum\limits_j W_{ij} P_i(x_j)}{\sum\limits_j W_{ij}} \qquad (13.10)$$

以 2018 年 6 月 2 日的北京房山 X 波段双偏振雷达回波为例,对回波进行识别并做图 13.11。在图中可见,算法成功识别了降水回波主体,而降水回波边缘则被识别为晴空回波。对比未作调整前的识别结果,发现被识别为生物回波的面积,无论是靠近雷达的整片区域还是远离雷达的点状回波,回波数量都明显减小。同时可以发现,虽然晴空回波基本都被识别为湍流回波,但在距离雷达附近的一小片区域中,存在一定的生物回波,并且在个别区域部分点状回波也存在一定比例的生物回波。

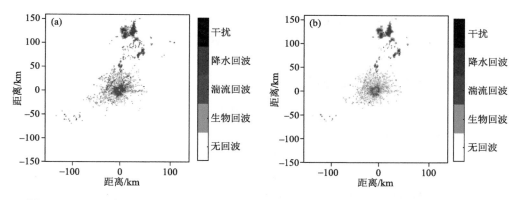

图 13.11　2018 年 6 月 2 日 21∶00(UTC)的房山 X 波段双偏振雷达 0.5°仰角的识别结果
(a) 改进算法;(b) 原始算法

将算法直接应用于美国 S 波段双偏振天气雷达数据后(如图 13.12),同样可以发现,有相当一部分原本被识别为生物回波的数据,被重新识别为湍流回波。而对存在迁飞过程的雷达数据,则算法仍然识别出了绝大部分生物回波,而仅将部分晴空回波的外围及个别离散点数据识别为湍流回波(如图 13.13)。

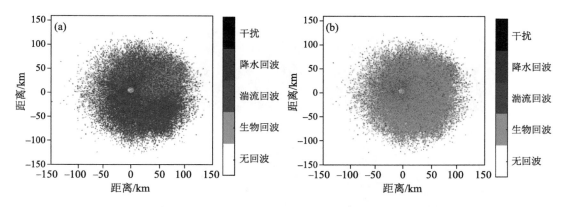

图 13.12　美国 KICT 雷达 2011 年 11 月 04 日 10∶28(UTC)回波识别结果
(a) 改进算法;(b) 原始算法

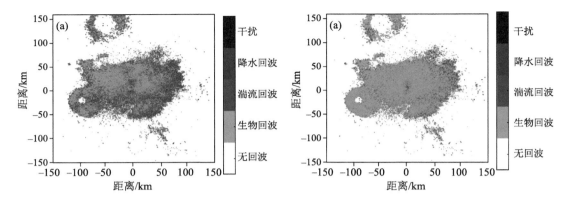

图 13.13　美国 KHTX 雷达 2012 年 07 月 04 日 10：28(UTC)回波识别结果
（a）改进算法；（b）原始算法

13.4.2　相控阵天气雷达生态监测个例

结合雷达产品,我们发现,这些回波虽然在反射率因子上差异并不明显,但是其差分反射率和相关系数又其周围的回波存在着较为明显的差异,如图 13.14 所示。最为显著的是该回波较大的差分反射率与较小的相关系数,其差分反射率多在 2~6 dB,而相关系数则多小于0.75。正是得益于相控阵天气雷达的精细化扫描能力,百米量级内的生物活动被天气雷达高效地记录。为了正确、自动识别生物目标,需要针对性地对相控阵天气雷达生物回波的双偏振量的分布进行统计,以使得模糊逻辑识别算法中的参数设计更加准确,识别结果更加可靠。

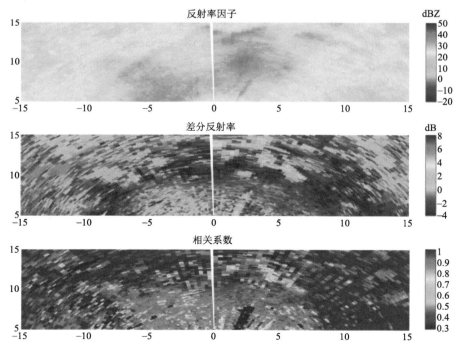

图 13.14　松江 X 波段相控阵天气雷达产品

在上海松江架设的宜通华盛 X 波段双偏振相控阵天气雷达时常可以观测到晴空回波的出现。宜通华盛 X 波段双偏振相控阵天气雷达的扫描策略不同于常见的 VCP21 扫描模式，其在俯仰角 0°～72°范围内形成 64 个波束，俯仰角分辨率 1.2°，而所需体扫时间仅为 30 s。在对这些晴空回波的分析中，发现雷达终端界面上经常可以看到具有较大差分反射率因子(大于 2 dB)的回波存在着连续移动的趋势。例如在图 13.15 中，分别存在两个点位(A、B)观测到了生物的活动。点位 A 开始时位于方位角 35.4°，距雷达中心 10.25 km。天气雷达在六分钟内持续观测到了生物的运动路径，直至生物分散开来。与点位 A 相似，点位 B 位于方位角 31.0°，距雷达中心 10.66 km，连续监测时长 10 min。

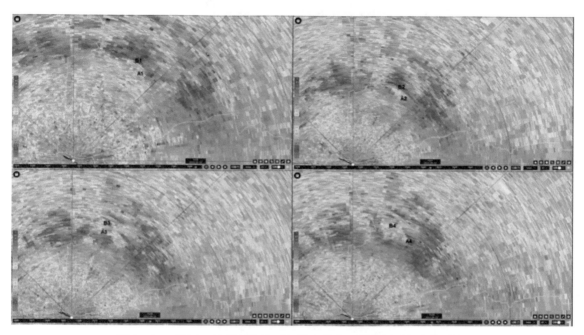

图 13.15　松江 X 波段相控阵天气雷达差分反射率因子与生物目标

将相控阵天气雷达监测到的生物回波提取出来，按照时间序列描绘在地图上后，便可以清晰地观测到生物的活动路径。图 13.16 中，第 6 点到第 11 点的分段距离分别为：722 m、1100 m、752 m、524 m、712 m，平均移动速度为 16 m/s。6 个点与雷达的距离分别是 10.66 km、11.36 km、12.16 km、12.9 km、13.45 km、14.09 km，6 个点的海拔高度分别是 0.88 km、0.94 km、1.01 km、1.06 km、1.10 km、1.19 km。观测结果对生物飞行过程中的高度、速度信息进行了详细的描述。

以上提到的例子是相控阵天气雷达初步应用。此例充分表明 X 波段相控阵雷达是一种十分有效的观测生物活动(包括迁徙、停留情况)的探测手段。随着相控阵天气雷达不断在业务中应用，可以为空中生物的栖息地的空间分布和变化情况做客观的分析提供帮助。

13.4.3　相控阵天气雷达生态监测展望:相控阵天气雷达生态跟踪算法的研发

相控阵雷达的特点在于其电子扫描的特性。这种特性使得波束指向具有灵活性和快速变化能力，且可以多波束同时扫描，使得扫描整个空间的时间大大缩短。也正是因为这种特性，

图 13.16　松江生物目标点位及其移动路径

使得相控阵雷达广泛地运用于军事。相控阵雷达在军事上可以有效进行多个目标的同时跟踪,并与计算机相互配合能对多个不同方向、不同高度的目标进行有效的发现、勘探以及跟踪,与此同时能够引导多枚导弹对众多空中的目标进行攻击。而当相控阵技术运用于天气雷达,尤其是空中生态监测时,这种多目标跟踪的能力也将为生态监测提供有力的保障。

　　相控阵天气雷达的多波束同时探测,缩短了体扫时间,这也就意味着可以同时在多个指向检测到空中生物,更快地获得空间的生物回波信息。由于相控阵雷达的快扫描速度和生物有限的飞行速度,生物实时的跟踪变为可能。而当雷达成功实现对生物进行实时跟踪,雷达便可完整地提供生物在飞行中的形态学参数及其对天气条件的响应,为生物的迁飞行为及其规律的研究提供宝贵的数据。

　　相控阵雷达和常规体制雷达一样,最初应用于军事。在军事应用上,当由许多可信方式检测指出目标确实存在,且积累了足够长的时间,雷达便能计算出目标运动状态(通常指飞行物的位置和速度),自动跟踪系统便会形成一条航迹。不过,当目标有起伏或者相同分辨单元内出现多目标时,一些检测将会丢失,相反由于杂波或噪声会有一些额外的检测出现。雷达自动跟踪一般可以如图 13.17 所示。

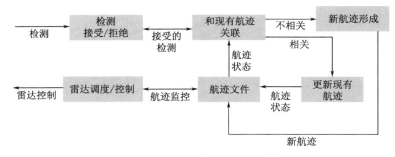

图 13.17　自动跟踪过程框图

　　而随着人工智能的广泛发展,利用计算机视觉从雷达图像上进行目标跟踪也成为了可能。原理上,计算机视觉与雷达自动跟踪的原理很类似,同一目标在画面中从出现到消失都会被标记为唯一的标识。因此只要这个目标被正确检测出来,跟踪算法都能够关联该目标的运动轨迹。但实际上,由于物体遮挡等原因,跟踪算法原本唯一的标识会产生重复标记。不过,对于天气雷达生态监测而言,则不存在因物体被频繁遮挡而产生无法连续关联数据而导致重复标记的情况,因为电磁波具有的穿透力,可以同时看到近处与远处的飞行生物目标。

　　在计算机视觉领域中,最基本的目标跟踪方式存在两种,基于坐标的目标关联和基于特征的目标关联。基于坐标的目标关联是相对简单的一种目标跟踪方式,算法认为连续时间的数据中距离较近的目标为同一个物体。这种算法速度快、实现容易,但缺点也很明显,跟踪结果受检测算法影响非常大。因此,在基于坐标的目标关联的基础上,结合目标外观特征匹配的目标关联应运而生。基于特征的目标关联先通过对目标进行特征提取,再根据特征的相似度,来判断这目标是否为同一个物体,即两个连续时次数据中,具有相似特征的两个目标为同一个物体。

　　得益于相控阵天气雷达的高时空覆盖率,原本十分"离散"的雷达数据变得更加流畅和连续。而基于这种根本性的改进,大量原本无法应用于天气雷达的技术,逐渐产生了融合的可能。随着相控阵天气雷达的广泛布设及应用,海量的数据将支撑各项研究的不断深入。届时,空中生物活动行为及其规律将被进一步揭示。这将有助于在保护粮食安全的同时,避免对生态环境产生破坏,使得农业与生态环境可持续发展。

参考文献

曹杨,陈洪滨,李军,等,2017. 利用再分析与探空资料对 0 ℃层高度和地面气温变化特征及其相关性的分析[J]. 高原气象,6:1608-1618.

陈洪滨,李兆明,段树,等,2012. 天气雷达网络的进展[J]. 遥感技术与应用,27(4):487-495.

陈炯,郑永光,张小玲,等,2013. 中国暖季短时强降水分布和日变化特征及其与中尺度对流系统日变化关系分析[J]. 气象学报,71(03):367-382.

程元慧,傅佩玲,胡东明,等,2020. 广州相控阵天气雷达组网方案设计及其观测试验[J]. 气象,46(6):823-836.

楚志刚,许丹,王振会,等,2018. 基于 TRMM/PR 的长江下游地基雷达一致性订正[J]. 应用气象学报,3:296-306.

邓承之,赵宇,孔凡铀,等,2021. "6·30"川渝特大暴雨过程中西南低涡发展机制模拟分析[J]. 高原气象,40(01):85-97.

邓闯,阮征,魏鸣,等,2012. 风廓线雷达测风精度评估[J]. 应用气象学报,23(5):523-523.

段鹤,夏文梅,苏晓力,等,2014. 短时强降水特征统计及临近预警[J]. 气象,40(10):1194-1206.

樊李苗,俞小鼎,2013. 中国短时强对流天气的若干环境参数特征分析[J]. 高原气象,32(01):156-165.

冯桂力,郄秀书,袁铁,等,2007. 雹暴的闪电活动特征与降水结构研究[J]. 中国科学 D 辑,37(1):123-123.

冯亮,肖辉,孙跃,2018. X 波段双偏振雷达水凝物粒子相态识别应用研究[J]. 气候与环境研究,23:366-386.

傅佩玲,胡东明,黄浩,等,2020. 台风山竹(1822)龙卷的双极化相控阵雷达特征[J]. 应用气象学报,31(06):706-718.

顾瑜,孙即霖,楚合涛,2018.2016 年 6 月江苏阜宁一次超强龙卷的特征分析[J]. 中国海洋大学学报(自然科学版),48(02):11-21.

韩静,楚志刚,王振会,等,2017. 苏南三部地基雷达反射率因子一致性和偏差订正个例研究[J]. 高原气象,6:1665-1673.

韩宁,苗春生,2012. 近 6 年陕甘宁三省 5—9 月短时强降水统计特征[J]. 应用气象学报,23(06):691-701.

韩颂雨,罗昌荣,魏鸣,等,2017. 三雷达、双雷达反演降雹超级单体风暴三维风场结构特征研究[J]. 气象学报,75(5):757-770.

郝莹,姚叶青,郑媛媛,等,2012. 短时强降水的多尺度分析及临近预警[J]. 气象,38(08):903-912.

何建新,曾强宇,王皓,等,2018. 龙卷的雷达探测研究进展[J]. 成都信息工程大学学报,33(05):477-489.

胡程,方琳琳,王锐,等,2020. 昆虫雷达散射截面积特性分析[J]. 电子与信息学报,1:140-153.

黄舒婷,李兆明,白兰强,等,2023.2022 年中国龙卷活动及灾情特征[J]. 气象科技进展,13(01):23-32.

黄先香,炎利军,王硕甫,等,2014. 佛山市龙卷风活动的特征及环流背景分析[J]. 广东气象,36(03):20-24.

江源,2013. 天气雷达观测资料质量控制方法研究及其应用[D]. 北京:中国气象科学研究院.

姜海燕,葛润生,1997. 一种新的单部多普勒雷达反演技术[J]. 应用气象学报,8(2):219-223.

焦热光,张智,石广玉,张云慧,2018. 北京多普勒天气雷达上的昆虫回波分析[J]. 应用昆虫学报,55:177-185.

雷蕾,邢楠,周璇,等,2020.2018 年北京"7.16"暖区特大暴雨特征及形成机制研究[J]. 气象学报,78(01):1-17.

李柏,古庆同,李瑞义,等,2013. 新一代天气雷达灾害性天气监测能力分析及未来发展[J]. 气象,39(3): 265-280.

李丰,刘黎平,王红艳,等,2012. S波段多普勒天气雷达非降水气象回波识别[J]. 应用气象学报,23(2): 147-158.

李丰,刘黎平,王红艳,等,2014. C波段多普勒天气雷达地物识别方法[J]. 应用气象学报,25(2):158-167.

李峰,李柏,唐晓文,等,2020. 近20年美国龙卷探测研究进展——对我国龙卷风研究的启示[J]. 气象,46 (02):245-256.

李思腾,陈洪滨,马舒庆,等,2016. 网络化天气雷达协同自适应观测技术的实现[J]. 气象科技,44(4): 517-527.

李渝,马舒庆,杨玲,等,2020. 长沙机场阵列天气雷达风场验证[J]. 应用气象学报,31(6):681-693.

李云川,王福侠,裴宇杰,等,2006. 用CINRAD-SA雷达产品识别冰雹、大风和强降水[J]. 气象,32(10): 64-69.

李兆明,陈洪滨,段树,等,2015. 网络化多普勒天气雷达反射率因子的衰减订正[J]. 气象科学,35(5): 593-598.

廖玉芳,俞小鼎,唐小新,等,2007. 基于多普勒天气雷达观测的湖南超级单体风暴特征[J]. 南京气象学院学报(04):433-443.

林小红,范能柱,蔡义勇,等,2022. "利奇马"(2019)台前飑线过程演变和异常特征分析[J]. 暴雨灾害,41(02): 192-203.

刘黎平,2003. 用双多普勒雷达反演降水系统三维风场试验研究[J]. 应用气象学报,14(4):502-504.

刘黎平,吴翀,汪旭东,等,2015. X波段一维扫描有源相控阵天气雷达测试定标方法[J]. 应用气象学报,26 (02):129-140.

刘黎平,吴林林,杨引明,2007. 基于模糊逻辑的分步式超折射地物回波识别方法的建立和效果分析[J]. 气象学报,65(2):252-260.

刘黎平,吴林林,吴翀,等,2014. X波段相控阵天气雷达对流过程观测外场试验及初步结果分析[J]. 大气科学,38(06):1079-1094.

刘婷婷,苗春生,张亚萍,等,2014. 多普勒雷达风场反演技术在西南涡暴雨过程中的应用[J]. 气象,40(12): 1530-1538.

罗昌荣,池艳珍,周海光,2012. 双雷达反演台风外围强带状回波风场结构特征研究[J]. 大气科学,36(2): 247-258.

马舒庆,陈洪滨,王国荣,等,2019. 阵列天气雷达设计与初步实现[J]. 应用气象学报,30(1):3-14.

孟大地,胡玉新,丁赤飚,2013. 一种基于GPU的SAR高效成像处理算法[J]. 雷达学报,2(2):210-217.

潘留杰,朱伟军,周毓荃,等,2010. 天气雷达资料的三维格点化及拼图初探[J]. 安徽农业科学,38(5): 2517-2519.

钱德祥,李云峰,王玉昆,2017. 天气雷达回波数据三维格点化方法的研究[J]. 气象灾害防御,24(4):37-38.

郄秀书,刘冬霞,孙竹玲,2014. 闪电气象学研究进展[J]. 气象学报,72(5):15.

孙继松,2017. 短时强降水和暴雨的区别与联系[J]. 暴雨灾害,36(06):498-506.

孙继松,戴建华,何立富,等,2014. 强对流天气预报的基本原理与技术方法[M]. 北京:气象出版社.

唐顺仙,吕达仁,何建新,等,2017. 天气雷达技术研究进展及其在我国天气探测中的应用[J]. 遥感技术与应用,32(01):1-13.

唐晓文,李峰,刘高平,2018. 龙卷形成过程及母体风暴结构与演变研究进展[J]. 成都信息工程大学学报,33 (06):599-605.

陶祖钰,1992. 从单Doppler速度场反演风矢量场的VAP方法[J]. 气象学报,50(1):81-90.

田付友,郑永光,张涛,等,2017. 我国中东部不同级别短时强降水天气的环境物理量分布特征[J]. 暴雨灾害,

36(06):518-526.

王东海,曾智琳,张春燕,等,2022. 南海暖季天气系统与中尺度对流过程研究进展[J]. 大气科学,46(02):419-439.

王国荣,王令,2013. 北京地区夏季短时强降水时空分布特征[J]. 暴雨灾害,32(03):276-279.

王海峰,陈庆奎,2013. 图形处理器通用计算关键技术研究综述[J]. 计算机学报,36(4):757-772.

王红艳,刘黎平,王改利,等,2009. 多普勒天气雷达三维数字组网系统开发及应用[J]. 应用气象学报,20(02):214-224.

王建国,汪应琼,2008. CINRAD/SA 雷达产品在冰雹预警中的适用性分析[J]. 暴雨灾害,27(3):78-82.

王俊,俞小鼎,邸庆国,等,2011. 一次强烈雹暴的三维结构和形成机制的单、双多普勒雷达分析[J]. 大气科学,35(2):247-258.

王欣,卞林根,彭浩,等,2005. 风廓线仪系统探测试验与应用[J]. 应用气象学报,16(5):693-698.

王艳春,王红艳,刘黎平,2016. 三维变分方法反演风场的效果检验[J]. 高原气象,035(004):1087-1101.

王永胜,2017. CPU+GPU 的异构计算系统在石油勘探中的应用研究[J]. 电脑知识与技术(29):256-257,260.

魏万益,马舒庆,杨玲,等,2020. 长沙机场阵列天气雷达地物识别算法[J]. 应用气象学报,31(03):339-349.

魏文秀,赵亚民,1995. 中国龙卷风的若干特征[J]. 气象(05):36-40.

吴翀,2018. 双偏振雷达的资料质量分析、相态识别及组网应用[D]. 南京:南京信息工程大学.

吴翀,刘黎平,汪旭东,等,2014. 相控阵雷达扫描方式对回波强度测量的影响[J]. 应用气象学报,25(04):406-414.

吴芳芳,俞小鼎,张志刚,等,2013. 苏北地区超级单体风暴环境条件与雷达回波特征[J]. 气象学报,71(02):209-227.

吴洪,2021. 两种气象常用坐标系中涡度和散度物理意义的比较[J]. 气象,47(9):1156-1161.

武圆,2021. 龙卷风涡旋场气流的动力学分析[J]. 气象与环境科学,44(05):64-70.

肖靖宇,杨玲,俞小鼎,等,2022. 佛山相控阵阵列雷达探测 2020 年 9 月 4 日短时强降水天气过程的分析[J]. 气象,48(7):826-839.

肖柳斯,胡东明,陈生,等,2021. X 波段双偏振相控阵雷达的衰减订正算法研究[J]. 气象,47(6):703-716.

肖艳姣,刘黎平,2006. 新一代天气雷达网资料的三维格点化及拼图方法研究[J]. 气象学报,64(5):113-123.

肖艳姣,2007. 新一代天气雷达三维组网技术及其应用研究[D]. 南京:南京信息工程大学.

徐娟,纪凡华,韩风军,等,2014. 2012 年盛夏山东西部一次短时强降水天气的形成机制[J]. 干旱气象,32(03):439-445+459.

徐小红,余兴,刘贵华,等,2022. 冰雹云卫星早期识别与自动预警[J]. 大气科学,46(01):98-110.

许敏,丛波,张瑜,等,2017. 廊坊市短时强降水特征及其临近预报指标研究[J]. 暴雨灾害,36(03):243-250.

许小峰,2003. 中国新一代多普勒天气雷达网的建设与技术应用[J]. 中国工程科学,5(6):7-14.

杨洪平,张沛源,程明虎,等,2009. 多普勒天气雷达组网拼图有效数据区域分析[J]. 应用气象学报,20(1):49-57.

姚文,张晶,余清波,等,2022. 辽河三角洲湿地鸟类活动的双偏振天气雷达回波特征[J]. 气象,48:1162-1170.

于明慧,刘黎平,吴翀,等,2019. 利用相控阵及双偏振雷达对 2016 年 6 月 3 日华南一次强对流过程的分析[J]. 气象,45(3):330-344.

俞小鼎,2011. 强对流天气的多普勒天气雷达探测和预警[J]. 气象科技进展,1(03):31-41.

俞小鼎,2013. 短时强降水临近预报的思路与方法[J]. 暴雨灾害,32(03):202-209.

俞小鼎,王秀明,李万莉,等,2020. 雷暴与强对流临近预报[M]. 北京:气象出版社.

俞小鼎,王迎春,陈明轩,等,2005. 新一代天气雷达与强对流天气预警[J]. 高原气象,24(3):456-464.

俞小鼎,姚秀萍,熊延南,等,2006(a). 多普勒天气雷达原理与业务应用[M]. 北京:气象出版社.

俞小鼎,郑媛媛,张爱民,等,2006(b). 安徽一次强烈龙卷的多普勒天气雷达分析[J]. 高原气象(5):914-924.

翟菁,胡雯,冯妍,等,2012. 不同发展阶段对流云合并过程的数值模拟[J]. 大气科学,36(04):697-712.

张培昌,杜秉玉,戴铁丕,2001. 雷达气象学[M]. 北京:气象出版社.

张培昌,王振会,2001. 天气雷达回波衰减订正算法的研究(Ⅰ):理论分析[J]. 高原气象,1:1-5.

张沛源,何平,宋春梅,等,1998. 三部多普勒天气雷达联合测量大气风场的误差分布及最佳布局研究[J]. 气象学报,56(1):96-103.

张涛,方翀,朱文剑,等,2012.2011 年 4 月 17 日广东强对流天气过程分析[J]. 气象,38(07):814-818.

张小玲,杨波,朱文剑,等,2016.2016 年 6 月 23 日江苏阜宁 EF4 级龙卷天气分析[J]. 气象,42(11):1304-1314.

张勇,刘黎平,仰美霖,等,2011.“天鹅”台风风场结构特征[J]. 气象,37(06):659-668.

张志强,刘黎平,2011. 相控阵技术在天气雷达中的初步应用[J]. 高原气象,30(04):1102-1107.

赵爱芳,张明军,孙美平,等,2013.1960-2010 年中国西南地区 0℃层高度变化特征[J]. 地理学报,7:994-1006.

赵瑞金,郝雪明,杨向东,等,2010.2009 年 7 月 20 日承德龙卷多普勒天气雷达特征[J]. 气象,36(11):68-76.

赵瑞金,刘黎平,张进,2015. 硬件故障导致雷达回波错误数据质量控制方法[J]. 应用气象学报(05):68-79.

郑栋,张文娟,姚雯,等,2021. 雷暴闪电活动特征研究进展[J]. 热带气象学报,37(3):289-297.

郑永光,刘菲凡,张恒进,2021. 中国龙卷研究进展[J]. 气象,47(11):1319-1335.

郑永光,田付友,周康辉,等,2018. 雷暴大风与龙卷的预报预警和灾害现场调查[J]. 气象科技进展,8(02):55-61.

郑媛媛,俞小鼎,方翀,等,2004. 一次典型超级单体风暴的多普勒天气雷达观测分析[J]. 气象学报,62(3):62-73.

周海光,2018.“6·23”江苏阜宁 EF4 级龙卷超级单体风暴中尺度结构研究[J]. 地球物理学报,61(09):3617-3639.

周海光,王玉彬,2002. 多部多普勒雷达同步探测三维风场反演系统[J]. 气象,28(9):7-11.

周后福,2014. 江淮地区非超级单体龙卷风暴的雷达探测与成因分析[C]//中国气象学会. 第 31 届中国气象学会年会 S2 灾害天气监测、分析与预报. 中国气象学会:143-152.

周生辉,魏鸣,张培昌,等,2014. 单多普勒天气雷达反演降水粒子垂直速度Ⅰ:算法分析[J]. 气象学报,(4):760-771.

周生辉,魏鸣,张培昌,等,2014. 单多普勒天气雷达反演降水粒子垂直速度Ⅱ:实例分析[J]. 气象学报,(4):772-781.

朱艺青,王振会,李南,等,2016. 南京雷达数据的一致性分析和订正[J]. 气象学报,2:298-308.

邹书平,黄钰,曾勇,等,2021. 一次典型强对流单体对的雷达回波相似性特征分析[J]. 干旱气象,39(06):974-983.

ACHTEMEIER,G L,1991. The Use of Insects as Tracers for "Clear-Air" Boundary-Layer Studies by Doppler Radar[J]. Journal of Atmospheric and Oceanic Technology,8:746-765.

ARMIJO L,1969. A theory for the determination of wind and precipitation velocities with Doppler radars[J]. Journal of the Atmospheric Sciences,26(3):570-573.

ARMIJO L,1972. A Theory for the Determination of Wind and Precipitation Velocities with Doppler Radars[J]. J Atmos,26(3):570-573.

AUGST A,HAGEN M,2017. Interpolation of operational radar data to a regular Cartesian grid exemplified by munich's airport radar configuration[J]. Journal of Atmospheric and Oceanic Technology,34(3):495-510.

BACHMANN S,ZRNIC D,2007. Spectral density of polarimetric variables separating biological scatterers in the VAD display[J]. Journal of Atmospheric and Oceanic Technology,24:1186-1198.

BHARADWAJ N,CHANDRASEKAR V,JUNYENT F,2010. Signal processing system for the CASA Integrated Project I radars[J]. Journal of Atmospheric and Oceanic Technology,27(9):1440-1460.

BOLINE A R,SRIRASTAVA R C,1976. Rondom arors in wind and precipitation fall speed measurement by a triple Doppler radar system[C]. Preprints 17th Conference on radar Meteorology Boston. USA,7-14.

BRANDES E A,1977. Flow in Severe Thunderstorms Observed by Dual-Doppler Radar[J]. Monthly Weather Review,105(1):113-120.

BRANDES E,ZIEGLER C,1993. Mesoscale downdraft influences on vertical vorticity in a mature mesoscale convective system[J]. Mon WeaRev,121(5):1337-1353.

BRODTKORB A R,HAGEN T R,SAETRA M L,2013. Graphics processing unit(GPU)programming strategies and trends in GPU computing[J]. Journal of Parallel and Distributed Computing,73(1):4-13.

BROOKS H E,DOSWELL Ⅲ C A,KAY MP,2003. Climatological estimates of local daily tornado probability for the United States[J]. Weather and Forecasting,18(4):626-640.

BROTZGE J,HONDL K,PHILIPS B,et al,2010. Evaluation of Distributed Collaborative Adaptive Sensing for detection of low-level circulations and implications for severe weather warning operations[J]. Weather and Forecasting,25(1):173-189.

BROWN R A,LEMON L R,BURGESS D W,et al,1978. Tornado Detection by Pulsed Doppler Radar[J]. Monthly Weather Review,106(1):29-38.

BROWNING K A,FOOTE G B,1976. Airflow and hail growth in supercell storms and some implications for hail suppression[J]. Quarterly Journal of the Royal Meteorological Society. 102(433):499-533.

BROWNING K A, WEXLER R, 1968. The Determination of Kinematic Properties of a Wind Field Using Doppler Radar[J]. Journal of Applied Meteorology,7(1):105-113.

BRUDERER B,1997. The study of bird migration by radar[J]. The technical basis. Naturwissenschaften,84:1-8.

BULER J J,DIEHL R H,2009. Quantifying Bird Density During Migratory Stopover Using Weather Surveillance Radar[J]. IEEE Trans. Geosci. Remote Sensing,47:2741-2751.

BYERS H R,R BRAHAM R JR,1949. Thunderstorm[R]. U. S. Government Printing Office,Washington DC:287.

CATON P G,1963. The measurement of wind and convergence by Doppler radar[C]. Proc. 10th Conf. on Radar Meteorology,Washingon,DC,Amer. Meteor. Soc.

CHANDRASEKAR V,S LIM,2008. Retrieval of Reflectivity in a Networked Radar Environment[J]. Journal of Atmospheric and Oceanic Technology,25(10):1755-1767.

CHEN H,CHANDRASEKAR V,2018. Remote Sensing of Aerosols,Clouds,and Precipitation[M]. Elsevier,Netherlands:315-339.

CHENG HU,LINLIN FANG,RUI WANG,et al,2020. Analysis of Insect RCS Characteristics[J]. Journal of Electronics & Information Technology:Volume 42.

CHILSON P B,FRICK W F,KELLY J F,et al,2012. Partly Cloudy with a Chance of Migration:Weather,Radars,and Aeroecology[J]. Bulletin of the American Meteorological Society,93(5):669-686.

CHISHOLM AJ,SUMMERS PW,RENICK JH,1972. Seedability of Supercell and Multicellular Hailstorms Using Droppable Pyrotechnic Flares[J]. Bulletin of the American Meteorological Society,53(3):323.

CHONG M,D HAUSER,1989. A Tropical Squall Line Observed during the COPT 81 Experiment in West Africa. Part II:Water Budget[J]. Monthly Weather Review,117(4):728-744.

CHONG M,J TESTUD,F ROUX,1983. Three-Dimensional Wind Field Analysis from Dual-Doppler Radar Data. Part II:Minimizing the Error due to Temporal Variation[J]. Journal of Climate and Applied Meteorology,22(7):1216-1226.

CHOY-H,GW LEE,K-E KIM,IZAWADZKI,2006. Identification and removal of ground echoes and anomalous propagation using the characteristics of radar echoes[J]. J Atmos Oceanic Technol,23:1206-1222.

COREY M, MEAD, 1997. The Discrimination between Tonadic and Notonadic Supercell Environments: A Forecasting Challenge in the Southern United States[J]. Wea Forecasting,12(3):379-387.

CRESSMAN G P,1959. An operational objective analysis system[J]. Mon Weather Rev,87:367-374.

CRUM T D,ALBERTY R L,1993. The WSR-88D and the WSR-88D operational support facility[J]. Bulletin of the American Meteorological Society,74(9):1669-1688.

CRUM T D,SAFFLE R E,WILSON J W,1998. An update on the NEXRAD program and future WSR-88D support to operations[J]. Weather and Forecasting,13(2):253-262.

CUMMINS KL,KRIDER EP,MALONE MD,1998. The US National Lightning Detection Network/sup TM/ and applications of cloud-to-ground lightning data by electric power utilities[J]. IEEE Transactions on Electromagnetic Compatibility,40(4):465-480.

DAHL N A,NOLAN D S,2018. Using High-Resolution Simulations to Quantify Errors in Radar Estimates of Tornado Intensity[J]. Monthly Weather Review,146(7):2271-2296.

DIEHL R H,LARKIN R P,BLACK J E,2003. Radar observations of bird migration over the Great Lakes[J]. Auk,120:278-290.

DOKTER A M,DESMET P,SPAAKS J H,et al,2019. BioRad:biological analysis and visualization of weather Radar Data[J]. Ecography,42:852-860.

DOKTER A M,FARNSWORTH A,FINK D,et al,2018. Seasonal abundance and survival of North America's migratory avifauna determined by weather radar[J]. Nat Ecol Evol,2:1603-1609.

DOKTER A M,SHAMOUN-BARANES J,KEMP M U,et al,2013. High altitude bird migration at temperate latitudes:a synoptic perspective on wind assistance[J]. PloS one,8(1):e52300.

DONALDSON JR,1970. Vortex Signature Recognition by a Doppler Reader[J]. Appl Meterol,9(4):664-670.

DOSWELLⅢ C A,BURGESS D W,1988. On some issues of United States tornadoclimatology[J]. Monthly Weather Review,116(2):495-501.

DOUGLAS E F,JAMES F K,DUSAN S Z,et al,2005. Progress report onthe national weather radar tested (phased-array)[C]. 21st International Conference on linteractive Information and Processing System(IIPS). San Diego:Americ Meteorolo Soc.

DOVIAK R J,RAY P S,STRAUCH R G,et al,1976. Error Estimation in Wind Fields Derived from Dual-Doppler Radar Measurement[J]. Journal of Applied Meteorology,15(8):868-878.

DOVIAK RICHARD J,DUSAN S ZRNIC,1993. Electromagnetic Waves and Propagation[M]. Doppler Radar and Weather Observations (Second Edition):10-29.

DU P,WEBER R,LUSZCZEK P,et al,2012. From CUDA to OpenCL:Towards a performance-portable solution for multi-platform GPU programming[J]. Parallel Computing,38(8):391-407.

FANKHAUSER J C,BARNES G M,LEMONE M A,1992. Structure of a midlatitude squall line formed in strong unidirectional shear[J]. Monthly Weather Review,120(2):237-260.

FARISENKOV S E,KOLOMENSKIY D,PETROV P N,et al,2002. Novel flight style and light wings boost flight performance of tinybeetles[J]. Nature,602.

FARNSWORTH A,2006. Perspectives on the evolutionary and behavioral ecology of flight calls in migrating birds[J]. Journal of Ornithology,147(5):165.

FENG G,QIE X,WANG J,GONG D,2009. Lightning and doppler radar observations of a squall line system [J]. Atmospheric Research,91(2-4):466-478.

FOOTE G B,1984. A study of hail growth utilizing observed storm conditions[J]. Journal of Applied Meteorology and Climatology,23(1):84-101.

FOOTE G B,FRANK H W,1983. Case study of a hailstorm in Colorado. PartⅢ:Airflow from triple-Doppler measurements[J]. J Atmos Sci,40(3):686-707.

FUSAKO I,SHINSUKE S,TOMOO U,2018. Temporal and Spatial Characteristics of Localized Rainfall on 26 July 2012 Observed by Phased Array Weather Radar[J]. Sola,14:64-68.

GAL-CHEN TZVI,1982. Errors in Fixed and Moving Frame of References:Applications for Conventional and Doppler Radar Analysis[J]. Journal of the Atmospheric Sciences,39(10):2279-2300.

GAO J,XUE M,BREWSTER K,et al,2004. A Three-Dimensional Variational Data Analysis Method with Recursive Filter for Doppler Radars[J]. Journal of Atmospheric and Oceanic Technology,21(3):457-469.

GAO J,XUE M,SHAPIRO A,et al,1999. A variational method for the analysis of three-dimensional wind fields from two Doppler Radars[J]. Monthly Weather Review,127:2128-2142.

GAUTHREAUX S A,Belser C G,1998. Displays of Bird Movements on the WSR-88D:Patterns and Quantification[J]. Weather and Forecasting,13:453-464.

GIANGRANDE S E,COLLIS S,STRAKA J,et al,2013. A Summary of Convective-Core Vertical Velocity Properties Using ARM UHF Wind Profilers in Oklahoma[J]. Journal of Applied Meteorology and Climatology,52(10):2278-2295.

GUO F,QIN L,BO L,et al,2009. GPU/CPU co-processing parallel computation for seismic data processing in oil and gas exploration[J]. Progress in Geophysics,24(5):1671-1678.

HAI YING WU,MING JIAN ZENG,HAI XIA MEI,et al,2020. Study on Sensitivity of Wind Field Variation to Structure and Development of Convective Storms[J]. Journal of Tropical Meteorology,26(1):57-70.

HANE C E,1993. Storm-motion estimates derived from dynamic-retrieval calculations[J]. Monthly Weather Review,121(2):431-443.

HE G,LI G,ZOU X,et al,2012. Applications of a velocity dealiasing scheme to data from the China New Generation Weather Radar System(CINRAD)[J]. Weather and Forecasting,27(1):218-230.

HEISS W H,MCGREW D L,Sirmans D,1989. Nexrad-Next generation weather radar(WSR-88D)[J]. Microwave Journal,33(1):79.

HITSCHFELD W,BORDAN J,1954. Error inherent in the radar measurement of rainfall at attenuation wavelength[J]. J Meteorol,11(1):58-67.

HOLLEMAN I,BEEKHUIS H,2002. Analysis and Correction of Dual PRF Velocity Data[J]. Journal of Atmospheric and Oceanic Technology,20(4):443.

HORTON K G,VAN DOREN B M,STEPANIAN P M,et al,2016. Nocturnally migrating songbirds drift when they can and compensate when they must. Scientific Reports,6:21249.

HU G,LIM K S,HORVITZ N,ET AL,2016. Mass seasonal bioflows of high-flying insect migrants[J]. Science,354:1584-1587.

HUUSKONEN A,SALTIKOFF E,HOLLEMAN I,2014. The operational weather radar network in Europe [J]. Bulletin of the American Meteorological Society,95(6):897-907.

JAMES W,WILSON,1986. Tomado genesis by Non-precipitation Induced Wind Shear Lines[J]. Minthly Weather Review,(2):270-284.

JOHNS R H,DAVIES J M,1993. Some wind and instability parameters associated with strong and violent tornadoes[J]. Washington Dc American Geophysical Union Geophysical Monograph,79:573-582.

JUNYENT F,CHANDRASEKAR V,2009. Theory and characterization of weather radar networks[J]. Journal of atmospheric and oceanic technology,26(3):474-491.

JUNYENT F,CHANDRASEKAR V,MCLAUGHLIN D,et al,2010. The CASA Integrated Project 1 networked radar system[J]. Journal of Atmospheric and Oceanic Technology,27(1):61-78.

KENNETH V BEARD,1976. Terminal Velocity and Shape of Cloud and Precipitation Drops Aloft[J]. Journal of the Atmospheric Sciences,33.

KESSINGER C,ELLIS S, VANANDEL J,et al,2003. The AP clutter mitigation scheme for the WSR-88D [C]. Preprints of 31st Conference on Radar Meteorology,Seattle Washington. American Meteorological Society:526-526.

KILAMBI A,FABRY F,MEUNIER V,2018. A Simple and Effective Method for Separating Meteorological from Nonmeteorological Targets Using Dual-Polarization Data[J]. Journal of Atmospheric and Oceanic Technology,35:1415-1424.

KIM DS,MAKI,et al,2012. X-band dual-polarization radar observations of precipitation core development and structure in a multi-cellular storm over Zoshigaya,Japan,on August 5,2008[J]. Journal of the Meteorological Society of Japan,90(5):701-719.

KLAASSEN,WIM,1989. Determination of Rain Intensity from Doppler Spectra of Vertically Scanning Radar [J]. Journal of Atmospheric & Oceanic Technology,6(4):552-562.

KOCK K,LEITNER T,RANDEU W L,et al,2000. OPERA:Operational programme for the exchange of weather radar information. First results and outlook for the future[J]. Physics and Chemistry of the Earth, Part B:Hydrology,Oceans and Atmosphere,25(10-12):1147-1151.

KOISTINEN,2000. Bird migration patterns on weather radars. Phys. Chem. Earth Pt B-Hydrol[J]. Oceans Atmos,25:1185-1193.

KOLMOGOROV A N,1962. A refinement of previous hypotheses concerning the local structure of turbulence in a viscous incompressible fluid at high Reynolds number[J]. Journal of Fluid Mechanics,13:82-85.

KOROTKOVA O,TOSELLI I,2021. Non-Classic Atmospheric Optical Turbulence:Review[J]. Applied Sciences,11.

LA SORTE F A,HOCHACHKA W M,FARNSWORTH A,et al,2015. Migration timing and its determinants for nocturnal migratory birds during autumn migration[J]. The Journal of animal ecology,84:1202-1212.

LAKSHMANAN V,FRITZ A,SMITH T,et al,2007. An automated technique to quality control radar reflectivity data[J]. Applied Meteorology & Climatology,46(3):288-305.

LAKSHMANAN V,HONDL K,STUMPF G,et al,2003,Quality control of weather radar data using texture features and a neural network[C]. Preprints,31st Conference on Radar Meteorology, Seattle Washington. American Meteorological Society:522-525.

LAKSHMANAN V,SMITH T,HONDL K,et al,2006. A real-time,three-dimensional,rapidly updating,heterogeneous radar merger technique for reflectivity,velocity,and derived products[J]. Weather and Forecasting,21(5):802-823.

LANGSTONC,ZHANG J,HOWARD K,2007. Four-Dimensional Dynamic Radar Mosaic[J]. Journal of Atmospheric & Oceanic Technology,24(5):776-790.

LE K D,PALMER R D,YU T Y,et al,2007. Adaptive array processing for multi-mission phased array radar [C]. 33rd Conferenceon Radar Meteorology. Australia:Americ Meteorolo Soc:3-12.

LEO J,DONNER,TRAVIS A,et al,2016. Are atmospheric updrafts a key to unlocking climate forcing andsensitivity? [J]. Atmospheric Chemistry and Physics,16(20):12983-12992.

LHERMITTE R M,ATLAS D,1961. Precipitation motion by pulse Doppler[J]. The Proceedings of Ninth Weather Radar Conference[J]. American Meteor Society,2(10):218-223.

LI Y,MA S,YANG L,et al,2020. Sensitivity Analysis on Data Time Difference for Wind Fields Synthesis of Array Weather Radar[J]. Scientific online letters on the atmosphere:SOLA,16:252-258.

LI Y,ZHU W,WU X,ET AL,2015. Equivalent refractive-index structure constant of non-Kolmogorov turbulence[J]. Opt Express,23:23004-23012.

LIM S,CHANDRASEKAR V,LEE P,et al,2007. Reflectivity retrieval in a networked radar environment: demonstration from the CASA IP1 radar network[C]. Geoscience and Remote Sensing Symposium. IEEE International,Barcelona:3065-3068.

LIM S,CHANDRASEKAR V,MCLAUGHLIN D,2004. Retrieval of reflectivity in a networked radar environment[C]. IGARSS 2004. 2004 IEEE International Geoscience and Remote Sensing Symposium,Anchorage, AK:436-439.

LIOU Y C,CHANG Y J,2009. A Variational Multiple-Doppler Radar Three-Dimensional Wind Synthesis Method and Its Impacts on Thermodynamic Retrieval[J]. Monthly Weather Review,137(11):3992-4010.

LIU S,QIU C,QIN X U,et al,2005. An Improved Method for Doppler Wind and Thermodynamic Retrievals [J]. Advances in Atmospheric Sciences,22(1):90-102.

MACEDONIA M R,2003. The GPU enters computing's mainstream[J]. Computer,36(10):106-108.

MACGORMAN,DINALD W BURGESS,1994. Positive cloud-to-ground Lighting in tomadic storms and hailstorms[J]. Mon. Wea. Rev,122(8),1671-1697.

MARKS F D JR,1985. Evolution of the struclure of precipitation in Hurricane Allen[J]. Monthly Weather Review,113(6):909-930.

MARTIN W J,SHAPIRO A,2007. Discrimination of bird and insect radar echoes in clear air using high-resolution radars[J]. Journal of Atmospheric and Oceanic Technology,24:1215-1230.

MARZOUG M,P AMAYENC,1994. A class of single- and dual-frequency algorithms for rain-rate profiling from a spaceborne radarIPrinciple and tests from numerical simulations[J]. Journal of Atmospheric and Oceanic Technology,11(6):1480-1506.

MCLAREN J D,BULER J J,SCHRECKENGOST T,et al,2018. Artificial light at night confounds broad-scale habitat use by migrating birds[J]. Ecol Lett,21:356-364.

MCLAUGHLIN D J,CHANDRASEKAR V K,DROEGEMEIER K,et al,2005. Distributed Collaborative Adaptive Sensing(DCAS) for Improved Detection, Understanding, and Prediction of Atmospheric Hazards [C]//Preprints,Ninth Symposium on Integrated Observingand Assimilation Systems for the Atmosphere, Oceans,and LandSurface(IOAS-AOLS),California,American Meteorological Society.

MENEVEAU C,SREENIVASAN K R,1990. Interface dimension in intermittent turbulence[J]. Physical Review A,41:2246-2248.

MICHALON N,NASSIF A,SAOURI T,et al. 1999. Contribution to the climatological study of lightning[J]. Geophysical ResearchLetters,26(20):3097-3100.

MICHELSON M,SHRADER W W,WIELER J G,1989. Terminal Doppler weather radar[J]. Microwave Journal,33(1):139-148.

MIRKOVIC D,STEPANIAN P M,KELLY J F,et al,2016. Electromagnetic Model Reliably Predicts Radar Scattering Characteristics of Airborne Organisms[J]. Scientific Reports,6:35637.

NATHANA DAHL,A SHAPIRO,COREY K,et al,2019. High-Resolution,Rapid-Scan Dual-Doppler Retrievals of Vertical Velocity in a Simulated Supercell[J]. Journal of Atmospheric and Oceanic Technology,36(8): 1477-1500.

NEBULONI R,CAPSONI C,VIGORITA V,2008. Quantifying bird migration by a high-resolution weather radar[J]. IEEE Trans Geosci Remote Sensing,46:1867-1875.

NORTH K W,OUE M,KOLLIAS P,et al,2017. Vertical air motion retrievals in deep convective clouds using the ARM scanning radar network in Oklahoma during MC3E[J]. Atmospheric Measurement Techniques,10 (8):2785-2806.

OTTERSTEN H,1969. Atmospheric Structure and Radar Backscattering in Clear Air[J]. Radio Science,4:

1179-1193.

OWENS J D,LUEBKE D,GOVINDARAJU N,et al,2007. A survey of general-purpose computation on graphics hardware[J]. Computer Graphics Forum,26(1):80-113.

OWENS J D,HOUSTON M,LUEBKE D,et al,2008. GPU computing[J]. Proceedings of the IEEE,96(5): 879-899.

PALADIN G,VULPIANI A,1987. Anomalous scaling laws in multifractal objects[J]. Physics Reports,156: 147-225.

PARK H S,RYZHKOV A V,ZRNIC D S,et al,2009. The Hydrometeor Classification Algorithm for the Polarimetric WSR-88D:Description and Application to an MCS[J]. Weather and Forecasting,24:730-748.

PARK S G,LEE D K,2007. Retrieval of High-Resolution Wind Fields over the Southern Korean Peninsula Using the Doppler Weather Radar Network[J]. Weather and Forecasting,24(1):87.

POMEAU Y,MANNEVILLE P,1980. Intermittent transition to turbulence in dissipative dynamicalsystems [J]. Communications in Mathematical Physics,74:189-197.

POTVIN C K,BETTEN D,WICKER L J,et al,2012. 3DVAR Versus Traditional Dual-Doppler Wind Retrievals of a Simulated Supercell Thunderstorm[J]. Monthly weather review,140(11):3487-3494.

POTVIN C K,SHAPIRO A,MING X,2011. Impact of a Vertical Vorticity Constraint in Variational Dual-Doppler Wind Analysis:Tests with Real and Simulated Supercell Data[J]. Journal of Atmospheric & Oceanic Technology,29(29):32-49.

POTVIN COREY K,WICKERLOUIS J,SHAPIROALAN,2012. Assessing Errors in Variational Dual-Doppler Wind Syntheses of Supercell Thunderstorms Observed by Storm-Scale Mobile Radars[J]. Journal of Atmospheric and Oceanic Technology,29(8):1009-1025.

PRICE C,RIND D A,1992. Simple Lightning Parameterization for Calculating Global Lightning Distributions [J]. Journal of Geophysical Research-Atmospheres,97(D9):9919-9933.

PROTAT A,ZAWADZKI I,1999. A Variational Method for Real-Time Retrieval of Three-Dimensional Wind Field from Multiple-Doppler Bistatic Radar Network Data[J]. Journal of Atmospheric and Oceanic Technology,16(4):432-449.

PROTAT A,ZAWADZKI I,CAYA A,2001. Kinematic and thermodynamic study of a shallow hailstorm sampled by the McGill bistatic multiple-Doppler radar network[J]. J Atmos Sci,58(10):1222-1248

QI Y,ZHANG J,2017. A physically based two-dimensional seamless reflectivity mosaic for radar QPE in the MRMS system[J]. Journal of Hydrometeorology,18(5):1327-1340.

RAO C,JIANG W,LING N,2000. Spatial and temporal characterization of phase fluctuations in non-Kolmogorov atmospheric turbulence[J]. Journal of Modern Optics,47,1111-1126.

RAY P S,DOVIAK R J,WALKER G B,et al,1975. Dual-Doppler Observation of a Tornadic Storm[J]. Journal of Applied Meteorology,14(8):1521-1530.

RAY P S,ZIEGLER C L,BUMGARNER W,et al,1980. Single and Multiple-Doppler Radar Observations of Tornadic Storms[J]. Monthly Weather Review,108(10):1607-1625.

RENNIE S J,ILLINGWORTH A J,DANCE S L,2010. The accuracy of Doppler radar wind retrievals using insects as targets[J]. 17:419-432.

RICHARDSON L M,CUNNINGHAM J G,ZITTEL W D,et al,2017. Bragg Scatter Detection by the WSR-88D. Part I:Algorithm Development[J]. Journal of Atmospheric and Oceanic Technology,34:465-478.

RINGUET E,ROZÉ C,1993. Gouesbet,G. Experimental observation of type-II intermittency in a hydrodynamic system[J]. Physical Review E,47:1405-1407.

ROCA-SANCHO J,BERENGUER M,SEMPERE-TORRES D,2014. An inverse method to retrieve 3D radar reflectivity composites[J]. Journal of Hydrology,519(14):947-965.

ROGERS R R,HOSTETLER C A,HAIR J W,et al,2011. Assessment of the CALIPSO Lidar 532 nm attenuated backscatter calibration using the NASA LaRC airborne High Spectral Resolution Lidar[J]. Atmospheric Chemistry & Physics,11(3):1295-1311.

ROMERO R,GAYA M,DOSWELL Ⅲ,2007. European climatology of severe convective storm environmentparameters:A test for significant tornado events[J]. Atmospheric Research,83(2):389-404.

ROSENFELD D,WOODLEY W L,KRAUSS T W,et al,2006. Aircraft Microphysical Documentation from Cloud Base to Anvils of Hailstorm Feeder Clouds in Argentina[J]. Journal of Applied Meteorology & Climatology,45(9):1261-1281.

RUIZHONG R,YUJIE L,2015. Light Propagation through Non-Kolmogorov-Type Atmospheric Turbulence and Its Effects on Optical Engineering[J]. Acta Optica Sinica,35.

RUIZJUAN J,TAKEMASA MIYOSHI,SHINSUKESATOH,et al,2015. A Quality Control Algorithm for the Osaka Phased Array Weather Radar[J]. SOLA,11(1):48-52.

RYZHKOV A V,T JSCHUUR,D W BURGESS,et al,2005. Zrnic Polarimetric Tornado Detection[J]. Journal of Applied Meteorology,44(5):557-570.

SACHIDANANDA M,D S ZRNIC,1985. ZDR measurement considerations for a fast scan capability radar[J]. Radio Science,20(4):907-922.

SACHIDANANDA M, ZRNIC DS, 2000. Clutter Filtering and Spectral Moment Estimation for Doppler Weather Radars Using Staggered Pulse Repetition time (PRT)[J]. Journal of Atmospheric and Oceanic Technology,17(3):323-331.

SCHENKMAN A D,XUE M,SHAPIRO A,et al,2011. The analysis and prediction of the 8-9 May 2007 Oklahoma tornadic mesoscale convective system by assimilating WSR-88D and CASA radar data using 3DVAR [J]. Monthly Weather Review,139(1):224-246.

SCIALOM G,LEMAITRE Y,1990. A New Analysis for the Retrieval of Three-Dimensional Mesoscale Wind Fields from Multiple Doppler Radar[J]. Journal of Atmospheric and Oceanic Technology,7(5):640-665.

SERAFIN R J,WILSON J W,2000. Operational weather radar in the United States:progress and opportunity [J]. Bulletin of the American Meteorological Society,81(3):501-518.

SHAMOUN-BARANES J,DOKTER A M,VAN GASTEREN H,et al,2011. Birds flee en mass from New Year's Eve fireworks[J]. Behavioralecology:official journal of the International Society for Behavioral Ecology,22:1173-1177.

SHAPIRO A,1993. The use of an exact solution of the Navier-Stokes equations in a validation test of a three-dimensional nonhydrostatic numerical model[J]. Mon Wea Rev,121:2420-2425.

SHAPIRO A,ELLIS S,SHAW J,1995. Single-Doppler Velocity Retrievals with Phoenix II Data:Clear Air and Microburst Wind Retrievals in the Planetary Boundary Layer[J]. Journal of the Atmospheric Sciences,52 (9):1265-1287.

SHAPIRO A,MEWES J J,1999. New Formulations of Dual-Doppler Wind Analysis[J]. Journal of Atmospheric and Oceanic Technology,16(6):782-792.

SHAPIRO A,POTVIN C K,GAO J,2009. Use of a Vertical Vorticity Equation in Variational Dual-Doppler Wind Analysis[J]. Journal of Atmospheric and Oceanic Technology,26(10):2089-2106.

SHAPIRO ALAN M,GEBAUER JOSHUA G,DAHL NATHAN A,et al,2021. Spatially variable advection correction of Doppler radial velocity data(Article)[J]. Journal of the Atmospheric Sciences,78(1):167-188.

SHI Z,CHEN H N,CHANDRASEKAR V,et al,2018. Deployment and performance of an X-band dual-polarization radar during the southern China monsoon rainfall experiment[J]. Atmosphere,9(1):4-23.

SIGGIA E D,1981. Numerical study of small-scale intermittency in three-dimensional turbulence[J]. J Fluid Mech,107:375-406.

SNOOK N,XUE M,JUNG Y,2011. Analysis of a tornadic mesoscale convective vortex based on ensemble Kalman filter assimilation of CASA X-band and WSR-88D radar data[J]. Monthly Weather Review,139 (11):3446-3468.

SNYDER J C,BLUESTEIN H B,ZHANG G,et al,2010. Attenuation Correction and Hydrometeor Classification of High-Resolution, X-band, Dual-Polarized Mobile Radar Measurements in Severe Convective Storms [J] Journal of Atmospheric and Oceanic Technology,27:1979-2001.

SOBEL A H,TIPPETT M K,CAMARGO S J,2012. Association of U S tornado occurrence with monthly environmental parameters[J]. Geophysical Research Letters,39(2).

SOBEL,2011. A Poisson regression index for tropical cyclone genesis and the role of large-scale vorticity in genesis[J]. J Climate,24:2335-2357.

STEINER M,SMITH J,2002. Use of three-dimensional reflectivity structure for automated detection and removal of nonprecipitating echoes in radar data[J]. Atmospheric and Oceanic Technology,19(5):673-686.

STEPANIAN P M,HORTON K G J I T,SENSING R,2015. Extracting Migrant Flight Orientation Profiles Using Polarimetric Radar[Z]. 53:6518-6528.

STEPANIAN P M,HORTON K G,MELNIKOV V M,2016. Dual-polarization radar products for biological applications[J]. Ecosphere,7:27.

STEPANIAN PHILLIP M,HORTON KYLE G,MELNIKOV VALERY M,et al,2016. Dual-polarization radar products for biological applications[J]. Ecosphere,7(11):1-27.

TESTUD J,E L BOUAR,A J ILLINGWORTH,et al,2009. HochwasserschutzdurchHebebrücken[J]. SchweizerischeTechnischeZeitschrift:Swiss engineering STZ,7-8:13.

TESTUD J,P AMAYENC,1989. Stereoradar Meteorology:A Promising Technique for observation of Precipitation from a Mobile Platform[J]. Journal of Atmospheric and Oceanic Technology,6(1):89-108.

TESTUD JACQUES,ERWAN LE BOUAR,ESTELLE OBLIGIS,et al,2000. The Rain Profiling Algorithm Applied To Polarimetric Weather Radar[J]. Journal of Atmospheric and Oceanic Technology,2000:332-356.

USHIO T,SHIMAMURA S,KIKUCHI H,et al,2017. Osaka urban phased array radar network experiment [C]. 2017 IEEE International Geoscience and Remote Sensing Symposium(IGARSS),Fort Worth,TX:5966-5968.

VAN DEN BROEKE M S,2013. Polarimetric Radar Observations of Biological Scatterers in Hurricanes Irene (2011)and Sandy(2012)[J]. Journal of Atmospheric and Oceanic Technology,30:2754-2767.

VAN DEN BROEKE,MATTHEW S,2022. Bioscatter transport by tropical cyclones:insights from 10 years in the Atlantic basin[J]. Remote Sensing in Ecology and Conservation,8(1):18-31.

VAN DOREN,B M,HORTON K G,2018. A continental system for forecasting bird migration[J]. Science, 361:1115-1117.

VASSILICOS J C,1995. Turbulence and intermittency[J]. Nature,374:408-409.

VILLARS F,WEISSKOPF V F,1954. The Scattering of Electromagnetic Waves by Turbulent Atmospheric Fluctuations[J]. Phys Rev,94:232-240.

WALDTEUFEL P,CORBIN H,1979. On the analysis of single-Doppler radar data[J]. J Appl Meteor,18(4): 532-542.

WANG Y T,CHANDRASEKAR V,2010. Quantitative precipitation estimation in the CASA X-band dual-polarization radar network[J]. Journal of Atmospheric and Oceanic Technology,27(10):1665-1676.

WESTBROOK J K,EYSTER R S,WOLF W W,2014WSR-88D doppler radar detection of corn earworm moth migration[J]. Int J Biometeorol,58:931-940.

WILLIAM E B,TOROK G,WEBER M,et al,2009. Progress of Multifunction Phased Array Radar(MPAR) Program[C]. 25th Conferenceon International Interactive Information and ProcessingSystems(IIPS)for Meteorology,Oceanography,and Hydrology.

WILSON J W,WECKWERTH T M,VIVEKANANDAN J,et al,1994. Boundary Layer Clear-Air Radar Echoes:Origin of Echoes and Accuracy of Derived Winds[J]. Journal of Atmospheric and Oceanic Technology, 11:1184-1206.

WIM KLAASSEN,1989. Determination of rain intensity from Dopplerspectra of vertically scanning radar[J]. Journal of Atmospheric and Oceanic Technology,6(4):552-562.

WITT A,BURGESS D W,SEIMON A,et al,2018. Rapid-Scan Radar Observations of an Oklahoma Tornadic Hailstorm Producing Giant Hail[J]. WeatherForecast,33:1263-1282.

WOOD V T,BROWN R A,1997. Effects of radar sampling on single-Doppler velocity signatures of mesocyclones and tornadoes[J]. Weather and Forecasting,12(4):928-938.

WU T,TAKAYANAGI Y,YOSHIDA S,et al,2013. Spatial relationship between lightning narrow bipolar events and parent thunderstorms as revealed by phased array radar[J]. Geophysical Research Letters,40(3): 618-623.

WURMAN J,STRAKA J M,RASMUSSEN E N,1996. Fine-scale Doppler radar observations of tornadoes[J]. Science,272(5269):1774-1777.

XINGFU J,2004. The physiological and genetic characteristics of migratory behavior and genetic di-versity,as determined by AFLP in the oriental armyworm,Mythimnaseparata(Walker)[C]. Doctor,Chinese Academy of Agricultural Sciences,Beijing,China.

YANG H,FANG Z,LI C,et al,2021. Atmospheric Optical Turbulence Profile Measurement and Model Improvement over Arid and Semi-arid regions[J]. Atmos Meas Tech Discuss,20:1-14.

YE K,YANG L,MA S,et al,2019. Fusion of high-resolution reflectivity for a new Array Weather Radar[J]. Atmosphere,10(10):566.

YI-CHIN LIU,JIWEN FAN,GUANG J,et al,2015. Improving representation of convective transport for scale-aware parameterization:2. Analysis of cloud-resolving model simulations[J]. Journal of Geophysical Research:Atmospheres,120(8):3510-3532.

YONG-NIAN H,YA-DONG H,1989. On the transition to turbulence in pipe flow[J]. Physica D:Nonlinear Phenomena,37:153-159.

YOSHIDA S,ADACHI T,KUSUNOKI K,et al,2017. Relationship between thunderstorm electrification and storm kinetics revealed by phased array weather radar[J]. Journal of Geophysical Research:Atmospheres, 122(7):3821-3836.

YOSHIKAWA E,USHIO T,KAWASAKI Z,et al,2013. MMSE beam forming on fast-scanning phased array weather radar[J]. IEEE Transactions on Geoscience and Remote Sensing,51(5):3077-3088.

ZHANG J,HOWARD K,GOURLEY J J,2005. Constructing three-dimensional multiple-radar reflectivity mosaics:examples of convective storms and stratiform rain echoes[J]. Journal of Atmospheric and Oceanic Technology,22(1):30-42.

ZHANG J,HOWARD K,LANGSTON C,et al,2011. National mosaic and multi-sensor QPE(NMQ)system: description,results, and future plans [J]. Bulletin of the American Meteorological Society, 92 (10): 1321-1338.

ZHANGP,A VRYZHKOV,D S ZRNIC,2005. Observations of insects and birds with a polarimetric prototype of the WSR-88D radar[C]. Preprints, 32d IntConfon RadarMeteorology, Albuquerque, NM, Amer Meteor

Soc,CD-ROM,P6. 4.

ZHAO K,WANG M,XUE M,et al,2017. Doppler Radar Analysis of a Tornadic Miniature Supercell during the Landfall of Typhoon Mujigae(2015)in South China[J]. Bulletin of the American Meteorological Society,98 (9):1821-1831.

ZHEN X,MA S,CHEN H,et al,2022. A New X-band Weather Radar System with Distributed Phased-Array Front-ends:Development and Preliminary Observation Results[J]. Advances in Atmospheric Science,39(3): 386-402.

ZHENG D,MACGORMAN D R,2016. Characteristics of flash initiations in a supercell cluster with tornadoes [J]. Atmospheric Research,167,249-264.

ZIEGLER C L,RAY P S,KNIGHT N C,1983. Hail Growth in an Oklahoma Multicell Storm[J]. Journal of the Atmospheric Sciences,40(7):1768-1791.

ZRNIC D S,KIMPEL J F,FORSYTH D E,et al,2007. Agile-Beam Phased Array Radar for Weather Observa-tions[J]. Bulletin of the American Meteorological Society,88(11):1753-1766.

ZRNIC D S,RYZHKOV A V,1998. Observations of insects and birds with a polarimetric radar[J]. IEEE Trans Geosci Remote Sensing,36:661-668.

符号/英文缩写与英、中文全称对照表

符号/英文缩写	英文全称	中文全称
AIR	Atmospheric Imaging Radar	大气成像雷达
CAPE(J/kg)	convection available potential energy	对流有效位能
CAPPI	constant altitude PPI	等高度 PPI
CASA	Collaborative Adaptive Sensing of the Atmosphere	协同自适应大气遥感(中心)
CIN(J/kg)	convection inhibition energy	对流抑制能量
CINRAD		中国新一代天气雷达(有多种型号)
CPU	Central Processing Unit	中央处理器(单元)(微芯片)
CR	composite reflectivity	组合反射率
dB	decibel	分贝
DBF	digital beam forming	数字波束形成
dBZ	$10\log(Z/Z_0)$	(以分贝计数的回波强度 Z)
DCAS	Distributed Collaborative Adaptive Sensing	分布式协同自适应探测
DSD	drop size distribution	滴谱分布
DSP	digital signal processor	数字信号处理器
DTD(s)	detection/data time difference	探测/资料时间差
DWR	dual-wavelength ratio	双波长(反射率)比
FAA	Federal Aviation Administration	联邦航空管理局
FPGA	Field programmable gate array	现场可编程门阵列
FTP	File Transfer Protocol	文件传输协议
G(dB)	(antenna)gain	天线增益
GIS	geographic information system	地理信息系统
GPS	global positioning system	全球定位系统
GPU	graphics processing unit	图形处理器
HI	hail index	冰雹指数
HTTP	hypertext transfer protocol	超级文本传输协议
IF	intermediate frequency	中频
K_{DP}(°/km)	specific differential phase shift	比差分相移
λ(cm)	lamda(wavelength)	波长
LCL	lift condensation level	抬升凝结高度
LDR	linear depolarization ratio	线性退极化率
LNA	low noise amplifier	低噪声放大器
MAD	mean absolute deviation	平均绝对偏差
MIMO	multi-input multi-output	多输入多输出(技术)
NEXRAD		(美国)新一代多普勒天气雷达(只有 WSR-88D 一种型号;2013 年后逐渐都升级为双极化多普勒天气雷达)
NOAA	National Oceanic and Atmospheric Administration	(美国)国家海洋和大气管理局
NSF	National Science Foundation	(美国)国家科学基金会

NSSL	National Severe Storm Laboratory	美国强风暴实验室
NWRT	National Weather Radar Testbed	(美国)国家天气雷达试验基地
NWS	National Weather Service	(美国)国家气象局
OSSE	observation system simulation experiment	观测系统模拟试验
PAR	phased-array radar	相控阵雷达
PAWR	phased-array weather radar	相控阵天气雷达
PAWRA	phased-array weather radar array	相控阵阵列天气雷达
PID	Proportion Integration Differentiation	比例积分微分
$\varphi(°)$	azimuth angle	方位角
φ_{DP}	differential phase shift	(水平与垂直极化)差分相移
PPI	plan position indicator	平面位置显示
PRF	pulse repetition frequency	脉冲重复频率
PRT	pulse repetition time	脉冲重复时间(周期)
QPE	quantitative precipitation estimation	定量降水估计
R(km 或 m)	range,radius	距离
R(mm/h)	rainfall rate	降雨强度
RCS	radar cross-section	(目标)雷达截面
RHI	range-height indicator	距离高度显示
RMSE	root mean square error	均方根误差
RRMSE	relative RMSE	相对均方根误差(或,相对参考值的均方根误差百分比)
$\rho_{HV}(C_C)$	correlation coefficient	(水平与垂直极化)相关系数
RWF	range weighting function	距离加权函数
SCIT	Storm Cell Identification and Tracking algorithm	风暴单体识别和跟踪算法
$\theta(°)$	elevation angle	仰角
SNR	signal-noise ratio	信号噪声比
SPD	surge protection device	电涌保护器
$\tau(\mu s)$	tau(pulse width)	脉冲宽度
TCP/IP	transmission control protocol/internet protocol	传输控制/网络通信协定
3DVAR	three dimensional variational	3 维变分(方法)
TITAN	thunderstorm identification,tracking,analysis and nowcasting	雷暴识别、跟踪、分析和临近预报(算法)
T/R	transmitter/receiver	发射/接收(单元)
TVS	tornado vortex signal	龙卷涡旋信号
UDP	User Datagram Protocol	用户资料传输协议
VAD	velocity-azimuth display	速度-方位显示
VCP	volume coverage procedure	体积扫描程序
VIL	vertically integrated liquid	垂直积分液态水含量
VIU	vertically integrated updrafts	垂直积分上升气流
V_{max}	Maximum non-ambiguity(un-fuzzy)velocity	最大不模糊速度
V_T	terminal velocity of particles	(降水)粒子下落末速度
WSR-88D	Weather Surveillance Radar-88D	天气警戒雷达-88D(型)
Z(mm⁶/m³)	radar reflectivity factor	雷达反射率因子(简称为反射率或回波强度)
Z_{DR}(dB)	differential reflectivity factor$[Z_{DR}=10\log(Z_h/Z_v)]$	差分反射率因子(简称为差分反射率)
Z_h(mm⁶/m³)	horizontal polarization reflectivity factor	水平极化反射率因子
Z_v(mm⁶/m³)	vertical polarization reflectivity factor	垂直极化反射率因子

(注:一些符号后的括号中给出了单位)